시민성의 공간과 지리교육

시민성의 공간과 지리교육

초판 1쇄 발행 2020년 12월 24일

지은이 조철기

펴낸이 김선기
펴낸곳 (주)푸른길
출판등록 1996년 4월 12일 제16-1292호
주소 (08377) 서울특별시 구로구 디지털로 33길 48 대륭포스트타워 7차 1008호
전화 02-523-2907, 6942-9570~2
팩스 02-523-2951
이메일 purungilbook@naver.com
홈페이지 www.purungil.co.kr

© 조철기, 2020

ISBN 978-89-6291-887-8   93980

이 저서는 2016년 정부(교육부)의 재원으로 한국연구재단의 지원을 받아 수행된 연구임(NRF-2016S1A6A4A01017385)

이제는 초국적 공간에 맞는 새로운 시민성이 필요하다

시민성의 공간과 지리교육

푸른길

책을 펴내면서

나는 그동안 '시민성'과 '지리교육'의 연결에 천착해 왔다. 내가 2000년대 초반 시민성을 화두로 박사논문을 시작할 때, 지리학과 지리교육을 전공하는 많은 사람들은 시민성이 도대체 지리와 무슨 상관이 있느냐고 질문하곤 하였다. 특히 당시 많은 지리교육 관계자들은 시민성은 일반사회 및 도덕 교과와 밀접할 뿐 지리와는 별 상관없는 것처럼 인식한 것 같았다. 그러나 나는 지리교육 역시 궁극적으로 학생들이 바람직한 시민이 되는 데 기여해야 한다고 믿고 있었다. 그리고 그러한 믿음은 2003년에서 2005년 사이에 일본 히로시마 대학에서 사회과교육 및 지리교육을 공부하면서 점차 확신으로 바뀌었다. 많은 우여곡절이 있었지만, 나는 2005년에 무사히 '지리교육과 시민성 교육의 관계'를 이론적으로 정당화한 박사학위논문을 마무리할 수 있었다. 그 후 나의 연구 관심은 당연히 이를 더욱 발전시키는 데 있었고, 지금도 변함이 없다.

그동안 15년 정도의 시간이 흘렀다. 나름 지리교육과 관련한 많은 책을 쓰고 번역하였다. 그리고 지리를 통한 시민성 교육에 대한 많은 논문을 발표하였다(참고문헌에 있는 시민성과 관련된 나의 논문들을 일부 수정·보완하여 이 책에 사용하였다). 한 가지 아쉬운 점이 있었다면, 당연히 내가 그동안 천착해 온 '시민성의 공간과 지리교육'이라는 주제에 대한 연구서를 내지 못한 것이었다. 여러 가지 이유로 미루었다. 아직 이 주제에 대한 나 자신의 연구가 미비하다고 생각한 것이 가장 큰 이유였다. 지금도 이 생각에는 변함이 없다. 그러나 더 이상 미룰 수는 없다고 생각하였다. 이쯤에서 그동안의 연구성과를 정리해야겠다고 생각하였다. 물론 계속해서 이에 대한 연구를 해야겠지만.

이 책의 제목은 내가 처음 생각했던 대로 『시민성의 공간과 지리교육』이다. 따라서 이 책은 크게 두 파트로 나뉜다. 하나는 "시민성이 왜 지리적인가? 또는 시민성이 왜 공간의 문제인가?"라는 질문에 대한 답변을 찾아가는 것이다. 시민성이 지리적이라는 논리의 일반화는 '시민성의 공간'에 대한 논의를 통해 정당화된다. 나머지 한 파트는 이러한 시민성의 공간을 활용한 지리교육의 방향을 모색하는 데 있다. 즉 지리를 통한 시민성 교육의 목적과 가치의 설정, 내용의 선정과 조직, 교수 및 학습 방법, 평가 등의 방향을 모색하는 작업이다.

이 책은 크게 8장으로 구성되어 있다. 제1장 시민성과 공간, 제2장 국가시민성, 제3장 글로벌 시민성, 제4장 다문화시민성, 제5장 생태시민성, 제6장 로컬 시민성, 제7장 다중시민성, 제8장 지리교육과 시민성 교육이다. 이러한 체제를 통해 내가 그동안 그려 왔던 '시민성의 공간과 지리교육'이라는 전체적인 그림이 독자들에게 전달될 수 있기를 바란다.

이 책은 나의 공부의 마침표가 아니라 쉼표이다. 공부의 끝이 어디 있겠는가? 그러나 공부라는 것이 나 자신은 물론 가족의 희생을 동반한다. 공부한다는 핑계로 자주 찾아뵙지 못한 부모님께 항상 죄송스러웠다. 미국에서 이 책을 마무리하면서 아버지 건강이 더욱 안 좋다는 소식을 접했다. 코로나바이러스로 사회적 격리를 당하면서 혹시나 아버지께서 가시는 마지막 모습을 못 뵐 수도 있겠다는 불안감이 커져 갔다. 이 책이라도 완성하여 아버지 생전에 보내 드리려고 했는데, 끝내 아버지께서는 3월 마지막 날 하늘나라로 가셨다. 모든 게 허망했고 하염없이 흐르는 눈물을 주체할 수 없었다. 그러나 슬픔에만 빠져 있을 순 없었다. 아버지께서 평생 '지리산'이라는 한 우물을 파셨던 것처럼, 아버지를 내 마음에 간직하고 나의 공부의 길을 묵묵히 가기로 했다. 귀국하면 아버지(조재영)께서 고이 잠들어 계시는 지리산 자락 무덤가에 이 책을 바칠 것이다. 그리고 미국에서 안식년을 보내면서 이 책을 무사히 마무리할 수 있도록 항상 격려해 주시고 아버지처럼 늘 자상하게 보살펴 주신 웨스턴미시간 대학교 조지프 스톨트먼 교수님께 머리 숙여 감사드린다. 무엇보다도 나의 삶의 버팀목이 되어 주는 사랑하는 나의 가족 은경, 준영, 화영에게 고마운 마음을 전한다. 마지막으로, 3년간 저술출판지원 연구비를 제공해 준 한국연구재단에도 감사드린다. "이 저서는 2016년 정부(교육부)의 재원으로 한국연구재단의 지원을 받아 수행된 연구임(NRF-2016S1A6A4A01017385)"을 밝혀 둔다.

2020년 12월
조 철 기

차례

제1장 시민성과 공간

· 이 장의 개요 ·

1. 시민성과 시민권

2. 소속감과 정체성

3. 시민성의 구성요소로서 '공동체'와 '시민'

4. 시민성의 유형

5. 시민성의 공간

1. 시민성과 시민권

1) 시민성이란 용어의 문제

오늘날 '시민성' 또는 '시민권'으로 번역하는 영어 'citizenship'은 다양한 의미를 갖고 있다. 'citizenship'은 시민이라는 citizen과 자질 및 조건이라는 ship이 결합되어 만들어져 그 말 속에 다름 아닌 '시민의 자질'이라는 뜻이 담겨 있다. 따라서 시민성(citizenship)이라는 용어는 시민으로서의 소속(belonging)을 의미하며, 시민이란 지위에 요구되는 자질이라는 의미도 갖는다. 즉 시민성은 개인으로서 요구되는 자질이 아니라 특정한 공동체의 구성원, 즉 시민이라는 지위에서 요구되는 자질을 지칭하는 개념인 셈이다(Butts, 1991; Proctor, 1988, 16-19, 164-166; 김왕근, 1995 재인용).

시민성은 시대와 장소에 따라 서로 다른 모습을 가질 수 있지만, 특정한 시대와 장소에서 형성된 사회적 관계에 근거해서 요청된 자질이라는 점에서 공통점을 지니고 있다. 달리 말해 시민성은 곧 '사회적 관계'에서 요구되는 행위의 표준, 즉 '사회적 관계'의 맥락에 비추어 요구되는 행동방식인 셈이다(김왕근, 1995).

사실 'citizenship'이라는 용어를 우리말로 어떻게 번역할 것인가 하는 문제 또한 큰 쟁점이 된다. citizenship은 대개 '시민권' 또는 '시민성'으로 번역되는데, citizenship을 '시민권'으로 번역할 경우 권리만을 과도하게 부각하게 되고, 영어에서 통상적으로 사용되는 citizenship rights를 또다시 '시민권의 권리'로 번역해야 하는 문제도 생긴다. citizenship이 특정 정치 공동체의 성원으로서의 지위, 제도 그리고 일련의 관행 등 복합적 의미를 가진다는 것을 고려한다면 '시민권'으로 한정하는 것은 더욱 문제가 있다. 따라서 citizenship을 '시민성'으로 번역하는 것이 더 바람직하다고 할 수 있다(조영제 외, 1997, 9). 이 책에서 사용된 시민권, 시민성은 영어의 citizenship에 해당하는 동일한 개념으로 보면 된다.

조영달(1997, 9)에 의하면, citizenship이 시민이 갖추어야 할 자질이라는 의미로 사용될 경우에는 '시민성'으로, 일정한 요건을 갖춘 사람에게 부여되는 자격이라는 의미로 사용될 경우에는 '시민권'으로, 또한 시민이 갖고 있는 권리로서 사용될 경우에는 '시민권'으로 번역되는 것으로 구분하기도 한다.

그러나 대부분의 우리나라 시민성 및 시민성 교육에 대한 연구를 보면, 자격이나 권리의 의미로 사용될 경우에도 '시민성'으로 번역하고 있다. 공동체와 시민 간의 관계에서 자격과 권리·의무를 규정하는 방식 자체가 시민이 갖추어야 할 자질을 설명해 준다는 입장에서, 이 책에서는 citizenship을 포괄적 의미의 '시민성'으로 번역하여 사용하고자 한다.

2) 시민성의 다양성과 확장

　시민성은 전통적으로 개인, 집단, 국가와 같은 공간적 단위를 가진 정치적 공동체의 권리와 의무라는 관점에서 정의된다(Smith, 2000). 즉 시민성은 정치적 공동체(보통 국가)에서 개별 구성원과 관련한 권리와 의무로서(Smith, 2000, 83; Mitchell, 2009, 84; Chouinard, 2009, 107), 특정 의무를 충족하는 사람들에게 어떤 권리와 특권을 보장하는 것으로 정의된다.

　그러나 시민성의 개념을 불변적인 것으로 바라보는 것은 문제가 있다. 시민성은 시간과 공간에 따라 변화하는 가변적인 성격을 지닌다. 시민성은 고정된 개념이 아니라 사회적 환경이 변화하는 것처럼 진화해 왔다. 시민성의 개념은 오랜 시간에 걸쳐 변화되어 왔다. 시민성이란 특정 공동체의 구성원을 규정하는 일단의 권리 및 의무와 관련되지만, 이를 정치적·형식적으로 규정하기보다는 사회문화적·실천적으로 규정되는 개념으로 이해할 수 있다. 그럼에도 불구하고 시민성에 대한 논의에서 빠뜨릴 수 없는 사람은 홉스(Thomas Hobbes, 1588~1679)와 루소(Jean Jacques Rousseau, 1712~1778)이다.

　홉스는 사람들은 각자의 이익을 위해 계약으로써 국가를 만들어 자신의 '자연권'을 제한하고, 국가에 그것을 양도하여 복종해야 한다고 보았다. 그리고 전제군주제를 이상적인 국가 형태라고 생각하였다. 한편, 루소는 사회계약설을 주장하였는데, 사회계약에 의해 사람들은 군주 또는 동등한 정부로부터 보호받고 그 대가로 통치받는 것에 동의하였다(Faulks, 2000). 여기에는 명백하게 교환이라는 개념이 존재하는데, 시민들은 국가에 충성을 하는 대가로 국가로부터 보호받는다는 것이다. 만약 어떤 사람이 자신의 의무를 수행하지 못한다면, 국가는 그 사람의 권리를 제한할 수 있다. 따라서 범죄를 저지른 사람은 법을 위반하는 것이 되고 범죄의 성질에 따라 벌칙이 부가되는데, 자신의 시민권(citizenship rights)이 축소되는 것이다. 예를 들면, 범죄자는 감옥에 가게 되고, 자유가 제한되며 그는 더 이상 이동의 자유를 가지지 못한다.

　많은 국가들은 공식적으로 시민의 권리를 제시하고 있다. 국제적인 보편적 시민권은 유엔(UN)의 세계인권선언(Universal Declaration of Human Rights)에 나타나 있다. 사실 많은 국가들은 UN의 세계인권선언에 있는 권리를 부여하지 않고 있다. 심지어 이를 부여하고 있는 국가에서도 쉽게 위반되기도 한다. 이러한 권리는 단순히 주어지기보다는 장기간에 걸친 투쟁의 결과이기도 하다. 예를 들면, 세계 여러 나라에서 여성의 투표권은 장기적인 저항 이후에 인정되었다. 동티모르 사람들은 최근에 인도네시아와의 유혈 및 오랜 전쟁 이후에 국가의 독립을 성취하였다.

Marshall(1950)은 시민성을 영국에서의 시간의 흐름에 따라 중시되었던 개념을 기준으로 설명한다. 18세기에는 '공민적 시민성(civic citizenship)'이 강조되었는데, 이는 재산권의 자유 등과 같은 개인의 자유와 권리에 관한 인식에 초점을 둔다. 19세기에는 '정치적 시민성(political citizenship)'을 중시했는데, 이는 정치적 권력행사에 참여할 권리에 초점을 둔다. 즉 국회나 지방의회, 행정부 등에 참여하며 선거권이나 피선거권을 통해 힘을 행사하는 것이 19세기 시민에게 요구되는 중요한 자질이었다. 20세기가 되면서 '사회적 시민성(social citizenship)'이 등장하는데, 이는 시민의 경제적 복지와 안정 및 문화적 삶을 요구할 수 있는 권리에 대한 인식을 의미한다.

Heater(1990, 318-319)는 시민성 개념을 지역사회의 구성원으로서 시민의 권리와 의무라는 개념으로 이해한다. 그는 고대 로마 시대부터 라틴 미신과 로마 시민, 중세의 농노(man to lord) 지위와 신민(subject to king) 지위와 같은 다중시민성(multiple citizenship)이 존재해 왔다고 하면서, 현대사회에는 시민성이 관련되는 공간적 차원에 따라 로컬 시민, 국가 시민, 지역(국가연합) 시민, 글로벌 시민이라는 다중시민성을 띠고 있다고 주장한다.

한편, Johnston(1999)은 시민성이 추구하는 내용에 따라 시민성을 통합적 시민성, 다원적 시민성, 성찰적 시민성, 능동적 시민성의 4가지로 구분하여 제시한다. 통합적 시민성(inclusive citizenship)은 사회적·경제적으로 배타성을 지닌 위험사회(risk society)에서 사회적 통합(social cohesion)의 가치를 내면화하는 것을 의미한다. 통합적 시민성을 기르기 위해서는, 경제적·인종적·문화적 차이에 관계없이 누구나 공통의 이해관계를 지니고 있다는 것을 인정하고 포용하는 교육과 훈련이 필요하다. 다원적 시민성(pluralistic citizenship)은 통합적 시민성에 기초하지만 그 포용성을 넘어서는 시민성으로, 다양성과 문화적 복합성을 수용할 줄 아는 시민성이다. 다원적 시민성은 문화 간의 대화를 강조하며 '다양성 속의 연대'를 발전시킨다. 성찰적 시민성(reflective citizenship)은 반성적이고 자기비판적이며 역동적인 시민성이다. 위험사회의 복잡성, 불확실성, 다양성을 인식하고 성찰할 줄 아는 시민의 자질이라 할 수 있다. 시민의 권리뿐만 아니라 시민의 책임에 대해서도 적극적이고 비판적으로 성찰할 수 있는 시민을 위한 교육이 필요하다. 마지막으로 능동적 시민성(active citizenship)은 통합적, 다원적, 성찰적 시민성을 통합한 개념이다. 능동적 시민성은 자신 주변의 부조리나 불평등 현상에 대한 인식에 그치지 않고, 이를 해소하기 위한 적극적인 행동에 관심을 갖는다.

과거의 근대적 시민성의 정의가 국민국가(nation-state)의 개념 속에서의 단일한 지위와 동일한 권리 및 의무를 의미하는 물리적 영역의 범주 내로 한정되었다면(설규주, 2001), 오늘날의 시민성은 세계화와 지역화 그리고 다문화사회로 인해 국경을 넘어선 탈국가적 또는 초국적 시민성으로 '같은 국민'

이라는 의식보다는 '같은 인간'이라는 전인적 속성이 강조된다(Soysal, 1994; 김왕근, 1995).

이처럼 시민성은 고정불변한 개념이 아니라 역동적인 개념이다. 국가시민성에 대한 강조에서 출발한 시민성은 세계화 담론과 더불어 글로벌 시민성과 로컬 시민성 그리고 다문화시민성에 대한 강조로 이어지고, 급기야 다중시민성이라는 용어를 주조해 내었다. 그뿐만 아니라 21세기는 환경문제의 대두로 환경교육을 넘어 지속가능발전교육이 강조되고 있다. 지속가능발전을 위해 노력하는 시민으로서의 자질인 생태시민성에 대한 논의 역시 빠뜨릴 수 없다. 그리고 이러한 생태시민성은 환경윤리를 비롯하여 소비윤리와 직결된 윤리적 시민성과도 밀접한 관련을 가진다.

2. 소속감과 정체성

시민성과 관련하여 함께 이해되어야 할 것이 소속감과 정체성이다. 이 절에서는 소속감과 정체성이 시민성과 어떤 유사점과 차이점이 있는지 살펴본다.

1) 소속감

소속감(sense of belonging)은 개인이나 집단의 정체성(identity) 형성에 필수적인 요소이며, 특정 사회에서 누군가가 내부자로서 일체감을 가지는 상황이다. 어떤 장소에서 강한 소속감을 가지는 사람은 자신이 그 장소의 중심에 있으며 포섭되어 있다고 생각한다. 반면에 한 사회 내부에서 소속감을 가지지 못하는 사람은 그 사회에서 주변적인 위치에 머물거나 배제되었다고 느끼는 경우가 많다 (Atkinson et al., 2005; 이영민 외 옮김, 2011).

가족, 마을, 지역, 종족, 민족, 국가 등은 개인의 소속감을 형성하는 대상이 된다. 특히 한 사회의 대표적인 경관, 장소와 공간, 사회적 관행 등은 개인으로 하여금 소속감을 가지게 하는 요인이 된다. 예를 들어, 일본인은 '후지산'이라는 자연경관을 중심으로 일체감을 공유하면서 민족정체성을 형성한다(한국다문화교육연구학회, 2014). 과거 잉글랜드에서 전원의 풍경은 백인 중산층과 동일시되면서 그들의 소속감을 불러일으킨 반면, 흑인 여성에게는 배제의 장소가 되었다(Mitchell, 2000; 류제헌 외 옮김, 2011). 그러나 세계화에 따른 초국적 이주는 다문화사회를 초래하였고, 이는 개인으로 하여금 소속감에 대한 혼란을 야기한다. 한 사회에서 오랜 세월 동안 소속감의 대상이 되었던 경우가 더 이상 지속되지 않는 일이 발생한다.

시민성은 소속감과 밀접한 관련을 가진다. 왜냐하면 시민성과 소속감은 모두 영역 또는 공간에 토대하고 있기 때문이다. 시민성의 공간이 포섭과 배제의 공간으로 묘사되는 데서 소속감과의 밀접한 관련성을 읽을 수 있다. 시민성의 공간은 시민의 공간적 소속감(spatial belonging)으로 규정되며, 여기서는 외부자(outsiders) 또는 '타자(others)'를 배제시킨다(Jones, 2001).

한편, 지리의 관점에서 소속감은 장소감(sense of place)과 밀접한 관련을 가진다. 장소감은 장소에서의 지리적 사상에 대한 지식과 장소 안에 거주하는 인간이 의미를 부여한 세계가 결합하여 생성되는 것이다. 장소감은 공간적 스케일에 따라 향토애, 국토애, 인류애 등으로 나타나며, 이는 바로 장소에 대한 소속감인 것이다. 이에는 장소에 대한 지식, 장소와의 일체감, 입지감, 존재를 위한 생존공간을 만들고 지키려는 영역감, 그 속에서 우러나오는 자발적 소속감과 애착까지 포함하는 장소 소속감(place attachment), 장소에 대한 호기심(place curiosity) 등이 포함되며, 크게는 장소에 대한 총체적인 인식과 관심을 의미한다고 할 수 있다(서태열, 2005a).

한편, 랠프(Relph, 1976)는 그의 저서 『장소와 장소상실(Place and Placelessness)』에서 장소에 대한 인간의 경험에 대해 그 장소를 알지만 참여하지 못하는 '소외감(outsideness)'과 장소를 알고 참여까지 하는 '소속감(insideness)'으로 구분하였다. 그는 소속감을 더 세분하여 다음과 같이 4가지 유형으로 분류하기도 하였는데, 이는 위에서 언급한 장소 소속감과 같은 개념으로 받아들일 수 있다(서태열, 2005a, 70 재인용).

첫째, 간접적 소속감(vicarious insideness)으로, 한 번도 그 장소에 가 보지 않은 사람이 간접적인 자료를 통해 그 장소에 대한 느낌을 갖는 것이다. 외국 도시를 방문하기 전에 많은 자료를 통해 그 도시에 대한 감정을 가지는 것이 이에 포함된다. 둘째, 행태적 소속감(behavior insideness)으로, 각 장소들이 지니는 뚜렷한 특성으로 인해 각 장소를 구분할 수 있음에도 불구하고 어떤 장소에도 소속감을 느끼지 않는 것이다. 그 예로, 방문한 적이 있는 다른 두 도시를 행태적으로 알고 구분할 수 있으나, 어느 도시에도 특별한 소속감을 느끼지 않는 경우를 들 수 있다. 셋째, 감정이입적 소속감(empathetic insideness)으로, 어떤 장소에 대한 소속감을 느끼지는 않지만 그 장소의 분위기와 특성을 어느 정도 흡수하여 그 장소에 대한 감정을 발전시키는 경우이다. 예를 들면, 많이 방문한 도시는 상당히 잘 파악할 수 있고 그 도시의 특성이나 분위기를 바탕으로 한 감정과 소속감까지 가질 수 있다. 넷째, 실존적 소속감(existential insideness)은 그가 살고 있는 장소에 대해 느끼는 감정으로, 그 사회에 대한 강한 소속감을 느끼며 경관에 대한 일종의 애향심까지 갖고 있다.

2) 정체성

(1) 정체성의 의미와 형성 요인

시민성과 매우 밀접한 관련을 가지는 것이 정체성(identity)이다. 정체성이라는 용어는 매우 다양하고 중층적인 의미를 가지고 있지만, 자신이 누구인가, 타자와 어떤 관계에 있는가, 그리고 자신과 타자들로 구성된 사회공간적 관계 속에서 무엇을 어떻게 해야 하는가에 대한 인식의 집합으로 정의될 수 있다(최병두, 2009). 달리 말하면, 정체성은 "가치, 표준, 기대, 다른 사람의 사회적 역할을 ⋯ 자신의 행위와 자아로 동화시키는 데에 수반되는 사회심리적 과정"이다(Theodorson and Theodorson, 1969, 194-195; 김용신·김형기 옮김, 2009 재인용). 이처럼 정체성은 자기 자신을 어떻게 바라보는가의 문제와 직결된다고 할 수 있다.

정체성은 문화정체성, 계급정체성, 사회정체성, 성정체성, 종교정체성, 집단정체성으로 구분하기도 한다. 문화정체성(culture identity)이 개인 스스로 사회의 어떤 문화에 속해 있다고 믿게 되는 개인의 자의식과 구조를 의미한다면, 계급정체성(class identity)은 특정한 계급구조에 속한 사람들이 유사한 행동과 가치체계를 공유함으로써 표출되는 정체성을 의미한다. 사회정체성(social identity)이란 사람들이 자신이나 상대방을 파악할 때 각기 개별적이고 독특한 개체로 파악하기보다는 특정한 사회적 집단에 소속된 하나의 구성원으로 파악하면서, 사회적으로 규정된 집단적 가치나 문화적 가치에 견주어 그 대상자의 사회적 역할을 정형화하는 것이다. 그리고 성정체성(gender identity)은 한 개인이 자신을 소년 또는 소녀로, 이후에 여성 또는 남성으로 간주하게 되는 심리적인 상태를 의미한다. 종교정체성은 개인이 한 집단(공동체) 속의 사회적 관계망에 의해 갖게 되는 종교적 신념을 의미한다(Tajfel, 1982; 한국다문화교육연구학회, 2014). 한편, 정체성은 지리적 관점에서 장소정체성으로 불리며, 공간적 스케일에 따라 지역정체성, 국가정체성, 글로벌정체성 등으로 구분하기도 한다.

이러한 정체성은 다양성(diversity)이 발현되는 기제가 된다. 정체성 역시 시민성과 마찬가지로 정적이고 단차원적 개념이 아니라 진화하며, 역동적이고, 복잡하며, 지속적인 과정이다. 정체성은 개인의 내적 본질을 깨닫는 성질로서 외부와 상호작용을 통해 변할 수 있다. 즉 정체성은 고정된 것이 아니라 환경과 문화에 따라, 시간과 공간에 따라 가변적인 맥락적 성격을 갖는다.

데카르트는 사람들의 정체성이란 단일하고 합리적이며 안정적이라고 가정하였지만, 오늘날 문화연구 관점은 이러한 가정을 반박하고 있다. 이들에 따르면, 우선 정체성이란 계급, 연령, 직업, 젠더, 섹슈얼리티, 국적, 종교, 고향 등 많은 요인에 의해 형성된다. 또한 우리의 행태에 영향을 미치는 개별 특성 및 능력, 곧 주제 위치(subject positions)에 관한 다양한 담론이 이러한 요인들을 둘러싸고 있다(박경환 외 옮김, 2012).

정체성은 대개 개인에게 자신이 속한 집단과의 소속감이나 동일시를 통해 안정된 느낌을 주지만, 오늘날 정체성은 개방된 사회공간에서 타자와 부단한 관계 속에서 경쟁적·갈등적 투쟁을 통해 구성·재구성된다. 다문화사회에서 새로 유입된 외국인 이주자들뿐만 아니라 원주민들의 정체성은 보다 대립적·갈등적 관계를 보이면서, 이중적 또는 혼종적·다규모적으로 변화하게 된다. 다문화사회에서의 정체성은 다른 사람들 간의 관계 속에서 상호관계성과 다규모성을 가지며, 장소기반적이지만 또한 탈장소적이고 이에 따라 간공간적일 뿐만 아니라 다규모적으로 재구성된다(최병두, 2011c).

이러한 과정을 최병두(2011c)는 정체성의 '밀고 당기기' 과정으로 묘사하면서 이는 '정체성의 정치' 또는 '차이의 정치'로 지칭된다고 하였다. 정체성의 정치란 어떤 집단의 구성원들이 부당한 취급이나 대우를 경험함으로써 집단적으로 인식하게 된 자신의 정체성에 바탕을 둔 정치적 행위 및 이와 관련된 이론과 태도를 말한다. 정체성의 정치라는 개념은 20세기 후반에 처음으로 등장하여, 1960년대 중반의 시민권 운동에 의해 크게 고무되었다. 이후 원주민, 여성, 소수인종, 성적 소수자 등 주변화된 사회문화적 소수집단의 권리 확장과 독특한 정체성 인정을 위한 정치적 결사로 확산되었다(한국다문화교육연구학회, 2014).

한편, 정체성의 정치는 영역과 경계와 밀접한 관련이 있다. 영역을 구분 짓는 경계는 국가를 지도상에 단순한 선으로 구획하는 것으로만 정의되지는 않는다. 경계는 포섭(inclusion)과 배제(exclusion)의 유용한 지표들로서 일련의 불명확한 구성체들을 의미한다. 예를 들면, 지도는 단지 경계를 명확하고 정확하게 구획한 것에 지나는 것이 아니라, 세계에 대한 이데올로기적 지각의 재현들이다(Black, 1997). 인종차별주의와 사회적 배제는 '우리(us)'와 '그들(them)', '내부자들(insiders)'과 '외부자들(outsiders)'이라는 단순한 이분법적 사고를 로컬, 국가, 글로벌 차원에 각인하고 있다. '외부자들, 그들, 타자'는 내부자들과 다를 뿐만 아니라, 그들은 잠재적으로 '내부자들 또는 우리'에게 위험한 존재로 인식된다.

그러나 역설적으로 외부자들은 내부자들을 함께 결속시키는 원동력이 된다. 왜냐하면 적대적인 타자는 집합적인 정체성의 원천이기 때문이다(Moretti, 1999, 29). 이주는 또 다른 배제를 생산한다. 이주자는 항상 권리의 관점에서 내부자의 지위를 인정받을 수 없는 외부자로 인지된다. 이러한 권리들은 정착할 권리, 일할 권리, 가족 재통합을 위한 권리, 투표할 권리, 시민권을 부여받게 되거나 완전한 시민이 될 권리 등을 포함한다. 그러나 '이주자'라는 용어 그 자체는 애매하다. 어디로부터 어디로의 이동이며, 그리고 얼마나 오랫동안의 이동이냐의 관점에서 볼 때 이주에 대한 조작적 정의는 거의 불가능하다. 우리는 대부분 한 종류 또는 또 다른 종류의 이주자들로서, 이를 확장하면 우리는 모누 이주사들의 사손이나. '보착'이라는 개념은 사회직으로 구성된 용어이며, 이데올로기적으로 규정된 용어이다. 그러나 많은 관점에서 우리는 토착민과 이주자라는 이분법으로 인구를 구분한다. 이주는 결코 긍정적인 관점으로 인식되지 않는다. 이주자들은 외국인, 즉 배제된 '그들'로 취급되며, 더욱 극단적으로 블랙(black)으로 취급된다.

그렇다면 시민성과 정체성은 어떤 관계가 있는 것일까? 먼저, 시민성과 정체성 간 관계에 관한 논의는 이들을 상호 대립적인 것으로 이해하는 견해와 시민성을 정

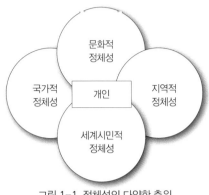

그림 1-1. 정체성의 다양한 층위
출처: Banks, 2004.

체성의 한 차원(또는 부분)으로 이해하는 견해로 구분된다(Hussain and Bagguley, 2005). 다음으로 시민성과 정체성 간의 관계에 관한 논의는 시민성이 법적으로 규정되는 '형식적 시민성'으로 이해될 것인가 또는 정체성에 근거하여 사회문화적으로 구성되는 '실천적 시민성'으로 이해될 것인가, 그리고 다른 한편으로 자유와 자율, 평등과 정의 등과 같은 보편적 가치를 가지는 '글로벌 시민성'으로 설정될 것인가 또는 외국인 이주자를 포함하여 소수집단들의 장소−특정적 조건에 초점을 둔 '로컬 시민성'으로 설정될 것인가의 문제를 안고 있다(최병두, 2011c).

(2) 장소정체성의 재구성

앞에서도 언급했듯이, 정체성은 장소기반적이다. 그러나 세계화로 인해 정체성은 또한 탈장소적이고 이에 따라 간공간적일 뿐만 아니라 다규모적으로 재구성되고 있다. 사람들은 자신의 삶이 영위되는 공간과 시간상에서 어떤 위치를 가진다. 물론 이 위치는 절대적이라기보다 다른 사람이나 사물들과의 관계 속에서 결정된다. 장소정체성은 그곳에서 생활하는 사람들의 '뿌리내림(착근화)'을 위한 다양한 활동들을 통해 강화되거나 또는 이동성(탈착근화)으로 인해 약화되기도 한다(Relph, 1976; 최병두, 2011c).

장소정체성은 그 형성 및 변형 과정에 권력관계를 반영한다. 특히 근대 국민국가의 발달은 사람들의 일상생활이 이루어지는 장소를 넘어 국가적 차원에서 정체성의 강화를 전제로 한다(최병두, 2011c). 그러나 현대 자본주의적 정치경제가 국민국가의 경계를 넘어 전 지구적 차원으로 확장됨에 따라 국민들을 국가적 정체성의 틀 속에 가두어 놓기 어렵게 되었다. 경제 및 문화의 세계화 과정과 더불어 교통통신기술의 발달에 따른 시공간적 압축 과정은 국지적·국가적 정체성을 점차 약화시키고 있다.

그러나 이러한 지구화 과정과 흐름의 공간 속에서, '나(우리)는 누구인가'라는 정체성에 관한 의문

은 사라지기보다는 더욱 중요한 의미를 가지게 되었다. 세계화 과정에서 과거 국가와 동일시하던 정체성의 정도는 점차 약화된 반면, 국민국가의 차원보다 위의 글로벌 차원 그리고 이보다 아래의 로컬적 차원의 정체성이 더 의미를 가지게 되었다. 특히 국경을 가로질러 이동한 초국적 이주자들에게 국가적 정체성은 상대적으로 약화되는 반면, 글로벌 및 로컬 정체성이 더 큰 의미를 가지게 되었다. 이러한 점에서 이들이 가지는 정체성은 국가의 경계를 벗어난다는 의미에서 (탈)경계적 공간, 양 국가의 경계에 위치한 경계공간(또는 이를 넘어선다는 의미에서 탈경계적 공간) 또는 양 국가의 사이에 형성된 사이[간(間) 또는 사이(in-between) 공간], 제3의 공간에 위치하면서 어느 한 곳에 고정되지 않은 '유연적' 또는 '유목적' 또는 혼종적 정체성으로 특징지어지기도 한다(최병두, 2011c).

탈식민주의 관점에 의하면, 현대사회의 특징인 자본의 지구화 과정으로 사람들의 대이동이 발생하고 이질적 문화들이 만나서 문화적 혼종성이 발생하면서, 지금까지 없었던 혼종적이고 전환적인 정체성이 창출되고, 이러한 정체성을 가진 경계적 존재들로 하여금 창조적 긴장감을 유발하는 '제3의 공간'을 만들어 내도록 했다는 것이다(bhabha, 1994: 1; 이소희, 2001; 최병두, 2011c).

탈식민주의뿐만 아니라 초국가주의, 세계시민주의 등의 입장에서 다소 다르게 접근되고 있지만, 기본적으로 초국적 이주자들의 정체성은 고정된 장소나 위치에 고정된 것이 아니라 지리적 이동과 새로운 지역에의 정착, 즉 탈영토화와 재영토화 과정을 통해 형성된 유동적인 것으로 이해된다. 그러나 현대인의 정체성이 유동적이라고 할지라도, 생활공간을 초월한 비장소적 정체성으로 간주될 수는 없다. 왜냐하면 인간은 어떤 형태로든 일상생활이 영위되는 장소에 근거를 두고 삶을 영위하기 때문이다. 이러한 점에서 국민국가의 하위 단위 지역에서 형성되는 로컬적 정체성은 여전히 중요한 의미를 가진다(최병두, 2011c).

지구화된 사회, 네트워크 사회에서 어떤 한 지역에 사는 사람은 현재 살고 있는 지역에 대한 정체성과 더불어 일상적으로 연계된 다른 지역과의 관계 속에서 확장된 정체성을 가지게 된다. 로컬적 정체성은 사라진 것이 아니라 여러 지역에 걸쳐 네트워크화된 것, 따라서 지구화되는 것으로 이해된다. 이러한 점에서 특히 초국적 이주자의 정체성은 글로벌-로컬적이라고 할 수 있다(최병두, 2011c). 이렇게 네트워크화된 정체성은 또한 개인적, 로컬적, 국가적, 지구적 차원의 정체성으로 다중스케일화된다. 글로벌-로컬화된 사회라고 할지라도 국가적 정체성은 사라지지 않는다. 글로벌-로컬 과정 속에서도 국민국가는 느슨해진 영토적 경계를 공고히 하면서 국가적 정체성의 붕괴 또는 약화를 막기 위해 전통적 담론이나 이데올로기를 동원하는 주류 정체성의 정치를 강구한다. 이러한 네트워크화, 다규모화된 정체성 안에서 지구적, 국가적, 로컬적 요소들은 서로 조화·갈등을 이루면서 관련적으로 변화한다(최병두, 2011c).

3. 시민성의 구성요소로서 '공동체'와 '시민'

1) 공동체와 시민

시민성은 그 의미상 공동체(community)를 경계로 안과 밖, 내부자와 외부자, 즉 포섭과 배제를 전제한다(Turner, 1986). 공동체는 하나의 사회조직으로서 공간적·지역적 단위를 의미하기도 하고, 이와 관련된 심리적 결합 또는 소속감을 의미하기도 한다. 그리고 시민은 공동체 구성원으로서 개인을 의미한다. 대부분의 사람들은 공동체의 구성원으로서 기능하며, 따라서 모든 인간은 시민이라는 결론에 도달할 수 있다. 그러나 역사적·사회적으로 볼 때 모든 사람들이 시민으로 인정받은 것은 아니었다.

고대로부터 시민이란 특정한 지위와 권리를 가지고 공동체에 책임과 의무를 다할 수 있는 사람을 의미하였다. 따라서 이러한 지위와 권리를 부여받지 못했거나 공동체에 참여할 능력이 없는 사람은 시민으로 인정받지 못했다.

고대 그리스 시대부터 근대까지의 시민 개념은 공동체의 구성원 중에서도 공동체와 권리·의무 관계를 형성하고 있는 사람들만을 의미했으며, 이러한 정의에 의하면 시민의 지위는 모든 인간을 포괄하지 못하고 특정한 계급의 사람들에게만 한정되어 왔으며, 시민의 지위를 가지고 있으면서도 그것을 행사할 수 없는 사람들도 많았다.

현대사회로 오면서 국가 공동체의 구성원으로서 시민(국민) 개념과 시장 공동체의 구성원으로서 시민 개념이 계속해서 이어지는 한편, 국가와 시장의 문제점들을 비판하고 감시하며 인간답게 살기 위한 자유롭고 평등한 삶의 영역으로서 '시민사회'라는 공동체가 등장하게 되었다. 시민사회 공동체의 구성원으로서 시민은 비대화되는 관료제 국가로 인해 개인의 인권이 침해되는 문제와 사회적 불평등과 인간의 이기심을 극대화시킴으로써 비인간화를 심화시키는 시장의 문제를 비판하면서, 인권이 존중받는 공동체를 만들기 위해 자발적으로 공적 영역에 참여하는 사람을 말한다. 시민사회 공동체의 시민은 자유롭게 비판·감시·참여할 권리와 의무를 동시에 지고 있다고 볼 수 있다.

이때 시민사회 공동체의 경계는 항상 개방되어 있으며, 공동체 안에서는 누구나 자유롭게 활동할 수 있으므로, 시민사회 공동체에서 시민의 지위와 권리는 모든 사람들에게 부여되어 있다고 할 수 있다. 그리고 이들이 시민사회에 참여해야 할 의무는 의무이긴 하지만 외적으로 강요되는 것이 아니라 자발적으로 이루어지므로, 모든 시민들이 시민사회 공동체에 참여해야 할 의무를 다하는 것은 아니다. 즉 모든 시민들이 시민사회에 참여할 수 있는 권리와 의무를 지니고 있으나, 모든 시민이 이러한 권리와 의무를 행사하지는 않는다고 할 수 있다.

또한 현대사회에서는 국가의 경계를 넘어 국제적 교류가 증가하고, 어느 한 국가의 힘으로는 해결할 수 없는 환경, 평화, 자원 등 세계적 차원의 문제가 증가하면서 세계 공동체가 우리의 삶에 중요한 영향을 미치게 되었다. 개인이 외국어를 배우거나 해외여행을 하지 않더라도 이미 세계 곳곳마다 외국 상품과 기업이 진출해 있으며, 다양한 문화와 종교, 가치관이 전파되고 있고, 세계 공동체의 환경오염, 전쟁, 자원 고갈 등이 개인과 개인이 속한 집단에 영향을 주고 있다.

이러한 세계 공동체의 구성원으로서 세계시민은 세계 공동체 속에서 개인적 차원에서나 자신이 속한 집단적 차원에서 자신의 인권을 존중받을 권리를 갖고 있는 한편, 타인과 타 집단의 문화적 다양성을 존중하고 관용하며 세계 차원의 문제 해결을 위해 노력해야 할 의무를 가지고 있다고 볼 수 있다. 이러한 세계시민의 지위는 세계 공동체를 구성하고 있는 모든 인간들에게 부여되는 것이며, 이들이 실제로 권리와 의무를 향유하고 있지 못하다고 해서 시민의 지위가 박탈되는 것이 아니다.

이렇듯 현대사회에 접어들어 시민사회 공동체와 세계 공동체가 등장하면서, 모든 사람들이 시민의 범주에 포함되었다. 시장 공동체나 국가 공동체 시민의 범주에서 제외되었던 사람들도 시민사회 공동체의 시민으로서, 세계 공동체의 세계시민으로서 지위와 권리·의무를 부여받게 된 것이다. 요컨대 고대 그리스 사회로부터 근대사회까지는 시민의 범주가 특정 계급에 한정되어 있었지만, 현대사회에서는 인간이면 누구나 다 시민이라고 할 수 있다.

2) 자유주의적 시민성과 공동체주의적 시민성

공동체와 시민 간의 관계는 주로 권리·의무 관계로 규정되는데, 이러한 관계를 어떻게 규정하느냐에 따라 시민에게 요구되는 자질이 달라진다. 시민성과 시민의 의미를 구체적으로 살펴보면 시대마다 상이하지만, 공동체와 시민 간의 관계에 있어 공적인 측면(공동체의 측면)을 강조하는가, 사적인 측면(시민의 측면)을 강조하는가에 따라 두 가지로 나누어진다(조영달, 1997, 44).

이는 시민성(citizenship), 시민(citizen), 문명(civilization) 등 동계어들의 기원인 civic과 civil의 구분, civism과 civility의 구분을 살펴보면 알 수 있다. civic과 civil이라는 형용사가 쓰이는 방식을 보면 시민 간의 관계, 공공 삶, 시민성에 대해 서로 다른 함의를 가지고 있음을 알 수 있다. civic이 공동체에 대해 더욱 긍정적인 태도, 애국적인 태도를 고취하는 맥락에서 사용되는 반면, civil은 이러한 의미 외에도 야만성에 대비되는 것으로의 문화 혹은 세련됨을 의미하기도 한다. 즉 '사적인 정의를 성취할 수 있도록 법적으로 부여된', '점잖은', '질서 있게 정돈된', '문명인의' 등의 의미를 함축한다(조영달,

1997, 45-46). 간단히 말해서, civic과 civism은 공동체에 대한 시민의 헌신과 의무를 우선시하는 '공동체주의적 시민성'을 의미하고, civil과 civility는 공동체보다 시민의 지위와 권리를 우선시하는 '자유주의적 시민성'을 의미한다.

자유주의적 시민성은 시민의 지위와 권리에 기반해서 시민의 자질을 주장한다. 자유주의적 시민성에서 시민이라는 지위는 사회성원 모두에게 무조건적으로 주어져 있다. 따라서 권리는 획득되는 것이 아니며, 사용하지 않는다고 해서 사라지는 것도 아니다. 권리는 시민에게 무조건적으로 주어져 있다. 개인은 논리적으로나 도덕적으로나 국가에 선행한다. 권리는 개인에게 내재해 있으며, 태어나면서부터 선천적으로 주어진 것이다(천부인권). 따라서 개인의 권리는 절대로 침해될 수 없다. 그러므로 사회와 국가의 가장 중요한 목표 중의 하나는 개인 혹은 개인의 권리를 보호하는 것이다(조영달, 1997, 52).

이와는 달리 공동체주의는 개인의 지위와 권리보다 공동체에 대한 의무와 실천을 더 우선시한다. 공동체주의적 관점에서 시민이 된다는 것은 곧 역사적으로 발달된 공동체에 속하게 되는 것을 의미한다. 개인성(individuality)은 공동체로부터 나온 것이고 공동체 속에서 결정된다(Gunsteren, 1994, 41). 공동체주의는 다음의 두 가지 전제에서 자유주의와 구분된다. 첫째, 개인은 논리적으로 사회에 선행하는 존재가 아니다. 개인은 사회적 맥락 속에서만 자신의 이름을 가지며, 점차로 성장하면서 사회적으로 정의된 다양한 역할들을 인식하고 교육받으며 그중에서 자신의 역할을 선택하게 된다. 그리고 이러한 사회적 역할은 바로 시민으로서의 의미가 된다. 둘째, 개인은 주권이나 도덕적 우선성을 갖고 있는 존재가 아니다. 사회는 사회의 유지와 발전을 위해 개인의 시간, 자원, 심지어 그들의 생명까지도 직접적으로 요구할 수 있다. 이러한 요구는 계약에 의해 성립되는 것도 아니며, 시민이 창출한 의무도 아니다. 이것은 시민으로서 자신의 정체성과 관련된 의무이다. 따라서 이러한 요구를 수용하지 않으면 시민이기를 포기하는 것이 된다(Oldfield, 1990).

이러한 자유주의적 시민성과 공동체주의적 시민성의 논의를 자세히 살펴보면, 초기에는 각 입장의 극단적인 주장, 즉 극단적 자유주의나 극단적 공동체주의가 주장되었지만, 현대로 오면서 양쪽 입장이 각각 완화된 형태인 '자유주의적 평등주의 시민성'이나 '신공화주의 시민성'으로 지향되고 있다. 자유주의적 시민성과 공동체주의적 시민성 논의가 비록 기본적인 인간관이나 사회관에 대해서는 서로 다른 견해를 가지고 있다고 하더라도, 인간 행동에 실제로 적용되는 권리·의무의 모습에 대해서는 중복 합의가 가능할 것이며, 각 입장의 완화된 주장은 이러한 합의의 모습을 보여 준다. 즉 시민이 권리를 가지고 있다고 하더라도 자신의 권리를 실행하기 위해서는 공동체 내에서의 제도적 장치가 필요하며, 시민으로서 권리를 부여받지 못한 사람은 공동체에의 참여와 권리 요구를 통해 권리를 획득하게 된다. 또한 시민으로서의 권리를 지속적으로 향유하기 위해서는 공동체에 대한 의무를 수행해야 하고, 시민이 공동체에 대한 의무를 제대로 수행하도록 하기 위해서는 시민으로서의 권리를 보장해 주어야 한다.

4. 시민성의 유형

시민성의 개념이 이론의 여지가 있고, 시간에 따라 가변적인 성격을 지니듯, 시민성을 어떻게 범주화할 것인가에 대한 생각 역시 학자마다 다르다. 사실 이제 세상에는 너무도 많은 유형의 시민성이 존재하여 나열하기 어려울 정도이다. 그렇지만 시민성의 의미를 구체화하려면 어느 정도의 범주화를 수반할 수밖에 없다.

먼저, 시민성은 크게 고전적 시민성과 보편적 시민성으로 구분하기도 한다. 고전적 시민성은 근대적 의미의 시민성 개념과는 구별되는 것으로서, 고대 그리스와 로마에서의 시민성 개념을 의미한다. 그리스에서 시민은 주로 정치 공동체의 성원이 되어 공동체의 문제 해결에 참여할 수 있는 지위를 가진 사람을 말한다. 반면에 보편적 시민성은 자유주의적 시민성 이론의 한 유형으로, 정치 공동체의 구성원 모두에게 동일한 정치사회적 권리가 부여되는 법적 지위의 관점에서 시민성을 정의하며, Marshall(1950)이 대표적이다(한국다문화교육연구학회, 2014).

그리고 Janoski and Gran(2002)은 시민성을 자유주의적 시민성(liberal citizenship), 공화주의적(공동체주의) 시민성(civic republican citizenship), 탈국가적 시민성(post-national citizenship), 포스트모던 시민성(post-modern citizenship)으로 범주화하여 제시하였다. 이와 유사하게 Dobson(2003)은 4가지 차원[권리/책임(의무), 공적/사적, 덕목/비덕목, 영역적/비영역적]에 초점을 두어, 시민성을 자유주의적 시민성, 공화주의적 시민성, 탈세계시민주의(post-cosmopolitan citizenship)으로 구분한다(표 1-1). 이 두 학자의 시민성 유형 분류는 유사하면서도 약간의 차이가 있다.

첫째, '자유주의적 시민성'은 의무보다는 개인의 권리를 강조한다. 자유주의적 시민성은 자유로운 집회와 저항과 같은 연합의 자유를 향유하기 위해 각 개인의 권리를 촉진시킨다. 자유주의적 개인주의자들은 억압 또는 비난의 두려움 없이 로컬, 국가, 세계적 스케일에서 그들 사회의 정치적 생활에서 활동적이고 교양 있는 참여를 위해 권리를 가져야 한다고 믿고 있다. 개별 시민들의 권리를 충족시키기 위해서는 국가와 제도의 역할이 중요하다. 자유주의적 시민성은 공간적으로 국민국가와 국민국가의 공민 및 정치적 기구들(civic and political apparatus)과 밀접하게 연관된다. 따라서 지방의회

표 1-1. 시민성의 유형

자유주의적 시민성	공화주의적 시민성	탈세계시민주의 시민성
권리(계약상의) 공적 영역 덕목 없음 영역적(차별적인)	의무/책임(계약상의) 공적 영역 '남성' 덕목 영역적(차별적인)	의무/책임(비계약상의) 공적 및 사적 영역 '여성' 덕목 비영역적(비차별적인)

출처: Dobson, 2003.

가 열리는 대회의실(council chambers), 복지 사무소(welfare office), 국영 학교와 병원들은 자유주의적 시민성이 나타나고, 형성되며, 경쟁하는 장소들의 일부이다. 이러한 장소들 중의 하나를 폐쇄하기 위한 결정은 권리를 떠올려 저항으로 이어질 수 있다. 개인의 복지와 서비스 제공을 비롯하여 시민들의 법적 권리와 실제적인 권리에 관심을 기울인다(Lewis, 2004).

둘째, '공화주의적(공동체주의) 시민성'은 권리보다 의무(또는 책임성)를 강조하는 경향이 있다. 로컬적 참여를 강조하는 능동적 시민성(active citizenship)과 공민적 의무가 개인적 권리보다 강조된다. 따라서 공화주의적 시민성은 국민국가라는 스케일의 아래 장소들, 특히 로컬 공동체라는 장소에서 가장 명백하게 나타난다. 이러한 장소들은 공식적인 자발적 조직(formal voluntary schemes), 시민센터(civic centres) 또는 로컬 공동체가 대표적이다.

셋째, '탈국가적 시민성'은 국가가 시민들을 위한 유일한 것일 수는 없다는 것을 강조한다. 탈국가적 시민성은 공식적 권리들이 한 국가의 시민들에게 다른 국가들 또는 초국가들에 의해 어떻게 수여될 수 있는지를 검토한다. 따라서 초국적 및 이중 시민성(transnational and dual citizenship), 디아스포라 및 세계시민주의(diasporic and cosmopolitan citizenship)이라는 개념은 시민성의 형성에서 국제적 연계의 중요성을 강조한다. 한편, 탈국가적 시민성은 국가 아래의 스케일이 시민성의 형성에 어떻게 관여하는지에도 관심을 기울인다. 그러므로 국가 위아래 스케일의 범위에서 탈국가적 시민성을 검토하는 것이 가능하다. 이러한 스케일은 연결될 수도 있고 연결되지 않을 수도 있다. 그러나 이러한 상이한 장소들 간의 상호연결을 추적하는 것에 강조점을 둔다.

마지막으로, '포스트모던 시민성'은 국가적 정체성보다 오히려 문화적 정체성과 사회적 정체성을 강조하면서 다양성과 차이를 인식한다. 포스트모던 시민성은 원주민 또는 소수민족, 젠더, 성적 시민성, 종교, 연령 및 장애에 관심을 기울인다. 공간이 시민으로서의 정체성과 소속감을 수여하기 위해 어떻게 사용되는지, 로컬 공간이 어떻게 저항의 장소로 사용될 수 있는지, 한 국가의 소속감과 관련된 사실적 법적 권리에 대한 주장 등에 관심을 기울인다. 최근 지리학에서는 정체성을 결정하는 데 있어 공간의 관계적 및 다중스케일적 본질(relational and multiscalar nature)을 인식해 오고 있다. 따라서 포스트모던 관점은 시민으로서의 정체성이 국가라는 공간으로부터 올 뿐만 아니라 국가의 경계를 넘는 그리고 국가의 경계 아래의 공간으로부터도 온다는 것을 인식한다. 공간 간의 아이디어, 정보, 사람의 흐름이 어떻게 문화적 시민성(cultural citizenship)을 형성할 수 있는지에 초점을 둔다(Closs Stephens and Squire, 2012a).

자유주의적 시민성은 국가시민성과, 공화주의적 시민성은 로컬 시민성과 보다 밀접한 연관을 가지며, 탈국가적 시민성과 포스트모던 시민성은 문화적 시민성과 밀접한 관련을 가진다. Miller(2002, 242)에 의하면, 시민성은 지연 또는 혈연에 근거하기보다는 오히려 문화와 관련하여 다양한 변이를 양산한다. 더욱이 Jackson(2010, 139)은 시민성이 엄격한 법적·정치적 양상보다 감성적 또는 정의적 차원에 더욱 의존하게 된다고 주장하면서, 이를 '문화적 시민성'이라고 한다(표 1-2).[1] 많은 이주자들은 이주한 새로운 국가를 선택하기보다는 오히려 두 국민국가 간의 초국적인 사회적·경제적 연계를 유지한다(Ho, 2008).

한편, Yarwood(2014)는 여러 지리학자 및 사회과학자들이 시민성에 관해 논의한 것을 요약하여 '시민성의 용어 목록'을 제시하고 있다(표 1-3). 그에 의하면 시민성은 유동적이고, 이론의 여지가 있으며, 거의 고정되어 있지 않다. 그러므로 사람들을 특정한 종류의 시민으로 범주화하는 것은 어렵고 유용하지도 않다. 그럼에도 불구하고 많은 학자들은 특정한 사회적·정치적·문화적 쟁점을 분석하기 위해 다양한 시민성에 대한 용어를 사용해 왔다. 말할 필요도 없이, 다음 시민성 용어 목록은 철저하지 않지만 시민성이 지리학자들과 다른 사회학자들에 의해 사용되는 방식의 일부를 요약하려고 시도한 것이다.

표 1-2. 국가정체성과 문화적 정체성의 비교

국가정체성(national identity)	문화적 정체성(cultural identity)
• 정치적·법적 계약으로서의 시민성	• 사회적·문화적 구성으로서의 시민성
• 설정된 국가 경계에 근거하고, 경계를 유지하는 것	• 유동적이고 초국적인 정체성
• 정치적 권리와 정체성이라는 공식적 개념	• 글로벌 장소감에 근거한 보다 넓은 지리적 상상력

출처: Jackson, 2010, 139.

---

1 이경한(2007, 213)은 개인이 국가에 대해 가지고 있는 정체성을 국가정체성으로 규정하고, 국가 구성원으로서 국가를 사랑하고 믿고 일체감을 느끼는 상태, 혹은 한 국가의 모든 국민들을 결속시키는 유대감으로 애국심, 국가에 대한 소속감, 충성심이라고 정의하였다. 이어서 국가정체성을 크게 3가지 하위요소, 즉 정치정체성, 영토정체성, 문화정체성으로 분류하였다. 정치정체성은 국가의 상징이나 엠블럼 등에 관한 태도를, 영토정체성은 영토와 관련된 태도를, 그리고 문화정체성은 고유문화나 삶과 관련된 태도를 의미한다고 보았다. 그러나 본 연구에서는 국가정체성과 영토정체성은 동일한 것으로 간주하며, 문화정체성은 이들과 대비되는 개념으로 본다. 왜냐하면 최근 지리학에서 논의되고 있는 문화정체성이란 사회적·문화적으로 구성되는 정체성으로, 유동적이고 초국적 정체성을 의미하기 때문이다.

표 1-3. 시민성의 용어 목록

유형	의미
능동적 시민성 (active citizenship)	이 용어는 시민성이 수동적으로 수용되기보다 오히려 능동적으로 수행되어야 한다는 것을 의미한다. 의무가 권리보다 강조되며, 사람들이 로컬 정부 주도의 자발적 활동에 참여하도록 격려된다. '공적(public)' 시민 그리고 '공동체주의(communitarian)' 시민이라는 용어는 이러한 활동에 종사하는 사람을 표현하기 위해 사용된다.
반시민(the anti-citizen)	이 용어는 시민성의 헤게모니적 관점을 공유하지 않는 사람들을 표현하기 위해 사용된다.
생태시민성(biocitizenship)	시민성, 인간과 동물, 식품, 박테리아, 바이러스와 같은 비인간 행위자들 간의 공생 관계를 인식한다. 이들은 종종 생물보안(biosecurity)에 관한 논쟁에서 유발된다.
소비자 시민 (consumer citizen)	이 용어는 정치로부터의 탈퇴와 특권을 유지하기 위해 소비를 하는 것과 관련되지만, 더 널리 정치적 목적을 위해 공정무역 상품을 사는 것과 같은 소비 실천을 하는 사람들에게 적용된다.
세계시민주의 (cosmopolitan citizenship)	이 용어는 정치적·문화적 정체성은 국가라는 공식적인 경계를 넘어 확장한다고 인식한다. 이는 시민성의 법적인 측면보다는 오히려 시민성의 감성적 그리고 정의적 차원에 초점을 둘 뿐만 아니라, 글로벌 수준에서의 정치적 행동의 중요성을 인식한다.
영주권 (denizenship)	이 용어는 어떤 국가의 비국적 거주자들을 언급하는 데 사용된다. 그들은 그 국가에서 사회적·공민적(시민적) 권리는 가질 수 있지만, 정치적 권리를 가질 수 없다. 이 용어는 사람들이 어떻게 상이한 정부의 유형(예를 들면, 클럽의 구성원, 쇼핑센터의 고객)에 가입될 수 있는지를 기술하기 위해 확장된다.
이중/다원적 시민성 (dual/plural citizenship)	이 용어는 동시에 하나 이상의 국가로부터 공식적인 시민성의 권리를 유지하거나 습득하는 것을 의미한다.
환경적 시민성 (environmental citizenship)	이 용어는 국가를 통하거나 더 급진적인 채널을 통해 지속가능성을 향해 이동하는 시민의 능동적 참여에 기반한 시민성의 한 유형이다.
윤리적/도덕적 시민성 (ethical/moral citizenship)	국가가 요구하는 의무보다 오히려 '권리란 무엇인가'에 대한 인식을 통해 사회에 참여하기 위해 종교적 또는 정치적 원리에 따라 형성된 기꺼이 하려는 마음(의지)을 의미한다.
독립적 시민 (the independent citizen)	독립적 시민은 시장을 통해 '합리적 개인주의'에 헌신한 사람이다. 국가의 개입보다 신자유주의적 자본주의가 선택, 표현, 의사결정의 가장 훌륭한 결정요인으로 간주된다.
반항적 시민성 (insurgent citizenship)	종종 법적인 권위에 대한 물리적인 반대를 통해, 확고한 권력구조에 도전하는 새로운 유형의 시민성과 시민을 의미한다.
다층적/중층적 시민성 (multilevel/layered citizenship)	시민들은 동시에 상이한 공간 스케일(예를 들면, 로컬, 지역, 국가, 글로벌 등)에서 작동하는 상이한 정치적 공동체의 구성원이다. 이는 시민들은 상이한 사회집단(예를 들면, 젠더, 민족적 정체성 등에 근거한)의 다중적 구성원이 될 수 있다는 것을 의미한다. 이것은 또한 '유연한 시민성(flexible citizenship)'으로 간주되어 왔다. 이것은 로컬에서부터 글로벌에 이르는 공간에 걸쳐 있는 '다중스케일'의 권리와 책임성으로 이어진다.
수동적 시민성 (passive citizenship)	이 시민은 시민성의 이익과 특권의 수동적 수혜자이다. 권리의 수령이 의무의 수행보다 강조된다. '시민이라 불리는 사람(the entitled citizen)'은 특정한 공식적 그리고 비공식적 권리에 대한 접근을 가진 사람으로서 간주된다.
보철 시민 (the prosthetic citizen)	시민들은 시민으로 기능하도록 하는 도시환경(교통과 같은)의 특징(또는 보철)에 의존한다는 것을 인식시키기 위해 만들어진 용어이다.
시골 시민성 (rural citizenship)	이 용어는 시골성의 사회적 구성, 수행 또는 구조가 시민성에 영향을 주는 방법을 언급한다. 이것은 또한 사냥과 접근을 포함한 시골 지역에 대한 구체적인 쟁점을 논의하는 데 적용된다.

성적 시민성 (sexual citizenship)	이 용어는 시민성을 따르지 않는 시민들을 배제시킬 수 있는 성적, 보통 동성애혐오(이성애규 범적, heteronormative) 기초에 주의를 기울인다. '시민 변태(citizen pervert)'라는 개념 또한 사용되는데, 이는 'scary sex'를 실천할 뿐만 아니라 사적 공간과 공적 공간의 경계를 위반하 는 사람을 묘사한다.
초국적 시민성 (transnational citizenship)	이 용어는 시민성이 국가의 경계를 횡단하며, 국가를 이동하어 상이한 국기적 공간을 순환하 는 사람, 물질, 기술의 흐름을 향한다고 인식한다.

출처: Yarwood, 2014 재구성.

시민권 운동

시민권 운동(civil right movement)이란 한 사회에서 각 개인에게 부여된 시민권을 실제적으로 보장받기 위한 정치·사회적 운동을 말한다.

1953년부터 1968년까지 인종적 평등과 흑인에 대한 차별의 종식을 목표로 미국에서 진행된 운동이 대표적인 시민권 운동이다. 강력한 반차별주의 입법이라는 결과를 낳은 미국의 시민권 운동은 여러 국가의 시민권 운동에 영향을 미쳤다. 1967년 설립된 북아일랜드 시민권협회, 남아프리카공화국의 인종분리정책(Apartheid)에 대한 투쟁, 1960년대에 캐나다에서 일어난 프랑스어권 캐나다인들의 조용한 혁명, 나아가서는 정치적 평등에 집중되었던 초기의 페미니즘 운동 등이 이에 해당된다.

시민권 운동은 법적·정치적 영역에서의 시민권 획득과 보장에 초점이 맞추어져 있었고, 점점 사회적·문화적 영역으로 범위가 넓어졌으며, 다양한 사회적 소수자 권리의 보장으로 진화하고 있다. 현재의 시민권 운동은 새로운 사회운동으로 볼 수 있다. 성별에 따른 사회적 불평등 해소를 목표로 하는 페미니즘, 모든 생명체가 긴밀하게 연결되어 있다는 인식하에 인간, 자연, 사회의 유기적 관계를 복합적으로 파악하는 생태주의(ecologism), 장애인·노인 등의 소외계층에 대한 복지 서비스의 모형으로 제시되는 역량강화(empowerment, 권한부여) 등도 시민권 운동의 일환으로 간주된다.

시민권은 인권의 구체적인 발현 형태로서, 시민권 운동은 이주민을 사회의 구성원으로 인정하는 법적 주체로서의 권리를 부여해야 한다는 방향으로 점점 더 확대되고 있다.

시민권 운동은 미국의 다문화정책을 둘러싼 논쟁뿐만 아니라, 다문화사회로 진입한 우리 사회에 많은 시사점을 준다. 또한 시민권 운동은 인권보호 차원에서만 진행되는 것이 아니라, 소수자들의 정치적 집단화의 문제 및 우리 사회에 뿌리 깊이 박힌 자문화중심주의적 입장을 개선하는 데에도 크게 기여할 것이다.

(한국다문화교육연구학회, 2014)

5. 시민성의 공간

시민성은 개인이나 공동체 간의 관련성으로 정의되며, 또한 정체성의 개념과 상호 관련적인 것으로 이해된다. 그뿐만 아니라 시민성의 개념에는 다양한 공간적 요소들, 즉 위치/이동, 장소 및 공적/

사적 공간, 경계/영토, 흐름/네트워크, 층위/스케일 등이 포함되어 있으며, 특히 로컬, 국가적, 글로벌 층위의 다중스케일을 내재하고 있다(최병두, 2011b).

시민성에 함의된 공간적 측면, 즉 시민성의 공간은 역사적으로 다양한 방법으로 구성되었다. 근대적 의미의 시민성 역시 공간적 함의를 가지지만, 고전적 시민성의 개념과 그 공간성과는 현저하게 대비된다. 근대적 국민국가의 형성은 기본적으로 배타적 경계를 가진 영토에 근거를 두며, 경계의 안에 거주하는 모든 국민들에게 공통적으로 국가적 시민성을 부여하였다. 그러나 영토에 근거한 국민국가와 근대적 시민에 따른 초공간적 이동성에 의해 변하게 되었다. 세계화 국민국가의 영토에 기초하여 구축된 정치적 공동체의 특성을 약화시키고, 국민국가보다 더 큰 지구적 차원 및 국민국가 내 국지적 차원의 변화를 추동하는 공간적 재규모화 과정으로 이해된다. 이에 따라 국민국가에 근거한 국가적 시민성에 대한 의문이 제기되고, 초국가적 또는 탈국가적 시민성의 개념이 제시된다. 이 지구상에서 살아가는 한 인간으로서 자신의 삶과 정체성의 유지를 위한 보편적 권리를 가진다. 이러한 보편적 권리는 개별 국가나 지역을 초월하여 부여된다는 점에서 글로벌 시민성이라고 할 수 있다. 그뿐만 아니라 국가-영토 경계를 가로질러 이동하는 초국적 이주자들은 탈영토화와 재영토화 과정에 로컬 시민성의 중요성이 다시 대두되고 급기야 글로컬(glocal) 또는 다중스케일(multiscalar)에서의 다중시민성을 형성하게 되며, 특히 이들이 특정 지역에 정착하면서 만들어 내는 생활공간에서의 인종적·문화적 혼종화는 다문화사회로의 전환을 촉진하고 이에 따른 다문화적 시민성 개념을 부각시킨다(최병두, 2011b).

한편, 시민성에 대한 논의는 자동적으로 다양한 층위의 공간에서의 포섭(inclusion)과 배제(exclusion)라는 개념과 연결된다. 한 사회 내에서 완전한 시민으로 받아들여지는 사람들은 '포섭'된 것으로, 그렇지 않은 사람들은 '배제'된 것으로 간주된다(Storey, 2003b). 따라서 한 개인이 완전한 시민성(full citizenship)으로부터 어떻게 배제되는지를 고찰하는 것은 중요하다. 이러한 배제는 공식적으로 일어날 수도 있고 비공식적으로 일어날 수도 있다.

공식적 배제(formal exclusion)의 사례로는 투표, 일자리, 주거나 복지 서비스에 대한 접근을 제한하는 행위를 들 수 있다. 역사적으로 여성들은 많은 국가에서 완전한 시민이 되지 못했다. 특히 여성들은 투표를 할 수 있는 참정권이 없었다. 일찍이 민주주의가 정착된 영국에서조차 여성의 투표권은 1928년에야 획득되었으며, 스위스 여성들은 1971년까지도 연방선거에 투표할 수 없었다. 따라서 여성들은 완전한 시민이 되지 못했다.

비록 예외가 더러 있긴 하지만, 대개 한 국가에서 태어난 사람들은 그 국가의 시민권을 부여받는다. 그러나 보통 초국적 이주자들은 완전한 시민성을 부여받지 못한다. 초국적 이주자가 이주한 국가의 요구사항을 충족시킨다면, 그 국가의 시민이 될 수도 있다. 예를 들면, 일정 기간 거주해야 하고, 그 국가의 시민과 결혼하거나, 그 나라의 언어를 말할 수 있으며, 다른 여러 문화적 준거를 따라야 한다. 물론 이러한 요구사항은 국가마다 차이가 있다.

최근에는 시민성을 이러한 공식적인 배제로만 한정하지 않는 경향이 있다. 국가가 공식석으로 개인의 권리를 인정하는 경우에도 다양한 비공식적 배제(informal exclusion)가 일어나기 때문이다. 즉 명목상 완전한 시민으로 인정받는 국가에서도 비공식적 배제는 허다하게 일어난다. 비공식적 배제는 법적으로 완전한 시민을 사회적 약자(second-class citizens) 또는 소수자(minority)로 취급받는 것을 막지 못한다. 다른 민족적 배경을 가진 사람들, 동성애자(게이나 레즈비언), 장애자, 세계 인구의 절반을 차지하는 여성과 같은 소수자 집단은 종종 규범과 다르게 취급받기도 한다. 그들은 우리가 소위 정상적인 사회라고 하는 것으로부터 배제된다.

앞에서 언급한 것처럼 여성은 오랫동안 공식적으로 배제되었지만, 더 미묘한 배제를 경험하고 있다. 유사한 일을 하면서도 남성에 비해 적은 보수를 받는 경우는 허다하다. 이에 대한 자각은 단지 최근의 일이다. 사실 일부 사람들은 여전히 여성의 위치성이 집이나 부엌에 있다고 믿고 있다. 달리 말하면, 여성의 위치성은 그들의 젠더와 관련하여 규정된다. 비록 최근 사회에서 여성의 지위에 대한 상당한 진전이 있었지만, 그들은 여전히 차별에 직면하고 있다. 페미니스트 지리학자들은 관계와 젠더 불평등의 본질에 대한 탐색을 통해, 여성들이 어떤 장소나 공간으로부터 배제되는지를 조명해 오고 있다(McDowell and Sharp, 1997).

비공식적 배제는 비단 젠더만의 문제가 아니라 인종, 민족성, 장애, 성(sexuality)과 관련하여 야기된다(Jackson, 2002). 많은 국가들이 이에 관한 차별을 금지하는 법률을 제정하고 있지만, 법률은 인종차별주의, 장애인차별주의, 성차별주의, 동성애혐오증을 근절하지 못하고 있다. 그리고 이러한 차별은 특정 집단의 구성원들로 하여금 사회적 약자와 같이 느끼도록 만드는 데 기여한다. 그들은 사회에 완전히 포섭되지 못한다.

시민성에 대한 탐색은 누가 어떤 장소에 소속되는 것으로 간주되고, 누가 그곳에 소속되지 않는 것으로 간주되는지에 관한 사고를 포함한다. 시민성에 대한 탐색은 세계에 존재하는 많은 불평등을 고려하게 한다. 즉 상이한 국가들 간에, 동일한 국가 내에서, 심지어 동일한 지역 내에서 그러한 불평등이 존재하며, 이를 탐색하게 한다. 그것은 본질적으로 지리적이다. 따라서 시민성은 개인과 그의 보다 넓은 세계 간의 관계에 관한 것이다.

제2장 국가시민성

국가시민성(national citizenship)에 대해 논의하기 전에 '국가(state)', '국민(민족, nation)', 그리고 '국민(민족)국가(nation-state)'라는 용어에 대한 의미를 명확하게 할 필요가 있다.

1. 국가

1) 국가란 무엇인가? 국가정체성

'국가(state)'란 그곳에 사는 사람들이 권력구조에 의해 조직(또는 다스려지는)되는 지리적인 공간의 한 부분이라 할 수 있다. 국가는 그들의 영토에 대한 주권을 통해 외부에 그렇게 인식되어 왔다. 국가는 정치적 단위로 조직된 영역으로, 국내외 사안을 다루기 위해 설립된 정부가 통치한다.[1] 국가는 지구상에 규정된 영토를 점유하고 있으며, 영주하는 인구를 거느리고 있다. '나라(country)'라는 용어는 국가의 동의어이다. 나라는 토지 개념의 국가라고 할 수 있다.

시민성이 보통 개인과 국가 간의 관계로서 간주되는 것을 고려하면, '국가'가 정확히 무엇을 의미하는지를 규명하는 것이 가장 중요하다. 가장 유용한 방법 중의 하나는 세계지도를 보고 개별 국가들을 확인하는 것이다. 개별 국가들은 정치적·영역적 실체를 가진 국가이며, 오늘날 세계에서 정치적 조직의 기본단위로 간주된다. 국가는 지구상에 규정된 영토를 점유하고 있으며, 일정 수의 인구를 거느리고 주권을 가진 정치적 단위로 조직된 영역이다. 국가는 보다 넓은 관점에서 특정한 영토상에서 법적 권한을 가진 정치적 제도로 규정될 수 있다. 국가는 영역(territory), 사람(people), 경계(boundaries), 주권(sovereignty)이라는 4개의 본질적인 특징을 가지는 공간적 독립체이다(Storey, 2003a).

국가의 개념은 1648년 베스트팔렌 조약이 주권국가의 원칙으로 설립되기 전까지는 확고하지 않았다. 게다가 국가라는 시스템은 19세기까지 유럽을 넘어 확장되지 않았다. 주로 아프리카, 아시아, 아메리카에서 국가의 등장은 대부분 유럽의 식민지 팽창의 결과로 나타났다. 그전에는 다양한 더 국

---

[1] 국가는 대표적인 등질 지역이다. 왜냐하면 국가의 전 영역은 정부와 법, 군대, 지도자에 의해 관리되기 때문이다. 정치지리에서 사용하는 국가라는 용어는 미국 내 50개의 지방정부(state)를 지칭하는 것이 아니다. 즉 미국의 주는 'state'라는 단어를 사용하는데, 이때 사용하는 'state'가 국가(state)는 아니라는 뜻이다. 한국은 하나의 나라인가, 아니면 두 나라인가? 한반도는 대한민국과 조선민주주의인민공화국(북한)으로 나뉘어 있다. 두 정부는 모두 하나의 통일된 주권국가를 약속하고 있다. 중국과 타이완은 어떠한가? 중국과 타이완은 두 주권국가인가, 아니면 하나의 국가인가? 대부분의 나라는 중국(공식명 중화인민공화국)과 타이완(공식명 중화민국)을 분리된 주권국가로 인정하고 있다. 중국 정부에 따르면, 타이완은 주권국가가 아니라 중국의 일부이다.

지적인 정치적 시스템이 지배하였다.

국가는 고정적이지 않다. 즉 국가는 끊임없이 변화한다. 어떤 국가는 영원히 사라지는 반면, 새로운 국가가 나타나기도 하며, 다른 국가들은 재창출되기도 한다. 1980년대 후반과 1990년대 초반 공산주의 붕괴와 함께 구소련은 15개의 다른 국가들로 해체되었고, 그중에서 가장 큰 것이 러시아연방 (Russian Federation)이다. 유고슬라비아 또한 슬로베니아, 크로아티아, 보스니아 헤르체코비나, 마케도니아, 세르비아, 몬테네그로로 해체되었다. 그리고 동시대에 체코슬로바키아도 체코와 슬로바키아로 분리되었다.

2) 국가의 구성요소

(1) 영역과 영토 그리고 사람

'영역(territory)'이란 특정 개인, 집단 혹은 기관에 의해 점유된 지리적 공간이 가시적이거나 혹은 비가시적인 경계와 울타리를 바탕으로 내부와 외부를 차별화하고, 배제와 포섭의 권력적 통제를 표출하는 장소가 되었을 때 일컫는 말이다. 즉 영역의 형성에 중요한 세 가지 요소는 경계 만들기, 그 경계를 중심으로 안팎을 구분하기, 누구를 내부로 포섭하고 다른 누구를 외부로 배제하는 통제행위이다. 따라서 영역은 선험적으로 주어지는 것이 아니라 어떤 사람, 사건, 관계를 영역 안으로 포섭할 것인지, 어떤 것은 영역 밖으로 배제할 것인지, 그리고 그 영역의 공간적 경계를 어떻게 설정하고 유지할 것인지가 영역을 구성하는 사회정치적 과정의 결과물인 것이다(박배균, 2013a, 33).

국가는 정치적 독립체(political entity)인 동시에, 권력을 실행하는 영역(영토, 영공, 영해)을 구성하는 공간적 독립체이다(Storey, 2011). 국가의 권력은 한정된 공간뿐만 아니라, 그러한 공간 또는 영역 내에 거주하는 사람들에 대해서도 행사된다. 즉 국가는 사람과 장소에 대한 법적 권한을 가진다. 물론 근대 이후 국민국가의 등장으로 국가라는 영역 내에 살고 있는 사람들 간의 관계 정립이 요구되었고, 그리하여 시민성이라는 개념이 영역적 단위로서 국가와 함께 발달하였다.

(2) 국경과 경계

국가가 지정된 영역에 대한 통제권을 행사하려면, 그들의 영역을 이웃 국가의 영역과 분리하는 국경(borders)을 가져야 한다. 전통적으로 지리학자들은 국가의 경계를 '자연적 경계(natural boundaries)' 또는 '인위적 경계(artificial boundaries)'로 구분하였다. 자연적 경계의 대표적인 사례로는 하천과 산맥을 들 수 있고, 인위적 경계의 사례로는 위선과 경선을 들 수 있다. 그러나 이러한 자연적 경계와 인위적 경계의 분류는 오해의 소지가 있다. 경계를 설정하는 것은 오직 인간의 결정에 의한다. 심지어 경계가 자연적 특징일지라도 구분선에 관한 어떤 자연적인 것은 없다.

국경은 국가 간의 경계선으로서 명시적인 중요성을 가진다. 국경은 본질적으로 인위적인 구분이기 때문에 때때로 국경을 둘러싸고 적대감이 표출되기도 하는데, 전쟁으로 비화되는 경우도 허다하다. 그렇다고 국경이 단지 영역을 구분하는 선만을 의미하는 것은 아니다. 국경은 경계 지역에 살고 있는 사람들에게 중요한 정치적 함의를 지닌다. 국경은 어떤 사람들에게는 보호의 수단으로 간주될 수 있지만, 다른 사람들은 국경을 이동의 자유에 대한 장벽으로 간주할 수도 있다(Storey, 2011). 예를 들면, 미국-멕시코 국경은 미국 시민들에게는 그들의 영역을 침범하는 '불법적인' 멕시코인들로부터 보호하는 것으로 인지되지만, 멕시코인들에게는 선진국인 미국으로의 접근을 막는 장벽으로 읽힐 수도 있다. 유럽의 역사에서 가장 악명 높은 국경은 '철의 장벽(Iron Curtain)'이다. 이는 공산주의 동유럽과 자본주의 서유럽 간의 인위적인 경계로, 제2차 세계대전으로 인해 만들어졌다. 과거 독일은 동독과 서독이라는 두 나라로 분리되었었다. 그 벽은 이동에 대한 물리적 경계가 될 뿐만 아니라, 동독과 서독 간의 가족을 분리하고 유럽의 분열을 상징하는 것이었다. 이처럼 국경은 이전에는 통합되었던 국가를 분리하기도 하며 다른 정치, 사회, 문화, 경제의 발달을 초래할 수 있다.

(3) 주권

국가는 주권(sovereignty)을 가지고 있는데, 이는 타국의 간섭 없이 내정을 통치하는 독립성을 의미한다. 즉 주권은 다른 나라의 간섭을 받지 않고, 영토를 관리하는 한 국가의 역량이다. 주권은 국가의 경계 내 영역과 사람들을 통치하기 위한 어떤 국가의 권위로, 외부의 간섭 없이 통치할 수 있는 국가의 원리이다. 그러한 간섭(침략 등)은 국제법의 위반으로 간주된다. 그 위반의 사례로는 1980년대 구소련의 아프가니스탄 침공, 1983년 미국의 그라나다 침공, 1999년 나토(NATO)의 유고슬라비아연방공화국 침공, 1990년대 초반 영국과 미국의 이라크 침공 등을 들 수 있다.

(4) 스케일

전통적으로 스케일(scale)이라는 용어는 지도학적 개념으로 한국, 일본과 같은 동아시아에서는 '축척'으로 번역되고, 지표상의 실제적 거리를 지도 위에 축소하여 보여 주는 비율을 나타내는 것으로 사용되었다. 하지만 사회공간적 차원의 하나로 논의되는 스케일이라는 개념은 지도학적 개념이라기보다는, 자연 혹은 인문적 사건, 과정, 관계들이 발생하고 펼쳐지며 작동하는 공간적 범위를 의미하는 것이다(McMaster and Shepparad, 2004). 또한 어떤 정치적 혹은 경제적 과정이 로컬(local) 범위에서 주로 작동하는지, 그보다 큰 국가(national) 범위에서 발생하는지, 혹은 글로벌(global) 범위에서 작동하는지 등을 지칭할 때 스케일이라는 용어를 사용한다(Storey, 2003a; 박배균, 2013a).

그런데 인문 혹은 자연 현상이 작동하는 공간적 범위로 이해될 수 있는 스케일은 단지 존재론적 차원의 문제가 아니라 인식론적 문제이기도 하다. 스케일은 현실을 인식하는 하나의 틀을 만들어 주는 방법이고, 이 인식의 틀은 사회적으로 구성된다(Delaney and Leitner, 1997, 94-95). 어떤 사회적 현상이 어떠한 공간적 스케일의 것인지를 규정하는 것은 사람들이 그 현상을 인식하고 해석하는 방식에 매우 큰 영향을 줄 수 있고, 따라서 상충하는 이해를 가진 행위자들은 그 현상을 자신에게 유리하게 이용하기 위해 그 현상이 발생하고 작동하는 공간적 스케일을 상이한 방식으로 규정하려 할 수 있다(정현주, 2008).

스케일과 관련하여 최근에 논의되고 있는 쟁점은 스케일 간의 관계를 어떻게 인식할 것인지와 관련된다(Brenner, 2001). 기존에는 스케일의 수직적 차별화에 초점을 두어 보다 큰 스케일의 과정이 보다 작은 스케일의 과정보다 큰 추동력과 영향력을 가져서, 하향적인 위계의 성질을 지닌 것으로 이해하였다. 세계화 논의처럼, 글로벌 스케일에서 일어나는 과정이 국가 또는 로컬한 스케일의 과정을 추동하고 야기하는 것으로 이해하는 것이 그 한 예이다. 하지만 최근에는 스케일 간의 수직적 관계를 하향적인 위계의 관계로 보기보다는, 서로 영향을 주고받는 '다중스케일(multi-scalar)'의 과정으로 이해하자는 주장이 폭넓게 제기되고 있다(박배균, 2013a).

지리교육학자들은 교사가 학생들로 하여금 사례학습에서 그 지역을 잘 이해하도록 하기 위해서는 스케일을 위아래로 '여행'하도록 도와줄 필요가 있다고 주장한다. 일반적으로 사례학습을 계획할 때 조직되는 스케일의 범위는 국지적/작은-지역적-국가적-국제적-세계적 스케일이다. 그러나 지리학 연구와 저술에서 사용할 수 있는 대안들이 있는데, 예를 들면, 육체-가정-공동체-도시-지역-국가-세계(Smith가 Bell and Valentine, 1997에서 사용함) 등이다. Massey(1991)는 '글로벌 장소감'에 관한 이야기를 하면서 장소의 특이성을 이해하기 위해서는 국가적·국제적 맥락이 중요하다고 주장한다. 장소를 가르치는 데 그녀의 아이디어를 끌어온다는 것은 로컬과 특수성을 이해하기 위해 그 장소와 다른 사람들을 연결시키는 관계의 망에 관해 학습할 필요가 있다는 것을 의미한다. 게다가 장소는 다중정체성을 가진다는 Massey의 아이디어를 받아들인다면, 이것은 다중의 목소리를 찾도록 이끌어 주어 그 장소, 그리고 그 장소와 세계의 연계에 대한 이해를 촉진시켜 준다.

2. 국민/민족

앞에서 살펴본 국가(state)와 지금 살펴볼 국민(민족, nation)[2]은 동일한 개념이 아니다. 그러나 대개 동일한 것으로 사용되는 경우가 많다(남호엽, 2001). 국민은 '공통된 문화를 통해 하나 이상의 문화적 특징(예를 들면, 종교, 언어, 정치제도, 가치와 역사적 경험 등)들이 공유되는 꽤 큰 규모의 사람들의 집단이다. 그들은 서로 동질화하고, 국민 외의 사람들에 비해 서로가 유대감을 느끼려 하고, 그들이 함께한다는 사실을 말하고자 한다. 그들은 그들의 문화를 공유하지 않는 사람들과 확연하게 구분이 된다.' 국민은 서로의 생각을 기반으로 하는 공동체이다. 국가가 특정하게 규정되는 영역인 데 반해 국민은 그렇지 않다(구양미 외 옮김, 2014).

국민은 국가를 구성하는 사람, 또는 그 나라의 국적을 가진 사람을 말한다. 국민은 정치 공동체로서 국적법에 따라 국민의 신분이 주어지는 법적인 개념이다. 국민의 개념은 민족과 반드시 일치하지는 않는다. 민족은 지역적이고 문화적 요소를 기준으로 한 사회학적 개념이며, 오랜 세월 공동생활을 통해 언어와 문화 등을 공유하는 사회집단으로 분명한 법적 근거가 없다. 일반적으로 한 국가의 국민은 여러 민족으로 구성되어 있는 반면, 대한민국의 경우 비교적 단일한 민족으로 이루어졌다. 또한 동일한 민족이 여러 나라에 살면서 각각 다른 국가의 국민으로서의 지위를 갖는 경우도 있다(한국다문화교육연구학회, 2014).

국가정체성이 영역적인 성격을 지닌다면, 민족정체성은 영역적 성격을 지니지는 않지만 현대사회에서 자아정체성과 집단정체성 형성에 아주 중요한 영향을 미친다. 민족정체성은 주어진 것으로 부모나 민족과 같이 물려받은 것과 관련된다. 대부분의 사람들이 갖고 있는 자아정체성은 그들의 부모나 주위 사람들로부터 물려받은 것이다.

국가가 명확한 영역 내에서 작동하는 정치적 제도로서 정의된다면, 민족(또는 국민)은 명확한 영역을 가지지 않을 수 있고 동일한 국적(nationality)을 가진 사람이 한 국가 이상을 점유할 수 있다(Storey, 2003a). 민족(또는 국민)은 공통적인 혈통, 역사, 문화, 언어 등을 공유하는 사람들의 집단, 즉 민족 공동체(national community)에게 사용되는 용어이다.

한 민족집단에 의해 점유되고 통치되는 영역인 국민국가(nation-state)는 결코 없다. 대개 국가들은 많은 민족집단에 의해 점유된다. 이들 중 일부 사람들은 자신을 그러한 국가에 소속하는 것으로 간주하는 데 동의하지만, 일부 사람들은 그렇지 않을 수도 있다. 예를 들면, 세계의 서로 다른 지역에

---

2 흔히 nation을 국가로 번역하여 사용하는 경우가 있으나, 엄밀하게 말하면 민족 또는 국민을 의미한다.

살고 있는 한국인들은 여전히 한국을 그들의 '모국'으로 간주할 것이다. 한편, 한 국가에 살고 있는 서로 다른 국적을 가진 사람들이 자신을 그 국가에 소속된 것으로 간주할 수도 있다. 예를 들면, 영국에는 웨일스, 스코틀랜드, 북아일랜드 사람들뿐만 아니라 인도인, 방글라데시인, 자메이카인, 중국인과 같은 무수한 다른 민족 공동체가 있다. 그들 중 많은 사람들은 자신들을 영국인으로 간주하지만, 일부는 그렇지 않을 수 있다.

어떤 의미에서 민족은 정신적 구성체이다. Anderson(1991)에 의하면, 민족은 상상의 공동체(imagined community)로 보통 특정 영역과 연결되는 정체성과 관련된다. 민족정체성은 사람들을 함께 묶는 접합체로서, 대부분의 사람들이 강하게 느끼는 것이다. 시민성은 민족을 지원함으로써 국가에 대한 충성심을 심어 주는 수단으로서 간주될 수 있다. 민족/국가에 대한 충성의 보답으로, 시민들은 보호, 안전 등을 법적으로 보장받는다. 어떤 면에서 그것은 민족과 국가를 함께 묶는 것을 도와준다. 다른 민족과 국가에 대항하여 국가의 영역을 방어하기 위해 국가에 의해 동원되고 있는 것이 바로 국가정체성 또는 민족정체성이다. Miller(1997, 9)에 의하면, 민족(nation)은 정치적으로 자기결정을 하려는 열망을 가진 사람들의 공동체라면, 국가는 그들이 스스로 소유하려고 하는 정치적 제도로 간주된다.

민족정체성은 장소에 대한 애착을 강조한다. Penrose(1993a)는 민족이라는 개념에는 3가지 구성요소가 있다고 주장한다. 첫째, 민족은 그것에 '소속(belong)'하는 특정 인간집단으로 구성된다. 둘째, 이들은 특정 영역 또는 장소를 점유한다. 셋째, 어떤 수준에서 인간과 장소를 결합시켜 주는 결속이 있다. 민족은 상상의 공동체임에도 불구하고 많은 사람들에게 매우 실제적인 울림을 가진다. 예를 들면, 민족정체성은 월드컵과 같은 국제적인 스포츠에서 매우 명료하게 표출된다. 이러한 이벤트에서 국가(國歌)를 부르고, 국기를 휘날리며 자신의 민족 팀을 지지한다. 민족적 결속은 그러한 경우에 매우 강하며, 그들은 매우 감성적이게 된다.

문제는 민족정체성이 민족주의(nationalism)로 출현할 때이다. 민족주의는 많은 사람들에게 퇴보적이고 위험한 것으로 간주된다. 왜냐하면 민족주의는 다른 민족에 대해 폭력적일 수 있기 때문이다. 누가 어떤 국가에 소속되고 누가 소속되지 않는지, 한 집단이 다른 집단보다 우월한 것으로 간주할 때 문제점들이 일어날 수 있다. 우월성은 다양한 방식으로 창조되고 강화된다. 학교지리는 민족의 경계를 반복해서 되새기게 함으로써 민족의 구성에 큰 역할을 한다. 작은 스케일의 수준에서 일상적으로 국민국가에 의해 수집되고 표현되는 데이터의 사용, 국가에 따라 세계를 구분하는 지도의 재생산, 국가의 주권을 강조하는 교과서의 내용 등은 모두 민족에 대한 사고를 당연하게 하는 데 기여한다.

한편 세계화로 인해 기존의 전통적 국민과 세계화 시대의 국민과의 개념이 갈등하거나 상충되기도 한다. 민족적 개념에 근거한 국민이 혈통에 의한 전통적 국민의 개념이라면, 세계화 시대의 국민은 보편적 인간으로서의 공감과 보편적 인권의 인식을 결합한 공동체로서의 국민 개념으로 바라볼 수 있다. 혈연과 민족주의에 근거한 국민이 자민족중심주의와 동화주의를 지향하면서 타자를 배제하는 데 비해, 세계화로 인한 다문화사회에서는 교류와 소통, 인권에 대한 존중, 시민적 권리의 향유 등에 기초한 새로운 개념의 국민을 형성한다(한국다문화교육연구학회, 2014).

3. 국민국가/민족국가

국민국가/민족국가(nation-state)는 계속해서 법적인 시민성의 기초가 된다. 세계화에 따라 시민성의 형성과 조절에서 국민국가/민족국가의 중요성은 점차 줄어드는 것 같지만, 계속해서 중요한 역할을 하고 있다. 이러한 국민국가/민족국가는 '국가'나 '국민'의 개념과 매우 유사한 개념이다. 국민국가/민족국가는 국가를 둘러싸고 있는 국민의 집합이라고 볼 수 있다. 즉 그 국가는 국민 이외에는 중요한 구성요소가 존재하지 않는, 그들 자신의 국가를 보유하고 있는 국민이 국민국가/민족국가인 것이다(구양미 외 옮김, 2014). 국민국가/민족국가는 동일한 언어를 사용하고 공통의 문화와 전통 심리를 바탕으로 형성된 국민 공동체를 말한다. 국민국가/민족국가는 민족과 실제 국가의 영토적 경계, 문화적 경계, 정치적 경계 모두가 일치한다고 전제된다. 국가와 국민은 항상 존재하는 것으로 여겨져 자연발생적인 기관으로 여겨지지만, 국민국가/민족국가의 등장은 사실상 상대적으로 최근에 나타난 현상이다.

17세기부터 시민계급에 의한 시민혁명이 유럽 각국에서 일어나고 입헌정치, 의회제 등이 실현되면서 국가의 주권이 국민에게 있는 근대의 민족국가 형태가 성립한다. 이러한 의미에서 민족국가를 국민국가라고 부른다(한국다문화교육연구학회, 2014). 민족국가의 이상적인 형태는 단일한 문화적·민족적 사회의 구성원들로 이루어진 것이다. 하지만 대부분의 국가는 소수일지라도 복수의 민족으로 구성되어 있는 것이 현실이다. 하나의 민족이 단일한 국가를 형성하지 못하는 경우도 있다. 이러한 이상과 현실의 괴리는 국가와 국민의 관계에서 다양한 현상을 만들어 낸다. 단일 공용어 사용 정책, 무상의무교육 등을 통해 국가가 국민감정을 고조시키고 문화적 동질성과 정체성을 유지하는가 하면, 분리독립운동, 국가 통일운동 등은 민족적 정체성에 대한 인식이 고유한 정치·행정적 제도를 가진 하나의 국가를 형성하고자 하는 노력으로 발현된 것이다(한국다문화교육연구학회, 2014).

유럽에서 1648년 30년전쟁이 종전되면서 체결된 베스트팔렌 조약 이후 힘의 관계가 특별하게 나타난 것이다. 그 이후 민족국가의 지도는 지속적으로 새롭게 그려졌는데, 때로는 평화적으로, 때로는 혁명을 통해 폭력적으로 그려졌다. 20세기 후반에는 두 개의 큰 사건이 민족국가의 지도에 깊은 영향을 미쳤다. 하나는 1960년대 아프리카와 아시아를 휩쓸고 간 탈식민주의의 물결이 완전히 새로운 형태의 민족국가를 태동시켰으며, 다른 하나는 구소련의 붕괴가 1989년 이후 새로운 러시아연방뿐 아니라 동유럽 전역에 걸쳐 새로운 독립국가의 등장을 촉발시켰다. 그 결과 민족국가의 수는 급격히 증가하게 된다[3](구양미 외 옮김, 2014).

우리나라는 다양한 부족과 민족이 결합하여 만들어진 국가이다. 그럼에도 불구하고 우리나라는 단군신화를 중심으로 단일민족국가의 이데올로기를 계속하여 만들고 전수해 왔다. 이러한 신념체계는 여러 세대를 거쳐 전달되면서 구성원들의 무의식 속에 사실로서 내면화되었다. 단일문화 국민성의 육성은 동질적인 민족적 정체성과 문화를 공유한 국민을 재생산함으로써 단일민족국가를 유지하는 데 기여한다. 그러나 우리와 다른 민족과 문화를 구별 짓고 그것에서 벗어난 다른 인종, 민족, 집단의 정체성과 문화를 '비정상'으로 구별 지어 정치와 사회생활에서 배제시키고 차별하게 만든다(박상준, 2012).

4. 국가시민성/민족정체성

1) 국가시민성/민족정체성의 의미

앞에서 살펴보았듯이 시민성, 소속감, 정체성은 유사한 의미로 사용된다. 그리하여 국가시민성, 국가정체성, 민족정체성 등의 개념이 혼용되어 사용된다. 여기서도 굳이 이 용어들을 구분하지 않고 상황에 따라 적절하게 사용하고자 한다.

민족정체성 또는 국가정체성(national identity)은 한 사람이 자신의 가족과 관련된 인종적 또는 문화적 집단에 소속되어 있다고 느끼는 감정의 정도를 의미한다. 국가시민성 또는 국가정체성은 근대 민족국가의 정체성을 말하며, 다른 민족국가와 차별화된 산물이다. 민족국가(또는 국민국가)의 구성원

---

3 사실 현대세계의 중요한 특징은 국민, 국가와 민족주의의 3개 세력 간에 긴장 관계가 존재한다는 것이다. 분리주의자들에 의해 '국가가 없는 국민'이 점점 증가하였다[예를 들면, 스페인과 프랑스의 바스크인들(Basques), 멕시코 치아파스(Chiapas) 원주민들, 인도네시아 동티모르인들, 이스라엘의 팔레스타인 등].

을 국민이라고 하며, 국민으로 범주화되는 개인들은 국가정체성을 공유하는 사람들이다. 특정 개인들은 국가정체성을 가지면서 국민으로 호출된다.

국가정체성을 공유하는 사람들이 국민이 되면서 하나의 민족국가를 형성할 때, 내부적으로는 동일한 심리적인 기제를 가진다. 이러한 심리석인 기제 중 전형적인 사례가 민족주의이다. 민족주의는 교통과 통신, 교육과 언론 등을 통해 공유된 기억과 영역적 실체감을 가지게 하면서 국가정체성을 생산한다(Anderson, 1983). 또한 국가정체성은 외부적으로 차별화 기제를 작동시키면서도 만들어진다(Valentine, 2001).

국가정체성이란 개인이 국가에 대해 가지고 있는 정체성을 의미하며, 국가 구성원으로서 국가를 사랑하고 믿고 일체감을 느끼는 상태, 혹은 한 국가의 모든 국민들을 결속시키는 유대감으로 애국심, 국가에 대한 소속감, 충성심을 말한다. 국가정체성은 크게 세 가지의 하위요소, 즉 정치·영토·문화 정체성으로 분류되는데, 정치정체성은 국가의 상징이나 엠블럼 등에 관한 태도를, 영토정체성은 영토와 관련된 태도를, 그리고 문화정체성은 고유문화나 삶과 관련된 태도를 의미한다(이경한, 2007; 서태열 외, 2009).

국가정체성은 세계화로 인한 다문화사회가 도래하면서 위기 상황에 처하였다. 세계화로 초국적 이주자가 유입됨에 따라 국가정체성의 재구성이 불가피하게 된 것이다. 한국처럼 단일민족 신화가 강한 국가일수록 이러한 도전은 강력하다. 대외적으로 개방적이면서 동시에 내부적으로 혼성성을 인정하는 국가정체성의 확립이 요청되고 있다. 이러한 측면에서 국가정체성은 고정불변의 것이 아니라, 사회적으로 구성된다고 할 수 있다.

시민성은 오랜 기간 동안 민족국가 건설의 도구로서 사용되어 왔다. 이는 어떤 주어진 정치적 영토의 거주자들이 공동의 정체성을 형성하여 그들이 지닌 내부적 차이점에 더 이상 신경 쓰지 않도록 하는 노력과 관련된다. 이러한 동화주의 관점은 어떤 동질적 감성을 형성하려고 하는데, 이러한 동질화는 외부적 타자뿐만 아니라, 국민국가가 지닌 단일문화적 염원에 적응하지 못하는 수많은 내부적 타자의 희생을 통해 이루어진다.

시민성은 지리 및 공간적 관점을 가지기 때문에 장소감과 유사하다. 국가시민성은 국가적 장소감이라고 할 수 있다. 애국심은 일반적으로 장소감의 사례로 잘 인식되지 않는다. 과연 그럴까? 개인은 특정한 국가에 태어났다는 이유 때문에 국가정체성을 당연한 것으로 생각하는 경향이 있다. 애국심은 울타리 속 자신의 집에 대해 느끼는 불분명한 감정 이상의 구체적이고 격렬하며 열정적인 장소감으로 만들어진다(Tuan, 2004; 이영민·이종희 옮김, 2013 재인용).

장소를 국가적 스케일에서 생각할 때 당연하게 주어지는 것이 아니다. Anderson(1991)에 따르면,

국가 수준의 장소감은 상상의 산물이다. 국가가 상상적인 공동체인 이유는, 국가는 작은 동네나 마을에서처럼 모든 시민끼리 서로 알고 지내거나 만나서 대화를 나누는 것이 불가능하기 때문이다. 그러므로 국가적 통합과 동포애(애국심)는 본래부터 존재하는 것이 아니라 상상적으로 구성되는 것이다. 국가는 상상되어야 할 필요가 있지만, 그렇다고 국가 자체가 속임수이거나 거짓은 아니다. 국가의 질서/경계는 실질적으로 수호되고 유지되며, 국가적 관념과 이상에 따라 많은 사람들이 국가를 위해 죽거나 누군가를 죽이기도 한다. 그렇다면 국가는 어떻게 실체적 존재인 것처럼 상상되었을까? 우리는 국가정체성을 공기처럼 아주 자연스럽게 보는 경향이 있다. 그러나 사실 국가는 인류 역사상 최근에 와서야 나타난 독특한 현상이다. 대부분의 역사 시기에 사람들은 근대국가보다 훨씬 작은 규모의 문화 공동체, 예를 들면 마을, 교구, 도시 등을 통해 정체성을 형성해 왔다(Anderson, 1991; 이영민·이종희 옮김, 2013 재인용).

장소감이 로컬적 단위에서 국가적 단위로 재스케일화(re-scale)된 것은 중세 시대로 접어들면서부터이다. 국가적 장소감은 과거뿐만 아니라 현재에도 종족 학살, 엄격한 통제, 동반자 관계 등과 같은 방법을 통해 만들어지고 있다. 그뿐만 아니라 국가는 국민으로 하여금 일상적 삶 속에서 그들이 확대된 가족의 일원이라는 것을 확인시켜 줄 수 있는 다른 질서/경계 짓기 메커니즘을 고안해 낸다. 가령 우표나 화폐에 군주나 국가 수장의 형상을 새겨 넣는 것도 그런 예라 하겠다. 소속감은 국기[4]나 국가(國歌), 국가 기념일(예로 현충일, 제헌절 등), 문화 축제(예로 노팅힐 카니발) 등과 같은 고안된 의례, 스포츠(예로 국가대표 제도) 등을 만들어 냄으로써 정립되기도 한다. 이처럼 애국심은 이러한 상징이나 의식을 통해 권장되는데, 더 나아가 어떤 국가에서는 애국심이 강제적인 방식으로 국민에게 부과되기도 한다. 예컨대, 타이의 경우 하루에 두 번, 아침 8시와 저녁 6시에 애국가가 울려 퍼진다. 이 시간에는 모든 사람이 하던 일을 멈추고 서서 국기와 국가에 대해 경례를 해야만 한다. 2007년에는 국가가 울리는 동안 자동차 운전도 멈춰야 한다는 '애국(Patriotism)'법이 제정되었다(Anderson, 2009).

이처럼 타이의 사례는 국가시민성이 어떻게 시민의 일상적 삶 속으로 투사되는지 명료하게 보여준다. 국가와 경찰력을 동원한 지배권력은 아침 8시와 저녁 6시에 이러한 질서/경계 짓기를 통해 개개인으로 하여금 국가를 경배하게 하고, 집단적 소속감(동포애)을 만들어 간다. 앞서 Tuan이 제시한 바와 같이, 국가 스케일에서 장소감은 가장 뜨거운 방식의 장소감이지만, 개인이 애국심의 질서/경계 짓기 메커니즘을 얼마나 잘 받아들이느냐에 따라 그 강도는 달라진다. 즉 개인에 따라 느끼는 국가 스케일에서의 장소감은 다양하다. 예를 들어, 국가 스케일의 장소감이 강한 사람은 국기를 흔들

---

4 일명 유니언잭(Union Jack)이라고도 하는 영국의 국기는 스코틀랜드, 웨일스, 잉글랜드, 북아일랜드를 통합하는 상징적 의미를, 미국의 성조기(Stars and Stipes)는 미국 각 주들을 통합하는 상징적 의미를 가진다.

며 국가에 대한 강한 충성심을 느낀다면, 그렇지 않은 사람은 K팝과 같은 집단적 음악이나 국가 대항 스포츠 같은 경우에만 그런 장소감을 느낄 것이다(이영민·이종희 옮김, 2013 재인용).

국가 스케일의 장소감은 국가가 위기에 처했을 때 가장 분명하게 드러난다. 유사시나 운동경기와 같은 경쟁 상황에서 자부심과 충성심, 소속감은 더욱 강화된다. 실제로 이런 시기에는 로컬과 국가적 감정이 결합되어 하나의 '중첩적(nested)' 장소감(동포애)이 형성된다. 바로 여기서 한 국가를 위해 결합되는, 그리고 '우리'와 직접적인 경쟁 관계에 있는 다른 국가에게는 적대적인, 중층적인 스케일의 정체성이 형성된다. 대립되는 두 집단 사이의 질서/경계가 명료해지는 바로 그때, 우리는 실제로 자신이 어떤 편에 서 있는지를 인식하게 된다(이영민·이종희 옮김, 2013 재인용).

2) 국가시민성의 특징과 한계

앞에서도 언급하였듯이, 시민성은 전통적으로 개인, 집단, 국가와 같은 공간적 단위를 가진 정치적 공동체의 권리와 의무라는 관점에서 정의된다. 즉 시민성은 정치적 공동체(보통 국가)에서 개별 구성원과 관련한 권리와 의무로서, 특정 의무를 충족하는 사람들에게 어떤 권리와 특권을 보장하는 것으로 정의된다. 시민성이 지리적이라고 할 수 있는 것은, 사람들이 공간에서 정치적으로 어떻게 규정되는가에 대한 계속적이고 불안정한 투쟁의 결과이기 때문이다.

이와 같은 시민성에 대한 정의는 공간의 중요성을 강조한다. 시민성은 항상 공간과 장소와 연결된다. 사람들은 주권을 가진 한 시민으로서 행동하지만, 이러한 주권은 항상 장소를 통해 규정된다. 게다가 사람들은 공간을 통해 상상의 공동체와 연결된다(Lepofsky and Fraser, 2003, 130). 공간을 고려하지 않고 시민성을 이해하는 것은 거의 불가능하다(Yarwood, 2014, 10).

지리적 경계는 시민성을 규정짓는 중요한 준거로서 역할을 해 오고 있다. 특정 국가의 시민이라 함은 경계화된 특정 영역의 구성원을 일컫는다. 이와 같은 시민성에 대한 개념화는 고대 스파르타나 아테네와 같은 도시국가라는 영역에 기반한다.[5] 오늘날 국민국가는 시민성을 부여하는 공식적인 기

---

5 서구의 관점에서 볼 때, 시민성의 영역화는 도시국가(city-state)에서 국민국가(nation-state)로 이동하였다. 고대 그리스와 로마의 시민성은 도시국가라는 영역에 한정되었다(Painter and Philo, 1995). 시민성은 특정 도시국가에 한정되었으며, 다른 도시국가에 적용될 수는 없었다. 따라서 아테네 시민은 스파르타 시민이 될 수 없고, 그곳에서는 권리 또는 의무를 가지지 않았다. 도시국가들은 상이한 유형의 시민성을 강조하였다. 예를 들면, 아테네는 민주주의, 스파르타는 국방, (공화정)로마는 법을 강조하였다. 젠더와 계층은 시민성의 주요 결정인자였다. 따라서 시민성은 배타적이었다. 아테네 시민이 되기 위해서는 아테네 시민의 가정에서 태어난 20세 이상의 남성이어야 하고, 전사, 원로, 노예 소유자이어야 했다(Bellamy, 2008). 이주자들은 시민성을 획득할 수 없었지만, 세금과 병역 의무에서는 자유로웠다. 로마제국의 성장(B.C. 27 이후)은 그리스의 시민성 모형에 중대한 변화를 초래하였다. 정복당한 영토의 사람들은 로마제국에 대한 서비스, 예를 들면 군대에서의 보조 병사로 복무함

초단위이다(Turner, 1997). 한 국가의 시민은 그 국가의 영토에 기반하여 정치적·법적 구조와 제도를 통해 어떤 권리와 의무를 부여받는다(Janoski and Gran, 2002, 13). 시민성은 국민국가라는 유럽적인 개념과 관계되며(McEwan, 2005),**6** 여전히 권리와 의무에 기반한 시민성에 매우 중요한 기제로 작용한다.

시민성은 인간의 집합적인 정치적 정체성이며, 사회가 집단적 의사결정을 하는 데 어떻게 개인의 참여를 조직화하는가와 관련된 개념이다. Marshall(1950[1992])은 시민성이 경계화된 영역 내에서 개념화되는 방법에 큰 영향을 주었다. 그에 의하면 시민은 일련의 시민적 권리(civil rights), 정치적 권리(political rights), 사회적 권리(social rights)를 공유하고 있으며(Marshall, 1992), 이들 권리는 거버넌스의 실천을 통해 생산되고 유지된다. 여기서 시민적 권리란 사람에 대한 자유, 표현의 자유, 여행의 자유, 사고와 신념의 자유, 재산을 소유하고 정당한 계약을 할 수 있는 권리, 정의에 대한 권리 등 개인적 자유를 위한 필요성과 관련된 권리와 상응한다(Marshall, 1950[1992], 8). 법정과 사법 시스템은 시민적 권리와 가장 밀접한 관련이 있는 제도들이다. 정치적 권리는 정치적 활동에 참여할 수 있는 권리, 즉 투표권과 밀접하게 관련된다. 마지막으로 사회적 권리는 그 사회에서 우세한 표준에 따라 기본적인 삶의 표준, 예를 들면 적절한 의료 및 교육 서비스를 받을 수 있는 경제적 복지 및 안전과 관련된다(Marshall, 1950[1992], 8). Marshall은 중첩되는 부분이 있지만, 시민적 권리는 주로 18세기에(예를 들면, 정의와 고용 권리의 설립), 정치적 권리는 19세기에(투표할 권리를 결정하는 데 있어 경제적 본질보다 개인적 지위로의 점진적인 대체), 그리고 사회적 권리는 20세기에 성취되었다(예를 들면, 교육, 건강, 복지 서비스)고 주장한다.

Marshall(1950[1992])은 이러한 변화에서 공간적 함의를 읽을 수 있다고 주장한다. 특정한 권리와 관련된 기능과 제도가 분리되면서, 그것들은 지리적으로 응집되었다. 국가적인 권리가 발달하면서 시민성의 지리적 초점이 이동하게 된 것이다. 즉 시민성은 로컬에서 국가로 이동하였으며, 특정 권리를 부여하기 위한 제도와 관료국가가 등장하게 되었다. 국가적 권리의 발달과 함께 시민성은 국민국

으로써 '제2급(second class)' 로마 시민권을 얻었다. 이러한 방식으로 로마제국을 횡단하여 법적 권리가 확장되었으며, 로컬적 장소 또는 영역에 부착되지 않았다. 정치적 권리보다 법적 권리에 대한 강조와 함께, 로마제국은 공적이고 의무에 초점을 둔 그리스 모형보다 더 수동적인 시민성을 장려하였다. 그리스와 로마제국 모두 사회적 시민성에 대해서는 고려하지 못했다. 서구 로마제국의 붕괴 이후, 시민성의 개념은 유럽에서 사라졌다. 사람들은 시민 대신에 봉건적이고 종교적인 질서에 종속되었다. 권리보다는 오히려 자선이 로컬 공동체 구성원들에게 구호금 또는 복지 제공을 위해 사용되었다(Marshall, 1950[1992]; Cresswell, 2009). 로컬리티와 공동체가 사회적 관계의 기초가 되었다. 서구의 시민성에 대한 관심은 르네상스 시대에 다시 부활하였다. 많은 정치가들은 그리스와 로마 시대의 시민성으로 전환하거나 이를 발달시키는 데 관심을 두었다(Burchell, 2002).

6 국민국가를 바탕으로 하는 시민성의 개념은 유럽의 가치를 반영한 것이라고 할 수 있다(Isin, 2002; McEwan, 2005; Ho, 2008; Isin, 2012). 유럽의 권력이 세계의 여러 지역들을 식민화함에 따라, 유럽의 국가적 시민성 모델은 우세한 시민성 모델로서 다른 장소에 이식되었다. 서구의 국가적 시민성 모델은 다른 국가들의 기존의 시민성 유형을 무시하거나 탄압하였다.

가와 더욱 밀접하게 관련된 것이다.[7] 이와 같이 시민성은 전통적으로 국민국가를 통해 조직되었으며, 현대의 표준적인 시민성은 국민국가가 점점 정치적·경제적·사회적 권리를 더 많은 국민들에게 확장한 것이다(Urry, 2000). 그리고 이러한 국가시민성은 투표, 사회보장, 병역의무와 같은 실천을 통해 재생산된다.

영역은 공간을 규정하고 공간으로부터 집단을 배제하기 위한 일련의 스케일로 작동된다(Staeheli, 2008; Elden, 2010; Storey, 2011). 경계는 시민인지 아닌지를 구별하는 중요한 지표가 된다. 한 국가 내의 시민은 경계를 통해 불법적인 이주자로부터 보호된다. 경계를 통한 국가시민성은 국가에 의해 부여되고 통제된 단일의 정체성으로 끊임없이 재생산된다(Desforges et al., 2005, 442). 시민성의 영역적 개념화는 타자에 대한 배타적 관점을 계속해서 재생산한다.

시민성은 '경계적인 개념(bounded concept)'이다. 시민성은 경계를 공식적으로 인정해 온 정치적 공동체의 구성원에게 부여되며, 시민성은 사람들을 서로 묶고 국가를 함께 묶는 '사회적 접착제(social glue)'로서 역할을 한다(Yarwood, 2014, 18). 그러므로 시민성과 영역 간의 관계는 중요하고 상호호혜적이다. 시민성이 영역과 밀접한 관련이 있다는 것을 보여 주는 실례는, 한 국가의 시민으로서의 지위와 권리가 보통 법적이고 정치적인 관점에서 규정된다는 것이다. 예를 들면, 시민으로서의 개인의 지위와 권리는 자신의 여권에 기록되어 있다.[8] 시민으로서의 개인의 지위는 어디에서 태어났고, 누구로부터 태어났는지에 달려 있다. 시민의 권리는 한 국가의 객관적인 법적·정치적 기구에 의해 공식적으로 규정된다(Amnesty International, 2012). 이에 반해 한 국가의 시민으로서의 의무는 다소 주관적인 사회적·문화적 규범과 관련된다. 비록 시민에게 기대되는 의무의 일부는 병역의 의무와 같이 법으로 규정할 수 있지만, 대개 사회와 관계할 개인적 또는 윤리적 선택을 반영한다.

로컬 시민성과 국가시민성은 종종 충돌한다. 왜냐하면 하나의 사안을 두고 로컬적 이익과 국가적 이익이 상충될 수 있기 때문이다. 두 시민성이 상충할 경우, 일반적으로 로컬 시민성은 님비즘(NYMBYism)으로 규정되어 외부자로부터 비난을 받게 된다. 국가의 발전과 국익을 위협하는 무책임

---

7 이와 같은 Marshall의 관점은 영국이라는 국가적 상황에 기반한 것이다. 그러나 이후 시민성이 더 이상 국민국가의 공간에 한정되지 않는다는 주장들에 의해 그의 관점은 도전받게 된다. 최근의 '능동적 시민성(active citizenship)' 모델은 국가적 시민성보다 개인 및 로컬 공동체의 중요성을 더 강조한다.

8 사실 많은 사람들은 시민으로서의 지위를 매우 드문 경우에만 고려한다. 한 개인이 주민등록증을 만들거나, 국가를 횡단하여 여행할 때 여권을 보여 주어야 하는 것이 그러한 경우이다. 만약 개인의 권리가 위협받거나 갈취당한다면, 사람들은 행동하거나 저항할 의무를 느낄 수 있다. 반면에 어떤 국가의 시민권도 소유하지 않은 사람(그리고 시민권 가입이 부정된 사람들) 또는 부분적인 시민권을 가진 사람들(예를 들면, 어떤 국가에서 노동은 할 수 있지만 의료 혜택은 주장할 수 없는)은 한 시민으로서 그들의 지위가 일상적인 삶에 어떻게 영향을 주는지를 훨씬 더 성찰할 것이다. 마찬가지로 인종, 성별, 연령 또는 젠더에 근거하여 장소로부터 배제되거나 배제된다고 느끼는 사람들은 그들이 사회의 완전한 구성원인지 스스로 자문할 수도 있다.

하고 자기방어적인 님비즘을 버려야 하는 것일까? 로컬에 대한 애착보다는 국가의 목적 추구를 우위에 놓아야 하는 것일까? 밀양 송전탑 설치, 제주도 강정마을 해군기지 건설은 이를 잘 보여 주는 사례라 할 수 있다.

시민성은 많은 변화를 거듭해 오고 있지만(Painter and Philo, 1995), 오늘날 대개 국민국가와 밀접한 관련이 있다. 국민국가는 시민성에 관한 법적인 자격을 부여하고, 시민의 권리와 의무를 실행하고 지원하기 위한 정치적·법적 기구를 제공한다(Isin and Turner, 2007; Isin, 2012). 그러나 세계화 등으로 국민국가의 정치적 권력이 계속해서 침해받고 있는 것처럼, 국민국가가 시민성의 실제적인 기초를 계속해서 제공할 수 있을지에 관해서는 많은 의문이 제기되고 있다(Sassen, 2002). 경계화된 시민성은 경제적/문화적 세계화로 인해 도전받고 있다(Closs Stephens and Squire, 2012). 즉 시민성은 다양한 스케일에서 경계가 희미해지고 있으며, 중첩되어 다중적 시민성의 공간이 출현하고 있다(Desforges et al., 2005; Staeheli, 2010; Closs Stephens and Squire, 2012).

3) 국가교육과정의 제정과 국가정체성 교육: 영국 국가교육과정을 사례로

(1) 영국 교육개혁의 정치경제학적 맥락

영국은 1970년대 말부터 국가경쟁력 제고라는 측면에서 교육의 수월성 추구를 위한 노력을 추진하고 있다. 제2차 세계대전 이전의 영국은 많은 식민지를 두고 세계무대의 주도권을 가진 영향력 있는 대국이었으나, 1960년대와 1970년대의 경제불황 등으로 국제통화기금(IMF)의 지원을 받은 경험이 있다. 많은 식민지로부터 원료를 공급받고 상품을 공급하여 안정적인 경제성장을 이루고 세계의 주도권을 가졌던 영국은 제2차 세계대전 이후 식민지를 잃게 되면서 그 시장이 축소되었다. 이와 함께 세계적인 불경기를 겪으면서 국제사회에서의 영향력을 잃고, 국가의 안정적인 성장에도 위협을 받는 처지에 놓이게 되었다. 이러한 상황에서 영국은 1967년과 1976년 두 차례에 걸쳐 IMF의 지원을 받았다.

이러한 경제위기 속에서 1979년 집권한 보수당 정부는 당면한 경제불황과 고실업 문제를 해결하기 위해 강력한 제도개혁을 추진하였다. 보수당의 마거릿 대처(Margaret Thatcher) 내각의 정책기조는 경제주체들을 좀 더 시장원리에 내맡김으로써 생산성과 효율성을 추구하자는 것이었다. 생산성과 효율성을 강조하는 국가정책은 1997년 토니 블레어(Tony Blair)가 이끄는 노동당이 집권한 이후에도 계속 이어져 왔다. 특히 블레어 정부는 집권 2개월 만에「학교에서의 수월성(Excellence in Schools)」이라는 교육백서를 발표하였는데, 이는 노동당 집권 5년 동안 추진하여야 할 교육개혁 사업을 담고 있으며, 무엇보다도 그 제일의 원칙은 '수월성의 추구'이다(한국교육개발원, 1998, 30; 이종재, 2000). 노동당 교육개혁의 방향은 우선 국가경쟁력 제고를 위한 수월성 제고인데, 이는 과거 보수당의 교육개혁과 일관성 및 연계성이 있는 것이다. 여기에서 중요한 것은 노동당 정부는 노동당의 강령인 사회주의 노선을 교육에서는 예외로 하면서, 시장경제 원리와 사유·경생 원리를 통해 수월성 제고를 꾀하고 있다는 것이다.

1976년 당시 노동당 수상이었던 제임스 캘러헌(James Callaghan)이 옥스퍼드 러스킨칼리지에서 영국의 교육이 국가사회의 요구에 효과적으로 대응하고 있지 못하다고 영국 교육을 비판하는 연설을 하면서, 교육에 대한 관심이 커지게 되었다. 캘러헌 총리는 당시의 교육과정과 수업방식이 영국 경제의 국제경쟁력 확보에 기여하지 못한다고 보고, 교육현실에 대해 학생의 흥미 위주 교육과 체계적인 단계별 교육의 미비, 학교 간 질적 격차 등의 문제를 제기하면서 영국 교육의 본질과 목적에 대한 대논쟁(Great Debate)을 촉발하였다.

그 해결 방안으로서 교육과정에 정부가 적극 개입한다는 의지를 피력하였다. 당시 대두되었던 슬로건은 '기초적인 기능과 실용적 지식 그리고 직업에 대한 적실성'이었다. 캘러헌이 그의 연설에서 가장 빈번하게 사용한 단어는 '효율성(efficiency)'과 '책무성(accountability)'이며, 이와 같은 실용주의적 경향은 신보수주의로 대표되는 대처 정부에 의해 강화되었다. 이제 모든 교과에서는 실용적인 특성을 부각시킴으로써 새롭게 시작할 국가수준의 교육과정에서 자신들의 위치를 정당화시키는 노력을 기울여야 했다(Rawling, 1993, 111). 이후 1986년에는 교육과학부 장관 케네스 베이커(Kenneth Baker)에 의해 국가교육과정 도입 계획이 공식화되었고, 영국에서는 학교교육과정에 대한 불간섭주의를 지양하고 국가교육과정의 범위를 규정한 근거는 1988년의 교육개혁법(Education Reform Act, ERA)이다. 이러한 법적 근거를 통해 마침내 1991년에 국가교육과정이 시행되기에 이른다(장영진, 2003, 642).

(2) 국가정체성을 위한 국가교육과정의 제정

1945년 이후 국가의 특별한 역할이 줄어들었다고 하지만, 1980년대 중반 이후 국가교육과정을 설립하기 위한 운동에서 국가정체성의 증진에 대한 정치 및 교육의 역할이 강조되어 오고 있다. 지리교과는 학생들에게 로컬리티에 대한 소속감을 가질 수 있도록 하는 수단을 제공하지만, 이러한 로컬리티는 항상 보다 큰 단위 또는 상상된 커뮤니티(imagined community)인 국가에 대한 소속감으로서 상상된다. 그리하여 오래전부터 영국에서 지리는 학생들로 하여금 국민으로서 그들의 역할을 이해하도록 하기 위한 교과로서, 세계의 지배를 통한 제국주의를 실현하는 데 그들의 역할을 이해하도록 하기 위한 교과로서 발달해 왔다. 따라서 1991년부터 시행된 국가 지리교육과정은 국가를 다시 상상하고 개조하기 위한 시도로 읽혀질 수 있다.

한편, 영국의 국가교육과정은 현재까지 두 번의 개정이 있었는데, 2001년에 실시된 두 번째 개정에서 시민성(citizenship) 교과가 새롭게 출현하게 된다. 사실 영국은 긴 시민성 교육의 역사를 가지고 있지만, 이것이 정치적 어젠다로 높이 설정된 것은 1990년대 후반이다. 신노동당 정부가 '학교들에서 시민성 교육과 민주주의의 교수 강화하기'를 공약하여 1997년 5월 선거에서 승리한 이후 시민성 교과의 출현을 위한 일련의 행위들이 이루어졌다. 신노동당 정부는 미국이 실시하고 있는 시민교육에 버금가는 정체성의 실현을 강조하였으며, 이것이 새로운 교과서로서 시민성이 출현하게 된다.

Penrose(1993b)에 의하면, 국가라는 개념에는 3가지의 구성요소가 있다. 첫째, 국가는 그것에 소속하는 명백한 인간 집단으로 구성된다. 둘째, 이들 인간은 명백한 영역 또는 장소를 차지한다. 셋째, 어떤 수준에서 그들을 함께 결합시키는 인간과 장소 사이에 결속이 있다. 결국 권력은 국가에 대한 소속감을 요구하게 되는데, Donald(1992)에 따르면 국가는 미디어와 국영방송, 학교교육 등을 통해 이를 더욱 조장한다. 예를 들면, 소규모의 스케일에서 국가에 의해 수집되고 표현되는 데이터의 일상적인 사용, 국가에 따라 세계를 구분하는 지도들의 재생산, 국가의 주권을 강조하는 교과서 설명 등은 모두 국가에 대한 사고를 당연하게 하는 데 기여한다. 따라서 영국에서의 국가교육과정의 제정은 학생들로 하여금 그들을 영국이라는 국가의 일부분으로 간주하도록 하려는 시도로 읽힐 수 있다. 궁극적으로 학교지리는 국가의 경계를 반복해서 되새기게 함으로써 학생들로 하여금 국가의 구성에 적극적으로 참여하도록 한다.

한편, 국가교육과정에서 영국에 대한 초점은 학생들로 하여금 그들은 그러한 공간에 소속되어 있고, 다른 사람들은 다른 곳에 소속되어 있다는 것을 심어 준다. 예를 들면, 국가교육과정이 학생들에게 영국의 자연현상과 정치, 경제, 사회, 문화 등의 인문현상에 대해 배우도록 하는 것은 국가를 '쓰는(writing)' 활동으로서 간주할 수 있다. 그것은 문자 그대로 학생들에게 공유된 공간을 아로새기도록 한다. Ashier(1988)에 의하면, 교과서 저자들은 독자들로 하여금 세계 속에서 그들의 장소감을 심어 주기 위해 문맥적 전략을 사용한다. 교과서는 문맥적·수사학적 표현을 통해 '우리(us)'와 '그들(them)'을 구분하는데, 타자(others)에 대한 표상은 우리 자신(ourselves)의 그것과 차이와 대조를 이루게 된다.

이상과 같이 영국에서 국가교육과정의 제정은 그동안 교육이 국가정체성 형성을 위한 사회적 결합·유지·전수, 공동체 의식의 개조 등에 덜 기여해 왔다는 비판에서 비롯된 것이다. 국가교육과정은 교육을 통해 소속감과 국민성을 강조함으로써 사회적 통합을 이루고자 하는 보다 큰 프로젝트로 이해할 수 있다. 그동안 영국이 세계의 정치적·경제적·사회적·문화적 변화에 직면하여 잃어버린

것을 다시 붙잡으려는 열망으로 읽힐 수 있다. 국가교육과정을 통한 교육은 이러한 제반의 변화들에 맞서는 최후의 보류로서 신보수주의로 이해된다. Jones(1997)는 국가교육과정을 앵글로 중심(Anglo-centric)의 공통 문화를 설립하기 위한 보다 넓은 프로젝트라고 하였다. 결국 국가교육과정은 세계가 정치적·경제적·문화적으로 글로벌화가 신선되고 있는 시점에서 국가정체성이라는 미명 아래 학생들을 통합하려는 문화적 형태로 보여질 수 있다.

(3) 영국적 맥락과 국가교육과정의 한계

1988년 국가교육과정이 공표된 이후, 국가교육과정과 관련하여 계속된 논쟁과 쟁점의 한 국면은 시민성 또는 정체성에 관한 것이었다. 특히 정체성의 문제는 국가교육과정이 처음 제정되고 이후 개정 속에서 매우 중요하게 다루어져 왔다. 국가교육과정은 교사들의 자율성보다 중앙집권적인 효율성을 강조하는 것으로서, 이에 대한 정당화는 케네스 베이커에 의해 읽혀진다.

나는 국가교육과정을 우리의 사회적 응집성을 증가시키는 한 방편으로 본다. 오늘날 우리 국가에서 현대사회에는 많은 혼란, 다양성, 불확실성이 있다. 우리 어린이들은 모든 공통 문화와 공통 유산에 대한 어떤 감각을 잃어버릴 위험에 있다. 국가교육과정의 응집적인 역할은 우리 사회에 보다 큰 정체성을 제공할 것이다(Baker, 1987).

1990년대를 통해 국가교육과정이 학생들로 하여금 동일시를 촉진할 수 있다는 논쟁이 계속되어 왔다. 특히 그러한 논쟁은 1996년 4월 영국 지리교육학회(Geographical Association)에서 행한 QCA 회장 니컬러스 테이트(Nicholas Tate)의 연설에 의해 더욱 자극을 받았다. 테이트는 지리 교사들에게 명백하게 '영국(British)'의 지리를 가르치도록 촉구하였다. 그는 비록 지리가 학생들에게 글로벌적 맥락을 가지는 환경문제 등을 통해 글로벌 정체감을 가지도록 격려해야 하지만, 이것이 학생들의 국가 정체감 형성을 차단해서는 안 된다고 하였다. 그는 국가교육과정이 공통 문화를 촉진하고 더 응집적인 사회를 만들며, 커뮤니티 감각을 유지하고 변형시키며, 필요하다면 재건설하는 수단으로서 파악하였다. 이러한 담론의 중심에는 학생들로 하여금 명백한 국가정체성을 발달시켜야 한다는 주장이 내포되어 있다. 결국 영국의 공통된 국가정체성이야말로 빠르게 끊임없이 변화하는 시대에 부여받은 사명이라는 것이다.

그러나 영국은 강력한 중앙집권적 국가의 형태라기보다는 하위 영역으로서 잉글랜드, 웨일스, 스코틀랜드, 북아일랜드가 자치적으로 많은 시스템을 운영해 오고 있다. 국가교육과정의 제정에 있어

스코틀랜드는 매우 독자적인 노선을 걸어오고 있다. 한편 웨일스는 국가교육과정을 수용하였지만, 웨일스의 지리교육과정은 법령으로 '웨일스에 대한 지식과 이해'를 발달시킬 필요에 의해 선정되고 있다. 결과적으로 웨일스의 전 지역이 관할지역(Home Region)으로 선정되어 학생들에게 그들이 살고 있는 커뮤니티와 웨일스를 통해 자신의 정체성을 탐구하도록 하고 있다. 결국 웨일스는 국가교육과정을 수용하면서도 자체적인 교육과정을 통해 학생들로 하여금 그들의 정체성인 '웨일스다움(Walesness)'을 실현하려고 하고 있다. 한편 스코틀랜드는 국가교육과정 자체를 거부하고 있을 뿐만 아니라 스코틀랜드 교육과정자문위원회(Scottish Consultative Council on the Curriculum)에서는 "스코틀랜드의 본질적인 경험이 스코틀랜드 교육과정의 중심에 있어야 한다."라고 권고하고 있다. 이렇듯 영국의 하위 지역에서는 직접적으로 보다 큰 집합적인 영국(British)의 정체성을 가르치려 하고 있지 않다는 것이다. 국가교육과정을 지지하는 하위 지역과 스코틀랜드에서의 정체성 교육은 하위 단위를 지향함으로써 '영국다움(Britishness)'의 개념과는 다소 차이가 있다는 한계를 내포하고 있다.

5. 국가시민성과 제국주의

최근의 정치적·경제적·사회적 변화의 시기에 국가의 미래에 대한 걱정에서 출발한 영국 국가교육과정에서 국가정체성과 시민성은 그 초점에 서 있다. 국가는 오랫동안 정치조직의 규범으로서 정체성 형성에 핵심적 역할을 하고 있으며(Smith, 1979, 2), 시민성은 거의 배타적으로 국가에 대한 호혜적인 충성을 강조하고 있다. 그러나 국가는 글로벌화된 세계에서 점점 보다 큰 네트워크에 포섭되어 그 역량이 감소되고 있다. 이러한 국가의 권력과 합법성의 감소는 우리 개인에 대한 문제를 제기할 뿐만 아니라 오랫동안 당연하게 받아들여졌던 국가시민성에 대한 문제를 제기한다. 이러한 맥락 속에서 영국의 국가지리교육과정은 많은 학자들의 비판을 받아 오고 있다. 특히 Edwards(2001)는 영국의 국가지리교육과정이 장소학습을 강조하지만, 이는 단일의 국가정체성만을 강조하고 있다고 비판한다. 그리고 여러 학자들은 국가지리교육과정이 어떻게 장소와 인간에 대한 유럽 중심적 재현의 영속화를 이끌어 왔는지를 규명해 오고 있다.

Johnston(1996)에 의하면, 장소는 사회적 창조물이며, 자기생산적이고, 사람들에 의해 통제·변화되며, 고립적이고, 자주 형식적으로 경계되며, 투쟁의 잠재적 원천이 된다. 장소가 사회적 창조이고 갈등의 잠재적 원천이라는 것은 비록 포괄적이기는 하나 영국의 보수당 정치가 노먼 테빗(Norman Tebbit, 1990)의 *The Field*에서 잘 나타나 있다.

우리의 대륙에 있는 이웃이 욕설의 의미로 '섬'을 사용하지만, 우리 영국인들은 모두 우리가 섬나라인 것에 대해 당연히 감사(해야)한다. 우리의 경계는 바다에 의해 그어지는데, 이는 신에 의한 것이라고 할 수 있다. 대부분의 국가 경계들과 달리 시간이 지남에 따라 계속해서 그어지고 지워지고 다시 그어지거나 하지 않는다. 섬나라로서 영국의 축복은 사나운 개들과 독재에 대항하여 오랫동안 보호되어 왔다는 것이다(Tebbit, 1990, 78).

여기에서 섬나라로서의 영국은 싸우기 좋아하는 사나운 이웃의 괴롭힘으로부터 바다에 의해 보호받는 안정적이고 영원한 이미지로 표상되고 있다. 게다가 신과 축복이라는 단어를 사용한 것은 바다에 의한 보호를 신의 개입에 기인한 것임을 암시하여, 따라서 신성한 영역을 창출하는 것을 암시한다. 이러한 신의 개입에 내재된 의미는 "신은 영국을 유럽이라는 대륙과 분리시켰고, 그것은 의도적인 것이었다."라고 한 마거릿 대처(Margaret Thatcher)의 주장과 거의 일치한다(The Guardian, 22 December, 1999). 한편 당시 재무부 장관이었고 이후 총리를 역임한 고든 브라운(Gordon Brown)은 『가디언(The Guardian)』지에 기고한 글에서 영국의 지리적 위치를 상이하게 해석하고 있다.

세계에 개방적인 섬나라로서의 우리 존재에 대한 지리적 사실은 영국은 또한 상당히 외부로 지향해 왔다는 것을 의미한다. 우리는 해상 여행자, 무역가, 상인 모험가, 탐험가의 국가이다. 즉 우리는 바다를 개방적인 관점에서 해자로서보다 고속도로로 인식해 왔으며, 우리는 글로벌 시장의 무역과 기술적 변화들을 충족시키기 위해 잘 준비해야 한다(Brown, 2000).

여기에서 바다는 보호의 수단이 아니라 기회와 도전의 원천으로서 상상된다. 섬나라에 의한 보호의 의미로서의 '룰 브리타니아(Rule Britannia: 지배하라 영국)'에 반대되는 것으로서 개방성과 미래에 초점을 두는 '쿨 브리타니아(Cool Britannia: 멋진 영국)'로의 인식의 전환이다. 즉 룰 브리타니아가 바다에 의해 보호되고 닫힌 영국에 대한 영토 인식이라면, 쿨 브리타니아는 바다에 의해 개방되고 열린 영국에 대한 영토 인식으로서 기회와 도전의 측면이 강조된 것이다. 그러나 중요한 것은 영국의 지리적 위치에 부여된 상이한 상징적 의미에 있는 것이 아니라, 발췌문에 사용된 포괄적인 전략들의 유사성에 있다. 두 개의 발췌문은 동일하게 국가를 동질화하고 본질화하며, 장소와 인간 사이의 신화적 결속을 굳건히 하려고 노력한다. 이들 둘 다 장소 위에 의미를 부여하는 것으로, 이들 의미는 정치적 이데올로기에 근거하여 다양하게 재현된다. 또한 두 개의 발췌문에서 주목할 만한 것은 사용된 언어의 포섭성이다. 우리(we, us, our)라는 단어들의 반복적 사용은 끈끈한 공유된 정체성과 집합적

운명을 내포한다.

6. 국가시민성 함양을 위한 영토교육

1) 영토교육의 의미

앞에서 살펴보았듯이 영토는 단지 한 국가의 주권이 미치는 영역이라는 사전적 의미뿐 아니라 국민이 생활하는 터전으로, 국가정체성의 형성에 중요한 영향을 미친다. 그리하여 국가시민성 또는 국가정체성이 가장 표면적으로 발현되는 것이 영토교육이다.

영토가 없으면 국가와 국민은 존재할 수 없으며, 영토를 잃은 국민은 국민으로서 자율성과 독립성을 보장받을 수 없다는 것은 너무나 잘 아는 사실이다. 영토는 국민들에게 존립할 거처를 제공하고 생존을 위한 식량과 안식처를 제공할 뿐만 아니라, 국민들 간 결속력의 근간을 제공하고 정치체계가 유지·작동될 수 있는 공간을 제공해 준 국가 생명의 원천이기도 하다.

이러한 맥락에서 영토교육은 국민의 국가의식과 영역의식을 길러 주는 데 필수적인 요소라고 할 수 있다. 국가의 정체성을 영토정체성, 정치적 정체성, 문화정체성으로 나누어 보면, 국민에 대한 교육은 영토정체성에서 시작한다고 해도 과언이 아니다. 영토에 대한 강한 애착과 애국심이 학생의 자아정체성과 국가정체성을 형성하는 데 매우 중요하다는 것은 주지의 사실이다(서태열 외, 2009).

우리나라는 중국, 일본, 러시아와 같은 주변 강대국과의 주권 문제, 군사적으로 대립하고 있는 북한과의 문제 등으로 영토교육에 대한 필요성이 강조되고 있다. 특히 최근 동아시아에서의 영토와 관련된 논쟁들이 부각되고, 국제법상에서나 실질적인 해양생활과 관련하여 영토 측면뿐만 아니라 영해 측면에서도 매우 중요한 의미를 지니고 있는 울릉도와 독도에 대한 관심이 커지면서 영토교육에 관한 재성찰의 요구가 커지고 있다. 즉 최근에 와서야 일본의 독도 망언, 동해 명칭 문제, 중국의 동북공정으로 인해 영토교육의 필요성이 더 강하게 제기되고 있는 실정이다(서태열 외, 2009). 그리고 이러한 국가와 주권, 분단과 통일, 영토와 영해 개념, 해저 지명, 바다의 명칭(예: 동해) 문제, 도서의 영유권(예: 독도, 조어도 등) 문제를 둘러싼 국가 간의 갈등, 배타적 경제수역의 설정과 도서 영유권 문제, 그리고 그것에 영향을 받는 산업과 경제 효과 등은 지리 교과의 주요 주제이다(윤옥경, 2006).

특히 영토교육은 국가적인 차원에서 기여하는 바가 많다. 먼저, 영토교육은 국가(민족) 공동체 의식에 기여한다. 그것은 영토교육을 통해 국가를 구성하고 있는 기본 요소의 하나인 국토를 알게 되고,

우리 국토와 다른 국토에 대한 지식과 감정을 공유하도록 하기 때문이다. 영토교육은 국가 또는 민족 공동체의 형성과 유지에 기여하며, 우리 땅과 이웃에 대한 지식과 감정을 공유하게 함으로써 국가정체성과 지역정체성의 형성에 기여한다(서태열 외, 2009). 영토교육은 단순히 한 국가의 실효적 지배력이 미치는 범위를 일컫는 공간에 대한 교육을 넘어서서 궁극적으로는 국가정체성을 심어 주려는 목적을 가지고 있다고 할 것이다.

2) 탈영토화 시대의 영토교육

영토교육을 통한 국가정체성 또는 국가시민성 함양은 중요한 과제임에 틀림없다. 그러나 세계화 시대를 맞이하여 극단적인 국수주의를 고집하는 영토교육에 대한 반성의 목소리가 여러 학자들에 의해 주장되고 있다. 이를 구체적으로 살펴보면 다음과 같다.

먼저, 전보애(2012)는 세계화 시대를 맞아 영토교육을 극단적인 국수주의에서 벗어나 학생들을 세계시민의 일원으로서 각 분야에서 개방을 통해 상생과 발전의 길을 모색해 나가도록 교육해야 한다고 주장한다. 탈영토화 시대의 영토교육의 역할은 자라나는 다음 세대에게 우리의 영토와 우리를 둘러싼 세계 여러 나라들에 대한 균형 잡힌 시각을 키워 주어야 하며, 지리적 시각에서 접근하는 영토교육은 국수주의와 세계주의를 연결하는 가교로서 이 둘 간의 격차를 해소시키는 중요한 역할을 해야 한다는 것이다.

둘째, 박선미(2009; 2010)는 좀 더 구체적으로 민족주의적 애국심에 기초한 영토교육에 대한 대안으로 '시민적 애국주의에 기초한 영토교육'을 제시한다. 탈영토화 시대의 시민적 애국주의에서 말하는 애국은 자국인들과 다른 나라 사람들과의 차이점을 강조하거나 그들을 배척하기보다는, 공동선과 공공의 이익을 존중하는 것으로 법을 지향해야 한다는 것이다. 그녀에 의하면, 시민적 애국주의를 지향하는 영토교육은 변증법적 사고를 통한 주체적 자기인식을 촉진하고 적극적으로 정치에 참여하며 의사소통하는 '포용적'이고 '보편적'인 성격의 사회구성원을 기르는 데 초점을 두어야 한다. 따라서 탈영토화 시대의 영토교육은 패권적 민족주의 방어를 넘어 개인의 삶과 경험이 끊임없이 개입되는 삶의 공간으로서의 영토교육으로 나아가야 하며, 영토교육이 단순히 민족주의적 감정에 호소하는 데 그치지 않고 영토문제에 대한 비판적 사고능력과 단순한 행위의 실행을 넘어 문제 해결을 위한 실천적 능력까지 이끌어 내어야 한다.

셋째, 남호엽(2011, 375-376)은 외부의 침탈에 대응하는 애국주의 노선의 영토교육은 배타적 민족주의를 고양시키므로 글로벌 시대의 영토교육 방향으로는 부적절하다고 하면서, 그에 대한 대안으로 '비판적 문해력의 형성을 지향하는 영토교육'이 되어야 한다고 주장한다. 즉 영토교육의 논리는 특정 영토문제에 대한 감정적인 대응을 지향해서는 안 되고, 경합이 되는 영토와 장소에 대해 이성적인 대화가 가능하도록 비판적 문해력 형성의 관점에서 합리화되어야 한다는 것이다. 나아가 글로벌 시대의 영토교육은 초국가적 주체의 형성을 위한 교육이 되어야 함을 강조한다. 예를 들면, 독도를 비롯한 동아시아 영토분쟁의 사안들을 국경을 뛰어넘어 활동하고 존재하는 초국가적 시민의 관점에서 바라보고 해석할 수 있는 교육적 기반을 만들자는 것이다. 이는 국가주의의 한계를 벗어나 초국가적 차원의 보편적 삶을 지향하는 시민성의 함양을 통해, 동아시아 각 국가의 정치엘리트의 관점보다는 평화의 무대로서 동아시아를 사고하고자 하는 동아시아 시민사회의 연대를 중심으로 화해와 협력, 공존과 번영을 지향하고 실천하는 교육적 계기를 마련하자는 제언이라 할 수 있다(박배균, 2013b).

마지막으로, 박배균(2013b)은 영토교육의 방향을 민족주의를 옹호하는 본질주의적 장소감 교육에서 벗어나 관계론적 전환을 해야 한다고 요구한다. 그에 의하면, 본질주의적 장소 개념은 비록 의도하지는 않았지만 장소의 영역화와 민족/국가주의적 영토교육을 이데올로기적으로 정당화하는 역할을 수행할 위험성을 지닌다. 영토는 권력투쟁의 과정에서 사용된 '영역화 전략'을 통해 안과 밖의 경계 지음이 뚜렷해진 장소라고 이해할 수 있다. 그리하여 이러한 문제를 극복하기 위해서는 본질주의적 또는 존재론적 장소 개념에 의존하지 않는 장소에 대한 이해가 필요하다고 주장한다. 이에 대한 대안으로 제시한 것이 관계론적 장소감으로 장소에 대한 보다 개방적인(또는 열린) 사고를 요구한다. 관계론적 장소 개념에 따르면, 장소는 정치적이고 문화적인 과정과 행위자들의 다양한 수행(performance)을 통해 사회적으로 구성되는 것이다. 따라서 장소가 구성되고 표현되는 방식은 매우 다양할 수 있다. 장소를 사회적 과정과 관계 속에서 만들어지는 것으로 바라보는 관계론적 장소관이 지니는 힘은 영역화의 경향을 바꿀 실천적 가능성을 이론에서 내포하고 있다는 점이다. 이는 다양한 장소의 모습을 구성할 수 있는 가능성을 이론적으로 열어 두기 때문이다. 그리고 이 부분은 교육의 측면에서 특히 더 중요하다. 교육은 현재 존재하고 있는 구조, 권력, 제도, 관습 등에 대한 지식을 학생들에게 전달하는 것뿐만 아니라, 새로운 미래를 창조적으로 구상하고 그러한 미래를 구성하기 위해 실천할 수 있는 실천적 지식인을 기르는 것도 목표로 한다. 따라서 관계론적 장소관을 지리교육이 보다 적극적으로 수용하는 것은 새로운 동아시아의 모습을 상상하고 그를 위해 노력할 수 있는 실천적 지식인을 기르는 데 큰 도움이 되는 시도라 할 수 있다(박배균, 2013b).

7. 한일 지리 교과서에 나타난 영토교육

1) 도입

교통·통신기술의 발달로 인해 세계화가 지속적으로 이루어지면서 지금까지 중요하게 여겨지던 국가 간의 경계인 국경선의 의미가 조금씩 희석되고 있다. 그러나 국가의 경계를 넘어 인구와 물자의 이동이 자유로워지고 있지만 우리는 여전히 상상의 공동체로서의 국가를 기반으로 삶을 영위해 나가고 있다. 탈영역화 시대에도 오히려 국가와 영토는 그 의미를 상실하는 것이 아니라 국민들을 더욱더 결속시키는 중요한 기제로서 작동하고 있다.

영토는 한 국가의 주권이 미치는 범위를 지칭하는 동시에 국민들이 삶을 영위하는 생활공간이다. 이러한 영토는 국가와 민족의 정체성과 동일시되는 것으로서, 이는 과거부터 지리교육에서 중요한 외재적 목적으로 인식되어 왔다. 특히 우리나라는 일본 식민지를 통해 주권과 영토의 중요성을 일찍이 경험하였으며, 이는 국권회복과 민족의식 고취를 위한 교육으로 전개되기도 하였다.

현재 우리나라와 일본은 독도를 사이에 두고 긴장 상태를 계속해서 유지하고 있다. 2005년 일본 시마네현 의회가 '다케시마의 날' 제정 조례안을 통과시키면서 독도를 둘러싼 문제가 외교문제로 비화되기 시작하였다. 그 후 일본의 문부과학성이 2005년 중학교 사회 교과서에 이어 2006년 고등학교 사회 교과서에도 독도가 자국의 영토임을 표시하게 함으로써 한일 양국의 외교 갈등이 더욱 심각해지게 되었다. 그리고 일본 문부과학성은 2009년 12월 25일 발표한 고등학교 학습지도요령 해설서에도 독도는 일본의 땅임을 재확인하고 있다(文部科學省, 2009).

우리나라에서는 일본이 독도 영유권 주장을 제기할 때마다 독도문제를 교육에서 적극적으로 다루어야 한다고 주장해 오고 있다. 이러한 시대적 요구에 따라 교육부와 시도교육청을 비롯한 여러 단체에서는 독도 관련 교수·학습 자료를 개발하여 일선 학교에 배포하기도 하였다. 그리고 일부 학교에서는 독도 영유권 문제를 영토와 관련된 주요 국가적·사회적 쟁점으로 인식하여 특별 수업을 실시하기도 하였다. 그러나 우리나라는 일본과의 영토문제가 발생할 때마다 체계적으로 대응하기보다는 오히려 그 문제를 확대시키지 않기 위해 소극적으로 대처하기에 급급하였다. 특히 영토교육이 지속적으로 꾸준히 이루어지기보다는 매우 감정적인 성향을 지닌 일회성 행사로 그치는 면이 많았다. 따라서 현재 무엇보다도 시급한 것은 우리나라 사회과교육과정, 특히 지리 교육과정 및 교과서에서 영토교육이 어떻게 재현되고 있는지를 진단하는 것이다. 그리고 우리나라와 영토문제로 첨예하게 대립하고 있는 일본의 영토교육에 대한 검토 역시 병행되어야 할 것이다.

최근 이러한 상황을 반영하듯 영토교육에 대한 연구들(권영배, 2006; 김병후, 2006; 서태열, 2007a; 2007b; 심정보, 2008; 박선미, 2009; 김경동, 2008)이 증가하고 있는 것은 고무적이다. 하지만 이들 연구는 우리나라의 독도교육에 한정되거나 우리나라와 직접적인 관계가 적은 국가의 영토교육의 현상을 분석하고 있을 뿐, 우리나라의 직접적인 상대국인 일본의 영토교육과 비교하여 문제점을 진단하고 개선 방안을 제시하려는 연구는 부족하였다. 따라서 우리나라와 일본의 지리 교육과정 및 교과서[9]에서 다루어지고 있는 영토교육의 유사점과 차이점을 비교·분석하여 그 함의를 도출하는 것의 의미 있는 시도라고 할 수 있다.

2) 영토와 영토교육

흔히 우리는 영토(territory)와 국토(home land)라는 말을 같은 의미로 함께 사용하지만, 조금은 상이한 의미를 지니고 있다. 국토라 하면 국민 자신이 영토의 일부라고 생각하고 그 영토가 국민의 생활 공간으로 자기화될 때 사용될 수 있는 용어이다. 반면에 일반적인 국가의 주권과 관련해서는 영토라는 용어를 사용한다(임덕순, 2006). 그리고 영토는 영역에 포함되는 개념이지만, 실제로 영토라는 용어는 영역에 포함되는 협의의 의미보다는 영역과 동일시되는 광의의 개념으로 사용되고 있다. 따라서 이 연구에서도 영토를 영역과 유사한 광의의 개념으로 규정하고자 한다.

영토는 한 국가의 주권이 미치는 범위로서, 이는 국민들을 하나로 묶는 역할을 한다. 한 국가는 자신들의 국민, 특히 학생들에게 끊임없이 자신의 영토를 반복해서 가르침으로써 국가정체성을 확보하려고 한다. 이러한 관점에서 본다면, 영토교육은 단순히 한 국가가 지배하고 있는 물리적 공간에 대한 교육을 넘어 이를 토대로 형성되는 정체성을 심어 주려는 계획적인 의도인 것이다. 서태열(2007a; 2007b)에 의하면, 영토교육은 장소를 토대로 하여 국가 또는 민족이라는 공동체 의식을 함양하도록 하는 것으로서 일종의 장소감(sense of place)의 발현이다. 결국 영토교육은 영토라는 물리적 공간에 대한 지식을 요구할 뿐만 아니라, 나아가 영토에 대한 호기심과 애착을 통해 서로를 묶는 결속의 의미로서 정체성의 담보에 더 큰 목적이 있다.

영토교육은 포섭(inclusion)과 배제(exclusion)의 원리에 기초한 영역성(territoriality)에 기반하고 있

---

9 우리나라의 영토교육 현황을 분석하기 위해 제7차 교육과정의 중등 교과서 가운데 중학교 1학년 사회 교과서 총 10종(2001년 발행), 고등학교 사회 교과서 총 8종(2002년 발행), 한국지리 교과서 총 8종(2003년 발행)을 분석하였다. 일본의 영토교육 현황을 분석하기 위해서는 중학교 사회(지리적 분야) 교과서 총 6종(2005년 검정), 고등학교 지리A 총 12종(2002년 검정 6종, 2003년 검정 1종, 2006년 검정 5종), 지리B 총 5종(2002년 검정 1종, 2003년 검정 1종, 2006년 검정 3종)을 분석하였다.

다. 영역성이란 개인이나 집단이 영역의 경계(border)를 설정하여 타자와 구별짓기를 하는 것이며, 이는 내부를 규제하는 수단을 제공하고, 정체성을 확보하는 수단이 된다. 정체성(identity)이란 다양한 스케일의 공간에 토대하여 개별 주체들이 '우리'라는 느낌을 갖는 일종의 장소감이다(Rose, 1995; Morgan, 2000; Jones, 2001). 그리고 영토교육은 바로 이러한 영역성에 기반하여 국가 또는 민족의 정체성을 확립하는 데 초점을 둔다.

세계화가 급속하게 진행되고 있다고 하더라도 현실세계에서 여전히 중요한 공간 스케일은 국가이며, 이것이 아직도 우리의 삶의 많은 부분을 지배하고 있다. 상상된 공동체로서의 국가는 민족주의의 통로가 되며, 국가에 대한 의식구조, 즉 정체성을 다음 세대를 통해 확대재생산한다(남호엽, 2001a, 2001b). 그리고 포섭과 배제를 통한 영역화 전략은 특정한 스케일의 공간에서 인간을 통제하는 데 매우 효과적인 수단이 된다(조철기, 2010). 오히려 세계화 시대에 정치적·경제적 블록을 형성하여 서로 협력하면서도 한편으로 개별 국가들은 그들의 정체성을 확보하고자 노력하고 있다. 그러한 결과로서 나타나고 있는 것이 국가정체성 형성을 위한 영토인식과, 이를 바르게 정립하기 위한 영토의식교육으로 나타난다.

3) 우리나라 지리 교과서에 나타난 영토교육 내용 분석

(1) 중학교 사회1 교과서의 영토교육 내용 분석

제7차 교육과정에 의한 중학교 사회1 교과서에서 영토교육과 관련된 내용은 매우 제한적이다. 이 교과서의 대단원 '남부 지방의 생활'의 중단원 '해양 진출의 요지'에서 독도와 관련된 내용이 일부 다루어지고 있다. 이 중단원의 성취기준 중의 하나는 "남부 지방의 해양 진출에 유리한 까닭을 위치 특성과 관련하여 이해한다."(교육부, 1998)로 규정하고 있는데, 여기에서 독도와 관련한 내용이 다루어질 수 있는 여지를 남겨 놓고 있다.

중학교 사회1 교과서 10종을 분석한 결과, 독도 관련 내용을 담고 있는 교과서는 4종[고려출판, 교학사(차경수 외), 성지문화사, 중앙교육진흥연구소]에 불과하였으며(표 2-1), 그 내용 역시 깊이 있게 다루어지고 있지 않다. 그리고 독도와 관련한 내용을 서술하고 있는 4종의 교과서도 그 성격에 따라 두 가지 유형으로 구분할 수 있다. 하나는 독도와 관련한 내용을 단지 자연환경의 측면에서 서술한 경우이며 [교학사(차경수 외), 성지문화사], 다른 하나는 독도와 관련한 내용을 한일 간의 갈등을 중심으로 일본의 독도 영유권 주장에 대해 비교적 상세히 다루고 있다(고려출판, 중앙교육진흥연구소).

이와 같이 총 10종 가운데 4종의 교과서에서만 독도와 관련한 내용을 다루고 있을 뿐만 아니라,

표 2-1. 중학교 사회1 교과서 독도 관련 내용

출판사명	쪽수	독도 관련 내용
고려출판	75 (1)	• 읽기자료: 독도는 우리 땅과 바다를 지키는 수호신 ① 독도의 위치와 영유권 문제　　　　② 배타적 경제 수역과 한일 어업 협정 • 사진자료: 독도 전경 • 지도자료: 독도 주변 해역은 배타적 경제 수역이 합의되지 못한 채 어업상 한일 중간 수역으로 남아 있다. • 탐구활동 ① 독도를 지키기 위한 노력들을 알아보고, 일본의 독도 영유권에 대한 억지 주장을 비판해 보자. ② 한일 어업 협정에 관한 자료를 모아 토론해 보자.
교학사 (차경수 외)	72~73 (2)	• 본문: 남부 지방에는 화산 활동으로 이루어진 제주도, 울릉도, 독도 등을 비롯한 많은 섬들이 있다. • 지도자료: 남부 지방의 지형도와 지역 구분도에서 울릉도와 독도를 제시 • 사진자료: 독도, 우리나라의 가장 동쪽에 위치한 화산섬으로 국방상 요지일 뿐만 아니라 부근에는 수산 자원이 풍부하여 경제적으로도 중요한 곳이다.
성지 문화사	70~71 (2)	• 본문: 동해에는 화산 작용에 의해 형성된 울릉도와 독도가 있으며, 이 섬들은 수산업과 국방상 매우 중요하다. • 지도자료: 남부 지방의 지형도에서 울릉도와 독도를 제시 • 사진자료: 독도 전경과 독도를 바라보고 있는 관광객들
중앙교육 진흥연구소	78 (1)	• 읽기자료: 독도 이야기 ① 독도의 위치와 섬의 구성　　　　② 독도 영유권 문제 • 사진자료: 독도의 동도와 서도 • 탐구활동: 독도 문제에 관한 신문 자료를 모아, 우리나라와 일본의 입장에 대해 정리해 보자.

그 내용 역시 영토교육에 초점을 둔 것이라고 하기에는 무리가 있다. 전자의 2종의 교과서는 대단원 명에서도 알 수 있듯이 남부 지방의 생활을 학습하는 가운데 잠시 언급하는 정도만 다루고 있다. 그리고 단순히 독도를 남부 지방에 존재하는 화산섬으로만 언급하고 독도의 전경을 단순하게 보여 주는 선에서 그치고 있다. 더욱이 남부 지방과 관련한 지도를 통해 독도의 존재를 확인할 수 있는데, 울릉도와 독도가 본래의 위치에 표시되어 있지 않아 정확한 위치를 파악하도록 하는 데 문제가 될 수 있다.

　후자의 2종의 교과서만이 독도와 관련한 내용을 상세하고 다루고 있을 뿐만 아니라, 부가적으로 독도를 둘러싼 한일 간의 갈등에 대해 언급하고 있어 학생들에게 영토에 대해 생각해 볼 수 있는 기회를 제공해 준다고 할 수 있다. 특히 고려출판 교과서는 한 페이지를 할애하여 독도의 위치적 특징을 상세하게 다루고 있을 뿐만 아니라, 이로 인해 독도가 우리에게 주는 의미를 생각하게 하고 있다. 즉 독도를 둘러싼 우리나라와 일본 간의 역사적 배경을 제시하여 이러한 갈등이 발생하게 된 배경에 대해 자세히 언급하고 있다. 그리고 독도를 둘러싼 갈등의 도화선이 되었던 1999년 한일어업협정과 한일 중간수역에 대해서도 유일하게 다루고 있다. 여기에 배타적 경제수역에 대한 설명까지 덧붙여 오늘날 해양을 둘러싼 첨예한 갈등과 함께 해양이 영토로서 가지는 새로운 의미와 그 중요성을 생각해 볼 수 있도록 하였다.

그러나 독도에 대한 내용을 다루고 있는 교과서라 하더라도 교과서의 본문이 아니라 읽기자료나 탐구활동으로 제시하는 경우가 대부분이다. 따라서 읽기자료나 탐구활동은 본문에 비해 수업시간에 소홀하게 다루어질 가능성이 있어 실질적인 영토교육이 이루어지기에는 한계를 내포하고 있다.

이상과 같이 중학교 사회1 교과서는 영토교육을 명시적으로 제시하고 있지는 않다. 이는 내용 구성 방식이 지역지리에 의존하고 있는 것도 하나의 원인이라고 할 수 있다. 다만, 대단원 '남부 지방의 생활'의 중단원 '해양 진출의 요지'에서 10종 중 4종의 교과서만 독도에 대해 언급하고 있는데, 그중에서도 단지 2종의 교과서만 독도문제와 관련한 내용을 소개하고 있는 실정이다. 그리고 이들 교과서 역시 본문보다는 주로 읽기자료나 탐구활동 등의 보조자료를 통해 독도문제를 설명하고 있어 실질적인 영토교육으로 나아가기에는 다소 한계가 있다. 결론적으로 중학교 사회1 교과서의 내용 구성만으로 보았을 때 실질적인 영토교육은 거의 불가능하다고 할 수 있다.

(2) 고등학교 사회 및 한국지리 교과서의 영토교육 내용 분석

① 고등학교 사회 교과서에 나타난 영토교육

고등학교 사회 교과서는 국민공통기본교육과정으로 지리 영역에 해당되는 대단원 '국토와 지리 정보'의 중단원 '국토 인식과 지리 정보'에서 일부 영토교육을 다루고 있다. '국토와 지리 정보'의 단원 목표는 "국토의 의미, 국토관 및 그 변천 과정을 올바르게 파악하고, 국토의 중요성을 인식한다." (교육부, 1998, 90)라고 규정하고 있으며, '국토 인식과 지리 정보'의 성취기준은 "국토를 국민 개개인이 다양한 활동을 하며 공동의 삶을 영위하는 구체적 생활공간으로 파악한다. 고지도와 고문헌을 통해서 국토에 대한 지식과 정보의 축적 과정 및 세계관을 조사한다. 전통적인 국토 인식에 대한 관점을 파악하고, 국토를 소중히 여기는 태도를 지닌다."(교육부, 1998, 91)라고 규정하고 있다. 이와 같은 단원 목표와 성취기준에 따라 교과서 내용의 특징을 분석한 결과는 다음과 같다.

첫째, 5,000년 역사를 가진 우리 민족의 생활터전인 국토의 의미를 되새겨 보고, 이러한 국토가 우리 생활과는 어떻게 연관되어 있는지에 대해 학습하도록 하고 있다. 또한 읽기자료와 탐구활동을 통해 다양한 활동이 이루어지는 국토의 모습을 보여 줌으로써 땅은 인간 생활의 근본 터전임을 확인하도록 하여, 우리 국토의 소중함과 중요성에 대해 생각해 볼 기회를 마련해 주고 있다.

둘째, 고지도와 고문헌상에서 나타나는 조상들의 국토관 및 세계관을 파악하도록 하고 있다. 혼일

표 2-2. 고등학교 사회 교과서 영역 관련 내용

출판사명	쪽수	영역 관련 내용
교학사	10 (1)	• 본문: 국토의 의미와 구분(영토·영공·영해) • 지도자료: 국토의 지배 영역, 배타적 경제 수역
법문사	12~13 (2)	• 본문: 우리나라의 영역은 어디까지인가?(영역의 의미와 구분, 배타적 경제 수역) • 지도자료 ① 우리나라의 영해(통상 기선과 직선 기선) ② 영토·영해·영공의 범위 모식도
중앙교육 진흥연구소	14 (1)	• 본문: 국토의 의미와 구분 • 탐구활동 ① 우리나라 4극의 경위도 조사 ② 각 국가의 위치, 형태, 크기 비교

강리역대국도지도, 대동여지도 등을 비교해 봄으로써 고지도에 나타난 국토 정보와 세계관의 공통점과 차이점을 인식하도록 하고 있다. 또한 『택리지』와 같은 지리서 혹은 고문헌에 나타난 국토 정보의 세계관을 파악하고 전통적인 국토 인식과 지리 사상을 오늘날과 비교해 보도록 하고 있다. 한편 풍수지리 사상과 대지모 사상에 대한 내용을 통해 우리 조상들의 국토 인식을 알아볼 수 있도록 하고 있다.

셋째, 총 8종의 사회 교과서 중에서 3종(교학사, 법문사, 중앙교육진흥연구소)만이 우리나라의 영역을 영토·영공·영해로 구분하여 살펴보도록 하고 있다(표 2-2). 또한 우리나라의 경계가 되는 4극에 대해 언급하여 경위도에 대한 학습도 함께 이루어지도록 하고 있다. 이와 같이 우리나라의 위치와 형태에 대한 학습이 모든 교과서가 아니라 일부 교과서에서만 이루어지고 있는 문제를 안고 있다.

이상과 같이, 중학교 사회1과 달리 고등학교 사회는 교육과정의 단원 목표와 성취기준을 '국토 인식과 국토애 함양을 위한 교육'을 명시하고 있을 뿐만 아니라, 이것이 교과서의 하나의 중단원에서 집중적으로 이루어지고 있는 것이 특징적이다. 하지만 고등학교 사회 교과서에서 다루어지는 국토 인식과 국토애는 대체로 우리 조상들이 전통적으로 생각해 왔던 것으로서, 3종의 교과서를 제외하면 현재 시점에서 학생들이 가져야 할 영토인식과 영토의식교육과는 다소 괴리가 있다고 할 수 있다.

② 고등학교 한국지리 교과서에 나타난 영토교육

고등학교 한국지리에서 영토교육과 관련한 내용은 대단원 '국토의 이해'의 중단원 '위치와 지역 형성'에서 집중적으로 다루어지고 있다. '위치와 지역 형성'의 성취기준은 "세계 속에서 우리나라의 위치와 영역을 파악한다. 대륙과 해양에 접한 입지적 특성을 이용하여 우리나라의 잠재력과 발달 가능성을 설명할 수 있다. 교통·통신의 발달과 관련된 지역 간 상호작용을 파악하고, 이를 토대로 지역 생활권의 형성 배경을 이해한다."(교육부, 1998, 136)라고 규정하고 있다. 이러한 성취기준에 토대하여

표 2-3. 고등학교 한국지리 교과서 영역 관련 내용

출판사명	쪽수	영역 관련 내용
교학사	25~28 (4)	(1) 우리나라의 위치와 영역 • 본문 ① 우리나라의 위치(위노와 경노) ② 우리나라의 영역과 배타적 경제 수역(영토·영해·영공) • 지도자료 ① 우리나라의 4극　　② 우리나라 영해 범위, 영역 모식도(통상·직선 기선) -- • 본문: 최근 일본이 동해상에 배타적 경제 수역을 선포하여 독도와 독도 연안이 이에 포함되어 한일 간에 분쟁의 요소가 되고 있다. • 탐구활동: 독도는 우리땅 〈자료〉 ① '독도는 우리땅' 노래 가사 　　　　② 독도 가치에 대한 기사(황금 어장, 천연 가스, 군사 요충지) 〈활동〉 ③ 독도의 자연 환경　　④ 독도가 우리 땅이라는 역사적 근거 　　　　⑤ 독도의 중요성　　　　⑥ 일본에 대한 대응 방안
금성 출판사	21~23 (3)	(1) 세계 속의 우리나라 • 본문 ① 우리나라의 위치적 특색(위도와 경도)　② 영역의 의미와 구분(영토·영해·영공) ③ 통상 기선과 직선 기선, 배타적 경제 수역 • 탐구활동: 우리나라의 영역 〈자료〉 ① 우리나라의 영해 지도　　② 영역의 구분 모식도 〈활동〉 ③ 우리나라의 영토 면적 비교　④ 통상 기선과 직선 기선 　　　　⑤ 영해와 배타적 경제 수역의 차이 -- • 읽기자료: 독도는 명백한 우리 영토(위치와 역사) • 지도자료: 팔도전도 • 사진자료: 독도 전경
대한 교과서	22, 24 ~25 (3)	(1) 우리나라는 어디에 있는가? • 본문 ① 우리나라의 위치적 특색(위도와 경도)　　② 영역의 의미와 구분(영토·영해·영공) • 탐구활동: 우리나라의 영해는 어떻게 정해져 있는가? 〈자료〉 ① 우리나라의 영해 지도와 글(통상·직선 기선)　② 배타적 경제 수역의 의의 〈활동〉 ③ 동해안과 서남해안의 영해 설정 기준　　④ 간척 사업으로 인한 영역별 변화 -- 〈자료〉 ⑤ 한일 어업 협정 지도와 글(독도 영유권 문제) 〈활동〉 ⑥ 주변국과의 어업 협정이 미치는 영향
두산 동아	24~28 (5)	(1) 세계 속에서 우리나라의 위치와 영역은? • 본문 ① 위치는 왜 중요할까?(위도와 경도)　　② 본문: 영역의 의미와 구분(영토·영해·영공) ③ 본문: 통상 기선과 직선 기선, 배타적 경제 수역 • 탐구활동: 위치는 우리 생활에 어떤 영향을 미칠까? ① 우리나라와 비슷한 위도대와 경도대에 위치한 나라들 ② 만약 우리나라의 위치가 다른 대륙에 존재하였다면? • 도표: 남한 면적과 비슷한 국가 • 지도자료: 우리나라의 4극 • 탐구활동, 지도자료: 우리나라의 영해 -- • 읽기자료: 독도는 우리 땅(독도 영유권 분쟁) • 지도자료: 독도의 동도와 서도, 팔도총도

법문사	28, 30
	~31
	(2)
		(1) 태평양 시대의 중심이 될 위치
		• 본문
		  ① 북반구 중위도에 위치한 나라　　　　　② 영역의 의미와 구분, 배타적 경제 수역
		• 도표: OECD 국가의 주요 통계 지표
		• 탐구활동: 우리나라와 같은 위도대에 속하는 도시들의 기후적 특색
		• 탐구활동: 영토의 의미
		  〈자료〉 ① 박태순의 「국토와 민중」
		  〈활동〉 ② 우리나라의 면적에 대한 자신의 생각　③ 자료에서 우리나라를 넓다고 하는 이유는?
		• 탐구활동: 우리나라의 영해의 범위
		  〈자료〉 ① 해양법에서 설정된 각 수역의 한계 모식도　　② 우리나라 영해의 범위 지도
		  〈활동〉 ③ 영해와 배타적 경제 수역의 차이점 설명하기　④ 직선 기선과 통상 기선의 차이

중앙교육
진흥
연구소
	26, 29
	~30
	(2)
		(1) 우리나라의 위치
		• 본문: 우리나라의 위도와 경도
		(2) 우리나라의 영역
		• 본문: 영역의 의미와 구분, 배타적 경제 수역(영토·영해·영공)
		• 사진자료: 독도 전경(동도와 서도)
		• 지도자료: 영역의 범위, 우리나라의 영해(통상 기선, 직선 기선)
		 ┄┄┄
		• 탐구활동: 독도를 둘러싼 한국과 일본의 갈등
		  〈자료〉 ① 한일 어업 협정 수역도 지도　　　　② 한일 어업 협정에 대한 글
		  〈활동〉 ③ 어업 협정 체결 배경을 경제 수역과 연관지어 설명하기
		　　　　④ 경제 수역 설정 시 바람직한 경계선은?

지학사	17, 20
	~21
	(3)
		(1) 우리나라의 위치
		• 지도자료: 우리나라의 경도와 위도(우리나라의 4극)
		(2) 우리나라의 영역
		• 본문: 영역의 의미와 구분(영토·영해·영공)
		• 지도자료: 영역 모식도, 우리나라의 영해 지도
		• 읽기자료: 배타적 경제 수역, 간척을 하면 영해가 넓어질까?
		 ┄┄┄
		• 탐구활동: 독도는 우리 땅!
		  〈자료〉 ① 독도의 위치와 역사　　　　　② 독도의 현황과 가치
		　　　　③ 독도 지도(동도와 서도, 부속 섬들)
		  〈활동〉 ④ 독도가 우리나라 영토임을 알리는 고문헌이나 고지도 찾기
		　　　　⑤ 독도에 서식하는 동식물 조사

천재교육	20, 28,
	22~23
	(4)
		(1) 우리나라의 위치와 영역
		• 본문: 영역의 의미와 구분(영토·영해·영공)
		• 지도자료
		  ① 우리나라의 4극, 위도와 경도　　　② 한국, 중국, 일본 간의 어업 수역도
		• 읽기자료
		  ① 간척을 하면 영해가 넓어질까?　　　② 영해와 배타적 경제 수역
		• 사진자료: 위성에서 내려다본 한반도의 모습
		• 탐구활동: 우리나라의 영역
		  〈자료〉 ① 영역의 모식도　　　　　　② 우리나라의 영해
		  〈활동〉 ③ 우리나라의 영토로서 독도가 갖는 의미
		　　　　④ 영해의 범위, 영해 설정 방법이 다른 이유
		 ┄┄┄
		(3) 교통·통신의 발달에 따른 생활권 변화
		• 읽기자료: 국토 대탐험, 독도 기행
		  ① 독도의 위치와 구성 및 형성 시기와 원인　② 독도에 대한 일본의 주장에 대하여
		• 사진자료: 독도의 구성, 독도 전경, 독도의 태극기, 괭이갈매기, 독도에서의 식목 사업

* 법문사의 교과서에는 독도 관련 서술이 없음.

이 단원에서는 우리나라의 영토·영해·영공을 포괄하는 영역에 대한 학습과 함께 독도에 대한 학습이 이루어지고 있는데, 그 특징은 다음과 같다.

첫째, 우리나라의 영토·영해·영공을 포괄하는 영역에 대한 학습이 이루어지고 있다. 위도와 경도에 대한 내용이 먼저 다루어지는데, 대부분의 교과서가 세계의 시간대를 통해 경도의 의미를 살펴보고 있다. 그리고 우리나라의 위치를 지리적·수리적·관계적 위치의 측면에서 살펴봄으로써, 세계에서 바라보았을 때 우리나라의 위치를 확인할 수 있도록 하고 있다. 또한 우리나라의 수리적 위치를 확인할 때 우리나라의 경계가 되는 4극에 대해서도 함께 살펴보고 있다.

둘째, 대부분의 교과서에서 볼 수 있는 그림은 영역의 구분을 나타낸 모식도이다. 심화 선택과목인 한국지리에 와서야 비로소 우리나라의 영역에 대해 깊이 있게 학습할 수 있는 것이다. 모든 교과서에서 우리나라의 영해를 표시한 지도를 볼 수 있는데, 최근 영토의 의미가 바다로까지 확대되고 있는 상황에서 경제적 중요성이 매우 큰 배타적 경제수역(Exclusive Economic Zone, EEZ)에 대한 자세한 설명은 적은 편이다.

셋째, 독도에 대한 내용으로, 교과서의 본문보다는 탐구활동이나 읽기자료 등에서 제시하는 경우가 대부분이다. 독도와 관련한 내용은 독도의 지리적 위치나 자연환경 및 경제적 중요성을 강조하거나, 고지도를 통해 독도는 역사적으로나 국제법적으로 우리의 영토임을 강조하고 있다. 대부분 독도의 위치, 독도 전경, 독도의 형성 과정과 함께 일본의 독도 영유권 주장의 부당성 등을 읽기자료를 통해 제시하고 있다. 일본이 독도 영유권 주장을 하고 있는 핵심에는 역사적 배경도 깔려 있지만, 가장 큰 빌미를 제공하였던 대표적인 사건이 한일어업협정이다. 실질적인 영토교육이 이루어지기 위해서는 이와 같은 내용에 대한 학습이 꼭 필요하지만, 한 종의 교과서에서만 독도문제와 함께 배타적 경제수역과 중간수역에 대한 설명이 상세하게 나와 있다.

이상과 같이 고등학교 한국지리에 와서야 본격적으로 우리나라의 위치와 영역에 대해 학습할 수 있도록 규정하고 있다. 그러나 현재 중요시되고 있는 배타적 경제수역이나 영토문제에 대한 내용은 매우 부족하여 실질적인 영토교육의 접근에는 여전히 한계를 내포하고 있다.

4) 일본 중등 지리 교과서의 영토교육 내용 분석

(1) 학습지도요령과 영토교육

일본 중등 지리 교과서로는 중학교 사회-지리적 분야와 고등학교 지리A 및 지리B가 있다. 먼저 중학교 사회-지리적 분야의 경우 첫 단원 '세계와 일본의 지역구성'의 2절 '일본의 모습과 여러 지역'

의 성취기준을 보면 "지구의와 지도를 활용하여, 우리나라의 국토의 위치, 시차, 영역의 특색과 변화, 지역구분 등을 취급하여, 일본의 지역구성을 개관하도록 한다. 세계적 시야와 일본 전체의 시야로부터 본 일본의 지역적 특색을 파악하고, 우리나라의 국토의 특색을 다양한 면으로부터 개관하도록 한다."(文部省, 1998, 33)라고 규정하고 있는데, 여기에서 일본의 영토교육에 대한 근거를 찾을 수 있다. 영토교육과 관련된 내용은 교과서마다 단원명은 다르지만 첫 단원인 '일본의 모습과 여러 지역'에서 다루어지고 있다.

다음으로 고등학교 지리A의 첫 단원 '현대세계의 특색과 지리적 기능'의 1절 '구면상의 세계와 지역구조'의 성취기준을 보면 "지구의와 세계지도와의 비교, 약지도 그리기 등을 통해, 지구표면의 대륙과 해양의 형태와 각국의 위치관계, 방위, 시차 및 일본의 위치와 영역 등에 관해 파악한다."(文部省, 1999, 165)라고 규정하고 있는데, 여기에서 일본의 영토교육에 대한 근거를 찾을 수 있다. 교과서에서는 첫 단원 '일본의 위치와 영역'의 '국경과 영토문제'라는 소주제를 중심으로 영토교육과 관련한 내용을 다루고 있다.

지리B는 마지막 단원 '현대세계의 제과제의 지리적 고찰'의 마지막 절인 '민족·영토 문제의 지역성'의 성취기준을 보면 "인종·민족과 국가와의 관계, 국경, 영토문제의 현상과 동향을 세계적 시야에서 지역성을 파악하고, 그것들의 문제의 출현에는 지역에 의한 특수성과 지역을 초월한 유의성을 보이는 것을 파악하도록 하여, 그 해결에는 지역성을 근거로 한 국제협력이 효과적이라는 것에 관해 고찰하도록 한다."(文部省, 1999, 244)라고 규정하고 있는데, 여기에서 세계 각국을 비롯한 일본의 영토교육에 대한 근거를 찾을 수 있다. 영역, 국경, 지역 분쟁 등과 관련하여 영토교육의 내용을 다루고 있는데, 사례 지역이 일본에 국한되는 것이 아니라 세계 여러 나라를 들고 있어서 지리A에 비해 그 비중은 매우 적다고 할 수 있다.

학습지도요령을 통해 볼 때, 중학교부터 고등학교에 이르기까지 영토교육을 명시적으로 규정하고 있으며 계속성과 계열성을 엿볼 수 있다. 중학교에서는 일본의 위치와 영역에 대한 학습을 통해, 고등학교에서는 지리A에서 위치와 영역에 대한 학습을 반복하거나 심화하는 동시에 국경과 영토문제로 나아가는 시퀀스를 보여 주고 있다. 그리고 지리B에서는 세계에서 영토문제를 경험하고 있는 국가들을 사례로 함으로써 영토교육의 범위를 더욱 확장하고 있다.

(2) 세계에서 본 일본의 위치

우리가 살고 있는 장소를 확인하고 알아 가는 것, 그것이 아마도 지리교육에서 가장 먼저 이루어지는 학습 가운데 하나일 것이다. 중학교 사회–지리적 분야에서는 일본의 위치와 형태를 파악하는 내용이 가장 먼저 제시되고 있다. 고등학교 지리A에서도 일본의 위치에 대한 내용을 다루지만, 학생들이 지리에 대해 먼저 접하는 중학교 사회-지리적 분야에서 더 자세하고 비중 있게 다루고 있다.

먼저 일본의 위치를 파악하는 내용이 제시되는데, 일본의 위치를 파악하는 데 세계에서 일본을 바라보는 시각을 제시하고 있다. 다른 나라에서 바라본 일본의 위치를 제시함으로써, 다양한 시점에서 일본의 위치를 파악하고 그 차이점을 생각해 보도록 하고 있다.

또 일본의 위치를 살펴봄에 있어 일본이 정중앙에 있는 세계지도, 유럽이 정중앙에 있는 세계지도를 함께 제시하여 시점의 차이에 의해 위치를 보는 방법이 달라지는 것을 보여 주고 있다. 예를 들어, '우리나라에서 흔히 볼 수 있는 세계지도에는 분명히 우리나라가 세계의 중심에 있는데, 왜 극동이라고 불리는 것일까?'에 대한 궁금증을 한번쯤 가져 본 적이 있을 것이다. 바로 이러한 궁금증을 시점이 다른 지도를 통해 설명하는 것이다. 즉 일본을 다양한 시점에서 바라볼 수 있도록 세계적인 관점을 가지게 하는 데 초점을 두고 있다.

또한 일본의 위치를 파악하는 데만 중점을 두는 것이 아니라, 일본의 주변 국가와 주요 도시를 파악하는 데도 많은 관심을 기울인다. 특히 일본으로부터 세계 주요 도시까지의 거리를 단순 수치에 의한 물리적 거리로 보여 주는 것이 아니라, 비행기 소요시간과 같은 시간거리를 활용하고 있다(중학교 사회-지리적 분야 6종 중 3종). 즉 시간거리의 개념을 활용하여 거리 또는 공간을 파악하는 능력이 아직 부족한 학생들에게는 훨씬 이해하기 쉬운 적절한 예를 제시하고 있다.

(3) 일본의 영역과 배타적 경제수역

우리나라 교과서와 마찬가지로 일본의 교과서에서도 우리가 흔히 보았던 영역에 대한 모식도를 제시하고 있다. 그런데 우리나라의 경우 영역에 대한 모식도를 고등학교에 가서야 접하게 되는데, 일본은 중학교 과정부터 고등학교 과정인 지리A에 이르기까지 영역에 대한 학습이 지속적으로 이루어진다. 그뿐만 아니라 지리B도 지리A보다 비중은 작지만 여전히 영역에 대한 내용을 다루고 있다. 일본 역시 영역에 대한 교육은 우리의 교과서와 마찬가지로 영역 모식도를 제시하면서 영토·영공·영해의 의미를 살펴보는 것으로 시작한다.

영역 모식도를 살펴본 후에는 영역을 영토·영공·영해로 구분하여 그 의미를 알아보고 실제 일본의 영역을 지도에서 살펴본다. 일본은 영역 가운데 특히 영해에 대한 교육을 강조하고 있다. 이는 일본이 섬나라로 넓은 범위의 영해를 가지고 있을 뿐만 아니라 최근 바다의 중요성이 크게 강조되고 있기 때문으로 판단된다. 하지만 눈여겨볼 것은 일본 교과서에서는 일본 영해의 범위를 표시한 지도가 아니라 일본의 배타적 경제수역(EEZ) 범위를 표시한 지도를 자주 볼 수 있다는 점이다. 즉 우리나라 교과서에서는 우리나라 영해의 범위를 표시한 지도를 제시하고 있지만, 일본의 중학교 사회-지리적 분야와 지리A는 배타적 경제수역의 범위를 표시한 지도를 제시하고 있다. 이와 같이 일본은 영역의 범위를 더 이상 영해가 아닌 배타적 경제수역까지 확대하여 영역의 의미를 재정립하고 있는 것이 특징이다(중학교 사회-지리적 분야 6종 모두, 지리A 12종 중 9종).

또한 우리나라 교과서가 배타적 경제수역에 대해 용어를 정의하는 수준의 관념적인 것에 그치는 반면, 일본 교과서는 실제 상황을 제시한 후 다양한 질문을 통해 배타적 경제수역에 대해 학생들이 쉽게 이해할 수 있도록 하고 있다.

- 일본 육지의 총면적은 약 38만km²이지만 200해리 수역을 포함시키면 10배는 된다. 200해리와 공해는 무엇이 다를까?
- 일본인은 여기서 자유롭게 스쿠버다이빙과 낚시를 할 수 있을까?
- 여기에서 침몰선을 본다면 적하물은 누구의 것이 될까?(중학교 사회, 日本文教出版, 2007, 41)

나아가 중학교 때부터 세계 주요 국가의 영토와 배타적 경제수역이 차지하는 비중을 비교함으로써 일본에 배타적 경제수역이 얼마나 중요한가를 강조하고 있다. 실제로 "일본의 배타적 경제수역은 국토 면적의 10배 이상"이라는 문장을 교과서 곳곳에서 찾아볼 수 있을 정도로 이미 일본은 영토 면적에 비해 배타적 경제수역의 면적이 넓음을 인식하고 그 광활한 범위와 중요성을 강조하고 있는 것이다. 나아가 이러한 배타적 경제수역의 범위를 지켜 내기 위한 노력의 일환인 오키노토리(沖ノ鳥)섬의 호안공사에 대해서도 자세하게 설명하고 있다.

(4) 일본의 4극과 호안공사

일본은 영역을 설명함에 있어 영역 설정의 출발점이 되는 4극의 교육에 대해서도 매우 강조하고 있다. 우리나라 교과서에서는 지도상에 표시되어 있는 4극의 위치와 경위도를 확인하는 선에서 그친다면, 일본 교과서에서는 모든 교과서가 4극의 사진을 제시하면서 4극 각각의 지점들을 지도에서 직접 찾아 위치를 확인하도록 하고, 한 지역씩 간단한 설명을 따로 제시하고 있다.

4극의 중요성은 오키노토리섬의 호안공사에 대한 설명으로 이어져, 영역을 지키기 위한 일본인들의 노력을 직접적으로 보여 준다. 모든 중학교 사회-지리적 분야 교과서에서 4극을 제시하면서 일본이 실시하고 있는 호안공사에 대한 설명을 제시하고 있다. 호안공사의 의미와 함께 엄청난 금액을 들여서까지 호안공사를 하는 이유를 자세히 설명하고 있다. 특히 지리A 교과서에서는 총 12종 중 8

종의 교과서에서 호안공사의 필요성에 중점을 맞추어 설명하고 있다. 호안공사를 하는 목적을 생각해 보도록 함으로써 일본이 그토록 지키고자 노력하는 영해와 배타적 경제수역의 가치에 대해 학생들이 다시 한 번 되새겨 볼 수 있도록 하고 있다.

최남단의 무인도. 도쿄항에서 남으로 약 1,700km의 해상에 일본 최남단의 섬인 도쿄도가 있다. 간조가 되면 동서 4.8km, 남북 1.7km의 아름다운 산호초가 얼굴을 내밀지만 만조 때가 되면 크고 작은 2개 정도의 바위가 1m 정도 해면 위에 얼굴을 내밀게 된다. 그래도 그곳은 일본 도쿄도의 일부인 것이다. 섬은 무인도이다. 섬이 사라지면 일본은 주변 40만km² 200해리의 어업권과 해저자원의 채굴권을 잃어버리게 된다. 1988년 4월 정부는 바위에 파도가 직접 닿지 않도록 바위 주변에 직경 50m 정도 도너츠 모양의 철제 블록을 쌓아 올리고 그 내측에 콘크리트를 주입하는 공사를 실행하여 1989년 말에 완성하였다(중학교 사회, 日本書籍新社, 2007, 43).
오키노토리섬 … 이 섬이 수몰된다면 일본은 약 40만km²의 배타적 경제수역을 잃어버리기 때문에 거액을 투자해서 호안공사를 실시하여 바위를 덮개로 덮어 섬을 보호하고 있다(지리A, 淸水書院, 2008, 21).

(5) 영토문제

일본과 직접적으로 관련이 있는 영토문제를 다루는 교과서는 주로 중학교 사회 지리와 고등학교 지리A이다. 고등학교 지리B의 경우 영토문제를 다루고 있기는 하지만 일본과 직접적으로 관련이 있는 영토문제보다는 체첸 공화국, 동티모르, 르완다, 카슈미르 지역, 유고슬라비아, 이스라엘과 팔레스타인 분쟁 등 세계 전체를 사례 지역으로 그 범위를 확대하고 있다. 그러므로 실질적으로 일본과 관련한 영토문제를 집중적으로 다루고 있는 교과서는 중학교 사회 지리와 고등학교 지리A 교과서라고 할 수 있다. 이 두 교과서를 중심으로 살펴보았을 때, 일본과 직접적으로 관련된 영토문제는 북방영토, 센카쿠(尖閣) 제도[10] 그리고 우리나라와 갈등을 빚고 있는 독도 등 크게 세 지역으로 구분할 수 있다.

일본의 중학교 사회−지리적 분야의 경우 독도문제를 비롯하여 영토문제의 대부분을 북방영토에 집중하고 있다. 6종의 모든 교과서에서 북방영토문제를 비교적 자세하게 언급하고, 제2차 세계대전후의 상황을 연대순으로 자세히 설명하고 있다. 특히 북방영토를 러시아에 부당하게 빼앗겨 되찾아

---

10 센카쿠 제도와 관련된 내용은 지리A 교과서 총 12종 가운데 4종의 교과서에서 다루고 있다. 그 외에 난사 군도(南沙群島)와 관련된 내용도 지리A 교과서 1종에서 다루고 있다.

야 할 땅으로 규정하고 있다. 이는 고등학교 지리A 교과서로도 이어져 총 12종의 교과서 중 10종의 교과서에서 언급하고 있다. 이를 통해 일본은 실효적 지배를 하고 있지 않은 상황에서도 북방영토에 대해 매우 적극적인 자세를 취하고 있음을 알 수 있다.

> 북방영토는 일본 고유의 영토이면서 제2차 세계대전 후 혼란에 편승해서 소련이 부당하게 점거하고 그것을 러시아가 이어받았으며, 하루라도 빨리 반환을 요구하고 있다(帝國書院, 2008, 14).

북방영토에 대한 적극적인 자세는 고등학교 지리B 교과서에서도 이어진다. 세계의 다양한 사례 지역을 다루고 있는 지리B 교과서에서도 일본에서 가장 현안인 북방영토의 경우 대부분의 교과서에서 다루고 있음을 볼 때, 일본인들이 생각하는 북방영토의 중요성을 다시 한 번 느낄 수 있다.

반면에 우리나라와 갈등을 빚고 있는 독도의 경우 중학교 사회−지리적 분야 교과서 가운데 한 교과서에서만 북방영토와 함께 독도에 대한 내용을 언급하고 있다. 북방영토에서처럼 직접적으로 독도를 일본이 되찾아야 할 땅으로 명시하지는 않았지만, "일본과 한국 사이에는 일본해의 죽도(竹島: 한국명 독도)를 둘러싼 문제가 있다."라고 본문에서 언급하고 있다. 또한 한일어업협정의 과정과 함께 중간수역에 대한 설명도 제시하면서, 독도 주변 수역은 한국과 일본 양국에서 공동관리하는 잠정조치수역임을 지도와 함께 제시하고 있다. 이는 직접적으로 언급하지는 않았지만 잠정수역이라는 의미를 통해 독도가 자신의 땅임을 간접적으로 주장하려는 의도라고 할 수 있다.

일본의 이런 속내는 지리A 교과서로 이어져, 총 12종 가운데 6종에서 독도에 대한 내용을 다루고 있다. 한마디로 일본은 북방영토와 함께 독도를 그들의 영토문제 가운데 최우선 과제로 인식하고 있다는 것을 보여 주는 것이다.

> 또 시마네현에 속하는 죽도에는 한국과의 영유권 문제가 있거나…(淸水書院, 2008, 21).
> 일본도 1977년에 영해 12해리와 경제수역 200해리를 설정했는데, 일한어업협정에 의해 서로 간의 앞바다에서의 조업을 보장하고 있는 한국과의 경계는 잠정수역으로서 경제수역을 설정하지 않았다. … 200해리 설정에는 영토문제가 발생하고 죽도의 영유권 문제가 재연되었다(東京書籍, 2008, 11).

하지만 다양한 지도와 사진자료를 함께 활용해 가며 북방영토가 일본의 땅임을 주장하였던 것과는 달리, 독도에 대해서는 본문에 언급하는 정도에 그치고 있다. 독도와 관련된 지도나 사진자료는 중학교 사회−지리적 분야 1종에서 지도를 제시하고 있는 것이 전부이다. 이는 일본이 독도를 일본의 땅임을 주장하면서도 우리나라와의 외교적 관계를 생각하여 한 걸음 뒤로 물러난 행위로 판단된다.

이상의 일본 영토교육의 특징을 종합해 보면, 일본은 세계적 관점에서의 일본을 매우 강조하고 있으며, 영토의 의미와 범위를 해양영토의 개념으로 확장하고 있다. 그리고 영토지식교육을 넘어 지속적이고 반복적인 학습을 통해 영토인식 및 영토의식교육과의 조화를 꾀하기 위해 노력하고 있는데, 이는 우리나라의 영토교육에 시사하는 바가 크다고 할 수 있다.

5) 영토교육의 유사점과 차이점, 그리고 성찰

이상과 같이 본 연구는 우리나라와 일본의 중등 지리 교과서에 나타난 영토교육의 내용을 살펴보았다. 사실 우리나라와 일본은 영토에 대한 상이한 역사적 배경을 가지고 있다. 즉 우리나라는 육지와 해양을 연결하는 반도국이라는 지리적 위치로 인해 자주 다른 나라의 침략을 받았지만, 도서국인 일본은 다른 나라의 침략을 거의 받아 본 적이 없다. 그러나 이렇게 상이한 역사적 배경을 가지고 있으면서도 서로 간에는 부정할 수 없는 긴밀한 역사가 있다. 이상의 분석 결과를 토대로, 우리나라와 일본의 영토교육에 대한 유사점과 차이점을 요약하면 다음과 같다.

첫째, 우리나라와 일본의 중등 지리 교과서에 기술된 영토교육 내용은 자국의 '위치와 형태'를 알아보는 것에서 출발한다는 공통점이 있다. 두 국가 모두 자국의 형태를 확인하고 그 위치를 지도에서 찾아보는 것을 영토교육의 출발점으로 인식하고 있다. 하지만 자국의 위치를 확인하는 데 두 국가의 자국을 바라보는 시각은 다르다. 일본의 경우 자국의 위치를 파악함에 있어 세계에서 일본을 바라보는 시각을 제시하고 있는 반면, 우리나라의 경우 우리나라 내부에서 외부로 바라보는 시각을 강조하고 있다. 우리나라의 위치를 먼저 파악하고 주변 지역을 순차적으로 탐색하다 보니, 상대적으로 주변 지역에 대해 소홀하게 된다. 그로 인해 지리적으로 가까운 나라임에도 불구하고 위치와 형태를 잘 파악하지 못하는 결과를 낳는다.[11] 또한 일본은 세계 주요 도시까지의 거리를 물리적 거리가 아닌 비행기 소요시간과 같은 시간거리의 개념을 활용해 제시하여 아직 거리 개념이 익숙하지 않은 학생들이 쉽게 이해할 수 있도록 하고 있다.

둘째, 두 국가는 모두 영역의 의미를 되새겨 보고 이에 대한 이해를 돕기 위해 영역 모식도를 제시

---

11 2007 개정 교육과정에 의한 중학교 사회 교과에서는 우리나라도 일본과 같은 시각을 취하여 우리나라의 위치와 형태를 파악함에 있어 먼저 외부에서 내부를 바라보는 시각을 제시하고 있다. 즉 세계적 스케일을 먼저 학습한 다음에 지역적 스케일을 다루어 학습자들이 세계적인 시각을 갖출 수 있게 하는 것이다(교육과학기술부, 2009b).

한다는 공통점이 있다. 영역 모식도를 통해 영역을 영토·영공·영해의 세 부분으로 구분하고 그 의미를 설명하고 있다. 그런데 교육과정상에서 영역 모식도를 제시하는 시기는 차이가 나타난다. 우리나라의 경우 고등학교 사회에 처음으로 영역 모식도를 제시하고 있지만, 일본의 경우 중학교 사회-지리적 분야 교과서에서도 영역 모식도를 제시하고 있다. 일본의 경우 우리나라보다 훨씬 빨리 영역 모식도를 제시하여 학생들로 하여금 일찍부터 영역의 의미를 정립할 수 있도록 하였다. 영역 모식도가 늦게 제시된다는 것은 우리나라의 실제 영역에 대한 이해가 늦어질 수밖에 없다는 것을 예증한다.

셋째, 영역에 대한 학습에서 눈여겨볼 점이 한 가지 더 있는데, 바로 두 국가 모두 영역 가운데 영해에 대한 학습을 특히 강조한다는 것이다. 우리나라와 일본은 각각 반도국과 섬나라로서 모두 바다와 밀접한 관계를 맺고 살아가기 때문에 영해에 대한 학습을 더욱 강조하고 있는 것으로 판단된다. 일반적으로 영해에 대한 학습은 자국의 지도에 영해의 범위를 표시한 것을 제시하여 확인하도록 하고 있다. 하지만 영해에 대한 학습에서 우리나라와 일본이 중점을 두고 있는 방향에는 차이가 있다. 우리나라의 경우 대부분 영해를 표시한 지도가 제시되지만, 일본의 경우 영해를 표시한 지도보다는 오히려 배타적 경제수역이 표시된 지도가 제시되는 경우가 대부분이다. 이것이 단순한 차이처럼 보일 수도 있지만, 여기에는 일본이 생각하는 영역의 의미가 숨겨져 있다. 이는 일본이 영해의 수준을 넘어 이보다 훨씬 넓은 면적인 배타적 경제수역까지 확대하여 영역의 의미를 재정립하고자 하는 의도로 해석할 수 있다. 또한 일본은 중학교 단계에서 벌써 세계 주요 국가의 영토와 배타적 경제수역이 차지하는 비중을 비교하도록 함으로써 일본에게 배타적 경제수역이 얼마나 중요한가를 강조하고 있다.

넷째, 배타적 경제수역에 대한 강조는 영역을 설정하는 데 기준이 되는 4극에 대한 학습에서도 이어진다. 두 국가는 모두 4극에 대한 내용을 다룬다는 공통점이 있다. 하지만 우리나라는 지도상에 표시되어 있는 4극의 위치와 경위도를 확인하는 선에서 그친다면, 일본은 4극의 사진을 제시하여 그 위치를 지도에서 직접 찾아서 확인하도록 할 뿐만 아니라 4극에 대한 각각의 설명을 제시한다. 일본은 4극의 중요성을 호안공사와 연결시켜 자신들의 영역을 지키기 위해 어떠한 노력을 하고 있는지 강조하고 있다. 그들이 4극을 지키기 위해 어마어마한 금액을 들이면서까지 호안공사를 실시하는 이유를 설명함으로써 영해와 배타적 경제수역의 가치에 대해 학생들이 다시 한 번 되새겨 볼 수 있는 기회를 제공하고 있다.

다섯째, 영역에 대한 학습이 끝난 다음에는 두 국가 모두 자국의 영역을 지키기 위한 노력인 영토 문제에 대해 다루고 있다. 두 국가 모두 자국과 관련된 영토교육 내용을 중점적으로 다룬다는 공통점이 있다. 즉 우리나라는 독도와 간도를 중심으로, 일본은 북방영토, 센카쿠 제도, 독도를 중심으로 영토문제를 다루고 있다. 그러나 두 국가 간에는 영토문제를 대하는 자세에 조금 차이가 있다. 일본의 경우 영토문제 가운데서도 실효적 지배를 하지 않는 북방영토에 대해 비교적 자세히 언급하면서 매우 석극석인 자세를 취하고 있다는 점이다. 우리나라의 경우 독도를 실효적으로 지배하고 있으면서도 독도 영유권을 주장하는 일본에 어떤 자세를 취하였는지 돌이켜 볼 필요가 있다. 영토문제가 발생했을 때 임시방편으로 이 상황을 막기에 급급할 것이 아니라, 영토문제에 대해 지속적인 교육을 통해 학생들에게 영토 혹은 영역의 의미와 중요성을 일깨워 주어야 한다. 영토의식교육은 지속적으로 이루어져야 한다는 것을 반면교사로 삼아야 할 것이다.

최근 우리나라도 영토문제를 대하는 자세가 조금씩 변화하고 있다. 어떤 사건이 발생하였을 때 임시방편적으로 대처하기보다는 지속적으로 영토문제에 관심을 가지고자 노력하는 모습을 보이고 있다. '독도의 날'을 자체적으로 지정하여 우리 영토에 대한 관심을 환기시키는 일도 이런 변화의 한 단면일 것이다. 그러나 더 중요한 것은 지리교육과정을 통해 보다 적극적이면서도 지속적인 영토교육이 이루어질 때 진정한 의미의 영토교육을 이룰 수 있는 계기가 마련될 것이다.

제3장 글로벌 시민성

1. 세계화와 상호의존

　오늘날 세계는 국가 간의 상호의존성이 높아짐에 따라 전 세계가 일련의 연결체제로 통합되는 세계화의 물결을 맞이하고 있다. 그리하여 세계는 정치적·경제적·문화적, 심지어 지리적 경관의 측면에서 급속하게 변화하는 중이다. 한 국가 내에서뿐만 아니라 국가 간에 사람과 물자의 교류와 이동은 더욱더 빈번하게 일어나고 있다. 한편으로 국가 내에서뿐만 아니라 국가 간의 빈부격차는 더욱더 증가하고 있으며, 경제개발의 부산물로 생태계는 지속적으로 악화되고 있다.

　보다 나은 세계를 위한 지속가능한 개발은 빈곤의 근절 없이는 성취할 수 없다는 것이 세계 모든 국가들의 공통된 인식소이다. 많은 사람들이 삶에 대한 기본적 수요가 부족한 세계에서는 글로벌 평화와 안정을 위한 기초를 담보할 수 없다. 이제 상호의존적인 세계에서 개인적, 로컬적, 국가적 경계를 초월하는 보다 넓은 보편적 시민성이 요구되고 있다. 로컬 및 국가적 차원에서 끊임없이 요구해 온 '훌륭한 시민(good citizens)'을 넘어 글로벌 맥락에서 감성적으로는 이타적이면서도 이성적으로는 비판적인 성찰적 시민이 요구되고 있다.

　세계가 더욱 빠르게 변화하고 상호의존적이 되어 감에 따라, 우리의 삶은 점점 세계의 다른 지역에서 일어나고 있는 것에 의해 영향을 받는다. 이러한 현상을 글로벌 상호의존(global interdependence)이라고 한다. 글로벌 상호의존성의 증가는 정치·경제·문화 등 많은 분야에서 발생하고 있으며, 특히 무역·금융 등 경제 분야에서 국경을 초월한 교류가 진행되어 국가 간에 상호의존이 증대되기 때문에 하나의 국가만으로는 그 국가의 경제성장, 고용, 물가의 안정 등을 달성할 수 없다. 따라서 국가 간의 협력을 통해 각국 또는 전체의 이익을 어떻게 획득할 것인가 하는 것이 상호의존의 핵심적인 과제가 된다. 이와 같은 글로벌 상호의존이 단순히 상품과 재화 및 국제관계 등에만 국한된 것이 아니라, 사람 즉 노동력의 이동도 초래한다는 것이다. 그러므로 외국인 근로자들의 유입과 이로 인한 문화·사회적 교류 및 갈등을 해소하기 위한 이해와 해결 과정이 필요하다(한국다문화교육연구학회, 2014).

　따라서 앞으로의 교육은 학생들로 하여금 글로벌 차원에서 그들이 현재 직면하고 있거나 앞으로 직면하게 될 도전을 슬기롭게 헤쳐 나가고, 세계에 긍정적 기여를 할 수 있도록 해야 한다. 2009 개정 교육과정에서는 '추구하는 인간상' 중의 하나로 "세계와 소통하는 시민으로서 배려와 나눔의 정신으로 공동체 발전에 참여하는 사람"이라고 구체적으로 명시하고 있으며, 현행 교육과정에서도 마찬가지이다. 특히 지리는 우리가 살고 있는 세계에 대해 배우는 교과로 간주되며(Taylor, 2004), 특히 장소, 공간, 스케일(로컬, 국가, 글로벌), 상호의존성 등을 핵심 개념으로 하고 있다는 점에서 이를 실현하기에 매우 적합한 교과로 간주된다.

2. 글로컬화와 탈국가적 시민성의 대두

1) 세계화와 지역화 그리고 시민성

세계화는 지역의 특수성을 파괴하면서 전 세계를 보편적인 것으로 만들 것이라고 예상되었다. 그러나 세계화와 지역화는 서로에게 파괴적인 것이라기보다는 동시에 일어나고 있다. 이를 흔히 '글로컬화(세방화, glocalization)'라고 한다.

글로컬화의 진전에 따라 국가의 경계를 넘나들며 살아가는 이주자들이 전례 없이 증가하는 등 이른바 초국가적 현상이 확대되고 있다. 이에 따라 영역성을 바탕으로 한 기존의 국민국가 틀만으로는 설명하기 힘든 다양한 요구들이 표출되고 있다. 국민국가의 단일성과 영역성이 여러 방면에서 도전받고 있다는 의미에서 이러한 시기를 초국가시대라고 표현할 수 있다(이상봉, 2013).

시민성은 근대 국민국가의 형성과 함께 개념화된 용어로 국민국가의 존재방식과 연동하면서 존재해 왔다. 따라서 초국가적 현상이 확대됨에 따라 국민국가의 단일성과 영역성이 약화 또는 상대화되는 상황은 시민성의 존재방식을 둘러싼 논쟁으로 바로 이어진다. 즉 단일하고 완결된 것으로 여겨지던 국가시민성을 대신하는 이른바 대안적 시민성의 모색이 활발하게 이루어지고 있는 것이다(이상봉, 2013).

앞에서 언급하였듯이, 시민성은 전통적으로 개인, 집단, 국가와 같은 공간적 단위를 가진 정치적 공동체의 권리와 의무라는 관점에서 정의된다. 즉 시민성은 보통 국가와 같은 정치적 공동체에서 개별 구성원과 관련한 권리와 의무로, 특정 의무를 충족하는 사람들에게 어떤 권리와 특권을 보장하는 것으로 정의된다. 시민성이 지리적이라고 할 수 있는 것은, 시민성은 사람들이 공간에서 정치적으로 어떻게 규정되는가에 대한 계속적이고 불안정한 투쟁의 결과이기 때문이다.

지리는 공간과 밀접한 관련을 가진다. 지리는 공간 패턴과 프로세스 그리고 원리뿐만 아니라, 공간 내 그리고 공간을 가로지르는 관계에 관심을 가진다. 또한 공간과 장소는 시민성의 형성과 쟁점을 이해하는 데 도움을 준다(Desforges et al., 2005; Staeheli, 2010). 그뿐만 아니라 지리는 사회적·경제적·문화적·정치적·환경적 요소들을 결합하여 세계에 대한 이해를 풍부하게 한다.

지리는 복잡한 세계를 이해하는 데 기여하며, 시민성을 다양한 방식으로 이해하게 한다(Anderson

et al., 2008). 특히 지리는 시민성이 어떤 공간과 스케일에서 구성되고, 경험되며, 수행되는지를 이해하고자 한다. 지리는 기본적으로 로컬 국가, 글로벌이라는 다중적 공간 스케일의 관점에서 시민으로서 개인이 어떻게 구성되는지에 초점을 둔다.

이러한 다중적 공간 스케일에 대한 지리적 관심은 시민으로서의 개인의 권리와 의무의 불균등한 분포를 이해하는 데 도움을 준다. 이는 개인이 시민이 되는 과정에 관해 비판적으로 성찰할 수 있게 한다. 그리고 우리가 당연하게 여기는 것을 다시 생각하도록 하며, 세계가 작동하는 방법에 관해 비판적으로 성찰하도록 한다.

이와 같은 시민성에 대한 정의는 공간의 중요성을 강조한다. 시민성은 항상 공간과 장소와 연결된다. 사람들은 주권을 가진 한 시민으로서 행동하지만, 이러한 주권은 항상 장소를 통해 규정된다. 게다가 사람들은 공간을 통해 상상의 공동체와 연결된다(Lepofsky and Fraser, 2003, 130). 따라서 공간을 고려하지 않고 시민성을 이해하는 것은 불가능하다.

시민성은 공간의 관점에서 대개 로컬 시민성, 국가시민성, 글로벌 시민성으로 구분된다. 서구의 관점에서 볼 때, 시민성의 영역화는 도시국가(city-state)에서 국민국가(nation-state)로 이동하였다. 고대 그리스와 로마의 시민성은 도시국가의 영역에 한정되었다(Painter and Philo, 1995). 그리하여 시민성은 특정 도시국가에 한정되었으며, 다른 도시국가에 적용될 수는 없었다. 서구 로마제국의 붕괴 이후 시민성의 개념은 유럽에서 사라졌다. 중세 시대에 접어들면서 사람들은 시민 대신에 봉건적이고 종교적인 질서에 종속되었다. 서구의 시민성에 대한 관심은 르네상스 시대에 다시 부활하여 (Burchell, 2002), 프랑스혁명과 19세기 근대 국민국가의 출현으로 시민성은 로컬적 단위에서 점차 국가적 단위로 재스케일화되었다.

19세기부터 20세기 중반까지는 국민국가의 시민성이 풍미하던 시기였다. 국민국가라는 명확한 지역적 경계 속에서 시민들은 단일한 지위를 가지고서 동일한 권리와 의무를 누리며 살아왔다. 국민국가의 시민들을 하나로 묶어 줄 수 있었던 것은 바로 '같은 국민'이라는 의식이었다. 세계화와 지방화로 대표되는 환경의 변화를 맞이하기 이전의 시민성 논의는 주로 국가적 시민성에 관한 것이라 할 수 있다. 즉 국가의 구성원으로서의 시민을 이야기하는 바, 이는 엄밀히 말해서 공민(公民)이라고 부를 만한 것이었다(설규주, 2001).

국민국가를 바탕으로 하는 시민성의 개념은 유럽의 가치를 반영한 것이다(Isin, 2002; 2012; McEwan, 2005; Ho, 2008). 유럽의 제국주의는 세계의 다른 지역들을 식민화하면서 유럽의 국가적 시민성 모형을 다른 장소에 이식하였다. 서구의 국가적 시민성 모형은 다른 국가들의 기존의 시민성을 무시하거나 탄압하였다. 국민국가의 관점에서 한 국가의 시민은 그 국가의 영토에 기반하여 정치적·법적 구조와 제도를 통해 어떤 권리와 의무를 부여받는다(Janoski and Gran, 2002, 13).

시민성은 많은 변화를 거듭해 오고 있지만(Painter and Philo, 1995), 오늘날도 여전히 국민국가와 밀접한 관련이 있다. 국민국가는 시민성에 관한 법적인 자격을 부여하고, 시민의 권리와 의무를 실행하고 지원하기 위한 정치적·법적 기구를 제공한다(Isin and Turner, 2007; Isin, 2012). 그러나 세계화 등으로 국민국가의 정치적 권력이 계속해서 침해받고 있는 것처럼, 국민국가가 시민성의 실제적인 기초를 계속해서 제공할 수 있을지에 관해서는 많은 의문이 제기되고 있다(Sassen, 2002). 경계화된 시민성은 경제적/문화적 세계화로 인해 도전받고 있다(Closs Stephens and Squire, 2012b). 즉 시민성은 다양한 스케일에서 경계가 희미해지고 있으며, 중첩되어 다중적 시민성의 공간이 출현하고 있다.

탈국가적 시민성(postnational citizenship)은 국가가 시민을 위한 유일한 것일 수는 없다는 것을 강조한다. 탈국가적 시민성은 공식적 권리가 한 국가의 시민들에게 다른 국가나 초국가에 의해 어떻게 수여될 수 있는지를 검토한다. 따라서 초국적 및 이중 시민성, 디아스포라 및 세계시민주의라는 개념은 시민성의 형성에서 글로벌 연계를 강조한다.

한편, 탈국가적 시민성은 국가 아래의 스케일이 시민성 형성에 어떻게 관여하는지에도 관심을 기울인다. 그러므로 국가 위아래 스케일로 탈국가적 시민성을 검토하는 것이 가능하다. 이러한 스케일은 연결될 수도 있고 연결되지 않을 수도 있다. 그러나 이러한 상이한 장소들 간의 상호연결을 추적하는 것에 강조점을 둔다. 이러한 경향을 반영하듯 최근 지리학에서는 시민성 및 정체성을 결정하는 요소로서 관계적/다중스케일적 본질에 대해 강조한다.

기존의 시민성은 국민국가라는 울타리 속에서 대체로 단일한 지위와 동일한 권리 및 의무를 의미하였다. 따라서 시민교육도 한 국가의 국민으로서 필요한 자질을 기르는 데 초점을 맞추고 있었다. 그러나 세계화와 지역화라는 사회적 환경의 변화는 과거의 국가적 시민성만으로는 해결할 수 없는 문제들을 야기하였다. 즉 탈국가적 시민성이 대두함에 따라 시민교육에도 변화의 바람이 불게 되었다(설규주, 2004).

탈국가적 시민성은 곧 세계화에 대응하는 시민적 자질을 의미하는 글로벌 시민성과 지역화에 대응하는 시민적 자질을 의미하는 로컬 시민성으로 구분할 수 있다. 글로벌 시민성은 보편적인 가치 추구를 위한 초국가적 반성과 참여로, 로컬 시민성은 지역 및 공동체에 대한 자발적 참여와 정체성 획득으로 표현된다(설규주, 2001; 2004). 자유주의적 방식에서는 보편성을 강조하는 글로벌 시민성을 우위에 둘 것이고, 특수성을 강조하는 공동체주의적 방식에서는 로컬 시민성을 우위에 둘 것이다. 새로운 탈국가적 시민성은 '같은 국민'이라는 의식보다는 '같은 인간'이라는 의식을 발달시켰다(Soysal, 1994). 또 다른 한편으로는 국가보다 작거나 그와 상관없는 공동체 속에서의 '동일한 정체성'

의 형성을 가속화시켰다(설규주, 2001).

2) 이동, 시민성을 재개념화하다: 글로벌 시민성

모든 세계는 이동 중이다. 망명자, 국제 학생, 테러리스트, 디아스포라 구성원, 여행자, 사업가, 스포츠 스타, 난민, 배낭여행자, 통근자, 은퇴자, 출세욕에 찬 젊은 전문직 종사자, 매춘부 등등 (중략) 이러한 이동의 스케일은 실로 크다. 매년 국제 여행객이 7억 명(1950년의 2500만과 비교되는)에 이르며, 2010년경에는 10억 명이 될 것으로 예측된다. 매일 400만 명이 비행기를 이용해 이동한다. 3100만 명의 난민들이 그들의 집에서 쫓겨나고 있다(Sheller and Urry, 2006).

앞에서 잠깐 언급한 것처럼 대부분의 시민성은 출생을 통해 획득되며(Kofman, 2002), 한 국가의 시민은 출입국관리소를 통과할 때 여권 또는 비자를 제시하는 행위를 통해 그들의 지위를 떠올리게 된다(Cresswell, 2006). 이러한 행위 이외에, 시민성은 당연한 것으로 간주되며, 모국에서의 일상적인 행위를 통해서는 거의 고려되지 않는다(Skelton, 2006; Pykett et al., 2010). 그러나 국가를 횡단하여 이동하는 다른 사람들(경제활동을 위한 이주자, 난민 등)에게 시민성은 획득되어야 하고 승인받아야 하는 것이 된다(Alexander and Klumsemeyer, 2000). 시민으로서의 지위는 이러한 다양한 이동에 영향을 줄 수 있지만, 이주는 또한 시민성이 어떻게 규정되고 통제되는지에 관해 영향을 줄 수 있다(Ho, 2008). 자국으로 많은 이주자들이 유입해 오는 국가들은 견고한 보안을 통해 그것을 더욱더 긴밀하게 통제하려고 한다. 이는 이주를 제약하고 시민성을 획득하는 것을 제약함으로써 이루어진다(Castles and Davidson, 2000).[1]

이처럼 시민성은 국가 경계 내에 고정되고 한정된 것으로 간주하려는 경향이 있다. 그러나 국경을 넘은 이동이 점점 더 빈번하고 용이해짐에 따라(Sheller and Urry, 2006), 시민성은 상호연결된 세계 속에서 열린 시민성으로 상정되어야 한다는 주장이 계속되고 있다(Massey, 1991). 시민으로서 한 사람의 정체성은 단순히 국가적 소속만으로 결정되지는 않으며, 오히려 일상적 차원에서 나타나는 로컬 및 글로벌 영향에 의해서도 형성된다. 세계화로 인해 시민성은 배타적으로 하나의 한정된 영토에 국한된다는 가정이 도전받고 있는 것이다.

시민성은 공간 사이를 계속해서 이동하며, 국경을 포함한 경계를 가로지른다. 시민성은 특정 경

---

1 이러한 제약은 법률을 제정하거나, 이주자의 쿼터를 실시하고, 더 엄격한 보안을 실시하며, 난민들을 감금하고, 시민성 테스트를 실시하거나, 일할 권리를 철폐하거나, 강제추방하는 행위 등을 통해 이루어진다.

계 또는 공간적 컨테이너 속에 한정되기보다는 오히려 다중스케일적이며(Painter, 2002) 이동한다(Cresswell, 2006; 2009). 경계화된 국가시민성에 도전하는 초국가주의(transnationalism)는 국가 경계를 횡단하는 초국적 시민성(transnational citizenship)[2]의 실천과 관련된다.[3] 이러한 초국적 시민성은 '글로벌 시민성(global citizenship)' 또는 '세계시민주의(cosmopolitan citizenship)'[4]이라 불리기도 한다(Desforges et al., 2005, 444).

세계화로 인해 사람, 노동, 상품, 정보, 자본, 노동이 국가를 횡단하여 이동이 자유로워짐에 따라 국가 경계를 넘어 다양한 장소를 연결하는 글로벌 네트워크와 흐름을 형성하고 있다. 일련의 학자들은 시민성을 국가 경계에 의한 포섭과 배제에 초점을 맞추기보다, 시민성이 경계를 넘어 어떻게 형성되는지를 고찰하기 시작하였다. 이로 인해 한 국가 이상의 권리와 정체성과 관련된 초국적 시민성이 강조되고 있다(Linklater, 2002; Chouinard, 2009). 이러한 초국적 시민성은 사람들이 자신을 국가적 영향뿐만 아니라 글로벌 영향을 끌어오는 훨씬 넓은 정체성(젠더, 연령, 성별, 민족성, 인종, 관심, 신념 또는 정치학과 같은)과 연결시킨다는 것을 의미하며, 시민성이 국민국가의 고정된 정체성에 근거한다는 가정에 도전한다(Jackson, 2010). 예를 들면, 시민들은 자원봉사자로서 로컬 수준에서 행동하는 동시에, 글로벌 캠페인 그룹을 통해 다른 공간에 있는 다른 시민들과 연결된다.

비록 국가는 국민에게 법적인 시민성을 부여하지만, 국제적 이동이 활발해짐에 따라 시민으로서의 정체성은 점점 국가를 횡단한다. Miller(2002, 242)에 의하면, 시민성은 더 이상 지연 또는 혈연에 근거하지 않고 오히려 문화와 관련하여 다양한 변이를 양산한다. 또한 Jackson(2010, 139)은 시민성이 엄격한 법적·정치적 양상보다 감성적 또는 정의적 차원에 더욱 의존하게 된다고 주장한다. 그는 이를 '문화적 시민성(cultural citizenship)'이라고 한다. 많은 이주자들은 이주한 새로운 국가를 선택하기보다는 오히려 두 국민국가 간의 초국적인 사회적·경제적 연계를 유지한다(Ho, 2008).

이처럼 세계화로 인한 한층 자유로워진 이동 메커니즘은 시민성을 재개념화하고 있다. Cresswell

---

[2] 초국적 시민성은 시민성이 국가의 경계를 횡단하며, 국가를 이동하여 상이한 국가적 공간을 순환하는 사람, 사물, 기술의 흐름을 말한다.

[3] 1992년 마스트리흐트 조약(Maastricht Treaty)은 초국적 유럽 시민성의 탄생을 알렸다. 이 조약은 "가맹국(Member State)의 국적을 소유하고 있는 모든 사람들은 유럽연합(EU)의 시민이 될 것이다. EU의 시민은 부가적인 것이며, 국가시민성을 대체하는 것은 아니다."라고 규정하고 있다. EU 시민의 권리는 EU 국가 간에 이동할 수 있을 뿐만 아니라 노동하고 거주할 수 있다. EU 국가의 대부분 시민들은 또한 EU의 시민성을 소유하며, EU 어느 곳에서나 이동의 자유와 노동할 권리를 포함하고, 초국적 수준에서의 사회적·공민적·정치적 권리를 가진다. 그러나 EU 시민들의 이동이 자유로워진 반면, EU 외부로부터 온 사람들은 이주를 줄이거나 단념시키기 위해 고안된 보다 넓은 통제와 입법 행위를 받는다. 이동과 상이한 장소에서 권리를 유지할 권리는 현대 시민성의 중요한 구성요소가 되고 있다(Cresswell, 2006).

[4] 세계시민성은 정치적·문화적 정체성이 국가라는 공식적인 경계를 넘어 확장하는 것을 말한다. 이는 시민성의 법적 측면보다는 오히려 시민성의 감성적 그리고 정의적 차원에 초점을 둔다. 그뿐만 아니라 글로벌 수준에서의 정치적 행동의 중요성을 강조한다.

(2006)은 이동은 시민성을 파괴하는 것처럼 보이지만, 오히려 시민성을 규정한다고 주장한다. 장소 간에 이동할 수 있는 능력과 장소 내에서 보편적 권리를 주장할 수 있는 능력이 시민이 되는 특징을 규정한다(Marshall, 1950[1992]; Cresswell, 2009). 이동에 관한 제약은 종종 시민성과 관련된 권리에 관한 제약과 연계된다. 따라서 이동과 시민성의 관계는 매우 중요하다. 국제적 이동의 증가는 국민국가에 기반한 국가시민성에 도전하는 새로운 시민성을 출현시킨다.

국가가 시민성을 고착화하려는 시도는 단기적이고 수정될 수밖에 없다. 왜냐하면 시민성은 논리적 일관성에 의하기보다는 그 국가가 놓여 있는 역사적 경험, 기존의 문화적 규범, 정치적 계산에 의해 더 영향을 받기 때문이다(Alexander and Klumsemeyer, 2000, 2).[5] 세계화로 인한 이동(mobility)에 관심을 보이는 학자들(Germann Molz, 2005; Sheller and Urry, 2006; Adey, 2010; Cresswell, 2010)은 국가 경계에 뿌리내린 정적인 지리보다 장소 간, 스케일 간의 이동의 중요성을 강조한다. 이러한 이동 메커니즘은 시민성을 국가 경계를 넘어 확장시키고 있다.

대표적인 사례가 디아스포라 공동체(diasporic communities)이며, 이들은 이중 시민성(dual citizenship)을 경험하고 있다(Sassen, 2002).[6] Escobar(2006)는 이러한 디아스포라 시민성을 '법역 외 시민성(extraterritorial citizenship)'이라고 말하며, 이는 이중 국적에 해당된다. 이러한 법역 외 시민성은 세계화로부터 야기되는 다중시민성(또는 다중정체성)으로 연결된다(Castles and Davidson, 2000, 87). Closs Stephens and Squire(2012)는 시민성을 영역적 단위를 초과하는 일련의 정치적 만남으로 묘사함으로써, 공동체 없는 시민성을 강조한다. 그들은 웹(web)이라는 메타포를 사용하여 이미 규정된 정체성, 영역, 정치적 주체들로부터 이동하는 시민성에 대한 관계적 이해를 주장한다. Desforges et al.(2005, 441)은 이를 다층적 시민성 또는 다중시민성(multiple citizenship)[7]이라고 명명한다. 다중시민성은 상이한 스케일의 정치적 단위와의 관계, 일련의 다른 사회적 정체성과의 관계에 의해 규정되고 표현된다(Castles and Davidson, 2000; Desforges et al., 2005; Ho, 2008; Staeheli, 2010).

---

5 예를 들면, 아일랜드 공화국은 이주민 부모에게서 태어난 어린이들에게 시민성을 부여하지 않기 위해 국민투표를 실시하여 헌법을 개정하였다. 이처럼 출생지주의보다 혈통주의를 지지하는 것은 자국으로 들어오는 이민자, 특히 망명신청자와 출산 관광객을 차단하기 위한 목적을 반영한 것이다. 이와 반대로 순이민 감소를 경험하는 국가들 역시 시민성을 재규정하려는 시도를 한다. 예를 들면, 멕시코, 싱가포르, 인도 등은 해외로 이주한 국민들에게 시민성을 유지할 수 있도록 하였다.

6 이중/다원적 시민성(dual/plural citizenship)은 동시에 하나 이상의 국가로부터 공식적인 시민성의 권리를 유지하거나 습득하는 것을 의미한다.

7 다층적/중층적/다중적 시민성(multilevel/layered citizenship)이란 시민들은 동시에 상이한 공간 스케일(예를 들면, 로컬, 지역, 국가, 글로벌 등)에서 작동하는 상이한 정치적 공동체의 구성원이라고 본다. 이는 또한 시민들은 상이한 사회집단(예를 들면, 젠더, 민족적 정체성 등에 근거한)의 다중적 구성원이 될 수 있다는 것을 의미한다. 이것은 또한 '유연한 시민성(flexible citizenship)'으로 간주되어 왔다. 이것은 로컬에서부터 글로벌에 이르는 공간에 걸쳐 있는 '다중스케일'의 권리와 책임성으로 이어진다.

이상과 같이 시민성은 국가뿐만 아니라 점점 다양한 비국가 부문(예를 들면, 자선단체, NGO, 기업, EU 등)을 통해 조직되고 국가 부문과 경쟁한다(Anderson et al., 2008). 왜냐하면 사적이고 자발적인 비국가 부문이 복지와 서비스 영역에서 점점 국가를 대체하기 시작하였기 때문이다. 민영화, 자발적 행동, 새로운 거버넌스 유형은 책임성의 경계를 결정하는 것을 어렵게 만들고 있다. 시민성은 복잡하고 다면적이다. 시민성은 일련의 공간과 스케일을 가로질러 수행된다. 이제 국민국가에 근거한 시민성은 더 이상 표준적인 스토리라고 할 수 없다. 시대는 변화하고 있고, 시민성에 대한 관점 역시 변화하고 있다. 탈산업화, 국제적 이주, 세계화 등은 보다 열린 시민성을 요구하고 있다. 게다가 지구온난화, 자본주의 시장의 자유화, 국제적 안보, 국제적 인권 등은 국민국가가 혼자 힘으로 다룰 수 없게 되었다. 시민성은 유럽연합(EU), 세계무역기구(WTO), 북대서양조약기구(NATO), 세계은행 등과 같은 국제적인 공동체를 비롯하여 그린피스(Green Peace), 옥스팜(Oxfam), 액션에이드(ActionAid) 등과 같은 비정부기구(NGO)를 통해 탈국가화된다. 이제 우리의 행동은 국민국가뿐만 아니라 협력적이고 자발적인 부문들을 포함하여 보다 다양한 제도를 통해 이루어진다.

3. 글로벌 시민성의 의미 탐색

1) 세계의 변화와 글로벌 시민성의 요구

현재 세계는 급속하게 변화하고 있으며, 이로 인해 정치적·경제적·지리적 경관들이 급진적으로 재형성되고 있다. 20세기 이후 탈산업화, 국제적 이주의 증가, 세계화에 따른 상호의존성의 증가, 지구온난화, 국제적 안보, 국제적 인권 등이 새로운 테제로 떠오르면서 국민국가에 한정된 시민성으로는 이러한 문제에 접근하는 데 한계가 있다. 한 국가 내에서뿐만 아니라 국가 간에 빈부격차가 증가하고 있으며, 우리 모두가 의존하고 있는 생태계가 지속적으로 악화되고 있는 시점에 국민국가에 기반한 시민성은 더 이상 충분한 논리를 제공할 수 없다. 따라서 시민성에 대한 접근은 세계의 변화와 함께 변화되어야 한다. 개인의 행동은 국민국가뿐만 아니라 협력적이고 자발적인 부문(예를 들면 WTO, 세계은행, NGO 등)을 포함하여 보다 다양한 제도들을 통해 이루어지고 있다. 개인이 한 국가 내에서 행동하는 것은 글로벌 스케일에서의 집합적 생활을 위한 거대한 결과를 초래할 수 있다. 글로벌적 연결은 복잡하고 변화무쌍하기 때문에 보다 고도의 전문적인 지식이 요구된다.

글로벌 시민성에 관한 국제적 연구 프로젝트에 의하면, 앞으로 직면하게 될 핵심적인 경향은 다음과 같다. 첫째, 국가 간의 경제적 격차뿐만 아니라 국가 내에서 경제적 격차가 매우 커질 것이다. 둘째, 정보기술이 개인의 프라이버시를 감소시킬 것이다. 셋째, 정보기술에 대한 접근의 불평등이 증가할 것이다. 넷째, 후진국과 선진국 사이의 이익의 갈등이 환경악화와 관련하여 증가할 것이다. 다섯째, 적합한 물을 얻는 데 드는 비용이 인구성장 및 환경악화에 기인하여 매우 상승할 것이다. 여섯째, 산림황폐가 생물의 다양성, 공기, 흙, 물의 질 등에 매우 영향을 줄 것이다. 일곱째, 후진국의 급속한 인구성장은 가난하게 사는 어린이의 증가를 초래할 것이다(Cogan and Derricott, 1998, 77). 이와 같은 공간적 불평등, 자원문제, 환경문제, 빈곤문제 등과 같은 글로벌 쟁점에 대한 해결 없이는 우리가 사는 세계의 지속가능성을 담보할 수 없을 것이다.

국가의 안전과 존재는 때로는 경계 내부에 의해, 때로는 세계화라는 초국적 또는 글로벌 과정에 의해 외부로부터 위협을 받기도 한다. 세계화는 세계의 사람, 자본, 상품, 노동, 사고, 패션, 정보 등의 흐름 및 이들 사이의 상호작용과 관련된다. 세계화는 시공간의 수렴에 비유되는데, 장소 사이의 거리는 큰 장벽이 되지 못하며 점점 상호의존적이고 상호연계된 세계가 펼쳐지고 있다. 세계화에 따라 영역과 경계는 그 중요성이 계속 줄어들고 있으며, 국가의 개념은 점점 더 무의미해지고 있다. 그러한 세계에서 개인과 국가 사이의 관계는 약해지고, 국가의 시민보다는 오히려 글로벌 시민으로서의 자질이 요구되고 있다. 비록 인간은 장소와 국가에 대한 애착을 가지고 있지만, 21세기는 지평의 확대를 통해 세계에 대한 공감적 이해와 관용에 도전받고 있다. 개인과 직접적으로 관계하는 로컬 및 국가에 기초한 협의의 시민성을 넘어, 타자의 삶에 대한 성찰을 통한 글로벌 시민으로서의 자질이 더욱 요구되고 있다.

글로벌화된 세계에서의 개인의 행동 변화는 보다 넓은 정치적·사회적 맥락에 대한 이해 없이는 담보할 수 없다. 미래 세계의 쟁점과 변화를 탐구하기 위해서는 단지 국가시민성의 개념만으로는 불충분하다. Lynch(1992)는 언어, 지역과 민족성에 의해 정의된 가족적·문화적·사회적 집단들을 포함하는 로컬 시민성, 출생 또는 선택에 의해 결정된 국가시민성, 세계 공동체 구성원들 사이의 상호의존성과 관련한 국제적 시민성 또는 글로벌 시민성 등의 세 가지 차원을 제시하면서, 지속가능하고 평등한 세계를 위해서는 국가 경계에 제한된 시민성을 포기하고 더 글로벌적인 모델을 발전시켜야 한다고 제안한다. 물론 글로벌 시민성 교육이 현존하는 세계의 복잡한 문제들을 모두 해결해 줄 수 있는 것은 아니다. 그러나 글로벌 시민성은 학생들로 하여금 올바른 의사결정을 하고 변화를 위해 행동에 참여하게 하는 기초를 제공해 줄 수 있다.

모든 교육은 미래에 관한 것으로 학생들로 하여금 그들이 살고 있는 사회와 세계를 위해 도전하도록 할 책임이 있다. 세계화와 관련하여 교육을 바라보는 관점은 크게 두 가지로 구분할 수 있다. 하나는 학생들로 하여금 세계시장에서 경쟁할 수 있는 질 좋은 노동력이 되도록 진보와 자기충족적인 수단으로 교육을 바라보는 관점으로서 다분히 신자유주의적이다. 다른 하나는 오늘날 학생들은 다양한 지리적 문제와 쟁점에 직면하게 되는데, 이는 스케일과 영향 면에서 다분히 글로벌적인 것으로 이에 효과적으로 도전하도록 하는 것으로 다소 비판적인 관점이다. 즉 빠르게 증가하는 세계 인구를 안정화시키고, 생물적 다양성을 보호하며, 한정된 자원의 파괴를 줄이고, 유해한 가스의 방출을 줄이는 것 등을 포함한다. 글로벌적 차원은 그 중요성에도 불구하고 매우 복잡하기 때문에 대개 검토되지 않거나 무비판적이거나 주변적인 것에 머물러 있다.

2) 글로벌 시민성의 의미

시민성은 복잡하고 이론의 여지가 있는 용어이다. 시민성은 인간의 집합적인 정치적 정체성, 그리고 사회가 집합적 수준에서 의사결정을 하는 데 개인의 참여를 어떻게 조직화하는가를 기술하는 용어이다. 시민성은 사람들 사이의 관계, 즉 우리가 통치되고 타자들을 통치하는 방식에 관한 것이며, '우리'를 함께 묶고 '우리'를 분리하는 가치와 성질에 관한 것이다(Urry, 2000). 그리고 시민성은 국민국가의 맥락 내에서 정의되는 것이 일반적이다. 즉 시민성은 일반적으로 국가 경계에 의해 분할된 개인의 정체성으로 개념화된다. 특히 Marshall(1950)은 시민성을 개념화하는 데 큰 역할을 하였다. 그는 시민은 일련의 정치적·시민적·사회적 권리를 공유하며, 이들 권리는 거버넌스의 실천을 통해 생산되고 유지된다고 하였다. 시민성은 전통적으로 근대의 국민국가를 통해 조직된 것으로 인식되어 왔다.

그러나 O'Byrne(2003)에 의하면, 시민성의 형성에 국민국가의 역할을 당연시한 Marshall의 관점에는 다음과 같은 한계를 내포하고 있다. 첫째, Marshall은 시민성을 전적으로 권리와 의무의 맥락에서만 바라보는 자유주의적 전통 속에 있었다. 그러나 최근 사회과학에서의 이론적 발전은 참여, 소속감, 정체성 등과 같이 시민성을 이해하는 데 고려될 필요가 있는 다른 구성요소들에 대해서도 관심을 갖게 만들었다. 둘째, Marshall이 당연시하였던 조건들, 그중에서도 특히 근대 국민국가의 중심성이란 조건은 세계화 과정과 포스트모더니즘의 경향에 의해 점차 침식되고 있다(Isin and Wood, 1999). 국민국가로 환원될 수 없는 인종적·문화적 정체성 그리고 국민국가의 주권에 도전하는 초국가적인 실천과 네트워크 등에 대한 인식의 확대[8]는 글로벌 시민성의 가능성에 대한 논의를 이끌고 있다(이영

---

8 개인적, 국가적, 국제적 영향력 사이에는 긴장 관계가 있다. 게다가 글로벌 수준에서 정치적·생태적·상업적 및 정보통신의 영향력 사이에도 긴장 관계가 있다. 개인적 수준에서 다양한 집단의 구성원으로서 활동하는 개인뿐만 아니라 혼자 활동하는 개

민 외, 2011, 257 재인용).

Maxey(1999) 역시 유사한 지적을 하고 있다. 그에 의하면, 세계화가 진전되면서 정치적 일체감의 형성에서 매우 중요한 원천이었던 국민국가의 역할은 점차 상실해 가고 있으며,[9] 시민성은 점점 국가의 제도뿐만 아니라 다양한 비국가 부문을 통해 조직되고 경쟁하는 것으로 인식되고 있다. 시민성은 장소와 인간의 관계에서 소속감, 이러한 관계들이 형성되는 것에 대한 책임성, 개인적·집합적 행동이 세계를 형성하는 데 어떻게 영향을 주는지를 기술하기 위한 문화적 차원의 보편적 시민성으로 확장되고 있다. 이제 시민성에 대한 정의는 가까운 이웃을 돕는 것에서 시작하여 로컬 지역의 타자들을 지지하고, 국가를 횡단하여 서로 간의 연계와 공유된 이해를 가지며, 지구를 횡단하여 공동체에 대한 휴머니즘과 애착을 느끼는 것으로 인식되고 있다.

이상과 같이 시민성은 전통적으로 현대의 국민국가를 통해 조직된 것으로 인식되어 왔고, 현대 시민성의 출현에 대한 표준적인 내러티브는 국민국가가 점점 정치적·경제적·사회적 권리를 그 인구의 보다 넓은 부문으로 확장한 것이다(Urry, 2000). 그러나 최근 국민국가의 중심적 역할이 변형됨에 따라 시민성은 점점 국가 기구뿐만 아니라 다양한 비국가 부문을 통해 조직되고 있다. 먼 장소와 타자에 대한 책임성, 즉 우리가 살고 있는 장소에 알려져 있거나 알려지지 않은 '타자들'을 지지하고, 국가를 가로질러 인간의 연계와 공유된 이해를 가지며, 지구를 가로질러 공동체에 대한 휴머니즘과 애착을 느끼는 것으로 확장되고 있다(Anderson et al., 2008). 시민성이 사람들 사이의 관계들, 즉 우리가 통치되고 타자들을 통치하는 방식에 관한 것으로서 지금까지 세계의 '우리'를 분리하는 데 초점을 두었다면, 글로벌 시민성은 '우리'를 함께 묶는 가치와 성질에 초점을 두는 것이라고 할 수 있다. 물론 여전히 세계의 많은 지역에서 민족주의적 사고가 새롭게 등장하고 있지만, 국민국가가 정체성 형성의 여러 가능한 원천 중의 하나에 불과한 세계에서 이제 시민성에 관한 논의는 법률적 배타성을 넘어 보편적인 도덕적 가치에 초점을 둔 다중적 시민성이 고려되어야 한다.

인이 있다. 어떤 사회집단은 국가적 접경을 넘어선다. 예를 들면, 종교, 민족, 인종, 성 등과 관련한 쟁점들은 국가적 경계를 넘어 세계로 확대되어 서로 공유된다. 시민성은 이러한 개인, 국가, 글로벌 수준을 고려해야 하는 중요한 국면에 있다. 국민국가와 개인이 보다 넓은 세계를 가로질러 소유하고 있는 다중적 시민성의 맥락 내에서 시민성 사이에도 긴장 관계가 있다. 사람들은 로컬, 지역, 국가, 글로벌적 스케일에서의 구성원이며, 많은 사람들에게 이들 다중적 시민성, 정체성, 애국심은 혼란스러운 딜레마로 나타난다(Butt, 2001, 71).

9 시민성은 오랜 기간 동안 국민국가의 건설을 위한 동화주의적 도구로 사용되어 왔다. 이와 같은 관점은 동질적 감성을 형성하려고 하는데, 이러한 동질화는 외부적 '타자'뿐만 아니라, 국민국가가 지닌 단일문화적 염원에 적응하지 못하는 수많은 내부적 '타자'의 희생을 통해 이루어진다(이영민 외, 2011).

3) 더 큰 스케일의 정치: 국가정체성에서 글로벌 시민성으로

　세계의 변화 속에서 영국이 택한 정치적 · 교육적 노력은 그들의 다양한 문화, 인종, 종교를 하나의 국가 아래로 통합하는 것이었다. 하지만 이러한 정치적 · 교육적 행위는 관점을 달리하는 정당과 교육자들에 의해 많은 문제점이 제기되었다. Edwards(2001)는 국가교육과정을 통해 공통의 국가정체성을 가르치려는 것에 대해 다음과 같은 문제를 제기하였다. 첫째, 영국 시민들이 다양한 문화와 국가로부터 왔음에도 불구하고 이들로 하여금 공통의 국가정체성을 형성하도록 하는 것이 가능하다는 전제에서 출발하고 있으며, 그리고 그렇게 하는 것이 바람직하다고 가정하고 있다. 둘째, 국가정체성이 다른 어떤 정체성, 즉 장소기반정체성 또는 다른 것들보다 본질적으로 더 가치 있다고 믿을 만한 어떤 근거도 없다. 그리고 Toynbee(2000)는 "얼마나 많은 음치 정치가들이 계속해서 영국다움(Britishness)의 드럼을 둥둥 치고 있는지, 그것이 얼마나 공허하게 울리는지 전혀 인식하지 못하는 것이 이상할 뿐이다."라고 하였다.

　한편, 국가교육과정이 심어 주고자 하는 정체성은 문화적 내셔널리즘에 기반하고 있다고 보는 견해가 있다. Yoshino(1992, 31)에 의하면, 문화적 내셔널리즘은 인간의 문화적 정체성이 부족하거나 위협받고 있다고 느낄 때, 그것을 창출하고 보존하거나 강화시킴으로써 국가적 커뮤니티를 재생시키는 데 목적이 있다. 그리고 Castells(1997, 65) 역시 문화적 내셔널리즘은 세계화에 대한 반작용이자, 네트워크와 유연성에 대한 반작용이며, 가부장적 가족의 위기에 대한 반작용이라고 하였다. 결국 국가정체성의 정치는 적대적인 외부 세계에 대항하여 보호할 도피와 결속으로서 기능하는 방어적인 정체성을 생산하려고 하는 것이다. Chambers(1993)는 영국의 상이한 정체성의 정치를 다음과 같이 지적하고 있다.

> 우리는 '영국다움(Britishness)'에 대한 두 개의 관점과 두 개의 버전에 대한 가능성에 직면하고 있다. 하나는 보수적이고, 앵글로 중심적(Anglo-centric)이며, 국가 문화에 대한 고정관념화된 사고에 기반한다. 다른 하나는 개방적이고 다인종적인 탈중심적(ex-centric)이다. 전자는 역사, 전통, 개인의 역할이 기본적으로 국가적 서사시, 즉 '영국(British)'이라는 동질적인 통일성에 근거한다. 후자는 국가의 입장과 정체성은 당연한 것으로 받아들여질 수 없으며, 유동적이고 이질적인 복잡성에 기초한다(Chambers, 1993, 153-154).

　이들의 주장에 의하면, 교육자들은 그들의 교과를 국가적 감정의 전달 매개체로서 사용하려는 어떤 시도에 대해서도 회의적이어야 한다고 충고한다. 그리고 이것은 전체로서의 영국(UK)에 적용되는 것처럼, 영국을 형성하는 개별 국가들에도 적용되어야 한다고 주장한다. 웨일스인과 스코틀랜드인의 정체성은 그들이 살고 있는 보다 큰 국가의 문화, 역사, 충성, 경험보다 다른 그것들을 통해 더 단련되고 있다는 것을 간과하지 말아야 한다고 강조한다.

최근의 급격한 변화와 불확실성에 직면하여 국민국가는 교육을 통해 문화, 국가와 정체성에 대한 본질주의를 촉진하고자 헌신하고 있다. 이에 대해 회의적인 시각을 가지고 있는 사람들은 미래의 시민들을 과거의 선택적이고 신화화된 버전에 근거한 동질적이며 정치적으로 조작된 국가정체성에 떠맡김으로써는 어떤 것도 얻지 못할 것이라고 주장한다. 그렇게 하는 것은 학생들의 개인의 자율성과 민주적 삶의 기본 원리에 대한 하나의 모욕이다. 그렇기 때문에 차라리 교육은 젊은 사람들이 마주칠 변화와 불확실성의 한복판에서 삶을 의미 있고, 유목적적이며, 협력적으로 살 수 있도록 그들 스스로 정체성을 구성하는 데 필요한 이해, 기능, 성향과 가치를 습득하도록 도와야 한다고 주장한다.

4. 글로벌 시민성 교육과 지리교육

1) 지리를 통한 글로벌 시민성 교육의 중요성

지리는 사람들로 하여금 세계에 대한 감각을 형성하게 하는 데 유용한 교과이다. Lambert(2006)에 의하면, 지리는 항상 우리와 함께 있으며, 어느 곳에서도 존재하고 있다. 그리고 지리는 우리에게 세계에 관한 지식을 가지도록 함으로써 시민성을 촉진시키는 데 일정한 역할을 한다. 지리는 장소에 초점을 두기 때문에 다양한 스케일에서의 시민성을 촉진할 수 있는데, 특히 최근에 그 중요성이 더욱 부각되고 있는 글로벌 시민성을 발달시키는 데 큰 잠재력을 가지고 있다. 지리가 글로벌 차원을 통해 가르쳐질 때 의미 있는 정신적·도덕적·사회적·문화적 발달을 촉진시킬 수 있다.

지리는 이러한 글로벌화되고 있는 세계에 대한 맥락, 즉 세계가 어떻게 작동하고 있는가를 이해하는 데 큰 기여를 할 수 있다. 왜냐하면 지리의 중심 개념으로서의 '상호의존성(interdependence)'은 다른 국가에 대한 지식을 서로 공유할 기회를 제공할 뿐만 아니라, 글로벌 관점을 촉진시킬 수 있는 기회를 제공해 주기 때문이다. 또한 상호의존성의 개념은 모든 시민들의 권리(rights)와 책임성(respon-sibilities)에 대한 이해에 기초적 역할을 하며, 학생들이 놓여 있는 문화적·사회적 맥락과 관련하여 고려된다.

　그렇다면 지리에서 글로벌 차원이 왜 중요한가? Young(2004)은 크게 8가지 측면에서 그 중요성을 강조하고 있다. 첫째, 우리가 상호의존적인 세계에 살고 있으며, 우리는 서로에 대한 책임성을 가지고 있기 때문이다. 둘째, 우리의 사회에 존재하는 차별을 경고할 필요가 있기 때문이다. 셋째, 우리는 서로에 대한 잘못된 정보와 고정관념에 맞설 필요가 있기 때문이다. 넷째, 세계에는 많은 불평등이 있으며, 그것은 세계가 작동하는 방식에 의해 영향을 받기 때문이다. 다섯째, 우리가 더 지속가능하게 사는 것을 피할 수 없기 때문이다. 여섯째, 우리는 미래에 일어나는 것에 영향을 줄 수 있기 때문이다. 일곱째, 많은 학교들이 다른 학교와 연계를 발달시켜 오고 있기 때문이다. 여덟째, 글로벌 차원을 결합한 교수 전략이 학생들의 관심이며, 학습을 촉진시킬 수 있기 때문이다.

　로컬적, 국가적 시민성이 포섭과 배제(inclusion and exclusion), 자아와 타자(self and others), 우리와 그들(us and them), 여기와 저기(here and there) 등에 의해 중심화의 논리를 지향하였다면, 글로벌 시민성은 이들이 서로 분절되는 것이 아니라 네트워크로 연결됨을 강조한다. 사회적으로 먼 '타자(others)'들을 향해 공감하도록 함으로써 타자들에 대한 우리의 책임성을 강조한다. 즉 글로벌 시민성은 영역의 정치학(territorial politics)에 근거한 정체성의 개념을 제정의한다. 21세기의 탈국가화된 시민성의 지리들은 비판적이고 창의적이며 대안적인 '지리적 상상력'을 채택하도록 요구하는데, 이것이 바로 글로벌 시민성이다. 영역은 고정불변한 것이 아니라 사회적·환경적 구성으로서 항상 생성, 파괴, 변형, 재형성의 과정에 있는 네트워크로서 기능한다. 세계를 가로지르는 복잡한 상호연결성은 대안적 시민성과 지리적 상상력을 요구하는 것으로, 이의 중심 논리는 탈중심화에 있다. 영역 간 네트워크의 강도가 커지고 있는 세계에서 고정적이고 제한된 정체성은 도전을 받는다. 대안적인 지리적 상상력(글로벌 시민성)은 학생들로 하여금 세계에서 그들의 장소가 일련의 영역에서 중심화된다고 보는 것이 아니라 차라리 복잡한 네트워크를 따라 탈중심화됨을 강조한다. 따라서 대안적인 지리적 상상력은 글로벌적으로 상호의존적인 시민성의 개념을 생성한다(Anderson et al., 2008). 결국 글로벌 시민성을 위한 교육은 삶의 질을 얻기 위한 것일 뿐만 아니라 함께 살기 위한 것이다.

2) 상호의존성과 지리, 그리고 글로벌 시민성

　학교에서 지리는 오랜 역사를 가지고 있다. 초등학교를 위한 첫 번째 교과서들은 19세기 초반에 발표되었는데, 20세기 초반경에 지리는 중등학교 교육과정을 위해 추천되는 교과들 중의 하나였다. 이러한 역사 동안 내내 학교에서 지리는 현재 학교에서 젊은이들의 지리적 상상력이라고 부를 수 있는 것을 형성하는 데 중요한 역할을 해 왔다. 상호의존성은 지속적인 주제가 되어 왔다. 과거에 상호의존성은 제국주의 또는 식민주의 내러티브로 왜곡되었지만, 최근에는 글로벌 시민성 개념이 더 전면에 부각된다(Lambert and Morgan, 2010).

상호의존성이라는 개념이 지리의 고유한 개념이라고는 할 수 없지만 핵심 개념 중의 하나이며, 최근 세계화로 인해 더욱더 중요해지고 있다. 글로벌 환경문제, 개발문제, 무역문제 등이 계속해서 부각되면서 상호의존성에 대한 관심은 더욱 높아지고 있다. 이러한 상호의존성의 개념은 Jackson (2006)이 '지리적으로 사고하기'라고 부른 것에 토대를 이루고 있는 일종의 관계적 이해 또는 관계적 사고의 핵심이다. Garlake(2007, 14)는 음식, 옷을 사례로 하여 "우리는 문자 그대로 모든 것이 다른 것들과 연결된 오늘날의 세계에 살고 있다."라고 주장한다. 더욱이 Allen and Massey(1996)는 이러한 상호의존성의 개념을 '지리적 세계(geographical worlds)'로 구체화하여 제시하고 있다. 그들은 지리적 사고가 로컬 및 글로벌 세계 간의 연결을 어떻게 파악할 수 있는지를 보여 준다.

지리는 부지불식간에 우리의 삶 속으로 미끄러져 들어오지는 않는다. 요즘 당신은 세계를 경험하기 위해 멀리 가지 말아야 한다. 사실 세계는 우리에게 다양한 방법과 수단을 통해 온다. 우리는 세계의 로컬 버전에 살고 있고, 그렇기 때문에 우리는 우리 자신을 보다 넓은 글로벌 맥락에 위치시켜야 한다. 우리가 다른 장소에서 일어나는 변화들이 우리의 세계에 어떻게 영향을 주는지를 이해하기 시작할 때, 우리는 우리 자신의 활동 무대에서 일어나는 변화를 이해할 수 있다(Allen and Massey, 1996, 1).

이와 같이 세계화, 글로벌 차원, 상호의존성(DEA, 2004)은 지리와 시민성, 특히 지리를 통한 글로벌 시민성 교육을 위한 핵심적인 요소들이다. 지리적 관점은 정체성의 문제뿐만 아니라 세계 속에서 우리의 위치를 이해할 수 있도록 도와주며, 특히 글로벌 시민성을 이해하는 데 중요한 역할을 한다 (Lambert and Morgan, 2010). 그리고 글로벌 시민성은 글로벌 상호의존성과 시공간 수렴이라는 사실들에 대한 인식을 통해 더욱 확고하게 된다. Cook et al.(2008)은 지리와 시민성의 관계를 다음과 같이 규정하고 있다.

지리학자들은 다중적인 장소, 정치적 단위, 거버넌스의 스케일을 횡단하여 시민이 되는 것을 연구하고 있다. 그러므로 지리는 사회적·정치적·경제적 재구조화 등의 진행 과정, 개인·국가·사회 사이의 관계에 대한 그것들의 영향을 비판적으로 통찰할 수 있다. 지리는 우리로 하여금 '우리'가 시민이 되는 상황에 대해 비판적으로 성찰할 수 있도록 권력을 부여한다. 지리는 우리가 당연하게 간주하고 있는 것을 다시 생각할 수 있도록 하고, 개념과 지리적 '사실들'을 해독할 수 있게 하며, 세계가 작동하는 방법에 대해 질문하도록 한다(Cook et al., 2008, 35).

상호의존성과 글로벌 차원이 시민성과 결합하여 글로벌 시민성의 개념으로 나타나는 과정은 기존의 '경계화된 영역'의 개념에 대한 대안적인 지리적 상상력을 요구한다. Cook et al.(2008)은 전통적인 경계화된 공간을 초월한 지리적 상상력의 발달을 강조하면서, 지리가 21세기의 시민성에 기여하기 위해서는 Massey(1991a; 1993a)의 진보적이고 외향적인 장소감을 지지한다. 대안적인 지리적 상상력은 학생들에게 '세계에서 그들의 장소'라는 일련의 영토에 집중화된 것보다 오히려 다수의 네트워크를 따라 탈중심화되어 있다는 것을 깨닫도록 할 수 있다. 이러한 대안적인 지리적 상상력은 시민성의 개념을 관계적으로 그리고 글로벌적으로 형성된 것으로 설명한다. 이러한 시민성은 국가에 기초한 좁은 절대적 시민성의 개념과는 매우 차이가 있다(Cook et al., 2008, 38-39).

여기에서 중요한 것은 국가적 시민성과 글로벌 시민성을 대립적인 관계로 인식해서는 안 된다는 것이다. 왜냐하면 인간은 자신이 살고 있는 장소에 애착을 느끼며 관계를 형성한다는 것은 부정할 수 없는 사실이다. Massey(2008a) 역시 이것을 과소평가하기를 희망하지 않으며, 단순히 장소와의 강력한 동일시가 배타적이고, 반동적이며, 내향적일 필요가 있을지 질문하고 있다. 지리를 통해 시민성을 들여다보는 의의는 지리적 관점이 어떻게 국가 중심의 지리적 상상력의 한계를 인식하도록 도울 수 있는가에 있다. 국가는 여전히 학습하는 데 중요하며, 특정한 개인 및 집단은 때때로 국가의 중요성을 다시 주장할 것이다. 지리는 이것이 왜 일어날 수 있으며, 경우에 따라서 글로벌적 이동과 탈중심화된 지리적 상상력이 요구되는지에 대한 이유를 밝히는 데 도움을 줄 것이다.

상호의존성이 외연적으로 확장되고 긴밀해지고 있는 이 시점에서 지리를 통한 시민성 교육은 점차 글로벌 차원과 글로벌 시민의 관점에서 논의되고 있다(Morgan, 2001a, 65). 지리를 통한 글로벌 시민성 교육은 학생들이 자신의 삶의 글로벌적 영향을 이해하고, 로컬 및 글로벌 의사결정에 참여할 수 있는 지식, 기능, 가치를 습득하여 더욱더 공정하고 지속가능한 세계를 만드는 데 있다. 특히 지리는 학생들로 하여금 자신을 다른 사람 및 장소들과 관련하여 위치시킬 수 있는 일종의 '지도화' 기능을 수행함으로써 (글로벌) 시민성 교육에 명백한 역할을 한다(Lambert, 2006). 결국 지리를 통한 시민성 교육은 상호의존성의 개념을 정확하게 이해하고, 상호의존적인 세계에서 보다 나은 세계를 만들기 위해 글로벌 시민으로서의 역할, 책임, 글로벌 윤리, 행동과 관련된 것이라 할 수 있다.

3) 지리적 스케일로 본 글로벌 시민성 교육

지리는 시민성을 공간적 측면에서 조명한다. 즉 지리는 시민성이 어떤 스케일에서 구성되고, 구체화되며, 경험되고, 수행되며, 이해되는지에 관심을 가진다. 지리는 로컬, 국가 스케일을 넘어 글로벌 스케일에서 시민으로서 개인이 구성되는 것과 관련된다(Lambert, 2006). 세계화의 진전으로 정치, 경제, 문화 현상은 한 국가의 경계를 넘어 다른 국가에서 작동하는 프로세서에 영향을 받는다. 이에 따라 관심의 초점이 로컬과 글로벌의 관계에 맞추어지고 있다(Crang, 1999, 27-33). Taylor(1985)는 로컬-경험(experience), 국가-이데올로기(ideology), 글로벌-실재(reality)라는 3개의 지리적 스케일을 제시한다. 경험의 스케일은 우리가 일상적인 삶을 영위하고 있는 스케일로서, 고용, 주거, 기초 농산물의 소비 등을 포함하여 우리의 모든 기본적인 욕구를 포함한다. 이러한 일상적인 활동들이 국지적으로만 유지되는 것은 아니다. 우리는 경험의 스케일이 훨씬 넓은 행동의 반경인 '실재'라는 글로벌 스케일과 연결되어 있다는 것을 의미하는 세계 체제 속에 살고 있다.

시민성은 영역, 공간, 장소에 기반하여 포섭과 배제의 관점에서 논의되는 경향이 있다. 그리하여 시민성은 필수불가결하게 영역과 결합되며, 이는 시민의 개념에 정체성을 연결시키는 결과를 낳는다. 이것은 부분적으로 시민성을 배제적인 용어로 묘사하는 경향이 있기 때문이다. 즉 시민은 외부자 또는 타자를 배제함으로써 공간적 소속감으로서 묘사되기 때문이다. 인간은 영역, 공간, 장소의 스케일에 따라 다양한 정체성을 경험하게 되는 다중적 정체성(multiple identity)을 가지고 있다. Morgan and Lambert(2003)에 의하면, 지리는 이러한 역량에도 불구하고 이와 같은 문제에 대해 깊이 있게 탐구하지 않았다.

앞에서도 언급하였지만, 세계화는 많은 것을 바꾸어 놓았고 글로벌 시민성의 출현을 잉태하였다. 이러한 세계화[10]는 한 지역에서 발생한 것이 다른 사람과 장소에 영향을 미치는 시스템 또는 네트워크로 묘사된다(Crang, 1999). 세계화의 진전 속에서 글로벌 스케일을 무시하는 지리에서의 설명들은 불완전하거나 그릇된 이해를 제공할 수 있다. 경제적·정치적·사회적·문화적·환경적 세계화는 단지 글로벌 스케일에만 영향을 미치는 것이 아니라 공동체와 개인에게까지 도달한다.

글로벌화된 세계에서 지리를 통한 시민성 교육은 학생들로 하여금 세계가 작동하는 방식에 대한

---

10 세계화는 육지와 바다를 가로질러 상품과 인간이 이동한 이후 계속되어 오고 있으며, 특히 통신과 운송 수단의 발달이 이동과 상호작용을 더욱 촉진시켰다. 특히 글로벌 경제는 다국적 엘리트의 출현으로 등장하였으며, 글로벌 경제가 작동하고 있는 스케일은 다국적기업의 힘과 영향을 광대하게 증가시켜 왔다. 즉 시장에서뿐만 아니라 정치적 제도들에서도 그것들의 힘과 영향을 광대하게 증가시켜 왔다. 세계화가 무역, 고용과 금융 등 경제적 관점에서 이해될 수 있지만, 환경악화, 국제적 범죄, 지역문화에 대한 영향 등이 중요하다. 세계화는 동질성에 초점을 두는 것 같지만, 다양성과 특수성을 보다 강조하려는 경향이 있다.

이해를 통해 성찰적인 시민이 되도록 하는 것이다(Machon and Walkington, 2000; Wade, 2001). 지리는 세계 속에서의 학생들 자신의 장소, 다른 사람들과 환경에 대한 그들의 가치, 그들의 권리와 책임성 등에 대해 생각하게 함으로써 글로벌 시민성에 기여할 수 있다. 이제 제한되고 편협된 로컬 및 국가적 시민성을 넘을 지속가능한 세계를 위해 글로벌 시민성을 개발해야 할 시점에 와 있다. 여기에서 중요한 것은 학생들로 하여금 글로벌화된 세계의 지식과 지도를 수용하도록 하는 것이 아니라, 글로벌화된 세계를 적극적으로 구성하는 데 참여할 수 있게 하는 글로벌 시민성의 육성에 있다(Morgan, 2001b, 94).

로컬적·국가적 시민성이 포섭과 배제, 자아와 타자, 우리와 그들, 여기와 저기 등에 의해 중심화의 논리를 지향하였다면, 글로벌 시민성은 사회적으로 먼 '타자들'을 공감하도록 함으로써 그들에 대한 책임성을 강조한다. 글로벌 시민성은 영역의 정치학에 근거한 정체성의 지리에서 탈국가화된 시민성의 지리로의 전환이라는 대안적인 지리적 상상력을 요구한다. 영역과 스케일은 고정불변한 것이 아니라 사회적·환경적으로 구성되는 것으로 항상 생성, 파괴, 변형, 재형성의 과정에 있다. 세계를 가로지르는 복잡한 상호연결성은 대안적 시민성과 지리적 상상력을 요구하는 것으로, 이것의 중심 논리는 탈중심화이다. 영역 간 네트워크의 강도가 커지면서 세계에서 고정적이고 제한된 정체성은 도전을 받는다. 대안적인 지리적 상상력으로서의 글로벌 시민성은 학생들로 하여금 세계에서 그들의 장소가 일련의 영역에서 중심화된다고 보는 것이 아니라 차라리 복잡한 네트워크를 따라 탈중심화됨을 강조한다. 따라서 대안적인 지리적 상상력은 글로벌적으로 상호의존적인 시민성의 개념을 생성한다(Anderson et al., 2008). 결국 글로벌 시민성을 위한 교육은 삶의 질을 얻기 위한 것일 뿐만 아니라, 함께 살기 위한 것이다.

4) 지리를 통한 글로벌 시민성 교육의 하위 영역

지리를 통한 글로벌 시민성 교육의 구체적인 하위 영역(일반적으로 지식, 기능, 가치·태도의 관점에서 범주화되는)은 귀납적 접근을 통해 구체화될 수 있다. 앞에서 Young(2004)은 지리에서 글로벌 차원이 중요한 이유를 8가지 측면에서 제시한 바 있다. 여기에서는 상호의존성, 책임성, 차별 금지, 고정관념 및 편견 극복, 글로벌 불평등, 지속가능성, 미래, 학교 간 연계 등이 중요한 용어로서 제시되었다.

영국 교육기술부의 경우 이를 좀 더 구체화하고 있는데, 〈표 3-1〉과 같이 지리 교과가 다루어야 할 글로벌 차원의 하위 영역을 8가지로 제시하였다(DfEE, 2000). 글로벌 차원의 기저에 놓여 있는 8가지 핵심 개념으로 시민성, 지속가능한 개발, 분쟁 해결, 상호의존성, 가치와 지각, 사회정의, 인권,

표 3-1. 지리교육과정의 맥락에서 글로벌 차원의 8가지 핵심 개념

시민성	• 세계에 있는 사람들의 '장소' • 사람들의 권리와 타자에 대한 책임성 • 글로벌 맥락에서 지역적으로 중요성을 가진 쟁점들 • 다양한 관점들에 대한 가치의 존중 • 잠재적으로 글로벌 중요성을 가진 로컬 의사결정에 참여하는 방법
지속 가능한 개발	• 지속가능한 개발의 원리들에 대한 지식 • 경제적·환경적·정치적·사회적 맥락들 사이의 상호연결에 대한 이해 • 지구의 어떤 자원들은 한정되어 있고 책임 있게 사용되어야 한다는 인식 • 세대 간의 형평을 이해하고 가치화하기 • 환경적 영향의 맥락에서 삶의 방식(예: 여행, 소비, 관광)에 관한 탐구들
분쟁 해결	• 어떻게 충돌하는 요구들이 일어나고 있는지(예: 환경에 관한 상이한 관점들 또는 자원의 유효성과 이용에 관한 상이한 관점들) • 그러한 갈등들에 대한 가능한 영향 • 어떤 갈등들이 해결되는 방법 • 논쟁의 맥락에서 협상과 절충의 기능들
상호 의존성	• 인간과 장소들 사이의 상호연결들 • 국가들 사이의 상호의존성과 글로벌적인 정치적·경제적 시스템들 • '자연적' 세계와 '사회적' 세계 사이의 상호의존성 • 로컬과 글로벌 사이의 연계들
가치와 지각	• 세계에 대한 상이한 이미지들이 있으며, 이들이 사람들의 가치와 태도에 영향을 준다는 것에 대한 이해 • 사물을 바라보는 다중적 관점과 새로운 방법들을 발전시키기 • 기존의 지각들과 지리적 상상력, 그리고 이들이 어떻게 개발될 수 있는가를 탐구하기 • 인간이 가지고 있는 가치들은 자주 그들의 행동을 형성한다는 것을 이해하기 • 가치와 사실들은 서로 얽혀 있다는 것을 이해하기
사회정의	• 다양한 스케일에서의 불평등의 존재와 영향 • 불균등한 발전의 인간 삶에의 영향 • 불평등한 권력관계들 • 행동들은 인간의 삶에 의도된 결과와 의도되지 않은 결과를 모두 가지고 있다는 사실
인권	• 서로에 대한 사람들의 권리뿐만 아니라 책임성에 대한 인식 • 인간과 환경에 대한 상이한 생활방식의 영향에 대한 감각과 관심 • 로컬과 국가를 넘어 관심의 영역을 넓히고 글로벌 연결들을 이해하기 • 일련의 수준에서 문제들을 해결하는 데 자발적으로 참여하기
다양성	• 세계 주위의 로컬적 차이들을 보편적인 인권에 대한 사고들에 관련시키기 • 장소들과 인간의 명백한 특성에 대한 인식 • 문화와 삶의 방식의 차이를 이해하고 존중하기 • 세계 주위의 사람들, 경관들, 환경들의 다양성에 대한 경외감을 발전시키기

출처: DfEE, 2000.

다양성 등을 제시하고 있다. 여기에서는 (글로벌) 시민성을 8가지 핵심 개념 중의 하나로 간주하고 있지만, 나머지 7개 역시 글로벌 시민성 교육과 밀접한 관련이 있는 개념이라고 할 수 있다. 여기에서

(글로벌) 시민성은 장소와 상호의존성, 다양성(차이), 글로벌 쟁점과 같은 개념에 대한 이해를 비롯하여, 책임성, 배려와 존중과 같은 가치 덕목 그리고 의사결정과 같은 기능을 강조하고 있다.

다음으로 영국의 국제구호단체인 Oxfam(1997)은 범교과적인 학교교육의 차원에서 글로벌 시민성이 원활하게 이루어질 수 있도록 지원하기 위해『글로벌 시민성을 위한 교육과정(Curriculum for Global Citizenship)』이라는 소책자를 각급학교에 배부하고 있다. 여기에서 글로벌 시민을 다음과 같이 정의하였다. 즉 글로벌 시민이란 세계시민으로서의 역할, 다양성 존중, 세계에 대한 다차원적 이해, 사회정의 실현, 공동체에 참여, 공정과 지속가능성의 실현, 책임성 등을 인식하고 실현하는 사람이라고 할 수 있다. 이러한 글로벌 시민을 육성하기 위한 교육에서 요구되는 지식과 이해로는 세계의 지역 간 갈등과 평화, (문화의) 다양성, 지속가능한 개발, 세계화, 기능으로는 비판적 사고, 효과적인 토론 능력, 협력과 갈등 해결(문제해결능력) 등, 가치와 태도로는 존중, 감정이입(공감), 정체감과 자존감, 사회정의와 공정, 책임성 등을 제시하고 있다(표 3-2).

- 보다 넓은 세계에 대해 알고 세계시민으로서 자신의 역할을 이해하는 사람
- 다양성을 존중하고 소중히 하는 사람
- 세계가 경제적으로, 정치적으로, 사회적으로, 문화적으로, 기술적으로, 환경적으로 어떻게 작동하는지에 대해 이해하는 사람
- 사회적 부정의(social injustice)에 격분하는 사람
- 로컬에서 글로벌에 이르는 일련의 수준에서 공동체에 참가하고 기여하는 사람
- 세계를 더 공정하고 지속가능한 장소로 만들려고 기꺼이 행동하는 사람
- 자신의 행동에 대해 책임성을 가지는 사람

한편, 아시아(일본, 태국), 유럽(영국, 독일, 그리스, 헝가리, 네덜란드), 북아메리카(캐나다, 미국)의 9개 국가

표 3-2. 글로벌 시민성을 위한 지식과 이해, 기능, 가치와 태도

지식과 이해	기능	가치와 태도
• 사회정의와 공정* • 평화와 갈등 • 다양성 • 지속가능한 개발 • 세계화	• 비판적 사고 • 효과적인 토론 능력 • 협력과 갈등 해결 • 부정의와 불공정에의 도전 능력** • 사람과 사물에 대한 존중***	• 다양성에 대한 가치와 존중 • 감정이입(공감) • 정체감과 자존감 • 사람들은 다를 수 있다는 신념 • 사회정의와 공정에 대한 헌신 • 환경과 지속가능한 개발에 대한 책임성

* 지리의 관점에서 볼 때 사회정의와 공정은 가치 덕목으로 분류하는 것이 타당함.
** 부정의와 불공정에의 도전 능력 역시 가치 덕목으로 분류하는 것이 타당함.
*** 사람과 사물에 대한 존중도 가치 덕목으로 분류하는 것이 타당함.
출처: Oxfam, 1997.

연구자들은 '시민성 교육 정책연구(The Citizenship Education Policy Study, CEPS)'라는 국제적 연구를 실시하였다. 여기에서 다차원적 시민성을 위한 모델을 제시하면서, 21세기를 위한 성공적인 글로벌 시민성의 특징을 8가지로 제시하였는데, 이는 Oxfam에서 제시하고 있는 글로벌 시민과 거의 유사하나.

- 글로벌 사회의 구성원으로서 문제를 보고 접근할 수 있는 능력
- 협력적인 방법으로 타자와 일할 수 있는 능력과 사회 내에서의 자신의 역할/의무를 위한 책임성을 가질 수 있는 능력
- 문화적 차이를 이해하고, 받아들이고, 감내할 수 있는 능력
- 비판적·시스템적 방법으로 사고할 수 있는 능력
- 비폭력적 방법으로 갈등을 해결하려는 의지
- 환경을 보호하기 위해 자신의 생활 스타일과 소비습관을 변화시키려는 의지
- 인간의 권리를 향해, 방어하기 위해 민감해지려는 능력
- 로컬, 국가, 국제적 수준에서 정치학에 참가하려는 의지와 능력

지리의 관점에서 글로벌 시민성 교육의 하위 영역을 설정한 사례로는 Machon and Walkington (2000)이 대표적이다(표 3-3). 먼저 개념, 기능, 가치 영역으로 나누고 각각의 하위 영역을 설정하고 있다. 개념의 경우 Oxfam의 지식과 이해에 해당하는 것으로, 공통적인 것은 문화적 다양성과 지속가능한 개발이다. 반면에 차이점으로는 Oxfam의 경우 평화와 갈등, 세계화를 제시하지만, Machon and Walkington(2000)은 장소, 스케일, 상호의존성을 제시하고 있다. Machon and Walkington (2000)의 경우 지리에서 주로 핵심 개념으로 다루어지는 장소, 스케일, 상호의존성을 강조하고 있는 것이 특징적이며, 특히 상호의존성은 세계화, 평화와 갈등과 밀접한 관련을 가진다고 할 수 있다. 기능의 경우는 유사하며, 다만 Oxfam은 모둠활동을 통한 토론과 협력, 문제해결력을 강조한 반면, Machon and Walkington(2000)의 경우 이를 구체적으로 명시하지 않았다. 가치의 경우 사용한 용어

표 3-3. 시민성과 지리교육에 의해 공유되는 개념, 기능, 가치

개념	기능	가치
• 상호의존성	• 비판적 사고	• 사회적·경제적 정의
• 지속가능한 개발	• 의사결정	• 장소감
• 장소	• 성찰	• 공동체 의식
• 스케일	• 심사숙고	• 감정이입(공감)
• 문화적 다양성	• 의사소통	• 다양성

출처: Machon and Walkington, 2000.

에서 다소 차이가 있을 뿐 큰 틀에서는 사회정의, 다양성과 차이에 대한 존중, 감정이입(공감), 정체감과 자존감(장소감) 등으로 매우 유사하다고 할 수 있다. 차이점으로는 Oxfam의 경우 환경과 지속가능한 개발에 대한 책임성을 제시한 반면, Machon and Walkington(2000)은 공동체 의식을 제시하고 있다.

　이상과 같이 서로 상이한 기관과 학자에 의해 분류되었지만, 지식과 이해(또는 개념), 기능, 가치와 태도라는 영역으로 구분되고, 이는 다시 하위 영역으로 나뉜다. 이와 같은 영역 및 하위 영역의 범주들은 교사와 학생들로 하여금 세계를 구조화하여 바라볼 수 있는 잣대를 제공한다. 특히 지리를 통한 글로벌 시민성 교육에서 강조되어야 할 지식과 개념은 무엇이고(상호의존성, 환경과 지속가능한 개발, 장소, 스케일, 문화적 다양성과 차이, 세계화 등), 학생들은 이러한 지식과 개념을 이해하기 위해 어떤 기능을 습득하거나 활용해야 하며(협동학습, 문제해결력, 비판적 사고, 의사결정 등), 이를 통해 궁극적으로 어떤 도덕적 가치/덕목을 함양해야 하는지(정의와 공정, 배려와 존중, 책임성, 장소감, 공동체 의식, 정체감 등)를 안내한다.

5) 글로벌 시민성 교육을 위한 지리교육의 과제와 전략

(1) 글로벌 시민성을 위한 지리교육의 과제

　우리가 살고 있는 세계를 지속가능하도록 만들기 위해서는 교육의 본질에 대한 재음미가 필요하다. 보다 나은 세계와 지속가능한 공동체를 만들기 위해서는 교육의 역할과 내용에 대한 보다 넓은 비전이 요구된다. 지식과 기능, 가치와 헌신 사이의 균형이 요구되며, 학교는 학생들의 사고를 지속가능하게 하여 미래의 지도자와 시민이 되도록 해야 한다. 교육은 개인과 집단 구성원으로서의 학생들로 하여금 자신의 가치와 태도에 대한 입장을 생각하고 이야기하도록 자극해야 한다. 학교는 학생들에게 보다 나은 미래를 만들 수 있는 기회를 제공하는 하나의 장소가 되어야 하며, 다양한 상상력을 사용하여 다른 사람들의 경험을 이해하고 자신의 것과 상반되는 관점을 성찰하여 공감할 수 있도록 해야 한다.

　그러나 우리나라의 지리교육과정은 학생들에게 상호연관되고 상호의존적인 시스템으로서 세계에 대해 종합적으로 이해하도록 선정·조직되어 있지 않다. 일반적으로 대부분의 지리교육과정은 학생들로 하여금 자신의 국가의 전략적·경제적·정치적 이익에 초점을 맞추도록 하고 있다. 단지 국가정체성과 애국심에만 초점을 두는 것은 배타적·국수주의적인 것이며, 세계에서 국가 또는 지역이 필수불가결하게 사회적·문화적·경제적 세계화와 관련되어 있다는 사실을 왜곡하고 있는 것이다. 여기에서 긴장과 갈등이 나타나는데, 지리교육과정은 학생들로 하여금 책임성 있고 능동적이며 이타적인 글로벌 시민이 될 수 있도록 설계될 필요가 있다.

좀 더 범위를 좁히면, 글로벌 시민성을 위한 지리교육의 과제는 크게 '내용의 선정과 조직' 및 '교수·학습 방법'이라는 두 가지 측면에 대한 고찰을 통해 밝혀질 수 있다. 먼저, 현행 우리나라의 지리교육과정이 글로벌 쟁점에 얼마나 초점을 두고 있으며, 글로벌 패턴과 프로세서에 대한 충분한 설명이 이루어지고 있는가에 대해 자문해 볼 필요가 있다. 우리나라의 지리교육과정은 로컬 및 국가 스케일에만 초점을 두고 있지는 않은지, 시스템 또는 네트워크의 관점에서 글로벌 스케일을 바라보는 것이 아니라 모자이크식의 분절되고 파편화된 글로벌 스케일을 상정하고 있지 않은지에 대한 성찰이 필요하다. 현재 우리나라 지리교육과정에 제시되고 있는 이론, 모델, 개념 등은 빠르게 변화하는 세계를 이해하는 데 진정 유용한가에 대한 성찰 또한 필요하다. 만약 현재의 지리교육과정에 대한 끊임없는 재평가가 이루어지지 않는다면, 지리 교과는 죽은 정보와 진부한 이론으로 난잡해질 것임에 틀림없다.

다음으로, 지리교육과정이 글로벌 시민성에 초점을 두고 선정·조직된다고 해서 저절로 이와 관련한 교육이 이루어지는 것은 아니다. 지리를 통해 상호의존성, 정의, 권리, 인권, 자원의 편재와 감소, 편견, 차별, 환경, 평화와 갈등, 권력 등의 추상적 개념을 학생들에게 가르치기 위해서는 교수·학습 수준에서의 또 다른 도전이 필요하다.

글로벌 시민성 교육의 목적은 지식과 기능에 대한 이해도 중요하지만, 궁극적으로는 유사성과 차이에 대한 이해와 존중에 있다. 즉 글로벌 시민성 교육은 지속가능성, 상호의존성, 문화적 다양성 등 개념을 획득, 유사성과 차이를 볼 수 있는 안목, 비판적 사고능력, 의사결정 능력, 집단활동 능력 등 기능의 습득뿐만 아니라, 이해와 존중, 감정이입을 통해 로컬리티 장소감뿐만 아니라 글로벌 장소감의 발달에 있다.

학생들이 학교에서 배울 수 있는 많은 지식과 기능, 가치와 태도는 교사들에 의해 사용되는 교수·학습 방법에 의존한다. 복잡한 글로벌 쟁점에 관해 의사결정할 수 있는 세련된 시민이 되도록 하기 위해서는 관련 교과로부터 유용한 자원을 끌어올 필요가 있다. 나아가 급변하는 사회에서 학생들은 유연하고 수평적인 사고를 할 필요가 있으며, 사회적으로 비판적이면서 급진적이어야 하고, 시대에 뒤떨어진 실천을 거부할 자세가 필요하다(Hicks, 1998). 따라서 글로벌 시민성 교육은 현재의 세계질서를 영속화시키는 데 기여하는 '은행식(banking)' 시스템으로는 한계가 있으며, 학생들의 태도가 책임성 있는 사회적 행동으로 나타나도록 하기 위해서는 교화가 아니라 '변혁적(transformative)' 교육이어야 한다.

결론적으로 글로벌 시민성 교육을 위한 지리교육의 과제는 다음과 같이 요약할 수 있다. 첫째, 개념의 관점에서 볼 때 '상호의존성(interdependence)', '역동성과 변화(dynamism and change)', '지속가능성(sustainability)', '정의와 평등(justice and equity)' 등을 핵심 주제로 해야 한다. 둘째, 방법의 관점에서 볼 때 글로벌 시민성 교육은 탐구기반접근에 근거한 능동적이고 경험적인 학습전략(예를 들면, 역할학습과 시뮬레이션)과 결합되어야 한다. 셋째, 글로벌 시민성 교육은 교사들이 학생들로 하여금 권력을 부여하고 비판적 사고기능을 함양하도록 해야 하며, 다른 지역에 대한 편견과 고정관념을 피하도록 해야 한다. 넷째, 학생들로 하여금 지역 간의 유사성과 차이에 기반하여 글로벌 장소감을 발달시키도록 해야 한다. 다섯째, 사회정의, 환경적 인식과 글로벌 연대와 같은 가치와 태도에 초점을 두어야 한다.

(2) '소비자로서의 행동'과 '저항의 지리' 실천

우리는 대개 시민성을 우리 자신의 사회 구성원들을 향한 우리의 책임성 관점에서 논의해 오고 있다. 그러나 우리 자신의 범주를 벗어나 있는 사람들인 먼 타자들을 향한 우리의 책임성이 필요한데, 이것이 바로 글로벌 시민성이다. 글로벌 시민성은 일반적으로 두 가지 방법으로 실천될 수 있다.

첫 번째 방법은 세계에서 보다 잘사는 나라의 사람들이 못사는 나라의 사람들(예를 들면, 기근이나 자연재해에 의해 고통받고 있는 사람들)을 위해 세계 원조단체에 돈 또는 상품을 제공함으로써 '글로벌적으로 사고하고, 로컬적으로 행동하는' 것이라고 할 수 있다. 그러나 자선적인 관심을 보이는 것은 때때로 타자에 대한 우월성을 보여 주는 행위가 된다. 예를 들면, 기독교 선교사들이 기독교에 대해 이방인인 다양한 후진국에 선교하러 갔을 때, 그들의 전통과 신념이 타자들보다 우월하다는 것을 보여 주었다.

따라서 둘째, 글로벌적으로 생각하고 로컬적으로 실천할 수 있는 또 하나의 대안적 방법은 소비자로서 우리의 행동을 통해 가능하다. 최근 반세계화운동이 데모와 저항 캠페인을 통해 세계에서 빈번하게 일어나고 있는데, 이들 운동은 대기업의 이익을 위해 가난한 자들을 착취하는 것에 반대하며, '공정무역(fair trade)'를 믿고 있다. 나이키와 리복과 같은 회사에 의해 팔리고 있는 생산품의 구성물들은 대개 태국, 베트남, 필리핀 등의 노동 착취 공장의 환경에서 제조된다. 소비자로서 우리는 이러한 노골적인 착취의 형태에 대해 저항할 권력을 가지고 있다. 즉 우리는 그러한 물건을 사지 않거나, 이러한 행태에 대해 캠페인 또는 데모에 가입할 수 있다. 대개 정부는 반세계화 저항자들이 부적절하고 용서할 수 없는 방법으로 행동하고 있다고 불평하지만, 우리는 이러한 거대하고 권력을 가진 기업들에 대한 동일한 질문을 던질 수 있다. 즉 그들의 행동은 받아들일 수 있는가?

소비자 저항의 또 하나의 형태는 '공정한(fair)' 고용 상황하에서 생산되는 상품만을 소비하는 것이다.[11] 공정무역과 관련한 다양한 시민단체들이 이러한 상품을 판매한다. 이들 조직은 후진국 사람들이 그들 생산품에 대해 공정한 가격을 얻도록, 무역의 이익에 대한 공정한 몫을 얻도록 하기 위해 일한다. 학생들로 하여금 보나 공정한 무역을 실천하는 이와 같은 조직의 활동이 과연 정당한가, 여러분은 이들이 판매하는 상품을 소비할 것인가, 여러분의 친구와 가족에게 공정하게 무역된 생산물을 사는 것의 이점을 설득할 것인가, 포스터나 광고 전단의 형태를 통해 설득할 수 있는 방법을 고려해 보라 등과 같은 질문을 던질 수 있다.

직접적인 소비자 행동과 저항을 위한 수업을 통해 글로벌 시민성을 실천할 수 있다. 우리는 특별한 다국적기업의 노동 실천을 시도하거나 변화시키기 위해 특별한 생산품에 대해 불매운동을 할 수 있다. 이와 관련하여 학생들에게 생산품에 대한 불매운동이 바람직한 효과를 가질 것 같은가, 노동자들을 착취하는 회사에서 생산된 상품을 사지 않을 것인가 등에 대해 질문할 수 있다. 또 다른 대안적 전략이 있는지에 대해 질문할 수 있다. 나아가 소비자들이 불매운동을 하기를 희망하는 특별한 생산품을 광고하는 '패러디' 포스터를 만들도록 할 수 있다.

6) 글로벌 시민성 함양을 위한 지리수업의 전략

(1) 글로벌 시민성을 위한 지리수업의 전제와 맥락

글로벌 시민성 함양을 위한 지리수업을 계획할 때, 가장 먼저 고려하는 것이 수업의 목적에 해당된다. 앞에서도 논의하였듯이 글로벌 시민성 교육의 목적은 학생들로 하여금 세계의 지역 간 상호의존성에 토대한 글로벌 인식을 비롯하여, 서로 다른 지역 간의 유사성과 차이점을 알게 하고, 긍정적 이미지/가치를 가지도록 하며, 비판적 사고기능을 발달시키도록 하는 것이라고 할 수 있다. 이러한 목적에 비추어 볼 때, 지리를 통한 글로벌 시민성 교육은 흔히 개발도상국에 해당하는 국가들이 주요 학습의 대상이 된다. 왜냐하면 글로벌 시민성 교육은 주로 선진국에 해당하는 국가에서 이루어지고, 개발도상국은 국제사회에서 항상 배제되고 부정적 이미지와 고정관념으로 재현되기 때문이다.

글로벌 시민성을 위한 지리수업은 학생들로 하여금 상호의존성에 대한 이해를 넘어 개발도상국에

---

11 커피, 설탕, 바나나 등의 플랜테이션과 국제무역 메커니즘을 통해 공정무역을 학습할 수 있다. 커피사슬게임(coffee chain game)(Oxfam, 1995)과 같은 시뮬레이션과 역할학습을 통해 학생들은 국제무역의 메커니즘을 이해할 수 있다. 세계무역의 불평등에 대한 이해와 왜 어떤 나라들이 빈곤의 함정에 빠져 헤쳐 나올 수 없는지에 대한 이유를 파악할 수 있다. 온라인과 오프라인을 통해 얼마나 많은 공정무역 상품이 생산되고 소비되는지에 대해서도 학습할 수 있다. 나아가 학생 및 학교로 하여금 공정하게 거래된 상품들을 더 사용하도록 격려할 수 있다.

대한 부정적 이미지와 고정관념에 대항하도록 하고, 인간과 장소의 다양성을 이해하도록 해야 한다. 이를 위해서는 타자(예를 들면, 선진국)의 시선에 의해 왜곡된 지리적 재현이 아니라 특정 개발도상국 및 장소의 실제적 그림, 즉 보다 공정한 지리적 재현을 제공할 필요가 있다.[12] 그리고 학생들이 개발 도상국과 관련한 편견과 부의 불평등의 근본 원인에 대해 검토하고 평가할 수 있기 위해서는 비판적 문해력 또는 비판적 사고가 필요하다.

그렇다면 지리수업에서 글로벌 시민성을 촉진하기 위한 내용과 방법적인 측면에서 고려해야 할 것은 무엇일까? Walkington(1999)은 지리를 통한 글로벌 시민성 교육의 내용적인 측면에서 고려해야 할 것을 크게 4가지로 제시하고 있다. 첫째, '인간 중심'이어야 한다. 인간 중심이라는 것은 사례 지역 사람들의 전형적인 일상생활 또는 문화에 초점을 두어야 한다는 것을 의미한다. 둘째, '활동 중심'이어야 한다. 활동 중심이라는 것은 그들의 특별한 활동에 초점을 두는 것을 의미한다. 셋째, '이미지'를 사용하는 것이다. 이는 사례 지역과 사람들에 대한 이미지를 사용하는 것을 의미한다. 넷째, 특별한 쟁점과 (또는) 변화에 초점을 두는 것이다. 특별한 쟁점과 변화라는 것은 일례로 부와 권력, 토지소유권, 환경적 쟁점, 공정무역, 도덕적 쟁점 등과 같은 쟁점에 초점을 두는 것을 의미한다.

다음으로 글로벌 시민성을 촉진하기 위한 지리수업의 방법적인 측면에 대한 고려가 필요한데, 이는 앞에서 다룬 지리를 통한 글로벌 시민성 교육의 하위 영역 중 기능에 해당한 범주들이 주요한 참고 사례가 될 수 있다. Lynch(1992)와 Lambert(2006, 35) 그리고 Anderson et al.(2008)에 의하면, (글로벌) 시민성 함양을 위한 지리수업은 정치적 토론에 개방적이어야 하며, 문제해결, 반성, 의사소통, 토론과 협상(협동학습, 역할학습, 시뮬레이션에 의한), 비판적 사고, 참여와 능동적인 경험적 학습, 역할학습과 시뮬레이션 등의 기능을 촉진시키는 '논쟁의 문화(culture of argument)' 또는 '대화를 위한 교육(education for conversation)'이어야 한다. 한편, 이러한 지리수업은 학생들로 하여금 질문하고, 심사숙고하게 하며, 복잡성에 대해 신중한 접근을 하게 하는 것으로 전문성을 가진 교과 전문가에 의해 수행될 수 있다. 따라서 지리 교사가 학생들에게 글로벌 시민성을 함양하도록 하기 위해서는 학생들과 이야기하고 그들의 말에 귀기울여야 하는 대화로서의 교수의 기예가 무엇보다 중요하다고 할 수 있다.

---

12 인간은 이미지를 창출하고 선택하기 때문에 주관적이거나 '편견(biased)'을 지닐 수밖에 없다. 우리가 소속하고 있는 장소에 대해 객관적이기는 어렵고, 우리가 제한된 경험을 가지고 있는 장소들을 고려할 때 다른 사람들에 의해 영향을 받기 쉽다. 수업에서 학생들이 모든 이미지를 성찰하고 평가할 수 있도록 하기 위해 이것은 탐구와 비판적 사고를 격려할 기회로 나타난다.

(2) 지리수업에서 글로벌 시민성을 촉진하기 위한 전략

지리수업에서 글로벌 시민성을 촉진하기 위한 구체적인 계획과 전략을 수립하는 것은 가장 어려운 단계이다. DEA(2004)는 〈표 3-4〉와 같이 지리에서 글로벌 차원을 위한 수업활동을 계획할 때 고려해야 할 사항을 지식과 이해, 기능, 가치와 태도, 진실성으로 구분하여 각각에 대한 세부사항을 제시하고 있다. 여기에 제시되어 있는 활동은 앞에서 언급한 지리를 통한 시민성 교육의 하위 영역을 비롯하여 바로 앞에 논의한 수업의 전제조건과 매우 유사하다. 그리고 Young(2004)의 경우 〈표 3-5〉와 같이 지리에서 글로벌 차원을 촉진시키기 위한 10가지 수업전략을 보다 구체적으로 제시하고 있다.

여기에서 전체적으로 중요하게 읽을 수 있는 것은 세계화와 정보화 사회에서 학습의 관점은 지식은 전수되는 것이 아니라 이를 해석하고 평가할 수 있는 기능의 개발에 있다는 것이다. 즉 학습은 '사실들'을 발견하는 것이 아니라, 제공된 시간 속에서 서로 간의 협력적인 활동을 통해 정보를 분류, 분석, 해석, 추론, 평가하는 것이다. 세계에 대한 텍스트는 주관적이며, 그것들은 세계를 비추어 주는 거울이 아니다. 지리수업은 학생들로 하여금 텍스트에 대해 비판적으로 질문하는 데 더 많은 시간을 제고해야 한다. 그리고 이제 명백하고 단순한 일반화의 논리로부터 더 비판적인 사고를 격려하도록 이동해야 한다. 학생들로 하여금 그들이 생각하고 느끼는 지리에 대해 서로 이야기하도록 할 필요가 있다.

이와 같은 수업활동 계획 및 전략을 고려하면서, 글로벌 시민성 함양을 위한 지리수업 전략은 학생들의 일상생활과 연계될 때 맥락적인 지식과 능동적인 경험적 학습을 가능하게 할 수 있다. 글로벌 시민성 함양을 위한 지리수업은 글로벌 쟁점을 대상으로 하지만, 학생들이 놓여 있는 로컬리티에서 출발할 필요가 있다. 왜냐하면 글로벌 쟁점은 다름 아닌 로컬 쟁점이라는 것이며, 학생들이 세계의 변화에 대한 직접적인 경험을 끌어올 수 있는 곳은 로컬리티이기 때문이다. 학생들은 자신의 로컬리티가 로컬 쟁점과 글로벌 쟁점 사이의 상호작용을 통해 어떻게 세계의 다른 장소들과 연계되어 있는지를 이해함으로써 글로벌 장소감을 획득할 수 있다. 즉 이는 학생들로 하여금 한 수준에서 이루어진 결정은 다른 스케일에 영향을 줄 수 있고, 큰 스케일에서의 결정은 로컬적 영향을 끼치며, 상이한 장소에서 사람들은 동일한 과정을 경험할 수 있다는 사고를 격려하는 것이다.

글로벌 장소감 또는 글로벌 시민성은 학생들의 일상적인 생활을 통해 구체화될 수 있다. 예를 들면, 우리가 소비하는 것들을 통해 글로벌 장소감을 구체화할 수 있는데, 특히 학생들이 거주하는 집의 부엌에서 쉽게 발견할 수 있는 식품의 라벨을 조사하는 것은 좋은 사례가 된다. 이것은 인간과 장소의 상호의존성에 대한 수업의 일부를 형성할 수 있다. 나아가 오늘날의 슈퍼마켓은 이러한 지리적

표 3-4. 지리에서 글로벌 차원을 위한 수업활동 계획

지식과 이해	이 활동은 • 실제적인 사람 및 장소와 관련시키고, 이 활동이 실재에 근거하고 있다는 것을 확신하기 위해 보편성을 회피하는가? • 로컬과 글로벌 사이의 연계, 경제적·사회적·정치적·환경적 쟁점들을 끌어오는가? • 글로벌 쟁점과 학습자 자신의 경험 사이의 연계를 보여 주는가? • 8개의 개념(글로벌 시민성, 지속가능한 개발, 분쟁 해결, 상호의존, 가치와 지각, 사회정의, 인권, 다양성)에 대한 이해에 기여하는가?
기능	이 활동은 • 비판적 사고, 창의적 사고, 미래 사고를 포함한 지리적 사고를 개발하도록 돕는가? • 의사결정 및 문제해결 기능을 개발하도록 돕는가? • 학습자들이 변화를 야기하는 데 더 효과적일 수 있도록 하는가? • 의사소통과 논증 기능을 개발하도록 돕는가?
가치와 태도	이 활동은 • 학습자들이 다른 사람들과 관련하여, 그리고 로컬 및 글로벌 맥락과 관련하여 그들 자신의 가치를 탐구하도록 돕는가? • 학습자들이 이러한 가치들이 어떻게 글로벌 환경, 인권, 상호의존성에 대한 그들의 지식, 태도, 관계에 영향을 주는지를 이해하도록 돕는가? • 다른 집단의 욕구와 가치를 재현하는가? • 고정관념을 피하고 편견에 맞서도록 하는가?
진실성	이 활동은 • '후진국'에서 온 사람들의 목소리와 (또는) 관점을 포함하는가? • 선천적인 선입관(성향)을 인식시키는가? • 강요된 합의를 피하도록 하며, 때때로 쟁점에 대한 명확한 해결책이 없다는 것을 인식시키는가? • 탐구, 참여, 행동을 격려하는가? • 학생들과 타자들의 인권을 존중하는가?

출처: DEA, 2004, 9.

활동을 위한 높은 잠재력을 가지고 있다. 중국이 우리나라의 슈퍼마켓에 가장 싼 플라스틱 쇼핑백을 제공할 수 있는 사실(운송비에도 불구하고)은 우리의 경제가 얼마나 글로벌 지향적이 되고 있는가를 조명해 준다. 그것은 또한 우리가 결코 만날 수 없는 사람들에게 의존하고 있으며, 우리의 소비 결정은 상이한 방식으로 세계에 영향을 미친다는 것을 학생들에게 묘사하기 위해 사용될 수 있다. 지리와 글로벌 시민성 교육은 학생들로 하여금 그들의 로컬리티를 통해 그들이 글로벌 스케일에서 다른 사람과 장소와 어떻게 연결되는지를 이해하도록 할 수 있다.

한편, 학생들 자신의 범주를 벗어나 있는 '먼 타자'를 향한 책임성으로서 글로벌 시민성을 일상적으로 실천할 수 있도록 하는 지리수업 전략은 주로 원조 또는 공정무역에 의존한다. 이는 '글로벌적으로 사고하고, 로컬적으로 행동하라'는 슬로건을 일상적으로 실천할 수 있도록 하는 지리수업의 계획을 위한 주요한 사례라고 할 수 있다. 먼저 원조의 경우 일반적으로 선진국 국민들이 기근이나 자

표 3-5. 지리에서 글로벌 차원을 촉진시키기 위한 10가지 수업전략

- **장소 또는 국가에 대한 전체적인 관점을 제공해야 한다.** 단선적 사고를 피하도록 하기 위해 도시와 농촌, 전통과 근대, 청소년과 노인, 여가와 노동, 부와 빈곤, 여자와 남자 등 상반된 관점에서 생각해야 할 수 있다.
- **지나친 일반화를 하지 말아야 한다.** 왜냐하면 인간, 장소 또는 국가에 대한 일반화를 피하는 것은 어렵지만, 일반화는 개별성을 제거하고 고정관념을 심어 줄 수 있기 때문이나.
- **차이점 이전에 유사성을 찾도록 해야 한다.** 우리 인간은 상이한 피부, 상이한 경험을 가지고 있지만, 먼저 유사성을 찾는 것은 우리의 공통적인 휴머니티를 강조하고 감정이입(공감)을 촉진시키기 위한 방법의 하나이다.
- **유사한 것끼리 비교하라.** 예를 들면, 영국 도시와 인도의 마을을 비교하는 것은 문제가 된다는 것이다. 왜냐하면 영국의 도시가 부, 서비스, 현대 기술, 의료 등 모든 면에서 더 낫다는 결과를 초래하기 때문이다. 따라서 델리와 에든버러가 비교된다면 교통, 카페, 쇼핑 지역, 문화적·종교적 중요성을 가진 장소 등의 관점에서 많은 유사성이 있다.
- **발생할 수 있는 차별적 관점들에 도전하도록 준비되어야 한다.** 인간과 장소를 탐구할 때, 만약 평등과 공정함을 촉진시키려고 한다면 학생들이 표출할 수 있는 편견적이거나 차별적인 관점을 알고 차단할 수 있어야 한다.
- **이유와 설명을 찾도록 해야 한다.** 세계 어느 곳에서 일어나고 있는 문제를 다룰 때, 학생들로 하여금 단순히 일어나고 있는 현상보다는 기저에 놓여 있는 이유에 관해 생각하도록 해야 한다.
- **단지 문제가 아니라 해결책을 생각하도록 해야 한다.** 학생들이 어떤 쟁점에 관해 긍정적인 무언가를 할 수 있도록 해야 하며, 동시에 단순한 해결책을 제시하는 것도 피해야 한다.
- **학교와 공동체의 풍부함을 끌어와야 한다.** 학생들에게 다른 언어를 가르치거나, 상이한 장소에 대한 직접적인 설명을 제공하는 데 학교 내에 경험과 전문적 지식을 가진 학생들을 활용할 필요가 있다.
- **여러분을 도와줄 올바른 정보와 그림을 찾아야 한다.** 글로벌 차원을 통해 지리를 가르치는 것을 도와줄 최근의 정보와 그림들을 발견할 수 있는 많은 정보원이 있다. 예를 들면, Oxfam의 Coolplanet, Global Eye, Global Express는 좋은 웹사이트의 사례들이다. 그 외에도 라디오와 TV 프로그램, 신문 등을 활용할 수 있다.
- **명목적인(tokenistic) 것을 피해야 한다.** 때때로 학교는 지리의 글로벌 차원을 학생들로 하여금 '상이한 문화'를 경험하도록 하는 것으로 간주한다. 이러한 활동이 반인종차별주의 맥락 내에서 이루어진다면 교사와 학생들에 의해 다양성이 탐구될 수 있다. 그러나 이러한 활동들이 오히려 고정관념을 강화시키는 데 기여할 수 있다.

출처: Young, 2004 재구성.

연재해 등으로 고통받고 있는 개발도상국 국민들을 위해 세계 구호기구에 돈 또는 상품을 제공함으로써 이루어진다. 그러나 이러한 자비적 관점은 때때로 타자에 대한 우월성을 보여 주는 행위가 된다. 따라서 이에 대한 대안적 방법으로 소비자로서 학생들의 행동을 통해 가능하다.

소비자로서 학생들이 글로벌 시민성을 실천할 수 있도록 하는 다른 사례로는 공정한 고용 상황에서 생산되는 상품(즉 공정무역 상품)만을 소비하는 것이다. Fairtrade Foundation과 Traidcraft 등과 같은 조직들은 공정무역 상품을 판매하며, 이러한 상품을 생산하는 개발도상국의 노동자에게 무역으로 인해 발생하는 공정한 몫이 돌아가도록 하기 위해 일한다. 교사는 학생들에게 '보다 공정한 무역을 실천하는 이와 같은 Fairtrade Foundation, Traidcraft 등의 활동이 정당한가?', '이러한 상품을 소비할 것인가?', '친구와 가족에게 공정무역 상품의 이점을 설득할 것인가?'라는 질문을 던질 수 있다. 그리고 친구와 가족을 설득하기 위한 포스터나 광고 전단을 만드는 활동도 할 수 있다.

5. 글로벌 시민성을 위한 지리교육에 대한 비판적 고찰

1) 탈식민주의와 비판적 글로벌 시민성

세계적으로 급속한 기술변화는 시공간적으로 먼 '타자'에 대한 근접성을 초래하였으며, 세계가 경제적·환경적·사회적으로 어떻게 상호의존적인지를 이해할 수 있도록 하고 있다. 이러한 세계화의 영향과 다양하게 나타나는 글로벌 쟁점을 검토하기 위한 교육으로서 글로벌 시민성 교육의 중요성이 그만큼 증가하고 있다. 글로벌 시민성 교육은 글로벌적 차원과 시민성을 결합하는 것으로 이는 시의적절하다고 할 수 있다. 그러나 글로벌 시민을 육성한다는 교육목적은 바람직한 것으로 받아들여지지만, 최근 글로벌 시민성이라는 명목하에 일어나고 있는 다양한 실천에 대한 비판이 제기되고 있다. 특히 글로벌 시민성 교육의 대표적인 사례가 '선진국-후진국(North-South)' 간의 교육적 협력(educational partnership)의 맥락에서 일어나고 있는데, 이러한 실천에 대해 의문을 제기하고 있다 (Andreotti, 2006; Griffin, 2008; Martin, 2008).

지리를 통해 글로벌 쟁점에 대한 관점과 이해를 발달시키기 위해 실시하는 '선진국-후진국' 간의 학교 협력은 표면적으로는 긍정적이라고 할 수 있다. 그러나 상호의존적인 세계에서 서구적 관점에 근거한 글로벌 쟁점에 대한 해결책들은 성공적이지 않을 수도 있다. 왜냐하면 그러한 해결책들은 이미 존재하고 있는 불평등을 더욱더 영속화시킬 수 있기 때문이다. Graves(2002)와 Andreotti(2006)는 이문화학습(intercultural learning)과 글로벌 시민성을 촉진하기 위해 발행한 정부 문서를 분석하여, 예를 들면 윤리적으로 의문시될 수 있는 행동으로서의 원조, 어린이 후원하기 등과 같은 식민지 담론을 지적하였다. 〈표 3-6〉과 같은 탈식민주의 이론[13]의 핵심 개념은 식민주의적·패권주의적 담론을 폭로할 수 있는 유용한 분석적 틀을 제공한다.

20세기 후반 이후 서구의 식민지들이 계속해서 독립하고 있다는 점에서 오늘날은 탈식민주의 시대라고 할 수 있다. 그러나 Young(2006)은 이전의 제국주의 국가들이 이전에 식민지로 통치하였던 국가들을 어떻게 계속해서 지배하고 있는지를 기술하고 있다. 그는 식민주의 시기에 백인 문화가 어떻게 정부, 법, 경제, 간단히 말해서 문명을 합법화하는 아이디어를 위한 기초로서 간주되었는지, 그리고 이러한 관점이 오늘날 세계에서도 어떻게 함축되어 남아 있는지를 설명한다. 예를 들면, 개발과 교육에 관한 서구의 아이디어들은 보편성을 가정하고 있는데, 이것의 결과는 서구 사람들이 비

---

13 탈식민주의 이론에 관한 더 자세한 내용은 핵심 이론가인 Edward Said(1978), Frantz Fanon(1986), Homi Bhabha(1994), Gayatri Chakravorti Spivak(1999) 등을 참조할 수 있다.

서구 세계를 바라볼 때 그들이 본 것은 종종 자신과 자신의 가정에 대한 거울 이미지라는 것이다. 따라서 선진국과 후진국 사이의 직접적·간접적인 이문화적 경험으로부터 학습되는 것은 종종 자신도 모르게 이전의 식민주의자와 피식민주의자 관계에 의해 영향을 받는다는 것이다. 탈식민주의 이론은 선진국을 중심으로 선개되고 있는 글로벌 시민성 교육에 나타난 지배직인 관점에 도전하는 데 유용하다. 왜냐하면 그것의 출발점은 사물들을 완전히 상이한 관점에서 바라보기 때문이다.

Massey(2005, 68)는 현대성(modernity)이 시간적 관점에서 공간적 차이를 어떻게 인식하였는지를 기술함으로써, 식민주의가 타자를 왜 '야만적'이고 '열등한' 이미지로 구축하였는지에 대한 이해를 덧붙인다. 즉 서구 유럽은 진보되고, 세계의 다른 지역들은 뒤처져 있으며, 어떤 지역들은 역행하고 있다는 것이다. Massey는 (잠재적인) 일시성(temporality)을 정하는 것은 사물들을 고정시키는 결과를

표 3-6. 탈식민주의 이론의 핵심 개념

핵심 아이디어	탈식민주의적 의미
계층적, 이항적 대비 (hierarchical, binary opposite)	대부분의 탈식민주의적 글쓰기에서 명백한 것은 서구의 사고가 이항적 대비, 즉 남자/여자, 서구/나머지, 부자/가난한 자, '우리'/'그들'에 근거하고 있다는 아이디어이다. 그것은 하나의 용어가 다른 하나의 용어보다 특권을 가지고 있는 것으로 계층적으로 구조화된다. 탈식민주의는 저항하는 것보다 오히려 그것을 보여 줌으로써 이것들을 폭로하고 해체하려고 한다. 이원체(binaries)는 관련적이다. 즉 이들 각각은 나머지 것에 관계되어 있다(영향을 받는다).
'타자'와 '타자화' ('other' and 'othering')	탈식민주의 이론의 첫 번째 옹호자들 중의 한 명인 사이드(Said, 1978)는 식민주의자들이 세계를 어떻게 구분하는지를 기술하기 위해 '서구와 나머지(the West and the Rest)'라는 용어를 만들어 내었다. '나머지(the Rest)'는 서구가 자신의 우세한 이미지를 불쾌하게 하고 불안하게 만든다고 생각한 피식민 주체에 관한 모든 것이었다. 열등한 '타자'는 문명화되지 못하고, 저개발되었으며, 야만적인 것으로 묘사된다. 반면에 우세한 서구는 문명화되고, 기술적으로 향상되고 발전된 것으로 묘사된다.
주변과 중심 (margin and centre)	식민주의 시기에 서구문명은 식민주의자들의 이익을 위해 다른 국가들을 지배하고 통치하고자 밖을 향해 뻗어 나가는 중심에 있었다. 이것은 서구 문화, 역사, 과학, 경제가 세계의 중심에 있(었)으며, 세계(의 나머지)를 이해하기 위한 기초로 간주되는 상황을 만들었다. 다른 문화, 역사, 경제는 주변적인 것으로 강등되었으며 평가절하되었다.
본질주의 (essential)	사물들은 그것들의 존재와 별개로 본질(essence or nature)을 가지고 있다는 아이디어이다. 식민주의자들은 '타자'에 관해 본질주의자라는 개념들을 소유하고 있었다. 즉 그러므로 피식민 주체의 저개발된 '야만적인' 정체성은 보편적인 '진리'이며, 고정되고 불변하는 것으로 간주되었다. 탈식민주의자들은 본질에 있어 혼성적이고 다중적인 정체성을 감안한 정체성에 대한 훨씬 유동적이고 동적인 이해를 요구하였다.
온정주의 (paternalism)	문명화되지 않고 저개발된 것으로서의 '타자'에 대한 지각들에 관해 서구의 반응은 전형적으로 '문명화 사명(civilizing mission)'과 제3세계 국가의 개발에 대한 근대(현대)주의적 접근들을 포함해 왔다. 이러한 두 담론에서, 식민주의자들의 온정주의적 태도는 '타자'가 서구의 아버지 같은 모습으로부터의 지원 또는 지배(관리) 없이는 자기 스스로 아무것도 할 수 없는 어린이 같은 타입으로 묘사된다는 면에서 명백하다.

출처: Ashcroft et al., 1998.

가진다고 주장한다. 즉 장소와 정체성을 열려 있고 끊임없이 만들어지는 것으로 묘사하기보다는 오히려 장소와 정체성의 본질주의적 개념(essentialist notions)으로 이끈다고 주장한다. 탈식민주의 이론은 현대성의 역사성을 비판한다. 파농(Fanon)에 의해 표현된 것처럼, 흑인은 백인이 미래가 되는 과거를 차지하는 것을 거부한다(Bhabha, 2005, 14). 이러한 방식으로 식민지 유산의 해체는 오늘날의 세계를 이해하는 필수적인 첫 번째 단계로서 간주된다. 그리고 우리의 관점을 지속가능한 미래로 안내한다.

'차이를 만들도록' 격려받고 동기를 부여받는 이 세대는 … 그들의 신념과 신화를 보편적인 것으로 계획하고, 식민주의 시대의 그것들과 유사한 권력관계와 폭력을 재생산한다(Andreotti, 2006, 41).

Andreotti(2006, 48)는 글로벌 시민성의 목적에 대한 분석에서, 이상적인 세계로서 개인이 능동적인 시민이 되는 것보다 오히려 개인은 자신들의 문화 유산과 과정에 관해 비판적으로 성찰하고, 상이한 문화를 상상하며, 결정과 행동을 위해 책임성을 가지도록 권력을 부여받아야 한다고 주장한다. 비판적 글로벌 시민성은 기저 메시지를 폭로하기 위해 텍스트에 대한 비판적 관점을 지지할 뿐만 아니라, 무엇이 '텍스트'로 간주되며, 무엇이 '문해력'으로 간주되는지를 질문하는 비판적 문해력을 요구한다. 문해력에 대한 전통적인 서구적 관점은 단순히 읽고 쓸 수 있는 관점에서 좁게 정의되었지만, 비판적 문해력은 이것을 '단어'뿐만 아니라 '세계'를 독해하는 것으로 확장한다(Gregory and Cahill, 2009). Freire(1972)에 의하면, 비판적 문해력은 사회적 불평등을 바로잡기 위한 것으로서 권력에 의해 야기된 사회적 문제들을 검토한다. 단어들이 어떻게 사용되는지에 대한 비판적 독해와 단어들에 할당된 패권적인 의미들은 학생들로 하여금 세계에서 다르게 이해하고 행동할 수 있도록 도와준다. McQuaid(2009, 16)는 이주라는 토픽을 가르칠 때, 학생들은 결국 장소와 문화에 대한 본질주의적 이해(essentialist understandings)를 할지 모르며, 거기에서 '이주자', '대다수', '불법' 등은 복잡한 쟁점에 대한 세부사항을 은폐할지 모른다고 지적한다.

Massey(1991)의 글로벌 장소감과 연관된 디아스포라(diaspora)의 개념에 초점을 두는 것은 학생들로 하여금 사람들이 서로 다르고 복잡한 장소감, 즉 장소와 다중적 소속감을 가지고 있는지를 이해하도록 도와주는 데 더 유용한 것을 제시한다. Morgan and Lambert(2003)는 장소를 열리고, 침투적이며, 다른 장소들의 생산물로서 이해하는 것은 학생들로 하여금 사람들 사이의 구분보다는 오히려 사람들 사이의 상호연결성을 이해하도록 할 수 있다고 주장한다. 그러나 단순히 구분보다 오히려 상호연결성에 초점을 두는 것은 차이의 부정으로 이어질 수 있는 위험이 있음을 아는 것은 중요하다.

Morgan(2002, 18)에 의하면, 비판적 문해력은 질서와 '같음'보다는 '차이'에 더 많은 관심을 가진다. 즉 비판적 문해력은 다양성에 초점을 두도록 하고, 보편성으로부터는 멀어지게 한다.

2) 비판적 시민성 교육의 관점에서 본 공정무역과 윤리적 소비

지리를 통한 글로벌 시민성 교육을 위해 가장 많이 채택되는 것 중의 하나는 공정무역과 윤리적 소비에 관한 것이다. 윤리적 소비는 학생들의 일상적인 소비습관과 글로벌 공정(global equality)의 연계를 통해 글로벌 무역의 가장 희망적이고 긍정적인 양상 중의 하나로서 간주된다(Pykett, 2011b). 공정무역을 활용한 지리수업은 다양한 활동을 통해 이루어지는데, 주로 학생들에게 불공정한 무역 시스템에 대한 경험들을 제공하는 데 맞추어져 있고, 특정 상품과 그들 자신의 소비 선택이 노동자의 권리와 상황에 연결하도록 의도되어 있다. 이러한 활동은 학생들에게 노동자에 대한 감정이입(공감)을 발달시키고, 불공정무역의 메커니즘과 부정의를 깨닫게 하며, 궁극적으로 윤리적 소비를 할 수 있도록 의도된다.

지리수업에서 '공정무역과 윤리적 소비'라는 토픽을 통해 촉진하는 것은 감성적인 측면이 강하다. 학생들은 무역정의(trade justice)에 관한 정보를 제공받는 것이 아니라, 글로벌 소비자로서 그들의 정체성이 강화되고, 그들의 윤리적 시민의식이 개인적인 덕목으로서 촉진된다. 따라서 윤리적 소비가 신자유주의적 이기주의 및 자기성찰과 깊이 관계되어 있다고 주장한다(Bryant and Goodman, 2004). 즉 생산자들을 위한 정의를 확신시키보다는 소비자의 윤리적 정체성을 발달시키는 것에 훨씬 관련된다는 것이다. 따라서 선진국 소비자들을 위한 대안적 관점으로서 공정무역 상품을 둘러싼 맹목적인 숭배는 개정되어야 한다고 주장한다.

따라서 공정무역 교육은 감성적인 차원에 머물러서는 안 되며, 활동적인 의식화와 정치적 동기를 부여해야 한다(Pykett et al., 2010). 예를 들어, 학생들은 무역정의를 위한 캠페인을 벌이거나, 공정무역 집단을 만들거나 가입하며, 공정무역 학교·도시·국가가 되게 노력하거나, 글로벌 변화를 위한 사회운동에 참여할 수 있을 것이다. 이를 통해 공정무역과 관련한 지리수업은 신자유주의보다 무역정의와 무역통제를 촉진하는 윤리적 소비와 정치적 실천을 위한 잠재력을 확장할 수 있다.

그렇다면 공정무역과 같은 토픽을 개인적인 윤리적 소비자 또는 시민이라는 이상화에 의지하지 않고 어떻게 가르칠 수 있을까? 학생들이 글로벌 불평등에 전적으로 책임이 있다는 관점을 강화하는 것을 어떻게 피할 수 있을까? Pykett(2011b)에 의하면, 공정무역을 가르치는 비판지리적 접근은 공정무역을 단순히 사적인 소비의 선택으로 다루는 대신에, 정치적 참여, 동기부여, 무역정의를 향해 조직하는 사회적 관례(social forms)로서 다루는 것이다. 공정무역은 글로벌 상호의존성과 종속을 형성하는 글로벌 경제체제, 무역을 지배하는 국제적·초국가적 조절구조, 권력의 기하학(geometry of power)(Massey, 1993a) 등을 고려하여 나타날 것이다.

공정무역은 지리를 통해 글로벌 시민성을 촉진할 수 있는 토픽으로, 지리적 감수성(geographical sensibility)과 마음속의 지리적 윤리로 가르쳐질 수 있다. 지리적 감수성은 지리와 연계한 글로벌 시민성 교육을 통해 상상된 이상적인 시민들과 관련된다. 이러한 상상된 시민 배후에 있는 문화정치학을 해독하는 것은 중요한 과제이다. 대개 권리가 박탈된 시민으로서 학생들에게 부과되는 압력과 책임성이 빠르게 다중화되고 있는 세계에서 미래의 지리교육은 누가 무엇을 위해 어떤 스케일에서 책임이 있는가와 관련될 뿐만 아니라, 누가 무엇을, 어디에서, 왜 얻는지에 대해 질문해야 한다.

이처럼 세계가 빠르게 변화하고 상호의존적이 되는 상황에서 지리를 통한 글로벌 시민성 교육은 선택적인 요소가 아니라 필수불가결한 요소가 되고 있다. 그러나 지리를 통한 글로벌 시민성 교육의 이상적인 절대적 모델은 없다. 보다 나은 세계를 상상하지 않으면 그것을 성취할 수 없는 것처럼, 마찬가지로 지리를 통한 이상적인 글로벌 시민성 교육을 상상할 수 없다면 그것을 성취할 수 없을 것이다. 세계가 직면하고 있는 오늘날의 어려운 쟁점들에 맞서 싸우려고 하지 않는다면, 내일에 대한 비전을 실현할 가능성은 더욱 희박해질 것이다. 지리는 글로벌 시민성 교육을 위한 무한한 잠재력을 가진 교과이다. 지리를 통한 글로벌 시민성 교육이 세계가 안고 있는 복잡한 문제들을 모두 해결할 수 있는 것은 아니지만, 학생들로 하여금 올바른 결정을 하고 변화를 위해 행동으로 참여할 수 있는 기초를 제공해 준다는 데 의의가 있다.

6. 글로벌 교육과 지리교육의 관계

1) 도입

오늘날 세계는 교통·통신의 발달에 따른 세계화의 물결 속에 정치적·경제적·문화적·지리적 경관이 급속하게 변화하고 있다. 이러한 세계화의 영향으로 한 국가 내에서뿐만 아니라 국가 간에 사람과 물자의 이동은 더욱더 빈번하게 일어나고 있다. 그러나 한편으로 세계화는 국가 내 그리고 국가 간의 빈부격차를 더욱 가중시키고, 경제개발의 부산물로 인해 생태계는 지속적으로 악화되고 있다. 더불어 세계화의 진전은 타 문화에 대한 이해, 다양성에 대한 존중, 상호연계 및 상호의존성에 대한 이해를 절실히 요구하고 있다. 이제 세계 각국에서 발생하고 있는 여러 쟁점 또는 문제들은 국가의 범위를 넘어 세계적 차원에서 해결책을 모색할 시점에 이르렀다.

이제 우리 삶의 기본수요가 부족한 세계에서는 글로벌 평화와 안정을 담보할 수 없다. 상호의존적인 세계에서 개인적, 로컬적, 국가적 경계를 초월하는 보다 넓은 보편적 정체성과 윤리가 요구되고 있다. 즉 글로벌 맥락에서 감성적으로는 이타적이면서도 이성적으로는 비판적인 성찰적 자아가 요구되고 있다. 따라서 앞으로의 교육은 학생들로 하여금 글로벌 차원에서 그들이 현재 직면하고 있거나 앞으로 직면하게 될 도전을 슬기롭게 헤쳐 나가고, 세계에 긍정적 기여를 할 수 있도록 해야 한다. 특히 지리는 우리가 살고 있는 세계에 대해 배우는 교과로 장소, 공간, 스케일(로컬, 국가, 글로벌), 네트워크, 연결 및 상호의존성, 다양성 등을 핵심 개념으로 하고 있다는 점에서 이를 실현하기에 매우 적합한 교과로 간주된다(Taylor, 2004).

우리나라는 1996년 OECD에 가입하고, 2010년 개발원조위원회(DAC)에 정식으로 가입함으로써 공적개발원조(ODA)를 실시하는 선진국으로서의 위상을 지니게 되었다. 이러한 우리나라의 변화된 위상은 글로벌 비전을 가진 글로벌 리더를 길러 줄 수 있는 교육을 촉발시켰다. 이러한 경향을 반영하듯 2000년대 이후 우리나라 지리교육 연구에서는 차츰 글로벌 차원에 대한 관심을 반영한 연구들(서태열, 2003; 서태열, 2004; 노혜정, 2008; 박선영, 2009; 박선희, 2009; 최정숙·조철기, 2009; 고미나·조철기, 2010; 이태주·김다원, 2010; 한희경, 2011; 김민성, 2013; 심광택·Stoltman, 2013; 조철기, 2013a 등)이 증가하고 있다. 물론 글로벌 관점에 대한 연구가 1980년대 이후 국제이해교육에 대한 연구(남상준, 1989; 권정화, 1997a; 이경한, 2010)로 진행되기도 하였지만, 현재 이러한 교육의 관점은 차츰 글로벌 교육에 흡수되고 있다. 그뿐만 아니라 세계화의 경향과 더불어 최근에는 다문화교육에 대한 지리교육 연구들(배미애, 2004; 박경환, 2008a; 박선희, 2008; 김다원, 2010; 장의선, 2010; 박선미, 2011; 권미영·조철기, 2012 등)도 계속해서 전개되고 있다.[14]

하지만 이러한 연구결과에도 불구하고, 지리교육의 관점에서 글로벌이 가지는 의미는 무엇인지, 글로벌 교육의 기원은 어떻게 되는지, 글로벌 교육과 유사한 의미로 사용되고 있는 많은 용어들과의 차이점은 무엇인지, 지리 교과가 글로벌 교육에 어떤 기여를 할 수 있는지에 대한 체계적인 논의는

---

14 사실 이러한 글로벌 차원과 관련한 지리교육 연구는 선진국에서 이미 오래전에 전개되어 왔다. 영국과 미국을 비롯한 선진국에서는 학교교육을 통한 글로벌 교육이 1960년대에 시작되어 1980년대를 정점으로 글로벌 학습, 글로벌 차원, 국제이해교육, 인권교육, 평화교육, 개발교육, 다문화교육 등 다양한 이름하에 전개(Hicks, 1983; Walford, 1985; Robinson and Serf, 1997; DfEE, 2000; Binns, 2002; Graves, 2002; DEA, 2004; Lambert et al., 2004; Hicks and Holden, 2007; Young, 2007; Standish, 2009; 2012; 2013 등)되었다. 처음에는 이러한 글로벌 교육이 공교육보다는 비정부기구(NGO)를 중심으로 전개되었으며, 점차 학교교육으로 편입되면서 서로 경쟁적이면서도 협력적인 관계 속에서 글로벌 시민을 기르기 위한 교육으로 활발하게 전개되어 오고 있다.

이루어지지 않았다. 따라서 글로벌 교육과 지리교육의 관계를 탐색하는 것은 의미 있는 일이라고 할 수 있다.

2) 글로벌 교육의 의미 탐색

(1) '글로벌'이라는 용어의 의미

세계화(globalization)라는 거대한 물결 속에 우리 사회에서 가장 많이 사용되는 단어 중의 하나는 '글로벌(global)'이다. 이제 이 단어는 우리 사회에서뿐만 아니라 초중등학교 교육에도 깊숙이 뿌리내리고 있다. 특히 공간과 장소 그리고 지역을 대상으로 하는 지리 교과는 로컬, 국가, 글로벌 등의 다양한 스케일에 일찍이 관심을 기울여 왔다. Standish(2013)에 의하면, 특히 세계에 관해 가르치는 교과로서 지리는 정책결정자와 지리학자들에 의해 글로벌 차원의 중요한 용기로서 간주되었다.

지리교과의 대표적인 교과목 중의 하나인 '세계지리'의 영문명은 대개 'world geography'로 사용되어 왔다. 그렇지만 최근에는 세계화와 보조를 맞추면서 'global geography'로의 전환이 이루어지고 있는데,[15] 그 대표적인 사례가 오스트레일리아 NSW주 지리교육과정이다(조철기, 2013b). 그뿐만 아니라 이민부(2014, 25)는 세계지리가 '월드지리(world geography)'에서 공간 간의 연결과 흐름을 반영하는 '글로벌 지리(global geography)'로 전환되어야 함을 주장한다.

비단 이러한 현상은 지리 교과에서만 국한되지 않는다. 세계화와 더불어 최근 더욱 강조되는 범교육과정 중의 하나인 '글로벌 교육(global education) 또는 글로벌 학습(global learning)'도 마찬가지이다. 현재 영국에서는 '글로벌 교육'이라는 용어가 일반적으로 통용되지만, 1970~1980년대까지만 하더라도 영국에서는 글로벌 교육이 'world studies'라는 영문명으로 사용되었다. 현재 영국과 달리 미국은 글로벌 교육에 해당하는 영문명을 'global studies'라고 한다.

최근 '글로벌(global)'이라는 용어는 Hicks(2007b)가 언급한 것처럼 다양한 교육 계획 및 실천을 합친 우산 개념(umbrella concept)이다. 오늘날 교육적인 측면에서 '글로벌'이라는 용어는 범교육과정 주제로서 글로벌 차원(global dimension), 국제이해교육(education for international understanding), 환경교

---

15 세계지리 교과목명이 'world geography'로 표기된 것은 대개 대륙 중심의 지역지리로 내용이 구성되는 반면, 'global geography'로 표기된 것은 주제 중심 또는 글로벌 상황과 쟁점 중심으로 내용이 구성된다. 따라서 전자는 주로 지역, 국가 그리고 세계의 다양한 지리적 지식의 함양에 초점을 두는 반면, 후자는 인간과 환경의 역동성, 공간의 상호의존성에 대한 이해, 핵심 개념 그리고 글로벌 시민성 함양에 초점을 둔다. 미국에서 많이 사용되는 글로벌 스터디즈(global studies), 세계사(world history) 대신 사용되는 글로벌 히스토리(지구사, global history: 시간의 상호의존성에 관심, 글로벌 상황과 글로벌 쟁점에 관심, 글로벌 관점에서 세계사 서술) 역시 그 맥락을 같이한다. 즉 이들은 학문 또는 주제 중심 그리고 핵심 개념을 토대로 내용이 구성된다는 점에서, 지역지리에 기반한 세계지리(world geography), 통사에 기반한 세계사와는 다르다.

표 3-7. '글로벌'이라는 용어

글로벌 교육 (global education)	글로벌 쟁점, 사건, 관점에 관한 교수·학습과 관련된 아카데믹 분야를 지정하기 위해 국제적으로 사용되었다. (주의) 1970~1980년대 동안에 이 분야는 영국에서 world studies로 알려졌다.
개발교육 (development education)	개발 쟁점과 북-남(선진국-개발도상국) 관계에 관심을 가진 NGO의 연구(활동)에서 유래하였다. 관심의 초점은 다른 글로벌 쟁점들을 포함하는 것으로 확대되었지만, 개발은 핵심 개념으로 남아 있다.
글로벌 차원 (global dimension)	전체로서 그리고 어떤 학교의 기풍으로서 취해진 교육과정과 관련이 있다. 그러한 교과 요소와 범교육과정 관심들은 글로벌 상호의존, 쟁점과 사건에 초점을 둔다.
글로벌 관점 (global perspective)	우리가 학생들이 교육과정에서 어떤 글로벌 차원을 가진 결과로서 성취하기를 원하는 것을 의미한다. 복수형으로 글로벌 문제들에 대한 상이한 문화적·정치적 관점들이 있다는 사실과 관련된다.
국제적 차원 (international dimension)	국제적 관계에서처럼 문자 그대로 '국가들 간'을 의미한다. 또한 그것이 상이한 국가들에서 나타나는 것처럼 특정한 관심, 예를 들면 교육에 대한 학습과 관련된다. (주의) 국제적은 전체에 대한 '부분들'과 '글로벌'과 관련된다.
글로벌 시민성 (global citizenship)	글로벌 쟁점들, 사건들, 관점들과 관련된 시민성 교육과정의 글로벌 부분이다. 때때로 또한 모든 쟁점기반 교육(issue-based education)을 포함하기 위한 포괄적인 용어로 사용된다.
세계화 (globalization)	로컬과 국가를 글로벌 공동체에 묶는 무수한 상호연결들(경제적·문화적·기술적·정치적)을 의미한다. 교육을 포함한 모든 것을 글로벌 시장에서 팔려야 할 상품으로 간주하는 신자유주의 경제정책의 결과이다.

출처: Hicks, 2007b, 27-28.

육(environment education), 지속가능한 발전 교육(sustainable development education), 글로벌 시민성 교육(global citizenship education), 21세기 기능(21st-century skills), 개발교육(development education), 인권교육(human rights education), 평화교육(peace education), 나아가 다문화교육(multicultural education), 그리고 다른 '빅 개념(big concepts)'을 포함하는 포섭적인 의미로 사용된다(Hicks, 2007b). 또한 '글로벌'이란 용어는 의미상 차이는 있지만 대개 〈표 3-7〉에 제시된 다른 용어들과 상호교환되어 사용되기도 한다.

이들의 공통점은 학교교육이 국가의 맥락에서 글로벌 관점으로 이동해 오고 있다는 것이다. 따라서 글로벌 시대에 적절한 지리교육의 내용과 방법을 체계화하기 위해서는 지리의 글로벌 차원과 범교육과정 주제와의 관계 규명이 필수적이다. 이를 위해서는 선진국들이 글로벌 교육을 어떻게 전개해 왔는지를 우선적으로 검토할 필요가 있다.

한편, 현재 보편화되고 있고 보편적 가치를 대변하는 키워드인 '글로벌'이라는 스케일에 토대한 교육을 모두가 지지하는 것은 아니다. 지리 교과를 통한 글로벌 교육에 매우 신중한 입장을 보이는 Standish(2013)는 '글로벌'이라는 용어의 부주의한 적용은 명료화보다 혼란을 불러일으킬 수 있다고 주장한다. 왜냐하면 '글로벌 쟁점'이라는 보편적 쟁점은 학생들 자신의 지리적·문화적·정치적 맥락에서 직면하는 로컬적 문제 또는 쟁점을 간과할 수 있기 때문이다. 즉 다른 로컬리티의 사람들에 의해 직면한 문제를 이해하는 것은 다른 맥락에 대한 감수성을 필요로 하기 때문이다.

(2) 글로벌 교육이란 무엇인가?

세계화가 진전된 1980년대 말 이후 전 세계적으로 교육은 '글로벌' 스케일 및 관점에 초점을 두고 있다. 앞에서도 언급하였듯이 글로벌 스케일 및 관점은 다양한 범교육과정 주제(글로벌 차원, 개발교육, 국제이해교육 등)를 위한 우산 용어로서 글로벌 교육 또는 글로벌 학습을 포함하는 여러 형태를 취해 왔다(Standish, 2013). 그렇다면 이러한 여러 글로벌 접근을 보여 주는 범교육과정 주제 중에서, 글로벌 교육은 다른 것들과 어떻게 구별될까? 이에 대한 이해를 위해서는 글로벌 교육의 의미에 대한 탐색이 필요하다.[16]

다양한 학자들이 글로벌 교육의 의미에 대해 언급하고 있어 통일된 견해를 구체적으로 제시하기는 어렵다(Parker, 2008, 202). 그렇지만 Pike(2000)는 영국, 미국, 캐나다의 글로벌 교육 간의 유사성과 차이점을 분석해 볼 때 글로벌 교육의 빅 아이디어 또는 핵심 개념과, 교육개혁운동으로서 글로벌 교육의 목적은 대개 일치한다고 주장한다. 이들 3개 국가에서 제시하는 글로벌 교육의 공통적인 핵심 개념은 '상호의존성(interdependence)', '연결(connection)', '다중적 관점들(multiple perspectives)'이다. 그에 의하면, 미국의 경우 글로벌 교육이 국가의 교육개혁에 초점을 두었다면, 캐나다와 영국의 경우 국가보다는 오히려 사람, 지구, 개인의 성장에 초점을 둔다. 또한 미국의 경우 조화와 유사성을 강조하는 반면, 영국과 캐나다의 경우 부, 권력, 권리와 관련하여 차이를 강조하는 경향이 있다. 그리고 영국의 경우 글로벌 교육은 교수와 학습을 특별히 강조하는 경향이 있다(Hicks, 2007b).

글로벌 교육에 대한 의미는 일본 및 영국의 지리교육학회 차원에서 잘 정의하고 있다. 먼저 日本地理教育學會編(2006, 103)에서는 1980년대 후반 이후 일본에서도 강조되는 글로벌 교육의 의미를 크게 두 가지 측면에서 언급하고 있다. 하나는 글로벌 교육은 '글로벌화한 세계에 필요한 글로벌 안목과 의사결정, 행동할 수 있는 시민 육성을 목표로 한 교육'이며, 다른 하나는 '이문화 이해, 환경, 개발, 인권, 평화 등 지구적 과제에 관한 제 영역을 포섭한 총합적인 교육'이다.[17] 전자는 하나의 독립

---

16 글로벌 교육 또는 글로벌 학습은 1970년대 영국에서 출현한 개발교육을 비롯하여, 세계화와 글로벌 시민성, 글로벌 차원 등과 흡사하거나 중첩되는 부분이 많다. 글로벌 사회와 글로벌 경제를 고려하는 교육은 선진국에서는 매우 보편화되고 있다(Rasaren, 2009). 그리고 글로벌 교육은 '교육의 한 분야'를 지칭하기도 하지만, 한편으로는 '더 폭넓게 쟁점기반 교육의 모든 것을 포함하기 위한 우산 용어'로 간주되기도 한다(Hicks, 2007b).

17 『옥스퍼드 사전(Oxford Dictionaries)』에 의하면 '글로벌(global)'은 두 가지 의미로 사용된다. 하나는 '전 세계와 관련한 것'이며, 다른 하나는 '사물의 한 그룹 또는 어떤 것의 전체와 관련하거나 포함하는 것'을 의미한다(Standish, 2013). 즉 글로벌은 지리적 스케일로 사용되기도 하지만, 전체적이거나 포섭적인 의미로 사용되기도 한다(Marshall, 2006; Hicks, 2007b). 이러한

적인 글로벌 교육으로 인식하면서 글로벌 시민성에 초점을 두고 있다면, 후자는 우산 용어로서의 글로벌 교육의 의미를 포괄적으로 제시하고 있다고 할 수 있다.

최근 영국 지리교육학회에서는 빠르게 변화하는 글로벌화된 세계에서 교육은 학생들이 보다 넓은 세계를 이해하도록 도와주어야 하며, 빈곤 또는 기후변화와 같은 쟁점과 그들 자신의 삶 간의 글로벌 연결(global connections)을 형성하도록 도와주어야 한다고 주장한다. 그리고 교육은 학생들이 글로벌 사회 및 경제에서 살아갈 수 있고 더 나은 장소를 만드는 데 참여하도록 준비시켜야 한다고 하면서, 글로벌 학습을 글로벌 맥락에 두는 교육으로 정의하며 '비판적 사고와 창의적 사고', '차이에 대한 인식과 열린 마음', '글로벌 쟁점과 권력관계에 대한 이해', '낙관주의의 더 나은 세계를 위한 행동'을 촉진해야 한다고 주장한다. 나아가 글로벌 학습의 핵심 개념으로 글로벌 시민성, 상호의존성, 사회정의, 갈등 해결, 다양성, 가치와 지각, 인권, 지속가능한 개발을 제시하고 있다(GA homepage, Think Global: About global learning).

한편, 영국의 경우 국가교육과정에서 '글로벌 차원'을 범교과적 차원으로 반드시 다루도록 명시하고 있다. 영국 정부의 보고서 『학교 교육과정에서 글로벌 차원 발달시키기(Developing a Global Dimension in the School Curriculum)』는 학생들이 다음을 할 수 있는 기회를 제공해야 한다고 주장한다.

자신의 가치와 태도를 비판적으로 검토하기; 모든 곳의 사람들 간의 유사성과 차이점 이해하기; 가치 다양성; 자신의 로컬적 삶의 글로벌 맥락 이해하기; 부정의, 편견, 차별과 싸울 수 있는 기능 발달시키기. 이러한 지식, 기능, 이해는 학생들에게 글로벌 공동체에서 능동적인 역할을 하는 것에 관해 현명한 결정을 할 수 있도록 한다(DfES, 2005, 2).

글로벌 교육은 교육내용 면에서는 '다양성의 이해', '상호의존 시스템으로서의 세계인식', '글로벌 쟁점의 해결', '지속가능한 발전' 등이 강조되며, 학습방법 면에서는 세계시민으로서의 책임과 자각을 함양하기 위한 학생중심 학습, 즉 협동학습이 중요시된다(日本地理敎育學會編(2006, 103).[18] Rich-

---

후자의 의미는 교육에 관한 중요한 부분을 차지하고 있다. 전체적 또는 포섭적 접근은 종종 오늘날 전통적인 경계(문화 간, 국가 간, 일상적 지식과 학문적 지식 간, 교육과 사회 간)를 허무는 방법으로 받아들여진다(Ecclestone and Hayes, 2009).

[18] 글로벌 교육은 학습자의 자율성과 권한부여를 중요시하는 '능동적 학습(active learning)'과 '학생중심 학습(student-centred learning)'을 강조한다. 능동적 학습 및 학생중심 학습은 다양한 학습활동, 예를 들면 개별 또는 집단 문제해결, 소규모 모둠 토의·토론, 역할극과 시뮬레이션을 통한 정의적 경험에 적용할 수 있다. 능동적 학습은 학습자의 경험, 행함, 행동, 대화, 의사결정, 협동 및 협력 모둠활동에 기반한다. 따라서 글로벌 교육은 학습자의 토의·토론, 협동적 모둠활동을 강조하며, 학생들이 구성적인 방식으로 자신의 사고와 느낌을 표현할 수 있고, 다른 사람들의 의견에 귀기울여 듣고 존중할 수 있으며, 협동적으로 활동하는 과정을 중시한다. 이러한 활동을 통해 학생들이 변화, 정의, 상호의존성과 같은 기본 개념을 이해하고, 차이(예: 다양

ardson(1990, 6-7) 역시 글로벌 교육에 영향을 미친 2개의 오랜 전통을 소개하면서 학생중심 학습을 강조한다.

하나의 전통은 학생중심 교육, 개인의 발달 및 성취와 관련된다. 이 전통은 인간주의적이고 낙관적이며, 건전하고 권한을 부여하는 시스템 및 구조를 창출할 수 있는 인간의 역량과 의지를 중시한다. … 두 번째 전통은 평등을 구축하고, 다양한 인종, 젠더, 계층의 사회에서 단순히 불평등을 전수하는 교육에 저항한다. … 두 전통은 홀리스틱 사고와 관련되지만, 틀림없이 어느 하나도 다른 하나 없이는 완전하지 않다.

한편, Roberts(2015)는 영국 지리교육학회를 중심으로 전개된 프로젝트인 '글로벌 학습 프로그램 (Global Learning Programme, GLP, 2014)'을 소개하면서 이 프로젝트의 목적, 즉 글로벌 교육의 목적 중의 하나는 학생들에게 '글로벌 쟁점에 관한 비판적 사고'를 자극하는 것이라고 주장한다.

이상과 같이 글로벌 교육은 '글로벌'이라는 보편적 스케일과 '글로벌 시민성'이라는 보편적 가치에 초점을 두면서, 교육내용 면에서는 핵심 개념과 쟁점중심에 초점을 두고, 교육방법 면에서는 학생중심의 능동적 학습을 강조한다. 이는 우리나라 2015 개정 교육과정에서 추구하는 세계인 육성과 매우 유사하다고 할 수 있다.

3) 글로벌 교육의 기원과 역사

(1) 영국 글로벌 교육의 역사

최근 세계화와 함께 강조되고 있는 글로벌 교육의 역사적 기원은 20세기 초반으로 거슬러 올라간다. 20세기 초반에 특히 진보주의 교육자들은 글로벌 교육에 큰 관심을 보였다. 영국의 경우 글로벌 문제에 대한 관심은 1920년대 진보적인 교사들이 만든 단체인 'World Education Fellowship'과 이 단체가 발행한 저널 *The New Era*를 통해 이루어졌으며, 1930년대 후반에는 'Council for Education in World Citizenship'을 설립한 진보적인 교사들이 글로벌 교육에 관심을 기울였다(Heater, 1980). 이들 단체는 제2차 세계대전 이후 '국제이해교육(education for international understanding)'에 큰 기여를 하였다.

한 장소와 삶의 방식)에 대한 관용과 이해, 인종차별주의와 성차별주의 그리고 다른 모든 종류의 차별에 대한 불관용을 배우게 된다.

글로벌 교육에 대한 본격적인 관심은 1960년대에 들어오면서 시작되었다. 이 시기에 런던 사범대학교(University of London Institute of Education)의 제임스 헨더슨(James Henderson)과 그의 동료들은 교육과정에 글로벌 차원이 필요함을 인식하고, 'world studies'라는 용어를 만들었다. 헨더슨은 또한 'World Studies Project'라는 교육과정 계획에 참여하였다.

앞에서도 언급하였듯이, 'world studies'와 '글로벌 교육(global education)'이라는 용어는 상호교환적으로 사용된다. 'world studies'는 교육과정에 다문화 및 글로벌 차원을 반영하고 이를 성취하는 데 목적을 둔다. 즉 world studies는 청소년들이 다문화사회와 상호의존적인 세계에서 사회적·환경적 책임성을 실천하기 위해 요구되는 지식과 기능, 태도를 발달시키는 것을 목적으로 한다(Hicks and Steiner, 1989). 이러한 world studies의 특징은 특정 교과 또는 특정 학문을 배경으로 하는 것이 아니라(Steiner, 1992), 전체적 접근 또는 학제적 접근을 취한다는 특징을 지닌다(Fisher and Hicks, 1985, 14). 그리하여 글로벌 교육은 학습과정 또는 프로세스는 풍부하지만, 지리와 같은 특정 교과를 배경으로 하고 있지 않아 내용이 빈약한 것으로 비판받기도 하였다. 그러나 글로벌 교육을 지지하는 학자들은 그것은 글로벌 교육에 대한 오해에서 비롯된 것으로, world studies는 결코 내용이 빈약하지 않다고 반박한다.

그렇다면 영국에서 이러한 world studies는 어떤 과정을 통해 어떤 모습으로 변해 왔을까? Pike(1990)는 영국에서 world studies가 진화 또는 발전해 온 과정을 〈표 3-8〉과 같이 제시한다. 글로벌 교육은 1970년대 초반에 지금과 같은 모습을 갖추기 시작하였다.[19] 1973년에 'the One World Trust'는 World Studies Project에 착수하여 영국식 글로벌 교육을 탄생시켰다. Richardson(1976) 주도하에 이 프로젝트는 영국의 글로벌 교육에 영향을 준 핵심 아이디어를 구체화하였다.

1980년대에 들어오면서 랭커스터 대학교(University College of St Martin's in Lancaster)에 기반을 둔, 그리고 이후에는 요크 대학교(University of York)의 글로벌 교육센터(Center for Global Education)에 기반을 둔 World Studies 8-13 Project가 실시되었다. 이 프로젝트는 Pike and Selby(1988)에 의해 주도적으로 이루어졌으며, 그들의 연구는 Richardson의 연구에 영감을 받은 것으로 1980년대에 영국 내에 큰 영향을 미쳤다.[20] 그뿐만 아니라 영국의 개발교육을 담당한 개발교육센터(DECs)가 전국에

---

[19] 미국의 경우 글로벌 교육은 1968년 미국 교육학자 뱅크스(J. Banks)에 의해 주창되어, 1970년대 후반에서 1980년대 초반에 교육개혁운동의 일환으로서 큰 발전을 보였다. 일본의 경우 1980년대 후반 이후 글로벌 교육에 관심을 가지게 되었다(日本地理敎育學會編, 2006).

[20] Pike and Selby(1988)의 *Global Teacher, Global Learner*는 글로벌 교육에 큰 영향을 주었는데, '세계화의 4가지 차원(the four dimensions of globality)'을 강조하였다. 세계화의 4가지 차원이란 ① 공간적 차원(the spatial dimension), ② 시간적 차원(the temporal dimension), ③ 쟁점 차원(the issues dimension), ④ 내적 차원(the inner dimension)이다. 그리고 이들은 Hanvey의 연구에 영향을 받아, 글로벌 관점을 위해 환원할 수 없는 최소 단위로 간주한 5가지 목적을 설정하였다.

표 3-8. 영국에서의 world studies와 global education의 발전

1970년대	• World Studies Project(런던 대학교, 1973~1980)* 　– 중등교육에 초점을 둠　　　　　　　– 중요한 텍스트: Richardson, 1976
1980년대	• World Studies 8-13 Project(랭커스터 대학교)** 　– 중요한 텍스트: Fisher and Hicks, 1985; Hicks and Steiner, 1989. • Center for Global Education(요크 대학교) 　– 중요한 텍스트: Pike and Selby, 1988 • 개발교육센터(DECs)의 국가 네트워크 설립과 일련의 출판물
1990년대	• World Studies Project(맨체스터 대학교)*** 　– 연구와 교사교육에 초점　　　　　　– 중요한 텍스트: Steiner, 1992

* World Studies Project(1973~1980)는 교육과학부(Department of Education and Science), 리버흄 재단(the Leverhulme Trust), 해외개발부(Ministry for Overseas Development)로부터 재정지원을 받은 One World Trust에 의해 시작되었다. 이 프로젝트의 목적은 중등학교 교육과정이 국가정체성보다 글로벌 정체성을 촉진하도록 권고하는 데 있었다.

** World Studies 8-13 Project는 학교위원회(School Council)와 조지프 라운트리 재단(the Joseph Rowntree Trust)에 의해 만들어졌다. 이 프로젝트는 다문화교육과 국제이해를 발달시키는 데 목적을 두었다.

*** World Studies 8-13: A Teacher's Handbook(Fisher and Hicks, 1985)과 Making Global Connections(Hicks and Steiner, 1989)은 둘 다 참여적 활동을 강조하며, 정의, 상호의존성, 권력과 변화와 같은 핵심 개념을 포함하는 토픽을 다룬다. 글로벌 쟁점(불공정한 무역과 개발, 성역할 고정관념, 애버리지에 대한 관점, 소비와 환경)에 대한 토론기반 활동을 제공한다. 이와 같은 논쟁적 주제들이 world studies의 본질을 이루기 때문에 학습에 있어 민주적인 절차적 가치를 강조한다.

출처: Pike, 1990.

설치되었다.

이처럼 1980년대는 영국에서 글로벌 교육이 가장 활발하게 이루어진 시기이며, 이 시기의 글로벌 교육은 참여적 페다고지(participatory pedagogy)를 강조하였다. 이는 요한 갈퉁(Johan Galtung)의 평화 연구, 파울로 프레이리(Paulo Freire)의 정치교육, 칼 로저스(Carl Rogers)의 인간주의 심리학과 같은 급진적 교육학자들의 연구에 많은 영향을 받았다(Hicks, 1983). 이러한 급진적 페다고지에 의해 영향을 받은 영국의 많은 젊은 교사들은 계속해서 1980년대와 그 이후의 교사교육, 개발교육, 다문화교육, 글로벌 교육의 분야에서 활동하였다. 1980년대 중반 영국 교육 당국의 반 이상이 world studies를 촉진하고 있었으며(Holden, 2000, 74), 많은 교사들이 원조단체와 개발교육센터(DECs)가 제공하는 자료를 사용하였다.

이와 같은 글로벌 교육(또는 개발교육)을 촉진하기 위한 일련의 프로젝트는 영국 정부뿐만 아니라 비정부기구로부터 지원을 받았다[21](Lambert and Morgan, 2010). 그러나 1980년대 글로벌 교육에 대

---

21 비정부기구는 영국뿐만 아니라 이후에 다루게 될 미국에서의 글로벌 교육 촉진에 중심적인 역할을 해 왔다. 비정부기구가 교사들을 지원하기 위해 만든 다양한 자료와 프로젝트는 학교교육에 잘 수용되었다. 그뿐만 아니라 유엔(UN)과 같은 국제기구 역시 글로벌 교육의 발달에 기여하고 있다. 1945년에 설립된 유네스코(UNESCO)는 특히 국제이해교육에 크게 기여해 오고 있다. 더 최근에 유니세프(UNICEF)는 글로벌 교육을 촉진하는 데 능동적으로 참여하고 있으며, 웹사이트에 관련 교수자료를 탑재하고 있다.

한 높은 관심에 영국 보수당은 비판적이었다. 왜냐하면 그들은 평화교육, 다문화교육과 함께 world studies는 지식을 전달하는 것이 아니라 교화(indoctrination)에 초점을 둔다고 생각하였기 때문이다. 특히 Scruton(1985)은 교육이 정치적 목적으로 사용되고 있고, world studies는 교화(세계에 대한 한쪽 관점을 제공하는 것), 정치화(정치를 수업에 끌어오는 것), 부적절한 교수방법(시뮬레이션 게임과 역할극을 사용하는 것), 교육표준 저하(world studies는 적절한 교과가 아니다)에 책임이 있다고 주장하였다.[22]

영국 보수당의 이러한 공격과 함께 급기야 1980년대 말 국가교육과정 제정을 위한 움직임이 나타났으며, 1990년대 들어오면서 교사들의 전문성에 대한 상당한 공격이 이루어졌다. 이러한 보수당의 행위는 글로벌 교육과 같은 진보적인 교육운동에 반대하고 신보수주의 및 신자유주의에 기반한 교육을 향한 국제적인 움직임을 반영한 것이었다(Apple, 2001). 1988년 영국의 교육개혁법(Education Reform Act) 제정과 국가교육과정의 도입은 1990년대 중반까지 영국에서 글로벌 교육을 효율적으로 주변화시켰다.

영국에서는 1990년대 말부터 신노동당이 집권하면서 국가교육과정에서 '글로벌 차원(global dimension)'을 다시 강조하기 시작하였다. 1991년에 처음 제정된 국가교육과정(DES, 1991) 10년의 마지막 해에 신노동당 정부는 글로벌 시민성을 위한 '글로벌 차원'과 새로운 '시민성(citizenship)' 교육과정을 신설하였다. 국가교육과정뿐만 아니라 다른 정부 문서들 또한 비정부기구와 합작하여 만들어졌다.[23] 1997년에 개발교육협회(Development Education Association, DEA: 현재는 Think Global로 이름이 바뀜)는 새로 만들어진 국제개발부(Department for International Development, DfID)로부터 자금을 제공받으면서 함께 팽창하였다. 개발교육협회(DEA)는 글로벌 차원을 공적으로 지원함으로써 일선 학교에서 차지하는 지위가 매우 높아졌다. 그뿐만 아니라 일선 학교에 글로벌 교육을 지원하기 위해 일하는 개발교육센터(DECs)는 영국 전역에 약 50개가 산재해 있다. 이들 중 많은 개발교육센터가 학교 및 대학과 함께 개발 또는 글로벌 쟁점에 관한 교수자료를 만들어 공급하고 있으며,[24] 교사들에게 글로벌 차원을 가르치는 방법을 가르치고 있다.

한편, Pike and Selby는 1990년대 초반 캐나다 토론토 대학교에 'International Institute for

---

22 영국뿐만 아니라 오스트레일리아, 캐나다, 미국에서도 유사하게 우파들이 글로벌 교육에 반대하기 시작하였다.

23 개발교육협회(DEA)가 만든 *A Framework for the International Dimension for Schools in England*와, 정부와 비정부기구가 협력하여 만들고 개발교육협회(DEA)가 출판한 *Citizenship Education: The Global Dimension*이 대표적이다. 신노동당은 글로벌 교육을 위한 정책을 실행하기 위해 많은 단체를 활용하였다.

24 몇몇 대학은 대학생과 초중등 학생들에게 글로벌 학습을 촉진하는 데 매우 중요한 역할을 해 오고 있다. 예를 들면, 본머스 대학교(Bournemouth University)에는 '글로벌 관점을 위한 센터(Center for Global Perspectives)'가 있고, 런던사우스뱅크 대학교(London South Bank University)는 '지속가능발전과 글로벌 시민성을 위한 교사교육 네트워크(Teacher Education Network for Sustainable Development and Global Citizenship)'가 있다.

표 3-9. 글로벌 교육의 4차원 모델

	핵심 아이디어	지식	기능	태도
공간적 차원	• 상호의존성 • 로컬-글로벌 • 시스템	• 로컬-글로벌 연결과 의존성 • 글로벌 시스템 • 시스템의 본질과 기능 • 지식 영역 간의 연결 • 모든 인간과 다른 종들의 공통적인 요구 • 전인으로서의 자기자신	• 관계적 사고(패턴과 연결을 파악하기) • 시스템 사고(어떤 시스템에서의 변화의 영향을 이해하기) • 대인관계 • 협력	• 변화에 대한 적응의 유연성 • 기꺼이 다른 사람들로부터 배우고, 다른 사람들을 가르치려는 의지 • 기꺼이 팀 구성원으로서 활동하려는 의지 • 공익에 대한 고려 • 다른 사람들과 그들의 문제들과의 연대감
쟁점 차원	• 로컬-글로벌 쟁점 • 쟁점 간의 상호 연결성 • 관점	• 글로벌 수준을 통한 대인관계적 수준에서의 글로벌 쟁점들 • 쟁점들, 사건들, 경향들 간의 상호연결성 • 쟁점에 관한 일련의 관점들 • 관점들이 형성되는 방법	• 조사와 탐구 • 정보를 평가하기, 조직하기, 표현하기 • 경향 분석하기 • 개인적 판단과 의사결정	• 쟁점, 경향, 글로벌 상황에 관한 호기심 • 다른 관점에 대한 수용성과 비판적 검토 • 다른 사람과 문화와의 감정이입과 존중
시간적 차원	• 상호작용으로서의 시간의 단계들 • 대안적 미래 • 행동	• 과거, 현재, 미래 간의 관계 • 가능한 미래(possible future), 개연성 높은 미래(probable future), 선호하는 미래(preferred future)를 포함한 일련의 미래 • 지속가능한 개발 • 개인적 수준에서 글로벌 수준에 이르는 행동을 위한 잠재력	• 변화와 불확실성에 대처하기 • 추정과 예측 • 창의적 사고와 수평적 사고 • 문제해결 • 개인적 행동 취하기	• 모호성과 불확실성에 대한 관용 • 장기간의 결과를 고려하려는 준비성 • 상상력과 직관력을 활용하려는 준비성 • 개인적·사회적 행동에의 헌신
내적 차원	• 내적 여행 • 교수/학습 과정 • 매체와 메시지	• 자기자신-정체성, 강점, 약점, 잠재력 • 자신의 관점, 가치, 세계관 • 공언한 신념과 개인적 행동 간의 모순	• 개인적 반성과 분석 • 개인적 성장-감성적·지적·육체적·정신적 • 학습 유연성(다양한 맥락과 다양한 방법 내에서의 학습)	• 자신의 능력과 잠재력에 대한 신념 • 학습을 평생학습 과정으로 인식하기 • 진위-실제적 사람을 보여주기 • 위험을 무릅쓰려는 준비성 • 신뢰

출처: Pike and Selby, 1999/2000.

Global Education'을 설치하여, 그들의 글로벌 교육에 대한 이상을 실현하고자 하였다. 이 연구소는 캐나다의 글로벌 교육뿐만 아니라, 그들의 원조활동의 결과로서 시리아, 브라질, 일본을 포함한 많은 국가들의 글로벌 교육에 큰 영향을 끼쳤다. 특히 Selby(2000)는 비약적인 연구를 통해 글로벌 교육에 대한 체계적인 관점을 발달시켰다. 1990년대에 캐나다의 많은 주들은 훌륭한 글로벌 교육 프로젝트를 수행하였다. Pike and Selby(1999/2000)는 계속해서 글로벌 교육에 대한 4차원 모델을 정교화하였으며, 글로벌 관점의 발달에 기여할 수 있는 좋은 수업활동을 제공하였다(표 3-9).

21세기에 접어들면서 영국의 국가교육과정 문서 『학교 교육과정에서 글로벌 차원 발달시키기(Developing a Global Dimension in the School Curriculum)』(DfES, 2005)가 글로벌 교육을 위해 핵심적인 역할을 하였다.[25] 그뿐만 아니라 교사들을 위해 유용한 자료들, 예를 들면 *In the Global Classroom*(Pike and Selby, 1999/2000)과 *Global Citizenship: The Handbook for Primary Teaching*(Young and Commins, 2002)이 발간되었다.

(2) 미국 글로벌 교육의 역사

미국의 글로벌 교육은 1960년대와 1970년대에 실질적인 모습을 갖추었다(Hicks, 2007a; 2007b). 이 시기는 미국이 세계화의 지평을 확대하던 시기로 반체제운동(반전, 소수자의 권리, 환경 강조)과 함께 글로벌 사고를 강조하였다. 미국의 글로벌 교육은 정부가 아니라 사회운동과 비정부기구에 의해 지지를 받았으며, 상호의존성, 개발, 환경, 인종차별주의, 평화, 미래 등의 주제를 포함하였다(Hicks, 2007a; 2007b). 이 시기에 미국의 글로벌 교육은 'global studies'로 대변되었다. 미국의 글로벌 교육 창시자 중 대표적인 학자로는 리 앤더슨(Lee Anderson), 제임스 베커(James Becker), 로버트 핸비(Robert Hanvey)를 들 수 있다(배한극, 2008; 김원수, 2014).

Anderson(1968)은 글로벌 상호의존성을 이해시키기 위해 시스템적 관점이 필요하며, 이것이 교육과정에 반영되어야 한다고 주장하였다. 그뿐만 아니라 그는 사회의 많은 경향들, 예를 들면 에너지 소비, 인구, 대기의 이산화탄소, 통신 속도, 출판된 책, 비료 사용 등이 매우 가속화하고 있어 지속가능할 수 없다고 주장하였다(Anderson, 1979). 이러한 과거와 현재를 극복하기 위해서는 대안적 미래를 만들어야 하며, 여기에는 글로벌 관점이 핵심적인 부분이라고 주장하였다. 특히 미국 인디애나 대학교의 'Mid-America Program for Global Perspectives in Education'은 글로벌 교육을 위한 학습목표와 수업자료 개발에 대한 획기적인 연구를 수행하였다(Becker, 1975).

Becker(1982)는 어린이들은 '글로벌 관점(global perspective: 세계를 전체로 보는 것)'을 획득하기 위해 정치적·문화적·사회적 주제에 관해 배울 필요가 있다고 하였다. Hanvey(2004[1976])는 학생들에게 '글로벌한 인간의 조건'을 가르치는 데 사용할 수 있는 5가지 조건을 제시하였다. 이는 관점 인식(다

---

[25] 글로벌 학습을 위해 출판된 가장 중요한 문서 중 하나는 Oxfam의 *Curriculum for Global Citizenship*(1997)이다. 이 책은 Oxfam의 글로벌 시민에 대한 비전과 글로벌 시민성을 위한 8가지 주제를 포함한다. 8가지 주제는 지속가능한 개발, 갈등 해결, 가치와 지각, 다양성, 인권, 사회정의, 상호의존성, 시민성이다. Oxfam의 이 교육과정은 널리 사용되어 왔다. 예를 들면, 글로벌 시민성의 8가지 주제는 중요한 정부 보고서 『학교 교육과정에서 글로벌 차원 발달시키기』(DfES, 2005)에 채택되었다.

른 사람들은 상이한 관점을 가지고 있다고 인식하는 것), 지구의 상태 인식(기하급수적 성장의 위험), 간문화 인식(아이디어와 실천의 다양성 인식), 글로벌 역동성에 대한 지식(상호연결성), 인간 선택에 대한 인식(대안적인 미래)이다.

미국의 글로벌 교육은 'American Forum for Global Education'과 'Global Education Association'이 주도해 왔다. 'American Forum for Global Education'은 특히 ① 글로벌 쟁점, 문제, 도전, ② 문화와 세계 지역, ③ 미국과 세계에 초점을 둔 글로벌 교육의 핵심적 양상에 대한 상세한 가이드라인을 만들어 왔다. 미국에서의 글로벌 교육에 관한 연구는 유럽의 글로벌 교육에 대한 접근방식과는 사뭇 달랐다.

미국의 글로벌 교육은 국가라는 경계를 넘어서려는 사람들뿐만 아니라, 미국이라는 국가의 경계를 넘어 국가의 이익을 촉진하려는 정치가나 기업가들에 의해 주장되었다. 미국에서는 1996년에 국제교육법(International Education Act)이 통과되었는데, 그 주요 목적은 교육과정에 국제적 내용을 추가하는 것이었다. 이 국제교육법은 미국의 국제적 역할을 계속해서 유지하고, 시민들에게 국제적 쟁점과 해외 정책에 대한 이해를 촉진하기 위한 것이었다. 이 시기에 'National Resource Centers for Foreign Language', 'Area', 'International Studies'가 설립되었다. 'Task Force on Global Education'이 국제교육법 후속으로 나왔다. 이 태스크포스(Task Force)의 목적은 미국 학교에서 글로벌 관점을 가르칠 필요성을 검토하는 것이었는데, 글로벌 교육은 세계의 맥락에서 기본 역량, 교육의 수월성, 미국의 이익에 기여한다고 주장하였다(Office of Education, 1979). 미국의 몇몇 주들은 글로벌 교육 또는 국제이해교육을 위한 가이드라인을 출판하였다. 특히 미국에서 1980년대의 '글로벌 및 국제 교육(global and international studies)'의 확장은 미국의 국제적 역할 및 시장의 세계화와 연결되었다. Huntington(2004)의 말에 의하면, 글로벌 교육은 '미국을 세계와 합병하는 것'이었다.

미국에서는 1980년대부터 글로벌 인식을 위한 교육을 글로벌 기업의 성공과 연결되는 것으로 보았던 정치가, 기업가, 행정가들이 글로벌 교육을 더욱더 지원하였다. 즉 미국 기업의 세계적 확장을 위해 미국의 정치가, 기업가, 행정가들은 학교에서의 국제교육과 글로벌 교육을 옹호하는 데 앞장섰다. 이 당시 미국의 주지사 모임은 국제교육은 모든 학생들의 초중등교육의 일부분이 되어야 한다고 주장하였다(National Governor's Association, 1989, 1). 이들은 학생들이 외국어 공부를 더 많이 해야 하고, 교사들이 국제적 관점에 대해 더 많이 알아야 하며, 기업이 국제교육을 지원할 필요성을 주장하였다. 왜냐하면 그렇게 될 때 기업은 수입시장, 무역규정, 해외 문화에 관한 정보에 접근할 수 있기 때문이다(Standish, 2013). 이처럼 1980년대 이후 미국에서 글로벌 교육은 취업과 동일한 의미가 되었다.

미국에서는 2002년에 'the Partnership for 21st Century Skills'가 설립되었는데, 이는 '21세기 기능(21st century skills)'을 미국 모든 주의 교육과정에 포함함으로써 교육을 근대화하는 데 목적을 둔 공공 부문과 사적 부문의 연합체이다. 이 연합체가 오늘날의 학생들에게 더 적절한 것으로 제안한 기능 중에는 비판적 사고(critical thinking), 글로벌 인식(global awareness), 시민 문해력(civic literacy), 의사소통 기능(communication skills), 리더십(leadership)이 있으며, 이 중 글로벌 인식은 다름 아닌 글로벌 교육의 중요성을 반영하고 있는 것이라고 할 수 있다.

한편, 미국지리학회는 2003년에 'Association of American Geographers' Center for Global Geography Education'을 만들었다.[26] 이 센터의 웹사이트에는 글로벌 기후변화, 글로벌 경제, 이주, 국가정체성, 인구와 자연자원, 수자원 등에 관한 교수 모듈을 제공하고 있다(Association of American Geographers, 2011). 이 모듈은 개념 구조를 함께 소개하고 있다. 예를 들어, 글로벌 기후변화 모듈은 기후변화와 기후변화의 사이클에 대한 이론을 탐색하는 개념적 구조를 함께 제시한다. 몇몇 사례 학습에서 학생들은 이러한 지식을 적용하는 것을 배울 수 있고, 정책을 고려할 수 있다. 여기서 미국의 지리를 통한 글로벌 교육에 대한 접근은 영국과 달리 이론적 지식을 더 강조하고 가치교육을 덜 강조한다. 즉 영국의 지리를 통한 글로벌 교육이 글로벌 쟁점과 글로벌 연결을 통한 가치교육에 보다 관심을 둔다면, 미국의 지리를 통한 글로벌 교육은 문화적 관용과 다른 관점을 받아들이는 데 더욱 큰 강조점을 둔다.

4) 글로벌 교육과 지리교육의 관계 탐색

(1) 지리교육에서 글로벌 차원의 필요성

앞에서 살펴본 글로벌 교육은 범교육과정이지만, 지리 교과와 글로벌 교육은 더 밀접한 관련을 가진다. 더욱이 최근 들어 글로벌 차원에서 지리를 가르치는 것은 더욱 중요해지고 있다. 그 이유는 다음과 같은 몇 가지로 요약할 수 있다. 먼저, 우리는 급속하게 진전되는 세계화로 인해 점점 더 상호의존적인 세계에 살고 있으며, 서로에 대한 책임성을 가지고 있기 때문이다. 우리가 로컬, 즉 지역 수준에서 하는 수많은 결정들은 지구를 횡단하여 다른 사람들에게 영향을 미친다(예를 들면, 공정무역).[27]

---

26 이 센터에서 제공하는 모듈을 사용하여 글로벌 지리를 가르치기 위한 연구들이 다수 수행되었다(Solem, 2002; Klein et al., 2009; Klein, 2013).

27 학생들은 자신의 일상적인 삶, 그들의 일상적인 삶과 다른 사람들의 일상적인 삶의 유사성과 차이에 관해 생각할 수 있다(DEA, 2004, 25). 이를 위한 방법으로 학생들로 하여금 자신의 소비습관을 탐색하도록 하는 것이다. 공정무역은 좋은 사례인데, 이를 통해 교사는 학생들에게 생산에 포함된 상이한 행위자들에 관해 가르치고, 학생들에게 농업생산품의 생산자들과 감

둘째, 세계화로 인해 초국적 이주가 활발해짐으로써 다문화사회를 형성하게 되고, 따라서 인종, 연령, 젠더, 계층, 종교 등에 따른 차별과 편견을 비판적으로 검토해야 할 필요성이 제기되기 때문이다. 다시 말하면, 지리는 공간과 사회에서 나타나는 부정의(injustice)를 다루어야 할 책임성이 제기된다. 지리는 학생들에게 동등한 기회를 제공하고 편견 있는 관점에 대항하도록 해야 한다.

셋째, 서로 다른 지역이나 국가에 대한 잘못된 정보와 고정관념화된 관점에 대응해야 하기 때문이다. 학생들은 낯선 인간과 장소에 관해 배울 필요가 있다. 학생들이 이를 통해 다양한 인간과 장소에 대한 정확하고 공정한 이미지를 얻어야 한다. 지리는 학생들에게 최신의 정확한 정보를 제공함으로써 불공정하고 부정확한 관점에 도전하도록 할 수 있다.

넷째, 세계에는 많은 공간적 불평등이 존재하기 때문이다. 세계는 1인당 GDP(또는 1인당 GNI)나 인간개발지수(HDI) 등의 발전 지표를 통해 볼 때 선진국과 개발도상국 간에 큰 격차가 존재한다. 그리고 자유시장경제 체제와 신자유주의에 따라 이러한 선진국과 개발도상국의 격차는 계속해서 증가하고 있다. 따라서 더 나은 세계를 위해서는 국제개발협력이 중요해지고 있다.

마지막으로, 현대사회에서 지속가능한 삶이 더욱 긴요해지고 있기 때문이다. 지속가능성은 단지 환경문제(기후변화, 지구온난화 등)에만 국한되는 것이 아니라 경제적 성장, 사회적 형평성을 포함한다. 이러한 지속가능한 발전 교육은 자연과 인간의 관계 탐색에 초점을 두는 지리교육에서도 매우 중요하다.

이처럼 글로벌 차원에 근거한 지리교육은 현 세계에 긴요하게 대두되는 공정성, 사회 및 공간 정의, 편견 및 고정관념 감소, 지속가능성의 실현을 위해 매우 긴요한 과제이다. 다시 말하면, 지리는 학생들에게 지구를 위해 더 지속가능한 삶을 살도록 하고, 타자에 대한 존중과 관심을 기울이도록 하기 위해 글로벌 차원의 도입은 매우 중요하다

그렇다면 지리를 통한 글로벌 교육의 필요성과 정당성은 무엇일까? 최근 지리는 관계적 전환을 통해 특정 장소가 보다 넓은 글로벌 시스템과 어떻게 연결되어 있는지에 관심을 가진다. 글로벌 사회에서 더 넓은 세계에 관해 이해하기 위해서는 사람들과 장소들 간의 상호연결성, 즉 글로벌 장소감을 이해해야 한다. 지리는 장소, 스케일(로컬, 지역, 국가, 국제, 글로벌), 상호연결성(장소들 간의 상호연결성뿐만 아니라, 우리가 살고 있는 자연적·경제적·정치적·사회적 맥락의 상호연결성), 보편성(글로벌 시스템), 독특성

정이입하도록 도울 수 있다. 나아가 학생들은 자신의 소비 선택이 수천 마일 떨어진 사람들에게 어떤 영향을 주는지를 반성할 수 있다. 타자의 눈을 통해 삶을 보는 것을 학습하는 것은 학생들 교육의 중요한 부분이다. 그러나 여기서 중요한 것은 '글로벌 윤리(global ethics)'로서 서구의 편견을 투영하지 않도록 주의해야 한다. 왜냐하면 그것은 식민지 시대의 그것과 유사한 권력 관계와 폭력을 재생산할 것이기 때문이다.

(로컬적 결과)에 관심을 기울인다. 지리가 전통적으로는 단지 로컬적 결과인 독특성을 기술하는 데 초점을 두었다면, 현재 지리교육의 힘은 특정 장소에서의 독특한 결과가 세계의 모든 존재에 영향을 주는 보편적 과정들 간의 관계적 이해에 초점을 둔다(Bourn and Leonard, 2009).

글로벌 교육을 위한 지리 교과의 이점은 다양한 스케일에 대한 학습을 가능하게 하며, 이를 적극 요구하는 데 있다. 만약 로컬만을 학습하거나 저 너머의 글로벌만 학습한다면, 학생들에게 장소들 간의 상호연결성과 상호의존성을 이해하도록 하는 데 실패할 것이다. 지리교수에 글로벌 차원을 포함하는 것은 로컬 쟁점과 글로벌 쟁점 간에 연계가 만들어질 수 있다는 것을 의미한다(QCA, 2007, 2). 지리 교과는 이를 통해 학생들로 하여금 글로벌 공동체의 시민으로서 그들의 기여와 책임성을 인식하고 현명한 의사결정과 책임 있는 행동을 할 수 있는 역량을 갖추도록 하는 데 중요한 역할을 한다.

Haubrich(1996)는 지리 교과의 글로벌 교육의 필요성과 정당성을 주장하면서, 특히 글로벌 지식(global knowledge), 글로벌 윤리(global ethics), 글로벌 연대(global solidarity)를 강조한다. 글로벌 교육의 궁극적인 목적은 글로벌 지식과 글로벌 윤리를 넘어 인류와 지구와의 글로벌 연대이어야 한다고 주장한다. 그러한 글로벌 교육은 인간 존재의 철학에 근거하고 있을 뿐만 아니라 전체 우주(cosmos)에 대한 이해에 근거하고 있다고 하면서, 자아중심적 윤리는 사회중심적 윤리에 의해 확장되어야 하고, 현재와 미래의 글로벌 위기를 극복하기 위해 전체주의, 그리고 인간과 자연을 포섭하는 생태윤리에 의해 균형을 이루어야 한다고 주장한다.

(2) 지리 교과의 글로벌 교육에의 기여

지리는 일찍이 미지의 세계에 대한 글로벌 지식을 제공하는 데 큰 역할을 해 왔다. 그렇지만 최근 강조되고 있는 글로벌 학습은 단지 글로벌인 지리적 지식을 제공하는 차원을 넘어서고 있다(Standish, 2013). 글로벌 교육은 특히 글로벌 쟁점에 관심을 기울이며, 이에 대한 학습은 먼 장소 사람들의 삶의 상호의존적인 본질을 인식하고 사회정의, 평등과 공정성에 대한 강조와 함께 가치적인 측면에 대해 더욱 강조하고 있다[28](Bourn and Hunt, 2011, 9). 앞에서도 살펴보았듯이, 글로벌 교육의 목적은 학생들로 하여금 세계에 존재하는 유사성과 차이를 이해하고 이를 우리 자신의 삶과 관련시키

---

[28] 지리를 통한 글로벌 교육은 과거 주로 진보적인 관점을 지닌 정부나 교사들에 의해 강조된 반면, 보수적인 관점을 지닌 정부나 교사들에 의해서는 비판을 받았다. 물론 현재에도 Standish(2009, 201)의 경우 여전히 비판적이다. 그는 공간, 장소, 입지와 관련된 글로벌 교육을 강조하는 보다 기초적인 관점을 취한다. 그는 글로벌 교육이 위치 지식과 공간적 지식, 개념과 기능이라는 지리의 중심적인 교수의 목적을 경시한다고 주장한다. 그리고 교사들을 도덕성, 시민성, 현대의 정치적·사회적·환경적 관심에 몰두하게 하여 학문적 지식의 전수에 주의를 덜 기울이게 한다고 주장한다. 나아가 글로벌 교육은 학생들에게 독립적인 사고를 촉진하기보다 오히려 미리 예정된 가치에 교화시키는 경향이 있다고 주장한다. 그뿐만 아니라 글로벌 교육은 학생들로 하여금 세계를 개선하려고 시도하는 것과 같이 그들의 수단과 책임성을 넘어서는 문제에 참여시킨다고 비판한다.

며, 나아가 글로벌 시민성을 육성하는 데 있다(DEA, 2004, 2).

글로벌 교육의 목적은 지리교육의 목적과 크게 다르지 않다. 지리교육 역시 학생들로 하여금 글로벌 맥락에서 지리적으로 사고하도록 하고, 인간과 장소에 관한 자신의 감정을 이해하도록 돕는다. 글로벌 관점을 통한 지리교육은 학생들에게 글로벌 경제에서의 무역체제, 빈곤과 불평등, 차별과 사회적 배제, 로컬과 글로벌 스케일에서의 환경보호와 같은 복잡한 쟁점에 참여하도록 함으로써 비판적 사고를 격려하는 것이다(DEA, 2004, 7). 여기서 중요한 것은 학생들에게 그러한 내용을 전달하는 차원에 머무르는 것이 아니라, 학생들로 하여금 복잡한 글로벌 쟁점에 관한 '대화와 토론'에 참여하도록 하며, 나아가 창의적 사고의 일환으로서 지리적 상상력을 통해 그러한 글로벌 쟁점을 어떻게 해결할 것인가를 제안하도록 하는 것이다.

그뿐만 아니라 지리교육과정에는 항상 글로벌 관점이 포함되어 있다. 따라서 지리 교과는 그 자체만으로도 글로벌 교육에 중요한 기여를 한다고 할 수 있다. Hopkin(2015)은 '공간, 장소 그리고 위치', '인간과 환경적 변화', '불균등 개발과 인간 복지의 패턴', '상호작용과 상호관련성', '지리적 사고와 탐구'라는 5가지의 상호관련된 지리학의 빅 아이디어(big idea)를 제시하면서 이들이 글로벌 교육에 기여할 수 있음을 주장한다. 이는 앞에서 살펴본 지리교육에서의 글로벌 교육의 필요성에 대한 반응이라고 할 수 있다. 좀 더 구체적으로 살펴보면 다음과 같다.

여기서 '공간, 장소 그리고 위치'는 먼 장소에 관한 교수가 세계에 관한 학습에서 학생들의 관심과 기능뿐만 아니라 장소 지식과 장소감에 대한 지리적 이해, 글로벌 학습에 대한 지리의 기여를 발달시키는 중요한 수단이 되며, 학생들의 지리적 상상력과 지리적 세계관을 창출하게 한다.

'인간과 환경적 변화'는 개발이 어떻게 왜 일어나는지 또는 왜 일어나지 않는지와 관련되며, 또한 지속가능한 개발 개념을 포함한다. 개발은 국가 및 세계 공동체를 위한 하나의 목적일 뿐만 아니라, 변화의 과정이다. 인간과 환경의 관계는 지리의 중요한 관심이기 때문에, 지리는 미래 세대의 사람들의 요구를 충족시키는 데 목적을 둔 지속가능한 개발을 이해하도록 하는 데 중요한 기여를 한다. 지리는 학생들이 지속가능한 개발을 향한 긍정적인 변화의 맥락 내에서 가능한 미래(possible future), 개연성 높은 미래(probable future), 선호하는 미래(preferred future)(Roberts, 2003, 189)를 마음속에 그릴 수 있는 기회를 제공한다.

'불균등 개발과 인간 복지의 패턴'은 세계의 빈곤을 종식시키는 것이 국제개발협력의 중요한 목적이다. 그리고 이는 UN에 의해 제시된 새천년개발목표(Millennium Development Goals, MDGs)와 지속가능개발목표(Sustainable Development Goals, SDGs)의 초점이다. 빈곤은 공간적 차원을 가지기 때문에, 불균등 발전은 지리의 중요한 관심 분야이다. 지리는 개발에 관한 상이한 데이터를 비교하고 학생들에게 그것을 평가하도록 교수하는 데 적합하다. 이처럼 지리는 글로벌 쟁점(개발 격차 문제, 불균등 소비, 환경문제 등)을 다루기에 매우 적합한 교과이다.

'상호작용과 상호관련성'은 상호의존성과 세계화와 밀접한 관련을 가진다. 상호의존성은 사람, 장소, 환경 간의 상호연결과 연계, 즉 글로벌 시민성과 관련된다. 지리를 통한 글로벌 학습에서 중요한 것은 '나와 어떤 장소가 어떻게 연결되어 있는가?'에 대한 탐색이다. 이를 통해 학생들은 다중정체성을 연습할 뿐만 아니라, 먼 타자에 대한 감정이입을 할 수 있다. 즉 학생들은 한 가족의 구성원으로서, 로컬리티의 구성원으로서, 국가의 구성원으로서, 글로벌 구성원으로서의 상이한 정체성을 경험하게 된다(Standish, 2013).[29] 예를 들면, 학생들은 그들의 삶이 어떻게, 왜 다른 사람과 그리고 다른 장소와 연계되어 있는지를 조사함으로써 상호의존성에 대해 이해할 수 있다. 세계화는 현대사회에 가장 영향력 있는 키워드이며, 지리의 가장 큰 관심 중의 하나이다(Butt, 2011). 지리를 통한 글로벌 교육은 학생들로 하여금 장소들 간의 상호연결성에 대한 이해를 발달시킬 수 있다. 즉 지리는 로컬 지역을 폐쇄적인 닫힌 공간에서 더 역동적인 글로벌 만남의 장소로 가르침으로써 학생들에게 글로벌 시민성을 발달시키는 데 기여할 수 있다.

'지리적 사고와 탐구'[30]는 지리를 통한 글로벌 교육에 중요한 방법적 지식을 제공한다. 지리 교과는 다양한 스케일에 대한 학습을 통해 학생들에게 비판적 사고를 발달시키고 다중적 관점을 이해할 수 있도록 한다. 즉 학생들은 자신의 가치와 태도를 비판적으로 검토하고, 세계 각 지역 사람들 간의 유사성을 이해하고 다양성을 존중하며, 그들의 로컬적 삶의 글로벌 맥락을 이해하고, 글로벌 공동체가 직면한 도전(예를 들면, 부정의, 편견, 차별, 빈곤, 불평등, 환경문제)과 맞서 싸울 수 있는 기능을 발달시킬 수 있다.

이상과 같이 지리 교과는 학생들에게 더욱더 복잡해지고 있는 세계를 보다 잘 이해하도록 하고, 세계 속의 그들 장소에 대한 긍정적이고 책임 있는 사고를 발달시키도록 한다. 나아가 지리는 글로벌 관점을 통해 학생들로 하여금 지리적 상상력과 글로벌 장소감을 형성하도록 한다. 이를 통해 지리는 학생들에게 글로벌 교육에서 요구하는 지식뿐만 아니라 핵심적인 지적 기능(예를 들면, 토의·토론 능력, 의사소통 능력, 비판적 사고 등)을 갖춘 책임 있는 글로벌 시민이 되도록 하는 데 중요한 기여를 할 수 있다.

---

29 정의적 지도(affective map) 그리기는 장소가 불러일으키는 감정을 표현하는 것이다. 이는 학생들에게 장소감을 발달시키도록 돕는다. 학생들은 먼 장소에 있는 사람들의 일상적인 경험에 관해 학습하고, 그들 자신의 삶과의 대조를 끌어오며 감정이입한다.

30 탐구는 지리적 지식과 사고를 발달시키는 것과 함께 일련의 실천적이고 지적인 조사기능과 교수법을 연결하는 접근이다 (Roberts, 2013a).

7. 글로벌 차원의 정의를 지원할 지리교육의 방향

1) 도입

　최근 글로벌, 지정학적 차원에서 발생하고 있는 다양한 글로벌 이슈들—예를 들어, 글로벌 이주의 증가, 세계경제 불황과 글로벌 남부의 기아문제, 종교와 관련된 갈등들—로 인해 세계 각국에서는 보다 공평하고 정의로운 세계 건설이 중요한 정치적·사회적 화두로 부상하고 있다. 여기에 발맞추어 1990년대 이후 세계의 많은 국가에서는 '글로벌 차원'의 교육을 강조하는 초중등교육 정책들이 발표되고 있다. 여기에는 자국의 정치·경제·문화·교육적 특이성을 넘어 경제적 평등, 보편적 인권 등과 같은 언어를 통해 보다 '정의로운' 세계 건설을 21세기의 새로운 교육적 가치로 거론되고 있다 (Reynolds et al., 2015). 예를 들어, 캐나다 앨버타주의 사회과교육과정에서는 세계의 '타자'들의 보편적인 인권을 존중할 수 있는 학생들의 역량 함양을 강조하고 있다. "교육의 중요한 목표 중 하나는 지구상의 모든 인류의 평등을 지원하고 인류의 존엄성을 존중하는 데 있다"(Alberta Education, 2005, 3). 오스트레일리아 멜버른의 교육과정에서는 21세기 책임감 있는 학생들을 도덕적·윤리적으로 진실성이 있는 존재로 설정하고 "공공의 선"과 세계 '타자'를 향한 "평등과 정의"를 위해 활동할 수 있는 사람임을 강조한다(MCEETYA, 2008, 9). 한국 정부 역시 2009년 개정 국가교육과정 이후 글로벌 시민성을 중요한 교육적 가치로 설정하고, 인권을 향유하고 보다 '정의로운' 사회를 지원할 능력을 함양한 글로벌 시민교육을 강조하고 있다(교육과학기술부, 2011).

　한편, 2018년부터 적용될 '개정 국가교육과정'의 핵심 어젠다 중의 하나는 미래형 창의융합 인재의 양성이다. 이러한 인재 개발의 목적 달성을 위해 2018년 3월부터 우리나라의 모든 고등학교 학생들은 '통합사회'라는 과목을 학습한다. 2015 개정 교육과정에 따르면 통합사회 과목은 9대 주요 개념들—예를 들어 행복, 정의, 인권, 세계화, 자연환경, 생활공간, 문화, 지속가능성 등—로 구성되어 있으며, 기존의 사회교과 간—지리, 역사, 일반사회, 윤리—융합 교수학습활동을 통해 글로벌 시대에 적합한 글로벌 시민 양성을 지향한다(교육부, 2015). 지리교육은 장소, 공간, 상호의존, 스케일과 같은 지리적 빅 아이디어를 통해 세계에 관해 쓰고(인지적 측면) 동시에 세계를 쓰는(정의적 측면) 교과이다 (Gregory et al., 2009). 이러한 특징을 반영하여 최근 국내 지리교육학계에서는 후자, 특히 '정의'와 관련하여 다양한 이론적·경험적 연구가 진행되고 있다. 대부분은 시민성(글로벌 시민성, 생태시민성, 다문화시민성) 차원에서 시민성이 지향해야 할 내재적 가치로서 '정의'를 일부 인용하는 연구(김갑철, 2016; 김다원, 2016; 조철기, 2013a; 한동균, 2009), 환경정의 및 환경윤리 차원에서 '정의'를 일부 차용하는 연구

(김병연, 2013; 서태동, 2014; 채유정·남상준, 2015)이다. 하지만 이들 연구에서 정의는 논의의 중심이라기보다는 시민교육 및 환경교육이 지향해야 할 하나의 가치로서 추상적·부차적으로 다루어진 측면이 있다. 본 연구는 2018년 통합사회 교과목의 출범에 맞추어, 이 과목의 핵심 개념 중 하나인 '정의'를 지리교육에서 이떻게 기르칠 것인지를 핵심 연구목적으로 설정한다. 이러한 연구목적을 달성하기 위해, 다음의 3가지 연구질문을 논의한다. 첫째, 최근 논의되고 있는 정의 관련 담론들의 특징은 무엇인가?, 둘째, 글로벌 차원의 교육 전통들은 어떠한 가치의 정의를 지향하는가?, 셋째, 이러한 정의 개념을 지원할 수 있는 지리교육과정의 대안적 구성방법은 무엇인가?

전술한 핵심 연구질문에 대한 답을 찾기 위해 본 연구에서는 크게 3단계의 탐구 과정, ① 정의 관련 담론에 대한 선행 연구 리뷰, ② 글로벌 차원의 교육 전통에서 지향하고 있는 정의의 방향성, ③ 대안적 지리교육과정의 실천방향 제시를 순차적으로 실행할 것이다. 제1단계에서는 '정의' 관련 담론들을 Fraser(2009)의 해석을 참조하여 크게 '분배'(Rawls, 2009)(경제적 분배로서의 정의), '인정'(Fraser, 2009; Young, 2009)(정체성의 정치학으로서 정의) 그리고 '참여'(Biesta and Lawy, 2006; Tully, 2014)(민주주의 정치체제에 대한 정의)라는 핵심 개념을 중심으로 개관할 것이다. 여기에서는 각각의 주제어를 중심으로 전개되고 있는 다양한 정의 담론들의 개념적 근거, 핵심 쟁점별로 개관한다. 제2단계에서는 지금까지 발전을 거듭해 온 다양한 차원의 글로벌 교육 전통들이 정의와 관련하여 어떠한 방향으로 수렴되고 있는지를 탐색할 것이다. 마지막 단계에서는 지리교육의 빅 아이디어인 '공간적' 불평등을 사례로 교육과정 및 교과서 수준에서 새 실천방향을 제안한다.

2) 정의에 대한 담론들

오늘날 많은 학자들—예를 들어, Biesta(1998), Sant et al.,(2017)—은 보편적인 의미로 '정의'를 환원시키는 것의 어려움을 지적한다. 이들은 공통적으로 정의의 의미가 다층적이고 임의적이며, 여전히 새로운 의미가 등장하는 방향으로 진화함을 주장한다. 본 연구 역시 광범위한 스펙트럼 속에서 진화 중인 정의들 사이에서 어떤 핵심을 찾는 데 목적을 두지 않는다. 그 대신에 오늘날 활발히 논쟁 중인 주요 정의 담론들을 개관하고, 이들 중 하나—분배적 정의—를 사례로 어떻게 하면 지리교육에서 이러한 개념을 지원할 수 있는지 상호 연결고리를 찾는 데 초점을 둔다. 이 절에서는 정의에 대한 Fraser(2009)의 해석을 바탕으로 대표적인 정의 담론인 '분배의 정의', '인정의 정의', '참여의 정의' 담론에 대해 각각의 개념적 특징 및 주요 쟁점을 간략히 정리한다.

(1) 분배의 정의

분배(redistribution)의 정의와 인정(recognition)의 정의는 오늘날 가장 널리 알려진 정의 담론이다. 우선, 분배의 정의는 용어에서 짐작할 수 있듯이 자원과 상품의 보다 정의로운 분배를 추구한다. 예를 들어, 보다 많은 자원과 상품을 소유한 곳—글로벌 북부(the North), 부유한 사람, 소유주—에서 보다 적은 자원과 상품을 소유한 곳—글로벌 남부(the South), 가난한 사람, 노동자—으로 재분배를 추구하는 것이다. Rawls(2009)는 성숙한 자유주의 사회에서 모든 구성원의 기본 욕구를 충족시키기 위한 소위 '지원의 의무'로서 축적된 부의 재분배를 강조한다. 그리고 이러한 재분배를 위한 전제조건으로서 사회 구성원 사이의 상호지원을 강조한다(Sant et al., 2017 재인용). 경쟁과 자유를 강조하는 오늘날의 자유시장경제—혹은 신자유주의적—질서 속에서 이러한 평등주의적·자유주의적 분배 정의는 공격의 대상이 될 수도 있다(Fraser, 2009; Forst, 2001). 하지만 지난 150여 년 동안 분배적 정의 담론은 정의 이론의 핵심 패러다임으로서 중요한 위치를 차지하고 있다.

Fraser(2009)는 자유주의적 분배 정의의 특징을 다음과 같이 정리한다. 첫째, 이 담론은 정의의 반대 개념인 부정의(injustice)를 정치경제적인 실체로서 파악하며 정치경제학에 부정의의 근원을 둔다. 즉 경제적 착취, 경제적 소외, 결핍과 같은 현상을 이러한 부정의로 범주화한다. 둘째, 분배의 정의 담론에서는 부정의한 사회의 문제 해결을 위한 방안으로 정치경제적 재구조화를 제안한다. 즉 노동 분업의 재구조화, 혹은 다른 기본적 경제구조의 변형을 통해 분배의 정의를 실현할 것을 강조한다. 셋째, 이 담론에서 부정의의 희생자는 주로 경제적으로 정의되는 노동자 계급(class) 혹은 유사 집단 —예를 들어, 저임금을 받는 이민자, 소수민족 혹은 무급의 여성 등—이 포함된다. 분배의 정의에서 불평등의 대상은 정치경제학과 계급, 인종, 젠더가 교차하는 소외집단이다. 마지막으로 분배의 정의 담론에서는 '차이(difference)'를 극복해야 할 불공정한 특이성으로 본다.

(2) 인정의 정의

인정의 정의론은 분배의 정의론의 대척점에 위치하고 있는 대안적 관점으로 평가받는다(Sant et al., 2017).[31] 이 담론의 지향점은 "차이 친화적인(difference-friendly)" 세계 환경 조성에 있다고 말할 수 있

---

[31] 인정의 정의론과 분배의 정의론 사이의 관계를 상호 수렴할 수 없는 대척점으로 평가하는 방식은 1990년대에 넓게 확산되었다. 인정의 정의론을 지지하는 학자들, 예를 들어 Charles Taylor(1994)는 분배의 정의론을 차이에 대한 무지에서 나온 이론임을 강조한다. 그는 분배의 정의론이 지배집단의 규준을 일반화함으로써 타자의 분명한 차이를 무시하고 그들을 종속화시킴으로써 부정의한 사회를 강화시키고 있다고 비판한다. 한편 분배의 정의론자들, 예를 들어 Richard Rorty(1998)는 정체성의 정치학이 실물경제 이슈들에서 파생된 비생산적인 담론으로서 집단을 분열시키고 인류의 보편적인 도덕 규준을 거부한다고 비판한다(Fraser, 2009에서 재인용).

다(Fraser, 2009, 73). 여기에서 차이 친화적 세계란, 지배적인 주류문화의 규준 혹은 다수에의 동화를 더 이상 상호 동등한 존중의 대가로 간주하지 않는다는 것이다. 즉 인종, 민족, 성소수자, 젠더 등에 있어 존재하는 분명한 관점들의 차이는 존재하며, 기존의 다수 혹은 주류사회가 이들의 차이를 인정할 것을 요구하는 것이다(Fraser, 2009, 73-74). 이러한 관점에서 인정의 정의는 부정의 자체보다는 부정의의 경험에 초점을 둔다. Young(2009)은 제도, 실천, 구조적 혹은 문화적 변화에 대한 재조직을 통해 이러한 부정의의 경험들을 사회문제로 표면화할 것을 강조한다. Young(2006, 102)은 "정의를 향한 의무는 사람들을 연결하는 사회적 구조에 의해 사람들 사이에서 발생하며, 정치적 제도는 이러한 의무에 대한 반응으로 존재해야 한다."라고 주장한다. 이러한 정의의 관점은 최근 전술한 분배의 정의를 넘어 많은 정치학자 혹은 새로운 정의 패러다임을 찾는 학자, 시민사회의 많은 관심을 받고 있다.

Fraser(2009)에 따르면, 인정의 정의 담론은 다음과 같은 몇 가지 특징이 있다. 첫째, 이 담론은 부정의를 문화적인 실체로 간주하고, 부정의를 재현, 해석, 의사소통과 같은 사회적 양상에 기원한다고 말한다. 즉 부정의의 문제는 문화적 지배, 불인정, 무시와 긴밀하게 관련되어 있다는 것이다. 둘째, 인정의 정의 담론에서 부정의의 문제를 해결하는 위해서는 문화적 혹은 상징적 변화를 강조한다. 즉 무시받은 정체성에 대해 재평가하면서 동시에 문화적 다양성을 인정하도록 하자는 것이다. 재현, 해석, 의사소통은 모든 사람들의 사회적 정체성을 변화시키는 방식이며, 이들의 변화를 통해 전체적인 사회 패턴을 변화시킬 것을 강조한다. 셋째, 부정의의 피해자는 경제적 생산과 관련되기보다는 존중, 명예, 특권과 관련된 한 사회에서 '소외'된 집단이다. 여기에는 지배적인 문화적 가치의 입장에서 '다르거나' '덜 가치로운' 것으로 간주되는 민족, 인종, 섹슈얼리티 등이 포함된다. 이 담론은 인종, 젠더, 섹슈얼리티의 관점에서 문화적 코드와 교차함으로써 보다 복잡하게 정의된 집단들까지 고려한다. 마지막으로, 이 담론은 '차이'를 소거의 대상이 아니라 문화적 변이로 간주하고, 차이는 긍정적으로 맞이할 대상, 혹은 담론적으로 구성된 계층적 실체로서 해체의 대상이다.

(3) 참여의 정의

마지막으로 참여의 정의론은 전술한 두 정의의 실현을 위한 잠정적인 조건으로서 강조되는 또 다른 담론이다. Fraser(2009, 75)에 따르면, 정의의 실현을 위해서는 "모든 사회 구성원이 동료로서 상호작용할 수 있는 제도를 필요"로 한다. 여기에는 두 가지 조건을 포함하는데, 자원의 분배를 통해 구성원의 독립과 요구를 보장해야 하고, 차이에 대한 인정을 통해 모든 구성원을 존중함은 물론 사회적 존중을 위한 동일한 기회를 보장해야 한다(Fraser, 2009). 즉 두 가지의 정의는 '민주적 상호작용',

'민주석 참여'가 중속되었을 때에만 이루어질 수 있다는 것이다. 많은 사람들에게 '선거'를 통한 참여는 이러한 민주적 정의를 대변하는 상징으로 인식되어 왔다. 하지만 오늘날과 같은 글로벌화된 복잡한 세계에서 국가, 선거를 중심으로 한 기존의 민주주의가 오히려 비민주적일 수 있다는 비판론이 제기되고 있다. 예를 들어, 국가를 초월한 글로벌 시장의 권력이 국내 통치에 영향을 주고 있는 현실을 관찰하는 것은 어렵지 않다. 또한 자유민주주의 사회 내에서도 특정한 형태의 참여가 다른 방식들보다 우선시되는 사례도 존재한다(Sant et al., 2017). 이와 관련하여 Wall(2012)은 민주사회를 지원할 수 있는 어린이나 청소년의 참여·기여가 다른 형태의 참여를 당연시함으로써 소외, 치환, 평가 절하되고 있음을 지적한다. 이러한 관점에서 민주주의 사회에서의 시민성이란 항상 상황적·맥락적일 수 있다(Tully, 2014). Biesta and Lawy(2006)는 민주주의, 시민성을 불안정한 개념으로 간주하고 이것들에 끊임없이 문제를 제기할 것을 요구한다. 또한 청년의 참여를 위한 실질적 조건들을 조사하는 것이 민주적 정의를 위해 중요하다고 말한다.

요컨대 '정의'라는 인류의 '보편적' 가치를 둘러싼 담론들은 오랫동안 서로가 간과·배제해 왔던 영역에 대해 주목함으로써 정의의 대상 및 범위를 지속적으로 확대하는 방향으로 진화하고 있다. 정의 담론 내외에는 본 연구에서 개관한 분배의 정의, 인정의 정의, 참여의 정의 외에도 수많은 분기와 변이들이 상존하고 있다. 이러한 현실은 Derrida(1997)의 지적처럼, 정의를 명시화·단정화하려는 시도 자체가 정의에 대한 부정의한 태도가 될 수 있음을 암시한다. 그보다는 다양한 스펙트럼의 정의 담론 속에서 특정 정의 담론—예를 들어, 분배의 정의론— 을 지리교육의 차별성을 고려하여 어떻게 학교 교육과정 속에서 구성해 내느냐에 주목하는 것이 보다 유익한 작업일 것이다.

3) 정의를 향한 글로벌 교육으로의 전환

본 연구의 핵심 질문은 '글로벌 차원에서의 정의를 지리교육에서 어떻게 가르칠 것인가?'이다. 두 번째 절에서는 지리교육의 차별성과 연결하기 위한 조건으로 본 연구의 핵심 관심사인 '글로벌 차원'과 관련된 교육운동의 전통들[32]에 주목한다. 여기에는 Bourn(2015)의 분류를 참고하여 글로벌 교육

---

32 영국의 대표적인 개발교육학자인 Douglas Bourn은 개발교육에 대한 개론서인 *The Theory and Practice of Development Education*(2015, 8-24)에서 개발교육의 역사적 발달 과정을 소개한다. 여기에서 그는 1960년대에 등장한 환경교육, 평화교육, 다문화교육, 간문화교육, 인권교육, 반인종주의 교육 등이 사회적 관심사와 교육을 연결시키고, 교육이 개인과 사회의 변화에 긍정적인 영향을 끼칠 수 있음에 전제하여 등장한 글로벌 차원의 교육들이란 점에서 '형용사적(adjectival)' 교육이라고 명명한다. 나아가 본 연구에서 주목하고 있는 지속가능발전교육(ESD), 글로벌 시민성 교육(GCE)을 1990년대 이후 등장한 새로운 '형용사적' 교육이라고 해석하고 있다.

의 3가지 계보—즉 개발교육(development education), 지속가능발전교육(education for sustainable development), 글로벌 시민성 교육(global citizenship education)—를 탐구한다. 각 교육연구의 역사적 발달 과정, 특징, 최근 쟁점에 대한 간략한 리뷰를 통해 최근의 글로벌 교육 논의의 공통분모로서 새롭게 부상하고 있는 '글로벌 차원의 정의'의 의미를 조명한다.

(1) 개발교육 전통

'개발교육(development education, DE)'은 글로벌 차원의 사회적 관심을 고취시키고, 교육을 통해 개인적·사회적 변혁을 추구하는 오늘날 대표적인 글로벌 차원의 교육 영역이다(Bourn, 2015). 개발교육의 의미와 범위에 대한 해석은 다양하다. 하지만 최근의 연구들에서 제안하고 있는 개발교육의 의미를 분석한 고미나·조철기(2010, 158)의 연구에 따르면, 개발교육은 협의로는 "제3세계의 사회·경제적 상태에 대한 관심과 지원을 통해 자국 국민들에게 이들 국가의 빈곤에 대한 인식을 증대시키고 원조를 목적으로" 한다. 광의로는 "제3세계뿐만 아니라 전 세계 모든 부분의 개발 쟁점에 대한 인식과 이해를 통해 모든 사람들의 삶의 질을 개선하는 데 초점"을 둔 교육까지 확장시킨다.

전자와 같은 해석은 개발 의제와 개발교육이 본격적으로 발달하기 시작한 1960년대로 거슬러 올라간다. 1960년대는 세계대전의 종식과 더불어 '선진국'과 제3세계가 이전의 지배/피지배의 식민관계에서 벗어나 경제적·사회적·문화적으로 '후기식민' 관계를 지속해 나가던 시기이다. 당시 서구 선진국들은 경제성장에 대한 근대적 개발주의에 몰입해 있었다. 반면에 개발 NGO들—예를 들어, Save the Children, Oxfam—과 교회들은 제3세계의 가난, 기아 문제 해결을 위한 기금모금과, 대중의 관심 고취를 위한 각종 교육 프로그램 개발을 주도하면서 개발교육의 핵심 기구로 급부상하고 있었다. 이러한 맥락에서 Bourn(2015)은 이 시기 개발교육의 특징을 ① 서구 개발주의 및 경제성장 담론의 무비판적 확산, ② 전후 제3세계 문제에 대한 정보 및 자료 제공을 통해 무지한 대중에 대한 의식 제고, ③ 개발 NGO, 교회를 중심으로 한 온정주의적 관점 지배로 정리한다.

1970년대 이후는 개발교육에 있어 '비판적 관점'으로의 전환이 일어나던 시기이다. 이때 비판적 관점이라는 것은 기존 개발교육이 집중하였던 무비판적·탈맥락적인 '원조' 위주의 접근에서 벗어나 사회 '정의적' 관점에서 제3세계를 인식하기 시작함을 의미한다. 개발교육에서의 '사회 정의' 전환은 브라질의 교육학자인 Paulo Freire(1972)의 *Pedagogy of the Oppressed*의 출간 이후 시작된다. 프레이리 페다고지 혹은 비판 페다고지라고 명명되는 이 접근법은 "'타자'를 향한 불공정하고 비민주적인 권력관계를 변화하기 위해 '타자'와 관련하여 사회적으로 왜곡된 지식(이데올로기)들을 분명히 밝히는 것을 허용"하는 것이다(김갑철, 2016, 463). 이러한 관점은 1980년대 독일, 오스트레일리아를 비롯하여, 1990년대에는 영국, 캐나다, 일본에까지 확산된다. 예를 들어, 개발교육의 선도국가인 영국의 경우 1993년 기존의 개발교육센터와 국제 조직들을 결합하여 개발교육협회(Development Education Association)를 만들고 개발교육에 대한 비판적 관점을 제공하기 시작한다. 개발교육은 "세계의 사람들과, 그들의 삶을 형성하는 힘에 대한 이해 그리고 보다 정의롭고 지속가능한 세계 사이의 관계"와 연결된다(Bourn, 2015, 16). 하지만 많은 국가의 정부들에서 개발교육의 이러한 비판적 관점을 정치적 의제 혹은 대중을 현혹시키는 교조주의로 간주하면서 소극적으로 지원한다.

하지만 1990년대 이후에는 다양한 미디어를 통한 홍보, 개발 NGO의 교육활동에 따른 대중의 관심 증가, 정치적 지원 등의 영향으로 세계 각국에서 '정의'로운 개발교육에 대한 지원이 급격히 증가한다. 특히 2000년 세계의 빈곤, 기아의 근절을 목표로 시작된 UN의 밀레니엄 개발목표(Millenium Development Goals)의 시작을 계기로 세계 각국 정부는 글로벌 불평등을 개선할 개발교육에 대한 지원이 증가한다. 특히 유럽에서는 2001년 Committee of Development Ministers가 발족되었다. 나아가 2005년에는 European Consensus를 통해 모든 유럽연합(EU) 회원국들이 글로벌 불평등을 해소할 수 있는 개발지원기금을 조성하기 시작한다. 한편, 개발 NGO들은 2005년 Make Poverty History Initiative를 출범하여 글로벌 기아와 투쟁하고 글로벌 정의의 지원을 선언한다. 또한 기존의 개발교육이라는 용어를 전략적으로 '글로벌 학습'으로 교체하여 글로벌 정의를 지원하는 개발교육을 21세기 새로운 방향성으로 재정립하고 있다.

(2) 지속가능발전교육 전통

지속가능발전교육(education for sustainable development, ESD)은 오늘날 글로벌 차원의 교육을 강조하는 또 다른 핵심 분야(계보) 중 하나이다(Bourn, 2015, Mannion et al., 2011). 지속가능발전교육에서 '지속가능성(sustainability)'이란 개념은 1987년 '브룬틀란 보고서(Brundtland Report)'에서 처음 등장하였다. 이후 1992년 브라질 리우데자네이루에서 열린 UN 리우 회의(Rio Summit)에서 공식 채택되어 전 세계 지속가능발전교육의 근간으로 공고한 위치를 점한다. Brundtland Commission(1987)에 의하면, '지속가능한 발전이란 미래 세대의 요구를 파괴하지 않으면서 현세대의 요구를 충족시키는' 것이다. 이 정의는 지속가능발전교육의 출발이 기존 환경교육의 연장선상에 있음을 보여 준다. 동시에 이전까지 진화를 거듭해 온 개발교육 담론이 기존의 환경교육과 결합되기 시작하였음을 보여 준다(Bourn, 2015). Rio Summit 보고서에서는 글로벌 규모의 환경 이슈들과 사회·경제적 맥락의 상호연결성을 인정하고 지속가능성 확보에서 교육의 역할을 강조하는 출발점이 된다(Mannion et al., 2011, 445).

1990년대 지속가능발전교육 담론에서는 기존의 환경교육과 개발교육 담론을 결합함으로써 '환경적으로 책임감 있는 시민'을 강조하는 특징이 있다. 이는 인간과 환경 사이에 발생하는 다양한 문제들을 효과적으로 해결하고자 하는 기술적인 논리를 바탕으로 한다(Mannion et al., 2011, 445). 지속가능발전교육의 이러한 논리는 보다 더 나은 세계를 위한 이상과 이것을 실현할 수 있는 구체적인 개발 대안들을 제시하고 있다는 점에서, 전 세계의 많은 환경교육 관련 정책, 교사교육, 교실수업 실천 영역에서 21세기 교육이 지향하고 모든 지구촌이 공유해야 할 이데올로기로서 자리잡게 된다.

하지만 환경교육의 하위 범주로서 지속가능발전교육은 1990년대에서 2000년대에 걸쳐 여러 진보적 교육학자들—예를 들어, Gough(2002), Sterling and Huckle(2014)—의 지원으로 보다 '글로벌 정의', 사회변혁적인 방향으로 진화하게 된다. 예를 들어, Sterling(2004)은 지속가능발전이라는 개념을 지향하기 위해서는 기존 교육의 방향성이 재정립될 필요성을 제기한다. 즉 지속가능성이란 말 자체에는 세계를 제대로 이해하고, 글로벌 환경 이슈에 개인을 연계하는 '변혁'의 필요성을 내포한다. 따라서 이 변혁의 기초로서 지속가능성에 관한 체계적인 학습을 강조하는 방향으로 교육 전환은 필수적이다(Bourn, 2015, 19-20 재인용). 생태사회학자인 Huckle(2010)은 환경교육에 비판사회이론을 결합한다. 그는 지속가능성 개념과 글로벌 민주주의 사이의 긴밀한 관계에 대해 논의하면서, 기후변화와 같은 위협에 대처하기 위해 지속가능발전교육의 실천과 동시에 시민들의 적극적인 참여가 중요함을 강조한다(Bourn, 2015, 19-20 재인용). 후기구조주의 학자인 Gough(2002, 17)는 인식론과 관련하여 논의를 이어 간다. 그는 1980년대 이후 출판된 주요 환경교육 저서들에 대한 분석에서, 글로벌 환경 이슈에 관한 '글로벌하게 생각하기'란 것은 사실 서구와 같은 특정 로컬 지식을 '진리' 혹은 '보편'으로 전제하는 경향이 있음을 지적한다. 그는 진정한 '글로벌하게 생각하기'란, 다른 로컬리티를 갖고 있는 사람들이 협력하여 서로가 갖고 있는 환경 관련 지식의 중심성에서 탈피할 공간을 마련하는 것이라고 주장한다. 구체적인 이론적 관점은 차이가 존재하지만, 이들에게 있어 지속가능발전교육의 논의는 시공간, 세대, 종족을 넘나들면서 시민들의 권리와 책임의 영역을 글로벌 정의를 향해 보다 비판적으로 확장시킨다. '글로벌 (환경)정의—다층적인 글로벌 경제 권력구조와 지속가능성 관계—를 고려할 때 윤리적이고 책임감 있는 시민의 정체성은 무엇인가'라는(Gough and Scott, 2006) 질문을 둘러싼 논의는 현재까지 활발하게 진행 중에 있다.

(3) 글로벌 시민성 교육 전통

'글로벌 시민성 교육(global citizenship education, GCE)'은 글로벌 차원의 교육을 강조하는 주요 분야로서 오늘날 중요한 위치를 점유해 나가고 있다. 사실 글로벌 시민성의 의미, 교육적 가치에 대한 논의는 연구자의 위치성에 따라 다양하지만, 최근의 글로벌 시민성은 대체로 ① 글로벌 쟁점, 개발 쟁점(교육)에 대한 시민들의 관심과 참여, ② 불평등한 글로벌 환경의 개선, ③ 글로벌 시민으로서 개별 주체의 정체성 변화에 초점을 두고 상호 긴밀하게 연결되어 있는 개념이라고 말할 수 있다(김갑철, 2016b; Bourn, 2015). 특히 글로벌 '정의'를 지향하는 글로벌 시민성에 대한 접근법이 등장한 것은 2000년대 중반 이후 진보적 교육이론가들, 예를 들어 Andreotti(2006), Biesta and Lawy(2006) 등의 연구에서 촉발된 것으로서 다음의 초창기 글로벌 시민성 논의들과는 다소 차이가 있다.

　1990년대 시작된 글로벌 시민성의 초기 논의들은 주로 '글로벌 맥락에서 시민성의 재개념화 필요성'을 강조하거나, 세계화에 대한 개인적 차원 혹은 사회적 차원의 행동을 강조하는 데 초점이 맞추어져 있었다. 전자와 관련하여 Miriam Steiner(1996)는 그녀의 저서 *Developing the Global Teacher*에서 글로벌 시민이라는 용어를 처음 사용하고 있다(Bourn, 2015, 22). 그녀는 이 저술에서 시민성의 공간적 무대, 즉 시민성의 '형용사적'인 표현인 '글로벌', '세계'에 주목하고 있다. Steiner(1996)에 따르면, "초국가적 경제 무역 커뮤니티의 성장으로 인해 국가 간 경계의 중요성은 점차 사라지고 있음"을 강조하면서, 글로벌 영역에서 소위 '선진국'을 중심으로 기존 시민성의 관심 및 공간적 범위가 확대될 필요성을 강조한다(Bourn, 2015, 22에서 재인용). 후자와 관련하여 일부 진보적 학자들은―예를 들어, Hirst and Thomson(2003), Waters(2001)―세계화 담론이 기존 '선진국'의 이익을 대변하기 위해 '개발도상국' 혹은 '저개발국'의 자유와 권익을 침해하고 있음을 강조하고, 불공정한 정치경제학적 질서를 개선하기 위해 시민들의 참여를 촉구하고 있다.

　글로벌 쟁점 및 개발 이슈에 대해 시민의 관여 및 책임을 강조하고, 정치적 시민성과 개인의 정체성 사이를 연결하는 브리지로서 교육을 해석하는 이러한 방식은 영국의 비정부기구 Oxfam의 '글로벌 시민교육 프레임' 발표 이후 확산된다(Bourn, 2015; Oxfam, 2006). 1996년 초판이 발표된 이후, Oxfam의 글로벌 시민교육 프레임은 '글로벌 사회 정의'의 실현과 이를 위한 시민들의 '행동'을 강조한다. Oxfam(2006, 3)에 따르면, "글로벌 시민이란 다양성을 존중하고 가치롭게 하며 … 세계를 보다 공평하고 지속가능한 장소를 만들기 위해 기꺼이 행동하는 사람"을 의미한다. Oxfam이 제시한 글로벌 시민교육 프레임은 글로벌 시민교육의 지향점을 '정의로운' 글로벌 사회 건설에 기여하는 시민 육성에 두고, 이를 지원할 구체적이고 다양한 학교 교육과정 실천방안까지 제안한다. 이러한 구체적 프레임은 이후 Oxfam과 같은 글로벌 NGO 및 시민사회의 글로벌 시민교육의 핵심 기준으로 수용된다. 또한 셀비(Selby), 파이크(Pike), 힉스(Hicks) 등 주요 글로벌 교육 이론가들의 연구에도 큰 영향력을 미친다(Bourn, 2015). 나아가 유럽, 북아메리카, 오세아니아, 동아시아 내 많은 국가들의 글로벌 시민교육 정책의 이론적 토대로 자리매김하면서 전 세계적으로 널리 확산되어 나간다.

Oxfam의 글로벌 시민교육 프레임은 글로벌 시민교육의 지향점을 '글로벌 사회정의'로 명시하고, 정규 학교 교육과정을 보완할 수 있는 미시적 수준의 교육과정 실천방안, 페다고지를 구체적으로 제시했다는 점에서 글로벌 시민교육의 '바이블'과 같은 역할을 하고 있다. 하지만 지향하는 '글로벌 사회정의'의 의미, 정의를 향한 교육과정의 구성, 정의와 학습자 주체성과의 관계와 관련된 이론적 수준의 논의가 충분히 반영되지 않은 채 일반화된 틀만 제공한다는 비판이 제기되고 있다. 이러한 논의는 주로 탈식민주의(Andreotti, 2006; Bourn, 2015; Pashby, 2015) 및 후기구조주의(Langmann, 2011;

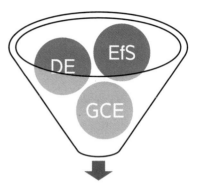

Global Social Justice

그림 3-1. 글로벌 차원의 교육으로서의 전환

Mannion et al., 2011; Winter, 2017) 사조에 입각한 교육학자들이 주도하고 있다. 예를 들어, Andreotti를 중심으로 한 비판교육학자들은 탈식민주의적 관점에서 오늘날의 글로벌 사회가 이미 서구 모더니티, 이데올로기에 통치되어 있고 그 결과 '비서구' 타자를 부정의하게 배제하고 있는 장소, 공간임을 지적한다(김갑철, 2016b). Andreotti의 영향을 받은 Bourn(2015)은 따라서 글로벌 정의를 지원하는 시민 양성을 위해 학교교육은 비판적 페다고지를 통해 학습자를 통치하고 있을지도 모를 서구 중심의 이데올로기에 도전하는 무대일 것을 강조한다.

요컨대 오늘날 글로벌 차원의 교육 전통들(개발교육, 지속가능발전교육, 글로벌 시민성 교육)은 이론적 토대, 구체적인 핵심 초점에서는 차이가 존재하지만 '글로벌 사회정의'를 지향하는 방향으로 진화하고 있다는 점에서 공통분모를 가지고 있다고 판단된다(그림 3-1 참조).[33] 지리교육은 장소, 공간, 상호의존, 스케일 등과 같은 지리적 핵심 아이디어를 통해 세계에 관해 쓰고, 동시에 글로벌 사회정의와 같은 지향하는 세계를 써 나가는 교과이다(Gregory et al., 2009). 다음 절에서는 분배의 정의론 관점에서 '글로벌 사회정의'를 지원할 지리교육의 차별성에 대해 논의한다. 여기에서는 '글로벌 스케일에서의 공간 불평등'이라는 지리교육의 핵심 아이디어를 통해 교육과정, 교과서 수준에서 어떻게 글로벌 불평등 개선에 기여할 정의로운 학생을 기를 수 있는지에 대해 논의한다.

---

33 그림은 글로벌 차원의 교육 전통들이 글로벌 사회 정의를 향해 발전해 온 것을 필자가 모식적으로 나타낸 것이다. 실제 글로벌 차원의 교육들은 본 연구에서 제시하고 있는 3가지 외에도 다양한 스펙트럼이 존재하며, 3가지 차원의 전통 사이에도 상호 중첩되는 부분이 상존함을 밝혀 둔다.

4) 글로벌 정의에 초점을 둔 지리교육의 방향

(1) 지리 교과의 차별화 지점으로서 글로벌 정의

정의는 단순히 개인과 사회의 윤리적 문제에만 국한되지 않는다. 정의/부정의는 우리가 살아가는 다양한 스케일의 공간에 새겨져 있는, 즉 공간이 개입되지 않는 정의는 없다(Soja, 2010). 공간 불평등은 정의가 곧 공간의 문제임을 보여 주는 핵심 주제이다. 지역 및 국가 스케일에 따라 도시와 농촌 간의 격차, 도시 내의 농촌 내의 격차, 수도권과 비수도권의 격차, 영남과 호남 간의 격차, 강남과 강북 간 격차를 이야기할 수 있다. 그리고 글로벌 스케일에서 선진국과 개발도상국 간의 공간 불평등은 정의가 곧 공간의 문제임을 보여 주는 핵심 주제이다. 오늘날 이러한 지역 간의 격차는 줄어들기는 커녕 오히려 늘어나는 경향이 짙다(박배균, 2016; 임미영, 2016).

특히 박배균(2016)은 지리를 통한 정의 교육에서 다중스케일적 이해를 강조한다. 지리 교과는 다양한 스케일을 통해 세상을 바라본다. 앞에서 논의한 정의 역시 다양한 스케일에서 접근이 가능하다. 사실 정의에 대한 논의가 주로 일반사회 및 윤리 교과에서 다루어져 왔으며, 대개 국가 내 사회 수준에서의 정의에 초점을 둔다. 그렇지만 지리 교과는 공간적 불평등을 다양한 스케일에서 다루며, 특히 다른 교과와 달리 글로벌 스케일로 그 확장성이 크다고 할 수 있다.

글로벌 정의는 국가 수준에서 벗어나 글로벌 수준에서 요구되는 정의로, 전 지구적 차원에서 모든 인류가 기본적인 삶의 질을 누릴 권리가 있다는 것에 초점을 둔다. 자원, 역량, 기회 등의 공정한 분배가 국가 차원을 넘어 글로벌 차원에서 실현되어야 할 것으로 본다. 즉 개발도상국 사람들의 삶의 권리 보장을 위해 선진국이 누리는 자원과 기회의 재분배가 필요하다는 것을 의미한다(Moellendorf, 2000; Seglow, 2005; 박애경, 2016). 글로벌 수준에서의 정의를 강조한 또 다른 대표적인 학자로는 Sen (1980)과 Nussbaum(2000) 등이 있으며, 이들은 Rawls의 사회정의 원리의 일부를 비판·확장하여 글로벌 차원에서 분배의 정의를 주장한다. 이들은 개발도상국의 빈곤 원인이 그들 자신의 문제라기보다는 선진국에 의해 야기된 것으로 그들에게 책무를 가질 것을 요구한다(허성범, 2013). 따라서 글로벌 정의는 전 지구적인 불평등문제와 이에 대한 도덕적 의무 및 초국가적 정의의 실현에 초점을 두는 것으로, 이는 앞에서 언급한 개발교육 및 글로벌 시민성 교육 그리고 지속가능발전교육에서 주창하는 바이다(박성우, 2016; 백미연, 2014).

글로벌 정의를 위한 교육은 글로벌 시민으로서 글로벌 공동체에 대한 책무성, 즉 전 지구적 차원에서 사회적 약자로서 기본권을 누리지 못하는 공동체를 위한 교육이다. 좀 더 지리적인 관점에서 말하면, 글로벌 정의 실현을 위한 교육은 세계의 공간적 불평등을 줄이기 위한 교육이다. 사실 앞에서도 논의하였듯이, 일찍이 선진국에서는 글로벌 스케일에서의 공간적 불평등에 관심을 기울여 개발교육이 출현하였으며, 최근에는 글로벌 시민성 교육과 지속가능발전교육으로 이어지고 있다. 따라서 글로벌 정의를 위한 지리교육을 위해서는 교육과정 및 교과서 수준에서 글로벌 불평등을 다룰 필요가 있다. 다음 절에서는 우리나라 2015 개정 사회과교육과정의 성취기준에는 '글로벌 불평등'에 대한 내용이 어떻게 다루어지고 있는지 살펴보고 그 의의와 한계를 평가하고자 한다.

(2) 중학교 '사회'와 고등학교 '통합사회'의 연계

최근 우리나라 지리교육계에서는 '행복', '정의', '인권' 등 지금까지 직접적으로 다루지 않던 개념에 대한 관심이 높아지고 있다(한국지리환경교육학회, 2016; 2017). 사실 이러한 관심의 출현은 2015 개정 교육과정에 따른 고등학교 문·이과 필수과목으로 변모한 '통합사회' 교과목과 관련이 깊다. 2009 개정 교육과정에 따른 고등학교 '사회' 교과목은 선택과목으로 주로 지리와 일반사회 내용이 대단원과 성취기준 측면에서 다소 분절적으로 구성되었다. 그렇지만 2015 개정 교육과정에 따른 '통합사회' 교과목은 지리와 일반사회에 더해 윤리와 역사 등 4개 교과가 참여하게 되고, 대단원과 성취기준은 매우 통합적인 수준으로 이루어져 있다. 대단원은 핵심 개념에 기반하고 있는데, 자연환경, 생활공간, 세계화, 문화, 세계화, 지속가능한 삶, 시장 등은 지리 교과가 직간접적으로 계속해서 관심을 가져오던 부분이지만, '행복', '정의', '인권' 등의 핵심 개념은 다소 생소한 것으로 받아들여진다. 사실 '행복'은 윤리에서, '정의'와 '인권'은 윤리와 일반사회에서 일찍부터 관심을 기울여 오던 핵심 개념이기 때문이다.

'행복'은 지리 교과에서 매우 낯선 개념인 데 비해 '정의'와 '인권'은 지리 교과의 여러 단원에 직간접적으로 다루어져 왔다. 물론 일반사회와 윤리는 정의와 인권을 중요한 핵심 개념으로서 하나의 단원명으로 다루어져 왔다면, 지리 교과는 이러한 개념을 직접적으로 언급하지는 않더라도 여러 단원에 산재하여 정의와 인권을 다루어 온 것이다.

본 연구는 글로벌 정의에 초점을 두고 있기에 '정의'와 관련된 단원에 초점을 두어 논의하고자 한다. 윤리와 일반사회에서는 '사회정의'를 다룸에 있어 대개 정의의 의미와 정의관에 초점을 두는 경향이 있으며, 공간적 범위 역시 한 국가 내의 사회에 초점을 두는 경향이 강하다. 지리 교과 역시 한 국가 내의 지역 간 격차, 도시 내의 빈부격차 등 공간적 불평등 또는 불균등 발전에 대해 다루지만, 구체적인 공간적 불평등 또는 불균등발전 사례에 주목한다는 점이, 그리고 이를 해소하기 위한 여러 방안에 대한 논의에 초점을 둔다는 점이 차별화되는 지점이다.

더욱이 지리 교과의 경우 글로벌 차원에서 공간정의와 환경정의에 초점을 두는데, 이는 일반사회와 윤리 등 다른 교과와 더욱 구별되는 지점이라고 할 수 있다. 지리 교과의 경우 글로벌 문제 또는 쟁점, 특히 글로벌 격차 또는 글로벌 불평등, 글로벌 환경문제 등에 큰 관심을 기울인다. 이러한 글로벌 격차 또는 글로벌 불평등, 글로벌 환경문제가 지리적으로 어떻게 나타나고 그렇게 나타나는 이유는 무엇인지, 그리고 이를 줄이기 위해 우리는 어떠한 노력을 해야 하는지에 관심을 기울인다.

그렇지만 앞에서도 언급하였듯이 현행 지리교육과정에서는 이러한 글로벌 불평등과 글로벌 환경문제 등이 산발적으로 다루어져 '글로벌 정의 실현'이라는 목적에 집중하지 못한 경향이 있었다. 그러나 고무적인 것은 2015 개정 교육과정에 따라 중학교 사회-지리 영역에 단원 '더불어 사는 세계'를 다루고 있어 글로벌 정의를 학습하는 데 매우 유용하다고 할 수 있다. 고등학교 통합사회가 몇 학년에서 이수되어야 하는지는 규정하고 있지 않지만, 필수과목이기에 선택과목을 이수하기 전에 학습할 가능성이 높다고 본다면 통합사회는 중학교 사회와 고등학교 선택과목(한국지리, 세계지리)을 이어 주는 브리지 과목으로의 역할이 기대된다. 따라서 고등학교 통합사회에 순안착하기 위해서는 중학교 사회의 내용이 매우 중요하다.

이 중에서 특히 글로벌 정의와 밀접한 관련이 있는 성취기준은 [9사(지리) 12-02]와 [9사(지리) 12-03]이다. 특히 [9사(지리) 12-02]는 2015 개정 사회과교육과정에서 새롭게 제시된 성취기준으로, 글로벌 정의 실현에 초점을 두는 '개발교육'과 밀접한 관련을 가진다. 이를 통해 글로벌 차원에서 나타나는 선진국과 개발도상국 간의 공간적 불평등을 구체적으로 이해한 후, [9사(지리) 12-03]에서 글로벌 불평등을 완화하기 위한 방안으로 나아갈 수 있다.

(12) 더불어 사는 세계
지구상에서 발생하고 있는 다양한 지리적 문제와 지역 간 분쟁을 조사하고, 이를 해결하여 더 공정하고 더 살기 좋은 세계를 만들려는 인류의 노력을 이해하며 이에 동참하는 태도를 갖는다.
[9사(지리) 12-01] 지도를 통해 지구상의 지리적 문제를 확인하고, 그 현황과 원인을 조사한다.
[9사(지리) 12-02] 다양한 지표를 통해 지역별로 발전 수준이 어떻게 다른지 파악하고, 저개발 지역의 빈곤 문제를 해결하기 위한 노력을 조사한다.
[9사(지리) 12-03] 지역 간 불평등을 완화하기 위한 국제 사회의 노력을 조사하고, 그 성과와 한계를 평가한다.

그렇다면 고등학교 통합사회 교과목의 정의 단원의 성취기준을 한번 살펴보자. 여기서 [10통사 06-01]은 정의의 의미와 실질적 기준에 대한 학습에, [10통사06-02]는 정의관(자유주의적 정의관과 공동체주의적 정의관)에 대한 학습에 초점을 두고 있는데, 이는 '정의'를 개념적이고 이론적인 수준에서 접근하고 있음을 유추할 수 있다. 그러나 [10통사06-03]은 사회 및 공간 불평등 현상과 이를 해소하기 위한 제도와 실천방안에 대한 학습으로, 이는 매우 구체적이고 실천적 수준으로 나아간다. 여기서 사회계층의 양극화, 사회적 약자에 대한 차별 등은 한 국가 내에서 이루어지는 것으로 도시, 인구, 문화, 경제 등의 단원에서 충분히 소화할 수 있으며, 공간 불평등, 특히 글로벌 불평등과 이를 해소하기 위한 방안은 지리 교과와 매우 밀접한 관계를 지닌다. 앞에서 보았던 중학교 사회-지리 영역의 (12) 단원은 이 성취기준을 학습하는 데 연결고리가 될 것이다.

(6) 사회정의와 불평등

이 단원은 "정의로운 사회의 조건은 무엇이며 이의 실현을 위해 어떻게 해야 하는가?"라는 핵심 질문의 답을 찾아가는 과정으로, 이 단원에서는 정의의 의미와 기준 등을 탐구하고 사회적·공간적 불평등 현상을 완화하기 위한 다양한 제도와 실천 방안을 탐색하고자 한다.

[10통사06-01] 정의가 요청되는 이유를 파악하고, 정의의 의미와 실질적 기준을 탐구한다.

[10통사06-02] 다양한 정의관의 특징을 파악하고, 이를 구체적인 사례에 적용하여 평가한다.

[10통사06-03] 사회 및 공간 불평등 현상의 사례를 조사하고, 정의로운 사회를 만들기 위한 다양한 제도와 실천 방안을 탐색한다.

(3) 앞으로의 과제: 가칭 '(글로벌) 불평등과 공간정의' 단원 신설

앞에서 살펴본 것처럼, 글로벌 정의와 관련해 본다면 2015 개정 교육과정에 의한 중학교 사회-지리 영역과 고등학교 통합사회는 잘 조응하고 있다고 볼 수 있다. 그렇지만 중학교 사회-지리 영역이 공간정의, 특히 글로벌 정의에 대한 내용을 응집적으로 보여 주지 못하고 있다. 중학교 사회에서 일반사회 영역은 정의가 하나의 단원명으로 자리하나, 지리 영역은 공간정의가 대단원명으로 자리잡지 못하고 있다는 것이다.

그 이유는 여러 가지가 있다. 그중의 하나는 한 교과서에 함께 반반씩 자리를 차지하고 있는 일반사회와의 차별성을 담보하기 위한 것 때문이다. 지리의 경우 내용 구성이 주제 중심으로 구성되어 있지만, 그 주제라는 것이 계통 학문을 그대로 옮겨 놓은 것이라 할 수 있다. 핵심 개념 위주로 주제를 구성하지 않고 계통 학문으로 주제를 구성한 이유는 일반사회와의 차별성을 확보하기 위한 것이라고 할 수 있다. 그리하여 중학교 사회-지리 영역은 인종, 문화, 사회계층, 성적 취향, 장애, 젠더, 자원과 경제의 불균등, 발전의 불균등 등을 종합적으로 다루지 못하게 된다.

표 3-10. 오스트레일리아 지리 교과서 *Geography Focus 1*의 '글로벌 불평등' 단원 구성체계

소단원	주제
9.1 삶의 필수품에 접근하기 －깨끗한 물	• 오늘날 세계는 어떤 모습인가? • 맑고, 안전한 물에의 접근－이용할 수 있는 물의 글로벌 불평등
9.2 삶의 필수품에 접근하기 －식품과 주거	• 식품에 대한 접근－식품은 충분한가? • 기아의 순환 • 주거에 대한 접근
9.3 삶의 질의 다른 양상들	• 여성의 역할과 지위 • 정부의 유형 • 의료에 대한 접근
9.4 세계와 자원	• 자연적 자원이란 무엇인가? • 화석연료－화석연료의 대안들 • 누가 세계의 자원을 이용하는가? • 세계의 자원에 대한 이용은 얼마나 지속가능한가?
9.5 국가 간의 불평등을 측정하기	• 개발도상국에서의 삶의 질 • 선진국과 개발도상국이란 무엇인가? • **개발을 측정하기** • GDP는 개발을 측정하는 최선의 척도인가?
9.6 인간개발지수	• **UN의 개발의 분류** － **인간개발지수(HDI)**에서 GDP 외의 통계들은 무엇이 있나? • 0(worst)에서 1(best)까지 • **인간개발지수**는 어떻게 사용되나?
9.7 전 세계에서의 삶의 기회	• **개발 척도들** － 인도의 삶의 질 － 말리의 삶의 질 － 미국의 삶의 질
9.8 글로벌 불평등을 줄이기	• 밀레니엄 개발목표
9.9 행동(실천)의 중요성	• 1985년의 밴드 에이드(Band Aid)와 라이브 에이드(Live Aid) • 2005년의 라이브 8(Live 8) • 라이브 8(Live 8)의 결과들
9.10 글로벌 조직	• 비정부조직(NGOs)

그렇다고 하더라도 가칭 중학교 사회－지리 영역 내에 '지역 간 불평등, 공간 불평등 또는 불균등 발전' 등의 단원을 별도로 운용할 필요가 있다. 물론 앞에서 언급한 것처럼, 일반사회와의 차별성을 담보하기 어려운 지점이 있을 수 있지만 지리 내의 통합 단원으로서 다양한 스케일의 공간적 측면에서의 불평등을 다룰 수 있는 단원이 별도로 설정된다면, 공간정의 또는 사회정의를 가르치는 데 초점을 명확히 할 수 있고, 통합사회 교과목으로의 진입 역시 용이하게 할 수 있다.

영국이나 오스트레일리아의 경우 지리가 필수 독립 교과로 자리매김하고 있어, 핵심 개념인 '개발 (development)'이 대단원명으로 제시되기도 한다. 그뿐만 아니라 글로벌 정의 실현과 글로벌 시민성

육성에 초점을 둔 단원이 별도로 구성되기도 한다. 오스트레일리아의 *Geography Focus 1* 교과서의 9단원은 '글로벌 불평등(global inequality)'이다. 이 단원의 도입글은 다음과 같다.

> 오늘날 세계의 많은 사람들은 음식, 주거, 물, 의료, 교육에 대한 적절한 접근을 가지지 않는다. 비록 지구상에는 모두를 위해 충분한 자원이 있지만, 이러한 자원들이 공유되는 방법은 불균등하다. 지리학자들은 세계를 사용하는 자원에 따라 선진국과 개발도상국 두 그룹으로 나눈다. 전 세계의 사람들의 삶의 기회는 매우 다양하다. 지리학자들은 인권과 생태적 지속가능성을 촉진하기 위한 전략들을 발전시킴으로써 불평등을 감소시키는 데 도움을 준다(Zuylen et al., 2011a, 204).

*Geography Focus 1*의 중단원 '글로벌 불평등'의 소단원 및 주제의 시퀀스를 보면(표 3-10), '삶의 질의 차이 → 국가 간의 불평등 측정 또는 개발 정도를 측정하는 척도 → 글로벌 불평등을 줄이기 위한 실천과 행동 → 글로벌 불평등을 해소하기 위한 글로벌 조직'으로 이루어져 있다(조철기, 2013a). 즉 먼저 삶의 질의 차이에 대한 학습을 한 다음, 개발의 의미를 이해하고 이러한 국가 간의 개발의 차이로 인해 나타나는 글로벌 불평등을 줄이기 위한 개인 및 조직의 행동과 실천에 초점을 맞추고 있다(조철기, 2013a).

오스트레일리아의 지리 교과서 사례처럼, 우리나라 중학교 사회−지리 영역에서도 가칭 '글로벌 불평등과 공간정의'라는 단원을 설정하여, 글로벌 차원에서 나타나는 공간적 불평등의 다양한 차원을 종합적으로 학습하도록 할 필요가 있다. 의식주, 의료, 자원에 대한 접근의 차이뿐만 아니라, 남성과 비교한 여성의 삶의 질의 차이, 정부의 유형에 따른 삶의 질의 차이를 조명함으로써 이를 사회적·문화적·정치적 차원에서의 삶의 질의 차이, 다양한 개발지표에 따른 국가 간의 격차 등에 대한 학습을 통해 국가 간의 글로벌 불평등을 줄이기 위한 실천방안을 개인, 국가, 국제적 수준에서 조명해 보도록 할 필요가 있다(조철기, 2013a). 그렇게 될 때 중학교 사회−지리 영역은 고등학교 통합사회의 사회정의 단원을 학습하는 데 선행학습 안내자로서의 역할을 할 수 있을 것이다.

5) 결론 및 제언

지금까지 본 연구는 글로벌 차원에서 정의를 지리교육에서 어떻게 가르칠 것인가에 대해 3가지 차원—정의, 글로벌 교육전통, 지리교육—에서 논의를 전개하였다. 논의를 위한 배경으로서 우선, 정의와 관련된 학계의 주요 세 담론—분배의 정의, 인정의 정의, 참여의 정의—의 특징 및 핵심 쟁점들을 개관하였다. 여기에서는 정의에 대한 논의들이 보다 공정하고 평화로운 사회를 향해 지금까지 서로가 간과·배제해 왔던 영역을 찾아 강조하는 방향으로 진화하고 있음을 알 수 있었다. 이러한 사실에 근거하여 본 연구에서는 다양한 정의의 스펙트럼을 일반화하기보다는 개방적인 마인드를 갖고 각 담론의 분명한 특수성을 인정할 필요성을 언급하였으며, 나아가 각각의 정의를 지원할 수 있는 지리교육의 연결고리를 찾는 것이 더욱 유익함을 강조하였다. 두 번째 단계에서는 정의와 관련된 3가지 교육 전통—개발교육, 지속가능발전교육, 글로벌 시민성 교육—의 계보에 대해 살펴보았다. 비록 이론적 토대, 핵심 초점 등에서는 차이가 존재하지만, '글로벌 사회정의'를 지향하는 방향으로 최근 진일보하고 있다는 점에서 공통분모를 갖고 있음을 알 수 있었다. 마지막 단계에서는 '글로벌 정의 교육으로의 전환'에 주목하면서 분배의 정의와 관련하여 지리교육의 차별성에 대해 탐색하였다. 여기에서는 글로벌 스케일의 공간 불평등이라는 핵심 개념을 토대로 중학교 '사회'와 고등학교 '통합사회' 연계, 글로벌 불평등과 공간정의와 관련된 단원 신설을 대안으로 제시하였다.

시민성, 정의, 인권 등은 주로 일반사회와 윤리의 영역으로 인식되어, 기존의 지리교육에서는 이들 교과와의 차별성을 부각시키기 위해 이를 꺼리는 경향이 지배적이었다. 여기에는 지리교육이 주로 실증주의에 입각하여 전개되고, 가치지향적인 영역을 꺼리는 것이 원인으로 작용하기도 하였다. 그러나 이제 흔히 우리가 범교육과정으로 일컫는 이들 영역에 지리 역시 관심을 기울이지 않을 수 없다. 글로벌 정의 함양을 위한 지리교육을 위해 기존의 내용 요소를 배제하고 새로운 것들을 포섭할 필요는 없다. 지리가 글로벌 정의 함양을 위해 적합한 교과라고 '글로벌 정의'라는 정치적인 수사를 동원하여 새로운 내용 요소를 추가할 필요는 없다. 중요한 것은 교육과정 전체를 관통하는 세계를 이해하는 방식이다(황규덕, 2016).

현행 중학교 사회 교과서의 지리 영역은 긴밀하게 결합되어 발생하는 지리 현상들이 별개의 대단원에 파편적으로 분산되어 학생들이 상호의존적인 체제로 세계를 이해하는 것을 어렵게 한다. 이러한 현상은 사회 교과서를 구성하고 있는 일반사회 영역과 동일하게 대단원 수를 맞추는 과정에서 발생한 것이라고 할 수 있다. 현행 중학교 사회 교과서는 '사회1'과 '사회2'를 합쳐 지리와 일반사회가 각각 14개씩 대단원을 양분하고 있다. 이에 따라 분할해야 할 대단원 수가 많다 보니 상위 주제를 중심으로 개념과 원리를 포섭하여 통합적인 대단원을 구성하기보다는, 기존의 계통적인 접근 방법에서 다루어지던 개념들이 거의 그대로 대단원의 중심 주제로 활용되었다. 일종의 '공유지의 비극'이라고도 할 수 있지만, 저쪽보다는 이쪽에서만 비극이 더 크게 발생하는 것 같아 아쉬움이 크다(황규덕, 2016).

지리는 상호의존적으로 긴밀하게 결합되어 가는 글로벌 사회의 실재를 사회과의 다른 어떤 교과

보다도 효과적으로 보여 줄 수 있는 '연결'과 '통합'의 학문이다. 따라서 일반사회 영역과 대단원 수를 동일하게 유지하면서 '분절'을 지향하기보다는 성취기준 수를 맞춘 범위 내에서 지리교육의 장점을 살릴 수 있는 대단원 구성이 요구된다(황규덕, 2016).

8. 글로벌 시민성 함양을 위한 지리수업 방안

1) 도입

오늘날 세계는 정치적, 경제적, 심지어 지리적 경관의 측면에서 볼 때 급진적으로 변화를 거듭하고 있다. 한 국가 내에서뿐만 아니라 국가 간에 빈부격차가 증가하고 있고, 우리가 모두 의존하는 생태계가 계속적으로 악화되고 있다. 지속가능한 개발은 빈곤의 근절 없이는 성취할 수 없다는 것이 세계 모든 국가들에 의한 공통된 인식소이다. 많은 사람들이 삶에 대한 기본적 수요가 부족한 세계에서는 글로벌 평화와 안정을 위한 기초를 담보할 수 없다. 이를 변화시키기 위해서는 개인적, 로컬적, 국가적 경계를 초월하는 보다 넓은 시민성의 비전이 필요하다. 즉 이제는 로컬 및 국가적 차원에서 끊임없이 요구해 온 '착한 시민(good citizens)'을 넘어 글로벌 맥락에서 감성적으로는 이타적이면서도 이성적으로는 비판적인 '성찰적 시민'이 요구되고 있다.

세계가 더욱 빠르게 변화하고 상호의존적이 되어 감에 따라 우리의 삶은 점점 세계의 다른 지역에서 일어나고 있는 것에 의해 영향을 받고 있다. 따라서 앞으로의 교육은 학생들로 하여금 글로벌 차원에서 현재 직면하고 있거나 앞으로 직면하게 될 도전을 슬기롭게 헤쳐 나가고, 세계에 긍정적 기여를 할 수 있도록 해야 한다. 적어도 지리는 개인, 로컬, 국가, 글로벌 등 다양한 스케일을 대상으로 한다는 점에서 가능성이 열려 있다. 그렇지만 세계지리라는 교과목이 글로벌 스케일을 대상으로 하고 있다고 하여 이를 정당화할 수도 없으며, 더욱이 이러한 목적이 그저 달성되기를 바랄 수는 없다.

세계화되어 가고 있는 21세기에 교육은 학생들로 하여금 그들 자신과 직접적으로 관계하고 있는 범위에 국한되지 않고, 지역적으로나 글로벌적으로 긍정적 기여를 할 수 있는 필요한 지식, 이해, 기능과 가치를 제공해야 한다. 즉 보다 넓은 범위의 활동적이고 참여적인 학습방법을 통해 자존감, 비판적 사고, 의사소통, 협력, 갈등 해결 등을 발전시켜 학생들 자신을 온전하게 하도록 해야 한다. 학생들은 그들이 살고 있는 지역과 국가가 글로벌 차원과 어떻게 연계되고 있는지를 비판적으로 이해해야 할 뿐만 아니라, 타자의 삶 또한 이와 같은 차원에서 이해하고 공감하도록 해야 한다.

세계시민성 교육이라는 목적이 달성되기 위해서는 세계적 맥락을 이해하는 지식적인 면도 중요하지만 실천으로 이어지기 위해 이해와 존중, 공감이 필요하다. 학습자로 하여금 이해와 존중, 공감이라는 가치를 이끌어 내려면 스스로가 세계적인 네트워크 속에 포함되어 있다는 것을 알게 해야 하는데, 그러기 위해서는 학습자가 속해 있는 일상생활에서 그 소재를 찾는 것이 중요하다고 여겨진다.

예를 들어, 우리가 소비하는 것들을 통해 글로벌 장소감을 구체화할 수 있는데, 학생들 본인이 살고 있는 집에서 쉽게 발견할 수 있는 물건의 라벨을 조사하는 것은 좋은 사례가 된다. 이것은 인간과 장소의 상호의존성에 대한 수업의 일부를 형성할 수 있다. 2007년 여름, 한 방송국에서 방송한 '메이드 인 차이나 없이 살아 보기'[34]라는 한·미·일 공동 프로젝트는 우리의 일상이 얼마나 세계화되었는가를 보여 준다. 우리의 일상이 결코 만날 수 없는 사람들에게 의존하고 있으며, 우리의 '소비'는 세계의 영향을 받고, 반대로 우리의 '소비 결정'이 세계에 영향을 미친다는 것을 묘사하기 위해 사용될 수 있다.

이런 면에서 인간이 생존하는 데 가장 중요한 음식이라는 소재를 이용하여 생산–유통–소비 과정을 학습하는 것은 세계적 맥락을 이해하여 공감하고 실천하는 글로벌 시민성 교육에 크게 도움이 될 것이다. 그래서 본 연구에서는 물 다음으로 소비가 많은 음료인 '커피'가 세계무역에 대한 의존도 또한 석유 다음으로 높으면서, 생산국과 소비국의 지역적 차이가 너무도 뚜렷하게 난다는 점을 착안하여 학습소재로 선정하였다. 커피의 생산, 유통, 소비 과정에서 나타난 세계무역을 학습하면서 학습자의 세계시민의식에 대한 사고 변화를 알아보고자 한다. 연구 목적을 좀 더 구체화하면, 첫째, 음식(커피)의 생산, 유통, 소비 과정에서 나타난 세계무역을 학습을 통해 세계무역 구조에 우리 자신이 포함됨을 인식함은 물론, 가치와 태도 면에서 세계시민성 교육에 도움이 될 것인지 알아보고자 한다. 둘째, 세계시민적 가치와 태도 학습을 넘어 실천 의지를 가지고 실천에 이르게 되는지 알아보고자 한다.

본 연구에서는 커피를 소재로 하여 공정무역의 이해와 윤리적 소비의 실천이라는 글로벌 시민성 교육의 효과를 알아보기 위해 문헌연구와 현장연구를 병행하였다.

문헌연구에서는 현행 우리나라 중학교 사회 교과서와 영국 지리 교과서[35]에서 '커피'와 관련된 내

---

34 2007년 여름, MBC 스페셜이 시도한 한·미·일 공동 프로젝트로서 중국산의 주요 수입 3개국인 한·미·일 가정이 '메이드 인 차이나'를 사용하지 않고 한 달간 살아가는 이야기를 밀착취재한 리얼다큐쇼이다. 2007년 7월 23일~8월 22일 한 달간 각 나라의 평범한 가족을 대상으로 집안에 있는 물건 중 중국산으로 확인된 것은 모두 집에서 빼낸 후, 프로젝트 완료 시점까지 사용할 수 없도록 조치하였다. 집에서 없어진 물건을 대체하는 제품 구입은 가능하나 중국산이 아니어야 하며, 집이 아닌 외부 생활권(휴가, 외식의 경우)에서도 적용되었다.

35 영국의 지리 교과서는 옥스퍼드 대학교 출판부에서 발행한 KS3을 위한 지리 교과서 Geog. 1, 2, 3 중에서 커피를 하나의 주제로 하여 심층 학습을 하고 있는 Geog. 1 'Coffee break' 단원을 분석하였다.

용이 어떻게 다루어지고 있는지를 비교·분석하여 텍스트 재구성을 위한 단초를 찾는 데 목적이 있다. 현행 중학교 1학년 사회 교과서와 영국 중학교 지리 교과서에서 '커피'에 대한 내용을 비교·분석하여 유사점과 차이점을 규명하고 텍스트 재구성의 방향을 설정하는 지표로 사용하였다.

포항 소재 여자중학교 1학년 3개 반 102명을 선정하여 커피에 대한 사전 설문을 실시한 후 재구성된 텍스트를 통해 수업을 실시하고 사후 설문을 두 차례에 걸쳐 실시하였다. 검사도구는 선택형과 서술형 문항이 함께 있는 설문지로써, 설문조사는 사전 설문지, 실험 후 1차 설문지, 2차 설문지로 나누어 세 차례에 걸쳐 실시하였다. 실험 기간은 2008년 11월 19일부터 11월 25일에 걸쳐 일주일 간 실시하였는데, 이 시기는 중학교 1학년 학생들이 세계지리 단원을 모두 학습한 이후로서 세계 각 지역에 대한 기초 지식을 어느 정도 습득한 상태이기 때문에 재구성된 텍스트를 통한 수업 전후의 효과를 분석하기에 적절하다고 판단하였다. 2차 사후 설문조사는 2월 9일부터 2월 13일 사이에 학급별 10분 정도씩 소요하여 실시하여 수업 후 형성된 가치와 태도가 얼마나 지속되는지, 실천으로 연결되었는지를 조사하였다.

사전 설문지에는 중학생들의 커피 소비 실태와 커피에 대해 가지고 있는 평소 이미지를 자유로운 서술형의 형태로 답할 수 있도록 하였고, 이미지 형성의 원인은 일반적 사항을 예상하여 객관식으로 선택하게 하면서 기타 의견을 주관식으로 답할 수 있게 하였다. 그리고 '공정무역'에 대한 사전 지식과 물건을 구입할 때 생산지와 생산자, 생산기업을 고려하여 구입을 하는지 알아보기 위해 소비습관을 4단계의 리커트(Likert) 척도를 통해 파악하였다. 또한 가난한 나라 사람들에 대해 학습자 스스로 책임의식을 가지고 있는지를 파악하기 위해 리커트 척도를 사용하였다.

실험 후 1차 설문지에서는 커피에 대한 이미지 변화를 주관식으로 조사하고, 공정무역의 의미를 이해하고 있는지 조사하였다. 그리고 공정무역 상품을 골라 소비하거나 주변 사람들에게 홍보하고자 하는 실천 의지를 리커트 척도로 답할 수 있도록 하였다. 그리고 사전 설문지에서 조사한 가난한 나라 사람들에 대해 학습자 스스로 가지는 책임의식 유무와 이유를 조사하여 어떻게 변화하였는지를 비교하였다.

실험 후 2차 설문지는 일정 기간이 지난 후 두 번째 설문과 같은 내용을 제시하여 시간의 흐름에 따른 학습효과의 지속성을 알아보았으며, 공정무역 제품 구입 또는 공정무역과 공정 제품에 대해 주변 사람들에게 알려 주거나 권유하는 행위 등의 실천으로 이어졌는지 여부와 관련 내용을 선택형 설문 문항을 제시하였다.

2) 한·영 지리 교과서에 나타난 커피에 대한 내용

(1) 한국 중학교 사회 교과서에서의 '커피'

커피는 지리 교과서에서 자원의 하나로 매우 중요하게 다루어지고 있다. 세계무역에서 차지하는 비중이 석유 다음으로 많은 커피는 세계무역의 흐름을 가장 잘 반영하는 학습소재인 동시에, 최근 이를 둘러싼 생산, 유통, 소비에서 '윤리적 소비'나 '공정무역'과 가장 밀접한 관련이 있는 작물 중의 하나라고 할 수 있다. 따라서 이와 같은 작물이 한국과 영국 지리 교과서에서 어떻게 다루어지고 있는지를 그 유사성과 차이점의 측면에서 고찰하는 것은 글로벌 시민성 교육을 위한 수업의 재구성에서 선행되어야 할 단계라고 할 수 있다.

우리나라 중학교 1학년 사회 교과서에서 '커피'에 대한 내용은 매우 제한적이며, 주로 열대지역에서 재배되는 플랜테이션 작물의 하나로 소개되고 있다.

> 라틴아메리카의 원주민은 원래 자급자족의 형태로 옥수수, 감자, 토마토, 담배 등을 재배하였다. 그러나 백인들이 진출한 후 커피, 사탕수수 등의 열대성 작물을 상업적으로 재배하여 수출하는 플랜테이션이 행해지고 있다(박영한 외, 2002, 198). 라틴아메리카에 진출한 에스파냐와 포르투갈은 원주민의 노동력을 동원하여 광산을 개발하고 플랜테이션을 시작하였다. 특히, 카리브해 연안과 서인도 제도, 브라질 등지에서는 플랜테이션이 활발해지면서 부족해진 노동력을 보충하기 위하여 아프리카의 흑인 노예를 들여오기도 하였다. 지금도 이 지역에서는 플랜테이션에 의하여 커피, 사탕수수, 바나나 등의 열대 농작물이 대규모로 재배되고 있으며, 그 수출량도 세계적이다(조화룡 외, 2002, 금성출판사, 224).

둘째, 사회 교과서에 커피, 카카오, 사탕수수 등 다양한 열대작물이 소개되고 있는데, 이러한 다양한 작물들이 생산되는 열대기후라는 환경적 특징을 가진 아프리카, 중남미, 동남아시아의 여러 생산지역의 분포와 각국의 생산량을 확인하는 것이 주요 학습내용으로 다루어지고 있다(그림 3-2).

셋째, 커피가 생산되는 지역과 생산량과의 관계 역시 최근의 데이터를 따라가지 못하고 있을 뿐만 아니라, 커피 재배는 주로 중남부 아프리카와 라틴아메리카에서만 다루어지고 동남아시아에서는 거의 다루어지고 있지 않다. 현재 커피 생산국의 순위를 보면 브라질(1위), 베트남(2위), 콜롬비아(3위), 인도네시아(4위), 에티오피아(5위)[36]임에도 불구하고, '커피'라는 용어가 사용되고 작물분포도에 표시가 되어 있는 단원은 '중남부 아프리카'와 '라틴아메리카'에 거의 한정되어 다루어지고 있다. 일부 교

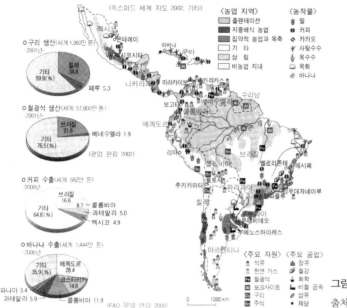

그림 3-2. 라틴아메리카의 자원과 공업
출처: 동화사, 2002, 221.

과서는 '동남아시아' 단원에서 플랜테이션 작물과 관련하여 커피를 직접 언급하고 있지 않을 뿐만 아니라, 작물분포도에 커피를 표시하고 있지 않은 것으로 나타났다(그림 3-3).[37]

넷째, 모든 교과서에서 공통적으로 '플랜테이션'이 유럽인의 자본과 현지의 노동력, 유리한 기후 등이 결합한 단일 작물을 재배하는 상업적 농업이라는 관점을 부여하고 있다. 또한 국제가격 변동에 따른 피해를 줄이기 위해 최근 다양한 작물을 재배하는 경향이 늘어나고 있다고 언급하고 있다. 이는 겉으로는 매우 중립적이고 절제된 서술을 하면서도 그 내부에는 서구 중심주의적 사고를 읽을 수 있다. 이를 더욱더 비판적 관점에서 본다면, 오히려 플랜테이션이 제3세계 국가들의 경제성장에 크게 기여하고 있는 것처럼 인식될 수 있는 소지가 있다. 유럽의 자본에 의해 시작된 플랜테이션이 현지 주민들의 식량 생산 감소와 고착적 경제구조를 가져와서 생활을 어렵게 하고 있다는 설명이나 자료는 어디에서도 찾아볼 수 없다.

다섯째, 커피, 카카오 등의 열대 상품작물들이 작황에 따라 국제가격 변동이 심하다고 언급하고 있는데, 이것이 농민들의 생활에 어떤 영향을 주는지, 또 현지 농민들이 어떠한 생활을 하는지조차

---

36 2007년 기준, 국제커피기구(www.ico.org).

37 10종의 교과서 중에서 4종의 교과서가 동남아시아 단원에서 커피를 직접 언급하지 않았으며, 3종의 교과서만이 작물분포도에 커피를 표시한 것으로 나타났다. 또한 동남아시아 단원에서 커피 생산과 관련하여 정확하게 베트남과 인도네시아를 표시한 교과서는 1종뿐이었다. 국가별 커피 생산량을 나타낸 통계 및 그래프 또한 최신 자료를 통해 올바르게 나타낸 교과서도 2종에 불과하였다.

구체적으로 언급하지 않아 공감적 이해를 구하기 어렵다. 커피를 재배하는 농민들의 생활상을 학습 자료나 본문 내용을 통해 전혀 알 수 없다. 단지 1종의 교과서에서만 '커피 따는 소년'이라는 제목의 읽기자료가 제시되어 있는데, 단지 여기에서 커피를 재배하는 지역의 농민과 어린이들의 삶을 간접적으로 읽을 수 있을 뿐이다.

온두라스의 작은 마을 우니온. 이곳에 사는 마뉴엘은 학교를 결석하고 이른 새벽 형들, 누나들과 함께 낡은 트럭에 올라탄다. 트럭은 울퉁불퉁한 산길을 요동치면서 달려 커피나무가 자라는 밀림 속에 이들을 내려놓는다. 마뉴엘과 그의 형제들은 뿔뿔이 흩어져 '악마의 검은 피'라고 불리는 커피 열매를 따기 시작한다. 아직 키가 작은 마뉴엘은 힘겹게 나뭇가지를 잡아당겨서 손으로 열매를 훑어 내리고, 허리에 찬 깡통에 그것을 담는다. 일곱 식구가 아침 일찍부터 어두워질 때까지 쉬지 않고 딴 커피 열매는 모두 79L. 1L가 약 25센트이므로 마뉴엘 가족이 하루 종일 번 돈은 고작 2만 원 정도에 불과하다. 그러나 작년 가을 허리케인으로 흔적도 없이 날아간 집을 다시 지으려면 모두가 땀을 흘릴 수밖에 없다. 커피 나뭇가지를 하도 훑어서 마뉴엘의 고사리같이 작은 손에는 마치 나무껍질처럼 딱딱한 굳은살이 단단히 박혀 버렸다. 이런 생활이 마뉴엘에게만 해당되는 것은 아니다. 대부분의 친구들이 커피 수확기인 1월부터 4월까지 수업을 빠지고 커피 열매를 찾아 산 속을 헤매므로 교실은 텅텅 비어 있기 일쑤이다(동화사, 2002, 220).

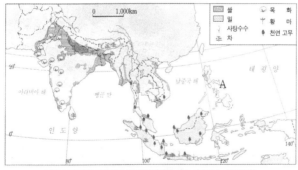

▲ 동남 및 남부 아시아의 농업(알렉산더 벨트 아틀라스, 1990년)

🌐 지도를 보고, 아래 표 ㉮ ~ ㉰에 해당하는 작물을 써 보자.

작물	주산지
㉮	힌두스탄 평원, 인도차이나 반도의 평야 지대
㉯	펀자브 지방, 데칸 고원
㉰	데칸 고원
㉱	타이, 인도네시아, 말레이시아 등

그림 3-3. 동남 및 남부 아시아의 농업
출처: 중앙교육진흥연구소, 2002, 148.

이상과 같은 결과에서 나타난 중요한 점은 커피가 재배되는 지역만이 나타나 있으며, 인간의 삶이 전혀 보이지 않는다는 것이다. '커피'의 재배 과정과 그로 인한 현지인들의 실제적인 생활 모습은 다루고 있지 않다. 실제로 아프리카와 라틴아메리카의 많은 국가들의 산업구조가 커피 수출에 상당 수 의존하고 있으며,[38] 커피를 재배하는 농민들의 소득이 매우 낮아 어려운 삶을 살아가고 있는 것을 미루어 볼 때 좀 더 심층적 탐구가 필요하다고 생각한다. 그러나 우리 교과서에서는 커피를 재배하는, 즉 생산하는 농민들의 삶에 대해서는 전혀 언급이 없다. 단지 1종의 교과서에서만 간접적으로 농민과 어린이들의 삶을 읽을 수 있는 자료가 제시되고 있을 뿐이다. 그러나 이 또한 왜 이렇게 어린 아이들이 아침부터 일을 해야 하는지, 커피 재배 농민이 왜 가난하게 살고 있는지를 전혀 알 수 없다. 학습자로 하여금 '불쌍하다'라는 동정심을 불러일으킬지는 모르지만, 그들이 생산한 농작물을 우리가 소비하고 있으며, 우리의 어떤 소비 결정이 그들의 삶에 영향을 미칠 수 있다는 것을 학습자 스스로 파악하기 힘든 구조이다.

또한 커피가 재배되는 지역만이 언급될 뿐, 글로벌 스케일 관점에서 네트워크성을 가지는 생산지와 소비지의 역동적 관계를 이야기하고 있지 않다는 것이다. 둘째, 커피를 생산하는 생산지의 주민의 삶뿐만 아니라 커피의 유통 및 소비 과정에 대한 내용 또한 전혀 찾아볼 수 없다. 사실 커피의 생산, 유통, 소비에 이르는 무역의 메커니즘이 다루어지지 않는다는 것이다. 커피가 누구의 자본에 의해 어디에서 주로 생산되고, 어떤 유통 과정을 거쳐 주로 어디에서 누구에 의해 소비되는지에 대한 학습은 거의 이루어질 수 없는 구조로 되어 있다. 실질적으로 학습자 스스로가 이러한 작물들을 주로 소비하는 소비자임에도 불구하고 스스로의 소비 결정이 '세계'라는 네트워크에 영향을 미친다는 것을 생각하지 못하게 된다.

따라서 우리나라 사회 교과서에서 다루어지고 있는 '커피' 내용만으로는 글로벌 시민성 함양을 위한 지리수업의 설계에 한계점이 있을 수밖에 없다. 이러한 한계점을 극복하기 위해서는 교과서 내용에 의존한 수업 구성의 일변도에서 벗어나, 목적과 주제 중심으로 내용을 재구성해야 할 것이다.

(2) 영국 지리 교과서의 '커피' 내용: *Geog.1* 'Coffee break'

영국 지리 교과서는 각 단원 구성이 대개 주제 중심으로 이루어져 있기 때문에 우리나라와 달리 출판사별 단원 구성은 매우 상이하다. 본 연구에서 Oxford 출판사에서 발행된 Key Stage 3를 위한 지

---

[38] 과테말라의 경우 인구의 25%가 커피산업에 종사하고 있으며, 커피가 국가 수출액의 70%를 차지할 정도로 영향력이 크다. 그리고 코스타리카는 인구의 10%가 커피산업에 종사하고, 수확기에는 인구의 20%가 종사한다. 또 에티오피아는 전체 수출의 60~65%, 정부 재정수입의 30%를 커피가 담당한다(김민주, 2008).

리 교과서 *Geog.1, 2, 3*을 분석대상으로 한 것은 이 교과서의 한 단원이 'Coffee break!'라는 제목으로 구성되어 있기 때문이다. 이 교과서에는 커피를 하나의 중요한 학습소재로 삼고 있는데, 이와 관련한 내용 구성의 특징은 다음과 같다.

첫째, '플랜테이션'이라는 용어 자체를 언급하거나 플랜테이션 농업의 개념학습을 다루고 있지는 않았다. 커피를 플랜테이션 농업 형태로 이루어지는 작물 중 하나로 언급하는 것이 아니라, 오히려 '커피' 자체를 세계무역 구조를 가장 잘 반영하고 불공정한 세계무역을 담아내는 학습소재로 선택한 것이다.

커피의 주원료인 커피콩(coffee bean)이 생산되고 유통 및 가공되어, '커피'라는 최종단계의 상품으로 누구에게 소비되는지를 단계별로 사진과 글로써 잘 묘사하고 있으며, 그 과정에서 나타난 세계무역의 문제점을 심층적으로 탐구하도록 하고 있다(그림 3-4).

둘째, 우리나라 교과서에서는 커피의 생산지를 찾고 자연환경과 역사적 배경을 학습하는 것이 주요 내용인 반면, 영국 교과서에서는 '커피'의 생산지뿐만 아니라 소비지를 지도에서 확인함으로써 커피가 개발도상국에서 주로 생산되어 선진국으로 소비되는 경향을 학습자 스스로 찾아낼 수 있게 하고 있다. 그리하여 지역과 지역의 상호의존성이나 커피가 세계무역에 대한 의존도가 높은 작물임을 학습할 수 있도록 한다(그림 3-5).

셋째, 커피의 생산-유통-소비 과정에 참여하는 사람들에 대한 커피 한 잔의 가격을 분석한 그래프를 제시하여 우리가 지불하는 한 잔의 커피 값이 누구의 몫으로 주로 들어가게 되는지를 알게 하고, 공정하지 못한 이윤 분배나 커피를 생산하는 제3세계 농민들의 생활상을 짐작케 하고 있다(그림

그림 3-4. Coffee break의 학습목표와 커피의 유통과정

출처: Gallagher and Parish, 2005, 79-80.

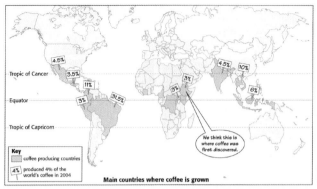

Top 10 coffee-drinking countries, 2000			
Country	**kg/person**	**Country**	**kg/person**
1 Finland	9.88	6 Netherlands	6.74
2 Norway	8.85	7 Germany	6.73
3 Denmark	8.58	8 Austria	5.46
4 Sweden	8.00	9 France	5.44
5 Switzerland	6.95	10 Italy	5.40

그림 3-5. 세계 10대 커피 생산국과 소비국

출처: Gallagher and Parish, 2005, 81.

3-6).

넷째, 커피 재배 농민들의 고단한 생활 모습을 사진과 글로써 읽기자료로 제시하여 주민들의 생활에 초점을 맞추고 있다. 커피콩의 가격 결정이 뉴욕과 런던의 상품거래소에서 선진국에 의해 결정되고 주된 수입업자가 '네슬레(Nestle)'와 같은 선진국의 다국적기업들이라는 사실을 함께 제시하여, 세계무역에서 제3세계 생산자의 힘이 거의 미치지 못하는 모순된 모습을 제시

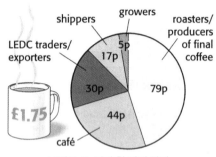

그림 3-6. 커피 한 잔의 가격

출처: Gallagher and Parish, 2005, 81.

하고 있다. 또한 이렇게 하여 결정된 최근 세계 커피 시장의 커피(커피콩) 가격 하락 정도를 그래프로 제시하고, 이것이 농민의 삶에 영향을 미치는 상호의존성을 이해하도록 하고 있다(그림 3-7). 주로 소규모 커피 농장을 꾸리는 자영농의 삶을 기술하고 있으며, 대농장에서 착취당하는 노동자나 어린아이의 인권과 관련된 사항도 일부 제시되고 있다.

다섯째, 국제 커피 가격의 주된 하락 원인에 대해 다양한 방식으로 접근하는데, 국제 커피 가격의 결정이 선진국을 중심으로 이루어진다는 관점 외에 베트남, 인도네시아와 같은 동남아시아 국가들의 커피 생산과 대풍작으로 생산량이 급증한 데 있다고도 언급한다. 그리고 커피 생산량을 급증시키는 데 선진국과 세계은행이 관여하고 있음을 만화로 설명하고 있어 소비국과 생산국과의 관계를 이해하기 쉽게 표현하였다. 그리고 커피 생산량의 급증으로 국제 커피 가격이 하락하였음에도 우리는 비싼 가격으로 가공된 커피를 소비하고 있는 부조리를 학습자가 깨닫게 한다. 해마다 하락하는 세계 커피콩의 평균가격과 달리, 다국적 커피 기업의 이윤은 증가하고 있는 사실을 그래프를 제시하여 알

그림 3-7. 커피 재배 농민의 고단한 삶과 세계 커피 가격의 변화

출처: Gallagher and Parish, 2005, 78, 82.

려 준다(그림 3-8).

여섯째, 불공정한 분배구조를 '수요와 공급'이라는 단순 논리로만 바라보지 않고, 커피 생산 농민이 생계를 유지하도록 하기 위한 방법으로 '공정무역'[39]이라는 새로운 무역 형태를 소개하고 있다. 공정무역이 단순히 생산자를 도와주는 방법이 아니라, 생산자와 소비자에 이득을 줌과 동시에 지속 가능한 환경에 기여하는 원리를 제시한다.

일곱째, 커피 이외 작물들의 세계시장 가

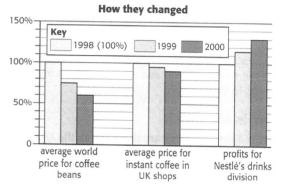

그림 3-8. 세계 커피콩 가격, 영국의 인스턴트 커피 가격, 다국적기업의 이윤 변화

출처: Gallagher and Parish, 2005, 83.

격 하락 정도를 실어 커피에 한정되지 않고 확대하여 사고할 수 있도록 하고 있다. 세계무역 구조에서 무역의 규칙이 선진국과 개발도상국에 공정하게 적용되지 않음을 만화로 흥미롭게 제시한다. '선진국의 농업 보조금 정책'이라든지 '개발도상국의 상품에 대한 많은 관세 적용' 등을 일컫는다. 흔히 우리나라 교과서가 선진국 중심의 기술방식을 적용하는 데 반해, 제3세계 개발도상국의 입장에서 기술하였다는 것은 학습자로 하여금 다양한 의사결정을 하는 데 기여할 수 있다고 여겨진다.

---

39 공정무역은 다양한 상품의 생산에 관련하여, 여러 지역에서 사회와 환경 표준뿐만 아니라 공정한 가격을 지불하도록 촉진하기 위하여 국제무역의 시장모델에 기초를 두고 조직된 사회운동이다. 이 운동은 개발도상국에서 선진국으로의 수출품에 특히 초점을 두고 있는데, 이것들은 거의 대부분 수공예품, 커피, 코코아, 차, 바나나, 꿀, 면화, 와인, 과일 등이다. 궁극적 목적은 경쟁에서 떠밀려 버린 생산자들과 노동자들과 함께 신중하게 일하는 데 있는데, 이는 생계의 안정성과 경제적 자급자족이 되도록 취약한 상태로부터 그들이 벗어나는 것을 돕기 위함이다. 또한 그들 자신의 조직에서 지분을 갖게 하고, 국제무역에서의 공정성을 더욱 획득하기 위하여 국제적인 무대에서 더 활동적으로 폭넓은 역할을 수행하도록 함으로써 그들에게 자립 능력을 부여하는 데 목적이 있다(프란스 판 데어호프 · 니코 로전 공저, 김영중 옮김, 2008, 332-333).

그림 3-9. 공정무역 상품과 로고

출처: Gallagher and Parish, 2005, 84.

▲ It's not Fairtrade if it doesn't have the logo.   ▲ Fairtrade is not just for coffee ...

마지막으로, 선진국들에 의해 주도되고 있는 '자유무역'이 왜 공정하지 못하고, 더 공정한 세계를 위해 세계무역기구(WTO)나 선진국들이 어떻게 해야 하며, 개발도상국 스스로 어떻게 해야 하는지 방법들을 예로 나열하여 그것이 올바른 방법인지를 검토하도록 하였다.

이상과 같이 한·영 지리 교과서에 나타난 커피에 대한 내용 구성은 확연한 차이를 보인다. 우리나라 교과서에서 커피는 플랜테이션 농업의 주요 작물인 하나의 상품 자원으로 인식되어 주로 지역 분포와 생산량에 초점을 두면서 인간의 삶은 철저하게 배제되고 있다면, 영국 교과서에서는 공간적 관점에서 커피의 생산과 유통 그리고 소비를 종합적으로 고찰하면서, 그것에 관여하는 인간의 삶을 조명하고 있으며, 나아가 세계화에 따른 불평등한 세계무역 구조를 반영하는 것으로 상징화하고 있다.

지리를 통해 세계를 배우도록 하는 것의 궁극적인 목적은 지식의 습득과 더불어 우리와 다른 장소에 살고 있는 타자의 삶에 대한 공감적 이해와 이타심, 책임감 등과 같은 세계시민성을 함양하는 데 있다고 할 수 있다. 우리나라 사회 교과서에 나타난 커피의 내용에 근거한 수업으로는 이러한 목적을 달성하는 데 한계가 있기 때문에 텍스트를 재구성하지 않으면 안 된다.

3) 글로벌 시민성 교육을 위한 지리수업의 실제와 결과 분석

(1) 커피와 공정무역을 중심으로 텍스트의 재구성

그리하여 본 연구에서는 지리를 통한 글로벌 시민성 교육을 위해 그 소재로서 커피와 공정무역에 두고 이를 중심으로 텍스트를 재구성하였다. 커피를 비롯하여 축구공, 청바지 등 저가의 노동력을 필요로 하는 상품들이 생산지와 소비지가 확연하게 구별되고 그 이득이 주로 생산지보다는 가공 및 유통업자인 다국적기업의 본국인 선진국으로 돌아가는 세계무역 시스템을 학습자들이 깨닫게 하기 위해서는 상품의 생산—유통—소비라는 과정을 함께 학습할 수 있는 텍스트가 개발되어야 하기 때문이다. 특히 커피는 세계무역에 대한 의존도가 석유 다음으로 높으면서, 생산국과 소비국의 지역적 차이가 매우 뚜렷하게 드러날 뿐 아니라 불공정한 세계무역을 가장 잘 반영하고 있다.

우리나라에서 커피는 1896년 아관파천 때 고종이 러시아공사관에서 커피를 처음 맛보았다는 공식 문헌기록을 시작으로 베트남 전쟁이 한창이던 1960~1970년대에는 참전 중이던 군인들이 고국의 가족들에게 보내거나, 해외여행을 다녀오는 사람들이 챙겨 오는 선물로 귀한 대접을 받았다(강준만·오두진, 2005). 우리나라에서는 주로 인스턴트 형태로 소비되다가, 1980년대 중반 외식산업의 성장으로 해마다 소비량이 증가하여 오늘날은 원두커피(레귤러 형태) 소비가 더욱 증가하였다. 그리고 2002년 기준으로 세계 원두 소비의 12위에 이르게 되었고, 국민 1인당 하루 0.8잔의 커피를 마시는 것으로 나타났다(월간 커피 앤 티, 2003, 33). 더불어 커피 가격 또한 해마다 상승하여 소매가격 기준으로 보면 석유의 11배 정도로 비싸지만, 국제 커피콩 가격은 해마다 하락하고 있다. 그리하여 실제 커피 생산국들은 생계가 어려울 정도의 생활을 하고 있다. 그것은 커피콩의 국제가격이 터무니없이 저렴한 데 비해 커피를 가공하는 다국적기업이 엄청난 이윤을 누리고 있는 세계무역 구조 때문이다. 그럼에도 불구하고 우리의 일상에서 커피의 이미지는 사람과 사람을 이어 주고, 여유로운 생활을 반영하며 멋있고 세련된 이미지 마케팅 결과로만 인식되어 소비된다.

1980년대 이후 영국, 네덜란드, 미국 등 일부 선진국을 중심으로 활발하게 전개되고 있는 '원조가 아닌 무역을'이라는 모토와 생산자에게 정당한 노동의 대가를 치르자는 의미의 '공정무역 운동'은 단순히 가격만으로 제품을 판단하지 않고 환경과 인권을 고려하자는 '윤리적 소비 운동'과 직결된다. 영국의 Oxfam은 음식을 활용한 공정무역과 윤리적 소비가 글로벌 시민성 교육을 위한 주제로서 매우 적합하다는 판단하에 커피를 비롯한 초콜릿을 소재로 한 수업자료를 제공해 오고 있다.[40]

글로벌 시민성을 함양하기 위한 텍스트 재구성의 초점은 지리 교과서에서 다루어지고 있을 뿐만 아니라 우리가 일상적으로 소비하고 있는 커피를 소재로 하면서 공정무역과 윤리적 소비의 교수와 학습에 두었다. 앞에서 분석한 영국 지리 교과서 *Geog.1*의 'Coffee break'를 주내용으로 하면서 Oxfam에서 제공하고 있는 커피와 초콜릿과 관련한 공정무역과 윤리적 소비의 교재뿐만 아니라 국제커피기구(ICO)와 각종 시사 자료 및 커피 관련 서적을 참고하여 커피의 생산-유통-소비의 관점에서 텍스트를 재구성하였다.

먼저 일상생활에서 우리에게 전달되는 방송매체상의 커피 광고를 제시하여 호기심을 가지게 하였다. 학습자에게 우리 일상에서 커피는 어떤 이미지를 가지고 있는지를 질문하여 생각을 확장하게 하였다. 그리고 '커피'가 최초에 어떻게 발견되었고, 어떻게 생산되어 어떤 과정을 거쳐 우리가 소비를

---

[40] Oxfam은 공교육하에서 글로벌 시민성 교육의 실천을 조장하기 위해 초중등학생용 'Fair Trade Chocolate Activity Book'과 같은 교재를 제공하고 있다.

할 수 있는지 그 과정을 간략하게 그림과 설명으로 제시하였다. 일반적인 교과서 구성과 유사하게 다양한 그림과 읽기자료를 제시하고 '학습활동'을 학생들이 할 수 있도록 구성하였다. 2차시 분량에 해당하는 학습활동을 4가지로 제시하여 각 차시에 2개의 학습활동을 해결할 수 있도록 하였다.

〈학습활동 1〉에서는 주요 커피 생산국과 소비국을 제시하고 지도에 표시함으로써, 생산지와 소비지의 공간적 특성을 파악하게 하였다. 그리고 각 국가의 1인당 국민소득을 비교하여 생산국과 소비국의 경제적 차이를 파악하게 하였다. 더불어 세계무역 거래량 1위인 석유의 주요 생산국과 1인당 국민소득을 제시함으로써 '석유수출국기구(OPEC)'와 '국제커피기구(ICO)'의 국제적 영향력을 이해하도록 하였다.

〈학습활동 2〉에서는 라틴아메리카의 한 커피 생산농장의 모습과 인터뷰 장면을 글로 묘사하여 제시하고, 커피 재배 농민의 수입이 적은 이유를 대화체로 묘사한 자료를 제시하였다. 그리고 커피 한 잔의 소비자 가격을 분석하여 생산 및 유통 단계(영국 교과서 자료)에 참여하는 사람들의 몫을 분석한 자료를 제시하여 문제점이 무엇인지를 파악할 수 있게 하였으며, 세계 커피 가격 하락이 커피 재배 농가와 다국적 커피 기업에 어떤 영향을 미치는지 판단하게 하였다.

〈학습활동 3〉에서는 커피 이외 농작물의 세계 가격이 하락할 경우, 재배 농민이 가난에서 벗어나기 위해 어떤 노력을 해야 할지 의견을 제시하게 하였고, 세계화에 따른 자유무역 구조에서 그들의 노력만으로 빈곤이 해결되지 않는 이유를 찾아보게 하였다.

〈학습활동 4〉에서는 선진국을 중심으로 확대되고 있는 공정무역 운동에 대해 소개하고, 공정무역이 어떤 과정을 통해 이루어지며 생산자와 소비자에 어떤 영향을 미치는지 그림과 글로 설명하였다. 이를 통해 커피의 소비자에 해당하는 우리 스스로가 어떤 소비 결정을 내려야 하며, 그것이 세계무역 및 생산자에게 어떤 영향을 미치는지 스스로 판단하게 하였다.

(2) 수업의 적용 및 결과 분석

① 커피 소비 실태와 커피에 대한 이미지 변화

실험처치 전후의 동일 학습자의 변화를 알아보고자 하는 연구로 표본 선정에 있어 학업성적이 상위권에서 하위권에 이르기까지 골고루 분포된 3개 학반을 선정하여 실험을 실시하였다. 세 차례에 걸친 설문조사에서 한 차례라도 미응답한 답안이 있는 대상자는 제외하였으며, 최종적으로 102명의 학생을 대상으로 분석하였다.

먼저 수업 전 중학교 1학년 학생들의 커피 소비 실태를 조사하였다. '커피'는 주로 성인의 기호식품이긴 하지만, 일상생활에서 쉽게 접할 수 있을 정도로 대중화되었고, TV 광고에서도 청소년들이 선망하는 인기 연예인들이 모델로 등장하는 경우가 많다. 그리고 현재의 중학생들은 커피에 대한 잠재적 소비자들이기 때문에 커피 소비 실태를 분석하는 것은 이 연구에서 중요한 선행 작업이라 여겨진다.

첫째, '커피를 한 번이라도 마셔 본 적이 있습니까?'라는 질문에서 102명의 응답자 중에서 93명 (91.1%)이 마셔 본 적이 있다고 하였다. 대부분 학생들이 커피를 접해 볼 만큼 커피는 청소년에게도 낯설지 않은 음료이다. 둘째, '어떤 형태의 커피를 마셔 보았습니까?'라는 질문에서 복수응답을 허용하였는데, 93명의 응답자 중 83명이 캔(플라스틱 병 포함)커피 형태를 마셔 보았다고 하였으며, 60명 (64.5%)이 자판기 커피를, 64명(68.8%)이 인스턴트 커피를 마셔 보았다고 하였다. 셋째, 커피를 마셔 본 적이 있다고 응답한 93명의 학생들 중에 77명(82.8%)은 한 달에 1~2잔 또는 아주 가끔 커피를 마신다고 하였지만, 일주일에 1~2잔을 마신다고 답한 학생도 13명(14%)이나 되었으며, 매일 커피를 마신다고 하는 학생도 3명(3.2%)이나 되었다. 실험 대상에 있는 전체 학생으로 따져 보았을 때 12.7% 가 일주일에 1~2잔을, 2.9%가 매일 1~2잔을 마신다고 응답한 것으로, 중학교 1학년이라는 나이를 고려하였을 경우 꽤 높은 수치라 여겨진다. 넷째, '커피를 마시는 이유가 무엇입니까?'라는 질문에서 '맛과 향이 좋아서'라는 대답이 49명으로 52.7%를 차지하였고, '호기심으로('재미로', '궁금해서'라는 기타 의견도 '호기심으로'로 인정하였음)'라는 대답이 21명(22.6%), '잠을 이기기 위해서'라는 대답이 20명(21.5%) 이었다. 기타 '갈증을 해소하기 위해서', '별생각 없이 엄마와 함께 마신다', '그냥 먹고 싶어서'라는 대답도 있었다. 커피의 맛과 향이 중학교 1학년 학생들에게도 긍정적으로 여겨지므로, 이 학생들이 잠재적으로 성인이 되면 커피의 소비자가 될 확률은 매우 높다고 판단된다.

다음으로 중학생들이 일상생활의 경험을 통해 학습한 커피에 대한 이미지와 커피의 생산-유통-소비 과정을 학습하고 난 후의 이미지 변화를 알아보고자 하였다.

첫째, 보다 다양한 의견을 수집하고자 '커피는 어떤 이미지를 가진 음료입니까?'라는 질문에 주관식으로 답하도록 하였다. 5명의 학생들이 '잘 모르겠다'라고 응답하였고, 나머지 97명의 학생들은 '카페인이 많아서 잠이 안 오고 많이 먹으면 건강에 나쁘다(머리가 나빠짐, 골다공증에 걸림, 키 크지 않음, 중독성)', '분위기 있다', '멋있다', '신비롭다', '고독하다', '고급스럽다', '마음을 편하게 해 준다', '달콤하고 부드럽다', '따뜻하다', '사랑, 연인', '좋은 향과 맛', '여가 활용, 여유로움'이라고 응답하였다.

대체로 중학교 1학년의 청소년에게 커피는 '카페인 → 각성 효과, 건강에 나쁘다'라는 부정적 이미지와 '여유, 분위기, 부드러움, 달콤함, 따뜻함 등' 긍정적 이미지가 공존하고 있는 것 같다. 그리고 이러한 이미지를 가지게 된 이유로는 '직접 맛보고 느꼈다', '어른들이 마시는 걸 보았다'라는 의견이 35명으로 가장 많았고, '어른들로부터 많이 들어서'가 31명, 'TV 광고(드라마 포함)를 통해서'가 23명,

'책을 통해서'라는 대답이 8명이었다. 이 중에서 '카페인 → 각성 효과, 건강에 나쁘다'라는 부정적 이미지는 대체로 어른들로부터 많이 듣거나, 책을 통해 형성되었다고 하였다. 반면에 '여유, 분위기, 부드러움, 달콤함, 따뜻함 등' 긍정적 이미지는 TV 광고를 통해 형성된 것으로 나타났다. 그리고 '여가 활용, 여유로움', '인간관계를 형성시켜 주는 음료'라는 이미지는 커피를 마시는 어른들의 모습에서 형성된 것으로 나타났다. 그러나 최근 쟁점화되고 있는 커피의 재배와 유통에 따른 소득의 불균등과 같은 커피의 또 다른 면은 아무도 생각하지 못했다.

둘째, 커피와 공정무역 그리고 윤리적 소비에 대해 학습하고 난 후, '커피는 어떤 이미지를 가진 음료라고 생각합니까?'라는 질문에서 전체의 98%(100명)의 학습자들이 '어린아이, 가난한 농민의 힘든 노동을 통해 만들어진 것, 숨겨진 사실, 억울함, 슬픈 음료, 두 얼굴을 가진 음료(포장은 여유롭고, 속내에 노동과 땀이 배어 있는 힘든 음료, 이중인격적 음료)', '겉포장을 중요시하는 음료'라고 답하였다. 어린 아이들의 노동과 생산자의 정당하지 못한 노동의 가치 분배에 대한 내용이 학습자들에게 다소 충격적인 자극이 되었던 것으로 판단된다.

② 공정무역과 윤리적 소비의 실천 의지

'공정무역이라는 말을 들어 본 적이 있습니까?'라는 질문에 7명(6.9%)이 들어 보았다고 하였고, 나머지 95명(93.1%)이 들어 보지 못하였다고 하였다. 그러나 '들어 본 적이 있다'는 학생들을 대상으로 '공정무역이 무엇이라고 생각하는가?'라는 질문에서 5명의 학생만이 '생산자에게 생산비 및 노동의 대가만큼 적절한 값을 지불하여 손해를 보지 않게 해 주는 무역 형태'라는 기대한 대답을 하였다.

공정무역이라는 말을 들어 보았다는 7명의 학생을 대상으로 '어떤 경로를 통해 들어 보았느냐'라는 개별 면담을 하였는데, 'TV 소비자 고발─착한 소비'를 통해 들어 보았다고 한 대답이 3명이었고, 나머지는 정확하게 기억하지 못하고 그냥 'TV를 통해 들어 보았다'라고만 하였다. 93.1%라는 많은 학생들이 공정무역을 들어 보지 못하였다는 것은 유럽이나 미국과 같은 선진국에 비해 '윤리적 소비', '공정무역' 등의 글로벌 시민성과 관련된 쟁점들이 언론이나 교육에 많이 반영되지 못하고 있다는 것을 보여 준다.

'물건을 구입할 때 제조 회사가 원료 생산자에게 적절한 값을 지불하는지, 환경을 생각하는지, 근로자에게 정당한 임금을 지불하는지 고려합니까?'라는 질문에서 4명의 학생들이 '매우 그렇다'라고 답하였고, 20명의 학생들이 '그렇다'라고 답하였다. 또 '여러분은 물건을 구입할 때 누군가가 큰 이익을 본다는 것을 생각합니까?'라는 질문에서 8명의 학생들이 '매우 그렇다'라고 대답하였고, 45명의 학생들이 '그렇다'라고 답하였다. 반면에 '세계의 빈부 차를 없애기 위해 선진국이 노력을 해야 한다고 생각합니까?'라는 질문에서는 수업처치 전에 77명(75.5%)의 학생들이 '그렇다'라고 대답하여, 상당수의 학습자들이 이미 국가적 차원을 넘어 세계를 스스로의 공동체 공간으로 인식하고 있으며, 세계인을 공동체에서 함께 살아가는 구성원으로 인식하고 있다고 판단된다. 즉 학생들은 선진국과 후진국이 상호협조적 자세를 가지고 선진국의 책무성을 막연하게나마 느끼고 있다고 생각한다. 수업 처치 후에는 절대다수인 101명(99%)의 학생이 '그렇다'고 대답하였다(그림 3-10).

그러나 '이 지구상에는 너무 가난하여 굶어 죽는 사람들이 있는가 하면 심지어 진흙으로 쿠키를 만들어 끼니를 때우는 사람들도 있습니다. 그들에 대해 우리가 책임의식을 가져야 한다고 생각합니까?'라는 질문에서 수업처치 전에는 '그렇다'와 '매우 그렇다'라는 긍정적 반응이 53명(52%)이었다(그림 3-11). 이는 후진국의 가난에 대해 선진국의 책무성을 인식하고는 있지만 그것이 우리 스스로의 책임도 된다는 사실은 생각하지 못하는 모호한 상황에 있는 학습자들이 24명(23.5%)이나 있는 것이다.

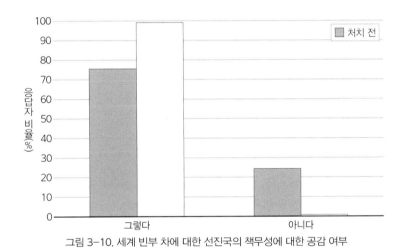

그림 3-10. 세계 빈부 차에 대한 선진국의 책무성에 대한 공감 여부

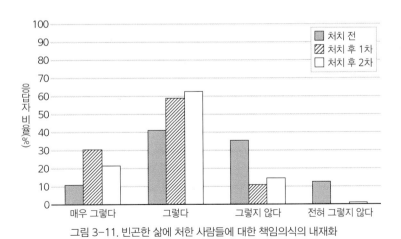

그림 3-11. 빈곤한 삶에 처한 사람들에 대한 책임의식의 내재화

수업처치 전 설문조사에서 긍정적 반응이 52%이던 것이 수업처치 후 1차 조사에서 89.2%로 대폭 증가하였다. 특히 '매우 그렇다'라는 반응이 설문대상의 10.8%에서 30.4%로 늘어난 점에서 스스로를 세계시민으로 인식하고 공감적 이해와 이타심이라는 가치 학습이 이루어진 것으로 판단된다. 그러니 수업처치 후 80여 일이 지난 후 실시된 2차 설문조사에서는 '그렇다'와 '매우 그렇다'라는 반응이 84.3%로 다소 감소하였고, '매우 그렇다'는 반응이 21.6%로 많이 줄어들었다. 이는 80여 일이라는 꽤 긴 시간 동안 일상에서 세계가 네트워크로 연결되어 서로 영향을 주고받고 있다는 것을 깨닫게 해 주는 자극이 중지되었기 때문으로 여겨진다.

또 '이 지구상에는 너무 가난하여 굶어 죽는 사람들이 있는가 하면 심지어 진흙으로 쿠키를 만들어 끼니를 때우는 사람들도 있습니다. 그들에 대해 우리가 책임의식을 가져야 한다고 생각합니까?'라는 질문에 대해 '매우 그렇다', '그렇다'를 선택한 사람들로 하여금 그렇게 답한 이유를 묻는 문항에서, 수업처치 전에는 53명 중 25명(47.2%)의 학생들이 '지구촌 사회를 함께 살아가고 있기 때문(넓게 보면 이웃사촌)'이라고 하였고, 23명(43.4%)이 '불쌍하다는 동정심이 들기 때문'이라는 답을 선택하였다. 그리고 기타 소수 의견으로 '생명이 있는 소중한 사람이기 때문에', '같은 인간이기 때문에'라는 대답이 있었다. 이는 '인간애', '동정심' 등의 인류보편적인 세계시민 의식과 '지구촌 의식'은 내면화되어 있으나 일상에서 네트워크화되어 있는 세계화를 깨닫지는 못하고 있다고 여겨진다. 그러나 수업처치 후 91명의 긍정적 응답자 중 36명(39.6%)의 학생들이 '그들이 가난한 것에 우리도 영향을 미쳤기 때문'이라고 답하였고, '지구촌 사회를 함께 살아가고 있기 때문'이라는 답도 40명(44%)으로 증가하였다. 반면에 '불쌍하다는 동정심이 들기 때문'이라는 대답은 23명(43.4%)에서 11명(12.1%)으로 감소

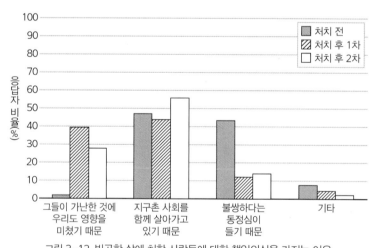

그림 3-12. 빈곤한 삶에 처한 사람들에 대한 책임의식을 가지는 이유

하였다(그림 3-12). 이것은 학생들이 '동정심'과 같은 보편적 인간애를 초월하여 세계가 네트워크로 연결되어 우리의 소비가 생산자의 삶에 영향을 미친다는 사실을 인식하게 된 것으로 판단된다.

반면에 '이 지구상에는 너무 가난하여 굶어 죽는 사람들이 있는가 하면 심지어 진흙으로 쿠키를 만들어 끼니를 때우는 사람들도 있습니다. 그들에 대해 우리가 책임의식을 가져야 한다고 생각합니까?'라는 질문에 '그렇지 않다', '전혀 그렇지 않다'를 선택한 학생으로 하여금 이유를 묻는 문항에서 수업처치 전에는 '우리와 아무런 상관이 없는 사람들이기 때문에'라는 답에 전체 학생(102명)의 5.9%인 6명이 답하였다. 또 '불쌍하다는 동정심은 들지만 우리의 잘못은 전혀 아니다'라고 응답한 학생이 26명으로 전체의 30.4%가 되었으며, '스스로 노력하지 않아 가난한 것이기에 스스로 노력해야 한다'라고 답한 학생도 전체 학생의 15.7%인 16명이나 되었다. 이것은 '지구촌 의식'이나 '인간애'가 내면화되어 있긴 하지만, 가난을 제3세계 스스로의 원인으로 판단하고 세계가 네트워크로 연결되어 우리가 그들의 삶에 영향을 미칠 수 있다는 생각을 하지 못하고 있는 것으로 판단된다. 세계의 각 지역을 대륙 중심으로 분류하여 학습하고 다른 지역과의 상호의존성을 배제한 공간 이해 방식은 학습자로 하여금 이러한 사고를 더욱 고착시키는 결과를 가져오리라 생각된다.

그러나 수업처치 후에는 '우리와 아무런 상관없는 사람들이기 때문에'라는 답이 전체 학생의 0.2%(2명)에 불과하였고, '스스로 노력하지 않아 가난한 것이기에 스스로 노력해야 한다'라는 대답도 0.2%(2명)로 급감하였다. 제3세계의 가난이나 세계의 빈부 차를 특정 국가의 잘못으로만 바라보는 시각이 많이 사라졌다는 것을 알 수 있다. 더불어 '불쌍하다는 동정심은 들지만 우리의 잘못은 전혀

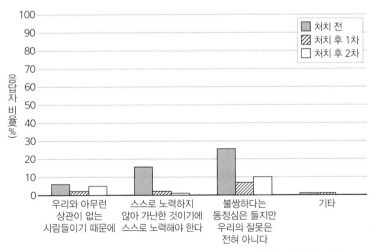

그림 3-13. 빈곤한 삶에 처한 사람들에 대한 책임의식을 가지지 않는 이유

아니다'라는 생각도 전체 학생의 5.9%(6명)로 감소한 것은 모자이크 방식에 따른 세계 인식에서 벗어나 네트워크로 세계를 인식하여 우리의 행동이 다른 나라 사람들에게 영향을 줄 수 있다는 생각을 가지게 된 것으로 판단된다(그림 3-13).

나음으로 커피의 생산-유통-소비 과정에서 나타난 세계무역을 학습하고 난 후, '이타심' 및 '공감적 이해'라는 가치 획득을 초월하여 실천 의지 및 실천 정도를 조사하고자 하였다.

수업처치 후 1차 조사에서 '공정무역 제품은 생산자가 최소한의 생활을 할 수 있도록 해 주며 꾸준히 좋은 품질의 제품을 생산할 수 있게 해 준다. 이런 점에서 여러분은 물건을 구입할 때 공정무역을 통한 물건을 골라 소비할 의향이 있습니까?'라는 질문에 97명(95.1%)이라는 절대다수의 학생들이 '그렇다'라고 하였는데, 그중에서 22명(21.6%)은 '매우 그렇다'라고 하여 매우 긍정적인 반응을 보였다(그

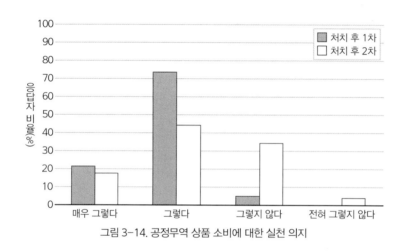

그림 3-14. 공정무역 상품 소비에 대한 실천 의지

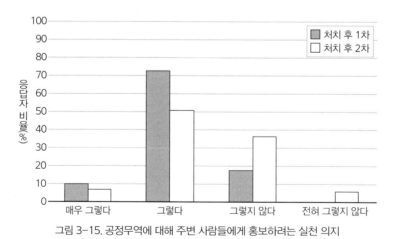

그림 3-15. 공정무역에 대해 주변 사람들에게 홍보하려는 실천 의지

림 3-14).

　그리고 '가까운 사람들에게 공정무역을 통한 물건을 소비하도록 설명하고 설득할 의향이 있습니까?'라는 질문에서도 84명(82.4%)의 학생들이 '그렇다'라는 긍정적 반응을 보였는데, 그중에서도 10명(9.8%)은 '매우 그렇다'라고 하여 매우 긍정적인 실천 의지를 보여 주었다(그림 3-15).

　그러나 '공정무역'에 대한 어떤 지속적인 학습이나 자극이 소멸된 수업처치 후 80여 일이 지난 뒤실시된 2차 설문조사에서는 '앞으로 공정무역을 통한 물건을 골라 소비할 의향이 있습니까?', '가까운 사람들에게 공정무역을 통한 물건을 소비하도록 설명하고 설득할 의향이 있습니까?'라는 질문에서 그 수치가 63명(61.8%), 59명(57.9%)으로 다소 줄어들었다. 예상했던 바와 같이 시간의 흐름에 따른 실천 의지의 지속성이 떨어진다고 볼 수 있다. 학습자로 하여금 가치를 내면화시키고 실천 의지를 확고히 하기 위해서는 지속적인 학습과 자극이 이루어져야 할 것이다.

　2시간이라는 짧은 학습 과정을 마치고 '네트워크 구조의 세계인식', '이타심' 및 '공감적 이해'를 초월하여 실천 의지를 가지고 실제로 실천에 이르렀는지를 조사하고자 커피 유통 과정과 세계무역을 공부하고 난 후, '현재까지(80여 일간) 공정무역 상품(공정무역마크가 표시된)을 구입해 본 적이 있습니까?'라는 질문을 하였다. '있다'라고 응답한 사람은 1명으로 커피 전문점에서 커피를 구입해 보았다고 답하였다. 거의 모든 학생들은 공정무역 상품을 구입해 보지 않았다고 답하였는데, '구입해 보지 못한 이유가 무엇입니까?'라는 질문에 '판매하는 곳이 없어서', '구입 방법을 잘 몰라서'라는 대답이 각각 36명, 37명이었다(그림 3-16).

　실제 대형할인마트에서 확인한 결과, 공정무역 제품은 홈플러스에서 커피 1종이 비치되어 있었으며, 오프라인 매장에서는 구입할 수 있는 곳이 없었다. 온라인에서 '아름다운가게'나 '공정무역가게 울림', 'e페어트레이드코리아', '생협(소비자생활협동조합)' 등을 통해 제품을 구입할 수 있으나, 커피나

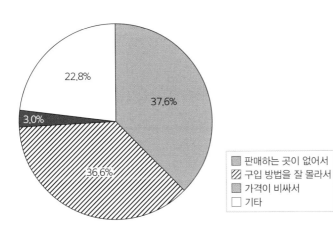

22.8%
37.6%
3.0%
36.6%

■ 판매하는 곳이 없어서
▨ 구입 방법을 잘 몰라서
▨ 가격이 비싸서
□ 기타

그림 3-16. 공정무역 상품을 구입해 보지 못한 이유

설탕, 초콜릿 등 일부 상품에 국한되어 있고 선택할 수 있는 제품 종류도 한정되어 있는 것이 원인으로 보인다.

'공정무역이나 공정무역 상품에 대하여 주변 사람들에게 설명을 하거나 권유해 본 적이 있습니까?'라는 질문에서 8명(7.8%)의 학생이 '있다'라고 대답하였고, 94명이 '없다'라고 대답하였다. 전체 학생의 7.8%에 해당하는 학생만이 주변인에게 '공정무역'을 알리려는 실천적 행위를 한 것으로, 2시간이라는 짧은 학습시간 후 지속적인 처치가 없었으며, 생활 속에서 '공정무역 제품'을 쉽게 접할 수 없는 것이 그 원인으로 여겨진다.

현재 우리나라에서는 성인들에게조차 공정무역에 대한 사회 인식이 낮다.[41] 따라서 커피 유통 과정에 따른 세계무역을 학습하고 세계시민 의식의 변화나 실천 의지가 형성되었다 하더라도 실천에 이르는 것은 한계가 있었다. 하지만 지속적 수업처치를 통해 실천 의지를 유지시키고 온라인에서라도 공정무역 제품을 구입하려고 하는 능동적 실천력을 확산한다면 오프라인상의 매장에서 공정무역 제품이 자리를 잡는 데 도움이 될 것이다. 또한 대형할인매장과 같은 오프라인상에서 공정무역 제품을 쉽게 접하게 된다면 공정무역 제품을 구입하고자 하는 실천 의지에서 더욱 초월하여 실제 구입이라는 실천에 이르는 행위가 더욱 늘어날 것이다.

---

41 2007년 아름다운가게는 "전국의 전국 만 19세 이상 성인남녀 1,000명을 10월 7, 8일 이틀간 전화조사한 결과, 86.6%의 응답자가 '공정무역이란 말을 처음 들어 본다'고 답했다."라고 밝혔다. '공정무역에 대해 들어 본 적은 있지만 잘 모른다'는 응답은 10.3%였고, '알고 있다'는 대답은 3%에 그쳤다. 신충섭 아름다운가게 아름다운무역팀장은 "2004년 영국 공정무역 커피 시장 점유율은 20%였으며, 스위스에서는 공정무역 바나나 시장점유율이 50%를 넘어섰다."라고 전했다.

제4장 다문화시민성

1. 초국적 이주와 다문화사회

20세기 후반 교통·통신의 발달로 인한 세계화의 흐름으로 국가 간 경계는 사라지고 사람들의 자유로운 이동과 이주가 증가하면서 다양한 인종, 민족, 집난이 함께 사는 다문화사회(multicultural society)가 형성되고 있다. 우리나라는 오랫동안 표면적으로 단일민족국가를 유지해 왔지만, 이러한 세계화와 다문화의 물결을 타고 외국인 노동자, 국제결혼 이주여성, 유학생 등의 유입이 급증하면서 빠르게 다문화사회로 나아가고 있다. 이로 인해 전 세계적으로 국민국가 내부의 다양성이 증가하고 있을 뿐만 아니라, 다양성에 대한 인식도 높아지고 있다.

이주란 본래 살던 지역을 떠나 다른 지역으로 이동하여 정착하는 현상을 말한다. 세계화로 인한 초국적 이주는 국제결혼, 외국인 노동자, 다국적기업에 파견된 직원, 방문 연구자 및 유학생, 탈북자, 귀화자 등으로, 국제연합(UN)은 일 년 이상의 거주를 이주라고 규정하고 있다. 이들 중 외국인 노동자, 유학생, 임시 체류자들과 같이 언제든지 귀향할 가능성이 열려 있는 이주자를 잠재적 이주자라고 하며, 결혼이주자와 그 자녀들, 탈북자, 귀화자 등과 같이 기존의 정주자들과 함께 공존하는 이주자를 현재적 이주자라고 한다. 현재 우리나라 다문화교육을 포함한 다문화정책은 대부분 현재적 이주자에 초점을 맞추고 있지만, 점차 이주자까지 포괄하려는 노력을 하고 있다(한국다문화교육연구학회, 2014).

세계화 시대에 가장 뚜렷하게 나타나는 현상은 초국적 이주와 다문화현상이라고 할 수 있다. 한국 사회의 경우 2006년 이후 실행되어 온 다문화정책으로 인해 다양한 형태의 이주자들이 출현하고 있다. 최근 급증하고 있는 초국적 이주는 이들이 유입·정착하게 된 국가나 지역사회의 인종적·문화적 다양성을 증대시키는 한편, 이에 따라 원주민과 이주자들 간 사회공간적 갈등과 정체성의 혼란 등을 유발할 가능성을 높이고 있다.

이러한 상황에서 국가 특히 중앙정부는 외국인 이주자들에 대한 국내 사회경제적 수요를 적절하게 충족시키면서, 동시에 이들의 유입에 따라 발생할 수 있는 문제를 원만하게 해결하기 위한 정책을 강구하게 된다. 이와 관련된 정책의 핵심 요소는 국가—영토를 넘나드는 외국인 이주자들의 출입국 통제와 이들의 일정 장소—체류 과정에서의 의무와 권리를 조건 지우는 '시민성'의 규정이다(최병두, 2011b). 다문화 소수자들은 사회적 약자로서 다수자와 달리 시민으로서의 정체성과 이방인으로서의 정체성 간의 갈등이라는 현실세계의 질서 속에서 일상을 꾸려 나가야 한다(김용신, 2013).

우리 사회는 이러한 다문화사회의 문제를 평화적으로 해결하고 다른 민족, 집단의 정체성과 문화적 다양성을 존중하며 공생하는 다문화사회를 형성해야 하는 과제를 안고 있다. 단일민족국가에서 요구되던 단일문화 국민성과 달리, 다문화사회는 이주민의 배제와 차별, 인권침해, 사회적·문화적 갈등을 해결하고 다양성과 차이를 인정하며 평화롭게 상생할 수 있는 시민의 자질, 즉 다문화시민을 필요로 한다.

　다문화사회는 시민들의 다양성을 반영하는 동시에, 모든 시민이 헌신할 수 있는 보편적인 가치, 이상, 목표를 보유하는 국민국가를 건설해야 하는 문제에 직면해 있다(Banks, 1997). 정의 및 평등과 같은 민주적 가치를 중심으로 국가가 통합되어야만 다양한 문화, 인종, 언어, 종교집단의 권리를 보호할 수 있고, 그들의 문화적 민주주의와 자유를 누릴 수 있다. 캐나다 정치학자인 Kymlicka(1995)와 뉴욕 대학교의 인류학자인 Rosaldo(1997)는 다양성과 시민성에 대한 이론을 구축하였다. Kymlicka와 Rosaldo가 공통적으로 주장하는 바는, 민주사회에서는 민족집단과 이민자집단이 국가의 시민문화에 참여할 권리뿐만 아니라 자기 고유의 문화와 언어를 유지할 수 있는 권리를 가져야 한다는 것이다. Kymlicka는 이러한 개념을 "다문화시민성(multicultural citizenship)"으로, Rosaldo는 "문화적 시민성(cultural citizenship)"이라고 하였다. 1920년 Drachsler는 이를 "문화적 민주주의(cultural democracy)"로 칭하였다(모경환 외 옮김, 2008).

　21세기를 맞아 전 세계적으로 국가의 인종, 민족, 문화, 언어, 종교의 다양성은 더욱 심화되고 있다. 그러므로 시민성 교육도 바뀌어야 한다. 다문화사회에서 시민들은 국가 수준의 문화뿐만 아니라 소속 공동체의 문화에 대한 애착을 가져야 한다. 다양성이 결여된 통일성은 문화적 억압을 초래한다. 우리와 다른 인종, 민족, 집단 및 그들의 문화를 비정상으로 구별짓고 차별하는 것은 결국 소수자인 외국인 이주민의 기본적 인권을 침해하는 것이다. 외국인 이주민은 자신의 고유한 정체성과 언어, 문화를 유지하며 살 '문화권'과 소수민 권리, 피부색이나 외모 등으로 차별받지 않을 '평등권', 인간으로서 안전, 평화, 만족을 누리며 살 '행복추구권' 같은 인권을 침해당하고 있다. 그러므로 다문화사회에서 외국인 이주민 관련 문제들을 해결하기 위해서는 이주민의 인권 보호 측면에서 접근하는 것이 필요하다(박상준, 2012).

　다문화사회는 이주민의 다양한 유입, 민주주의의 발전 정도, 민족국가의 정체성 등에 따라 상이한 방식으로 전개되며, 이에 대한 대처 방안도 다양하다. 문화적으로 이질적인 유형의 경우 주류문화에 대한 접근과 자기 문화를 향유할 수 있는 권리의 보장이 필요하고, 제도적으로 불평등한 유형을 지닌 다문화사회에서는 법적인 측면뿐 아니라 정치적·경제적 평등을 위한 다양한 정책이 요구된다. 또한 한 국가나 사회에서 다양한 문화의 공존과 존중을 실천하기 위한 다문화교육도 병행되어야 한다.

2. 문화적 다양성과 시민성의 문화적 접근

다양한 문화가 공존하는 다문화사회에서 '문화 다양성(cultural diversity)'을 위한 교육은 다른 사람들과 더불어 살아가기 위한 기본적인 시민성 교육의 전제이다. 지리교육에서 우리 밖 전 세계 사람들의 문화적 다양성에 대한 배려와 존중을 위한 교육도 중요하지만, 우리 안의 문화적 다양성에 대한 배려와 존중을 위한 교육은 다문화사회에서 중요한 요소로 자리잡고 있다.

'문화 다양성'은 삶의 조건과 환경이 변화함에 따라 적응할 수 있는 인간의 능력과도 연관되어 집단과 사회, 국가, 개인에게 중요한 의미를 가지며, 인류 공존의 기초를 형성하고, 단지 문화적 삶의 문제가 아닌 인류 생존 그 자체와도 연관되는 교육 영역이다(김다원, 2010).

문화 다양성 교육은 자신의 문화를 이해하고 다른 문화와의 차이점을 인식하며, 그 차이점에서 새로운 가치를 창출해 내고 다양하게 활용할 수 있는 문화적 감수성을 필요로 한다(Standish, 2009, 91). 나와 다른 사람들과 더불어 살아가야 할 다문화사회에서 다른 사람의 인권을 존중하고 다양한 문화를 존중하며 나와 다른 사람들과 공생해 갈 세계시민으로서의 자질 함양 교육은 매우 중요하다.

다양성(diversity)은 민족, 언어, 전통, 도덕과 종교에 대한 관념, 주변과의 상호작용 등 사람들 사이의 문화적 차이를 말한다. 다양성은 인류 문화유산의 풍부하고 다채로운 문화 형식으로 표현될 뿐만 아니라, 각종 형식과 기술로 예술을 창조, 생산, 전파, 소비하는 데에도 재현된다. 다양성의 표현 형식에는 서로 다른 민족 혹은 종족의 존재와 문화 특성, 예를 들어 종교, 언어, 풍습, 가치관념과 생활방식 등이 있다. 다양성에서 매우 중요하게 다루어지는 것은 언어와 종교이다. 언어와 종교는 사회화를 촉진한다. 그러므로 다양성은 사회조화를 실현하는 기초가 된다(한국다문화교육연구학회, 2014).

다양성에 대한 인식과 대처 방안은 보수주의적 관점과 진보주의적 관점에 따라 다양하게 제시된다(모경환 외 옮김, 2008). 보수주의적 관점에서는 다양성을 부정적으로 파악하며 국민적 일체감을 저해한다고 주장하고, 교육의 궁극적인 목적에 있어 소수문화를 지배문화에 포섭하는 동화주의를 지향한다. 진보주의적 관점에서는 다양한 집단이 자유, 평등, 정의의 실현을 위해 노력함으로써 민주적인 국가가 더욱 발전한다고 믿으며, 교육 영역에서도 각 문화의 가치를 존중하고 보전하면서 상이한 문화들 간의 공존 방안을 모색해야 한다고 본다.

그동안 우리나라는 다양성에 대한 교육의 중요성을 제대로 인식하지 못했다. 다문화교육의 방향은 개인차는 물론 인종, 민족, 종교, 성별, 계층, 나이, 가족생활 방식에 대한 편견과 차별을 없애는 사고를 형성하고, 다양성에 대해 감정이입적인 상호작용을 할 수 있도록 해야 한다.

다양성이란 다문화사회에 살고 있는 집단들의 내부 및 집단 간에 존재하는 인종, 문화, 민족, 언어,

종교의 차이를 말한다. 다양성의 변수들, 즉 인종, 성, 사회계층, 종교, 민족, 언어 등은 복잡한 양상으로 상호작용한다. 따라서 어떤 학생은 여성이면서 멕시코계 미국인이고, 가톨릭을 믿으며, 동시에 노동자계급일 수도 있다. 그 학생이 속한 각 집단은 학생의 행동에 영향을 미친다. 이러한 다양성 변수들의 역동적인 관계는 〈그림 4-1〉에 잘 나타나 있다(모경환 외 옮김, 2008).

다문화사회에서 다양성과 다원성은 핵심적인 개념이므로 차이(difference)에 대한 인식은 필수적이다. 차이는 경계의 산물이며, 따라서 모종의 힘이 개입한 결과이고 힘의 변화에 의해 가변성을 지닌다. 남성과 여성, 백인종과 흑인종, 앵글로색슨족과 몽골족 등의 구분은 사람들 사이의 차이를 말하는 것이며, 사회적인 경계 작동의 결과이다. 그러나 이러한 구분이 사회적인 경계에 기초하기 때문에 명확하거나 확고부동하지 않다.

차이는 반드시 이원적이지 않으며, 따라서 도덕적인 판단의 대상이 아니다. 따라서 인종, 종족, 성, 신체적인 특성 등의 차이는 등급을 매길 수 있는 사안이 아니다. 차이 역시 현존하는 사물의 상태일 뿐이기 때문에 그 자체로 존중되어야 할 사안이다. 다만 차이를 존중하면서 공공성을 추구하는 마음 상태가 생득적이지 않기 때문에 정치와 교육의 개입이 요청되고 있다(한국다문화교육연구학회, 2014).

사실 최근까지 시민성에 대한 논의는 대체로 투표권과 정치적 참정권 등의 권리와 시민권 부여, 납세 또는 국방의 의무 등을 포함하는 정치적 시민성, 한 사회의 일원으로서 질서유지를 위한 규범 실천을 통한 개인 사생활과 재산 보호권 및 법적 규제 준수 의무, 시민사회 참여권과 구성원으로서의 책임 등을 의미하는 사회적 시민성에 초점이 맞추어져 왔다(김선미, 2013; Banks, 2006a). 하지만 최

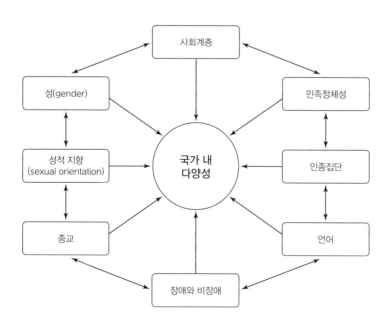

그림 4-1. 다양성 변수
출처: Banks, 2001, 76.

근 들어 정치적·사회적 측면의 시민성 개념과는 또 다른 문화적 측면의 시민성 개념이 강조되고 있다. 그것은 바로 다문화시민성이다.

3. 새로운 시민성의 공간 등장: 문화적 시민성

1) 새로운 시민성의 공간의 필요성

최근 영국에서는 국가정체성의 근간을 흔드는 한 사건이 발생하였다. 스코틀랜드가 영국으로부터 독립을 선언한 것이었다. 이를 상징적으로 보여 주는 것이 "스코틀랜드 독립 때에는 영국 국기에서 무슨 색이 빠질까?"라는 어느 신문기사의 제목이다. 영국의 국기 '유니언잭(Union Jack)'은 잉글랜드, 스코틀랜드, 아일랜드의 깃발이 합쳐진 것이다. 이 유니언잭은 1603년 스코틀랜드 국왕이 잉글랜드, 아일랜드 왕위를 물려받고 제임스 1세로 즉위한 뒤 3개국 깃발을 통합해 탄생하였다. 1707년 스코틀랜드가 잉글랜드에 병합된 이후, 이 깃발은 국기(國旗)로 공인되었다. 하지만 스코틀랜드 분리독립 집회나 캠페인에서는 푸른 바탕 위에 흰 십자가가 X자 형태로 그려진 옛 스코틀랜드 깃발을 사용한다. 물론 주민투표에서 가까스로 분리독립안이 통과되지 않아 이 사건은 해프닝으로 일단락되었다.

국가는 상상의 공동체라고 하지만, 우리에게 너무도 확고하고 흔들림이 없어 보인다. 그러나 이러한 사건을 통해 알 수 있듯이 한 국가 내의 다양한 민족과 종교 등으로 인해 불안한 모습을 보이는 국가도 많다. 지리는 인간의 거주 장소로서 공간의 패턴과 프로세스 그리고 원리뿐만 아니라 공간 내에서, 공간을 가로질러 형성되는 관계에 관심을 둔다. 이러한 공간은 개인과 집단의 정체성 또는 시민성의 형성과 그 형성 과정에서 나타나는 쟁점을 이해하는 데 도움을 준다(Desforges et al., 2005; Staeheli, 2011).

앞에서 언급한 스코틀랜드 사례는 견고할 것만 같았던 국가정체성의 흔들림을 보여 준다. 시민성 또는 정체성은 고정된 불변적 개념이 아니며, 시간과 공간에 따라 변한다(Mullard, 2004). 근대 이후 시민성은 주로 시민과 국가 간의 관계로 언급되었지만, 이러한 연결성은 점점 도전을 받고 있다. 세계화의 진전으로 국가의 경계는 점차 희미해지고, 따라서 이에 기반한 국가정체성 역시 점점 침식되는 경향을 보이고 있다.

세계화로 인해 시민성은 특정한 경계 또는 공간적 컨테이너 내에 국한되기보다 오히려 다중스케일적이고 중층적인 경향을 띤다. 다른 한편으로 세계화로 인한 다문화사회의 도래는 시민성을 문화적 정체성의 측면에서 인식하도록 하면서, 기존의 국가정체성과 경합하게 되는 상황을 초래하고 있다. 이러한 다중적 공간 스케일에 대한 지리적 관심은 시민으로서의 개인의 권리와 의무(책임)뿐만 아니라 기회와 억압의 불균등한 분포에 대한 이해에 기여한다. 이는 개인이 시민으로 만들어지는 상황에 관해 비판적으로 성찰할 수 있게 하고, 우리가 당연하게 여기는 것을 다시 생각하도록 하며, 세계가 작동하는 방법에 관해 의문시하도록 한다.

시민성과 관련이 있는 지리학의 전공 분야는 정치지리, 사회지리, 문화지리, 환경지리 등이다. 전통적으로 시민성이 정치지리의 관심 영역이었다면, 최근 들어 사회문화지리, 환경지리 영역으로 확장되고 있다. 이 연구에서는 정치적 관점에서 시민성의 공간이 가지는 의의와 한계를 논의한 다음, 최근 사회문화적 관점에서 전개되는 새롭게 출현한 문화적 시민성과 일상적 시민성을 탐색한 후 시민성의 공간에 대한 인식의 전환이 필요함을 주장하고자 한다.

2) 다문화사회에서 다문화공간으로

앞에서 살펴본 다문화사회라는 용어는 최근 급속히 증대하고 있는 세계적 규모의 이주와 지역적 정착 과정에서 새롭게 등장한 사회문화적 현상들을 설명하기 위한 개념으로서 나름대로 유의성을 가진다고 할 수 있다. 그러나 세계화에 따른 글로컬화(또는 탈영토화와 재영토화) 과정의 결과를 일컫는 다문화사회라는 용어는 세계화와 지역화 과정 속에서 이루어지는 국제적 이주 과정 및 지역사회 정착 과정에 함의된 공간적 차원을 간과하고 있다. 그리하여 이러한 다문화사회에 내재된 공간성을 보다 명시적으로 드러내기 위해 최병두 외(2011)는 '다문화공간(multicultural space)'이라는 용어를 사용한다.

최병두 외(2011)는 국제이주와 이주자들의 지역사회 정착 과정이 공간성을 전제로 한다는 점에서 '다문화공간'이라는 개념을 사용할 것을 제시하면서, "다문화주의라는 용어는 인종적·문화적 다양성과 차이의 인정이라는 점에서 규범적 함의를 가지지만, 또한 동시에 노동력의 지구적 이동과 이의 통제에 관한 자본과 국가의 입장을 반영한 이데올로기라는 점에서 신중하게 사용되어야 한다."라고 주장하고, 나아가 탈지구화 시대에 필요한 새로운 지구−지방적 윤리로서 외국인 이주자들의 지원과 투쟁을 통한 '인정의 공간'을 구축해야 함을 강조한다.

박배균(2009) 역시 기존의 사회이론적 분석에서 공간적 관점이 결여되어 있음을 지적하고, 초국가적 이주와 정착의 과정은 초국가적 이주자들의 공간적 정착과 이 과정에서 작동하는 장소, 영역, 스케일, 네트워크의 사회–공간적 차원의 작동에 대한 이해를 바탕으로 다문화공간의 개념화를 통해 더 진전되어야 함을 주장한다.

세계화와 초국적 이주로 인한 다문화사회로의 전환은 공간 속에서 그리고 공간 위에서 이루어지며, 공간적 요인들에 심각하게 영향을 받는다. 만약 공간적 측면을 긴과한다면 초국적 이주와 다문화사회로의 전환이 마치 하나의 점(또는 핀) 위에서 이루어지는 것처럼 추상화시키는 것이라고 할 수 있다(최병두, 2009; 최병두·신혜란, 2011).

다문화공간은 탈영토화 과정이자 초국적 이주와 재영토화 과정으로서 지역사회 정착 과정을 일련의 연속적 과정이면서 또한 변증법적 관계로 이해할 수 있도록 한다. 국제이주를 통한 탈영토화는 일정한 지역사회에의 뿌리내림을 전제로 한 재영토화를 전제로 하며, 이러한 재영토화는 또 다른 탈영토화의 배경이나 조건으로 작동하게 된다. 외국인 이주자의 초국적 이주 및 지역사회 정착 과정에 관한 연구는 이와 같이 흐름의 공간(탈영토화)과 장소의 공간(재영토화)의 개념을 모두 포괄할 수 있는 다문화공간 이론을 지향해야 할 것이다(최병두·신혜란, 2011). 그러나 이러한 다문화공간은 고정적·정태적인 것이 아니라 항상 역동적인 변화 과정에 있으며, 중층적 공간들의 '스케일적' 접합으로 이루어진다(최병두, 2009).

이와 같이 다문화공간의 개념을 중심으로 초국적 이주와 다문화사회로의 전환을 이해하고자 하는 지리학자들은 포스트모던 사회이론에서 흔히 거론되는 탈영토화/재영토화의 개념뿐만 아니라 지구–지방화에 관한 논의에서 나아가 다문화주의, 세계시민주의, 초국가주의, 탈식민주의 등으로부터 새로운 공간적 인식이나 개념들을 비판적으로 검토, 수용함으로써 이들이 안고 있는 공간적 오해를 바로잡을 뿐만 아니라 지리학 내부의 개념과 연구방법론을 더욱 풍부하게 할 수 있을 것이다. 초국적 이주와 다문화사회로의 전환과 관련된 이러한 관점 또는 이론들은 모두 이미 공간적 차원을 함의하고 있을 뿐만 아니라, 명시적으로 공간적 용어나 개념들(또는 메타포)과 함께 사용되고 있다(표 4-1)(최병두·신혜란, 2011).

최병두(2009)는 다문화공간을 다음과 같이 요약하여 정의한다. 다문화공간은 지구적–지방적 차원에서 가속적으로 전개되고 있는 문화적 교류 및 혼재와 관련된 사회공간적 현상들을 담지한다. 둘째, 다문화공간은 지구–지방적으로 전개되고 있는 문화적 교류와 혼합에 관한 정책이나 계획과 관련된다. 마지막으로, 다문화공간은 문화적 다양성에 관한 인정을 전제로 한 규범적 윤리와 민주적 정치의 이상을 함의한다. 이러한 점에서 다문화공간은 다문화로 인한 갈등을 극복하고 정의롭고 민주적인 사회공간의 형성을 지향한다고 할 수 있다.

표 4-1. 다문화주의와 관련된 여러 이념/개념들

	지구-지방화 (glocalization)	다문화주의 (multiculturalism)	세계시민주의 (cosmopolitanism)	초국가주의 (transnationalism)	탈식민주의 (postcolonialism)
공간적 개념	세계도시, 지구도시화, 지구-지방성	다문화공간, 다문화도시	세계시민적 도시, 세계시민적 폴리스	초국가적(사회) 공간	제3의 공간, 국제적 간 공간
규모적 접근 방법	대규모적: 지구-지방화의 양면성과 규모적 역동성	지방지향(1): 이전된 지방문화들 간 분절과 접합	지구지향(1): 지구문화를 드러내는 지방(도시)	지구지향(2): 지방을 연계하는 지구적 네트워크	지방지향(2): 지구-지방을 초월한 새로운 공간

출처: 최병두·신혜란, 2011.

3) 초국적 이주와 문화적 정체성: 다문화시민성

국가시민성에 대한 강조는 주로 시민성의 정치적·사회적 측면[1]을 강조하는 경향이 있다(Banks, 2008a). 그러나 최근 세계화와 다문화사회의 초래로 인해 시민성의 문화적 측면이 강조된다. 현재 세계화로 인한 초국적 이주가 활발하게 일어나고 있다. 국가를 횡단하며 이동하는 노동자, 결혼을 위한 여성, 난민 등의 수용으로 인해 국가들은 다문화사회를 경험하고 있다. 세계화로 인해 이주가 활발하게 일어나면서 인종, 문화, 언어, 종교, 민족의 다양성이 증가하고 있다.

여러 나라들의 서로 다른 문화 간의 접촉과 상호작용이 활발해지면서 '서로 다름'에 대한 도전과 면대면의 기회가 확대되고, 서로 다른 문화에 대한 낯섦과 이해 부족으로 인한 갈등과 충돌의 가능성은 더욱 높아진 시대에 이르게 되었다. 또한 국경을 넘나드는 경제활동과 이주민의 이동, 빈번한 국제적 차원의 거주지 이동 현상이 늘어나면서 이제 누구에게도 문화적 행동양식은 한 가지 문화권의 경험만으로 고정되지 않고 중층적인 문화경험과 선택, 다양한 문화집단이 한 공간에서 공존해야 하는 시대에 살고 있다.

따라서 타 문화에 대한 이해와 문화적 감수성, 그리고 개인의 사회문화적 관점에 따른 설명과 이해는 필수적인 사항이 되었으며, 이러한 시대에 적합한 시민성의 덕목으로서 문화적 다양성에 대한 인식과 다양성의 존중 및 가치 부여, 서로 다름에 대한 관용, 다원적이고 융통성 있는 문화적 행동양식과 제도에 대한 고려 등이 중요하게 등장하지 않을 수 없는 것이다.

---

1 정치적 측면의 시민성은 투표권과 정치적 참정권 등의 권리와 외부 국가로부터의 국가의 시민권 부여, 납세 또는 국방의 의무 등을 포함하는 개념이라고 할 수 있다. 한편, 사회적 시민성은 한 사회의 일원으로서 질서유지를 위한 규범의 실천을 통한 개인 사생활과 재산 보호권 및 법적 규제를 준수해야 하는 의무, 시민사회 참여권과 구성원으로서의 책임, 의료 및 교육받을 권리와 의무교육 이행의 의무 등을 의미하는 것으로 해석된다.

세계화는 밖으로 글로벌 시민성을 요구할 뿐만 아니라, 안으로는 다문화시민성을 요구한다. 국가가 국민에게 법적인 시민성을 부여하지만, 국제적 이동이 활발해짐에 따라 시민으로서의 정체성은 점점 국가를 횡단한다. 시민성은 더 이상 지연 또는 혈연에 근거하지 않고, 오히려 문화와 관련하여 다양한 시민성을 양산한다(Miller, 2002, 242). Jackson(2010, 13)은 시민성이 엄격한 법저·정치적 양상보다 감성적 차원에 더욱 의존하게 된다고 주장하면서, 전자를 국가정체성이라면, 후자는 문화적 정체성이라 지칭한다.

다문화사회로 인해 디아스포라 공동체를 형성하며, 시민들은 이중 시민성(dual citizenship)을 경험한다(Sassen, 2002). Escobar(2006)는 이러한 디아스포라 시민성을 '법역 외 시민성'이라고 하며, 이는 이중 국적에 해당된다. 이러한 법역 외 시민성은 세계화로부터 야기되는 다중시민성으로 연결된다.[2]

세계 대부분의 국가에서 문화, 인종, 언어, 종교의 다양성은 존재한다. 대부분의 국민국가에서 주어진 과제 중의 하나는 다양한 집단을 구조적으로 포용하여 그들이 충성심을 느낄 수 있는 국가를 건설하는 동시에, 해당 집단이 고유의 문화를 보존할 수 있도록 기회를 보장해 주어야 한다는 것이다. 다양성과 통일성 간에 정교한 균형을 이루는 것이 민주국가의 핵심 목표인 동시에 민주사회에서 이루어지는 교수학습의 핵심 목표가 되어야 한다(Banks, 2001). 정의, 평등과 같은 민주주의적 가치를 중심으로 통합을 이룰 때만이, 국가는 소수집단의 권리를 보호하고 다양한 집단의 참여를 보장할 수 있다(Gutmann, 2004).

전 세계적으로 국가의 인종, 민족, 문화, 언어, 종교의 다양성이 심화되고 있으므로 21세기의 시민성 교육도 바뀌어야 한다. 다문화적 민주사회의 시민들은 국가 수준에서 공유되는 문화에 효과적으로 참여할 수 있어야 할 뿐만 아니라, 소속 공동체의 문화에 대한 애정도 간직할 수 있어야 한다. 다양성이 결여된 통일성은 문화적 억압과 헤게모니로 귀결된다. 통일성이 결여된 다양성은 분파주의와 균열을 야기한다. 다양성과 통일성은 다문화적 국민국가 내에서 정교하게 균형을 이루며 상호 공존해야 한다.

---

2 다민족국가에서 사람들을 하나의 국적으로 묶는 것은 어렵다. 더 생산적이고 현실적인 방법은 혼종적 정체성(hybrid identities)의 관점에서 생각하는 것이다. 특히 주어진 민족정체성도 세계화 시대에는 중대한 변화를 겪게 된다. 근대 국민국가 체제에서 자아정체성의 기초가 되었던 민족정체성은 더 이상 단일한 형태로 운명적으로 주어지는 것이 아니라, 보다 개방적이고 성찰적으로 구성되기를 원하며, 세계화가 진행될수록 국경이 불분명해지고 초국적 이주가 활발해지면서 이중적이고 다중적인 정체성을 경험하게 된다. 민족정체성은 혼성적 정체성을 형성한다.

4) 개인의 일상적 공간과 문화적 정체성: 일상적 시민성

지금까지 살펴보았듯이, 시민성에 대한 개념화는 여전히 추상적이고 서구 중심적이다. 결과적으로 비서구적인 관점과 개인의 경험적인(예를 들면, 젠더) 부분에 대한 인식은 미흡하다(McEwan, 2005, 971). 그러나 최근 문화지리학 분야에서 인간이 일상적인 삶과 실천에서 시민성을 다르게 협상하는 방식에 주목하면서 시민성의 개인적 측면을 강조한다.

실제로 많은 사람들은 민주적 과정, 능동적 시민성(active citizenship),[3] 로컬적 저항, 활동주의(activism) 등의 정치적·시민적 행동 없이 그들의 삶을 영위하고 있다(Pykett, 2010, 132). 앞에서도 언급하였듯이, 시민성에 대한 사회문화적 접근은 엄격한 법적·정치적 양상보다 오히려 시민성에 대한 감성적·정의적 영역을 강조하는 경향이 있다(Jackson, 2010, 139). 이러한 사회문화적 접근은 시민성이 정치적 활동에 참가하는 것보다 오히려 일상적 삶을 영위하는 사람들에 의해 어떻게 수행되는지를 이해하는 것이 중요하다는 것을 강조한다. 일부 사람들은 정치적 저항이나 행동을 통해 자신의 시민성을 주장하지만, 대다수의 사람들에게 시민성은 일상생활을 통해 그 의미를 부여받는다. Painter and Philo(1995)는 우리 인간이 시민성에 대한 일상 공간, 장소, 행동의 중요성에 대해 더욱더 이해를 할 필요가 있다고 주장한다. 결과적으로 이웃, 공동체, 공적 장소, 상이한 제도들이 시민성을 어떻게 강화하는지를 탐구하는 데 더 주의를 기울여야 한다는 것이다. 사회문화적 관점에서 시민성 연구는 시청에서 게토(ghetto)까지, 공적 공원에서 사적 집까지, 도시에서 에지(edge) 공동체까지 시민들이 발견되는 곳과 변화하는 공간에 초점을 두어 왔다.

시민성이 일상생활에서 실행되고 이해되는 방법을 성찰하기 위해서는 특정한 '장소'가 매우 중요한 역할을 한다. 예를 들면, 학교는 학생들이 훌륭한 시민성을 함양하기 위한 팀스포츠와 같은 과외활동을 위한 장소일 뿐만 아니라, 수업을 통해 시민성을 육성하는 하나의 장소이다(Pykett, 2009; 2011a). 또한 학교는 다양한 가치(개인적·종교적 등), 사람, 생각들이 혼재되어 있는 장소이다(Staeheli, 2011).

최근 지리학에서는 공적 공간과 사적 공간이 시민성에 미치는 영향의 중요성을 강조한다. 공적 공간은 여성들에게 성적 모욕을 주어 배제하거나, 반사회적 행동을 할 수 있다는 미명하에 청소년들을 배제한다(Staeheli, 2011). 즉 공적 공간은 남성과 성인을 포섭하는 공간으로 재현된다. 많은 국가들

---

3 능동적 시민성은 시민성이 수동적으로 수용되기보다 오히려 능동적으로 수행되어야 한다는 것을 의미한다. 의무가 권리보다 강조되며, 사람들은 로컬 정부 주도의 자발적 활동에 참여한다. '공적(public)' 시민 그리고 '공동체주의(communitarian)' 시민 이라고도 한다(Yarwood, 2014).

이 입법 행위를 통해 소수자의 권리를 보장하지만, 일부 공적 공간은 연령, 민족, 인종, 젠더, 장애 등의 관점에서 소수자를 배제한다(Painter and Philo, 1995). 한편, 인간뿐만 아니라 비인간 행위자들(자연, 동물, 다른 비인간 행위자들) 역시 인간에 의한 배제를 경험하기도 한다.[4] 이와 같이 국가 아래의 일상적 공간(공적 공간, 사적 공간)에서는 일부 집단들이 시민성으로부터 배제되기도 한다.

지리학은 문화적 실천이 일상적 기초에서 시민성의 경험과 수행에 영향을 주는 방식에 주의를 기울이기 시작하였다(Stevenson, 2001; Turner, 2001; Miller, 2002; Pykett, 2010). 일상적 시민성의 지리는 시민성이 상이한 장소, 제도, 정책, 경관, 몸 등을 통해 이들이 어떻게 사회적으로 구성되는지를 탐구함으로써 표출될 수 있다.[5] 시민의 정체성이 사회적으로 구성되는 방법은 상이한 사회적·문화적 실천 그리고 그것을 형성하는 권력관계를 반영한다.

현대의 시민성 개념은 경계화된 영역으로서 국민국가와 매우 밀접하게 연관되지만, 이에 대한 대안적 접근이 새로운 공간적 관점에서 활발하게 전개되고 있다. 왜냐하면 세계화 등으로 국민국가의 권력 및 제도적 틀이 변화하고 있고, 새롭게 등장하는 문화적 정체성은 항상 국민국가의 영역과 연결되는 것은 아니기 때문이다. 이것은 국민국가가 권력이양(devolution), 로컬리즘(localism), 민영화(privatization), 초국가주의(transnationalism)를 통해 공동화됨으로써 정치적 권력이 차츰 침식되고 있다는 것을 의미한다. 국민국가는 공적, 사적, 자발적 부문으로 확장하는 새로운 거버넌스와 병행하면서 점점 중첩된 복잡한 공간에서 작동하고 있다. 이것은 시민들을 특정 국가와 연결하는 대신 종교적·사회적·성적·인종적 또는 민족적 정체성과 연결시키는 문화적 다양성을 반영한다(Jackson, 2010). 국민국가의 경계보다 더 복잡한 공간, 결과적으로 새로운 시민성의 공간이 출현하고 있다(Painter, 2002).

그리하여 이제 시민성은 공간적 관점에서 다중적 차원을 가진다. 단지 시민성의 일부만이 국민국가와 불가분하게 연결될 뿐이다. 국민국가는 시민들을 묶는 여러 제도 중 하나에 지나지 않는다. 이

---

4 생태시민(biocitizenship)은 인간과 동물, 식품, 박테리아, 바이러스와 같은 비인간 행위자들 간의 공생의 관계를 나타내며, 이들은 종종 생물보안(biosecurity)에 관한 논쟁에서 유발되는 시민성이다(Yarwood, 2014).

5 제도, 예를 들면 공동체와 자발적 조직들은 특정한 이데올로기에 따라 구성원을 훌륭하고 유용한 시민이 되도록 훈련시킨다. 교육은 형식적 교수와 부가적인 교육활동을 통해 시민성을 강화하는 데 기여하고 있다. 경관, 즉 공간의 물리적 질서 역시 시민성의 발달과 표현에 중요하다. 이는 특히 공적 공간에서 그러하다. 공원 등에서 발견되는 기념비 또는 조각상은 시민들이 국가의 집합적 기억에서 중요한 사건, 사람 또는 기억에 초점을 두도록 한다. 또한 이러한 장소에서 수행되는 각종 퍼레이드 및 세리머니는 그것들을 기념하는 데 있어 시민들의 엄숙한 수행을 통해 이러한 이상을 재생산한다. 이러한 기억의 경관들은 종종 패권적인 국가와 정체성을 나타낸다. 그리고 패권적인 경관은 저항의 장소로서 사용되기도 한다(Cresswell, 1996; Anderson, 2009). 예를 들면, 패권적인 서울시청의 경관이 이에 저항하는 많은 운동의 실천적 장소로 사용된다. 몸 역시 시민성과 불가분의 관계를 가진다. 몸 그 자체는 과정, 관계, 경험을 드러낼 수 있는 시민성의 장소로서 인식되고 있다(Gabrielson and Parady, 2010). 예를 들면, 몸은 인신매매자에 의해 팔릴 수 있고, 당국에 의해 투옥되거나 추방될 수 있으며, 상이한 정치적 목적을 위해 상이한 행위자들에 의해 재현될 수도 있다.

제 시민성은 다양한 공간적 스케일에서의 다양한 개인들, 즉 종교적·성적 소수자, 민족적 디아스포라와 같은 비영역적 사회집단을 반영하는 다층적인 것으로 간주된다. 따라서 시민성은 절대적이라기보다는 관계적인 것으로 인식될 필요가 있다. 즉 시민성은 국민국가의 경계에 의해 규정되는 무언가라기보다는 오히려 다양한 인간과 장소들과의 연결에 의해 구성되는 것으로 인식되어야 한다. 이제 시민성은 고정된 경계에 의해 전적으로 규정되고 있다기보다는 오히려 유동적이며, 움직임이 자유롭고 다차원적이다.

그렇다고 시민성의 형성에 있어 국민국가의 영향력을 완전히 배제하는 것은 아니다. 여전히 국민국가는 법적인 시민성의 토대가 되며, 시민성의 형성과 조절에 관여하고 있다. 다만, 공간적 관점에서 시민성을 경계화된 고착적인 관점에서, 상호연결된 네트워크로서 그리고 열린 장소감으로 관계적으로 인식할 필요가 있다는 것이다.

4. 다문화감수성과 다문화시민성

1) 다문화감수성

다문화사회에서는 다양한 문화적 차이를 인식·수용하고 자문화에 대한 객관적 이해를 바탕으로 타 문화에 대한 관용과 배려의 가치가 요구되는 다문화적 접근 태도가 요구된다. 특히 이를 바탕으로 인종, 민족, 종교, 문화, 젠더, 계급 등의 문제를 다문화적 관점에서 객관적이고 비판적으로 인식하는 능력과 태도인 '다문화감수성(multicultural sensitivity)'이 필요하다(Garcia, 1995; Hunter and Elias, 2000; 조대훈·박민정, 2009, 42-43; 한동균, 2013).

Garcia(1995)는 문화적 다양성 역량은 다양한 문화적 배경을 가진 사람들을 존중하고, 그들과 효과적으로 대화하며, 협력적으로 과업을 수행하는 것이라고 말한다. 이를 Hunter and Elias(2000)는 문화적 감수성이라고 재정의하고, 문화적 감수성은 다양한 문화적 배경을 가진 사람들을 존중하고 이해하는 능력, 다양한 문화적 배경의 사람들과 효과적으로 대화하는 능력, 다양한 문화적 배경의 사람들과 협력적으로 일하는 능력이라고 정리한다(한동균, 2013 재인용).

조대훈·박민정(2009)도 다문화감수성은 갈수록 다원화·다문화되어 가고 있는 현대사회에서 문화적 다양성을 단지 인식하고 수용하는 단계를 넘어, 문화적 다양성 이면에 내재되어 있는 문제점들을 비판적으로 바라볼 수 있는 능력과 태도라고 말한다.

이처럼 다문화감수성이란 둘 이상의 문화집단 사이에서 나타나는 문화적 차이에 반응하는 학습자의 인지적·정서적 특성이나 행동경향을 말한다. 이러한 다문화감수성은 그동안 문화 간 의사소통 분야에서 꾸준히 제기되어 온 개념이다. 문화 간 의사소통능력이란 '문화 간 인지능력(intercultural awareness)', '문화 간 감수성(intercultural sensitivity)', '문화 간 기민성(intercultural adroitness)'의 세 요소로 구성된 개인의 능력이다(한국다문화교육연구학회, 2014). 이 중에서도 문화 간 역량을 향상시키는 가장 효율적인 방법은 문화 간 감수성, 즉 다문화감수성을 증진시키는 것이라고 볼 수 있다. 다문화감수성이 증진되면 개인은 자신의 문화와 타인의 문화 차이를 구별할 수 있으며, 그 차이를 인정하면서 타인의 문화를 존중하는 태도로써 주어진 환경에 가장 적절한 행동을 판단할 수 있게 되고, 개인의 문화 간 역량 또한 향상될 수 있다.

다문화감수성은 자신의 문화에 대한 지식의 습득만으로는 얻을 수 없는 능력으로, 직접적인 경험의 과정을 통해 타 문화와 그 문화의 사람들에 대한 고정관념을 탈피하고 유연하고 개방적인 태도를 가짐으로써 습득될 수 있다. 따라서 다문화감수성은 다문화적 상황에 노출되는 경험과 관련된 체험활동 등의 교육과 훈련을 통해 발달될 수 있다. 개인이 다문화감수성을 가지면 높은 자아존중감뿐만 아니라 타인과의 의사소통에서 개방적이고 뛰어난 공감의 능력을 발휘하여 상호작용하게 된다. 다문화감수성이 높은 개인은 상대방과 소통함에 있어 성급히 결론을 내리기보다는 진지하게 경청하여 이해하려고 하며, 이러한 태도는 개인이 타 문화와의 문화 간 차이를 경계하지 않고 즐길 수 있도록 한다(Chen and Starosta, 2000; 한국다문화교육연구학회, 2014).

2) 다문화시민성

다문화사회로의 전환은 국민국가에 근거한 국가적 시민성의 개념에서 벗어나 새로운 시민성에 관한 논의를 요구하고 있다. 다문화사회에서 초국적 이주자들에게 부여되어야 할, 또는 이들이 쟁취해야 할 시민성은 '국지적'일 뿐만 아니라 '국가적' 제약을 극복할 수 있는 보편적 또는 '지구적' 시민성도 포함한다. 여기서 '지구적'이란 공간적 차원에서 초국가적일 뿐만 아니라 윤리적 차원에서 보편적이라는 의미를 가진다. 최병두(2011a; 2011b)는 이에 따라 다문화사회에서 새롭게 구축되어야 할 시민성을 '지구-지방적(또는 글로컬) 시민성(glocal citizenship)'으로 불렀다. 이는 달리 말하면, 세계화 과정 속에서 국민국가의 단일한 국가적 시민성의 한계를 넘어 초국가적이고 다문화적인 시민성이라고 할 수 있다.

전통적 국민국가에 근거한 시민성 개념의 한계를 벗어나 탈국가적·다문화적 시민성을 강조하는 주장들은 세부적으로 두 가지, 즉 다문화주의와 초(또는 탈)국가주의로 구분된다. 다문화시민성 (multicultural citizenship)을 주창한 Kymlicka(1995, 358)에 의하면, 시민성에 관한 자유주의적 논의는 소수집단들의 권리를 진정하게 보호하는 데 한계를 가지며, 이들의 정치적 권리와 더불어 사회문화 적 권리까지도 포함하는 시민성이 요구된다(최병두, 2011a; 2011b). 이러한 다문화시민성의 개념은 한 국가 내 소수집단들의 권리(평등과 차이의 인정)를 위해 "시민성에 대한 도전을 나타내는 것이지, 국민 국가 주권의 종말을 의미하는 것은 아니"라는 점이 지적된다(Nagel, 2004, 237). 이와는 달리 탈국가적 또는 초국가적 시민성(postnational or transnational citizenship)을 옹호하는 학자들은 국민국가가 실제 더 이상 정치적 정체성의 주요 지위를 가지지 않는다고 주장한다.

이처럼 다문화사회는 단일문화 국민성과 다른 새로운 시민의 자질을 필요로 한다. 그러면 다문화 사회에 요구되는 시민성은 무엇일까? 앞에서도 살펴보았듯이 세계화와 초국적 이주로 형성되는 다 문화사회에서 새롭게 요구되는 시민성이 바로 '다문화시민성'이다. 문화적 시민성으로 전 세계적으 로 다양성이 심화되고 문화적 인정과 권리에 대한 소수집단의 주장이 증가하고 있는 오늘날, 동화주 의적 시민성 개념은 효과적이지 못하다. 오늘날의 지구촌 시대에는 다문화시민성이 반드시 필요하 다(Kymlcika, 1995). 21세기에 요구되는 새로운 형태의 시민성은 Kymlicka(1995)의 말대로 '다문화시 민성'이다.

사실 다문화시민성이라는 용어는 매우 중층적이고 포괄적이며, 유연하고 변형적이다(김선미, 2013). 왜냐하면 다문화시민성은 한 사회 구성원으로서의 시민의 역할을 유연하게 바라보게 하며, 시민의 위치를 보다 자유롭게 하기 때문이다. 다문화시민성은 시민성의 개념 범주 안에 정치적·사회적 시 민성과 함께 포함된 문화적 관점의 시민성의 개념이라고 할 수 있다. 따라서 다문화시민성은 한 국 가의 시민으로서 그 국가 공동체를 구성하는 다양한 문화정체성을 이해하고 존중하는 데 요구되는 능력과 태도라고 할 수 있다. 다문화적 시민성은 국가를 구성하는 다양한 민족, 인종, 언어, 종교 공 동체가 국가 시민문화 속에 반영되고 제 목소리를 낼 수 있도록 국가 시민문화가 변혁될 때 그들은 정당한 존재로 인식된다(Banks, 2004; Kymlicka, 1995).

전통적인 시민과 시민성의 개념에는 다문화사회에서 요구하는 시민성이 결여되어 있다(Banks, 2004). 세계화로 인해 개인의 국가 간 이동이 보편화되면서 국민국가 단위 또는 영토 중심의 시민성 개념의 효용성에 근본적인 물음이 제기된다. 이에 대한 대안으로 Kymlicka(1995)는 주류사회가 인종 문화적 소수집단에게 집단차별적 권리를 부여해야 한다는 다문화시민성을 주장하였다. 따라서 전 세계적으로 국가 내의 다양성이 심화되고 인종적·민족적·문화적·종교적 소수집단들에 의해 문화 적 상호인정과 권리를 추구하는 움직임이 이루어지고 있는 상황에서 시민성 교육도 변화해야 한다.

표 4-2. 다문화시민성의 구성요소

영역	구성요소
지식	• 다양한 인종, 민족, 집단의 정체성, 문화, 전통에 대한 비교 이해 • 차별, 인권침해 같은 다문화사회의 문제 이해 • 이주민의 인권에 대한 인식
가치 • 태도	• 문화적 다양성과 차이의 인정 • 이주민의 인권 존중 가치와 인권 보호 태도 • 다른 인종, 민족, 집단 및 그 문화에 대한 관용의 태도
기능	• 다양한 인종, 민족, 집단 간 소통능력 • 다문화사회의 문제해결능력
참여 • 실천	• 다문화사회의 문제 해결을 위한 참여와 실천 • 차별적 관행과 제도의 개혁을 위한 참여와 행동 • 이주민의 인권을 보호하기 위한 실천과 참여

다문화사회에서 시민성 교육의 중요한 목표는 문화적 차이에 대한 관용과 상호인정을 가르치는 것이어야 한다.

박상준(2012)은 다문화시민성은 다문화사회에 대한 지식, 다양성과 차이를 인정하는 가치와 관용의 태도, 문화 간 소통능력과 다문화사회의 문제해결능력, 차별적 관행과 제도를 개혁하기 위한 참여와 실천 등 4가지 요소로 구성되어야 한다고 주장한다(표 4-2).

한편, 다문화시민성의 개념은 세계시민성의 개념과 때로는 혼용되어 쓰이는 것처럼 보이기도 한다. Banks(2004)는 시민의 정체성의 개념을 설명하면서, 문화적 정체성이란 민족적·문화적 공동체에 대한 시민의 권리를 인정하고 정당화하는 것이라고 하였으며, 〈그림 4-2〉에서 제시한 바와 같이 문화적 정체성, 국가적 정체성, 세계적 정체성의 관계를 작은 영역에서 큰 영역으로 확대되는 포함관계인 것으로 설명하였다. 그러나 김선미(2013)는 Banks의 설명은 미국과 같이 처음부터 다인종, 다민족 국가로 형성된 나라의 경우에 더욱 적합한 해석이며, 한국에서는 이들의 영역과 상호관계가 다르게 설명되어야 한다고 주장하였다. 다시 말해, 국가의 정체성, 즉 국가에서 요구되는 시민성의 특징은 다민족사회로 전환되기 시작하는 국가에서는 문화적 정체성의 특징이 국가정체성과 겹쳐지는 부분이 있을 수 있고, 또 다른 영역이 있을 수도 있으며, 세계적 정체성의 부분도 아직은 한국 내 국가적 관심사와 거리가 먼 사안일 경우도 있고, 때로는 한국과 밀접한 관련이 있는 문제인 경우도 있게 된다. 따라서 서로의 영역 간에 겹치는 부분이 적도록 관련이 적게 나타나는 영역이 있거나, 환경문제와 같이 세계 공동의 사안과도 강하게 공유되는 시민성 영역이 국가 영역과 겹치게 나타날 수도 있다는 것이다(그림 4-3). 그러므로 한국의 경우 〈그림 4-3〉과 같은 형태의 다문화시민성 혹은 다문화정체성에 대한 모형으로 설명하는 것이 타당하다고 하였다. 한편, 상대적으로 보다 다양한 문화적 배경의 국민들로 구성된 미국과 달리 한국과 같은 나라의 경우에는 또 다른 모형으로 설명할 필요가 있다고 하면서, 활발한 국제교류와 다문화사회가 정착되지 않은 단계의 사회에서는 국가시민성과 다문화시민성, 그리고 세계시민성과의 관계가 〈그림 4-4〉와 같은 방식으로 설명될 수 있다고 하였다.

그러나 사실 문화의 개념, 그리고 문화적 시민성의 개념과 범위를 어떻게 규정하는지에 따라 달리 생각할 수도 있는데, 문화적 시민성의 개념을 폭넓게 이해해서 적용할 때 인간의 모든 행동양식을

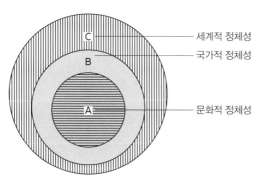

그림 4-2. 문화적·국가적·세계적 정체성과의 관계
출처: Banks, 2004.

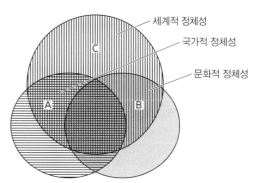

그림 4-3. 문화적·국가적·세계적 정체성과의 관계
출처: 김선미, 2013.

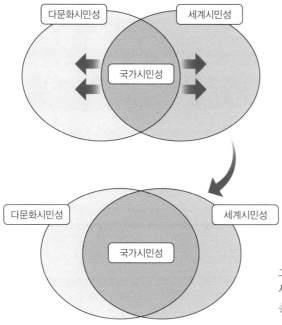

그림 4-4. 다문화시민성, 국가시민성,
세계시민성과의 관계
출처: 김선미, 2013.

문화라고 보는 관점에서라면, 문화적 시민성이 모든 측면의 시민성을 포괄한 개념으로 해석되기도 한다(김선미, 2013). 따라서 다문화시민성의 개념을 정치적·사회적 시민성의 개념과 구분하여 시민성 개념의 한 부분에 내포된 협의의 개념으로 이해할 필요가 있다. 그렇게 될 때 사회과교육과정이 이전과 달리 새롭게 부각되는 다문화시민성의 개념을 어떻게 반영하고 있는지 더 선명하게 설명할 수 있을 것이다.

5. 동화주의와 다문화주의

1) 동화주의

동화(assimilation)란 한 민족·문화 집단이 다른 문화를 접했을 때 자신의 문화적 특성을 버리고 다른 집단의 문화적 특성을 수용하는 것을 의미한다(Alba and Nee, 2003). 동화주의는 주류문화가 그들에 속한 이민자나 소수민족의 문화를 주류사회에 편입시키기 위해 이들로 하여금 주류문화의 언어, 가치관, 행동양식을 수용하도록 하면서 동시에 그들의 전통가치, 관습, 제도는 버리도록 하는 정책을 말한다. 일제강점기에 일본의 황국신민화정책이 이에 해당한다(장원순, 2006; 추병완, 2008).

동화주의에 기반한 시민성 교육은 해당 사회에 존재하는 다양한 집단들의 문화를 하나의 문화, 주로 주류문화 속으로 용해시켜 동질화하고자 시도할 수 있는데, 이러한 시민성 교육을 용광로이론 (melting pot theory)이라고 한다. 이러한 주류문화로의 용해를 정당화시켜 주는 것은 다양한 인종문화, 하위문화들은 주류문화에 비해 열등한 것이라는 인식, 즉 문화진화론이다. 즉 문화는 단선적으로 진화하며 주류문화는 가장 진화한 형태이므로 그 외의 다양한 문화들은 그 자신의 문화를 버리고 주류문화를 수용하는 것이 합리적이라는 것이다. 시민성 교육에서 주류문화를 강제하는 것도 이에 근거하여 정당화된다(장원순, 2006). 이러한 동화주의에 기반한 시민성 교육은 이민자들이 주류사회의 언어를 습득할 수 있도록 돕고 이주민 자녀의 학교 취학을 지원함으로써 동화가 순조롭게 이루어지도록 한다. 대부분의 국가에서 외국인 정책의 초기는 동화를 우선적 정책 방향으로 선택하고 있다.

1960년대와 1970년대 미국의 시민권 운동(civil rights movement) 이전에 미국 및 서구 국가에서 이루어졌던 동화주의에 기반한 시민성 교육은, 다양한 집단 출신의 학생들이 지닌 문화와 언어를 근절해야 할 대상으로 보았다. 동화주의에 기반한 시민성 교육의 결과, 많은 학생들이 소속 집단의 문화,

언어, 인종적 정체성을 상실하였다(Fillmore, 2000; 모경환 외 옮김, 2008 재인용).

　국가주의자와 동화주의자들은 학생들이 다양한 정체성과 자신의 문화적 공동체에 대한 애착심을 갖는다면 국가에 대해서는 강한 애착심을 지니지 않게 될 것이라고 우려한다. 이처럼 동화주의에 기반한 시민성 교육에는 심각한 오류가 있다. 동화주의는 민족적·인종적 애착의 흔적이 없는 사회를 이상사회로 여긴다. 동화주의에 기반한 시민성 교육은 불필요하게 문화적 동질성을 추구하며, 이주민집단의 주류사회로의 동화를 통한 국가정체성 확립과 사회통합을 추구하여 그들로 하여금 자신의 중요한 부분을 포기하도록 강요한다. 동화주의에 기반한 시민성 교육은 이주민과 자녀들이 본래의 정체성과 문화를 포기하도록 만들었지만 주류사회에 완전히 포함시키지 않기 때문에, 여전히 사회적·정치적 소외와 차별을 양산하게 된다. 이주민 자녀들은 주류집단의 언어와 문화를 배웠지만, 인종적·민족적 특성으로 인해 주류사회의 성원으로 완전히 인정받지 못하고 소외된다(Banks, 2008a, 35-36; 박상준, 2012). Apter(1977)는 이러한 동화주의자의 입장을 동화주의자 오류(assimilationist fallacy)라고 부른다.

　따라서 다문화시민성 교육은 소수민족의 문화나 언어 등의 차이를 인정하고 존중하며 지원하는 데 초점을 두어야 한다. 소수집단만을 대상으로 한 동화주의적 교육은 소수집단의 구성원들을 소속 공동체의 문화와 국가 문화 양쪽 모두로부터 주변화를 초래한다. 그러므로 다문화교육은 '모두'를 대상으로 함께 더불어 사는 방법을 가르치는 방향으로 나아가야 한다.

2) 다문화주의

　다문화주의(multiculturalism)에 대해 알아보기 전에 이와 유사하면서도 다소 차이가 있는 상호문화주의(간문화성, interculturalism)에 대해 언급할 필요가 있다. 상호문화주의는 다문화주의와 마찬가지로 궁극적으로 문화적 다양성과 차이를 인정하고 존중하자는 기본적 정신을 표방한다. 그렇기 때문에 두 용어는 혼용되어 쓰이는 경우도 있다. 하지만 상호문화주의는 다문화주의와는 다른 역사적·철학적 배경에서 출발하였다.

　상호문화주의에 의하면, 문화들은 타 문화에게 상호작용을 일으킨다는 전제에서 출발한다. 문화들은 서로 혼합되고 소통하며 영감을 주고받기 때문에, 각 개인은 역동적이고 유동적인 정체성을 형성해 나간다. 결국 상호문화주의는 타자를 고정된 의미망 속에서 파악하거나 개인이 갖는 문화적 특성에 중점을 두기보다는, 주체로서의 개인을 더욱 중요시한다. 따라서 상호문화주의는 어떤 사회나 국가의 이질적 문화들 간의 상호작용을 통해 지배적 문화와 소수문화와의 조화로운 공존을 모색하는 이념 혹은 정책을 말한다. '사이 혹은 상호간(inter)'이라는 접두사의 본래의 의미를 생각해 볼 때, 상호문화주의는 필연적으로 문화 간의 상호작용, 교환, 장벽 제거, 연대성을 지향한다(한국다문화교육연구학회, 2014). 상호문화주의는 프랑스를 중심으로 유럽에서 널리 사용되며, 한 사회에 존재하는 다양한 문화의 다문화적 현상을 단순히 수동적으로 수용하는 차원을 넘어 문화들 사이의 대화와 상호작용을 강조한다(허영식, 2010). 그러나 상호문화주의는 인간의 기본권이나 인종차별 타파 혹은 반편견 교육 등에는 소홀한 것이 아니냐는 비판을 받기도 한다.

반면에 '다(multi)'라는 접두사를 달고 있는 다문화주의라는 용어는 영미권 국가에서 주로 사용되는 개념으로, 동일한 영토에서 서로 다른 문화들이 갖는 다양성과 이들의 공존을 강조한다(허영식, 2010). 다문화주의란 시민과 국민으로서 누릴 수 있는 사회적·경제적·정치적·문화적 권리를 취득하고 향유하는데, 인종과 민족이 차별의 근거가 되지 않는 사회를 지향하고, 초중등학교, 대학 내의 교육과정이 그 사회 내의 다양한 문화와 집단의 경험 및 관점을 반영하도록 개선되어야 한다는 이념이다(한국다문화교육연구학회, 2014). 이러한 다문화주의에 관한 논의는 1970년대 서구 사회에 급증하는 문화적·인종적 다양성[6]을 다루기 위해 등장하였으나, 최근에는 문화적 다양성, 문화적 소수자, 문화적 불평등에 관한 논의로부터 정치철학으로서의 규범적 논의에 이르기까지 그 영역이 확장되고 논의의 초점이 다양해졌다(최종덕, 2012).

대표적인 다문화주의자인 Taylor(1994)는 '인정(recognition)'을 개인이나 집단의 정체성이 만들어지는 과정으로 보고, 인정의 거부는 문화적 구성원의 정체성 훼손으로 나타남에 주목하여, 이른바 '인정의 정치학(politics of recognition)'이라는 다문화주의의 이론적 토대를 마련하였다. Taylor는 사람은 태어나면서 누구나 자신이 속한 문화 안에서 가치평가를 형성하므로, 이러한 문화에 대한 불인정(nonrecognition)이나 오인(misrecognition)은 그 집단의 구성원을 그릇되고 왜곡되고 축소된 존재로 가두어 해를 끼치는 억압의 한 형태라고 주장한다. 따라서 Taylor의 인정의 정치는 다양한 집단의 문화와 그러한 문화에 대한 집단의 권리 개념을 주장하는 공동체주의적 입장에 서 있다(한지은, 2009 재인용).

반면에 다문화주의 이론가 중 한 사람인 Kymlicka(1999)는 기존의 동질적 민족국가 모델로부터 다양성을 긍정하는 이른바 '상호문화적 시민(intercultural citizen)'들로 구성된 다문화국가 모델로 대체

---

6 다문화주의에서 문화적 다양성은 중요하다. 좁은 의미의 문화적 다양성은 국민과 국가 내에 인종, 언어, 역사, 문화적 동질성에 기반을 둔 공동체가 다수 존재하는 현상을 의미한다. 상이한 인종 및 문화 공동체를 복수로 가지고 있는 사회는 일단 다문화사회라고 부를 수 있다. 그러나 세계화에 발맞추어 단일민족국가들이 갖고 있는 기존 문화에 이주, 난민 등으로 유입된 다른 민족들의 다양한 문화를 인정하고 교류, 포용하는 것을 의미한다(한국다문화교육연구학회, 2014).

해야 함을 주장하는 자유주의적 입장을 취한다. 그는 자유민주주의 사회에서는 사회 구성원의 개인적 권리가 보장되기는 하지만, 그 속에서 소수자의 문화적 권리나 그들의 경험과 목소리 등이 충분히 보호되고 있지 못하다는 점을 고려하여, 다문화주의란 특수한 집단의 권리 혹은 특권을 인정해 주는 것이라고 파악한다. 이러한 소수집단의 권리에는 고유한 언어에 관한 권리, 정치적 대표권, 집단의 매체 운영을 위한 재정권, 과거 불의한 역사에 대한 보상권, 권력의 지역적 분배로부터 특정 부분에 대한 소수민 자치권 등이 포함될 수 있다(한지은, 2009 재인용).

Taylor와 Kymlicka 사이에는 다문화주의와 관련하여 입장의 차이가 존재하긴 하지만, 소수집단의 문화적 권리를 인정한다는 점에서 공통적이다. 그러나 소수집단의 문화적 권리의 인정은 다문화주의와 관련하여 곧 또 다른 논쟁을 야기한다. 소수집단의 모든 문화적 권리가 존중받아야 하느냐는 문제가 그것이다(한지은, 2009). 한편, 소수의 문화적 권리를 옹호하는 다문화주의는 윤리적이고 민주주의적 이상을 지향하지만, 공동의 문화가 제공하는 사회적 연대감이나 결속력을 해칠 수 있는 부정적 측면도 잠재되어 있다(한국다문화교육연구학회, 2014).

한편, 다문화주의는 여러 유형으로 구분된다. Kymlicka(1995)는 다문화주의를 자유주의에 대한 비판으로서 '공동체주의적 다문화주의', 개인 혹은 집단의 권리를 강화하기 위한 '자유주의적 다문화주의', 그리고 맹목적인 국민 만들기에 대한 '비판적 다문화주의'로 구분한다. 먼저, '공동체주의적 다문화주의'는 자유주의에 대한 공동체주의 비판인 동시에 소수자의 권리 보장이 응집적인 소수자집단을 자유주의와 개인주의의 침투로부터 보호해 준다고 주장한다. 다음으로, '자유주의적 다문화주의(liberal multiculturalism)'는 다문화사회의 복잡한 사회구조 속에서 개인 차원의 이상 실현이나 사회 차원의 생산성 및 효율성 극대화 방안에 주로 관심을 갖는 입장이다. 자유주의적 다문화주의는 소수자 권리가 자유주의적 가치를 증진시킬 수 있으며, 그것은 소수자집단의 불이익을 감소시키고 그들의 집단권을 용인하는 데 기여한다고 주장한다. 이 틀 안에서는 이주자나 소수자의 권리를 존중하고 이들에 대한 반차별주의적 교육을 강화하며, 소수자는 국가 공통의 가치를 존중해야 한다. 마지막으로, 비판적 다문화주의(critical multiculturalism)는 급진적 다문화주의, 비판적·저항 다문화주의, 진보적 다문화주의라고도 한다. 비판적 다문화주의는 급진적 관점의 비판주의 인식에 기초하여(McLaren, 1994) 인종, 성별, 사회계층 등에 따른 불평등과 일상의 체계적 억압구조를 비판하며 변혁적·정치적 어젠다를 강조하는 다문화주의이다. 비판적 다문화주의는 자유주의적 국민 만들기에 대한 소수자의 권리 요구의 정당성을 주장한다. 비판적 다문화주의는 소수자집단의 언어, 문화, 관습을 존중하고 그들이 경험해 온 불이익과 불평등을 보상받을 수 있는 정책을 요구하고 있다(최종덕, 2012).

표 4-3. 다문화주의의 유형

	다문화주의 담론(=동화주의적 다문화주의)		비판적 다문화주의
	공동체주의적 다문화주의	자유주의적 다문화주의	
정치적 지향성	공적 영역의 확대	사적 영역의 확대	공적/사적 영역의 이분법 해체
문화적 태도	특수한 것들의 보편화		보편적인 것들의 특수화
주요 관심	인권, 평등권	표현의 자유	시민사회의 규준에 대한 도전과 보편성의 탈중심화
가치	휴머니즘, 문화적 보편성	문화상대주의	차이의 정치, 접합의 정치
정치적 스케일	이질적 주체에 반응하는 국가의 정체에 대한 제도적 정치		일상공간에서의 (비제도적) 정체성의 정치
사례	이주자들에 대한 한국어 교육 지원	자기 (종교, 언어) 정체성 표현 기회의 확대	게이 공동체와 같은 성적 소수자의 공간 생산

출처: 박경환, 2008a, 305.

한편, McLaren(1994, 47)은 인종적·민족적 문화 영역의 지형도를 그리기 위한 시도로서 차이가 구성되고 관여하는 다양한 방식을 식별하기 위해, 다문화주의를 '보수주의적' 다문화주의, '자유주의적' 다문화주의, '좌파 자유주의적' 다문화주의, '비판적·저항' 다문화주의로 분류한다.

6. 다문화공간 인정을 위한 상호이해교육과 다문화교육

1) 상호이해교육

(1) 상호문화역량

상호문화역량(intercultural competence)은 다른 문화권 사람들과 효과적이면서도 적절하게 소통할 줄 아는 능력을 말한다. 상호문화역량은 자신의 것들로 표현되는 것과는 다른 문화적 양식으로 나타나는 관습, 태도, 행동 등을 해석하고 이해할 수 있는 능력이다. 즉 상호문화역량은 선입관이나 고정관념의 굴레에서 벗어나 타 문화와의 접촉 상황이 낯설고 불편하다 할지라도 그것을 객관적으로 받아들이고 원활하게 소통하는 역량을 말한다(Rathje, 2007). 이러한 상호문화역량을 높이기 위해서는 공감능력을 길러야 한다. 공감능력이란 타인의 행동방식과 사유방식을 이해하고 자신의 생각을 자신의 방식으로 표현할 줄 아는 능력을 의미한다(Spitzberg, 2000). 상호문화역량을 가진 사람은 서로 다른 문화적 배경을 가진 사람들 간의 의사소통이 각기 다른 문화적 조건들로 인해 방해받을 수 있음을 알고 있다(Bennett, 2007).

오늘날과 같은 다문화사회에서 상호문화역량은 모든 개인이 일상생활, 경제활동과 직업활동, 학습활동 등을 하는 데 기본적으로 필요한 능력으로 간주된다. 개인적 혹은 사회적 차원에서 상호문화역량의 실천 과제는 다양성을 어떻게 받아들이고 관리하느냐에 핵심을 두어야 한다. 그러므로 경제적 차원에서는 다양성이 기업활동에 궁극적으로 긍정적 결과를 야기한다는 믿음을 갖는 것이고, 정치적 차원에서는 모든 개인의 정치적 권리를 증진하고 평등하고 공정한 사회를 실현한다는 믿음을 갖는 것이다(허영식, 2010).

(2) 상호문화적 관점: 상호문화이해교육

상호문화적 관점(intercultural perspective)은 문화적 다양성을 인정하고 평등한 입장에서 타 문화를 이해하고 존중하며 긍정적인 상호작용을 통해 자신의 문화적 특징과 정체성도 객관적으로 인식하는 것이다. 1980년대 독일에서는 다문화사회에서의 '상호문화이해교육'에 관심을 갖기 시작하였다. 이러한 상호문화이해교육을 통해 사람들은 타 문화에 대한 편견과 고정관념을 줄이고 서로 평등하게 공존할 수 있다고 판단하였다(오영훈, 2009). 1984년 프랑스에서도 문서에 '상호문화교육'이라는 용어를 사용하기 시작한다. 이러한 관점에서는 상호문화적 대화, 상호문화적 이해, 문화적 상대성 원칙, 민족중심주의의 거부, 각 문화의 가치와 특수성 존중 등 상호문화적 접근을 강조한다. 1980년대 후반부터 유럽의회도 상호문화주의에 대한 전환을 주도하고 있으며, 현재는 국내외에서 상호문화성에 대한 논의도 많이 이루어지고 있다(이화도, 2011).

이러한 상호문화적 관점에서는 타 문화를 편견 없이 수용하고 존중하는 점도 중요하지만, 타 문화를 통해 자신의 문화를 살펴보고 보다 객관적으로 인식할 수 있다는 점도 중요하다. 따라서 상호문화적 관점에 근거한 교육에서는 다음과 같은 점에 주목한다. 문화적 다양성에 대해 인정하며 모든 문화를 평등하게 이해한다. 각각의 문화를 이해하고 존중하는 가운데 자신의 문화적 정체성도 새롭게 확립한다. 이러한 자세를 통해 서로 간에 긍정적인 상호관계가 형성되고 보다 평화로운 공동체를 확립하게 된다. Campbell(2010)은 상호문화적 관점을 발전시키기 위해 교사들이 문화에 대해 더 깊이 관찰해야 하며, 문화적 맹목을 버려야 한다고 말한다. 이를 통해 교사들은 평등을 강화시키고 학생들 간의 존중을 이끌 수 있다.

상호문화적 관점은 다문화교육에서 기본이 되는 교육내용이다. 타 문화를 수용하고 존중하기 위해서는 문화적 다양성을 인정하고 모든 문화를 평등하게 보는 것이 기본이기 때문이다. 또한 나 자신의 문화를 객관적으로 살펴보는 과정을 통해 문화 간의 관계도 보다 잘 이해할 수 있다.

(3) 상호이해교육: 상호이해증진교육

상호이해교육(education for mutual understanding)은 자신을 포함한 모든 사람을 존중하며, 다른 문화를 가진 사람에 대한 차별의식과 편견을 없애고 관용 및 상호인정을 추구하는 것이다. 상호이해교육은 1970년대 북아일랜드에서 지역사회 평화교육운동의 일환으로 시작되었다. 그리고 1989년 북아일랜드는 교육개혁을 실시하면서 상호이해교육을 공식적으로 소개하였다. 북아일랜드는 개신교도와 가톨릭교도들이 서로 분리되어 교육을 받으며 서로 간에 편견과 적대감이 매우 크다. 상호이해교육은 이러한 두 집단의 대립을 막고 평화를 조성하기 위해 실시되었다. 이러한 상호이해교육은 4가지의 목표를 가진다.

첫째, 학생들이 그들 자신과 다른 사람들을 존중하고 가치가 있다는 것을 배우며 서로 간의 관계를 형성하는 것을 배우는 것이다. 둘째, 사회 속에서 살아가는 사람들 간의 상호의존성을 이해하는 것이다. 셋째, 그들의 문화적 전통 속에서 비슷한 점이 무엇이고 다른 점이 무엇인지를 이해하는 것이다. 넷째, 갈등을 비폭력적인 방법으로 해결하고 다루는 방법을 이해하는 것이다(Smith and Robinson, 1996; 강순원, 2003). 이러한 상호이해교육의 개념은 다른 나라에서 이루어진 시민교육이나 평화교육을 위한 다문화교육과 같은 프로그램과도 관련된다.

현재 상호이해교육은 다문화교육의 핵심 개념 중 하나로 소수자와 다수자 모두를 대상으로 하는 교육으로 이해된다. 상호이해교육에서 다수자들은 소수자에 대해 가지고 있는 차별의식과 편견을 없애고, 소수자의 문화를 개방적인 태도로 수용할 수 있도록 한다. 소수자 역시 갈등의 해소를 위해 상호이해가 필요하며, 다수자집단에 대한 편견을 극복해야 한다. 즉 다문화사회가 성공적으로 정착되기 위해서는 전 국민이 다문화적 시민성을 갖추어야 한다. 그리고 이를 위해서는 시민적 평등과 상호존중, 상호문화적 시각 중심의 상호이해교육이 필요하다.

상호이해교육을 위해서는 타 문화에 대한 편견과 차별을 인식하고 이를 없애는 것이 가장 필요하다. 또한 상호이해교육에서는 다양한 문화를 단순히 이해하거나 수용하는 것만을 요구해서는 안 된다. 다양한 관점에서 문화를 비교하여 학생들의 가치관과 태도 변화를 이끌어 낼 수 있도록 고려해야 한다.

2) 다문화교육

다문화교육과 글로벌 시민성 교육은 유사한 측면도 있지만 등장배경이나 추구하는 목적이 다소 상이하다는 점에서 구분할 필요가 있다. 먼저, 다문화교육과 글로벌 시민성 교육은 서로 다른 배경에서 등장한다(박선희, 2008). 다문화교육은 미국, 영국, 독일과 같이 다종족으로 구성된 나라에서 자국의 문화 공동체 의식을 형성하여 사회통합의 토대를 만들기 위해 시작된다. 반면에 글로벌 시민성 교육은 세계화로 전 세계의 상호의존이 깊어지면서 국가나 지역 단위로 해결할 수 없는 지구촌 전체의 문제―인구, 자원, 빈곤, 인권, 환경문제 등―가 등장함과 관련이 깊다.

다문화교육과 글로벌 시민성 교육이 추구하는 목적도 상이하다(박선희, 2008). 다문화교육의 목적은 문화 공동체 의식을 통한 사회통합의 토대를 마련하는 것이며, 글로벌 시민성 교육의 목적은 평화로운 세계, 인권교육의 강화, 지속가능한 발전 등이다. Ukpokodu(1999)는 글로벌 시민성 교육은 다른 지역에 사는 사람이나 문화에 대한 이해 증진이 목적이고, 다문화교육은 한 사회 내 다양성을 인정하는 관점의 증진이 목적이라고 한다. 다문화교육은 동일 국가 내에서 다양성(diversity), 평등(equity), 정의(justice) 등을 강조하여 한 국가 차원에서 조화로운 삶을 추구한다. 반면에 글로벌 시민성 교육은 세계체제에 대한 이해, 세계 여러 나라 사람들과의 상호관련성에 대한 이해를 강조하여 세계시민으로서 세계인과 더불어 사는 삶을 강조한다.

이처럼 다문화교육이 특정 지역의 여러 문화권 사람들이 서로 공존하면서 조화롭게 살아가기 위한 교육을 말한다면, 글로벌 시민성 교육, 흔히 세계시민교육은 국경을 초월하여 전 세계인이 하나의 공동체적 시각을 갖고 세계 문제를 이해하고 해결해 가는 방법을 찾는 교육이라고 할 수 있다.

다문화교육은 세계화와 초국적 이주에 따라 한 국가 내 다양한 사람들의 공존으로 그 필요성이 증대되었다. 다문화교육은 동일 국가 내에서의 다양성, 평등, 정의에 초점을 맞추고 있고, 글로벌 시민성 교육은 글로벌 차원에서 이들 주제에 초점을 맞추고 있다(Banks, 1997). 그리고 다문화교육은 한 사회 내 다양성을 인정하는 다양한 관점의 증진을 중요시하지만, 글로벌 시민성 교육은 다른 지역에 사는 사람이나 그들의 문화에 대한 이해 증진을 목적으로 하고 있다(Ukpokodu, 1999). 그러나 인권의 소중함, 배려와 관용의 마음과 같은 인간의 보편적 가치 강조, 문화 다양성 추구, 공정성 추구, 공생의 방법 찾기 등의 내용을 공유하기 때문에 두 종류의 교육을 결합하려는 시도들이 이어져 오고 있다(Banks, 1997; 김다원, 2010).

다문화교육과 글로벌 시민성 교육은 서로 다른 발생 배경과 기원을 가지고 있지만 인간의 보편적 가치 인정, 공정성 추구, 다양성 존중, 상호의존성 이해와 같은 공통적인 목적을 추구하고 있다고 할 수 있다. 김현덕(2007)은 다문화교육과 글로벌 시민성 교육이 추구하는 목표의 공통점을 평등과 사회정의 증진, 집단 간의 관계 증진, 편견과 차별 감소, 인간의 다양성과 유사성에 대한 지식 함양, 자신의 문화와 다른 문화에 대한 인식과 지식 함양, 다양한 관점으로 세상을 비판적으로 이해하는 기술 습득이라고 제시한다. 이처럼 다문화교육과 글로벌 시민성 교육은 다양성 존중, 인류 보편적 가치의 추구, 사람과 문화의 상호의존성 이해와 같은 공통점을 가지고 있다고 할 수 있다.

사실 서구에서의 다문화교육은 학자에 따라 다양하게 논의되었다. 그러나 서구의 역사적 경험과 달리 지금까지 한국의 다문화교육은 주로 이주노동자와 자녀, 국제결혼자와 자녀, 새터민과 아동·청소년, 입국 재외동포와 자녀 등을 대상으로 하는 한국어, 한국문화교육, 직업교육 등의 국가정책을 일컫는 말처럼 여겨져 왔다. 이러한 혼란은 오늘날 학자마다 '다문화교육(Multicultural Education)'이라는 말을 다양하게 해석한 데서 비롯한다. 일례로 교육 관련 연구들에서조차 다문화교육은 국제이해교육(Education for International Understanding), 국제교육(International Education), 글로벌 교육(Global Education), 문화 간 교육(상호문화교육, Intercultural Education), 세계시민교육(Education for World Citizenship) 등의 다양한 용어들과 개념적으로 잘 구분되지 않은 채 사용되곤 했다(김선미, 2000; 김현덕, 2008; 한지은, 2009).

7. 소수자의 편견 및 차별 해소를 위한 반편견교육

1) 소수자/사회적 약자

소수자/사회적 약자(minority)는 역사적·사회적·정치적 조건에 의해 민족, 종교, 언어, 국적, 사회적 계층, 그리고 거주지 등의 특성 때문에 차별이나 편견에 노출되어 온 사람으로서 그러한 집단의식을 갖고 있는 사람들을 말한다. 소수자와 다수자를 규정하는 기준은 시대나 사회마다 다르게 적용된다. 표준화를 거부하는 사람들이 소수자가 되기도 하고(윤수종 외, 2005), 다수자의 지위를 가지고 태어났으나 후천적인 이유로 소수자가 되기도 한다. 다수자와 소수자는 서로 배타적인 개념이라기보다는 때로는 호환되기도 하고 상대적으로 규정되는 개념이다(박경태, 2007; 한국다문화교육연구학회, 2014).

국내에서는 소수자가 사회적 약자 일반을 뜻하는 말로 통용된다. 즉 소수자와 다수자는 그 수의 많고 적음의 차이에 있는 것이 아니라, 권력의 강함과 약함으로 경계를 구분 짓는다. 다수자는 소수자가 힘을 갖게 되는 것을 원치 않는다. 역사적으로 다수자는 소수자에 대해 학대와 억압, 추방과 배제, 그리고 극단적인 형태의 학살까지 자행해 왔으며, 소수자는 다수자의 차별과 억압에 대해 수용, 회피, 저항의 방식으로 대응해 왔다(박경태, 2007). 바람직한 다문화사회의 형성을 위해서는 제도적 차별이 없으면서도 소수자의 고유한 문화를 인정하는 풍토가 보장되어야 한다.

소수인종(racial minority)은 시대나 문화에 따라 사회적으로 구성되는 범주화의 단위로서 한 사회에서 그 수가 상대적으로 적은 소수파를 의미하며, 소수종족집단(ethnic minority group)은 다른 종족집단과 구별되면서, 국민국가 내부에서 소수자들로서의 위치성을 가지는 집단이다(모경환 외 옮김, 2008). 이러한 인종 및 소수종족집단 이외에 여성, 장애인, 수형자, 아동, 홈리스, 매춘여성, 이주노동자, 병역거부자, 난치병 환자, 독거노인, 청소년, 영세어민, 탈북자 등이 일반적으로 소수자들의 범주에 속하는 사회집단이다.

이들 소수자 또는 사회적 약자는 흔히 주변성(marginality)으로 설명되는데, 주변성은 중심적인 것, 지배적인 것의 외부에 있는 것을 말한다. 주변성은 개인이나 집단, 사물이나 활동이 주변적 성격을 띠는, 즉 중심성과 그 중심성이 암시하는 권력을 요구할 권리를 박탈당하는 것이다. 역사적으로 주변성에 대한 관심은 빈민, 범죄자, 종속집단, 여성, 흑인 그리고 그 밖의 전통적으로 역사에서 배제된 집단의 언어와 행동에 관한 연구에서 시작되었다.

Young(1989)에 따르면, 이성애자, 남성, 백인을 전형적 시민으로 전제한 보편적 시민성은 여성, 노동자, 유색인, 동성애자들에게 필요한 권리를 보장하지 못한다. 따라서 주변화되고 불이익을 받아온 소수집단에게는 특별한 권리가 주어져야 공정하고 평등한 시민권의 이상이 실현될 수 있다고 하였으며, Kymlicka(2001)는 집단별로 차별화된 이러한 권리를 자치권(self-government rights), 다인종문화적 권리(polyethnic rights), 특별집단대표권(special group representation rights)으로 구분하여 제시한다. 소수자에 대한 우대가 다수자에 대한 역차별을 가져왔다고 주장하는 자유주의자들의 비판에도 불구하고, 이러한 차별화된 시민성은 다문화시민성 개념의 토대가 되었다(한국다문화교육연구학회, 2014).

2) 왜곡, 편견, 고정관념

(1) 왜곡, 편견, 고정관념의 차이

소수자 또는 사회적 약자와 관련하여 문제시되는 것은 왜곡(bias), 편견(prejudice), 고정관념(stereotype)이다. 먼저, 왜곡이란 어떤 것 또는 누군가에게 호의적(편애)이거나 비호의적(편견)인 경향 또는 성질이다. 따라서 왜곡은 좋은 뜻으로도 쓰이고 나쁜 뜻으로도 쓰인다. 그렇지만 본질적으로 왜곡은 실재로부터 편견을 갖게 하는 왜곡이다(Butt, 2000). 교과서를 비롯하여 다른 나라의 인간과 장소에 대한 재현에는 이러한 왜곡이 포함된다.

편견은 개인이나 집단에 대해 미리 인지된, 특히 부정적인 태도이다. 편견은 인종, 민족, 성, 계층,

연령 등과 같은 특성에 기초한 불관용과 차별을 보여 주는 예단으로서 자주 무지와 미지에 대한 두려움으로부터 초래한다(Butt, 2000). Allport(1993, 31)는 편견이란 단지 어떤 집단에 소속하였기 때문에, 그리고 그 집단의 혐오적 성질을 지녔다고 추측되기 때문에 어떤 사람에 대해 갖는 반감이나 적내감으로 정의하고 있다. 또한 Aronson(2002)은 잘못되고 불완전한 징보에서 나온 일반화에 근거를 두고 어떤 특정한 집단에 대해 증오심이나 부정적인 태도를 갖는 것이라고 정의하고 있다. 이들의 정의에 의하면, 편견은 어떤 대상에 대해 불충분하고 잘못된 정보나 자료에 근거하여 부정적인 태도를 가지는 것이라고 할 수 있다. 여기서 편견이 일종의 태도적 속성을 가진다는 점을 주목할 필요가 있다. 태도는 단순한 신념 이상으로 특정 대상에 대해 긍정적 혹은 부정적으로 일정하게 형성된 정서적·평가적 요소를 포함한다.

모든 사람은 의식적이든 무의식적이든 능력, 나이, 외모, 계층, 장애, 문화, 가족구성, 성, 인종 등에 걸쳐 다양하게 표출되는 편견을 가지고 있다. 편견은 일상의 의사결정이나 행동에 영향을 미치는데, 특히 자아정체감이나 타인을 존중하는 태도에 큰 영향을 미친다. 편견은 실제적인 경험 이전에 또는 충분한 근거 없이 다른 사람을 나쁘게 생각하는 것이다. 다른 사람을 나쁘게 생각한다는 것은 경멸, 혐오, 공포, 회피의 감정, 다른 사람에게 나쁘게 말하는 것, 다른 사람을 차별하고 폭행하는 등의 다양한 적대적 행동을 포괄적으로 가리킨다.

편견은 사실이 아니고 경직된 일반화에 근거를 둔 반감으로서 느껴지거나 표현된다. 편견은 집단 전체를 향하거나 그 집단의 구성원이라는 이유로 각 개인에게 향하는 것이다. 그러므로 편견의 대상은 자신이 잘못이 없는데도 불리한 위치에 놓이게 되는 것이다. 편견에 쉽게 동반되는 고정관념은 편견의 인지적 요소로, 부정확하고 비논리적인 생각으로 특정 집단에 대해 일반적으로 지니고 있다고 믿는 특성을 의미한다.

고정관념은 개인과 집단에 대한 일반화되거나 과도하게 단순화된 관점이다. 고정관념은 어떤 특성과 특질을 어떤 범주에 포함되는 모든 사람들에게로 돌린다. 교과서에는 복잡한 실재의 일반화와 단순화를 통해 고정관념적 이미지가 만들어질 수 있다는 위험들이 있다. 고정관념 역시 자주 인종, 성, 계층, 연령, 문화 등과 관련된다(Butt, 2000).

고정관념은 어떤 인간 집단의 인지적 속성에 관한 신념들의 집합, 한 범주에 대한 과장된 신념, 한 집단에 속한 사람들의 실제적인 차이에 관계없이 그 집단 속에 있는 모든 사람들에게 동일한 특징을 부여하는 것 등으로 정의된다(Butt, 2000). 따라서 고정관념은 개인이 아닌 일군의 사람들의 특성에 대한 일반화된 규정을 의미한다. 예컨대 개인이 아닌 특정 집단, 즉 백인은 어떠하고 흑인은 어떠하다거나, 남자는 어떠하고 여자는 어떠하다는 식의 집단적 일반화가 이에 해당된다. Fishman(1956)은

4가지의 사회적 고정관념에 대해 다음과 같이 제시하고 있다.

- 사회적 고정관념은 **거짓 정보**에 의해 자주 특징지어진다.
- 사회적 고정관념은 고등정신작용의 전형인 증거를 대거나 구별하는 것 등을 포함하기보다는 '광범위한' 반작용 등을 포함하는 **열등한 정신작용의 형태**를 포함한다.
- 사회적 고정관념은 본질적이고 일반적으로 외집단에 대해서는 좋지 못하고 외계인적인 질을 묘사하고, 내집단에 대해서는 좋게 묘사하는 **집단과 관련**되어 있다.
- 사회적 고정관념은 이미지가 사람들의 사고와 감정에 고착화되고, 실제적 근거 또는 논리적 논의에 의해 쉽게 제거될 수 없는 자주 공격적인 **개인적 의견에의 엄격성**과 관련되어 있다.

고정관념은 어느 사회나 늘 어느 정도 존재하는 것으로 완전히 제거한다는 것은 이상에 불과하다(Allport, 1954). 오히려 인간은 어쩔 수 없이 고정관념을 형성할 수밖에 없다. 왜냐하면 마치 과학자들이 이론을 정립하여 활용하는 것과 마찬가지로, 일반인들은 어떤 현상이나 사람들을 설명하기 위해 개인보다는 집단의 일반적 특징에 관심을 가질 수밖에 없기 때문이다.

고정관념은 우리가 그 집단에 속한 사람의 행동을 해석하고 평가하는 데 영향을 주기도 하고, 나아가 우리 자신의 행동에도 커다란 영향을 미친다. 따라서 집단 범주에 근거한 고정관념은 편파적 태도와 행동의 근원이 된다. 특히 어떤 집단에 대해 부정적인 고정관념을 가지고 있으면 그 집단에 편견을 갖게 되고, 차별적인 행동을 하기 쉽다. 긍정적인 고정관념이라 할지라도 대상이 되는 집단이 모두 그러한 속성을 지니고 있지 않다는 점을 고려하면, 그 집단에서 발견되는 다양성을 무시하는 결과를 낳을 수 있다. 따라서 어떤 종류의 고정관념이든 그것은 극복되어야 한다고 볼 수 있다.

고정관념과 편견 모두 개체를 하나의 집단으로 범주화하여 그에 대한 신념을 표현하는 용어이지만, 고정관념이 다소 가치중립적 의미로 사용된다면 편견은 주로 부정적 의미를 내포하는 정의적 개념이다. 그러므로 우리가 어떤 집단에 대한 어떠한 고정관념을 지니고 있는지를 살펴보는 것이 편견을 살펴보는 것보다는 집단에 대한 신념을 포괄적으로 파악하는 데 더욱 적절하다고 할 수 있다.

(2) 왜곡, 편견, 고정관념의 원천

교과서는 학교교육에서 가장 중요한 매개체로 인식되어 왔으며, 현재도 그 영향력은 매우 크다. 그러나 교과서가 과거에는 거의 성전과 같은 것으로 인식되었다면, 최근에는 하나의 텍스트로 간주되고 있다. 텍스트라는 다분히 주관적인 의미가 내포되어 있는 것으로 쓰일 수 있고 읽힐 수 있다.

Gilbert(1984, 178)에 의하면, 교과서는 특별한 기득권의 사회적·정치적 이데올로기를 반영하고 있기 때문에 불균형적으로 내용이 선정되며, 그로 인해 내용의 왜곡을 동반할 수밖에 없다. 교과서에 나타나는 왜곡은 불공정한 왜곡(undue or unfair bias)과 내용의 선택 및 배제에서 항상 존재하는 피할 수 없는 왜곡(unavoidable bias)[7]으로 구분되는데, 더욱 문제가 되는 것은 전자이다. 왜냐하면 불공정한 왜곡이 적절하게 고려되지 않는다면 학생들은 그들이 직접적으로 접촉하는 세계에서 더욱 과장된 왜곡으로부터 보호받지 못할 것이기 때문이다.

교과서에 나타나는 편견의 원천을 찾기 위해서는 교과서의 생산과 이용 과정에 관여하는 주체들을 추적할 수밖에 없다. Marsden(2001)에 의하면, 교과서의 왜곡에 대한 책임은 출판업자, 자료를 자신의 가치로 전환시키는 저자, 교과서를 채택하는 행위자, 교과서를 가르치는 교사, 교과서를 통해 배우는 학생에게 있다. 이 중에서 교사와 학생은 교수·학습과 관련되기 때문에, 교과서 내용 그 자체와 관련되는 것은 출판업자와 저자라고 할 수 있다. 교과서를 출판하는 출판업자들이 왜곡의 출발점이 된다. 출판사 또는 출판업자가 어떤 이데올로기를 가지고 있느냐는 저자(집필자)를 선정하는 데 배경이 되고, 이들을 통해 그들의 의도가 교과서에 투영될 수 있다. 그러나 출판사 또는 출판업자들이 교과서의 구체적인 내용을 구성하는 데 관여하기에는 한계가 있으며, 이는 저자의 몫으로 남게 된다.

교과서의 저자들은 왜곡의 중요한 원천이 된다. 교과서 저자들은 교육에서 왜곡의 가장 중요한 위치에 있는 것으로 비판받아 오고 있다. 왜냐하면 첫째, 저자들이 가지고 있는 학문적·이데올로기적 관점에 주목할 수 있다. 교과서 저자들은 교육과정에 대한 그들의 사고와 해석에 기반한 이데올로기로부터 지식을 선택한다. 교과서의 텍스트적 재현은 저자들에 의해 재구성되고 사회적으로 중재된 것이다. Gilbert(1984)에 의하면, 저자들이 교육에 대한 어떤 이데올로기적 관점을 가지느냐에 따라 교과서의 내용 구성의 전체적인 맥락이 달라진다는 것이다. 예를 들면, 1970년대 영국 지리 교과서의 저자들은 설명적 패러다임(explanatory paradigms)에 과도하게 의존적이었다. 계량적 접근에 과도하게 영향을 받은 저자들은 지리 교과를 탈인간화시킨 것으로 비난받았다.

둘째, 저자들과 관련한 왜곡의 원천은 그들이 가지고 있는 지식과 이해의 수준과 밀접한 관련이 있다. 전문적인 지식과 이해를 가지지 못한 저자들은 이러한 왜곡에 종속될 가능성이 높다. 그렇다고 전문적인 지식이 결코 공정성을 담보하는 것은 아니다. 왜냐하면 저자들의 개인적 가치와 편견이

---

7 대학에서 사용되는 전문 지리학 서적은 실재를 축소하고 있으며, 학교에서 사용되는 교과서는 더 축소하게 되고, 지리를 공부하는 학생들은 이를 더욱더 축소하도록 훈련받는다. 따라서 우리가 사용하는 모든 교과서에는 축소, 즉 선택과 배제에 의한 불공정한 왜곡이 있을 수밖에 없다.

그들의 전문적 지식의 공평성을 무시할 수 있기 때문이다. 따라서 왜곡은 저자의 전문적인 지식과 이해 못지않게 그들의 가치와 신념에 의한 선택과 배제가 중요한 요인이 된다.

셋째, 저자와 교사에 의한 과도한 단순화와 일반화가 문제가 된다. 교과서 저자들과 교사들은 학생들의 능력에 적합하게 교과서의 내용을 선정하고 조직해야 한다는 것에 직면하게 된다. 교과서 저자들과 이를 가르치는 교사들은 복잡한 내용을 가능한 한 단순화하려고 한다. 바로 왜곡 및 편견은 복잡한 것을 단순화하려고 하는 과정에서 필수불가결하게 나타난다. 앞에서도 살펴보았듯이, 고정관념은 바로 그러한 단순화의 결과이다.

넷째, 지역 또는 장소와 관련한 학습에서 최근의 조류는 사례 탐구에 많이 의존하고 있다. 모든 지역을 다루지 않고 특정 주제와 가장 밀접한 지역을 사례로 선정하여 내용을 조직할 때 저자의 왜곡이 관여하게 된다. 사례 연구는 특정한 사례를 선택하는 행위로서 다른 많은 논쟁 또는 주장을 생략하는 것을 의미한다. 예를 들면, 콩고 삼림의 황폐를 피그미족과 결부시키거나, 스페인을 관광산업에 국한시키거나, 일본을 공업과 연계할 때 왜곡이 발생할 수 있다. 그리고 쟁점 중심 접근은 비관적인 것을 조명하거나 후진국을 나쁜 장소로 고정관념화시키는 방향으로 왜곡될 수 있다. 마지막으로, 저자들의 나이, 성, 인종, 국가 또는 출신 지역, 사회적 계층 등도 왜곡의 원천이 된다.

교과서의 저자와 이를 가르치는 교사는 가장 큰 편견의 원천이 된다. 교사는 가치와 편견에 대한 모든 것에 신경 쓰지 않고 계속해서 사실만을 가르치려고 다짐한다. 그러나 이것은 마음속으로부터의 외침일 뿐이다. 45분 내지 50분이라는 짧은 수업시간 동안 멀리 떨어진 지역에 대해 여행하려면 어느 정도의 일반화와 상투적 표현이 불가피할 수 있다. 가치중립적인 학습자료는 가치중립적인 교사만큼이나 불가능하다. 따라서 교과서 저자들과 교사들이 편견으로부터 벗어날 수 있다는 환영에 빠지는 것보다, 차라리 학생들에게 왜곡과 편견을 인식할 수 있는 소양을 갖게 하고 설득과 교화에 저항하도록 하는 것이 더 유용하다(Porter, 1986, 371).

(3) 왜곡, 편견, 고정관념의 양상

교과서에 나타난 왜곡 및 편견의 양상은 다양하다. 특히 Barnes(1926)는 왜곡 및 편견의 유형에 대한 단초를 제공하였다. 그는 가장 지속적인 것으로 종교적 편견, 가장 불가사의하고 비속한 것으로 인종적 편견, 야만스러운 것으로 애국적 열정, 바보스러운 것으로 당파적인 정치적 제휴, 신과의 동맹은 특별한 경제적 계층과 관련되어 있다는 매우 황당한 카스트제도 등을 제시하고 있다. 한편, Billington(1966, 5-13)은 교과서에 나타날 수 있는 왜곡의 유형을 다음과 같이 구별하고 있다.

- 현재의 학문의 조류를 따라잡지 못하고, 왜곡을 포함할 수 있는 진부한 논의를 계속하는 **관성의 왜곡**
- 외국인의 눈을 통해 국가의 역사를 봄으로써, 그들 스스로를 다른 문화에 종속시키도록 하는 저지에 의한 **무의식적인 변조**
- 선택과 배제에 의해 불가피하게 초래되는 것으로, 여자보다 남자의 행위를 강조하는 **생략에 의한 왜곡**
- 교과서 저자들은 없애려고 하지만, 특정 국가 및 인종의 긍정적 기여를 무시하는 **누적적인 함축에 의한 왜곡**
- 의도적이거나 비의도적으로 좋지 못한 형용사(모멸적 어구)를 사용하는 **언어의 사용에 의한 왜곡**

이들의 논의를 통해 볼 때 왜곡 및 편견의 유형은 종교, 국가 및 인종, 성, 사회계층, 연령, 장애 등의 관점에서 조명할 수 있다. 첫째, 종교적 왜곡과 편견은 진실과 거짓이라는 이분법 사고에 의해 나타난다. 대부분 서구에 의한 기독교의 관점에서 이교도가 믿는 신은 진실한 신이 아니라는 것을 강조한다. 예를 들면, 기독교 내에서도 신교도는 관대한 것으로, 가톨릭은 고집불통으로 대조적으로 묘사된다. 더욱이 이슬람교는 기독교와 대비되어 매우 부적절한 것으로 묘사되는 경향이 있다. 이슬람교는 잔인하거나 미개하며, 전쟁을 좋아하는 특성으로 묘사될 뿐, 문화적 진보에 있어 그들의 긍정적인 역사적 영향력은 무시된다(Rogers, 1982, 6-7).

둘째, 교과서에 나타나는 편견 중 가장 일반적인 것이 국가 및 인종적 편견이다. 19세기 서구의 교과서에서는 지리결정론적 관점에서 주로 북반구의 중위도에 거주하는 백인은 세계에서 가장 문명화된 사람으로 위대한 여행자, 탐험가, 발명가로 묘사되었다. 반면에 열대지역의 흑인들은 기억력이 약하고, 게으르다는 편견을 심어 주었다. 이는 우성학적 관점이 더해져 존재 사슬의 정점에는 가장 우성적인 유럽, 가장 아랫자리에는 열등한 아프리카 흑인들이 떠받치는 형국으로 유럽에 의한 아프리카의 지배를 정당화하였다. 유럽은 어린이들에게 아프리카의 적대적인 기후와 식생, 아프리카인을 위험한 동물 또는 미개인이라는 가설을 심어 주었다.

그들은 추악하고 더럽다. … 나는 그들과 함께 살고 싶지 않다. 그들은 슬퍼 보이지만, 사납고, 거의 웃지 않는다. … 나는 피그미가 아니기에 기쁘다. '나 역시 그렇다'고 삼촌 맥(Mac)이 대답하였다. 그들은 매우 좋은 민족이 아니다. 그들은 신을 가지고 있지 않고, 확실히 서로를 사랑하는 방법을 가지고 있지 않다. 그들은 사람보다 오히려 동물인 것 같다(Horniblow, 1930, 52, 59).

제2차 세계대전 이후 교과서에는 이러한 노골적인 인종주의는 줄어들었지만, 더 파악하기 어려운 것으로 전환되었다. 예를 들면, 제3세계 국가, 특히 아프리카 및 라틴아메리카 사람들은 자본주의에 의한 불균등발전의 희생자로서 묘사되기보다는 고용될 수 없는 하층사회의 슬럼 거주자로 은유되었다. 즉 이들은 문제 있는 민족으로서 문제 있는 장소에 거주하는 인종적 소수집단으로 목록화되었다.

서구의 시선으로 바라보는 제3세계 국가에 대한 이미지는 우리에게 편견을 강화시켜 준다. 소위 선진국 사람들은 개발도상국 사람들에 대해 그다지 좋은 이미지를 가지고 있지 않다. 그들은 무식하고, 비합리적이며, 방탕하고, 분별없으며, 자신의 삶에 질서를 부여할 수 없는 사람들로 이미지화한다. Hicks(1980)와 Winter(1997)는 영국의 지리 교과서가 인간과 장소를 재현하는 데 자민족중심주의와 유럽중심주의 관점에 근거하고 있다고 경고한다. 왜 지리 교과서에 인간과 장소에 대한 자민족중심적 관점이 재현되는가? 이것은 문화적 헤게모니에 근거한 국가정체성을 설립하려는 움직임과 관련되는 것으로 해석할 수 있다(Goodson, 1994, 109).

셋째, 페미니즘 지리학의 발달과 더불어 1980년대는 젠더와 관련한 왜곡과 편견에 관심을 가지게 된 시기이다. 대부분 지리 교과서에 등장하는 남자와 여자의 비율에 초점을 두었다(Bale, 1981; Wright, 1985). 대부분의 교과서에서 여자들은 수적으로 적을 뿐만 아니라, 그들의 경제적 역할은 무시되고, 평범하며, 복종적이고, 수동적이며, 주변적인 보조적 역할로서 묘사되었다. 더욱이 유색인종 여자들은 더 주변적으로 다루어졌다. 최근 교과에서의 성적 편견이 감소되고 있지만 교과서는 여전히 어느 정도의 성적 차별을 나타내고 있으며, 나열된 성적 편견은 계획적인 것으로 보일 만큼 지나치다.

넷째, 교과서에는 사회계층, 연령, 장애 등과 관련한 편견이 있다. 사회계층과 관련한 편견의 사례로는 역사 교과서가 왕조 중심의 위로부터 쓰여져 있다는 비판과, 지리 교과서에서 산업의 입지와 관련하여 주로 자본가에 초점이 맞추어져 있으며 노동자에 대한 관심은 매우 저조하다는 것을 들 수 있다. 한편, 세계 선진국을 비롯하여 우리나라는 점점 노령인구 증가를 확실하게 경험하고 있다. 교과서에 나타난 노령인구는 생산활동에 참여할 수 없는 무능력과 가난의 소유자로 취급되고 있다. 또한 노인들은 여자 및 소수인종보다 덜 취급되며, 좋지 못한 고정관념, 즉 회색머리, 심술궂고, 병약하며, 건망증이 심하고, 지치며, 매력적이지 못하고, 생산적이지 못한 것으로 비쳐지고 있다. 교과서에서는 고령자들에 대한 차별을 고발하기 위한 부분이 매우 부족하다. 그리고 교과서에는 대부분 사적 공간보다는 공적 공간에 대한 조명을 하고 있으며, 장애인을 위한 배려의 공간으로서의 장소에 대한 조명이 매우 부족하다.

(4) 교과서의 왜곡, 편견, 고정관념

모든 교수 자원은 세계의 이미지와 관련하여 의식적이든 의식적이지 않든 일련의 가정을 전제하고 있다. 대표적인 예를 들면 자민족중심주의인데, 이는 일반적으로 다른 문화와 집단을 열등한 것으로 간주하는 경향이다. 이와 같은 맥락에서 오리엔탈리즘(orientalism)은 '동양'과 '서양'이라는 것 사이에서 만들어지는 존재론적이자 인식론적인 구별에 근거한 하나의 사고방식이다(Said, 1978, 17). 오리엔탈리즘은 유럽과 서양에 의해 발견되고, 기록되고, 정의되고, 상상되고, 생산되고, 어떤 면에서는 '창안된' 동양에 속하는 용어이다(정진농, 2003, 14). 오리엔탈리즘은 동양에 대한 서양의 사고방식이자 지배방식이라고 할 수 있다. 이는 서구가 그들의 식민지 지배를 어떻게 정당화하고 있는지를 보여 주는 대표적인 사례이다.

계몽주의 시대 이후 식민과 정복의 오랜 역사를 통해 유럽 문화는 정치적·사회적·군사적·이데올로기적·과학적으로 또 상상력으로써 동양을 지배하고 재구성해 왔다. 그리하여 서양이 만들어 낸 것이나 다름없는 동양은 서양의 경험과 상상 속에서만 존재한다. 따라서 동양은 하나의 실체로서 존재하지 못하고 다만 서양과 반대되는 이미지, 개념, 혹은 경험으로서만 존재해 왔다. 이로 인해 동양은 서양을 정의해 주는 '타자'로서의 이차적이고 부정적인 역할만을 해 왔다. 이것은 동양이 그동안 서구인들의 여행기나 문헌에서 상상 속에서만 존재하는 부정확하고 왜곡된 형태로 전해져 왔음을 의미한다. 따라서 오리엔탈리즘 속에 나타나는 동양은 서양의 학문, 서양인의 의식, 나아가 근대에 와서 서양의 제국 지배 영역 속에 동양을 집어넣는 일련의 총체적인 힘의 조합에 의해 틀이 잡힌 재현의 체계이다(Said, 1978, 359).

이러한 점에서 본다면, 오리엔탈리즘이란 17세기 이후 지금까지 서구인들이 자기 밖의 '타자'를 대하고 지배해 온 서구중심주의적 태도를 총칭하는 것이라고 할 수 있다. 오리엔탈리즘은 무엇보다도 권력에 의해 조작된 구성물이고, 서양 사람들에게 동양의 실체로 구실하도록 존재하는 일련의 이미지들이다. 오리엔탈리즘이란 동양을 지배하고 재구성하며 위압하기 위한 서양의 스타일이다(Said, 1978, 18).

한편, 식민지 시기에 서구의 제국들은 급속한 인쇄술의 발달에 따라 다양한 내러티브를 통해 그들의 권위에 종속되는 식민지의 이미지를 창조하여 유포하였다(이옥순, 2002). 그리고 그들 식민지에 대한 이미지는 서구의 타자인 다른 동양인에 의해 복제되어 그대로 사용되고 있는데, 이를 복제 오리엔탈리즘이라고 한다. 오리엔탈리즘이 서양이 날조한 동양을 다루었다면, 복제 오리엔탈리즘은 비서구의 전통을 가진 서구의 타자이며 동양인인 우리가 다른 동양인을 보고 말하는 방식이다. 이는 서구가 그들 식민지를 부정적으로 인식하여 긍정적인 자기정체성을 강화하였듯이, 우리도 그들 식민지를 열등한 동양으로 타자화하면서 우리 자신을 발전한 서양과 동일시하려는 전략이다.

3) 반편견교육

다수자와 소수자의 구분은 차이에 근거한 것이 아니라 차별에 근거한 것이 문제가 된다. 소수자 또는 사회적 약자는 차별 또는 배제의 대상이 된다. 예를 들어, 성차별주의(sexism)란 성(性)을 바탕으로 한쪽 성이 다른 성을 차별하는 사회적 관행을 말한다. 인종차별(racial discrimination, racism)이란 인종에 대한 편견을 가지고 이에 따라 행동하는 것이다. 이는 편견을 가지고 어떤 집단에 대한 공격적인 행동으로 그 집단을 해치는 행위이며, 본인들이 누리는 혜택과 기회를 다른 집단이 누리지 못하게 하는 것이다.

반편견교육(anti-bias education)은 인종, 외모, 장애, 종교, 성적 취향에 대한 편견을 해소시키기 위한 교육으로 편견에 적극적으로 대응하는 능력을 길러 주기 위한 것이다. 편견의 역사는 매우 뿌리 깊지만, 반편견교육이 출현한 것은 최근의 일이다. 1980년대 미국의 유아교육 전문가 더먼 스파크스(Derman-Sparks)가 처음 반편견교육을 제안하였다. 편견에 대한 정의는 학자에 따라 다양하지만, 일반적으로 이성적 차원이든 감성적 차원이든, 근거 없이 어떤 사람이나 집단에 대해 한쪽으로 치우친 생각, 느낌, 행동을 포괄한다. 편견은 인종, 계층, 성, 연령, 장애 등 다양한 영역에서 발생하는데, 다문화현상과 관련해서는 피부색, 언어, 신체 특징, 관습, 종교, 생활방식, 냄새, 음식, 의상 등에서 주로 표현된다. '반편견'은 경멸적인 인지적 신념으로서의 고정관념, 판단을 수반하는 부정적·소극적 정서의 표현으로서의 편견, 그리고 적대적인 행동으로서의 차별에 대응하는 능동적이고도 적극적인 접근을 나타내기 위해 사용되는 용어이다(Derman-Sparks, 1989; 한국다문화교육연구학회, 2014).

더먼 스파크스는 다문화교육을 '관광적 교육과정'이라고 비판하면서 반편견교육의 중요성을 강조한다. 초기의 다문화교육은 편견 타파나 인간의 존엄성 교육보다는 음식, 의상, 가구, 주택, 춤 등 문화에 대한 교육에 중점을 두었기 때문이다. 하지만 다문화교육은 Bennett(2007)의 담론처럼 민주주의의 신념과 가치에 기초를 두고 문화적으로 다양한 사회 안에서 문화다원주의를 지지하는 평등지향 운동이며, 모든 유형의 차별과 편견에 저항하는 교육이다. 결국 더먼 스파크스의 반편견교육과 베넷의 다문화교육은 편견, 고정관념, 인종차별주의를 타파하고 다양한 가치를 숭상하는 평등하고 공정한 민주적 사회를 추구한다는 점에서 동일한 목표를 갖는다(구정화 외, 2010; 한국다문화교육연구학회, 2014).

8. 다문화교육의 장소에 대한 비판교육학적 접근

1) 도입

최근 우리는 교통·통신의 발달에 따른 시공간 압축을 경험하고 있다. 이에 따라 상품과 자본 그리고 사람과 문화의 초공간적 이동뿐만 아니라, 과거와는 비교될 수 없을 만큼 지역 간 또는 국가 간 상호교류 역시 증대하였다. 최근 급증하고 있는 초국적 이주는 이주자들이 유입·정착하게 된 국가나 지역사회의 인종적·문화적 다양성을 증대시키고 있다. 이에 따라 원주민과 이주자들 간에 사회공간적 갈등뿐만 아니라 정체성의 혼란을 유발하기도 한다.

1980년대 후반 이후 전 지구적인 세계화로 인해 세계는 동질화되어 갈 것으로 예상되었다. 그러나 현대사회에서는 인종, 민족. 젠더, 문화, 계층 등에서 다양성과 차이가 부각되고 있다. 우리나라 역시 새로운 국외 이주자들의 유입을 경험하면서, 소수자에 대한 인식, 차이에 대한 관용, 다양성의 중시라는 측면에서 다문화주의에 대한 관심이 점점 높아지고 있다(박경환, 2008a; 2008b; 한동균, 2009).

최근 지리교육은 우리 사회의 다문화적 다양성을 성찰하는 방법으로 가르쳐야 한다는 것을 강조하고 있다(교육과학기술부, 2009b). 특히 지리는 다양한 스케일의 공간을 다루는 교과로서, 세계화로 인한 다문화공간에 더욱 관심을 기울일 필요가 있다. 이를 통해 지리 교과는 학생들에게 다문화적 역량을 개발할 기회를 제공해야 한다.

사실 과거 우리나라 교육은 단일민족을 강조하는 동화주의 관점에 크게 의존하였다. 우리에 대한 지나친 강조로 차이에 대한 관심보다는 차이를 차별로 인식하게 하여, 우리와 다르다는 이유로 다른 집단에 대해 배타성을 갖도록 하였다. 이로 인해 우리 사회는 우리로 인식되지 않는 소수자 또는 사회적 약자에 대한 관심과 배려가 부족하게 되었다. 이는 최근 우리나라가 다문화사회로 진입하는 과정에서 소수자 또는 사회적 약자에 대한 차별을 낳는 결과를 초래하고 있다. 우리나라 사회가 보다 성숙한 민주적 시민사회가 되기 위해서는 소수자에 대한 편견과 차별에서 벗어나 새로운 의식 변화가 요구된다.

한편, 우리나라 사회의 다문화에 대한 관심은 급속하게 증가하는 외국인으로 인해 인종과 민족에 치우친 경우가 많다. 그리하여 다문화사회에 요구되는 다문화교육도 미국, 캐나다 등의 초기 형태처럼 그 범위를 인종과 민족에 국한시켜 해석함으로써 '인종적 소수자'를 대상으로 하는 교육으로 단정 짓는 경향이 많다(양영자, 2008). 이로써 이들 외에 우리 사회에 존재하는 다양한 소수자들을 배제할 가능성이 크다. 따라서 오늘날 다문화교육은 협의의 다인종, 다민족 사회라는 개념보다는 국가 내에 존재하는 다양한 소수자들에 의해 구현되는 다양한 문화적 특성을 의미하는 것으로 보아야 한다.

그뿐만 아니라 세계화로 인한 다문화현상은 공간과 장소를 토대로 나타난다. 다문화현상이 하나의 사회적 현상으로 인식되는 경향이 크지만, 이러한 사회적 현상은 공간과 장소를 떠나 생각할 수 없는 다분히 지리적인 것일 수밖에 없다. 따라서 다문화교육을 새롭게 등장하고 있는 장소에 대한 비판교육학의 관점에서 재개념화하고 이를 실천할 수 있는 방안을 탐색하는 일은 의미 있다고 할 수 있다.

2) 장소기반 교육과 비판교육학

(1) 왜 장소적 접근이 필요한가?

우리가 살고 있는 세계는 복잡하고 다양하다. 그렇기 때문에 요즘 유행처럼 등장하고 있는 다문화사회, 다문화현상, 다문화공동체, 다문화공생 등의 개념은 상당히 모순적인 성격을 내포하고 있다고 할 수 있다. 그렇다면 우리는 왜 다시 다양성에 천착하는 것일까? 여러 가지 요인이 있겠지만, 굳이 공간이라는 용어를 빌리지 않더라도 그동안 지속되어 온 세계를 단순화, 획일화하려는 시도에 대한 반작용이라고 할 수 있다.

다문화현상을 진정성 있게 접근하기 위해서는 우리가 살고 있는 세계를 구성하는 인간과 장소의 문제로 돌아갈 필요가 있다. 다문화현상은 극히 자연스러운 것임에도 불구하고 이것이 문제시되는 것은 배제와 포섭의 논리가 작동하기 때문이다. 우리 인간은 태어나면서부터 자연적으로 부여받은 인종이나 민족적 특성으로 인해, 출생과 동시에 다름을 부여받는다. 그런데 문제는 여기에 정치적·사회적·문화적·경제적 논리를 투영하여 우월적이거나 열등적인 속성을 부여한다. 이러한 우월적인 것으로 분류되는 다수자와 열등적인 것으로 분류되는 소수자는 그들이 거주하는 장소와 결부되어 더욱 확고해지는 경향이 있다.

특히 오늘날은 교통·통신의 발달로 공간적 이동이 자유로워짐에 따라 다수자와 소수자의 관계는 가변적인 성격을 띤다(박경환, 2008a; 2008b). 그렇기 때문에 오늘날의 다문화현상을 이해하기 위해서는 시공간적 맥락에 대한 고려가 필수적이다. 예를 들어, 현재 우리나라에 이주해 온 다양한 국적의 사람들은 자국에서는 다수자였지만 우리나라에서는 소수자로 그 지위가 바뀐다. 이러한 의미에서 개인의 정체성은 그들이 점유하고 있는 공간에 의해 가변적 속성을 지니기 때문에, 우리 인간은 다분히 지리적 존재(homogeographicus)라고 할 수 있다. 개인이 어떤 장소에 위치하고 있는가에 따라 소수자가 될 수 있고 다수자가 될 수 있다는 점에서 지리적일 수밖에 없다.

장소는 물리적 위치가 경험됨으로써 의미가 부여된 것으로 상대적이고 맥락적인 성격을 띠고 있다. 인간은 어느 장소에 놓여 있는가에 따라, 즉 자신이 어디에 위치하고 있는가에 따라 '나'의 존재는 다르게 위치지어진다. 따라서 장소에 따라 자신의 기대되는 행동과 정체성이 결정된다. 특히 '나는 어디에 소속되어 있는가'에 대한 상소의 정체성은 소수자집단의 성원이라는 소속감 또는 집단의식을 갖고 있는 소수자의 특성과 밀접한 관련이 있다. 왜냐하면 개인이나 집단의 정체성은 그들이 소속되어 있으며 동일시하는 그들의 거주 장소를 통해 형성되기 때문이다.

(2) 장소에 대한 교육적 관심: 장소기반 교육

장소는 인간의 호기심과 관심을 끄는 대상이다. 그리하여 장소는 교육을 실천하기 위한 중요한 대상인 동시에 하나의 주제로서 인식되어 왔다. 인간이 거주하는 공간으로서의 장소는 모든 교과의 로망이지만(Morgan, 2011b), 지리교육에서 장소가 가지는 위상은 굳이 기본 개념 또는 핵심 개념을 빌리지 않더라도 매우 중요하게 인식된다. 이러한 장소에 대한 중요성이 교육적 차원에서 다시 출현하고 있는데, 그것이 바로 장소기반 교육(place-based pedagogy, PBL)이다(PEEC, 2007). 이 장소기반 교육은 특정 교과에 얽매이지 않고 모든 교과를 대상으로 하는 범교과적 성격을 지닌다.

장소기반 교육에서는 장소에 대해 사람들이 느끼는 소속감, 즉 장소감이 중요한 위치를 차지한다. 장소기반 교육은 시민성 교육과 밀접한 관련을 가진다. 왜냐하면 시민성 교육은 그 사회의 어떤 사람도 본질적으로 사회로부터 배제되어서는 안 된다는 사고에 기반하고 있다. 따라서 시민성 교육은 인간이 거주하는 장소를 대상으로 하는 교육으로 재개념화될 수 있으며, 그러한 의미에서 장소기반 교육과 밀접하게 관련된다. Gruenewald(2003)에 의하면, 교육은 사람들이 실제적으로 거주하는 장소의 사회적 안녕과 직접적으로 관련되어야 하기 때문에 장소기반 교육이어야 한다.

장소기반 교육의 출현 배경은 장소가 실제적이고 상상적인 접근보다는 추상적으로 분석해야 할 대상으로 인식되어 온 것에 대한 반성이었다. 장소에 대한 추상적 분석을 강조한다는 것은 인지적 영역에 대한 강조로 개인적·사회적·감정적·도덕적·정신적 발달에 대해서는 큰 의미를 부여하지 못한 결과를 낳았다. 이와 같은 학교교육에 대한 불만을 제기하면서 장소기반 교육은 국제적인 교육 운동으로 출현하게 되었다(Sobel, 2004; Gruenewald and Smith, 2008b; Smith and Sobel, 2010).

장소기반 교육의 목적은 학습을 학습자 자신의 장소에 위치시키는 것으로 지역 공동체와 환경에 대한 미덕을 지향한다. 장소기반 교육을 주창하는 일련의 학자들은 학습자를 지적·감성적·도덕적·정신적·사회적 관점에서 총체적으로 이해하며 이를 촉진하려고 한다. 그리고 장소에 대한 이해와 행동, 개선에 기여하는 것을 강조한다.

장소기반 교육은 다양한 학문 또는 교과의 접합을 강조하여 범교육과정을 지지한다. Sobel(2004, 7)에 의하면, 장소기반 교육은 언어, 수학, 사회과, 과학 등 범교육과정에서 개념을 가르치기 위한 출발점으로서 지역 공동체와 환경을 사용한다. 그렇다고 장소기반 교육이 모든 교육과정을 단순히 장소에 대한 학습으로 통합하려는 것이 아니다. 장소기반 교육은 학습자의 도덕 개발, 공공 참여, 환경적 지속가능성, 사회정의 등의 조화를 꾀하며, 따라서 도구주의적 성격을 지닌다. 장소기반 교육은 학생들이 실제로 참여하는 실제 세계에서의 학습경험을 강조하며, 학생들로 하여금 공동체와 보다 긴밀하게 결합되도록 한다.

그렇다면 장소를 대상으로 하는 지리교육과 장소기반 교육은 어떤 관계일까? Morgan(2011b)은 이에 대해 흥미로운 관계를 설정하고 있다. 그는 장소기반 지리교육(place-based geography education, PBGE)이라는 용어를 사용하면서, 이는 동의어 중복일 뿐인지 아니면 실현 가능한 열망인지에 대한 질문을 던진다. 그러면서 지리교육은 본질적으로 '장소기반'이며, 장소기반 교육은 본질적으로 '지리적'이라고 결론짓는다.

장소기반 교육은 환경심리학의 논리를 끌어왔으며, 환경심리학은 인간주의 지리학자들이 주장한 장소감에 주목하였다. 그리하여 앞에서도 언급하였듯이 초기의 장소기반 교육은 자신이 거주하는 로컬 지역에 대한 애착으로서 장소애착과 장소애에 초점을 두었다. 이와 같이 초기의 장소기반 교육은 본질주의적 장소감을 강조하는 것으로 인간이 거주하는 장소의 경계를 고착화시키고 이를 정당화할 수 있는 문제점을 다분히 안고 있다. 왜냐하면 인간이 거주하는 장소는 사회적으로 구성된 것으로서 다양한 권력관계가 내포되어 있기 때문에 이를 철저하게 분석하지 않고서는 진정한 의미를 밝혀낼 수가 없기 때문이다.

(3) 장소기반 교육과 비판교육학의 결합: 장소에 대한 비판교육학

최근 장소기반 교육은 급진적이고 혁신적인 교육운동으로 전개되고 있다. 장소기반 교육운동은 근대의 보편화 프로젝트에서 벗어나려는 시도로 신로컬주의(new localism)와 포스트모던 운동으로 전개되고 있다. Gruenewald(2003)에 의하면, 장소기반 교육 내에 두 개의 상호 양립할 수 있지만 일치하지 않는 전통, 즉 본질적 장소감에서 벗어나 진보적이고 변혁적인 교육목적을 달성하기 위한 노력이 최근 전개되고 있다.

장소기반 교육에서 문제시된 것은 국지적 장소에 초점을 둠으로써 애향심, 결속, 외국인혐오증(xenophobia)을 유발할 수 있다는 것이다. 그리하여 최근 장소기반 교육을 주장하는 학자들은 보다 급진적이고 글로벌적 관점에서 Massey(1991a)의 '글로벌 장소감'을 끌어오고 있다(Gruenewald and

Smith, 2008a; 2008b). 특히 Gruenewald(2003)는 비판교육학(critical pedagogy)과 장소기반 교육(place-based education)을 결합하여, 이를 장소에 대한 비판교육학(critical pedagogy of place)이라고 명명하였다. 장소에 대한 비판교육학은 비판적 접근과 장소기반 접근을 통합함으로써 모든 교육자들이 그들이 추구하는 교육과 우리가 거수하고 미래 세대를 위해 남겨 줄 장소들 간의 관련성에 관해 성찰하도록 하는 데 초점을 둔다(Greenwood, 2008).

비판교육학은 미국을 중심으로 1980년대에 비판사회이론과 브라질의 비판교육학자 프레이리(Freire)의 영향을 받아 지루(H. Giroux), 맥라렌(P. McLaren), 벨 훅스(bell hooks: Gloria Jean Watkins의 필명) 등의 진보적인 학자들을 중심으로 전개되어 오고 있다. 최근 다문화교육에서는 이러한 비판교육학의 이념을 받아들이려는 움직임이 일고 있다(Ramsey and Williams, 2003). 예컨대 1990년대에 들어서면서 다문화교육과 비판교육학의 통합적 논의가 시작되었다(Sleeter and McLaren, 1995; Sleeter and Bernal, 2004). 비판교육학을 다문화교육의 중심에 두거나(Nieto, 2000), 비판교육학에서 목표로 하는 사회변혁을 중심으로 받아들이려는 것이다(Sleeter and McLaren, 1995; Sleeter and Bernal, 2004).

Freire(1972; 1998a)는 인간이 놓여 있는 상황성(situationality)을 강조하고 있다. 비록 그는 공간적 양상을 크게 강조하지는 않았지만, 하나의 상황에 있다는 것은 공간적·지리적·맥락적 차원을 가진다는 것을 의미한다. 한 사람의 상황에 관해 성찰하는 것은 그 사람이 거주하는 공간에 관해 성찰하는 것과 일치한다. 한 사람이 상황에 따라 행동하는 것은 장소에 대한 사람의 관계를 변화시키는 것과 관련된다(Morgan, 2000b).

비판교육학의 목적은 학생들로 하여금 Freire(1973)가 의식화(conscientizacao)라고 부른 것을 통해 행동하도록 하는 것이다. 이는 "사회적·정치적·경제적 모순에 대한 학습과 실재의 억압적인 요소에 저항하여 행동하는 학습"으로 정의된다(Freire, 1972, 17). 장소에 대한 비판교육학은 유사한 목적을 가지며, '장소'를 이러한 상황들이 인지되고 행동되는 맥락으로서 인식한다. 의식화를 촉진하고 동시에 그것에 매우 중요한 읽기와 쓰기를 가르치기 위해, Freire(1998a)는 핵심적인 페다고지 전략으로서 "세계를 읽는(reading the world)" 것이라고 주장한다. Freire(1972)는 정치적 텍스트(political texts)로서 세계(또는 사람들이 알고 있는 세계의 장소들)를 읽어 냄으로써, 교사와 학생들은 세계를 이해하고 세계를 변화시키기 위해 성찰과 행동—또는 실천(praxis)—에 참여한다는 것을 강조한다.

따라서 비판교육학자들은 교육은 항상 정치적이며, 교사와 학생들은 항상 부정의, 불평등, 자주를 억압하는 세계의 신화를 인식하고 고칠 수 있는 "변혁적인 지성인(transformative intellectuals)"(Giroux, 1988), "문화적 활동가(cultural workers)"(Freire, 1998a)가 되어야 한다고 주장한다.

비판이론에 의해 전개된 비판교육학(Giroux, 1988; Giroux and McLaren, 1992; McLaren, 1998)과 달리,

장소기반 교육은 이론적 전통이 부족하다. 장소기반 교육의 실천과 목적은 경험적 학습, 맥락적 학습, 문제기반학습, 구성주의, 야외교육, 원주민 교육, 환경적·생태학적 교육, 생태적 지역학습, 민주주의 교육, 다문화교육, 공동체기반교육, 비판교육학 그 자체뿐만 아니라, 특정 장소, 공동체 또는 지역으로부터의 학습과 관련된다.

장소기반 교육이 생태적이고 시골적 맥락을 강조한다면, 비판교육학은 사회적·도시적 맥락을 강조한다. 사실 원래 비판교육학 역시 시골 지역에 대한 관심에서 출발하였지만, 북아메리카 지역의 비판교육학자들이 중심이 되어 도시적 맥락으로 전환되었다. 이와 같은 관점은 대표적인 북아메리카 비판교육학자인 McLaren and Giroux(1990, 154)의 논의에 잘 나타난다.

초기 단계에서 비판교육학은 대개 파울루 프레이리의 노력과 브라질 및 다른 제3세계 국가의 시골 지역 농부들 사이에서 문해력 캠페인으로 성장하였다. 그러나 프레이리의 연구에 영향을 받은 북아메리카 교사들과 문화활동가들이 점차 주요 대도시의 소수자에게 관심을 기울이기 시작하였다. 이제 시골 학교수업과 공동체에 비판교육학을 다루는 글은 거의 존재하지 않는다.

비판교육학이 그러하였듯이 최근 장소기반 교육 역시 도시의 다문화 영역에 관심을 가지면서 비판교육학자와 교류하고 있다. 비판교육학이 도시적 전환을 하면서 이주자, 민족, 계층, 성에 대한 관심을 가지게 되고, 장소기반 교육 역시 초기의 생태적·시골적 관심에서 다문화적 관점으로 전환하면서 이를 공유하게 된 것이다. 따라서 최근에 비판교육학과 장소기반 교육은 사회적 변혁과 같은 중요한 목적을 공유하고 있다.

장소기반 교육과 비판교육학의 결합을 통한 장소에 대한 비판교육학은 자본주의하에서의 제도적이고 이데올로기적 차원과 불평등한 사회를 변혁하여 보다 실질적인 문화적 다양성을 확보하려고 한다. 이를 위해 다양한 목소리에 귀를 기울이고 권력과 이데올로기를 분석하여 비판적으로 성찰하는 것이다. Nieto(2000)에 의하면, 다문화교육은 민족, 인종, 언어, 종교, 경제, 성 등의 다원성을 지지하고 비판교육학을 바탕으로 성찰과 실천에 초점을 둔 교육이라고 하였다.

따라서 장소에 대한 비판교육학으로서의 다문화교육은 학생들에게 문화에 대해 좀 더 정확하고 포괄적인 지식을 제공하고 사회적 문제에 대한 비판적 사고를 하게 함으로써 보다 나은 세계를 만드는 데 필요한 시민으로서 성장할 수 있도록 하며, 세상에 존재하는 편견과 차별을 없애고 자신과 타자의 관계 및 역할을 이해함으로써 다양성이 보장되는 균등한 삶의 기회를 제공하는 것이라고 정의할 수 있다.

장소에 대한 비판교육학은 공간화된 비판사회이론(spatialized critical social theory)(예를 들면, Harvey, 1996; Massey, 1994; Soja, 1989)에 근거하고 있다. 장소는 이데올로기와 그것의 영향력으로 가득 찬 사회적 구성물이다. 장소와 억압 사이의 관계에 관심을 가진 비판교육학자들(예를 들면, Hooks, 1994; McLaren, 1998)은 억압에 대한 저항과 변혁이 가능하도록 하기 위해 "영역(territory)"과 "주변성 (marginality)"이 구성될 수 있는 페다고지를 추구한다. McLaren and Giroux(1990)의 다문화 페다고 지(multicultural pedagogy)는 소수자가 자신들의 상황성을 성찰하고 그것에 근거하여 행동하도록 하기 위한 수단으로서 "비판적 내러티브학(critical narratology)"과 "비판다문화주의(critical multicultural-ism)"를 지지한다.[8]

3) 장소에 대한 비판교육학으로서의 다문화교육

(1) 실천을 위한 전제: 다문화 행위자와 타자적 상상력

장소에 대한 비판교육학으로서의 다문화교육은 사회를 재구성하기 위한 출발점으로서 사회변화를 촉진하기 위한 도구로 간주될 수 있다(Banks, 2006a; Sleeter and McLaren, 1995). 개인의 가치를 변화시키기 위해서는 사회적·경제적 구조를 변화시켜야 한다. 비판다문화교육이란 의사결정에 있어 사회에서 억압받는 소수자의 목소리를 반영하는 데 초점을 둔다.

현재 학교에서 가르치고 있는 지식은 사회적으로 구성된 것이다. 특히 서구 자본주의 사회의 경제적·문화적 재생산에 계속적인 기여를 하고 있다. 비판교육학적 관점에서 볼 때, 차별받는 소수자의 문제를 해결하기 위해서는 고정적이고 편견적 사고를 거부해야 한다. 따라서 현재의 지배적 사고(예를 들면, 백인, 남자, 권력 등)를 해체하는 해체주의적 교수(deconstructive pedagogy)가 필요하다. 이를 위해 교사는 문화적 행위자 또는 지성인으로서 헌신적이어야 한다.

장소에 대한 비판교육학으로서의 다문화교육은 지리 교사들로 하여금 문화적 행위자로서 경계의 교육학(border pedagogy)(Giroux, 1992)에 참여할 것을 주장한다. 그리고 학생들은 경계의 교육학을 통해 자신의 역사와 지리의 복잡성을 탐구하고, 상이한 장소에서 자신과 다른 사람 사이의 연계에 대한 본질을 탐구한다. 학생들은 자신이 어떤 공간에 속하고 있는지를 결정하기 위해 자신의 공동체의 경계를 비판적으로 탐구하도록 할 기회를 제공받는다.

다문화교육은 다양한 민족, 인종, 사회계층을 가진 학생들로 하여금 교육적 평등을 경험하도록 하기 위해 모든 수준에서 교육 시스템을 개혁하는 것이다(Banks, 2006a). 그러한 교육 시스템이란 다문

---

8 비판적 내러티브학이란 개인의 이야기가 어떻게 공동체에서 다문화와 글로벌 사회에서 보다 큰 통치와 저항의 패턴과 연결되는지를 보여 주기 위해 개인이 확인되며 도전받을 수 있는 장소에서 자신의 이야기(세계를 읽는 것)를 들려주는 개인의 중요성에 초점을 둔다(McLaren and Giroux, 1990: 263).

화적 기초에 근거한 것이어야 한다. 다문화교육은 모든 학생들에게 배움에 대한 동등한 기회를 제공하여 결국 사회에서 성공하는 것을 목적으로 한다는 점에서 권한부여(empowerment)와 능동적 시민성(active citizenship)을 조장해야 한다.

다문화교육은 학생들로 하여금 보다 나은 미래를 위해 행동하도록 권한부여를 해야 한다. 개인적 변화뿐만 아니라 사회적 변화를 위한 내면적 동기화가 강조된다. 그러므로 권한부여와 강한 자존감은 중요하다. 이것은 왜 참여적 페다고지(participatory pedagogy or engaged pedagogy)와 능동적 시민성을 가르치는 것이 다문화교육의 중심에 있는가에 대한 이유이다. 권력을 부여받기 위해 학생들은 진실한 참여의 경험이 필요하다. 다문화교육의 목적은 학생들로 하여금 자신의 삶에서 책임 있는 행위자가 되도록 권력을 부여하는 것이다. 이러한 접근은 학생들로 하여금 사회적 선(social good)을 위한 변혁자가 되도록 이끈다(Sleeter and Grant, 1988). 다문화교육은 학생들에게 로컬과 글로벌 수준에서 기존의 문제를 해결하고, 새로운 문제들을 피할 수 있도록 도울 지식과 기능을 제공하는 것을 목적으로 한다.

교사는 학생들이 올바른 시민이 되도록 선택된 교과내용을 비판적으로 사고할 수 있도록 도와야 한다. Banks(2006a; 2008a)도 주류문화를 반영하는 기여적·부가적 접근의 교육과정에서 벗어나, 궁극적으로 학생들이 민족집단 및 문화집단의 관점에서 개념, 이슈, 사건, 주제를 비판적으로 바라볼 수 있도록 교육과정의 구조를 변화시키는 변혁적 접근(transformation approach)에 이르러야 한다고 주장하였다.

교사들은 대화하고 문제제기를 할 수 있는 적극적인 '비판적 지식인'으로 학생들을 키우지 못하고, 수동적이며 체제순응적인 소시민으로 만들고 있다. 교사들은 더 이상 학생들을 사회현실에서 유리시키지 말고 권한부여를 통해 개입시켜야 한다. 학생들에게 갈등과 모순을 가르쳐야 한다. 저항의 정치학과 경계넘기의 윤리학을 실천하는 법을 교사들 자신도 습득하고 학생들에게도 가르쳐야 한다. 교사들은 학생들로 하여금 보편적이고 지배적인 이데올로기에 충성하도록 할 것이 아니라, 특수하고 개별적인 국지적 상황이나 사건과 연계시키는 경계넘기와 쇄신의 담론을 만들어 내기 위해 자신을 끊임없이 '타자화'시키도록 해야 한다.

급진적 위반과 비판의 담론을 만들어 내는 새로운 지식인상을 아우르는 것은 창조적인 모순과 갈등을 억압적인 조화와 통합 속에서 함몰시키지 않는 역동적인 '공공의 지식인' 개념이다. 지식인은 이제 '타자적 상상력'을 가진 '공공의' 지식인으로 변신해야 한다. 지배체제를 유지시키는 '공모적 지식인'인 '지리 교사(geography pedagogue)'로서의 '나'를 해체해야 한다.

(2) 실천전략 하나: 경계넘기로서의 교육

다문화교육이 우리와 다른 사람들에 대한 배제, 즉 타자화(othering)에 대해 대항하는 것을 의미하며, 궁극적으로 모든 개인의 평등과 사회정의를 실현하는 데 있다(Nieto, 2000; Schugurensky, 2002). 그렇다면 이러한 차별, 배제를 극복하기 위한 비판교육학적 실천은 무엇일까? 먼저 학생들이 생활하고 있는 국지적 장소에서의 다문화 실천이 중요하다. 이를 위해서는 Hooks(1994)의 '경계넘기로서의 교육(transgression)'에 주목할 필요가 있다. 경계넘기로서의 교육은 비판교육학자들에 의해 주장되어 온 '경계넘기(crossing border)'와 그 맥락을 같이한다.

Hooks(1994)는 비판적 다문화 실천을 위해 참여적 교육학(engaged pedagogy), 경계넘기로서의 교육을 강조한다. 경계넘기로서의 교육은 장소에 대한 비판교육학으로서의 다문화교육과 잘 결합된다. '장소'는 사회적 이해와 공간이 결합된 '사회적 공간'이다. 행동에 대한 기대는 장소마다 다르고, 법 또는 종종 당연한 일로 받아들이는 사회적 '규칙'에 의해 통제되며, 대부분의 사람들은 이러한 것에 의문을 가지지 않는다. 즉 그들은 '받아들여지는' 것 또는 '허용된' 것을 열망한다. 그 장소의 규범을 알지 못하는 외부자는 그 장소에 맞추기 힘들다는 것을 알게 될 것이다(Taylor, 2004).

Cresswell(1996)은 이러한 기대는 사회적 계층 내의 권력관계를 만들고 강화한다는 점에서 이데올로기적이라고 제안한다. 그러나 사람들은 특별한 장소에 무엇이 적합하고 무엇이 적합하지 않은지에 관해 서로 다른 생각을 가진다. 이는 다른 장소의 지리로 이끈다. 장소 이용에 관한 보편적 기대, 즉 규범은 구체적으로 말하기 어렵다. 그러나 이것은 경계넘기라는 비정상적인 장소 사용이 발생할 때 두드러지게 된다. 경계넘기는 장소 밖의 사건, 즉 사물의 흐름에 있어 위기의 순간으로 규정된다. 다른 문화적 가치들이 충돌할 때, 규범은 권력을 가진 집단에 의해 규정된다. 지배를 하는 집단은 이미 확립된 기대를 방어하려 하지만, 지배를 받는 집단은 당연한 것처럼 보이는 경계를 밀어내려고 한다.

경계넘기는 한 장소에 대한 새로운 의미를 부여하는 것이다. 경계넘기는 장소에 대한 현재의 의미를 유지하려는 사람들에게는 거부된다. 그러나 Cresswell(1996)에 의하면 새로운 공간적 질서의 맹아는 경계넘기를 통해 나타난다. 경계넘기는 특정 시간에 특정 상황에 대해 반작용하는 것이다. 그리고 새로운 규범이 계속해서 만들어지는 것처럼 경계넘기 역시 시간에 따라 변화한다.

그렇다면 경계넘기로서의 교육은 지리수업을 통해 어떻게 실천될 수 있을까? 이에 대한 적절한 대답은 Taylor(2004)의 사례를 참고할 수 있다. Talyor는 규칙이 깨어질 때(경계넘기를 할 때) 원래의 장소에 규칙이 있다는 것이 명백하게 된다고 하면서 1930년대의 초현실주의 예술가의 작품, 예를 들면 달리(Dali)의 '바닷가재 전화기(Lobster Telephone)'와 오펜하임(Oppenheim)의 '모피로 덮인 컵(Fur

Covered Cup)'과 같이 사물이 놓여 있기로 기대되지 않는 '비정상적인' 장소를 통해 '장소 밖'에 있다는 것의 의미를 파악하도록 하였다. 그리고 존 고토(John Goto)의 디지털 작품인 '하이 섬머(High summer)' 시리즈를 예로 들면서, 전형적인 경관에 어울리지 않는 사람들을 병치시키고 있음을 강조한다. 한편, Taylor는 보다 실천적인 수준을 위해, 잡지의 사진을 활용하여 자신의 이미지를 붙이는 활동을 통해 학생들에게 누가 장소 안에 있고 누가 장소 밖에 있는 것으로 보이는지에 대한 자신의 전 개념을 검토하고 질문할 기회를 제공하였다.

우리가 장소와 사람들에 대해 가르치고 배울 때, 타자에 대한 우리의 이해는 항상 우리의 상황 속에 있다. 학생들이 다른 사람에 대해 편견을 가지지 않도록 하기 위해서는 '우리'와 그들의 차이점을 지나치게 강조해서도, 유사성을 지나치게 강조해서도 안 된다. 한편, 더 급진적인 수준에서의 실천 전략도 생각할 수 있다. 박경환(2008a; 2008b)은 이를 위해 소수자 공간의 생산, 공적 공간의 침투, 소수자 공간의 내부 정치를 제시하고 있다. 이 중에서 소수자 공간의 생산은 학생들이 '소수자 의식'과 '소수자 공간'을 일상적으로 수행할 수 있는 저항의 공간을 생산하도록 하는 것으로 가장 근본적이고 급진적인 소수자 운동이 될 것이라고 주장한다. 이러한 측면에서 등하교 중 길거리에서 서성거리기, 등교시간을 최대한 늦추기, 하교 후에 교실이나 운동장에 남아 있기, 부모 혹은 교사의 말을 못 들은 척하기, 조는 척하기, 부모가 외출 중인 친구 집을 방문하기 등은 현대 시민사회에서 가장 취약한 소수자로서 실천하는 일상적인 저항의 방식이자 약자의 무기라고 하였다. 또한 이는 일종의 학생들이 개인의 가치관과 의지에 따라 스스로 소수자 되기를 선언하는 것이다.

주류세력에 의해 만들어진 지식을 비판하고, 도덕적 가치와 원칙인 사회정의와 평등을 위해 지역 공동체, 국가, 세계 내에 존재하는 불평등에 법과 관습을 초월하여 도전할 수 있도록 지식, 기술, 가치를 기를 수 있는 '변혁적 시민성'(Banks, 2008b)이 필요하다. 이러한 변혁적 시민성을 가진 시민이 되기 위해서는 주류 중심적 시각에서 벗어나 주류세력의 편입을 과감하게 거부할 수 있는 '소수자 되기'가 필요하다. 소수자 되기를 통해 개인의 비판적인 지리적 상상력(critical geographical imagination)을 길러 냄으로써 문화적 다양성을 인정하고 사회적 정의를 추구하는 데 기여할 것이다.

(3) 실천전략 둘: 글로컬 장소감을 위한 교육

다문화교육은 비록 내재적으로는 국지적 관점에 근거하고 있지만 강력한 세계적 관점을 가지고 있다. 다문화교육에서의 글로벌 관점은 상호의존성의 측면에서 매우 중요하다. 학생들이 다른 개인, 국가와 밀접하게 상호연관되어 있다는 것을 이해하는 것은 중요하다. 학생들은 우리는 모두 연결되어 있으며, 하나의 글로벌 시스템의 한 부분이라는 것을 이해해야 한다.

우리가 살고 있는 장소는 독립적으로 존재하지 않는다. 국지적 장소의 다문화현상은 보다 큰 스케일인 세계적 스케일의 관점에서 접근해야 한다. 이는 글로컬 장소감(glocal sense of place) 또는 글로컬 시민성을 통해 실현될 수 있다. 국지적인 것이 경험적이고 실질적인 것이라면, 세계적인 것은 윤리적 차원에서 보편적인 유의성을 가진다(최병두, 2011c). 장소에 대한 새로운 재개념화 중에서 중요한 차원은 장소 사이의 관련성에 대한 인식이다. Massey(1991a)는 그러한 관점을 '진보적인 장소감(progressive sense of place)' 또는 '글로벌 장소감(global sense of place)'이라고 하였다.

정체성은 경계된 장소에 의해 깔끔하게 제공되는 것이 아니라, 항상 다중의 지리적 스케일을 가로지르는 복잡하고 자주 혼동적인 상호작용망 내에서 협상되어 왔다. 이는 정체성은 공통의 국가정체성이 암시하는 것보다 더 중간적(in-between)이고, 분절되며 다양하다는 것을 의미한다.

Massey(1994)는 지리 교사들에게 더 개방적이거나 진보적인 장소감을 개발하기 위해 장소에 대한 사고를 해체하도록 권고한다. 즉 장소의 통일성과 응집성을 강조하려고 하기보다, 장소가 글로벌 스케일을 통해 뻗어 있는 사회적 관계망을 추적하도록 권고한다. Massey(1991a)는 불안정하고 파편화된 세계를 경험한 사람들은 통일성이 있고 동질적인 공동체에 향수를 느낀다. 만약 장소가 본질적인 정체성을 가진다고 가정한다면, 이는 우리로 하여금 장소를 경계지어진 것으로 보게 하고, 사람들을 '우리'와 '그들'로 구분하게 한다. 따라서 세계화로 인해 특정 장소가 다른 장소감을 가진 다수의 공동체와 개인을 수용하고 있는 것처럼, 다수의 공동체와 개인은 다중정체성을 가진다. 이러한 정체성은 글로벌 스케일에서 일어나고 있는 변화들과 밀접한 관련이 있으며, 진정한 글로벌 장소감으로 이끈다. 장소감에 대한 이러한 사고방식은 외부로부터 바라보는 것이다.

장소가 단일정체성으로 보호되는 것이 아니라면, 다양한 정체성 간에 갈등이 있을지라도 새로운 이주자들은 현 상태를 위협하는 것으로 받아들여질 필요가 없다. 게다가 장소의 특수성은 세계화의 구조적인 변화 속에서도 여전히 유효하고 가치가 있다. Massey(1991a; 1994)는 한 장소를 다른 장소와 연결시킴으로써 오직 한 장소에 대한 진정한 이해에 도달할 수 있다고 결론짓는다. 이처럼 장소에 대한 비판교육학으로서의 다문화교육을 위해 필요한 것은 바로 글로벌 지역감(global sense of the local), 글로벌 장소감(global sense of place)이다. 장소가 가지는 다양한 정체성에 관한 Massey의 아이디어를 지리수업에 수용한다면, 장소 그리고 세계와 연결된 장소에 대한 우리의 이해를 계발할 다양한 목소리를 찾을 수 있을 것이다.

최근 다문화교육이 유령처럼 번지고 있다. 다문화현상은 단지 어제오늘에 나타난 현상만은 아니다. 다문화현상과 다문화교육은 인간과 장소에 대한 문제이다. 장소는 개인 또는 집단이 점유하여 소속감 또는 정체성을 형성하는 지리적 공간이다. 이러한 장소에 대한 교육적 관심이 장소기반 교

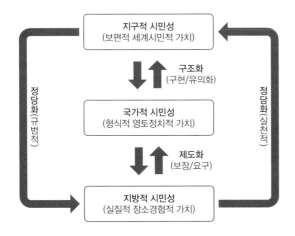

그림 4-5. 지구·지방적 시민성의 도해
출처: 최병두, 2011c, 197.

육으로, 교육을 인간이 실제적으로 거주하는 장소의 안녕에 초점을 둔다. 장소기반 교육은 학습자를 자신들이 일상적으로 거주하는 장소에 위치시키고, 자신들의 지역 공동체와 환경의 안녕에 기여하도록 하는 데 목적을 둔다. 장소기반 교육은 학습자의 도덕성 개발, 공공 참여, 환경적 지속가능성, 사회정의 등의 조화를 강조한다.

이러한 장소기반 교육은 인간주의 지리학들이 주장한 장소감에 관심을 둔 환경심리학의 논리를 끌어와서 학생들 자신이 거주하는 로컬 지역에 대한 애착으로서 장소애착과 장소애에 초점을 두었다. 그러나 이러한 장소기반 교육은 본질주의적 장소감을 강조하는 것으로, 인간이 거주하는 장소의 경계를 고착화시키고 이를 정당화할 수 있는 문제점을 다분히 안고 있다. 그리하여 최근 장소기반 교육은 급진적이고 혁신적인 교육운동으로 전개되고 있다. 그리하여 비판교육학과 장소기반 교육을 결합하여 장소에 대한 비판교육학이 등장하게 되는데, 이는 열린 장소감으로서 글로벌 장소감에 주목한다. 초기 비판교육학은 도시를, 장소기반 교육은 환경 및 시골에 초점을 두었지만, 둘 다 다문화적 관점으로 전환하면서 사회변혁이라는 중요한 목적을 공유하게 된다. 이렇게 결합된 장소에 대한 비판교육학은 다문화교육에 대한 새로운 관점을 부여한다. 장소에 대한 비판교육학으로서의 다문화교육은 학생들을 다문화 행위자와 타자적 상상력을 가진 존재로 전제하면서, 경계넘기로서의 교육과 글로컬 장소감 교육을 통해 실천될 수 있다.

9. 지리 교과서에 나타난 다문화교육 내용에 대한 비판

1) 도입

우리나라 지리교육에서 다문화교육의 현주소는 어떤지 주목해 볼 필요가 있다. 사실 다문화교육을 지리교육과 연계하려는 시도는 최근에 와서야 일부 관심의 대상이 되고 있는 실정이다(배미애, 2004; 박선희, 2008; 2009; 장의선, 2010; 김다원, 2010). 그동안 우리나라 지리교육에서는 세계지리를 중심으로 우리 밖에 존재하는 다양한 문화를 지역적 관점에서 간접적으로 경험하도록 하는 데 초점을 두어 왔다. 그러나 이제 우리나라 사회도 이주에 의한 다문화현상을 전 지역에 걸쳐 경험하고 있기 때문에, 우리 안에서 일어나고 있는 다문화현상을 이해하도록 하는 데 초점을 둘 필요가 있다.

따라서 본 연구는 우리나라 중학교 지리 교과서(2007년 개정 교육과정에 의한 사회1 교과서 15종)와 영국 중학교 지리 교과서[Key Stage 3(7~9학년)]을 위한 *New Key Geography* 시리즈와 *Geog.* 시리즈의 인구 단원을 대상으로 하여 다문화교육 내용을 유사점과 차이점의 관점에서 비교 분석하여 그 함의를 도출하고자 한다.

사회과 및 지리 교육 차원에서 다문화교육에 관한 연구는 2000년대 중반 이후에 급속하게 증가하는 추세를 보이고 있다. 사회과 차원에서는 다문화 요소를 중심으로 사회 교과서의 내용을 분석한 연구(김영순·문하얀, 2008; 나혜미, 2010; 배정애, 2009)가 많은 비중을 차지하고 있다. 반면에 지리 교과에 한정하면 대부분 지리교육에서 다문화교육의 정당성과 함의(배미애, 2004; 박선희, 2009; 장의선, 2010)를 밝히거나, 다문화교육 관련 단원을 밝히고 이를 교수·학습에 적용(박선희, 2008; 김다원, 2010)하는 데 초점을 두고 있다. 지리 교과의 차원에서는 교과서를 대상을 다문화교육 내용을 미시적으로 분석한 연구는 매우 적은 편이다. 그리고 사회과 차원에서 이루어진 다문화교육 내용 분석은 주로 비교 대상 없이 우리나라 교과서만을 대상으로 이루어져 다소 자의적으로 흐르고 설득력 또한 부족한 측면이 있다. 따라서 우리나라 사회과 및 지리 교과서에 나타난 다문화교육의 내용 분석이 보다 설득력을 얻기 위해서는 다문화 관련 요소를 추출하여 다른 국가의 교과서와 비교·분석하는 것이 바람직할 것이다.

본 연구에서는 먼저 지리 교과서에 다문화현상이 어떻게 투영되어 있는지를 분석하기 위한 준거를 선행 연구를 중심으로 하여 추출해 보았다. 그 결과 다문화 관련 내용 요소는 인종, 민족, 종교, 언어, 문화, 성, 인권, 연령, 차이, 차별, 이주, 정체성, 다양성, 상호의존, 가치와 신념, 사회계층, 사회지위, 편견과 반편견, 평등과 불평등, 충돌과 갈등 등 매우 다양한 것으로 조사되었다. 그리하여 이 중에서 지리와 밀접하면서도 인구 단원에 가장 적합할 것으로 판단되는 다문화 용어, 외국인 이주자(결혼이주자, 이주노동자 포함), 난민, 성과 연령 등 4가지 요소로 한정하였다. 다문화 용어의 사용이란 다문화가정, 다문화사회, 다문화교육, 다문화공동체 등 다문화라는 용어를 직접 사용한 것을 의미한다. 그리고 외국인 이주자와 결혼이민자는 국제결혼, 이주자, 외국인 등 외국인 이주자와 결혼이민자를 포함하며, 외국인 노동자는 자신의 국가가 아닌 타 국가에서 일하는 노동자를 의미한다. 난민은 기후난민, 정치난민 등 세계의 난민과 관련된다. 성과 연령은 여성 차별, 연령 차별 등과 관련된다. 이러한 분석 준거를 사용하여 우리나라와 영국 교과서의 인구 단원에 나타난 본문, 사진, 그림, 도표, 지도 등에 대해 주로 질적으로 분석하였다.

2) 지리교육과정에 나타난 다문화교육 내용

(1) 우리나라 지리교육과정과 다문화교육 내용

본 연구는 2007년 개정 중학교 사회과교육과정에 의해 출판된 지리 교과서를 대상으로 하고 있다. 2007년 개정 사회과교육과정은 이미 고시되었지만(교육과학기술부, 2009b), 지리 영역이 포함된 교과서는 현재 중학교 1학년만 출판되어 있어 이것만을 대상으로 하였다. 2007년 개정 사회과교육과정이 세계화, 정보화, 개방화 및 다원성의 대두로 나타나는 새로운 사회환경의 변화를 반영하는 데 초점을 두고 있어, 지리 교과서에도 이러한 정신이 어느 정도 투영되어 있을 것임을 예상할 수 있다.

세계화 및 개방화에 따른 문화적 다양성이 증대하고 있는 상황에서 문화적 다양성을 이해하고 존중하는 교육이 절실해지고 있다. 실제 2007년 개정 사회과교육과정에서는 다음과 같이 진술하고 있다(교육과학기술부, 2009b).

세계화 및 개방화 등과 같은 사회 변화 흐름에 따라 사회 내의 다양한 하위 집단들의 독특한 사고방식과 생활방식에 대한 존중과 이해가 중요한 사회적 과제로 드러나면서 배타적인 동질성과 획일적인 보편성을 추구하던 시대로부터 이질적인 문화의 독특성과 다원성을 중시하는 사회로 급속하게 이행되고 있다.

이는 지금까지 일관되게 강조되어 온 단일민족의 관점을 지양하고 다문화, 인권 등 다양성을 포용하기 위한 움직임을 보이고 있다는 점에서 매우 긍정적으로 평가할 수 있다. 이러한 다문화교육은 범교육과정 차원에서 다루어져야 할 중요한 과제이지만, 특히 지리는 이를 담아내기에 매우 적합한 교과로서 인식되고 있다(Standish, 2009, 91-92).

2007년 개정 중학교 사회과교육과정에서 사회1에 대한 성취기준이 이를 얼마나 잘 구현하고 있는지 살펴볼 필요가 있다. 중학교 사회1의 대단원은 지리 영역 6개 단원과 일반사회 영역 4개 단원으로 구성되어 있다. 단원 제목만을 통해 볼 때, 다문화 관련 내용을 포함하고 있을 것으로 판단되는 단원은 지리 영역의 '지역마다 다른 문화'와 일반사회 영역의 '문화의 이해와 창조'이다. 사실 중학교 사회1 교과서는 지리 영역과 일반사회 영역이 병렬적으로 통합되어 있어 많은 문제점을 노출시키고 있는데, 이 두 단원이 대표적인 사례라고 할 수 있다. 이와 같은 문제점은 본 연구의 본질에서 벗어나기 때문에 일단 지리 영역에 해당되는 '지역마다 다른 문화' 단원의 성취기준을 살펴보았다(표 4-4).

그 결과 대부분의 성취기준이 현재 다문화교육에서 논의되고 있는 양상과는 거리가 있다. 왜냐하면 우리 안에 존재하는 소수자 및 소수집단을 대상으로 하고 있지 않을뿐더러, 우리 밖의 소수자 및 소수집단에만 초점을 두고 있지도 않기 때문이다. 이 단원은 주로 세계 각 지역의 다양한 생활 모습에 초점을 두고 있는 것으로, 지금까지 세계지리 영역에서 다른 지역에 대한 이해의 차원으로 계속 다루어 왔던 것이다. 다만, 그 접근에 있어 기존과 달리 다른 나라의 다양한 문화에 초점을 두고 있다는 것이다.

그리하여 다문화현상을 발생시키는 동인인 동시에 지리의 핵심 개념 중의 하나인 '이주 또는 이동(migration and movement)'에 초점을 두고, 현재 우리나라에서 다문화교육을 촉발하게 된 우리 속의 소수자 및 소수집단에 초점을 두기 위해 '인구 변화와 인구 문제' 단원의 성취기준을 분석해 보았다. 성취기준 4개 중에서 "인구가 유입되는 지역과 유출되는 지역을 사례로 들어 비교해 보고, 인구 이

표 4-4. 중학교 사회1 교육과정의 다문화 관련 단원과 성취기준

지역마다 다른 문화	인구 변화와 인구 문제
세계 각 지역의 생활 모습을 이해하고, 지역에 따라 문화 경관이 다양하게 나타나는 것을 바탕으로 상대 문화를 존중하는 태도를 기른다. 학습자가 흥미 있어 하는 스포츠, 영화, 예술, 지역 축제를 소재로 지역 문화의 다양성을 인식한다.	세계 인구 분포의 차이, 인구 이동의 원인을 파악한다. 우리나라를 포함하여 세계 각 지역의 인구 문제가 다름을 인식하고, 인구 문제에 대한 해결 방법을 모색한다.
① 구체적인 사례를 통해 세계에는 다양한 문화가 존재함을 인식한다.	① 세계 인구 분포도를 보고 인구 밀집 지역과 희박 지역을 확인하고, 그 지역을 대표하는 두 나라를 사례로 들어 차이가 나타나는 이유를 추론한다.
② 종교적 경관이 뚜렷한 지역을 사례로 그 지역의 주민 생활을 이해한다.	② 인구가 유입되는 지역과 유출되는 지역을 사례로 들어 비교해 보고, 인구 이동의 원인을 파악한다.
③ 문화 이식 또는 확산으로 인한 독특한 문화 경관의 형성을 사례 지역을 통해 설명한다.	③ 세계 각 지역의 다양한 인구 문제(인구 급증, 고령화, 성비 불균형 등)를 구체적인 사례를 통해 파악한다.
④ 다양한 문화 축제를 그 지역의 특성과 관련지어 설명한다.	④ 우리나라의 저출산·고령화 현상의 원인을 다양한 시각에서 살펴보고 그 해결 방법을 모색한다.
⑤ 우리나라를 중심으로 동아시아의 문화적 공통성과 상호 관련성을 설명한다.	

동의 원인을 파악한다."가 이를 직접적으로 진술하고 있는 것으로 나타났다.[9] 이 성취기준에 진술된 내용을 통해 다문화 관련 내용이 포함될 것이라고 충분히 추측이 가능하지만, 진술 자체가 포괄적이기 때문에 교과서 차원에서의 분석이 필요할 것으로 판단되었다.

(2) 영국 국가지리교육과정과 다문화교육 내용

영국의 국가교육과정은 1991년에 제정된 후 1995년과 2000년에 부분 개정이 이루어졌으며, 2007년의 개정은 가장 큰 변화를 보여 준다. 중등학교에 해당되는 KS3(7~9학년)을 위한 국가지리교육과정은 이전과 마찬가지로 학습프로그램과 성취기준으로 구성되어 있다. 그러나 학습프로그램은 핵심 개념과 핵심 프로세서 위주로 큰 변화를 보여 준다. 핵심 개념은 총 7개로서 장소, 공간, 스케일, 상호의존성, 자연적·인문적 프로세서, 환경적 상호작용과 지속가능한 개발, 문화적 이해와 다양성 등이다. 이 중에서 다문화와 직접적으로 관련되는 것은 '문화적 이해와 다양성'으로서 이에 "사회와 경제에 대한 이해를 가능하게 하는 인간, 장소, 환경, 문화 사이의 차이와 유사성을 이해한다.", "인간의 가치와 태도가 어떻게 다르며 어떻게 사회적·환경적·경제적·정치적 쟁점에 영향을 주는가를 이해하고, 그러한 쟁점에 관한 그들 자신의 가치와 태도를 발전시킨다."라고 진술하고 있다(QCA, 2007b). 그러나 문제는 이러한 개정 국가지리교육과정을 반영한 교과서가 아직 출판되지 못하고 있다.

그리하여 2000년 국가지리교육과정에 초점을 맞출 수밖에 없다. KS1(1~2학년)~KS3(7~9학년)에 이르는 학습프로그램은 '지리적 탐구', '지리적 기능', '장소에 대한 지식과 이해', '유형과 과정에 대한 지식과 이해', '환경변화와 지속가능한 개발에 대한 지식과 이해' 등으로 배워야 할 지식과 기능 영역을 제시하고 있다. 이들은 매우 포괄적이기 때문에 이를 통해서는 다문화와 직접적으로 관련된 것을 논의하는 데 한계가 있다. 따라서 학습프로그램에 부가하여 제시하고 있는 '학습의 폭(Breadth of study)'에 주목해 볼 필요가 있다. KS3 단계에서는 두 개의 국가와 10개 주제에 대한 학습을 통해 지식, 기능, 이해에 대해 배워야 한다. 10개의 주제와 하위주제로 구성되어 있는 학습의 폭 중에서 주제 '인구 분포와 변화'의 하위주제는 '인구의 지구적 분포', '이주를 포함하여 지역과 국가의 인구 변

---

9 2007년 개정 한국지리와 세계지리 교육과정에서도 인구이동과 관련한 단원 및 성취기준이 제시되어 있다. 한국지리의 경우 '삶의 질과 국토의 과제' 단원의 성취기준 "외국인 노동력의 유입 및 농촌 청년들의 국제결혼 배경을 이해하고, 이로 인해 나타나는 다양한 영향을 파악한다."로서 외국인 노동력과 국제결혼 등 보다 구체적으로 진술하고 있다. 세계지리의 경우 '세계화 시대의 인구와 도시' 단원의 성취기준 "국제 인구 이동의 흐름을 양적, 질적 측면에서 살펴보고, 인구 이동과 관련된 주민 갈등과 지역 변화를 사례 지역을 통해 조사한다."에서 이동의 양적 측면뿐만 아니라 질적 측면을 진술하고 있어 다문화 관련 내용이 다루어질 가능성이 매우 높다고 할 수 있다.

화의 원인과 결과', '인구와 자원의 상호관련성' 등이다. '인구 분포와 변화'라는 주제 속에 '이주를 포함하여 지역과 국가의 인구 변화의 원인과 결과'라는 하위주제를 통해 영국으로 이주한 이주자들로부터 형성된 다양한 문화와 인구 구성을 학습하도록 하고 있다(DfEE, 1999).

2000년에 개정된 영국의 국가시리교육과정에서는 인구 변화와 관련된 내용을 포함할 것을 권고하고 있다. 이에 따라 *New Key Geography* 시리즈의 경우 '인구' 단원이 별도로 설정되어 이주에 의한 다문화현상을 직접적으로 언급하고 있다. 반면에 *Geog.* 시리즈의 경우 인구 또는 인구 변화와 관련된 단원을 별도로 설정하고 있지 않고, 자신의 국가인 '영국'에 대한 학습에서 이를 함께 다루고 있다(표 4-5).[10]

먼저 *Geog.* 시리즈의 경우 *Geog. 1*의 다섯 번째 단원 '영국 탐구하기'의 네 번째 중단원 '우리는 누구인가?'에서 다문화 관련 내용을 다루고 있다. 중단원 '우리는 누구인가?'는 '대장정(long march)'과 '모든 것이 혼합된(all mixed up)'에서 영국의 이주 역사에 관해 다루고 있다.

New Key Geography 시리즈의 경우 「기초(Foundations)」의 여섯 번째 단원 '영국'과 「연결(Connections)」의 다섯 번째 단원 '인구'에서 다문화 관련 내용을 다루고 있다. 먼저 「기초」의 여섯 번째 단

표 4-5. 영국 지리 교과서의 다문화 관련 단원

교과서		다문화 관련 내용
Geog.	*Geog. 1*	5. 영국 탐구하기 5.4 우리는 누구인가?
New Key Geography	「기초(Foundations)」	6. 영국 6.6 영국에 살고 있는 사람들은 어디에서 왔나?
	「연결(Connections)」	5. 인구 5.1 세계의 사람들 5.2 우리는 균등하게 분포하고 있나? 5.3 우리가 사는 곳에 영향을 주는 것은 무엇인가? 5.4 우리는 어디에 살고 있는가? 5.5 인구는 어떻게 변화할까? 5.6 이주란 무엇인가? 5.7 누가 영국으로 이주해 오는가? 5.8 이주의 영향은 무엇인가? 5.9 우리는 어떻게 로컬 지역을 비교할 수 있을까? 5.10 인구 탐구

10 영국의 경우 KS3(7~9학년)을 위한 지리 교과서는 다양한 출판사에 의해 수많은 책이 출판되고 있다. 그중에서 특히 *New Key Geography* 시리즈는 선호도와 채택률이 가장 높은 교과서로서 Foundations, Connections, Interaction 등 3권으로 구성되어 있다. *Geog.* 시리즈 역시 *Geog. 1, Geog. 2, Geog. 3* 등 3권이며, 현실적인 사건과 소재 위주로 구성되어 있어 선호도가 높은 편이다.

원 '영국'에서의 다문화 관련 내용을 검토한 후, 「연결」의 다섯 번째 단원 '인구'에 대해 살펴보기로 하겠다.

「연결」의 다섯 번째 단원 '인구'는 총 10개의 중단원으로 구성되어 있는데, 그중에서 여섯 번째 중단원 '이주란 무엇인가?', 일곱 번째 중단원 '누가 영국으로 이주해 오는가?', 여덟 번째 중단원 '이주의 영향은 무엇인가?'가 다문화 관련 내용을 포함하고 있다.

영국의 인구 단원의 가장 큰 특징은 우리나라 지리 교과서와 달리 '인구 문제'라는 단원을 별도로 설정하고 있지 않다는 것이다. 사실 인구 문제가 단원의 제목으로 설정되면, 그것은 해결되어야 하거나 해결되기를 기다리는 문제로 인식될 수 있다는 점에서 문제가 될 수 있다. 인구와 관련한 현상은 긍정적인 측면과 부정적인 측면을 동시에 가지고 있기 때문에 서로 상반된 관점에서 균형 있게 접근되어야 하는데, 이와 같은 관점에서 본다면 재고되어야 할 사항이 아닐 수 없다.

3) 한·영 지리 교과서의 인구 단원과 다문화교육 내용

(1) 다문화 용어의 사용과 다문화에 대한 관점

① 우리나라 사회1 교과서의 다문화에 대한 관점

우리나라에서 다문화사회라는 용어가 사용되기 시작한 것은 불과 10년 남짓하며, 처음에는 매우 낯선 용어였다. 그러나 최근에는 우리 주위에서 쉽게 다문화현상을 목격할 수 있어, 다문화사회라는 말이 우리와 매우 밀접한 관계를 맺고 있다는 것을 실감할 수 있다. 더욱이 매스컴을 통해서도 보다 친근한 용어로 다가오고 있다. 그렇다면 학교교육에서 가장 중요한 자원으로 인식되는 교과서에서는 다문화사회를 어떻게 투영하고 있을까?

먼저 우리나라 2007년 개정 교육과정에 의한 중학교 사회1 교과서를 중심으로 살펴보자. 총 15종의 교과서 중에서 11종의 교과서에서 다문화사회와 관련된 내용을 다루고 있었다. 교과서마다 다소 차이는 있지만 대체적으로 다문화사회, 다문화가정, 다문화교육, 다문화공동체라는 이름으로 다문화현상을 다루고 있었다. 그렇다면 이러한 다문화현상은 인구 단원의 어떤 개념과 결부되어 다루어지고 있는가? 대부분 인구 이동과 인구 문제의 측면에서 다루어지고 있는데, 인구의 국제이동(교학사 (A), 교학사(B), 교학사(C)), 우리나라의 인구 이동(미래엔컬처그룹), 세계의 인구 문제(교학사(B)), 우리나라의 인구 문제(금성출판사, 대교, 비유와 상징, 새롬교육, 천재교육(C)) 등으로 세분되기도 한다.

본 연구가 우리 안의 소수자 및 소수집단에 초점을 두고 있기 때문에, 우리나라의 인구 이동, 우리나라의 인구 문제에 초점을 두어 분석할 필요가 있다. 우리나라의 인구 이동에서는 다문화가족, 다문화공동체라는 용어를 사용하면서 다문화가족의 증가로 언어 및 문화와 같은 다양성을 존중하고 인정하여야 한다는 긍정적인 내용과, 다문화 도서관이라는 다문화공동체의 형성을 통한 우리 안의 다문화에 대한 변화와 관심에 대한 내용이 주를 이루고 있다.

그렇지만 나문화현상이 우리나라의 인구 문제와 관련하여 가장 많이 다루어지고 있는 데 주목할 필요가 있다. 예를 들면, 다문화가정의 자녀가 겪는 차별과 갈등, 이를 극복하는 과정과 태도, 외국인 이주자들의 영향으로 형성된 다문화사회와 관련된 내용들이 제시되어 있다. 대부분의 내용이 이러한 문제를 해결하기 위한 목적에 초점을 두고 있지만, '문제'라는 상황적 인식하에 다룸으로써 다문화사회, 다문화가정 등과 같은 새로운 변화가 우리 사회에 긍정적인 요소가 아닌 부정적인 요소로 인식될 수 있는 한계를 지닌다.

그렇다고 모든 교과서가 이와 같은 관점을 견지하고 있는 것은 아니다. 일부 교과서에서는 다문화현상을 범교과적 주제학습 또는 심화학습 차원에서 분리하여 집중적으로 탐구하면서 상호의존의 중요성을 강조하고 있다(그림 4-6). 우리 사회가 다문화사회로 진입하고 있는 자료와 함께 다문화사회에서 이질화 극복을 위한 방안, 다문화사회에서 우리가 가져야 할 자세에 대해 말해 보도록 하고 있다. 또한 한국 다문화사회의 형성 배경과 다문화사회에서 우리는 상호의존해서 살아가야 함을 언급하고 있다.

② 영국 지리 교과서의 다문화에 대한 관점

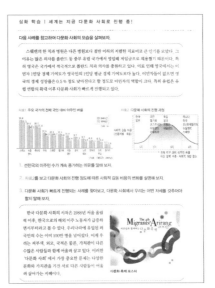

그림 4-6. 범교과적 학습으로서 다문화교육

출처: 지학사, 141; 천재교육(A), 147.

영국 지리 교과서의 경우도 자신의 '국가'에 대해 학습하는 단원과 '인구' 단원에서 다문화사회에 대해 다루고 있다. 먼저 *Geog.* 시리즈의 경우 *Geog. 1*의 다섯 번째 단원 '영국 탐구하기'의 네 번째 중단원 '우리는 누구인가?'에서 다문화 관련 내용을 다루고 있다. 중단원 '우리는 누구인가?'의 소단원 '대장정'과 '모든 것이 혼합된'에서 영국의 이주 역사에 관해 다루면서 다문화사회가 형성되는 과정을 은유적으로 표현하고 있다. 이 대단원의 학습목표는 "영국이 어떻게 이주자들에 의해 구성되었는지를 탐구한다."라고 제시하고 있다. 소단원 '대장정'에서는 "1만 년 전에는 어떤 사람도 영국에 살고 있지 않았으며, 모든 사람들이 새로운 국가에 살기 위해 이동해 온 이주자들이다. 모든 영국 사람들은 이주자들의 자손이며, 심지어 여왕까지도 그러하다."라고 제시하고 있다(*Geog. 1*, 62). 여기에 나타난 다문화에 대한 관점은 개방적이면서도 급진적이다. 특히 제국주의 시대 이후 영국은 앵글로색슨족만이 원주민으로서 인식되고, 다른 민족집단은 이주자 또는 타자로 인식되는 경향이 팽배하였다. 그러나 여기에서는 영국 여왕조차도 이주자로서 어느 누구도 원주민이라고 주장할 수 없으며, 영국의 모든 국민은 평등하다는 인식을 내포하고 있다.

두 번째 소단원 '모든 것이 혼합된'에서는 "그리하여 우리의 몸에는 과거 이주자들의 유전자가 흐르고 있다."라고 제시하면서, 다양한 민족집단이 거리를 활보하는 사진을 보여 준다. 그리고 "당신은 누구의 자손이라고 생각하는가?"라는 질문을 던지면서 끝을 맺는다. 하나의 소단원이 단지 몇 줄의 내용과 사진 그리고 하나의 질문으로 이루어져 있지만, 이것이 전하는 메시지는 강력하다. 학생들로 하여금 그들의 정체성에 대해 생각해 보도록 할 뿐만 아니라, 다양성에 대한 존중과 배려라는 메시지를 던져 준다. 다분히 다문화사회에 대해 은유적 표현을 하면서도 다양한 정체성에 대한 개방적이고 긍정적인 태도를 보여 준다.

반면 *New Key Geography*에서 다문화사회에 대한 내용은 더욱 직접적으로 제시되고 있다. "영국에서 이주는 상당한 영향을 미치고 있다. 이주는 인구수를 증가시킬 뿐만 아니라 인종 구성을 변화시킨다."라고 설명하고 있다. 이와 함께 "이주는 상이한 민족집단, 언어, 종교, 문화가 공존하고 더불어 살아가는 다문화사회를 형성하였다. 비록 이러한 다양한 인종의 혼합이 문제를 불러일으킬 수 있지만, 대부분의 사람들은 다양성을 부가하고 이점을 가져온다는 데 동의한다."라고 서술하고 있다(Foundations, 110; Connection, 100). 요약에서는 영국은 많은 다양한 국가에서 온 이주민들로 구성되어 있으며, 다양한 민족집단, 다양한 언어, 종교 그리고 문화는 영국을 다문화사회로 이끌었다고 제시되어 있다(Foundations, 111).

다문화사회의 역사와 전통이 긴 영국의 지리 교과서는 우리나라 사회 교과서와 달리 다문화사회를 문제로서 해결되어야 할 과제로 인식하는 것이 아니라 이주에 의한 자연스러운 결과라는 것을 강조한다. 그리하여 시기만 다를 뿐 모든 사람들은 이주해 왔기 때문에 어느 누구도 원주민일 수 없다고 인식하고 있으며, 따라서 다양한 정체성을 서로 존중하고 배려하는 태도에 초점을 맞추고 있다. 물론 *New Key Geography*는 우리나라 사회 교과서와 유사하게 다문화사회로 인해 초래될 수 있는 문제를 제기하지만 다양성을 끌어올 수 있는 긍정적인 측면을 더욱 부각시키고 있다. 이러한 맥락에서 볼 때, 우리나라 사회 교과서는 다문화현상에 대한 동화주의적 관점과 다문화주의가 공존하고 있다면, 영국의 지리 교과서는 동화주의적 관점에서 벗어나 다문화주의로의 전환이 이루어지고 있음을 알 수 있다.

4) '외국인 이주자'를 바라보는 관점

(1) 지리적 소수자로서 외국인 이주자

소수자에 대한 정의는 장소와 밀접한 관련을 가진다. 왜냐하면 소수자는 장소에 따라서도 가변적 성격을 지니기 때문이다. 자신이 지금 머무르는 공간적 위치의 변화에 따라 다수자와 소수자의 위치가 달라질 수 있다. 특히 외국인 이주자가 그러한데, 본래는 자국에서 다수자였던 사람들도 공간적 위치 이동에 따라 소수자가 되었던 경험을 말해 주며, 동시에 공간적 변화에 따라 소수자가 다수자가 되었던 사례가 된다. 특히 오늘날 교통·통신의 발달로 공간적 이동이 자유로워지면서 공간적 차이에 따라 다수자와 소수자의 지위가 쉽게 바뀌기도 한다.

장소는 일정한 영역과의 동일시를 경험하는 과정에서 형성되는 자신의 정체성을 의미하는 '지리적 자아(geographical self)' 형성의 토대가 된다(김정아·남상준, 2005, 90). 그리고 이러한 장소와의 불가분의 관계는 장소를 경험함에 따라 생기는 장소감(sense of place)을 형성하게 하여, 장소의 정체성과의 일체감 정도에 따라 소수자 또는 다수자로서의 지리적 자아가 형성될 수 있다. 따라서 시공간적 맥락에 의한 소수자는 지리적 관점에서 '지리적 자아'라고 할 수 있다. 특히 이러한 자아정체감은 차이의 지리학적 관점에 의하면, 타자와 자신을 구분하고 차이를 인식함으로써 형성된다.

(2) 우리나라 사회1 교과서의 외국인 이주자

국내로 이주한 외국인은 우리나라 사회가 다문화사회로 변화할 때 가장 큰 영향을 준 인구 구성원이다. 여기서 외국인 이주자란 결혼이민자, 이주노동자, 유학생 등을 포함한다. 외국인 이주자는 그들 국가에서는 다수자였지만 이주에 의해 소수자로서 다수자의 사회에서 살아가는 사람들이다. 우리나라에 거주하는 외국인 이주자들의 이주 원인은 주로 결혼, 노동, 학업 등을 위해서이며, 소수자로서 이들을 동시다발적으로 여러 장소에 정주시키고 있다.

우리나라 사회 교과서에서 다루어지는 외국인 이주자의 사례는 우리나라로 이주해 온 외국인 이주자보다 세계 여러 지역에서 대표적으로 나타나는 외국인 이주자와 그들의 공간에 대해 다루고 있다. 예를 들면, 멕시코인의 미국 이주, 아프리카에서 유럽으로의 이동 등을 들 수 있다. 한편, 우리나라로 이주해 오는 외국인 이주자의 사례로는 대표적으로 결혼이주자와 외국인 노동자를 들 수 있다.

외국인 노동자의 경우 인구의 국제이동과 인구 문제에서 대부분 다루어지고 있다. 주로 선진국의 저출산과 고령화로 나타나는 노동력 문제를 해결하기 위해 저개발국가로부터 외국인 노동자가 유입되는 내용을 주로 다루고 있다. 따라서 다분히 선진국의 시각에서 외국인 노동자에 관한 내용을 다루고 있다. 우리나라의 인구 문제에서 우리나라가 저출산과 고령화 현상이 나타나면서 동남아시아, 남부 아시아, 중국 등과 같은 여러 나라로부터 노동력이 유입되고 있음을 지적하고 있으며, 이들은 공장지대와 같은 저임금 노동력을 제공하는 사람들로 제시되고 있다.

주로 이들에 의한 우리 문화의 다양성이라는 긍정적인 측면과 더불어 갈등으로 인한 사회문제를 함께 다루고 있다[대교, 금성출판사, 비유와 상징, 천재교육(박병익 외), 천재교육(노경주 외), 교학사(김종욱 외), 교학사(허우긍 외)]. 그러나 일부 교과서에서는 외국인 노동자가 마치 문제인 것처럼 묘사하고 있는 경우도 있다. 예를 들면, "노동력이 부족하게 되어 외국인 근로자들이 들어오게 되므로 그에 따른 사회

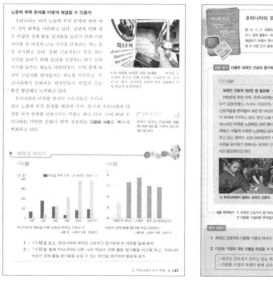

그림 4-7. 외국인 노동자와 관련한 상이한 관점
출처: 대교, 147; 비유와 상징, 145.

문제가 우려된다."(금성출판사, 146)라고 한 것처럼 이들에 대해 부정적인 관점도 나타나고 있다. 특히 외국인 노동자를 "우리나라의 또 다른 인구 문제"라는 제목으로 집중적으로 조명하고, "차별받는 다문화 가정 아이들"이라는 부제 속에도 다문화현상을 다분히 문제로 인식하는 한계를 노정시키고 있다(그림 4-7). 한 사회의 구성원이며 경제활동에서 중요한 역할을 하는 '외국인 노동자'에 관한 내용들이 '인구 문제'에서 주로 다루어지고 있는 것은 그들에 대한 편견을 심어 주는 것으로서 다문화교육의 정신과는 배치된다고 할 수 있다.

(3) 영국 지리 교과서의 외국인 이주자

*Geog. 1*의 경우 (정치적·종교적) 난민(refugee), 침입자(invader), 이주자(migrant: 이주해 온 사람, emigrant: 이주해 간 사람), (수용소) 난민(asylum seeker), 정착민(settler) 등의 용어가 무엇을 의미하는지 각 사진에 제시된 사람(1066년 힘으로 영국을 통치한 노르만족 정복자 윌리엄, 지진으로 인해 집이 파괴되어 적십자 캠프에 있는 치요, 자국의 군대에 의해 고문을 받아 영국에 머물기를 원하는 필립, 1956년 자메이카에서 영국으로 와서 현재 직업을 원하고 있는 조이)과 연결짓기를 하고 있다(그림 4-8 좌측). 이를 통해 다양한 민족집단이 영국으로 이주하게 된 이유와 다양한 정체성에 대한 탐구에 초점을 두고 있다.

*New Key Geography*의 「기초(Foundations)」의 경우 최근 다양한 사람들이 영국으로 이주하고 있는 이유와 출신 지역별 비율을 삽화나 다이어그램을 통해 보여 주고 있다. 특히 다양한 이유를 가진 이주자의 입장 되어 보기를 통해 그들의 정체성에 대한 공감적 이해의 발달에 초점을 두고 있다. 또한 최근 영국으로 이주해 오고 있는 사람들에 대한 설명과 함께 영국인들은 (정치적·종교적) 난민, (수용소) 난민, 불법 이민자들(illegal immigrants) 등 3가지 유형의 이민자들에 대해 점점 걱정하고 있다고 설명하고 있다(그림 4-8 우측).

*New Key Geography*의 「연결(Connections)」의 경우 이주의 영향에 대해 질문하면서 상이한 집단의 입장에서 이주의 장점과 단점에 관해 이야기하고 있다. 영국으로 이주하여 잘 적응하여 긍정적인 관점을 가지고 있는 이주자 가족과 그렇지 못한 이주자 가족, 이주민의 저렴한 노동력을 이용하여 이익을 얻는 레스토랑 사장, 이주자들이 일자리와 삶의 방식을 빼앗아 간다고 생각하는 실업자 등의 입장을 보여 주고 있다. 학생들로 하여금 다양한 입장과 시각에서 이주에 관해 생각해 보게 하여 다문화사회에서 요구되는 다차원적인 시각을 가질 수 있도록 하고 있다.

사실 우리나라 교과서에서도 다양한 이유로 인해 발생하는 난민에 대해 다루고 있다. 이들은 오늘날 다문화사회에서 중요한 소수자 중의 일부이다. 우리나라 교과서 중에서 난민에 관한 내용을 포함한 교과서는 교학사 1종, 금성출판사, 더텍스트, 미래엔컬처그룹, 비유와 상징, 지학사, 천재교육 3

그림 4-8. 영국으로의 이주자와 이주의 원인

출처: *Geog. 1*, 63; Connections, 96.

종으로 총 9종이다. 난민과 관련한 내용은 아프리카의 내전과 기아, 인종, 민족 등 여러 원인으로 발생한 난민과 관련된 내용이 대부분을 차지한다. 영국의 지리 교과서에서는 자국으로 유입되는 난민들을 대상으로 하고 있다면, 우리나라 사회1 교과서에서는 세계에서 일어나고 있는 전형적인 사례를 제시하고 있다는 차이점이 있다. 사실 우리나라의 경우에도 국내로 유입되는 북한이탈주민, 즉 새터민의 이주에 관한 내용을 포함하는 것을 검토해 볼 필요가 있다.

5) 성별 및 연령별 인구에서 소수자에 대한 관점

오늘날 우리나라 사회는 이주한 외국인에 의한 다양성뿐만 아니라 우리 사회 안에서의 가치관과 문화가 다원화되면서 성과 연령에 관련된 편견이나 불평등에서 벗어나 다양하게 나타나는 성역할, 성정체성, 연령차별 금지 등을 고려해야 한다는 주장이 제기되고 있다(김영순·문하얀, 2008; 박선희, 2009).

성과 연령에 관한 내용은 성취기준 "세계 각 지역의 다양한 인구 문제(인구 급증, 고령화, 성비 불균형 등)를 구체적인 사례를 통해 파악한다."에서 사례로 제시하고 있듯이 주로 인구 문제에서 다루어지고 있다. 성과 연령에 대한 내용을 포함하고 있는 사회1 교과서는 금성출판사, 미래앤컬처그룹, 지학사를 제외한 12종의 교과서에서 모두 세계와 우리나라의 인구 문제와 관련하여 다루고 있다. 이를 통해 오늘날 성과 연령에 관한 문제는 연령차별 금지, 성차별 금지 등 차별적인 요소를 배제하는 것으로 세계적인 문제일 뿐만 아니라 우리 사회에서도 중요시되고 있다.

오늘날 여성의 사회적 진출과 더불어 가치관의 변화는 양성평등에 관한 교육의 중요성을 증가시컸으며, 이에 따라 교과서에서는 남녀 역할에 대한 내용들이 제시되고 있다. 오늘날 우리 사회에 존재하는 다양한 성차별 문제를 비롯하여 남녀평등을 위한 정책과 대책에 초점을 맞추고 있다. 특히 교학사(A)의 경우, 삽화를 통해 태아감별 금지, 호주제 폐지, 직장 내 차별 금지 등 남녀평등을 위한 정책을 제시하고 있다.

여성의 사회적 진출의 증가, 남녀 역할에 관한 가치관의 변화 등은 남녀 역할에 대한 변화를 가져왔으며, 교과서는 주로 부부의 역할과 관련된 내용을 제시하여 이를 다루고 있다. 교학사(C)의 경우 주말부부 변천사를 소개하면서 여성의 경제활동 증가로 여성의 자아실현을 위해 부부가 떨어져 사는 사례를 제시하여 여성의 사회적 지위 향상에 관해 강조하고 있다(그림 4-9 좌측). 또한 대교는 전체 육아휴직자 중에서 남성 휴직자 수가 증가하고 있다는 사실을 제시하면서, 더 이상 자녀 양육 문제가 여성만의 책임과 역할이 아닌 남성과 여성이 함께해야 하는 평등한 역할임을 강조하고 있다.

성적 차별에 비해 연령차별에 대한 내용은 매우 제한적이다. 연령차별과 관련한 내용은 새롬교육 교과서에만 집중적으로 다루고 있다(그림 4-9 우측). 그것도 영국에서 연령차별을 없애기 위한 '연령 차별은 시대적 착오'라는 뜻이 담긴 캠페인 배지를 그림 자료로 제시하면서, 연령에 대한 차별과 편견에 대해 이야기하고 있다. 이는 아직 우리 사회가 여성보다는 고령자에 대한 인식의 전환이 덜 이루어지고 있음을 나타내는 것이라고 할 수 있다.

이상과 같이 오늘날 여성의 사회적 진출과 더불어 사람들의 가치관 변화는 양성평등에 관한 교육의 중요성을 증가시켰으며, 이에 교과서에서는 남녀 역할에 대한 내용이 증가하고 있다. 하지만 여전히 고령화현상에 대해서는 단순히 인구 문제로 분류하여 고령화현상으로 인해 나타나는 문제점만을 부각시킴으로써 오히려 학습자들에게 연령에 대한 편견과 고정관념을 심어 줄 가능성이 있다.

그림 4-9. 성 및 연령 관련 다문화교육 내용
출처: 교학사(C), 141; 새롬교육, 146.

한편, 영국 교과서에는 여성차별과 연령차별에 대한 내용은 없었는데, 이는 그것을 논의하는 자체가 차별적인 것으로 해석되기 때문인 것으로 판단된다.

6) 요약 및 결론

우리나라와 영국의 지리교육과정과 지리 교과서의 '인구' 관련 단원을 대상으로 다문화교육 내용을 비교·분석한 것으로 그 결과는 다음과 같다.

첫째, 지리 교과서의 '인구' 관련 단원은 우리 밖의 다문화현상뿐만 아니라 특히 우리 안의 다문화현상을 잘 담아내고 있다. 물론 영국의 경우 자국의 국토에 대한 학습에서 그들의 정체성과 관련하여 이주의 역사를 다루고 있지만, 이것이 다시 인구 단원에서 반복되고 더 상세하게 학습된다.

둘째, 영국의 교과서에는 자국으로 이주한 이주자와 관련하여 다문화사회의 형성 원인 및 결과에 대해 집중적으로 학습할 수 있게 하고 있다. 반면에 우리나라의 경우 인구 이동과 관련하여 다문화현상을 다루고 있지만, 외국인 이주자, 성, 연령과 관련한 다문화 내용이 주로 인구 문제에서 다루어진다는 점을 지적할 수 있다. 다문화와 관련한 내용은 매우 민감한 부분으로서 인구 문제에서 다룸으로써 자칫 문제, 차별, 갈등, 편견을 오히려 심화시킬 수 있는 문제점을 안고 있다.

셋째, 우리나라보다 앞서 다문화사회를 경험해 온 영국의 경우 서로 다른 인종, 민족, 언어, 종교 등을 가진 이주자들로 이루어진 다문화국가로서 교과서에는 영국의 사회현실을 반영하여 '인종', '민족', '다양성'과 같은 다문화교육 내용 요소들이 포함되어 있음을 확인할 수 있다. 영국은 무엇보다 '다양성과 상호의존성'에 대해 긍정적인 측면을 부각하여 서로 다름에 관해 이해하고 수용할 수 있도록 하고 있다. 물론 자국으로 오는 이주자들에 의한 부정적인 영향도 함께 다루지만, 궁극적으로는 긍정적인 영향에 초점을 맞추고 있다. 우리나라 교과서 역시 긍정적인 측면에서 다문화현상을 다루고 있지만, 일부 교과서에서는 그들이 갈등을 일으킬 수 있는 문제적 상황으로 인식하고 있는 문제를 안고 있다.

우리나라의 다문화사회 형성이 최근 인구의 국제적 이동과 국내 이동과 같은 인구지리적 특성과 관련하여 형성되었다는 점은 간과할 수 없다. 그렇기 때문에 지리 교과서의 인구 단원은 다문화교육을 담아내기에 가장 적절한 단원의 하나가 될 수 있다. 다만, 소수자에 대한 긍정적인 인식과 태도를 가지도록 함으로써 그들의 권리와 인권을 존중하고 이해하여 사회 구성원으로서 함께 공존하여 살아갈 수 있도록 해야 한다.

역사적·정치적·사회적 배경이 다른 두 국가를 비교하는 것은 한계를 지니지만, 영국 지리 교과서에서 나타나는 '다양성'에 관한 강조점, 학습자들 스스로 자연스럽게 이주를 통한 다문화사회 현상을 긍정적으로 받아들이고 상호의존하며 살아가야 하는 마음가짐을 가지도록 하는 다양한 학습자료와 활동 등은 분명 우리에게 시사하는 바가 있을 것이다.

　앞으로 다문화사회를 살아갈 청소년 세대에게 다문화에 관한 올바른 인식과 가치관을 형성하기 위한 다문화교육을 위해서는 지리 교과서의 '인구' 단원을 보다 긍정적이고 편견 없는 내용으로 문제가 아닌 자연스러운 하나의 현상으로 바라볼 수 있도록 할 필요가 있다. 그렇게 될 때 학생들로 하여금 다문화현상을 자연스럽게 받아들이고 그들과 함께 더불어 살아가는 성숙한 시민이 되도록 할 수 있을 것이다.

10. 지역 다문화 활동과 CCAP를 활용한 세계지리 수업

1) 도입

　교육은 새로운 시대를 살아가는 방향을 제시해야 한다. 최근 국내 거주 외국인 수의 급증으로 다른 인종, 다른 문화와 접하는 기회가 크게 증가함에 따라 다양한 문화가 공존하고 있는 현실 속에서, 각 문화의 차이를 이해하고 이에 대해 긍정적인 인식을 갖도록 하는 것은 오늘날 우리 교육의 중대한 과제로 인식되고 있다. 그러나 우리나라 학생들은 외국인에 대한 심한 편견, 특히 백인에 비해 흑인과 동남 및 남부 아시아인에 대한 심한 편견을 가지고 있는 것으로 나타났다(임성택, 2003). 특히 우리나라 사람들은 백인에 대해서는 열등의식을, 흑인과 동남 및 남부 아시아인에 대해서는 우월의식을 갖는 이중적 태도를 보이는 경향이 있다. 이러한 이중적 태도는 학생들이 노출되어 있는 다양한 미디어와 교육을 통해 지속적으로 강화된 것이라고 할 수 있다.

　최근 개정된 교육과정에서 요구하는 인간상은 세계화 추세에 능동적으로 대처할 수 있는 창의력을 가진 인간으로서 창의인(creative person), 타자에 대한 편견을 지양하면서 함께 더불어 살 수 있는 소양을 가진 지구인(global person)으로 정의됨은(박순경, 2010) 시대적 요구가 반영된 결과라 할 수 있으며, 이러한 관점에서 볼 때 학교교육은 다문화사회에서 요구되는 자신의 문화와 다른 문화의 유사점과 차이점을 인식할 수 있고, 새로운 가치를 창출해 낼 수 있는 문화적인 감수성에 초점을 맞출 필요가 있다.

　이러한 경향을 반영하듯 최근 지리교육 분야에서도 새로운 교육과정에 나타난 다문화적 관점을 분석하여 그 함의를 찾아내고, 나아가 학생들에게 문화적 감수성을 심어 줄 수 있는 교수·학습 전략을 정립하려는 일련의 연구들(임석회·홍현옥, 2006; 박선희, 2008; 2009; 김다원, 2010)이 이루어지고 있다는 것은 매우 긍정적인 신호이다. 그렇지만 지리교육 분야에서 이에 대한 관심은 매우 미미한 실정이며, 아직 초보적인 연구단계로서 주로 개정 교육과정의 내용 분석을 통해 교수적 함의를 제시하는 정도에 머물러 있다.

지리는 다양한 공간 스케일에서 다양한 사람들의 문화적 경험들을 제공해 주는 교과로서, 문화적 다양성을 이해하고 존중하도록 하는 데 매우 적합한 교과로 간주된다(Standish, 2009). 특히 세계지리는 세계 각 지역의 지리적 현상을 종합적·체계적으로 이해하게 하는 교과목으로서 다문화교육을 실현할 수 있는 강력한 도구가 될 수 있다. 그러나 고등학교에서 세계지리 교과목의 선택 비율이 낮다는 현실적 제약뿐만 아니라, 더욱이 내용 체계가 다문화교육을 실질적으로 구현할 수 있도록 구성되어 있지 않다는 것이 더 큰 문제이다. 만약 세계 각 지역에 대한 문화적 관점을 적극 반영하여 내용을 재구성한다면, 다문화 이해라는 시대적 요구를 잘 충족할 수 있을 것이다.

따라서 본 연구는 이러한 시대적 요구에 부응하기 위한 시도로서 고등학교 세계지리 교과목이 학생들의 다문화 이해에 기여할 수 있는 방법을 찾고자 한다. 이를 위해 지역의 다문화 자원을 활용한 다문화 체험활동과 세계지리 동남아시아 및 남부 아시아 단원을 재구성하여 설계한 CCAP 수업이 학생들의 다문화 이해에 미치는 효과를 밝히고자 한다.

본 연구는 지역 다문화 자원을 활용한 체험활동과 CCAP와 연계한 세계지리 수업이 학생들의 다문화 이해에 미치는 효과를 다음과 같은 방법으로 검증하였다.

첫째, 수업 준비 단계로서 문헌 연구를 통해 연구 지역의 특징, 국제이해교육과 다문화교육의 유사점과 차이점에 대해 이론적으로 검토하였다.

둘째, CCAP를 활용한 수업 전 활동으로서 지역의 다문화 자원을 이용한 다문화 체험활동을 실시한 후, 학생들을 대상으로 설문조사와 면담을 실시하여 학교 밖 다문화 체험활동이 다문화 이해에 미치는 효과를 검증하였다.

셋째, CCAP 수업의 설계 단계로서 세계지리 교과서 동남 및 남부 아시아 단원을 다문화교육의 관점에서 재구성하였다. 수업 재구성의 원칙은 외국인 강사로 초빙할 수 있는 지역 내 거주 외국인의 출신국(파키스탄, 필리핀, 미얀마, 캄보디아)을 고려하여 주요 지역을 4개로 선정하여 교수·학습안을 작성하였다.

넷째, CCAP 수업의 적용 단계로서 실험학교에서 세계지리를 선택한 4개 학급을 대상으로 외국인 강사를 초빙하여 CCAP 수업을 실시하였다.

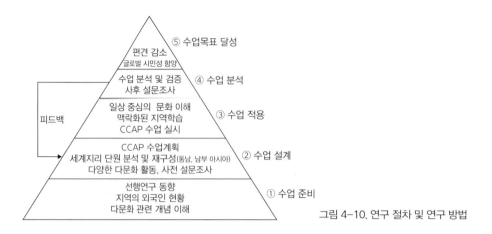

그림 4-10. 연구 절차 및 연구 방법

마지막으로, 사전 설문과 사후 설문 및 면담을 통해 CCAP를 활용한 세계지리 수업이 학생들의 다문화 이해에 미치는 효과를 검증하였다. 이상과 같은 연구 절차 및 연구 방법을 도식화하면 〈그림 4-10〉과 같다.

2) 이론적 배경

(1) 국제이해교육과 다문화교육

오늘날 우리가 경험하고 있는 세계화 현상으로 인해 세계적인 규모에서 보편적이고 공통적인 문화적 요소가 점점 더 많아지고 있지만, 다른 한편에서는 여전히 서로 다른 문화적 요소가 공존하고 있다. 세계화의 추세와 더불어 등장한 '국제이해교육(education for international understanding)' 또는 '세계교육(global education)'과 '다문화교육(multi-cultural education)'은 오늘날 학교교육이 담당해야 할 주요한 과제이다.

국제이해교육은 제2차 세계대전 이후 외교정책, 지역연구, 교육의 국제적인 교류에 뿌리를 두고 있다(유네스코 아시아·태평양 국제이해교육원, 2005). 세계화가 급속히 진행되면서 지구상의 모든 국가가 생태환경, 핵무기, 인권, 자원부족 등의 문제에 공동으로 대처하지 않으면 안 되게 된 것이다. 특히 세계화에 따라 세계경제의 상호의존성이 더욱 깊어지면서 지구촌 전체의 운명과 직결되는 인구, 자원, 빈곤, 인권 등의 문제들이 세계적인 문제로 주목받게 되었다. 또한 과거에 비해 잦은 이동으로 인해 문화 간 갈등이 증가하고, 문화 간 상호이해 및 다양한 시각의 차이에 대한 이해가 필요하게 되었다. 이와 같이 세계의 상호의존성이 증대되면서 세계이해(global understanding) 혹은 국제이해(international understanding)에 대한 필요성이 강조되었으며, 이에 세계 여러 나라들은 세계교육 또는 국제이해교육에 큰 관심을 갖게 되었다.

한편, 다문화 이해(intercultural understanding)는 다른 나라의 문화 이해(inter-national understanding)뿐만 아니라, 한 국가 안에서 다양한 문화 이해(intra-cultural understanding)를 포함한다. 다문화 이해는 국경을 넘어선 다른 문화뿐 아니라, 그 문화가 또 하나의 하위문화로서 자신의 영토권 안에서 자리매김하는 것에 대해서도 존중하고 이해하는 것을 의미한다(김현덕, 2007). 결국 다문화교육은 다문화에 대한 이해를 목표로 하고, 이를 통해 타 문화에 대한 편견을 불식하고 함께 조화로운 사회를 지향하는 취지의 교육이다.

특히 최근에는 한 국가 안에서 다양한 문화 이해가 중요한 과제로 떠오르고 있다(배미애, 2004; 김현덕, 2007). 이는 사회 안에서 문화적 복수성을 인정하고 발전시키면서, 다양한 이해관계에 초점을 맞추고 공동의 목적을 찾으면서 건설적인 방법으로 갈등을 해결하도록 도와주는 것을 목표로 한다. 이러한 관점에서 다문화교육이 국내 지향적 즉 '우리 안의 타자'에 대한 교육이라면, 국제이해교육은 국제 지향적 즉 '우리 밖의 타자'에 대한 교육이라고 할 수 있다.

이렇게 국제이해교육과 다문화교육은 등장 배경과 추구하는 목적과 내용에 있어 다소 차이가 있지만, 글로벌 시민성 함양을 위한 교육이라는 점에서 공통점이 있다. 그런데 이제까지의 학교교육은 국제 지향적인 국제이해교육에 중점을 두었다가 최근에 다문화가정과 다문화사회에 대한 관심이 증가하면서 다문화교육이 주목받기 시작하였다. 하지만 다문화교육에 대한 관심이 단기간에 급격히 증가한 만큼 교육에 대한 성숙도는 아직 충분하다고 볼 수 없다. 다문화교육 이론에 관한 연구와 다문화가정 자녀 교육실태에 관한 연구는 어느 정도 축적되어 가고 있으나, 교육현장에서 다문화사회의 다양한 국면을 실제로 접하고 경험을 통한 다문화이해교육의 심화와 세계화에 대한 인식의 변화를 추구하는 연구는 이제까지 볼 수 없었다.

(2) 지리를 통한 다문화 이해와 CCAP 수업

지리는 인간과 장소의 특성을 다양한 스케일의 연결과 상호의존을 비롯하여, 인간 사회의 인종적·정치적·문화적 유사성과 차이를 추적하는 교과로서 다문화를 이해하기 위해 매우 적합한 교과임에 틀림없다(배미애, 2004; 김학희, 2005; Standish, 2009). 이러한 정신은 지리를 통해 학생들이 반드시 알아야 할 7가지의 핵심 개념을 제시하고 있는 영국의 2007년 개정 국가지리교육과정에도 잘 나타나 있다. 핵심 개념 중의 하나인 '문화적 이해와 다양성'의 하위 내용에는 '사회와 경제에 대한 이해를 가능하게 하는 인간, 장소, 환경, 문화 사이의 차이와 유사성을 이해하기', '인간의 가치와 태도가 어떻게 다르며 어떻게 사회적·환경적·경제적·정치적 쟁점에 영향을 주는가를 이해하고, 그러한 쟁점에 관한 그들 자신의 가치와 태도를 발전시키기' 등을 제시하고 있다(QCA, 2007b). 이를 통해 글로벌 사회에서 지리는 무엇을 기반으로 하고 있으며(공간과 장소, 스케일), 변화하는 세계에서 무엇을 가르치고 배워야 하는지(상호의존성, 문화적 이해와 다양성)를 엿볼 수 있다.

이와 더불어 최근 관심을 끄는 포스트모던 지리가 근간으로 하는 다원론(pluralism)과 다양성(diversity), 즉 차이의 지리(geographies of difference)에 대한 강조는 타자에 대한 배려와 관용의 정신을 기초로 하고 있다. 따라서 지리는 우리 밖의 타자뿐만 아니라 우리 안의 타자에 대한 관심을 기울여야 하는데, 이 시점에서 좋은 지리 수업의 한 방법으로서 생각할 수 있는 것이 바로 CCAP(Cross-Cultural Awareness Programme: 다문화 이해 프로그램 또는 외국인과 함께하는 문화교실, 이하 CCAP로 사용)이다.

1998년부터 유네스코 한국위원회가 국제이해교육의 일환으로 교육부의 지원을 받아 시작한 CCAP는 한국에 사는 다양한 나라의 외국인들이 학교를 방문하여 문화교실 강사가 되어 자신의 나라와 문화에 대해 알려 줌으로써 학생들의 타 문화에 대한 이해를 높이도록 하는 교육프로그램으로, 외국인 문화교류 활동가(Cultual Exchange Volunteers, CEV)와 한국어 통역자원 활동가(Korea Interpretation Volunteers, KIV)가 함께 학교로 찾아가 해당 국가의 문화, 풍습, 언어 등을 소개하고 체험하는 다문화 이해 프로그램이다(김신아, 2004).

CCAP는 학생들로 하여금 단순한 지식 전달이 아니라 다른 사회·종교·문화적 배경을 가진 사람들을 이해하고 열린 마음으로 대할 수 있는 성숙한 자세를 배우도록 한다는 점에 그 의의가 있는데, 수업방식도 기존의 강의식 수업을 지양하고, 외국인 문화교류 활동가와 학생들이 함께 어울릴 수 있는 흥미롭고 활동적인 내용으로 진행된다. 이를 통해 학생들은 크게는 각 지역의 문화의 독특성에 대해, 작게는 개인의 개별성에 대한 이해와 존중의 필요성을 배우게 된다.

현행 세계지리 교과서에서 다루어지고 있는 대륙, 국가, 지역에 대한 시선은 매우 상이하다. 서구 선진국에 대해서는 주로 좋은 이미지로 묘사되는 반면, 제3세계는 서구적 시선에 의해 편견과 고정관념을 통해 부정적 이미지로 묘사되는 경향이 있다(Taylor, 2004;

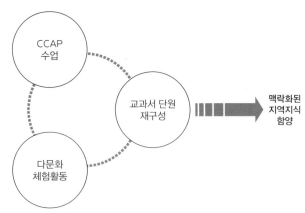

그림 4-11. 다문화 활동 및 CCAP와 연계한 지리 수업

김학희, 2005; 노혜정, 2008; 김아영, 2010), 이와 같은 교과서의 내용은 교사와 미디어를 통해 가중됨으로써 학생들은 이들 장소와 사람에 대해 편견을 가지게 된다. 이러한 편견을 감소시킬 수 있는 좋은 방법으로 CCAP와 연계한 세계지리 수업을 고려할 수 있다. 세계지리 수업이 지역 내의 외국인과 직접적으로 접촉하는 다문화 체험을 비롯하여 외국인과 함께하는 CCAP 수업을 통해 입체적·다각적으로 이루어진다면, 〈그림 4-11〉과 같이 학습자는 직접적인 체험을 통해 문화의 다양성에 대한 이해와 더불어 맥락적 지역지식(contextual regional knowledge)을 함양할 수 있을 것이다.

3) CCAP를 위한 교실 밖 다문화 체험활동과 그 효과

(1) 지역 다문화 자원을 활용한 다문화 체험활동

학교교육을 통한 다문화 이해활동은 교실 안팎에서 이루어질 수 있다. CCAP는 교실 안에서 이루어지는 다문화 이해 프로그램으로서 학생들의 자발성과 지속성 측면에서 한계가 있다. 그리하여 CCAP 수업을 실시하기 위한 사전 활동으로서 실험집단의 학생들 중에서 희망하는 학생을 중심으로 지역에서의 다양한 다문화 활동에 참여하게 하였다.

대구광역시에 거주하는 외국인은 1992년 2,114명이었으나 2008년에는 22,822명으로 거의 10배 이상 증가하였는데, 특히 실험학교 인근 달서구의 경우 1992년 168명에서 2007년 6,866명으로 41배 증가하였다. 달서구는 성서산업단지가 위치하고 있어 주로 동남 및 남부 아시아 등지에서 온 이주노동자들의 밀집 거주지역이 나타나 외국인과 접촉 빈도가 높으며 다양한 다문화 활동에 유리한 지역이다(조현미, 2006). 학생들의 다문화 체험활동 사례는 다음과 같다.

첫째, 이주민 공동체 탐방을 실시하였다. 학교 수업이 없는 토요일 오후 연구자와 학생들은 학교 인근 지역에 거주하는 파키스탄, 베트남의 이주민 공동체를 탐방하여 인터뷰와 취재를 하였다. 학생들은 이슬람인이 그들의 물건을 파는 상점을 방문하여 물건을 구입하면서 대화를 통해 문화의 차이점에 대해 교감하였다. 그리고 이러한 탐방활동을 통해 인터뷰한 외국인을 CCAP 수업의 강사로 섭외하기도 하였다.

둘째, 유네스코 회원 대구대회를 개최하여 다문화 체험을 하도록 하였다. 실험학교는 유네스코 한국위원회 산하 대구지역 유네스코 협동학교(Unesco ASPnet)로 활동하고 있다. 그 활동의 일환으로 유네스코 회원 대구대회를 개최하여 학생들로 하여금 다문화를 체험하도록 하였다. 아울러 학생들은 대구 인근의 성주 다문화센터에서 운영하는 다문화어린이집을 방문하여 체험활동 및 자원봉사를 하였으며, 다문화가정 수기대회 개최, 세계평화를 위한 '희망의 운동화 그리기' 축제 등 다문화 활

그림 4-12. 이슬람 식료품가게 및 이슬람 사원 방문

그림 4-13. 유네스코 대구대회(2009. 6.)와 희망의 운동화 그리기(2009. 8.)

동프로그램에 적극적으로 참가하였다.

셋째, 라디오 프로그램 제작 및 진행에 참가하였다. 학생들의 형식적인 차원을 넘어 실질적인 자기주도적 다문화 이해를 위해 라디오방송국(성서공동체FM)[11]의 프로그램 제작 및 진행에 참여하게 하였다. 라디오 청취 대상자는 성서지역 주민과 성서공단 노동자들이지만, 이주노동자와 장애인 등 소외계층이 주 대상자이다.

라디오방송국의 라디오 프로그램 제작 및 진행 활동은 CCAP 수업을 실시하기 전인 6월과 7월에 집중적으로 이루어졌으며, 주로 성서공단의 이주노동자들에 대한 문제를 스스로 인식하고 이를 지역주민들에게 알리는 활동으로 이루어졌다. 학생들은 지역주민들에게 함께 살고 있는 이주노동자의 현실과 삶을 이해할 수 있는 여러 다문화 프로그램을 직접 제작하고 진행하였다(그림 4-14, 그림

11 '성서공동체FM'은 30만 명이 거주하고 있는 대구광역시 성서지역을 위한 공동체 라디오(소출력 FM 라디오)방송국이다. 2005년 8월 첫 전파를 쏘아 올린 후, 2008년 11월 방송통신위원회로부터 정식 방송 허가증을 받았으며, 2009년 개국 4년을 맞이하여 지역 실험 방송국을 넘어선 본 방송국으로 거듭나기 위해 노력 중이다.

표 4-6. 라디오 프로그램 제작 및 진행 일정

차시	일정	활동 내용	
1	6월 둘째 주	• 오리엔테이션	• 업무분장(수업팀, 촬영팀, 교안팀)
2	6월 셋째 주	• 구성 및 리포팅 교육	• 팀별 주제 선정
3	7월 첫째 주	• 기획 토론	• 다른 라디오 방송 참관 및 출연
4	7월 둘째 주	• 주제 관련 취재 및 탐방(지역 이슬람 문화탐방, 지역 외국인 탐방) • 라디오 방송 제작: 성서공동체FM '나도 DJ'	
5	7월 셋째 주	• 반성 및 평가	• 수료식

박수아 아나운서: 7월 20일 WSC 뉴스. 청취자 여러분 안녕하십니까! 아나운서 박수아입니다. 오늘은 제1회 다문화가정의 날을 맞아 우리 WSC 뉴스는 다문화가정에 대한 특집방송을 준비했습니다. 다문화가정이란 우리와 다른 문화적 배경을 가진 사람들로 구성된 가정을 통칭하며 국제결혼 가정과 이주노동자 자녀로 이루어져 있는 가정입니다. 첫 번째 소식은 다문화가정의 자녀들이 한국에서 겪는 어려운 점을 주유란 기자가 취재하였습니다.

주유란 기자: 충남 서산시에 사는 K양은 어머니가 필리핀 사람인 다문화가정의 자녀입니다. K양은 15살, 중학교 2학년 과정을 공부해야 함에도 불구하고 아직도 초등학교에 재학 중입니다. 한국어 실력이 능숙하지 못해 정규수업에 따라갈 수 없었기 때문입니다. 그것뿐만이 아니라 K양의 피부색이 보통의 한국인과 다르다는 이유로 친구들에게 소위 왕따를 당하고 있습니다.

친구들: 아~씨 쟤 더러워요. 까맣잖아요. 가까이 안 왔으면 좋겠어요. 우리보다 나이도 많은 주제에 한국말도 못하고 학교는 왜 다녀.

주유란 기자: 친구가 없는 K양은 매일 점심시간에 밥도 혼자 먹고 집에도 혼자 갑니다. 뒷모습이 쓸쓸해 보이는 K양. K양의 이야기를 들어 보았습니다.

K양: 친구들이 도대체 왜 그러는지 모르겠어요. 피부색만 조금 다를 뿐이지 나도 한국에서 태어난 한국인인데…. 매일매일 외로워요ㅠㅠ

주유란 기자: K양과 같이 학교에서의 교우문제뿐만 아니라 정체성 확립과 사회에 적응하는 데 발생하는 문제들은 계속해서 늘어나고 있는 전국의 다문화가정 자녀들에게 공통되는 문제입니다. 정부는 K양같이 더 이상 이러한 아이들이 생겨나지 않도록 조속히 대책을 마련해야 합니다. WSC 뉴스 주유란입니다.

박수아 아나운서: 네, 안타까운 소식이군요. 우리나라도 하루빨리 다문화가정의 자녀들이 겪는 어려운 점을 해결할 수 있는 대책을 마련해야 되겠습니다. 이러한 다문화가정은 우리나라뿐만 아니라 전 세계적으로 늘어나고 있는데, 과연 다른 나라는 다문화가정에 대해 어떤 지원을 하고 있을까요? 이 소식을 일본에 있는 이윤경 특파원이 전해 드리겠습니다. 이윤경 특파원?

이윤경 특파원: 네, 이윤경입니다.

그림 4-14. '다문화가정의 날' 특집방송 대본

그림 4-15. 라디오 방송 제작 및 진행, 그리고 수료증(2009. 6.; 2009. 7.)

4-15). 그리고 이러한 일련의 활동을 수료한 후에는 방송국으로부터 수료증을 받았다(그림 4-15).

(2) 지역 다문화 체험활동의 효과 분석

지역 다문화 자원을 활용한 체험활동의 효과를 분석하기 위해 세계지리를 선택한 2학년 4개 학급의 학생을 대상으로 '다문화 체험활동과 글로벌 시민성과의 관계', '다문화 체험활동과 세계지리 수업과의 관계'에 대한 설문조사를 실시하였다. 그리고 학생들로 하여금 체험활동에 대한 소감문을 작성하도록 하였으며, 일부 학생과의 심층면담을 통해 효과를 검증하였다. 그 결과는 다음과 같다.

첫째, '다문화 체험활동이 문화의 다양성을 수용하고 타인에 대한 이해력과 의사소통능력 함양에 도움이 된다고 생각하십니까?'에 대한 사전 설문에서 66%의 학생이 긍정적인 답변을 하였지만, 사후 설문에서는 78%의 학생들이 긍정적인 답변을 하였다. 거의 80%의 학생들이 지역과 연계한 다문화 체험활동이 다양성을 수용하고 타인에 대한 이해력과 의사소통능력을 함양하는 데 도움을 주었다고 하였다. 즉 주말과 방학을 이용한 지역 다문화 자원(성서공단의 이주노동자, 이주노동자 거주지, 대학의 유학생)과 연계한 다문화 체험활동, 다문화센터의 봉사활동, 유네스코 협동학교 활동, 자매학교 교류, 국제이해 시범학교 활동 등은 단순한 봉사와 교류의 차원을 넘어 외국인에 대한 개방적인 태도와 글로벌 시민성을 함양하는 데 도움이 된 것으로 해석된다. 특히 학생들은 동남 및 남부 아시아인을 직접 만나 접촉하면서 평소 그들에 대해 가지고 있던 편견과 고정관념을 줄일 수 있었던 것이 가장 큰 보람이라고 하였다.

둘째, '다문화 체험활동이 세계지리 수업시간의 흥미를 유발하는가?'에 대한 사전 설문에서는 45%의 학생만이 긍정적 관계가 있다고 반응하였지만, 체험활동 후 실시한 설문에서는 91%의 학생들이 긍정적인 반응을 하였다. 이는 교실 밖의 다양한 다문화 체험활동이 학생들로 하여금 교실 안

표 4-7. 설문 내용 및 설문 결과

항목 번호	설문 내용	설문 시기	실시 결과(%)				
			매우 그렇다	그렇다	그저 그렇다	그렇지 않다	매우 그렇지 않다
1	다문화 체험활동과 글로벌 시민성과의 관계	사전 설문 (n=142)	10	56	26	8	0
		사후 설문 (n=138)	12	66	16	6	0
2	다문화 체험활동과 세계지리 수업과의 관계	사전 설문	3	42	34	21	0
		사후 설문	35	56	3	0	6

선생님이 다문화가정을 주제로 라디오 프로그램을 만들어 보라고 권하셨다. 색다른 경험하는 것을 좋아하는 나는 망설임 없이 잘해 봐야겠다는 다짐을 했고 성서공동체 라디오방송국에 친구들과 함께 첫 수업을 들으러 갔다. 첫 수업에서는 라디오에서는 매체가 어떤 것인지, 공동체 라디오가 뭔지에 대해 수업을 했다. 공동체 라디오란 성서지역에 살고 있는 모든 사람들이 참여할 수 있는 라디오였다. 그래서 남녀노소 할 것 없이, 심지어는 이주노동자들까지 모두가 참가할 수 있었다. 마침 몽골에서 오신 분이 라디오말 방송하고 계시길래 구경도 했다. 라디오에 대해서 잘 모르지만, 성서라는 지역이 라디오를 통해 하나가 되는 것을 보니 참 좋은 것 같았다.

우리는 다문화가정에 대해 이야기를 나누고 팀을 짜고 팀끼리 주제를 정하고 헤어졌다. 나는 윤경이, 수아와 함께 다문화가정의 아이들이 우리나라에서 어떤 어려움을 가지고 있는지에 대해 취재하게 되었다. 첫 번째 수업이 끝나고 기말고사가 있어서 한 달 후, 두 번째 수업이 있었다. 두 번째 수업은 취재를 어떻게 하는지, 녹음기를 어떻게 쓰는지에 대해 배웠다. 그리고 선생님들께서 숙제를 내주셨는데 다음 주까지 다문화가정의 아이들에 대해 취재를 해 오라는 것이었다. 그 후, 우리는 다문화가정의 아이들을 찾기 위해 모든 기관에 연락을 취했다. 교회에서 운영하는 다문화가정센터, 다문화가정 도서관, 이주여성 인권센터 등등 아마 대구의 다문화가정센터란 센터에는 모두 연락을 취해 보았지만, 우리가 인터뷰를 하러 갔다가는 아이들이 상처받을지도 모른다는 이유로 거절을 했다. 실망한 우리 셋은 망연자실한 목소리로 라디오 선생님께 전화를 했고, 선생님도 우리를 위해 열심히 아이들을 만날 수 있는 장소를 찾아 주셨다.

이틀 후, 아주 반가운 소식이 찾아왔다. 성주에 있는 다문화센터의 원장님과 전화가 연결되었던 것이다! 그 원장님은 일본인이었고 성함은 후미에상. 우리는 전화를 걸어 원장님께 정중히 부탁을 드렸다. 그곳을 방문해서 아이들을 만날 수 있을지. 후미에상은 아주 유쾌히 허락해 주셨고 3번째 수업이 시작하기 전 성주에 방문할 수 있게 되었다. 성주 다문화센터에 가는 당일, 내가 친구들과 약속을 지키지 않아서 늦은 바람에 택시를 타고 성주까지 향했다. 다행히도 우리는 제시간에 맞춰 갈 수 있었고 아이들을 보았다. 아이들은 어머니 선생님(필리핀 분)께 영어를 배우고 있었다. 꼬마 아이들이 선생님을 따라 영어로 외치는데 얼마나 귀엽던지…. 선생님께서 아이들에게 Where are you from?이라고 외치니 아이들이 I am from Korea라고 대답했다. 그 모습을 보니, 이주 외국인과 그 자녀들은 한국인이 아니라고 생각하는 우리나라 사람들의 생각이 아주 틀렸다는 것을 느꼈고, 나도 모르게 같은 민족의 의식이랄까? 그런 것이 느껴졌다. 수업이 끝나고 노는 시간을 이용해 아이들을 인터뷰했다. 꿈, 좋아하는 연예인, 좋아하는 음식, 모든 것이 내가 어렸을 때랑 똑같아서 신기했다. 아이들과 놀다가 어느덧 해가 지는 시간이 되어 버스를 타고 집으로 돌아왔다.

세 번째 수업에서는 인터뷰해 온 자료들을 어떻게 편집하는지에 대한 수업과 대본을 짰다. 이 수업을 하면서 방송이 너무너무 힘들다는 것을 알았다. 하나하나 세심하게 편집하는 것도 힘들었고, 방송을 어떻게 진행할 것인지에 대해 구상하는 것도 힘들었고, 또 그 구상에 맞춰 대본을 짜는 것도 너무너무 힘들었다. 정말, 방송 하나를 볼 때도 감사한 마음으로 보아야겠다고 생각을 했다. 드디어 마지막 수업. 우리는 이 수업을 듣고 나서 라디오를 녹음할 것이다. 라디오를 녹음하기 위해 우리는 발음, 발성을 잘해야 했는데, 발음 발성이 마지막 수업의 주제였다.

소리 지르기, 입으로 부르르하기 등등 발음 발성 수업이 가장 재미있었다. 하지만 대본읽기 연습할 때는 계속 틀려서 부끄러웠다. 수업이 끝나고 라디오 녹음을 시작했다. 우리 모둠은 뉴스 형식으로 하기로 했기 때문에 아나운서, 해외특파원, 기자로 분담을 하였다. 나는 기자였다. 몇 분간의 대본연습이 시작되고 드디어 녹음이 시작되었다. 아나운서인 수아와 해외특파원인 윤경이는 매우 능숙하게 대본을 잘 읽었다. 하지만 나는 계속 틀려서 몇 번이나 다시 녹음을 해야 해서 수아와 윤경이에게 매우 미안했다. 거의 3시간 동안 녹음을 했는데 우리의 몸은 거의 녹초가 되어 있었다. 하지만 아직 편집을 못 끝내서 다시 일을 시작했다. 끄악. 새벽까지 공부하는 것보다 더 스트레스받는 일이었고 더 힘든 일이었다. 마지막 힘까지 내서 편집을 끝내고 선생님들께 인사를 하고 집으로 왔다.

라디오를 직접 만들면서 참 느낀 점이 많았다. 우선 다문화가정의 아이들도 우리와 같은 한국인이라는 점. 그래서 더더욱 차별받아서는 안 된다는 점. 그리고 우리가 아무 생각 없이 듣는 라디오는 여러 사람의 땀과 노력으로 만들어진다는 것. 한 달 동안 힘들었지만 여러 사람들도 만나고 처음 보는 라디오방송국 기계들도 만져 보고, 정말 재미있었다. 오래도록 잊지 못할 추억으로 남을 것이다.

그림 4-16. 라디오 방송 제작 및 진행에 참여한 학생의 소감문

세계지리 수업에 대한 흥미를 견인시키는 주요 요인으로 작용한다는 것을 보여 주는 결과라고 할 수 있다. 따라서 교실 밖 다문화 체험활동이 교실 안 CCAP 활용 세계지리 수업과 유기적으로 연계될 때, 수업에 대한 흥미는 물론 학생들의 다문화 이해를 보다 촉진시킬 수 있을 것으로 판단된다.

셋째, 소감문 작성과 심층면담을 통해 볼 때, 참여 학생의 만족도가 가장 높았던 다문화 체험활동은 '성서공동체FM'을 통한 다문화 이해 프로그램이었다. 가장 큰 이유는 성서공동체FM과 연계한 활동이 처음에는 교사에 의해 안내되었지만, 그 이후의 활동이 학생들 스스로 이주노동자, 장애인 등 소외계층에 대한 프로그램을 제작하고 진행함으로써 자기주도적 학습의 효과를 체험할 수 있었기 때문인 것으로 나타났다. 이 체험활동에 참여한 학생들은 처음에는 단순히 호기심과 봉사활동 점수를 잘 받기 위해 시작하였으나, 다문화 관련 라디오 프로그램을 제작하기 위해 다문화가정의 삶 속에 들어가 일련의 취재활동을 하면서 소외계층에 대한 이해가 높아지고 그들에게 배려와 존중을 실천할 수 있는 계기가 되었다고 한다.

4) CCAP 활용 수업의 적용과 평가

(1) CCAP와 연계한 세계지리 수업의 설계와 적용

CCAP를 활용한 수업의 주된 목적은 학생들로 하여금 다양한 문화를 이해하고, 특히 제3세계 국가들에 대한 편견과 고정관념을 해소하도록 하는 것이다. 따라서 CCAP와 연계한 세계지리 수업은 특정 지역의 정형성을 강화하기보다는 지역의 다양성을 표출시키는 방식으로 이루어져야 한다. 이를 위해서는 교육과정과 교육내용에 대한 재구성, 즉 수업에 적합한 단원을 설정하고 활용 가능한 다문화 자원에 따라 내용을 재구성해야 한다.

세계지리 교과서에서 CCAP 수업이 가능한 단원은 대단원 IV. '지역개발에 활기를 띠는 국가들'의 중단원을 구성하고 있는 동남 및 남부 아시아, 서남아시아, 라틴아메리카, 아프리카 등이 대표적이다. 본 연구에서는 이 중에서 '동남아시아와 남부 아시아'를 대상으로 하여 내용을 재구성하고 이를 수업에 적용하였다. '동남아시아와 남부 아시아'를 설정한 이유는 실험학교가 이들 지역 출신 외국인들이 거주하는 곳과 인접하여 이들을 수업 자원으로 활용하기 용이하고, 또한 학생들로 하여금 교과서 및 미디어를 통해 비친 이들에 대해 편견을 해소시키는 것이 중요하다고 판단하였기 때문이다.

CCAP 수업은 학생들에게 타 문화에 대한 지식을 전달할 뿐 아니라, 학생들이 타 문화와 타 민족에게 열린 마음으로 대할 수 있는 태도를 형성하게 하는 것이 매우 중요하다. 따라서 수업내용과 운영 방식을 강의식뿐만 아니라 외국인이 학생들과 자연스럽게 어울릴 수 있는 흥미롭고 활동적인 내용

표 4-8. CCAP를 활용한 동남 및 남부 아시아 수업의 재구성

차시	수업 주제 및 형태	중점 지도 사항
토요일 방과후	다문화 활동	• 외국인 커뮤니티 방문(죽전동) • 라디오 방송 제작, 유네스코 협동학교 활동 • 성서 이주민센터 봉사활동
1	CCAP 수업에 대한 의의 및 방법 소개	• 남부 아시아와 동남아시아의 개관 및 설명 • CCAP 수업강사 소개 및 오리엔테이션 실시 • 수업 전 사전 설문조사 실시 • 향후 진행될 4차시 CCAP 수업의 계획 • 단원과 관련된 다문화 체험활동(단원과 관련된 이주민의 밀집지역 방문) 연계
2	파키스탄 CCAP 수업– 강의식 및 질의응답식	• 파키스탄의 지리적 위치, 국가 소개, 국가의 특징 • 파키스탄의 문화 소개 및 학생들과 질의응답 • 한국 문화와의 차이점과 보편성 발견하기
3	필리핀 CCAP 수업– 강의식 및 질의응답식	• 필리핀의 지리적 위치, 국가 소개, 국가의 특징 • 의·식·주 위주의 문화 소개 및 질의응답 • 한국 문화와의 보편성과 차이점 발견하기
4	미얀마 CCAP 수업– 강의식 및 질의응답식	• 미얀마의 지리적 위치, 국가 소개, 국가의 특징 • 미얀마의 문화 소개 및 질의응답 • 한국 문화와의 유사성과 차이점 발견하기
5	캄보디아 CCAP 수업– 강의식 및 질의응답식	• 캄보디아의 위치, 자연지리적 특징 설명 • 함께하는 캄보디아 인사법 • 캄보디아의 '앙코르와트'의 유적을 중심으로 문화 소개 • 한국 문화와의 비교 및 질의응답
창의적 재량활동	토론 및 단원정리	• 각 CCAP 수업을 통해 얻은 의견 발표, 보고서 발표 • 수업 후 사후 설문조사 실시 • 교과서를 중심으로 단원정리 • 종합정리 및 포트폴리오 제작

으로 재구성하였다.

CCAP는 외국인이 학교에 직접 방문하여 자신의 나라에 대해 알려 주는 활동으로서 담당교사, 외국인 문화교류 활동가, 한국어 통역자원 활동가 등으로 구성된다. 그러나 외국인 문화교류 활동가가 한국어를 구사하는 데 무리가 없다면 굳이 한국어 통역자원 활동가를 둘 필요가 없다. 수업에 참여할 외국인 강사는 그 단원에 적합해야 하며, 가능한 한 강의 경험이 있는 외국인들을 다양한 방법으로 섭외할 필요가 있다. 따라서 본 연구에서는 지역에 거주하는 한국어를 구사하는 데 별 어려움이 없는 이주노동자 또는 유학생을 섭외 대상으로 하였다.[12]

12 본 연구에서 수업을 담당한 파키스탄인 하니프 칸 씨는 실험학교와 인접한 죽전동에 있는 파키스탄 거주지를 방문하였을 때 식료품가게를 운영하고 있었다. 그는 학생들에게 파키스탄의 문화와 이슬람 사원의 방문을 통해 이슬람에 대한 많은 정보를

표 4-9. CCAP 수업을 위한 교수·학습 활동안

CCAP 수업 주제	교수·학습 활동
남부 아시아: 파키스탄 강사: 하니프 칸	○ 수업 전체 과정을 안내하고 학습목표를 인식한다. 　1) 자유로운 분위기로 대답하며 파키스탄의 종교와 문화에 대한 이해를 한다. 　2) 파키스탄 사람들에 대해 이해를 하려는 태도를 가진다. 　3) 질의응답을 통해 우리나라 문화와의 유사성과 차이점을 찾아낸다. ○ 파키스탄을 대표하는 지리적 및 문화의 특징에 대해 이해한다. 　• 파키스탄 인기 스포츠인 크리켓 경기방법과 동영상 소개 　• 이슬람 사원과 종교경관에 대한 이해 　• 대표적인 음식인 커리에 대한 소개 　• 파키스탄의 결혼식과 한국 결혼식의 차이 　• 한국에 처음 왔을 때의 느낀 점에 대한 솔직한 심경 ○ 한국에서의 에피소드 　• 한국인 아내와 결혼한 이야기 　• 파키스탄과 한국의 문화 차이 　• 죽전동 이슬람 거주지역 식료품가게 운영과 주로 취급하는 전통음식 재료 소개 ○ 질의응답을 통해 우리나라 문화와의 유사성과 차이점을 찾아낸다.
동남아시아: 필리핀 강사: 리처드 바실리스코	○ 수업 전체 과정을 안내하고 학습목표를 인식한다. 　1) 자유로운 분위기로 필리핀의 종교와 문화에 대한 이해를 한다. 　2) 필리핀 사람들에 대해 이해를 하려는 태도를 가진다. 　3) 질의응답을 통해 우리나라 문화와의 유사성과 차이점을 찾아낸다. ○ 필리핀를 대표하는 지리적 및 문화의 특징에 대해 이해한다. 　• 퀴즈 형식으로 필리핀의 위치, 수도, 면적, 인구, 현 대통령 소개 　• 필리핀의 사용언어(필리피노, 영어, 111개의 지방어) 　• 필리핀의 통화단위와 가톨릭 전통 소개 　• 수많은 섬과 화산지형에 대한 다양한 자료 제공 　• 전통의상 소개 　• 열대과일과 해산물을 이용한 다양한 음식을 한국의 음식과 비교하여 설명(사진자료 제공) 　• 필리핀의 가장 인기 있는 가수와 노래를 부르면서 안내 　• 필리핀이 추구하는 가치와 관습에 관한 소개 　• 필리핀과 한국의 문화적인 차이점을 자신의 경험을 통해 설명 ○ 질의응답을 통해 우리나라 문화와의 유사성과 차이점을 찾아낸다.

　연구자는 외국인 문화교류 활동가를 초빙한 후, 먼저 CCAP 활동의 의의와 진행 과정을 소개하고, 자기 나라의 문화에 대한 자료를 준비할 수 있도록 다양한 지원(활동방식에 대한 안내, 자신의 문화 소개를 위한 자료 준비, 문화체험 준비용품 구입 등)을 하였다. 또한 수업의 효율성을 높이기 위해 CCAP 수업 전

제공해 주어 그 당시 수업강사로 섭외하였다. 그는 한국인 아내와 결혼하여 한국에 10년간 거주하고 있으며, 한국말이 능통하여 통역은 필요가 없었다. 필리핀인 리처드 바실리스코 씨는 계명대학교 국제경영학과 대학원에 재학 중인 유학생으로, 계명대학교의 국제교류과의 협조를 얻어 섭외를 하였다. 미안마인 준 땃소 씨는 국비유학생으로 경북대학교에 재학하며 한국어를 전공하고 있는데, 대학 기숙사를 직접 방문하여 CCAP 수업강사로 초빙하였다. 캄보디아인 오움 포니카 씨는 계명대학교 교육대학원 교육행정 전공의 유학생으로 대학원을 직접 방문하여 강사로 초빙하였다.

동남아시아: 미얀마 강사: 준 땃소	○ 수업 전체 과정을 안내하고 학습목표를 인식한다. 1) 자유로운 분위기로 대답하며 미얀마의 자연 및 문화에 대한 이해를 한다. 2) 미얀마에 대해 이해를 하려는 태도를 가진다. 3) 질의응답을 통해 우리나라 문화와의 유사성과 차이점을 찾아낸다. ○ 미얀마를 대표하는 지리적 특징과 문화경관에 대해 이해한다. • 구글어스를 통한 미얀마의 위치 소개 • 미얀마의 독특한 경관 사진 • 미얀마의 민족구성과 민족별 의상 소개 • 미얀마어, 주요 자원의 소개 • 가장 알리고 싶은 명소 ○ 불교문화, 축제, 음식문화에 대해 이해한다. • 불교유적 도시, 파고다 • 물축제와 대표적 음식 소개 ○ 질의응답을 통해 우리나라 문화와의 유사성과 차이점을 찾아낸다. ⇒ 미얀마는 우리나라와 같이 단일민족으로 구성된 국가가 아니며 다민족국가임을 인식함. ⇒ 미얀마의 주식은 쌀이며, 불교문화와 관련이 많고, 청소년들도 우리나라와 같이 연예인에 관심이 높다는 문화의 유사성을 인식함.
동남아시아: 캄보디아 강사: 오움 포니카	○ 수업 전체 과정을 안내하고 학습목표를 인식한다. 1) 자유로운 분위기를 유지하며 캄보디아의 종교와 문화에 대한 이해를 한다. 2) 캄보디아 문화에 대해 이해하려는 태도를 가진다. 3) 질의응답을 통해 우리나라 문화와의 유사점과 차이점을 찾아낸다. ○ 캄보디아를 대표하는 문화적 특징을 의·식·주를 중심으로 하여 이해한다. • 국경선과 주요 도시를 지도를 통해 소개 • 캄보디아 국기의 상징성에 대해 설명 • 캄보디아의 인사법 소개와 학생들과 함께 캄보디아식 인사하기 • 의상 소개 및 통화단위 소개 • 고유어인 크메르어와 크메르식 숫자 직접 써 보기 • 세계문화유산인 앙코르와트에 대한 구체적인 설명 • 간단한 캄보디아어 함께 해 보기 • 한국 문화에 대한 소감 발표 ○ 질의응답을 통해 우리나라 문화와의 유사성과 차이점을 찾아낸다. ○ 전체 정리

에 오리엔테이션을 통해 학생과 외국인 강사에게 CCAP 수업의 의의와 진행 과정을 소개하였다(표 4-8). 그리고 연구자는 외국인 문화교류 활동가의 문화에 대해 1시간 정도 지식적인 측면에 대한 선행학습을 하였다.

외국인 문화교류 활동가는 수업 시작 30분 전에 학교에 도착하여 수업 장소에 타 문화 체험이 가능한 준비물(국기, 전통의상, 전통놀이 등등)을 설치하고 수업자료를 미리 확인하는 시간을 가졌다. 수업은 일반적으로 '인사–간단한 역사와 문화 안내–ppt 자료를 활용한 문화 소개–문화체험(전통놀이 배우기, 전통의상 입어 보기, 전통음식 만들어 보기 등)–질의응답–사진촬영–인사' 순서로 이루어졌다. 〈표

그림 4-17. 파키스탄인과 함께하는 다문화 수업 장면의 일부

그림 4-18. 필리핀인과 함께하는 다문화 수업 장면의 일부

그림 4-19. 미얀마인과 함께하는 다문화 수업 장면의 일부

그림 4-20. 캄보디아인과 함께하는 다문화 수업 장면의 일부

4-9〉와 〈그림 4-17~20〉은 각각 파키스탄, 필리핀, 미얀마, 캄보디아 등에 대한 4차시의 교수·학습 활동안과 이러한 절차를 토대로 이루어진 실제 수업 장면의 사례이다.

　수업 진행은 주로 외국인의 국가와 우리나라의 유사점과 차이점에 초점을 두면서 진행되었다. 수업 진행에 있어 다양한 문화체험에 가장 중점을 두었지만, 시간 제약상 제한된 체험밖에 할 수 없었기 때문에 질의응답을 통해 타 문화에 대한 이해를 더욱 확장할 수 있도록 하였다. 학생들로 하여금 타 문화를 직접 체험해 보거나, 외국인과 서로 의사소통함으로써 그동안 낯설었던 타 문화에 대해 역동적으로 경험하도록 하였다.

(2) CCAP와 연계한 세계지리 수업의 효과 분석

본 연구에서는 CCAP를 활용한 세계지리 수업의 효과를 검증하기 위해 2학년 세계지리를 선택하고 있는 4개 학급 학생을 대상으로 수업 전후로 설문조사를 실시하였다. 설문 내용에 사용된 지표는 '다문화교육의 필요성', '이주노동자 및 다문화가정에 대한 인식', '각 교과목의 다문화교육에 대한 기여', 'CCAP 수업의 효과', '실질적인 다문화교육 방법', '세계지리와 다문화교육의 관련성' 등이다. 그리고 설문조사의 한계를 보완하기 위해 8명의 학생을 대상으로 하여 심층면담을 실시하였는데, CCAP 수업의 효과는 다음과 같다.

첫째, '우리와 다른 문화적 배경을 가진 사람들과 함께 살아가기 위해 다문화교육이 필요하다고 생각하십니까?'에 대해 사전 설문에서는 71%, 사후 설문에서는 97%의 학생들이 긍정적으로 평가하였다. 사전 설문에서 70% 이상의 학생들이 긍정적인 반응을 보인 이유는 이미 그들이 살고 있는 사회에서 다양한 다문화현상을 경험하고 있기 때문인 것으로 나타났다. 그리고 사후 조사에서 긍정적인 반응을 한 학생들이 더 증가한 것은 다양한 다문화 체험활동과 CCAP와 연계한 세계지리 수업의 효과가 반영된 것으로 해석된다.

표 4-10. 설문 내용 및 설문 결과

항목 번호	설문 내용	설문 시기	실시 결과(%)				
			매우 그렇다	그렇다	그저 그렇다	그렇지 않다	매우 그렇지 않다
3	다문화교육의 필요성	사전 설문 (n=142)	6	65	6	23	0
		사후 설문 (n=138)	51	46	3	0	0
4	다문화가정에 대한 인식	사전 설문	10	25	45	4	16
		사후 설문	28	52	18	2	0
5	각 교과목의 다문화 교육에 대한 기여	사전 설문	0	5	36	57	2
		사후 설문	5	29	19	40	7
6	CCAP 수업의 글로벌 시민성에의 기여	사전 설문	5	31	33	21	10
		사후 설문	27	37	21	6	9

둘째, '우리나라에 거주하는 이주노동자, 국제결혼 가족 등 다양한 국적과 문화를 가진 사람들과 기회가 된다면 가깝게 지내고 싶은 마음이 있습니까?'에 대한 질문으로 사전 설문에서는 64%의 학생들이 이들에 대해 부정적인 인식을 보여 주었는데, CCAP 수업 후에 실시한 사후 설문에서는 80%의 학생들이 이들에 대한 열린 생각으로 전환되고 있는 것으로 나타났다.

셋째, '각 교과목을 통한 수업은 다문화사회의 이해에 기여한다고 생각하십니까?'에 관한 사전 설문에서 59%의 학생들이 매우 부정적인 반응을 보였다. 이는 교과를 통한 다문화교육에 대한 체계적인 접근이 이루어지지 않고 있다는 것을 여실히 보여 주는 지표라고 할 수 있다. 그러나 사후 설문에서는 많은 학생들이 긍정적인 반응으로 전환되었다. 이는 교육과정 및 교과 내용에 반영된 다문화교육보다는 학생들이 직접적으로 경험하거나 체험할 수 있는 다문화교육이 바람직하다는 것을 보여 주는 지표라고 할 수 있다.

넷째, '우리 학교의 CCAP 수업이 글로벌 시민성(다른 문화에 대한 이해, 존중, 편견 극복) 함양에 기여한다고 생각하십니까?'에 대한 사전 설문에서는 45%의 학생이 긍정적인 반응을 보였지만, 사후 설문에서는 64%의 학생들이 긍정적인 반응을 보였다. 학생들은 CCAP 활동을 통해 잘 만나지 못했던 외국인을 직접 만나 그들의 문화(옷, 음식, 놀이 등)를 직접 체험하면서 외국이나 외국인에 대한 관심을 가지게 되었으며, 이러한 경험을 통해 문화의 다양성과 그 속에 존재하는 보편성을 배울 수 있었다고 대답하였다. 그리고 CCAP 활동을 통해 나 또는 우리와 다른 것에 대한 관용의 정신, 그리고 힘없는 소수자에 대한 배려의 태도를 배울 수 있는 좋은 기회가 되기도 했다고 하였다. 이는 다양한 다문화 활동과 CCAP 수업을 통한 실제적인 경험이 학생들로 하여금 문화의 다양성을 수용하고 타인에 대한 이해력과 의사소통능력을 함양하도록 하는 데 도움을 준 것으로 판단된다.

다섯째, '다문화사회를 이해하기 위한 실질적인 교육방법'에 대한 질문으로 사전 설문과 사후 설문 모두 '외국인과의 직접적인 만남'이 각각 65%와 70%로 매우 높게 나타났다. 이것은 다문화사회를 진정하게 이해하기 위해서는 미디어나 관련 기관을 통한 간접적인 경험보다는 외국인과의 접촉·대화를 통한 직접적인 경험이 더 중요하다는 것을 보여 주는 사례라고 할 수 있다. 한편, 각 나라를 방문하는 것이 그다음으로 높게 나타났는데, 이 방법은 가장 이상적일 수 있지만 현실적인 제약이 반영된 결과라고 할 수 있다.

마지막으로, '세계지리와 다문화교육의 관련성'에 대한 질문으로, 다문화교육과 가장 관련이 깊은 교과로 각각 35%의 학생들이 사회문화와 세계지리를 선택하였으며, 그다음으로 19%의 학생들이 세계사를 선택하였다. 특히 학생들은 세계지리를 탈맥락적 지역지식을 외워야 하는 교과목으로 인식하고 있었지만, 다양한 다문화 체험과 CCAP를 활용한 세계지리 수업 후에 실시한 설문에서는 대부분의 학생들이 다양한 문화를 이해하는 데 필수적인 교과목으로 인식하였다.

이는 학생들이 다문화 체험과 CCAP를 활용한 세계지리 수업을 통해 세계의 다른 사람들과 그들의 문화에 대한 가치를 직접 경험함으로써 지식과 이해의 성장은 물론 배려와 관용이라는 감성의 발달이 이루어졌음을 보여 주는 것이라고 할 수 있다. 이는 학생의 수업 후 소감문에도 잘 나타난다.

캄보디아에서 오신 오움 포니카 선생님은 조금 작고 마르시고 눈이 참 예쁘신 선생님이셨다. 선생님은 영어로 우리에게 캄보디아의 언어, 국기, 전통문화, 관광명소, 인사법 등을 가르쳐 주셨다. 두 손을 가지런히 모으고 가슴 앞에 두고 인사를 하면 친구에게, 코에 손을 두고 하면 부모님, 선생님께, 또 이마에 두고 하면 신에게 하는 인사 방식이었다. 우리나라와는 또 다른 방식의 인사법이 신기하기도 하고 낯설기도 하였다. 특히 캄보디아인의 언어가 기억에 남는데 정말 특이했다.. '글자'라기보다는 낙서 같기도 하고 그림 같기도 했다. 포니카 선생님은 우리에게 캄보디아어로 글자의 자음, 모음을 읽어 주셨는데 따라하기도 힘들었다. 친구들과 나는 한 시간 동안 영어 전용 교실에서 스크린에만 두 눈을 고정하며 포니카 선생님의 목소리에 집중했다. 어떻게 한 시간이 흘러갔는지도 모르게 한 시간을 보냈다. 캄보디아에 대해서도 많은 것을 알게 되었다. 나는 스크린 속의 앙코르와트 사진을 보면서 꼭 한번 직접 보러 가고 싶다고 생각했다. 우리들은 포니카 선생님과 헤어지는 것이 너무나 아쉬웠다. 비록 선생님과 우리들은 피부색도 다르고 사용하는 언어, 사는 곳도 다르지만 그 한 시간 동안은 서로 공감하고 배우며 즐겁게 보냈다. 직접 원어민을 만나 그 나라에 대해 듣는다는 것은 정말 재밌었고 집중도 더 잘되는 것 같아 좋았다(2학년 1반 김보경).

기존의 세계지리 수업과는 다르게 캄보디아 사람인 오움 포니카 선생님께서 직접 오셔서 캄보디아에 관한 문화를 가르쳐 주셨다. 처음 이런 수업을 해 보았는데 굉장히 신선하였다. 평소에 관심 없던 캄보디아라는 나라에 관해서 세계지리 시간에 배운 간단한 정보만 알고 있었다. 그런데 오움 포니카 선생님께서 만드신 프레젠테이션을 보면서 캄보니아의 언어, 인사법, 종교, 날씨(기후) 등에 대하여 자세히 알 수 있는 계기가 되었다. 조금은 딱딱하게 느껴졌던 세계지리 교과서를 통하여 수업하는 세계지리보다 훨씬 신선하고 입체적인 수업방법이었다. 또 훨씬 빨리 머릿속에 그 나라의 여러 문화가 이해되는 듯하였다. 앞으로도 CCAP 수업을 많이 해서 피부색, 언어 등 문화가 다른 외국인과 의사소통 가능하고 흥미 있는 세계지리 수업이 되었으면 좋겠다(2학년 1반 이영은).

이 사례에서도 알 수 있듯이, 학생들은 CCAP 수업을 통해 다른 문화에 대해 의문을 가지게 되고, 자신의 문화와 비교하는 과정에서 유사성과 차이점을 발견하게 된다. 이러한 과정을 통해 학생들은 타 문화에 대한 이해와 인정의 태도를 키우게 된다.

　이상과 같이 CCAP를 활용한 세계지리 수업은 학생들로 하여금 외국인 강사와의 직접적인 접촉을 통해 외국인에 대한 친밀감을 형성하도록 하고, 한 국가 또는 지역에 대한 교과서의 지식뿐만 아니라 그들과의 상호작용을 통해 일상적인 문화를 이해할 수 있는 보다 맥락적인 지역지식을 배우는 계기가 되게 하는 긍정적인 효과를 거두었다. 특히 CCAP를 활용한 세계지리 수업은 학생들로 하여금 우리 문화 중심 또는 서구 문화 중심의 사고에서 탈피하여 문화상대주의 관점에서 각 나라를 이해할 수 있도록 하는 효과가 있는 것으로 나타났다.

5) 요약 및 결론

　글로벌 시대에 필요한 글로벌 시민이란 창의력뿐만 아니라 더불어 사는 지혜를 갖춘 사람일 것이다. 특히 세계화로 인해 다양한 문화가 공존하고 있는 현실 속에서 각 문화의 차이를 이해하고, 이에 대해 긍정적인 인식을 갖도록 하는 것은 중요한 교육적 과업이다. 그리하여 본 연구는 지역 다문화 자원을 활용하여 학생들로 하여금 다문화를 체험하도록 하고, CCAP를 활용한 세계지리 수업을 통해 이러한 목적을 달성하고자 하였다.

　연구방법으로는 먼저 CCAP 수업의 전 단계로서 학생들로 하여금 지역의 다문화 자원을 활용하여 다양한 다문화 프로그램에 참여하도록 유도하였다. 구체적인 참여방법은 학교 주변에 분포하고 있는 이슬람 사원, 외국인 거주지, 상점 등 이주민 커뮤니티를 방문하여 이들과 인터뷰하는 이주민 탐방 프로그램을 실시하였고, 유네스코 협동학교 관련 활동, 지역 내 소출력 라디오방송국(성서공동체 FM)의 다문화 관련 라디오 프로그램 제작 및 진행에 적극 참여하도록 하여 다문화에 대해 이해할 수 있는 기회를 제공하였다. 학생들은 이러한 다양한 다문화 체험을 통해 다문화에 대한 이해는 물론 이들에 대한 고정관념 및 편견에서 벗어나 배려와 관용의 정신을 함양하는 긍정적인 효과가 있었다.

　다음으로 세계지리의 동남 및 남부 아시아 단원을 재구성하고 CCAP를 활용한 세계지리 수업을 실시하였다. 재구성된 수업 설계에 따라 파키스탄, 필리핀, 미얀마, 캄보디아 출신의 외국인을 초빙하여 CCAP를 활용한 세계지리 수업을 5차시에 걸쳐 실시하였다. CCAP 수업은 해당 지역의 외국인 강사를 초빙하여 그 지역에 대해 수업하는 것으로서, 학생들은 외국인과의 직접적인 접촉을 통해 이들 지역에 대한 이해는 물론 친밀감을 형성시켜 외국인에 대한 고정관념 및 편견을 줄이는 계기가 되었다. 다문화 활동과 CCAP를 활용한 세계지리 수업을 통해 학생들의 지리적 지식과 이해, 그리고 가치와 태도의 변화가 현저하게 증가하였다. 학생들은 동남 및 남부 아시아에 대한 맥락화된 지역

지식을 가질 수 있게 되었고, 제3세계에 대한 고정관념과 편견을 해소함으로써 배려와 관용의 정신에 기반한 글로벌 시민으로서의 자질을 함양한 것으로 나타났다.

이상과 같이 학생들이 다문화 체험을 하거나 CCAP를 활용한 세계지리 수업에 계속 노출된다면, 각 지역에 대한 진정한 이해는 물론 세계지리 과목에 대한 관심과 흥미도 높이는 계기가 될 수 있을 것으로 판단된다. 그렇게 될 때 세계지리는 학생들의 태도와 생각을 바꾸어 세계화·다문화 시대에 능동적으로 살아가는 글로벌 시민성 자질을 함양시키는 교과목으로 거듭날 수 있을 것이다.

사실상 외국인 강사 섭외, 대학입시의 부담감에서 자유롭지 못한 현실 때문에 세계지리 교과서의 대부분 단원을 CCAP를 활용한 수업으로 재구성하여 진행하기란 어려울 수밖에 없다. 그러나 지역에 소재하고 있는 다문화 자원을 활용하여 일부 단원만이라도 CCAP를 활용한 수업을 실시한다면 각 지역에 대한 진정한 이해와 가치를 함양할 수 있을 것이다. 나아가 세계지리라는 교과목이 단순히 세계에 대한 지식을 탈맥락적으로 제공하는 차원을 넘어, 맥락적 지식을 제공함과 동시에 고정관념과 편견으로 가득 찬 세상을 밝게 비추어 주는 교과목으로 인식될 수 있을 것이다.

제5장 생태시민성

1. 전 지구적 환경문제와 대안적 시민성

현재 세계는 기후변화라는 전 지구적인 환경문제에 직면해 있다. 모든 환경문제가 그런 것은 아니지만 내부분의 환경문제의 원인과 결과는 전 지구적이다. 특정 지역을 넘어 인류 전체가 직면한 환경문제는 원인과 결과 그리고 그 해결방법이 국가 간 관계에 얽혀 있고, 동시에 시민들의 일상적인 삶과도 긴밀하게 연결되어 있다.

최근 우리가 경험하고 있는 대부분의 환경문제는 산업활동의 부정적 결과나 국가정책의 실패로 인한 기업과 국가의 책임과 결과로 인식하는 경향이 짙었다. 하지만 환경문제의 원천은 시민으로서, 소비자로서 그리고 가정 내 구성원으로서의 다양한 역할 내에서 일상생활 가운데 이루어지는 수많은 선택을 통해 발생된다는 인식이 확산되고 있다.

우리는 몸에서부터 글로벌에 이르기까지 복잡하게 상호연결되어 있는 수많은 사회·생태적 이슈와 문제들로 둘러싸여 있다. 환경문제는 단순히 자연의 문제가 아니라 인간 사회를 구성하고 있는 인간 개개인들의 문제로서 인식되어야 한다. 인간의 생존을 위협할 만한 지구온난화, 열대우림 파괴, 쓰레기 증가, 물 부족과 같은 환경문제가 사회의 구조적 문제로 인해 발생될 뿐만 아니라 인간 자체의 문제에 기반한다(김병연, 2011).

따라서 현재 우리가 직면하고 있는 기후변화 등의 환경문제는 한 국가와 그 속의 시민들의 힘만으로 해결하기 어려운 전 지구적 차원의 문제로 인식되어야 한다. 이러한 전 지구적 환경문제를 해결하기 위해서는 공동체 의식을 바탕으로 다양한 구성원들이 해당 문제에 대해 소통하고 합의하는 과정이 중요하다. 이에 환경문제를 야기한 사회구조적인 측면에 대해 문제의식을 가지고 이를 생태적으로 건전하게 조정하고 재구성할 수 있는 새로운 시민성에 대한 논의가 필요하다(김찬국, 2013). 앞에서 살펴보았듯이, 급속한 세계화의 진전은 국가시민성에서 벗어나 글로벌 시민성, 로컬 시민성, 다문화시민성 등 새로운 개념의 시민성을 요구하고 있다. 그뿐만 아니라 전 지구적인 기후변화와 같은 초국가적이고 지구적인 환경문제를 해결하기 위해서는 또 다른 시민성 개념의 출현을 요구하고 있는 것이다.

Attifield(1992)는 지구시민사회의 특징으로 상호의존성(interdependence)과 지구 환경의 복잡성(complexity of global environment), 지구 거버넌스(global governance)의 등장을 제시한 바 있으며, 지구시민사회가 갖는 이러한 특징들은 시민성의 개념적 확장을 요구하고 있다(김찬국, 2013). 이에 부응하여 나타난 대안적 시민성 개념이 바로 '생태시민성(ecological citizenship)'이다.

오늘날 새롭게 요구되는 시민성으로서 생태시민성은 환경문제를 야기한 사회구조적인 측면과 그에 따른 정의와 사회정책적인 분배에 대해 문제의식을 갖고, 총체적인 관점으로 인간과 자연의 관계 및 사회와 자연의 관계를 바라보고 이를 생태적으로 건전하게 재구성할 수 있는 능력 등을 갖춘 시민성을 의미한다. 이는 기존의 시민성 개념을 그대로 둔 채로 환경에 대한 고려를 추가하는 방식의 개념적 확장이 아니라, 환경문제를 정의롭게 해결하는 시민 양성을 목표로 새로운 틀을 만들고 이를 적극적으로 실현해 내는 시민성에 대한 개념적 재구성을 포함한다(김찬국, 2013).

현 세계의 환경 및 생태 위기를 극복하기 위해서는 우리 모두 자신을 둘러싼 세계와 직접적으로 연결되어 있다는 관계적 전환이 요구된다. 즉 우리 자신의 행위가 멀리 떨어져 있는 다른 인간들과 비인간들(동물, 식물)에게 직간접적인 영향을 미치고 있다는 인식이 필요한데, 이러한 인식이 바로 생태시민성 개념과 연결된다.

2. 환경시민성에서 생태시민성으로

1) 생태시민성

전 지구적 환경문제를 해결하기 위해서는 자본주의 경제와 현대 국가체제와 같은 구조적인 변화와 더불어 보다 생태적으로 건전하면서도 환경문제를 야기한 사회구조적 측면에 대한 비판적 태도를 견지할 수 있는 시민이 필요하다. 전 지구적인 환경문제에 적절하게 대처할 수 있는 시민은 생태적으로 민감하면서도 동료 시민, 그리고 자신이 속한 정치 공동체 등과 같은 정치적인 것들을 고려하는 새로운 유형의 시민이어야 한다(박순열, 2010a; 2010b).

환경과 관련한 시민성은 환경시민성(environmental citizenship)(Horton, 2006; Luque, 2005), 녹색시민성(green citizenship)(Dean, 2001; Smith, 2005), 생태시민성(ecological citizenship), 글로벌 환경시민성(global environmental citizenship), 생태적 다중시민성(ecological multiple citizenship), 지속가능시민성(sustainability citizenship)(Barry, 2006), 생태적 책무감(Barry, 1999; 2002) 등 다양한 이름으로 불린다. 여기서는 나머지를 포함하는 개념으로 생태시민성(Huckle, 2001; Dobson, 2003; 2006a; van Steenbergen, 1994; Christoff, 1996; Smith, 1998a; Curtin, 1999; 2002)에 주목한다.

생태시민성에 대한 논의는 1990년대부터 이루어지기 시작하였고, 최근 국내에서도 생태시민성의 개념에 대해 고찰하는 연구들이 다수 이루어졌다(박순열, 2010a; 2010b; 김병연, 2011; 2012a; 2012b; 김소영·남상준, 2012; 김희경, 2012). 1990년대부터 시민성과 생태적 사고를 연계시키려는 지속적인 노력의 일환 속에서 생태시민성이라는 개념이 등장하였는데, 이 개념을 둘러싸고 이루어지는 다양한 논의는 바로 전 지구적인 생태 위기 속에서 생태성을 회복한 인간 주체에 대한 관심의 재조명이라고 할 수 있을 것이다(Bell, 2004; 김병연, 2011).

지구적인 환경문제의 확산이라는 현시대적 상황은 공간적 영역이 제한된 전통적인 시민성에서 탈피하여 새로운 유형의 시민성에 대한 논의를 요구하고 있다. 즉 기존의 시민성 논의에 대한 부분적 변화가 아니라 생태적으로 재구성된 근본적으로 새로운 형태의 시민성이 필요하다는 것이다. 이러한 흐름을 받아들여 새롭게 재구성된 형태로 등장한 개념이 생태시민성이라고 볼 수 있다(Dobson, 2003; 김병연, 2011; 김찬국, 2013).

심광택(2012)에 의하면, 생태적 시민적 자질이란 인류의 지속가능한 삶을 위해 수용 용량(carrying capacity)을 고려하여 정치적·경제적·사회적 생활양식 면에서 근본적인 변화의 필요성을 인식할 수 있는 능력을 말한다. 바꾸어 말하면, 세대 내, 세대 간의 사회-경제-자연 간의 지속가능한 발전을 담보하기 위해 사회적 형평성과 환경정의를 실천할 수 있는 태도를 가리킨다. 생태적 다중시민적 자질은 학습자가 지리, 역사, 일반사회 교과의 계통과 학습논리에 근거하여 다규모적 장소감과 정체성, 사회적 형평성과 환경정의를 추구할 때 비로소 길러질 수 있다.

한편, 김병연(2011)은 생태시민성의 특징을 다음 3가지로 구분하여 제시하였다. 첫째, 생태시민성의 주요한 차원은 비영역성(non-territoriality)으로 이는 기후변화와 같이 지구적 성격을 가지는 환경문제와 생태시민성을 연계시키는 중요한 특징이며, 상호연계성과 상호의존성에 기반하고 있다. 현대사회에서 점점 강화되고 있는 지구적 연계는 시민성 형태의 변화를 수반할 수밖에 없는 상황적 조건을 생산하게 된다. 다시 말해, 장소가 다른 장소들과의 역동적인 관계를 통해 구성되는 방식은 배타적이고 지역적 폐쇄성에 기반하고 있는 시민성 형태의 변화를 요구하고 있다(김병연, 2011). Dobson(2003)에 따르면, 자유주의 시민성이나 공화주의 시민성에 있어 공통적인 특성인 연속적인 영역이라는 개념은 지구적 환경문제를 다루는 데 한계를 가질 수밖에 없다.

둘째, 생태시민성은 권리보다 책임과 의무를 강조하고, 생태시민에게 요구되는 책임과 의무는 비호혜적이며 시공간적 및 물질적 관계성에 기반하고 있다. 생태시민의 의무는 다른 사람들에게 영향을 미칠 수 있는 모든 개인적 행위에 대한 책임으로 설명할 수 있고, 이러한 책임은 자신과 상호작용을 통해 영향을 받게 되는 비인간 생물종에게까지 확장된다(Dobson, 2003). 이러한 상황에서 시민이 환경을 지키는 것은 더 이상 그것이 서로에게 또는 결국 나에게 이익이 되기 때문이 아니라, 자신의 삶이 미치는 영향에 대해 적극적으로 책임을 진다는 의미가 된다. 따라서 이러한 책임과 의무 관계는 더 이상 호혜적이지 않고 시공간적 및 물질적 관계성에 기반하는 모습으로 나타나게 된다.

셋째, 생태시민성은 공적 영역뿐 아니라 사적 영역에서 발생되는 환경문제를 중요하게 고려하고 있다. 그래서 사적 영역에서 생태적 덕성을 중요한 자질로 요구하고 있다. 환경문제를 일으키는 동시에 그 문제를 해결해야 할 책임의 중심에 '개인'이 서게 된 상황에서 공적 영역에만 국한되었던 시민의 활동장소가 사적 영역으로 침투하게 된 것이다(김병연, 2011). 정치적으로 국가−개인 간의 계약적 관계뿐 아니라 시민과 시민 간의 비계약적 관계를 포함한 시민성 논의가 이루어지게 되었다. 시민들 간의 관계성에 대한 재사고의 결과로 정치적 관계가 아닌 개인적 관계에서 끌어들여 온 새로운 가치체계가 생태시민성에서 핵심적인 시민의 덕성으로 인식된다. 즉 개인적 책임, 배려, 공감이라고 할 수 있다(Dobson, 2003). 마찬가지로 Smith(1998a)는 생태시민성을 권리와 의무, 사적·공적 영역에서의 행위, 생물종들 간의 경계를 무너뜨리는 개념으로 간주하고 있다(김찬국, 2013).

생태시민성은 덕성에 기초하고 공동체 구성원으로서의 책임을 강조한다는 점에서 전통적 시민성의 원칙과 공유하는 지점이 있다. 그러나 시민성이 발현되는 대상은 공간적으로 국가, 시간적으로 현재라는 영역을 넘어선다. 국가의 경계를 넘어 전 지구인을, 종의 경계를 넘어 모든 생물을 시민성 발현의 대상 또는 동료 시민(fellow citizens)으로 여기고, 현세대뿐 아니라 미래 세대까지 관심을 확대한다(김희경, 2012). 정리하자면, 지구적 환경문제를 다루기 위해 새롭게 요청되는 시민성은 차별적인 국민국가의 공간적 경계를 넘어설 뿐만 아니라 비인간 생물종에게까지 확대되어 적용될 필요가 있다고 할 수 있다(Dobson, 2003). 생태시민성은 공공선(public good)의 영역을 단순히 인간 공동체에 대한 것으로 국한하지 않고 자연을 포함하는 그 이상의 공동체가 인간에 의한 자연의 지배로부터의 자유를 추구하고 있다. 자연을 공적 공간으로 확대하는 도덕적 덕목을 강조하는 것이다(Dobson, 2003). 평등에 대한 관점에서도 생태시민성은 자연과 인간의 평등까지 확대하고자 한다(김찬국, 2013).

이상에서 논의한 생태시민성의 주요 특징을 살펴보면 다음 〈표 5−1〉과 같다.

김병연(2011)에 의하면, 자유주의적 시민성과 공화주의적 시민성은 국가의 영역 속에서 개개인의 사회적 계약에 기반하여 형성되는 권리, 의무, 책임 등이 강조된다. 또한 시민성의 활동 영역은 공적 영역으로만 한정되고 여기에 참여하는 시민들은 수동적이며, 그렇기 때문에 전 지구적 환경문제와 같은 지구적 문제들을 해결하는 데 있어서는 국가의 틀이 한계를 가진다. 이에 반해 생태시민성은 비영역적인, 즉 네트워크적인 속성을 가지는

표 5−1. 생태시민성의 주요 특징

구분	특징
활동 영역	공적/사적 영역
행위 동기	관계성(의무, 책임 수행)
동기적 가치	배려, 공감, 정의 (인간과 자연 간의) 비상호호혜성
스케일	비영역적(생태발자국의 지구적 분포) 비차별적(포괄적)
배려와 책임의 범위	과거/현재/미래 세대 비인간(인간·자연 공동체)

출처: Dobson, 2003; 김병연, 2011.

표 5-2. 자유주의적 시민성, 공화주의적 시민성, 생태시민성의 비교

	자유주의적 시민성	공화주의적 시민성	생태시민성
활동 영역	공적 영역	공적 영역	공적/사적 영역
행위 동기	계약(권리 주장)	계약(의무, 책임 수행)	관계성(의무, 책임 수행)
동기적 가치	자유, 상호호혜성	공동선, 상호호혜성	배려, 동정, 정의, 비상호호혜성
스케일	영역적(국민-국가), 차별적	영역적(국민-국가), 차별적	비영역적(생태발자국), 비차별적
배려와 책임의 범위	현세대	현세대	과거/현재/미래 세대, 비인간

출처: Dobson, 2003; 김병연, 2011.

시민성의 공간 속에서 발생되는 책임과 의무를 실천하는 자질이다. 이러한 책임과 의무는 계약에 기반한 것이 아니라 관계성에 기반한 공간적이면서도 시간적인 책무성이다. 또한 공적인 영역뿐만 아니라 사적인 영역도 정의와 배려, 동정과 같은 시민적 덕성이 요구되는 시민의 활동 영역으로 규정되는 새로운 형태의 시민성이다. 지금까지의 생태시민성에 관한 논의는 〈표 5-2〉와 같이 정리해 볼 수 있다.

2) 환경시민성과 생태시민성의 차이

이 중에서 우리가 대비하여 살펴보아야 할 것은 환경시민성과 생태시민성이다. 환경시민성이 전통적 시민성이라면, 생태시민성은 대안적 시민성이다. 환경보호라는 주제를 두고, 생태시민성의 근간이 되는 생태주의는 환경보호와 관련한 사회적·정치적 생활양식의 근본적인 변화를 전제하는 반면, 환경시민성의 근간을 이룬 환경주의는 현재의 사회적·정치적 생활양식을 변화시키지 않고서도 환경을 잘 관리하면 환경문제를 해결할 수 있다고 보는 시각이다. 생태주의는 자연의 물리적 한계가 존재하며, 인간의 발전은 그 수용 범위와 능력 안에서만 가능하다고 주장한다(이상헌, 2010, 31-35; 심광택, 2012; 2014).

전통적으로 자유주의 국가 속의 시민은 합리적이며 동시에 정의로운 사람들이다. 공동체주의 속의 시민은 자신의 공동체 문제에 적극적으로 참여하여 정치적 의사결정의 주체가 되며, 다른 구성원들이 자신과 동등하게 생활하고 활동할 수 있도록 배려한다. 다원주의적 사회에서의 시민성은 자신과 매우 다른 가치관과 문화를 지닌 개인과 집단에 대한 관용과 연대이다(강대현, 2007, 93-101; 심광택, 2012).

자유주의적 관점에서 환경시민성은 공적 영역에서의 환경권에 주목한다. 자유시민적 자질인 논증 및 절차적 정당성을 인정하는 합리성과 자발성이 주요한 덕목이고, 권리행위는 정치적 범위를 벗어

나지 못한다. 정치적 관점에서 환경시민성과 생태시민성은 상호보완적이다(Dobson, 2003, 89). 환경은 물리적 환경(지형, 토양), 순환적 환경(물, 공기), 생물적 환경(식물, 동물)을 모두 포함한다. 지구 환경의 절체절명의 위기 앞에서 환경을 구성하는 각각의 요소가 생태계와 순환계에 의해 서로 연결되어 균형 상태를 이루고 있다는 생태주의적 사고가 학습자에게 요청된다(심광택, 2012).

한편, 정치학적 배경에서 생태시민성은 비영역적인, 즉 네트워크적인 속성을 갖는 시민성의 공간 속에서 발생되는 책임과 의무를 실천하는 자질이고, 이러한 책임과 의무는 계약에 기반한 것이 아니라 관계성에 기반한 공간적이면서도 시간적인 책무성이다. 또한 공적 영역뿐만 아니라 사적 영역도 정의와 배려, 동정과 같은 시민적 덕성이 요구되는 시민의 활동 영역으로 규정되는 새로운 형태의 시민성이다(Connelly, 2006, 63; Dobson, 2009, 133; 김병연, 2011, 347). 생태시민성은 책임의 정치로서 간주되며, 이때 개인은 공공 속의 민간으로 파악된다. 여러 사람들 간의 유대관계를 강조하며, 비공식적으로 잘 드러나지 않는 권한 부여와 공식적으로 명시된 권리와 의무에 대한 책임 간의 연계성에 주목한다. 생태시민성은 민간 조직, 정부, 정부 간 조직의 구성원으로서 요구되는 시민적 자질이다 (Smith and Pangsapa, 2008, 263; 심광택, 2012).

심광택(2012)은 여러 학자들의 견해를 종합하여, 생태시민성을 3가지 측면에서 전통적 시민성인 환경시민성과 구분하였다. 첫째, 생태시민성은 공공문제만을 다루지 않는다. 개인의 행위는 공공복리에 영향을 줄 수 있다는 인식에서 출발한다. 생태시민성은 개인이 살아가면서 다른 사람에게 영향을 주고 그들에게 책임을 가질 수밖에 없다는 행위 기준을 통해, 시민들 개인 간의 관계로부터 책무성, 연민, 사회정의에 주목한다. 둘째, 생태시민성의 정치적 범위는 특정한 정치적 영토에 국한되지 않고, 시민의 행위가 다른 사람에게 부정적인 영향을 주는 범위까지 확장된다. 셋째, 생태시민이 생태 자원을 보전하려는 이유는 다른 사람에게 생태적으로 부정적인 영향을 최소화하려는 책무성을 갖고 있기 때문이다. 하지만 공화주의적 시민은 생태 자원을 보전하면 공동체 안에서 상호간 이익을 추구할 수 있고, 자유주의적 시민은 권리와 이익을 보장받을 수 있기 때문에 생태 자원을 보전하려고 한다. 생태사회주의자들은 연대성에 기초한 경제를 만들고, 자연을 지속가능하게 만들 것을 제안한다. 이때 연대성과 지속가능성은 사회적 형평성과 환경정의를 실천하기 위한 방법과 이념으로 작동할 수 있다.

자유주의 국가 속의 시민은 합리적이며 동시에 정의로운 사람들이라는 전제는 신자유주의 논리에 의해 가속화된 지구촌 위기 속에서 더 이상 유효하지 않다. 과거 산업화 시대 정의의 하위 개념으로서 분류되던 환경정의의 개념이 합리성과 사회정의를 실천하기 위한 필수조건이 되었다. 공동체주의의 참여와 배려, 다원주의의 관용과 연대는 사회생활을 영위하기 위한 방법으로서 개인적·집단적 가치이며 행위의 기준이다. 따라서 합리성과 정의, 참여와 배려, 관용과 연대에서 싹튼 사회적 형평성과 환경정의의 실천, 즉 생태시민성 함양으로 지리교육의 목표 전환이 절실한 것이다(심광택, 2012).

3. 환경교육에서 지속가능발전교육으로

1) 환경교육과 지속가능발전교육

현대세계는 날로 심해지는 기후변화와 환경 파괴로 인한 생태계의 환경적 위기뿐만 아니라 국가 및 계층 간 빈곤과 불평등 같은 사회적·경제적 위기를 동시에 겪고 있다. 이러한 위기는 이전과는 다른 근본적인 사고의 변화를 요구하며 전 세계는 새로운 인식의 전환점에서 지속가능발전(sustainable development, SD)이라는 새로운 도전을 맞게 되었다.

지속가능발전 개념이 등장한 이래로 전 지구적인 환경문제 해결을 위한 국제적 협력이 증대되고, 국가정책에서 '지속가능성(sustainability)'이 중요한 추진과제로 설정되었다. 이러한 추세 속에 지속가능발전을 위한 교육의 역할이 더욱 강조되면서 '지속가능발전교육(education for sustainable development, ESD)'이 국가교육과정 내 필수 학습요소로 자리 잡게 되었다.

그러나 현대의 지구적 환경문제의 발생으로 인한 지속가능발전 개념의 등장과 성립 과정을 살펴보면 여러 학문 분야에 걸친 통합적 논의를 통해 그 의미가 확장되고 변화해 오고 있으며, 실제로 지속가능발전교육을 추진하는 국가마다 지속가능발전을 바라보는 환경적·경제적·사회적 시스템 및 생태적 환경에 대한 관점 차이에 따라 그 의미가 다르게 해석되기도 한다.

지속가능발전과 함께 일반적으로 환경교육자들에 의해 지속가능발전교육에 대한 논의가 활발히 이루어지면서 국내에서는 '환경교육(environmental education, EE)'과 '지속가능발전교육(ESD)'을 동일한 의미로 혼용하거나, 환경의 지속가능성 유지라는 지속가능발전의 환경적 차원의 표면적 의미만을 반영하여 그 개념을 다루는 등 지속가능발전교육의 환경적·경제적·사회적 차원의 통합적이고 포괄적인 의미와 교육 패러다임적 전환이라는 특성을 담고 있지 못하고 있는 실정이다.

생태적 시민성 또는 환경적 시민성 함양을 위한 교육을 대표하는 것이 환경교육과 지속가능발전교육이지만, 환경교육과 지속가능발전교육은 유사하면서도 다소 차이점을 보이고 있다. 일반적인 관점에서 지속가능발전교육이 환경교육에서 유래되었거나 큰 영향을 받았을 수 있다고 보며, 지속

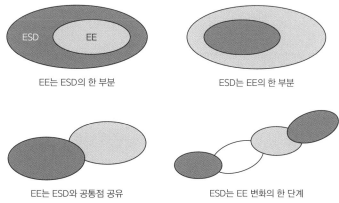

EE는 ESD의 한 부분   ESD는 EE의 한 부분

EE는 ESD와 공통점 공유   ESD는 EE 변화의 한 단계

그림 5-1. 환경교육(EE)과 지속가능발전교육(ESD)의 차이

출처: Hesselink et al., 2000; 최석진 외, 2014 재인용.

가능발전교육이 환경교육보다 포괄적이고 가치 중심적이라고 할 수 있다(Hesselink et al., 2000; 최석진 외, 2014).

그러나 다른 견해도 있다. 지속가능발전교육이 윤리, 평등, 새로운 학습과 생각하는 방법을 포함하기 때문에 환경교육의 새로운 단계라는 의견과, 지속가능발전교육이 개발, 남북 관계(선진국과 후진국 관계), 문화의 다양성, 사회와 환경 등의 이슈를 포함하고 있으므로 환경교육을 포함한다는 등의 다양한 견해가 있다(최석진 외, 2014). 그런데 대부분의 환경교육 관계자들은 지속가능한 발전 및 미래를 위한 교육은 환경교육이 질적으로 향상된 단계로서 간주될 수 있다고 강조한다.

이와 같이 지난 몇 년간 환경교육으로부터 지속가능발전교육으로의 전환을 둘러싼 토론과 논쟁이 지속되어 왔다. 그중에는 "지속가능발전교육이 환경교육의 시야를 좁히고 있다."라는 지속가능발전교육에 대해 비판적인 주장과, "지속가능발전교육은 환경교육의 시야를 확대시켜 경제적·사회적·환경적 발전을 연결시키면서 지속가능한 인간 발전과 환경보전 사이의 균형을 만들어 내는 데 기여할 수 있다."라는 주장 등이 있다(최석진 외, 2014).

한편, 오늘날 독일, 영국, 오스트레일리아, 미국, 일본 등에서는 지속가능발전을 위한 환경교육이 활발하게 전개되며, 특히 유럽을 중심으로 환경교육은 점차 지속가능발전교육에 통합·발전되는 추세이다. 최근 우리나라 정부에서는 종래의 녹색성장교육을 대체하여 지속가능발전교육이 강조되고 있다. 그리고 환경교육 분야에서도 지속가능발전교육과 연계·발전시키려는 노력이 늘어나고 있다(최석진 외, 2014).

2) 지속가능발전교육

(1) 지속가능발전의 등장 과정

'지속가능발전'의 등장 배경은 인류의 대표적인 과제인 '경제발전'과 '환경보전'의 관계를 상반적인 입장에서 상생의 관계로 발전시키기 위해서였다. 이 용어는 1970년대부터 등장하였으나 특히 1992년 브라질의 리우데자네이루에서 개최된 유엔환경개발회의(United Nations Conference on Environment and Development, UNCED, 일명 Rio회의)에서는 이 개념을 정립하고 실천 전략을 구체화하여 제시하였다. 여기에서 구체적으로 제시한 '환경적으로 건전하면서 지속가능한 발전(Environmentally Sound and Sustainable Development, ESSD)'은 근래에는 흔히 간단히 '지속가능발전(Sustainable Development, SD)'으로 사용한다. 이 의미는 '미래사회의 주인공에게 피해를 주지 않는 범위 내에서, 환경보전을 전제로 하는 발전을 추진해야 한다.'라는 것이다. 이후 세계 각국은 이것을 인류의 대표적 실천 과제로 결정하고 추진을 강조하고 있다. 근래에는 '개발과 환경의 조화'를 강조하는 개념으로 나타나고 있으며, 지속가능발전은 환경뿐만 아니라 사회 전체의 지속가능성 유지와 관련된 것으로 폭넓게 해석하는 경향이 점차 확대되고 있다. 즉 지속가능발전은 '환경보전-경제발전-사회·문화의 세 영역이 통합'되어 발전하는 것을 강조하고 있다. 나아가 자유, 정의, 민주주의 등과 같이 인류가 궁극적으로 지향해야 할 사회 전체를 관통하는 이념으로 이해되기도 한다. 지속가능발전의 원리는 세대 간 형평성, 삶의 질 향상, 사회적 통합, 지구촌 구성원으로서의 책임 등을 강조하고 있다. 그리고 1992년 리우(Rio)회의 이후 20년 만에 다시 리우에서 개최된 유엔지속가능발전위원회(UN Conference on Sustainable Development, UNCSD)에서는 유엔이 제시한 지속가능발전(SD)과 지속가능발전교육(ESD)의 이행과 추진을 강조하면서 최종 합의서인 '우리가 원하는 미래(The future we want)'를 발표하였다.

1960년대에 출현한 환경교육은 지속가능발전교육의 중요한 선구자이다. 환경교육은 1960~1970년대에 식물과 야생동물 등 농촌 보존에 관심을 기울였으며, 1970~1980년대에는 환경오염, 자원고갈, 지구온난화 등 국가 및 글로벌 문제에 관심을, 1990년대 이후 오늘날에는 지속가능성(sustainability) 쟁점으로 그 관심 분야를 이동시켰다(Hicks, 2007b). 그리하여 1990년대 이후 환경교육과 지속가능발전교육 간의 유사성과 차이점에 관한 논쟁이 계속 진행되어 왔다. 일부 학자들은 지속가능발전교육을 환경교육의 새로운 버전이지만, 환경교육에 지속가능발전 개념을 통합하는 것으로 간주한다(MeKeown and Hopkins, 2003). 반면에 Sterling(2001)과 같은 학자들은 지속가능발전교육을 교육의 패러다임적 전환으로 환경교육보다 훨씬 급진적인 것이라고 주장한다. 여하튼 환경교육과 지속가능발전교육은 밀접한 관련을 가지지만, 환경교육에서 고려하지 못했던 사회적 형평성, 경제적 성장 측면을 동시에 고려함으로써 차이점 역시 명백하게 존재하게 된다. 그렇다면 지속가능발전의 등장 배경에 대해 살펴보자.

1992년 리우와 2002년 요하네스버그에서의 지구정상회담(Earth Summit)은 결정적으로 '개발'과 '환경'이라는 다소 양립할 수 없는, 즉 동전의 양면으로 간주되는 두 가지의 글로벌 관심을 불러일으켰다. 지속가능발전교육은 이러한 개발과 환경이라는 두 가지 관심을 모두 아우르기 위해 사용된다. 지속가능발전은 '환경, 경제, 사회라는 상호의존적인 측면들을 통합적으로 고려하는 발전'으로 인구성장과 경제성장 속에 파생되는 전 지구적인 문제 해결을 위해 등장하였다. 지난 수십 년간의 논의를 통해 지속가능발전은 환경뿐만 아니라 사회 전체의 지속가능성 유지와 형평성과 같은 것으로 폭넓게 해석되는 경향이 점차 확대되었다(UNESCO, 2005).

또한 지속가능발전은 국제적인 협력체제 구축을 위해 국제사회의 폭넓은 지지를 얻어 내는 방식으로 도출된 하나의 정의로, 지구 공동체가 함께 추구해야 할 지향점으로 이해되기도 한다. 지속가능발전은 지속가능성에 기반을 두고 있으며, 지속가능성에 대한 이론적 접근의 두 가지 축은 환경 차원에서의 접근과 개발 차원에서의 접근으로 나누어 살펴볼 수 있다. 하지만 초창기의 지속가능성은 인류가 살아가는 생물적 환경이 지속될 수 있는가에 대한 환경적 논의에서 점차 경제적·사회적으로 연계된 시스템적 접근을 통해 그 범위가 확대되었으며, 정의, 평등, 시민성 등의 가치문제를 포함하게 되었다. 이러한 점에서 지속가능발전은 환경적 논의의 토대 위에 시대적인 경제적·사회적 필요를 반영하여 미래를 위한 지향점이자 국제적 합의와 정부의 실천을 위한 구체적 지침으로 이해될 수 있다.

(2) 지속가능발전교육의 개념

지속가능발전교육(Education for Sustainable Development, ESD)은 환경과 발전 문제에 대한 국제적인 논의에서 탄생한 개념이다. 환경과 발전의 문제는 특정한 국가의 문제가 아니라, 국제적 차원에서 대처해야 할 지구 공동의 주제로 인식되면서 21세기 교육이 나아가야 할 방향을 제시하고 있는 개념이라고 할 수 있다. 지속가능발전교육이 활발하게 언급되기 시작한 것은 1992년 브라질의 리우데자네이루에서 개최되었던 유엔환경개발회의(UNCED) 이후이다. 이때 채택된 문건 중의 하나인 '의제 21(Agenda 21)'에서 지속가능한 발전을 위한 교육의 역할이 강조되면서 '지속가능발전교육'이 21세기 새로운 교육의 방향으로 인식되기 시작하였다. 21세기의 지구적 행동계획이라고 할 수 있는 '의제 21'은 제36장 "교육은 지속가능한 발전의 촉진과 환경문제, 개발문제와 논쟁할 수 있는 더 나은 인간능력을 위해 필수적인 조건이다."에서는 교육이 지속가능발전의 토대임을 분명하게 밝히고 있다. 2002년 요하네스버그에서 개최되었던 지속가능발전 세계정상회의(WSSD)는 '의제 21'에 대한 지난 10년간의 실행 실적을 반성적으로 평가하고 교육이 지속가능한 발전을 위한 중요한 수단임을 재차 확인하면서, 지속가능발전교육을 각국의 교육체제 속에 통합할 것을 권고하였다(최석진 외, 2014).

2002년 유엔총회는 요하네스버그 정상회담에서 합의된 내용을 수용하고 유엔 가입국들의 정치적 의무를 강조하기 위해 2005년부터 2014년까지를 '지속가능발전교육을 위한 10년(DESD)'으로 선언하고 관련 자료도 발표하였는데, 여기에 포함된 내용 영역은 〈표 5-3〉과 같다. 여기서 강조하는 지속가능발전교육의 주요 원리와 방법은 간학문적·총체적(holistic)이며 가치지향적·비판적 사고력과 문제해결력 배양, 지역성에의 기반 등이다. 이를 달성하기 위해서는 '교육을 초월(beyond education)'하고 여러 관련 단체들이 모두 참여하여 시너지효과를 거두도록 할 것을 강조하고 있다(최석진 외, 2014). 2009년 3월에는 지속가능발전교육 세계대회가 독일의 본에서 개최되어 지난 5년간의 지속가능발전교육 실행에 대한 성과를 평가하고 향후 5년을 위한 과제를 '본-선언'으로 채택하였다. 2012년 6월 리우데자네이루에서 개최되었던 Rio+20 정상회담에서도 지속가능한 발전을 위한 교육의 역할이 변함없이 강조되었다.

지속가능성의 패러다임은 경제발전을 위해 사회적·생태적 희생이 불가피하다는 주장을 거부하고, 사회적·환경적·경제적 고려가 균형을 이루는 미래에 대한 패러다임이다. 환경교육이 환경에 관한 문제들과 그 해결방안에 중점을 두었다면, 지속가능발전교육은 환경적·사회적·경제적 문제들이 서로 독립해서 존재하는 것이 아니라 상호의존적이라는 인식에서 출발한다. 지속가능발전교육은 전 지구적으로 국가와 사회의 지속가능성에 영향을 미치는 환경적·사회적·경제적 이슈들을 이해하고 해결할 수 있는 역량을 기르는 교육이다. 그러므로 지속가능발전교육은 환경적·사회적·경제적 관점이 통합된 교육이라는 점에서 환경교육을 포괄한다.

표 5-3 유네스코의 지속가능발전교육 영역

구분	사회·문화적 측면	환경적 측면	경제적 측면
핵심 내용	• 인권, 평화, 안보 • 양성평등 • 문화적 다양성(문화 상호간 이해) • 건강과 에이즈 • 거버넌스(governance)	• 자연자원(물, 에너지, 농업 등) • 기후변화 • 농촌 개혁 • 지속가능한 도시화 • 재해 예방 및 완화	• 빈곤 퇴치 • 기업의 책임·책무 • 시장경제

출처: UNESCO, 2005.

우리나라에서도 유엔 지속가능발전교육 세계 10년을 효과적으로 수행하기 위해 2005년 대통령자문 지속가능발전위원회가 국가 차원의 전략을 수립하기 위한 「유엔 지속가능발전교육 10년을 위한 국가 추진 전략 개발 연구」 보고서를 발간하고 활성화 방안을 논의하였다. 2007년에는 '지속가능발전기본법', 2008년에는 '지속가능발전기본법 시행령'이 제정·공포되었다. 지속가능발전교육의 활성화를 저해하고 있는 문제점으로는 지속가능발전교육 개념에 대한 인식 부족, 지속가능발전 개념의 불확실성, 환경교육에의 치우침, 현장에 적용할 수 있는 체계적인 실천사례의 부족 등이 제기되어 왔다. 그러나 최근에는 지속가능발전교육 교원연수와 학교교육 프로그램 개발 등의 노력으로 이전보다는 지속가능발전교육이 활발하게 이루어지고 있다(한국다문화교육연구학회, 2014).

3) 지속가능발전교육의 의미와 지리와의 관계

지속가능발전교육은 "지속가능발전의 이념, 가치, 실제를 교육과 학습의 모든 측면과 통합하고자 하는 것으로, 모든 개인이 인도적이고, 사회적으로 정의로우며, 경제적으로 성장 가능하고, 생태적으로 지속가능한 미래에 기여할 수 있도록 가치, 능력, 지식, 기능 등을 습득할 기회를 제공"하는 것으로(UNESCO, 2005), 유엔 지속가능발전교육 10년 국제이행계획(DESD International Implementation Scheme)에서는 지속가능발전교육을 "모든 사람들이 질 높은 교육의 혜택을 받을 수 있으며, 이를 통해 지속가능한 미래와 사회변혁을 위해 필요나 가치, 행동, 삶의 방식을 배울 수 있는 사회를 지향하는 교육"이라 정의하고 있다(UNESCO, 2005). 지속가능발전교육은 지속가능발전을 실현하기 위한 가장 효과적인 방법 중 하나로 기존 교육의 재구조화를 통해 근본적인 가치의 변화를 요구한다.

지속가능발전교육은 환경적 측면, 경제적 측면, 사회적 측면에서 통합적으로 이해하는 사고를 촉진하고 세 영역 모두가 보다 발전하는 데 기여하는 인재 양성을 궁극적인 목적으로 한다. 따라서 지속가능발전교육은 평생학습, 간학문적 접근, 체계적 사고, 협력, 다문화적 관점, 실천역량 등의 교육에 대한 접근방식의 근본적인 변화를 추구한다. 이는 환경교육에 비해 경제적인 요소와 사회적인 요소를 포괄적으로 포함하고 있으며, 특정한 교과 차원을 넘어 학교, 사회 등 모든 교육의 전반적인 영역에서 통합적으로 다루어져야 하는 교육의 패러다임적 변화라 할 수 있다. 그러나 기후변화, 지구온난화, 환경문제, 인간과 환경과의 관계 등 지속가능발전과 관련된 쟁점들이 공간을 기반으로 하고 있다는 점에서 지리와 밀접한 관련을 가진다.

제7차 교육과정부터 2015 개정 교육과정까지의 우리나라 교육과정에 반영된 지속가능발전교육의 현황을 지속가능발전 용어 사용을 중심으로 교육과정 분석을 통해 우리나라 지속가능발전교육의 변화 양상과 문제점을 알아보고, 특히 2009 개정 사회과교육과정에 따른 고등학교 사회 교과서의 지속가능발전 내용 분석을 통해 사회(지리) 교과에서의 지속가능발전교육을 위한 개선 방향과 지속가능발전교육으로의 교육적 패러다임 전환을 위한 지리과의 역할을 제안하고자 한다.

4) 교육과정기별 지속가능발전교육

(1) 제7차 교육과정~2007 개정 교육과정의 지속가능발전교육

중등 교육과정에서 '지속가능발전'이라는 용어는 제7차 교육과정에서 처음으로 등장하는데, 중등 사회과를 중심으로 나타난다(교육부, 1997). 중학교 사회 과목(9학년)에서 지구촌 보호와 환경보전을 위한 방안으로서 지속가능발전('지속가능한 개발'로 표현)에 대한 이해를 추구하고 있다. 이 외에 지속가능발전은 고등학교 국제 관련 전문 교과를 중심으로 나타나는데, 중학교 사회 과목에서처럼 환경보전과 관련된 개발의 의미로 사용되고 있다. 따라서 제7차 교육과정에서 지속가능발전은 환경적 측면에서 환경보전을 강조하는 '친환경적 개발'의 의미로 사용되고 있다.

2007 개정 교육과정에서는 제7차 교육과정보다 '지속가능발전'에 대한 용어 및 내용이 더 많이 나타나고 있다. 이전 제7차 교육과정과 마찬가지로 사회 교과군을 중심으로 지속가능발전을 내용 요소에 포함하고 있다. 특히 중학교 사회 과목과 함께 고등학교 선택과목 중 지리 과목을 중심으로 지속가능발전에 대한 내용이 개발 관련 영역에서 다루어지고 있으며, 제7차 교육과정과 마찬가지로 주로 환경보전 및 친환경적 개발의 차원에서 접근하고 있다. 그러나 고등학교 세계지리 과목의 '세계로 떠나는 여행' 영역(단원)에서는 아프리카의 관광자원을 지속가능발전의 환경적 차원뿐만 아니라 경제적 차원의 형평성 측면에서 이 문제를 다루고 있어 조금 더 통합적인 접근을 취한다고 볼 수 있다.

사회 교과군 중 중학교 도덕 과목의 '환경과 인간의 삶' 영역(단원)에서는 지속가능발전의 도덕적 의미에 대한 내용 요소를 포함하여 가치 차원에서 지속가능발전을 언급하고 있다. 이 외에도 지속가능한 삶을 위한 경제적 지속가능성에 대해 중학교 사회 9학년 일반사회 영역에서 경제생활과 관련된 지속가능한 생활을, 가정과학 과목에서 소비와 관련하여 지속가능한 소비문화 형성과 관련하여 일부 이와 관련된 내용을 언급하고 있다. 지속가능발전에 관한 환경적·경제적·사회적 영역의 통합적 접근은 국세 관련 전문 교과 영역 및 내용에서 확인할 수 있는데, 제7차 교육과정에 비해 내용이 체계적이고 구체적으로 제시되었다.

2007 개정 교육과정에서 '지속가능발전'이라는 용어는 '환경' 과목에서 주로 언급되는데, 중학교

재량활동 선택과목 중 하나로 "인간과 환경 간의 상호관계와 인간에 의한 환경문제를 이해하고, 건강하고 쾌적한 환경의 소중함을 깨달으며, 지속가능한 삶을 위한 지식과 기능, 환경친화적 사고와 태도를 함양하는 과목"으로 설정하였다(교육과학기술부, 2007). 고등학교에서는 교양 선택과목으로 중학교 환경 과목과의 연계를 통해 "환경과 인간 관계의 상호작용, 과학·기술·사회·환경의 통합적인 접근을 통해 환경문제를 이해하고, 환경보전과 지속가능한 삶을 위한 지식과 기능, 환경친화적 사고와 태도를 함양하는 과목"으로 그 목표 중 하나를 환경문제 해결과 지속가능발전을 위한 환경 의사결정력과 환경친화적 가치관 함양에 두었다(교육과학기술부, 2007). 또한 교수학습 방법에서 여러 관련 과목에서 학습한 인문·사회·과학·기술적 환경 소양과의 연계를 통해 종합적인 사고력과 문제해결력 함양을 추구한다는 점에서 환경 과목을 통해 환경교육의 목표를 지속가능발전에 두고 있음을 알수 있다.

중학교 환경 과목에서는 '환경의 변화와 지속가능발전'이라는 단원을 설정하고, 우리의 생활양식인 의식주 등의 일상생활 및 경제활동에 따른 환경문제와의 관련성을 탐구하고 지속가능발전의 실천을 위한 가치관과 방법 측면에서 지속가능발전의 의미를 이해하고자 하였다. 그리고 '자원과 에너지' 단원에서는 환경보전을 위한 환경친화적인 자원의 이용과 개발 방법 차원에서 지속가능발전을 이해하고 있으며, '환경보전의 실천' 단원에서 개인과 단체, 지역 차원에서의 환경보전 방법과 국가 및 국제기구 차원의 환경문제 해결을 위한 차원에서 세계시민으로서의 참여와 실천을 통한 지속가능발전을 언급하고 있다.

고등학교 환경 과목은 전 영역(단원)에 걸쳐 지속가능발전을 중심으로 영역(단원) 및 내용이 조직되어 있으며, 지속가능발전 및 지속가능발전교육의 의미부터 지역 및 지구 환경문제의 이해와 대책, 지속가능한 사회의 구현 및 실천 등 지속가능발전을 중학교 환경 과목의 영역 및 내용 요소를 심화하여 학습할 수 있도록 하였다. 환경 과목은 환경문제를 중심으로 지속가능발전을 탐구하도록 한다는 점에서 환경교육과 지속가능발전교육을 동일시한 것으로 판단되며, 환경적 영역에서 지속가능발전을 다루고 있음을 확인할 수 있다.

교과 교육과정 외에도 2007 개정 교육과정 총론에서는 범교과 학습주제를 35개로 제시하였는데, 그중 하나로 '지속가능발전교육'을 제시하여 지속가능발전교육을 교육의 중요한 목표로 하고 있다. 범교과 학습주제는 이와 관련되는 교과, 재량활동, 특별활동 등 학교교육활동 전반에 걸쳐 통합적으로 다루어지도록 하고, 지역사회 및 가정과의 연계 지도를 권장하였다. 그러나 선정된 범교과 학습주제들 중 대다수가 다른 주제와 경계가 모호하거나 내용이 겹칠 수 있는 부분이 많으며, 특히 지속가능발전교육은 다른 범교과 학습주제들을 포함할 수 있는 주제에 해당하므로 지속가능발전교육의 의미가 교육과정 차원에서 포괄적으로 반영되어 있지 못하고 있다고 판단된다. 따라서 2007 개정 교육과정 내 지속가능발전교육 현황은 제7차 교육과정에 비해 반영된 교과의 범위와 내용 면에서 양적으로 증가하고 교육적 중요성도 높아졌지만, 여전히 환경교육과 같이 환경보전과 친환경적 개발 중심으로 지속가능발전의 의미를 다루고 있다.

(2) 2009 개정 교육과정의 지속가능발전교육

2009 개정 중등 교육과정의 가장 큰 특징은 지속가능발전교육 대신 '녹색성장교육'을 교육과정에 반영한 점이다. 교육과학기술부는 '녹색성장교육 활성화 방안'을 통해 2009 개정 교육과정에서 2010년 교과 교육과정 부분 개정 시 사회, 과학 등 기존 교과목에 녹색성장 관련 내용을 분산 반영하도록 하고, 초·중등(3~12학년) 교과목 중 녹색성장 관련 교과(도덕, 사회, 과학, 실과/기술·가정 등)를 선정하고 관련 학습요소를 추출하여 관련 교과 교육과정에 분산 반영하도록 추진하였다(교육과학기술부, 2009b). 이에 따라 이전 교육과정에서 사회 교과 중에 주로 지리 과목에서만 다루어지던 지속가능발전에 대한 내용이 도덕(윤리), 일반사회 과목에서도 영역(단원) 차원에서 중요하게 다루어지며, 과학 및 실과/기술·가정 과목에서 각각 에너지 문제 및 생물의 다양성, 의식주와 관련한 지속가능한 삶 측면에서 지속가능발전을 내용 요소로 포함하게 되어 과학 및 실과 전문 교과에서도 지속가능발전과 녹색성장에 대한 내용 요소가 등장하고 있다.

기존의 환경 과목은 '환경과 녹색성장'으로 명칭을 변경하고 그 궁극적 목표를 "지속가능한 저탄소 녹색사회를 실현하기 위한 과목"으로 설정하였다(교육과학기술부, 2009b). 또한 지속가능발전을 녹색성장과 연계하여 녹색기술, 녹색산업, 녹색 정책과 제도, 녹색사회 등의 용어를 교육과정에 반영하였다. 고등학교 환경 과목 영역(단원) 중 '녹색성장과 지속가능한 사회'에서는 환경·경제·사회의 각 영역에서 지속가능성에 대한 접근을 통해 내용 요소를 구성하였는데, 환경 프로젝트 활동을 통해 학생 주도적 실천을 추구한다는 점에서 지속가능발전교육의 의미가 이전 교육과정에 비해 통합적으로 반영되었다고 볼 수 있다. 특히 2011년 이후 교육과정에서 '지속가능발전' 대신 '녹색성장' 용어가 적극적으로 반영되어 나타나며, 외국어 교과에서도 그 소재 및 문화적 내용의 하나로 자연환경, 기후 환경 변화, 녹색성장에 관한 내용을 포함하도록 하였다.

그러나 녹색성장교육은 기존의 환경교육 방식을 '녹색'과 '성장'이라는 환경과 경제(개발) 두 가지 축을 부각하여 녹색기술 개발에 따른 성장에 초점을 맞추고 있다는 점에서 한계를 지니지만, 녹색성장교육과 관련된 내용을 각 교과 교육과정에 분산한 점은 지속가능발전교육으로의 교육적 패러다임 변화가 반영되었다고 볼 수 있다. 또한 이전 교육과정에 비해 지속가능발전의 사회·문화적 영역,

경제적 영역, 환경적 영역에서 지구촌 문제와 관련지어 내용 요소를 다양하게 포함하였으며, 특히 2012년 7월에 새롭게 고시된 고등학교 사회교육과정의 내용 체계에서 마지막 단원으로 'V. 미래를 바라보는 창'을 설정하고, '지구촌과 지속가능한 발전'을 내용 요소로 제시하여 지속가능발전의 의미와 중요성을 환경문제, 민족·종교에 따른 문화 갈등, 선진국과 개발도상국의 대립문제를 사례로 탐구하도록 하였다.

이러한 점에서 2009 개정 교육과정은 사회적 영역, 경제적 영역, 환경적 영역의 통합적인 고려와 균형을 추구하는 지속가능발전교육이 교육과정에 잘 반영된 것으로 보인다. 그러나 중학교 교육과정에서 이러한 점이 다소 미흡하다고 파악된다.

이 외에 2007 개정 교육과정(교육과학기술부, 2009. 02 고시) 범교과 학습주제에 한국문화사교육, 한자교육, 녹색교육, 독도교육을 추가하여 교과 및 창의적 체험활동 등 교육활동 전반에 걸쳐 통합적으로 다루어지도록 하였다. 그러나 새로 추가된 녹색 교육의 경우 지속가능발전교육 및 환경교육과 통합될 수 있다는 점에서 주제 분류에 모호성이 여전히 존재하고 있다.

(3) 2015 개정 교육과정의 지속가능발전교육

2015 개정 교육과정은 창의융합형 인재 양성을 목표로 자기관리 역량, 지식정보처리 역량, 창의적 사고 역량, 심미적 감성 역량, 의사소통 역량, 공동체 역량 등의 핵심 역량을 강조하며, 교육과정에 핵심 개념 및 일반화된 지식, 기능을 중심으로 교과 내용을 조직하였다. 또한 문·이과 통합교육을 위한 통합사회, 통합과학 등의 공통과목을 도입하여 교과 및 학문 간 융합교육을 추구하고 있다. 이러한 점에서 새롭게 신설된 고등학교 '통합사회' 과목을 통해 사회의 기본 개념과 탐구방법을 바탕으로 지리(공간적 관점), 일반사회(사회적 관점), 윤리(윤리적 관점), 역사(시간적 관점)의 기본적인 내용을 9개 핵심 개념(행복, 자연환경, 생활공간, 인권, 시장, 정의, 문화, 세계화, 지속가능한 삶)을 중심으로 통합적으로 구성하여 '지속가능한 삶'을 중요 핵심 개념으로 설정하였다(교육부, 2015).

사회과교육과정에서 사회(지리)는 '지속가능한 세계' 단원을 설정하고 초등학교 5~6학년을 중심으로 '지속가능한 지구촌' 단원의 지속가능한 미래를 건설하기 위한 과제로 친환경적 생산과 소비 방식 확산, 빈곤과 기아 퇴치, 문화적 편견과 차별 해소 등을 제시하여 세계시민으로서 환경문제의 해결 방안과 지속가능한 미래를 건설하기 위한 방안을 탐구하도록 구성하고, 중학교는 지구 환경문제, 지역 환경문제, 환경 의식을 중심으로, 고등학교는 사막화, 지구온난화, 환경협약, 대안여행, 공정여행, 생태관광을 통해 핵심 개념인 '지속가능한 환경'을 탐구하도록 하였다. 또한 한국지리, 세계지리의 교과목표를 지속가능한 발전을 지향하는 가치관 형성에 두었다. 일반사회 영역의 사회·문화 단원에서 '현대의 사회 변동'을 핵심 개념으로 두고 '지속가능한 사회'를 그 요소로 배치하였다.

이 외에 통합과학에서도 탐구 주제 및 활동 예시로 화학 변화 학습에서 지속가능발전 측면으로 토양과 호수 산성화를 방지하기 위한 대책 토의하기 등을 제안하였으며, 과학탐구실험에서는 지속가능한 친환경 에너지 도시 설계하기 등을 탐구활동으로 제시하여 구체적 사례를 통해 지속가능발전을 직접 탐구하고 실천할 수 있도록 내용을 구성하였다.

따라서 2015 개정 교육과정은 이전 교육과정에 비해 지속가능발전에 대해 환경적 차원에서의 접근뿐만 아니라 사회적·문화적 차원에서 다양한 접근이 이루어지며, 지속가능발전을 구체적인 사례를 통해 학습하고, 직접 해결방안을 찾고 실천할 수 있도록 제안함으로써, 표면적인 지속가능발전교육에서 구체적이고 실천적인 지속가능발전교육으로의 변화를 엿볼 수 있다. 그러나 사회과뿐만 아니라 과학 및 실과(기술·가정) 영역 등에서 주요 학습 요소로 지속가능발전을 비중 있게 다루면서 지속가능발전의 자연과학 영역에서의 접근을 통해 환경, 자원, 기술 측면이 다소 부각되는 경향이 보인다. 이는 동아리활동 영역 중 학습문화활동의 자연과학 탐구활동으로 '지속가능발전연구'를 포함하고 있다는 점에서도 확인된다.

2015 개정 교육과정 총론에서는 범교과 학습 기존의 주제 중 서로 포섭 관계에 있거나 관련된 주제를 묶어 10개로 간단하게 제시하였으며, 환경교육과 지속가능발전교육을 통합하여 환경·지속가능발전교육으로 제시하였다. 따라서 2015 개정 교육과정에서는 환경교육과 지속가능발전교육이 통합되며, 환경교육의 목표를 지속가능발전에 두면서, 지속가능발전교육을 통해 환경교육이 이루어진다고 볼 수 있다.

지금까지 '지속가능발전' 용어의 사용을 중심으로 제7차 교육과정부터 2015 개정 교육과정을 분석한 결과, 우리나라의 지속가능발전교육은 최근으로 오면서 그 내용의 깊이와 범위가 넓어지고 교육과정의 주요 핵심 목표로 그 중요성이 커지고 있음을 알 수 있다. 하지만 환경적·경제적·사회(문화)적인 통합적 접근을 추구하는 지속가능발전의 의미가 제대로 반영되지 못하고, 환경적 측면에서만 '지속가능발전' 용어를 언급하고 있어 학습자들이 표면적인 지속가능발전에 대한 이해를 하고 있다는 문제점이 나타난다. 2015 개정 교육과정에서 이러한 문제가 다소 보완되었지만, 여전히 자원과 개발 단원을 중심으로 지속가능발전 용어를 사용하고 있음을 확인할 수 있다.

특히 사회과 교과 교육과정의 내용 요소 대부분이 지속가능발전교육의 3가지 영역의 핵심 개념들과 관련하여 유의미한 관련성을 가지지만, '지속가능발전' 용어 자체가 개발 관련 특정 단원에서만 언급되어 이전과 이후의 지속가능발전과 관련된 학습 내용과 상호연결되지 못하면서 지속가능발전이 추구하는 통합적인 관점을 갖기 어렵다고 판단된다.

강운선(2010), 오영재·염미경(2014) 등의 일련의 교과서 분석 연구에서도 지속가능발전이 주로 환경문제의 해결이라는 환경적 지속가능성 영역을 중심으로 교육내용이 조직되어 있어 환경적·경제적·사회적 영역 간 관계의 통합적 조직을 통한 서술이 필요하다는 점을 밝히고 있다. 그러나 2009 개정 교육과정에서 새롭게 개정된 고등학교 사회 교과목은 이러한 문제에 대한 보완을 통해 대단원으로 지속가능발전을 설정하고, 관련 내용을 사례를 통해 조직하여 세계에서 발생하는 환경, 경제, 문화 관련 문제들을 다룰 수 있도록 하면서 지속가능발전교육의 통합적 접근방법을 반영한 것으로 보인다.

5) 지리를 통한 지속가능발전교육을 위한 제언

지속가능발전교육은 학교의 모든 교과를 통해 가르쳐지고 배워야 할 범교과적 주제이다. 그러나 지리는 특히 지속가능발전교육과 더 밀접한 관련을 가진다. 왜냐하면 지리학 또는 지리 교과는 많은 면에서 지속가능발전교육과 중첩되기 때문이다. Johnston(2005, 10)에 의하면, 지리는 인간과 환경 간의 상호작용을 연구함으로써 자연과학과 사회과학을 연결하는 하나의 학문이자 교과이다. 따라서 지속가능발전교육이 지향하는 것과 마찬가지로 지리는 통합적/홀리스틱 관점, 그리고 인간과 환경과의 관계에 대한 관심으로 특징지어진다. 즉 지리는 인문현상과 자연현상을 아우르는 광범위성, 글로벌 관점, 다양한 공간적 스케일과 시간적 스케일에 대한 초점을 공유하고 있기 때문에(Chalkley et al., 2010), 지구를 전체로서 보고 장소들 간의 상호연결성을 고찰하는 지속가능발전교육과 일맥상통한다.

지속가능발전교육은 경제적·사회적·정치적·생태학적·자연적 요인을 모두 고려하는 교육이다. 지리 역시 우리가 사는 세상의 복잡성과 연결을 이해하는 데 필요한 렌즈를 제공한다. 따라서 지리는 지속가능한 쟁점을 가르치는 데 필수적인 교과이다(Smith, 2013). 그럼에도 불구하고 지리는 여전히 지속가능발전교육과 긴밀한 관계를 맺지 못한다고 주장된다. 그 이유 중의 하나는 20세기 후반부터 지속되어 오고 있는 지리의 자연지리와 인문지리 파편화의 결과가 중요한 요인이다(O'Riordan, 1996). 이러한 파편화는 자연지리와 인문지리에 대한 학습을 통합된 방식으로 요구하는 지속가능발전교육에 부응하지 못하게 한다.

지속가능발전은 의심할 여지 없이 21세기의 가장 중요한 키워드이다. 그렇다면 지리가 지속가능발전교육에 기여하려면 무엇이 필요할까? 지속가능발전교육을 위한 지리 교과의 역할은 먼저, 정치생태학으로 이어지는 인간과 환경의 관계에 대한 환경 논의를 통해 지속가능발전교육의 기반이 되는 환경에 대한 근본적인 사상적 기반과 접근 방향을 제시하는 학문적 기반을 제공해야 한다. 둘째, 지리 교과는 지속가능발전교육을 위해 다양한 스케일에서 환경문제 및 지구촌의 문제를 탐구하는 데 필요한 공간적 사고와 관련 지식 및 기능들을 안내해 주고, 인간과 환경에 대한 자연적·사회적 시스템적 접근에 대한 이해를 제공해 주는 역할을 할 수 있어야 한다. 셋째, 지리 교과는 궁극적으로 환경정의 측면에서 행동으로 옮길 수 있는 실천교육으로서의 지속가능발전교육의 가치를 실현할 수 있어야 한다.

4. 환경문제와 환경이슈 그리고 생태시민성

1) 도입

우리가 살고 있는 세상은 매우 복잡하다. 그리하여 이 세상에서 발생하는 많은 사건들은 이슈(쟁점)로 가득 차 있고, 이슈(쟁점)는 일상생활의 일부분이며, 그러한 이슈는 본질적으로 논쟁적이다. 이러한 논쟁적 이슈를 해결하는 것은 간단하지 않다. 왜냐하면 이슈에는 사실관계뿐만 아니라 가치관계가 함께 작동하기 때문이다. 즉 이슈를 바라보는 관점은 개인 또는 집단의 신념, 가치 등에 따라 다르기 때문이다.

이것은 그러한 쟁점들이 논쟁적이기 때문에 학교교육에서 배제되어야 한다는 것을 의미하지는 않는다. 물론 일부 사람들, 예를 들면 논리실증주의를 신봉하는 지리교육학자들은 이러한 쟁점들이 학교교육과정에 적합하지 않다고 주장할 수 있다. 그러나 지리교육이 학생들의 민주시민으로서의 자질을 함양시키려면 논쟁적인 쟁점을 다루는 방법을 학습하는 것은 필수적인 요소이다(Holden, 2007). 게다가 이러한 이슈들은 실제적 과제(authentic task)를 다룰 뿐만 아니라 시사적 토픽으로 학생들의 흥미를 유발할 수 있다는 이점이 있다. 따라서 우리가 살고 있는 세상의 다양한 쟁점들을 교실로 끌어와 학습하는 것은 매우 중요하다.

그리하여 지리교육에서도 1970년대 이후 인간주의 지리학을 도입하여 가치교육에 관심을 기울이기 시작하면서, 다양한 지리적 문제와 쟁점을 교실에 끌어오기 시작하였다. 그뿐만 아니라 1980년대 후반 지리교육은 구성주의 학습관을 본격적으로 도입하면서 사고기능 학습을 위한 인지적 속진에 관심을 기울이면서 지리적 이슈에 꾸준히 관심을 기울여 오고 있다. 이러한 일련의 경향을 반영하듯, 우리나라 지리교육과정에도 도시문제(교통문제, 주택문제 등), 인구문제, 개발문제, 환경문제 등을 비롯하여, 생활 속에서 발생하는 다양한 환경이슈(쟁점)를 다루도록 하고 있다. 그런데 중학교 사회—지리 영역—의 경우 환경문제와 환경이슈(쟁점)를 구분하고 있는데, 무엇이 환경문제이고 무엇이 환경이슈인지에 대한 충분한 고민 없이 교과서 집필자나 교사에 의해 이 부분이 취급되고 있는 실정이다. 따라서 중학교 사회 환경문제와 환경이슈 단원을 대상으로 이들 간의 차이점을 조명하고, 사회과교육과정과 중학교 사회 교과서에 나타난 환경이슈의 학습내용과 학습방법을 비판적으로 검토할 필요가 있다.

2) 쟁점중심 교육의 의미와 의의

(1) 문제기반학습 vs 쟁점중심 교육

문제기반학습(problem-based learning, PBL)은 교사가 내용을 전달하여 학생들에게 암기하도록 한 후 문제를 제시하여 풀게 하는 전통적 학습과 달리, 교사가 문제를 제시하면 학생들은 학습과제를 확인하고 자기주도적으로 학습하여 해결방안을 제시하도록 하는 대안적인 학습방법이다. 이러한 문제기반학습은 학생들에게 현실 상황에 적용할 수 있는 융통성 있는 지식을 개발하도록 도와주는 데 목적이 있다. 그리하여 수업에 일상생활의 문제 또는 실제적 과제를 활용하여 학생들에게 모둠별 토의·토론을 통해 문제의 원인을 확인하고 정보를 수집하여 대안을 제시하고 이를 검증함으로써, 일상적 문제의 잠정적 해결책을 제시할 수 있도록 한다. 이를 통해 학생들에게 문제해결력, 협동심, 자기주도적 학습능력을 발달시키려고 한다(정문성, 2013; 박상준, 2014; 조철기, 2014).

이러한 문제기반학습의 범주에 포함시킬 수 있는 쟁점중심 교육(issues-centered education) 또는 쟁점중심 접근(issues-centered approach)은 적어도 일시적으로 검토되거나 답변되어야 할 문제적 질문들(problematic questions)에 초점을 둔다. 문제적 질문이란 지적이고 현명한 사람들이 서로 동의할 수 없는 것들이다. 많은 사례에서 그러한 불일치는 상반된 관점으로 표출되는 논쟁(controversy)과 토론(discussion)으로 이어진다. 그러한 질문들은 과거, 현재 또는 미래의 문제들을 검토하며, 사실, 정의, 가치, 신념들에 대한 불일치를 포함한다. 답변들은 개인들의 문화적 배경과 교육을 통해 형성된 공식적 지식, '상식적인' 경험에 근거한다. 질문이 문제적(problematic)이라는 것은 어떤 결론적이고 최종적인 '정답'도 없다는 것을 말한다. 그러나 일부 답변들은 잠정적이거나 일시적이며 미래에 변화될 수 있지만 다른 답변들보다 명백하게 더 낫거나 더 타당하다. 쟁점중심 교육의 목적은 단지 질문들을 제기하고 학생들이 그 질문들을 경험하도록 하는 것이 아니라, 학생들에게 이러한 질문들에 대해 방어할 수 있고 지적으로 정당한 답변을 제안하도록 가르치는 것이다. 어떤 답변의 타당성에 대한 판단은 그러한 판단이 제공되는 맥락에 의존적이다. 그러나 쟁점중심 교육은 사람들이 화해할 수 없는 편견과 가치를 표현하는 것으로 이해되어서는 안 된다. 쟁점중심 교육의 핵심은 단지 반대이다. 즉 학문적인 탐구, 사려 깊고 심층적인 연구에 근거한 매우 합리적인 반응들을 발달시키는 것이다. 궁극적으로 사회과에서 쟁점중심 접근은 학생들에게 권력을 부여하는(empowering) 데 목적이 있다. 간단히 말하면 쟁점중심 접근은 사회 구성원들 간에 심각한 갈등을 일으키는 문제나 관심사를 대상으로 어떤 최종적인 정답도 존재하지 않는 문제적 질문을 중심으로 이루어지는 교육으로 정의된다(Evans et al., 1996, 3).

이러한 쟁점중심 접근은 지리교육에서 1980년대와 1990년대에 특히 인기가 있었다. 지리교육에서 쟁점중심 접근을 취할 수 있는 쟁점들은 개발, 공간적 불평등, 젠더, 교통, 소수자, 빈곤, 갈등, 전쟁, 인구, 환경 등 매우 다양하다. 지리교육에서 쟁점중심 접근은 '사실'로 간주되는 많은 것들의 논쟁적인 본질을 강조하며, 학생들의 참여에 초점을 둔 학생중심 학습을 강조한다.[1] 쟁점중심 접근은 다양한 사람과 환경(environments)에 대한 긍정적인 태도를 촉진하는 데 초점을 두어(Butt, 2000), 학생들이 일상생활을 통해 실제로 경험하게 되는 쟁점을 교육과정으로 끌어온다는 측면에서 시민성을 실현하기 위한 유용한 방안으로 간주된다.

또한 학습의 관점에서 쟁점중심 접근은 가치교육과 밀접한 관련을 가진다. 쟁점은 학습자와 교사에게 가치판단을 요구한다. 쟁점중심 접근은 학생들에게 가치를 분석하고 명료화하기 위한 기능을 발달시킬 수 있는 기회를 제공하는 데 목적이 있다. Halstead and Taylor(1996)는 가치를 행동에 영향을 주고 특정한 쟁점을 평가하는 데 참조점으로 사용되는 심층적이거나 기본적인 확신, 태도, 이상 또는 표준으로 규정한다. 인간의 가치와 신념에 따르면, 세계는 사회적 구성물이다. 지식에 대한 실재적 관점을 거부하는 사회적 구성주의자들에게 지리는 사람들에 의해 구성되고 권력과 통제뿐만 아니라 가치판단과 해석의 문제이다. 이것은 모든 지리를 잠재적으로 논쟁적으로 만든다. 교수는 정치적 태도가 열려 있든 숨겨져 있든 간에 항상 정치적 행위이다(Huckle, 1985; Morgan, 2011a).

---

1 지리교육과정에 쟁점중심 접근을 도입하기 위해서는 어떤 쟁점을 선정하고 그 쟁점의 해결방법을 어느 정도 깊이 있게 다룰 것인가에 대한 합의가 필요하다. 이러한 어려움으로 인해 아직까지 우리나라 지리교육과정에서는 일부 단원에 부분적으로 다룬 것을 제외하면 실질적으로 쟁점중심의 내용구성이 이루어지지 못했다. 그러나 미국의 '지구적 쟁점에 대한 지리탐구(GIGI)' 프로젝트, 영국 케임브리지 프로젝트의 일환으로 개발된 '현대의 지구적 쟁점(Global Issues of our Time)', 일본 고등학교 지리A 교육과정, 오스트레일리아 등의 국가에서는 특히 글로벌 쟁점 중심의 지리교육과정과 이에 기반한 교과서 개발이 이루어졌다(Hill and Natoli, 1996; 조철기, 2014).

(2) 쟁점중심 교육의 의의와 한계

문제해결학습이나 쟁점중심 교육에 의하면, 지리교육은 학생들의 일상적인 삶에서 접하게 되는 일상적인 문제나 쟁점을 해결할 수 있도록 도와주어야 한다. 그리고 쟁점중심 접근을 지지하는 많은 사람들은 수업은 논쟁적이고, 토픽적이며, 정치적인 이슈들에 대한 개방적이고 민주적인 토론을 핵심으로 가져와야 한다고 주장한다(Holden, 2007). 그렇다면 왜 학교교육을 통해 이러한 이슈들을 가르치려고 하는 것일까?

쟁점중심 접근은 학생들에게 공동체에서 발생하는 이슈를 협동적으로 활동하고 비판적으로 사고하여 평가할 수 있는 데 초점을 둔다. 그리하여 학생들은 논쟁적 이슈(예를 들면, 동물권리, 환경이슈, 지역공동체 개선)에 대한 토론을 통해 민주적 의사결정 과정에 참여할 수 있는 긍정적인 결과를 초래한다(Frazer, 1999, 11; QCA, 2001). Holden(2007)에 의하면, 논쟁적 이슈에 대한 학습은 이성과 감성을 모두 활용할 수 있는 기회, 즉 다양한 관점에 대한 가치판단, 비판적 사고[2], 타인과 함께 토론하고 협력하면서 집단적으로 문제를 해결하는 능력, 의사소통 기능, 감성적 문해력, 맥락적 사고를 기르는 데 기여한다.[3]

한편, 이러한 쟁점중심 교육에는 한계도 존재한다. 첫째, 쟁점중심 접근은 교과의 체계적인 지식의 구조를 가르치기 어렵다. 쟁점중심 접근은 다학제적 접근으로 지리교육과정의 파편화를 초래한다는 비판을 받기도 한다(Butt, 2000). 둘째, 지리교육과정을 통해 가르쳐야 할 뚜렷한 지리적 쟁점을 선정하는 데 어려움이 있다. 셋째, 지리적 쟁점은 고정적인 것이 아니라 시간의 흐름과 사회의 변화에 따라 가변적인 성격을 가지기 때문에 교육과정을 자주 개정해야 하는 문제가 발생한다. 마지막으로, 쟁점중심 접근은 학생들에게 마치 삶의 세계가 늘 문제로 휩싸인 공간인 것처럼 인식하게 함으로써 세계에 대한 부정적 관심을 심어 줄 수도 있다.

---

2 비판적 사고는 교육에서 엄밀하고 합리적인 추론을 강조하는 접근이다. 비판적 사고는 논쟁적인 이슈와 관련하여 학생들이 자신들의 엉성한 생각을 내놓도록 하고, 추론을 향상시키며, 근거를 엄밀하게 조사할 것을 주문한다. 비판교육학은 교육에서 평등과 사회정의를 강조하는 접근이다(Roberts, 2013b). 한편, 쟁점중심 접근은 비판적 사고뿐만 아니라 나아가 Freire(1972)가 강조한 비판적 의식(critical consciousness) 또는 의식화(conscientization)의 발달에 기여한다. 이는 주류의 제도들과 사회적 실천에 대한 비판적 관점들을 포함하여 특정한 쟁점 또는 관심에 대한 다중적인 관점들을 인식하고, 검토하고, 평가할 수 있는 능력을 말한다.

3 Stradling(1984a; 1984b)은 논쟁적 이슈를 다루는 이유를 두 가지로 구분한다. 하나는 논쟁적 이슈를 학습하는 내재적인 이유를 강조한다. 즉 학생들이 자신의 생활과 관련 있는 이슈들에 대해 알 필요가 있다는 것이다. 이러한 접근은 이슈에 대한 지식과 이해를 강조한다. 다른 하나는 논쟁적인 이슈를 학습하는 과정에서 배우게 되는 기능을 강조한다. 즉 근거를 수집하고 평가하는 학문적 기능, 다른 사람들과 의사소통하고 프로젝트에서 협업할 수 있는 사회적 기능들이다. 사실 이 두 접근은 서로 배타적인 것이 아니다. 적절한 기능의 개발 없이 지리적 이슈를 가르치는 것은 제한적일 수밖에 없다. 또한 알아야 할 가치가 있는 이슈에 이러한 기능을 적용하지 않고서는 기능을 가르칠 수도 없다.

3) 문제와 쟁점(이슈)의 본질에 대한 탐색

(1) 쟁점은 문제와 어떻게 다른가?

쟁점(또는 이슈, issues)과 관련하여 가장 많이 언급되는 용어는 문제(problems), 사건(events), 갈등(conflicts)이다. 이들 용어는 서로 구분하지 않고 사용되기도 하나, 엄밀하게 따지면 다소 차이가 있다. 특히 문제와 쟁점은 학생들에게 죽은 지식이 아니라 실제 생활에서 경험하게 되는 것에 관심을 가진다는 측면에서 유사한 의미로 사용되기도 하지만, 서로 간에 다소 차이가 있다. 그렇다면 문제와 쟁점은 어떻게 다른 것일까?

문제는 사람이 이를 해결하려는 목표를 가지고 있으나, 그 목표에 도달하기 위한 확실한 방법을 아직 찾지 못한 데서 발생한다. 그러나 문제에는 서로 상이한 수준의 문제가 있다. 문제는 '잘 정의된 문제(well-defined problems)'와 '잘 정의되지 않은 문제(ill-defined problems)'로 구분된다. 전자는 명확한 답이나 해결책이 있는 것이다. 그러나 후자는 해결책이 하나 이상이며, 다소 목표가 모호하고, 답을 찾기 위해 많은 사람이 동의하는 어떤 전략체계를 가지고 있지 않은 것을 의미한다. 교사들과 학생들은 일상생활에서 항상 잘 정의되지 않은 문제들과 마주친다(조철기, 2014).

Rittel and Webber(1973)는 이러한 잘 정의되지 않은 문제를 '모호한 문제(wicked problem)'라고 불렀으며, Morgan(2006)은 이러한 잘 정의되지 않은 모호한 문제를 쟁점(이슈)이라고 하였다. Morgan(2006)에 의하면, 모호한 문제는 규정하기 어렵고, 이론의 여지가 있으며, 명확한 답변을 가지고 있지 않아 논쟁적인 성질을 지닌다. 이러한 모호한 문제에 대한 답변은 '옳거나 그른(right or wrong)' 해결책보다는 오히려 '더 낫거나 더 나쁜(better or worse)' 해결책을 가진 가치지향적인 성격을 지닌다. 따라서 쟁점이란 논쟁의 여지가 있는 것으로 사실들이 논쟁적이거나 사실들의 중요성이 문제가 있는 것을 말한다(Butt, 2000, 100).

여기에서 알 수 있는 것은, 쟁점은 문제 중에서도 모호한 성격을 지닌 문제로 한정된다는 것이다. 즉 논쟁적 소지가 있는 문제가 쟁점이 되는 것이다. 따라서 문제가 쟁점보다는 포괄적이며, 쟁점이 되기 위해 모호한 답, 즉 정확한 답이 도출되지 않아야 한다. 수학이나 과학의 대부분(물론 수학이나 과학 문제라고 하여 다 그런 것은 아니지만)이 문제에 가깝다면, 사회과학적 지식은 대개 쟁점과 더욱 관련된다(Roberts, 2013b).

이상과 같이 쟁점은 문제의 하위속성 중의 하나이며, 개인이나 집단 간에 일치를 보지 못하는 모호한 문제에 한정된다(Roberts, 2013b). 쟁점은 또한 학생들의 흥미를 끌어들여야 하며, 심각한 사회적 갈등과 모순을 담고 있는 것이어야 한다. 쟁점은 대부분 즉각적으로 해결될 수 없는 것이며, 정답과 같은 해결책이 있는 것도 아니다. 때때로 대립적이고 가치 갈등적인 문제들을 포함하며, 관련된 쟁점들 간의 복잡한 상호관련성을 가진다는 것에 대한 인식을 필요로 한다(Merryfield and White, 1995).

(2) 논쟁적 쟁점(이슈)

① 논쟁적 쟁점(이슈)이란?

쟁점(issues)이라는 의미를 좀 더 부연해서 사용하는 용어가 있는데 그것이 바로 '논쟁적 쟁점(controversial issues)'이다.[4] 논쟁적 쟁점에 대한 합의된 정의는 없다. 그렇지만 여러 학자들에 의해 제시된 정의를 통해 논쟁적 쟁점이 무엇인지에 대해 알 수 있다. Wellington(1986, 3)의 정의는 가장 널리 인용되는데, 그는 논쟁적 쟁점은 단지 사실, 증거 또는 실험에 의해 합의/해결될 수 없어 가치판단을 요하는 것이라고 하였다. Stradling et al.(1984, 2)은 쟁점들 중 일부는 판단할 수 있는 충분한 증거가 없거나 진정으로 해결될 수 없기 때문에 논쟁적인데, 이를 논쟁적 쟁점이라고 하였으며, 불일치가 가치판단의 중심에 있다. 그리고 Crick Report(1998)는 논쟁적 쟁점이란 어떤 하나의 고정되거나 보편적인 관점이 없는 쟁점이라고 말한다. 그러한 논쟁적 쟁점은 공통적으로 사회를 구분하고 개인 또는 집단들은 서로 다른 설명과 해결책을 제시한다.

Richardson(1986, 27)은 논쟁적 쟁점을 더 상세하게 정교화한다. 논쟁적 쟁점이란 지식과 정보의 상이한 수준과 관련되는 것이 아니라, 본질적으로 상이한 물질적 관심과 함께 상이한 의견, 가치, 우선순위와 관련된다. 의견의 차이는 쟁점에 대한 정의와 원인에 대한 것일 수도 있고, 해결되어야 할 쟁점의 명명에 관한 것일 수도 있으며, 쟁점을 관리하거나 제거하기 위해 취해져야 하는 행동에 관한 것일 수도 있다.

논쟁적 쟁점은 개인적·정치적·사회적 영향을 가지며, 감정을 불러일으키고, 가치 또는 신념의 문제를 다루는 쟁점이다(QCA, 2001). 사람들의 상이한 가치관은 정치, 경제, 사회, 환경에 관한 깊이 자리 잡은 이데올로기적 신념 또는 세계관으로부터 온다. 그리고 신념체계 또는 세계관은 특정 집단이 세계를 이해하는 데 렌즈로서 역할을 한다. 예를 들면, 환경에 대한 생태중심적 관점은 기술중심적 관점과 서로 다르다. 마찬가지로 서구의 이데올로기는 이슬람 세계관과 다르다. 따라서 논쟁적 쟁점을 탐색할 때는 단지 사실 또는 증거를 따져 보는 것만 아니라 상이한 신념체계를 이해하는 것이 중요하다. Perry(1999)에 의하면, 일반적인 관점에서 논쟁적 쟁점은 시사적이면서 매우 복잡한 주제로

---

4 논쟁적 쟁점의 경우 사회과 교육에서는 주로 '논쟁문제'로 번역된다(박상준, 2009). 앞에서 살펴보았듯이 엄연히 문제와 쟁점은 차이가 있는데, '논쟁적 쟁점'을 '논쟁문제'로 번역하여 사용함으로써 또 다른 논란을 불러일으키게 된다. 예를 들면, 학습의 관점에도 영향을 주어, 논쟁적 쟁점을 다루는 학습을 '논쟁문제 해결학습'으로 명명하여 또 다른 논란을 불러일으킨다.

서 충돌하는 가치와 의견 그리고 우선순위와 물질적 관심을 드러내는 것으로, 여기에는 강력한 정서(감성)가 포함된다고 본다.

논쟁적 쟁점은 어떤 사회를 심각하게 구분하고 대안적 가치에 있어 상충하는 설명과 해결책을 드러낸다(Stradling et al., 1984). 논쟁적 쟁점은 내개 환경 갈등 및 국제적 갈등(인권, 평화, 불평등)으로 인한 손실과 같은 글로벌 이슈이거나, 지역의 개발을 둘러싸고 이루어지는 결정들인 로컬적 이슈이다. 이러한 쟁점들은 복잡하고, 토픽적인 관심을 가지며, 경쟁하는 가치와 관심들을 포함한다.

그렇다면 논쟁적 쟁점은 왜 나타나는 것일까? 논쟁적 쟁점이 나타나는 이유는 매우 다양한데, Roberts(2013b)는 논쟁적 이슈를 다음과 같이 4가지 측면에서 설명한다. 첫째, 일부 이슈들은 이론이나 설명을 뒷받침할 증거가 부족하기 때문에 논쟁적이다. 둘째, 일부 이슈들은 다른 해석 때문에 논쟁적이다. 어떤 해석은 긍정적인 영향을 강조하지만, 다른 해석은 부정적인 측면을 강조한다. 셋째, 일부 이슈들은 어떤 결정이 내려져야 하는지에 대한 의견이 다르기 때문에 논쟁적이다. 마지막으로, 일부 이슈들은 윤리적인 이유(윤리적으로 옳고/그름 혹은 좋고/나쁨)로 논쟁적이다. 과학적 연구와 관련된 첫 번째 논쟁적 이슈들만이 데이터를 수집하고 증거를 활용함으로써 해결이 가능하며, 나머지 논쟁적 이슈들은 다른 해석, 상충되는 이해, 가치, 세계관, 그리고 윤리적인 측면이 포함되기 때문에 근거를 검토하는 것만으로는 충분하지 않다. 서로 다른 견해 뒤에 숨겨진 가치나 이념들을 검토하고, 의사결정에 영향을 미칠 수 있는 권력을 가진 사람이 누구인지를 파악하는 것이 중요하다.

② 지리와 논쟁적 쟁점

현대의 많은 이슈들은 지리적 측면을 갖고 있으며, 학교 지리교육은 학생들이 이러한 이슈들을 이해할 수 있도록 도와야 한다(Roberts, 2013b). 지리는 사실적 지식뿐만 아니라 다양한 논쟁적 쟁점들을 다룬다. 지리의 다양한 주제와 장소를 학습하다 보면 여러 이유로 인해 논쟁적 이슈를 고려할 수밖에 없다(Lambert, 1999; Lambert and Morgan, 2005).

Morgan(2011a)은 많은 비인문학 교과와 달리 지리는 복잡한 윤리적이고 도덕적인 질문을 제기한다고 주장한다. 그러므로 지리 교사는 많은 '지리 윤리적(geo-ethical)' 쟁점들(환경 파괴, 테러리즘, 갈등과 빈곤)을 다룰 수 있는 '윤리적 지식(ethical knowledge)'을 발전시키는 것이 중요하게 되었다. 세상이 변하고 있을 뿐만 아니라, 우리가 세상을 이해하는 프레임워크(지리와 같은 교과들, 학교와 같은 제도들을 포함하여)도 변하고 있다. 이것이 교사를 위한 어리둥절하게 만드는 문제이다. 세상이 변화할 뿐만 아니라, 지리라는 학문도 변화하고 있다. 지리라는 학문이 변화하고 있을 뿐만 아니라, 지리교육과정도 변화하고 있고, 동시에 학교들도 변화하고 있고 청소년들도 변화하고 있다.

영국과 오스트레일리아에서 실행된 연구에 의하면, 학생들은 정의, 불평등, 환경에 대한 이슈들에 대해 특히 관심이 많다(Hicks, 2007b). 지리는 명확한 논증과 정답을 내릴 수 없는 매우 복잡한 쟁점들(예를 들면, 기후변화, 인종, 이주, 주거, 불평등, 미래)[5]을 다루기 때문에, 여러 측면에서 가치내재적 과목이다. 지리를 배우는 학생들은 이러한 로컬 및 글로벌 쟁점에 대해 토론하거나 자신의 목소리를 낼 기회를 가질 수 있으며(Roberts, 2013b), 지리는 학생들이 복잡하고 종종 해결되지 않은 이슈들 속에서 방향을 찾을 수 있게 도울 수 있다(Hopwood, 2007).

사실 지리교육과정과 관련해서 볼 때, 내용 선택 그 자체 역시 논쟁적이다. 무엇이 포함되어야 하고 무엇이 배제되어야 할 것인가는 가치판단의 문제이다. 이처럼 학교지리의 목적은 논쟁적이며, 학교지리는 감성, 개인적인 의견의 차이, 불확실성을 야기하는 이슈를 가지고 있다. 지리의 어떤 양상은 강한 감성을 불러일으키고 동시에 상이한 개인적 가치에 근거하여 상이한 의견을 가져온다. 이를 통해 초래되는 불일치는 토의 또는 논쟁으로 이어질 것이다. 이것은 교실에서의 무질서, 학생들 사이에서의 격노 또는 분개와 함께 위협적일 것이다. 그러나 그것은 또한 지리를 통한 가치교육을 위한 기회일 수 있다(Fien and Slater, 1981; Mitchell, 2013).

4) 논쟁적 쟁점에 대한 교수·학습

앞에서 논의한 것처럼 문제와 쟁점 간에는 엄연한 차이가 있다. 따라서 문제와 쟁점을 구별하여 사용할 경우, 문제에 대한 학습과 쟁점에 대한 학습은 달라야 한다. 흔히 문제에 대한 학습은 문제기반학습 또는 문제해결학습이라 하며, 논쟁적 쟁점에 대한 학습을 논쟁적 쟁점에 대한 학습이라 하여 구분한다. 그런데 사회과에서는 논쟁적 쟁점에 대한 학습을 '논쟁문제 해결학습'으로 명명하여 쟁점과 문제의 구분이 모호하다.

Holden(2007)에 의하면, 논쟁적 쟁점은 학교 수업에서 배제되어야 할 것이 아니라, 그러한 쟁점들을 교수·학습할 때 적절한 일련의 절차들이 고려되어야 한다고 주장한다. 왜냐하면 논쟁적 쟁점에는 객관적으로 확인하고 증명할 수 있는 '사실'과, 과학적으로 증명하기 어렵고 개인의 가치판단에 의존할 수밖에 없는 '가치'가 혼합되어 있기 때문이다. 그뿐만 아니라 논쟁적 쟁점은 그러한 개인의 가치의 관점에 따라 원인 및 결과와 해결방안이 다를 수 있고, 찬반으로 극심하게 대립될 수도 있다.

---

5 논쟁적 이슈는 개인적이거나, 국지적이거나, 세계적일 수 있다. 지리와 밀접한 논쟁적 쟁점 또는 공공 쟁점의 사례는 세계 도처에 다양한 맥락에서 나타난다. 예를 들면, 국립공원에서 나타난 갈등, 신공항 건설, 시내 재개발, 고속도로 노선 결정, 정유공장의 입지 결정, 원자력발전소 건설, 이주정책, 혼잡통행료, 유전자조작식품, 유사한 토지이용 갈등, 해안/하천 관리, 슈퍼마켓의 입지, 개발 쟁점, 관광 등이 그러하다(조철기, 2014).

따라서 논쟁적 쟁점에 대한 수업은 학생들에게 사실탐구와 가치탐구 모두를 고려하여 합리적인 의사결정을 내리도록 해야 한다(Maye, 1984; Roberts, 2013b; Mitchell, 2013).

Morgan and Lambert(2005)에 의하면, 지리 교사들이 지리 수업에서 논쟁적 쟁점들을 조사할 때 적설한 가치교육 전략을 채택하는 데 실패한다면, 지리 교사들은 '노덕적으로 부주의(morally careless)'하게 될 위험이 있다. 따라서 지리 교사들이 도덕적인 부주의를 피하기 위해서는 학습을 위해 선택한 쟁점이 적실해야 하며, 지리적으로 명백한 개념적 구조(conceptual structure)를 가져야 한다. 그리고 지리 교사들은 학생들에게 논쟁적 쟁점에 대한 피상적인 원인과 결과가 아니라, 보다 심층적이고 감추어진 구조들을 보도록 도와주어야 한다(Morgan, 2011a).

논쟁적 쟁점에 대한 교수전략에 대해서는 많은 학자들이 다양하게 제시하고 있지만, 대개 다음과 같은 일련의 절차를 따른다. 먼저 논쟁적 쟁점을 선택하고 그것이 발생한 이유, 배경, 내용 등을 파악한다. 그 후 쟁점과 관련된 사실과 가치를 구분하고, 쟁점의 원천인 대립 가치들을 분석한다. 쟁점과 관련된 당사자들이 지지하는 가치와 주장을 확인하고, 당사자의 가치와 주장을 증명할 사실과 자료를 제시한다. 그 후 일반적 가치와 궁극적 가치에 의거해 쟁점과 관련된 대립 가치들을 비교·분석하여, 어떤 가치가 더 기본적 가치이거나 궁극적 가치의 실현에 기여하는가를 비교·분석한다. 대립 가치들을 선택할 때 나타날 긍정적·부정적 결과를 예측하고, 대안의 예측된 결과를 비교·분석한다. 마지막으로 기본적 가치와 궁극적 가치를 실현하는 데 더 효과적인 대안을 선택한 후, 경험적 자료와 기본적 가치에 의거해 선택된 대안을 정당화한다(차경수·모경환, 2008).

논쟁적 쟁점을 가르칠 때 교사들은 공정성을 위해 가치를 주입하는 것을 피하려고 한다. 그러나 이를 달성하기 위한 방법은 학자들마다 의견이 다르다. Stradling(1984a; 1984b)은 논쟁적 이슈를 다루는 교사들이 취할 수 있는 3가지 입장—균형 잡힌(balanced) 입장, 중립적(neutral) 입장, 한쪽을 지지하는(committed) 입장—을 제시하였다.

5) 중학교 사회교육과정 및 교과서의 환경문제와 환경이슈 분석

이 장에서는 앞에서 고찰한 쟁점중심 교육, 문제와 쟁점의 차이, 논쟁적 쟁점, 논쟁점 쟁점에 대한 교수·학습을 토대로 하여 중학교 사회교육과정 및 교과서에 나타난 환경문제와 환경이슈를 검토하고자 한다.

(1) 중학교 사회교육과정의 환경문제와 환경이슈

2009 개정 사회과교육과정부터 현행 2015 개정 사회과교육과정에는 중학교 사회 교과서에서 환경문제와 환경이슈를 구분하여 가르치도록 규정하고 있다. 여기서는 2009 개정 사회과교육과정과 2015 개정 사회과교육과정에 진술된 성취기준을 중심으로 환경문제와 환경이슈의 구분에 대해 살펴본다.

2009 개정 사회과교육과정에 의한 중학교 사회의 12단원은 '환경문제와 지속가능한 환경'이며, 이 대단원의 중단원 중 하나가 '환경 관련 이슈(예, GMO, 로컬푸드 등)'이다. 〈표 5-4〉에서처럼 이 대단원의 제목과 도입글에서는 '환경문제'에 대해 언급한 후, 성취기준으로 오면 첫 번째와 두 번째 성취기준에서는 '환경문제'를 다루도록 하고, 세 번째 성취기준은 '환경 관련 이슈'에 대해 다루도록 함으로써 차별화를 시도하고 있다.

그런데 도입글 두 번째 문장 "더불어 주변에서 경험 가능한 구체적 사례를 중심으로 환경문제를 인식하고, 이에 대한 자신의 생각을 표현해 보도록 한다."와, 세 번째 성취기준 "주변에서 경험 가능한 환경 관련 이슈(예, GMO, 로컬푸드 등)를 선정하여, 이에 대한 자신의 생각을 논의할 수 있다."라는 같은 내용을 규정하고 있음을 알 수 있다. 그런데 도입글에서는 '환경문제'로, 성취기준에서는 '환경 관련 이슈'로 서로 다르게 표기하고 있다. 이처럼 사회과교육과정에서는 중간중간에 '환경문제'와 '환경이슈'를 혼용하여 사용함으로써 혼란을 불러일으키고 있다. '환경문제'와 '환경이슈'가 동일하지 않다는 전제에 충실하려면 교육과정상에서 이를 잘 구별하여 사용할 필요가 있다. 만약 환경문제와

표 5-4. 중학교 사회 '환경문제와 지속가능한 환경' 단원의 성취기준

2009 개정 사회과교육과정	2015 개정 사회과교육과정
이 단원의 목표는 다양한 공간 스케일에서 발생하는 환경문제를 이해하고, 지속가능성의 관점에서 해결책을 모색해 보는 것이다. 더불어 주변에서 경험 가능한 구체적 사례를 중심으로 환경문제를 인식하고, 이에 대한 자신의 생각을 표현해 보도록 한다.	다양한 공간 스케일에서 발생하는 환경문제를 이해하고, 이를 지속가능성의 관점에서 해결책을 모색한다. 주변에서 경험 가능한 구체적인 환경이슈를 둘러싼 다양한 주장을 비판적으로 분석하여 해당 이슈에 대한 자신의 생각을 표현하고 실천한다.
① 전 지구적인 차원에서 발생하는 환경문제(예, 지구온난화 등)의 원인을 알고, 지속가능성의 측면에서 이를 해결하기 위한 개인적·국제적·국가적 노력을 조사할 수 있다.	[9사(지리)10-01] 전 지구적인 차원에서 발생하는 기후변화의 원인과 그에 따른 지역 변화를 조사하고, 이를 해결하기 위한 지역적·국제적 노력을 평가한다.
② 이웃 국가에서 발원한 환경문제(예, 황사 등)의 사례를 조사하고, 이를 해결하기 위한 국가 간 협력 방안을 제안할 수 있다.	[9사(지리)10-02] 환경문제를 유발하는 산업이 다른 국가로 이전한 사례를 조사하고, 해당 지역 환경에 미친 영향을 분석한다.
③ 주변에서 경험 가능한 환경 관련 이슈(예, GMO, 로컬푸드 등)를 선정하여, 이에 대한 자신의 생각을 논의할 수 있다.	[9사(지리)10-03] 생활 속의 환경이슈를 둘러싼 다양한 의견을 비교하고, 환경이슈에 대한 자신의 의견을 제시한다.

출처: 교육과학기술부, 2012, 24; 교육부, 2015, 73-74.

환경이슈가 별 차이가 없다고 전제하였다면, 서로 상이한 용어를 사용할 필요가 없을 것이다.

2015 개정 사회과교육과정에서 이 대단원은 그대로 유지되는데, 성취기준에서 일부 변화가 있다. 2009 개정 교육과정에서 문제가 되었던 부분이 시정되었다. 〈표 5-4〉의 도입글 두 번째 문장 "주변에서 경험 가능한 구체적인 환경이슈를 둘러싼 다양한 주장을 비판적으로 분석하여 해당 이슈에 대한 자신의 생각을 표현하고 실천한다."를 보면 2009 개정 사회과교육과정과 달리 환경이슈로 표기하여 세 번째 성취기준 "생활 속의 환경이슈를 둘러싼 다양한 의견을 비교하고, 환경이슈에 대한 자신의 의견을 제시한다."의 환경이슈와 통일시키고 있다. 한편, 2009 개정 사회과교육과정에서는 환경 관련 이슈에 사례를 제시하였지만, 2015 개정 사회과교육과정에서는 사례를 삭제한 것이 차이점이라 할 수 있다. 따라서 2015 개정 사회과교육과정에서는 환경문제의 하위 단원으로 환경이슈를 설정함으로써 문제의 소지를 없앴다고 할 수 있다.

그렇지만 2015 개정 사회과교육과정에서 처음으로 제시된 성취기준 해설([9사(지리)10-03])에서는 일상생활에서 쉽게 접할 수 있는 다양한 환경이슈에 대한 자신의 입장을 정립한다. 이 과정을 통해 환경문제에 지속적으로 관심을 갖고 그 해결에 적극적으로 참여하는 태도를 기른다.)과, 교수·학습 방법 및 유의 사항(각종 서적, 방송, 신문 등의 매체를 이용하여 최근의 환경이슈에 대해 조사하고, 환경문제와 관련된 기관 방문, 현장 모니터링, 캠페인 활동 등 다양한 참여 기회를 제공한다.)에서는 환경이슈와 환경문제를 여전히 혼용하여 문제의 소지를 남겨 두고 있다. 앞에서 언급하였듯이, 만약 환경문제와 환경이슈를 동일한 것으로 전제하였다면 굳이 상이한 용어를 사용할 필요는 없을 것이다. 그래야만 교사와 학생들에게 혼란을 최소화시킬 수 있기 때문이다.

(2) 중학교 사회 교과서의 환경문제와 환경이슈 분석

여기서는 중학교 사회 교과서에 나타난 환경문제와 환경이슈와 관련하여 크게 3가지 관점에서 살펴본다. 첫째, 출판사별로 환경문제와 환경이슈를 어떤 의미로 규정하고 있는가? 그 차이점을 명료하게 규정하고 있는가에 초점을 두어 분석한다. 둘째, 출판사별로 환경문제와 환경이슈 사례로 무엇을 들고 있는지, 그 사례들은 의미의 관점에서 각각 부합한지를 살펴본다. 마지막으로, 출판사별로 환경이슈에 대한 학습에 있어 적합한 탐구활동이나 교수·학습 전략을 제시하고 있는지를 중심으로 살펴본다.

지리적 이슈는 크게 정치적 이슈(분쟁 등), 사회/문화적 이슈(인구), 개발 이슈(빈곤), 경제적 이슈, 환경적 이슈 등의 영역으로 구분할 수 있지만, 이들 간의 상호관련성을 인식하는 것이 중요하다(Merryfield and White, 1995). 이 중 환경이슈(쟁점)란 그 원인이나 해결방안을 서로 다르게 생각하는 환경문제를 의미한다. 환경문제는 다양한 요인이 복합적으로 작용하여 발생하는 경우가 많다. 따라서 이를 분석하는 방법이나 집단의 이해관계에 따라 발생 원인을 다르게 주장할 수 있고, 그에 따른 해결책도 차이가 있기 때문에 환경이슈가 발생하게 된다(Cotton, 2006; Phil, 1993). 이러한 환경이슈는 대개 인구, 자원이용, 식량, 토지이용, 종/생물다양성의 감소, 유독성 폐기물, 에너지, 보존 등과 관련하여 나타난다. 그렇다면 2015 개정 교육과정에 의한 중학교 사회 교과서에는 환경문제와 환경이슈를 어떻게 구분하여 정의하고 있을까?

첫째, 환경문제와 환경이슈의 의미 구분에 대해 8종의 사회 교과서를 분석한 결과, 동아출판(김영순 외, 2018), 미래엔(김진수 외, 2018), 천재교육(구정화 외, 2018), 금성출판사(모경환 외, 2018), 천재교과서(박형준 외, 2018) 등 5종의 교과는 다소 진술상의 차이는 있었지만 유사하게 환경문제와 환경이슈(쟁점)를 구분하면서 환경이슈를 명확하게 정의 내리고 있다. 그러나 지학사(이진석 외, 2018)의 경우 "환경문제로 발생하는 상황에 관해 다양한 의견을 교환하는 것을 환경쟁점이라고 한다."라고 하면서, 다소 모호하게 정의를 내리고 있었다. 그런데 더 문제가 되는 것은 스스로 탐구하기 활동의 제목은 '생활 속 환경문제는 어떤 것이 있을까?'로 사례로는 소음과 진동 문제, 갯벌 간척 문제를 제시하고 있다. 그런데 "이 사례를 보고 각각의 환경쟁점에 관한 의견을 정리하여 써 보자. 우리 주변에서 겪을 수 있는 환경쟁점은 어떤 것이 있는지 생각하여 써 보자."라고 하면서 환경문제와 환경쟁점을 혼용하여 사용함으로써 혼란을 일으키고 있다. 더욱이 환경문제와 환경이슈(쟁점)에 대한 정의가 없는 교과서도 있었다. 박영사(이민부 외, 2018)의 경우, 환경이슈가 무엇인지에 대한 정의가 없고, 환경문제와 환경이슈를 특별히 구분하지 않고 사용하고 있다. 그리고 비상교육(최성길 외, 2018) 역시 '환경이슈'가 무엇인지에 대한 정의가 없고, '환경이슈'와 '환경문제'를 혼용하여 사용하고 있다. 이는 사회과교육과정을 잘못 해석하여 적용한 사례라고 할 수 있다. 사회과교육과정에서 환경문제의 하위 요소로 환경이슈를 구분하여 제시하고 있고, 앞에서 살펴보았듯이 그 의미 역시 다르기 때문에 교과서 수준에서 명확하게 구분하여 진술될 필요가 있다. 그렇지 않으면 교사와 학생들은 환경문제와 환경이슈의 차이점을 인식하지 못한 채 동일한 것으로 간주할 가능성이 높기 때문이다.

둘째, 환경문제와 환경이슈를 명확하게 구분하여 정익하지 않은 것은 말할 것도 없고, 이를 명확하게 구분하여 정의하였더라도 환경문제와 환경이슈로 각각 제시된 사례가 교과서별로 다르다는 문제 역시 노정시키고 있다. 즉 환경이슈를 환경문제와 달리 명확하게 구분하여 정의하였음에도 불구하고, 제시된 사례들이 환경문제인지 환경이슈인지 구분이 모호한 경우가 많다는 것이다. 예를 들면, 지학사(이석준 외, 2018)의 경우 소음과 진동 문제, 갯벌 간척 문제를 환경문제로, 유전자 재조합 농산물(GMO), 원자력발전소 건설의 찬반을 환경이슈로 분류하고 있다. 그리고 박영사(이민부 외, 2018)의 경우, 환경문제와 환경이슈를 구분하지 않고 모두 환경문제로 지칭함으로써, 소음과 먼지 문제를 비롯하여 제시된 모든 사례 역시 환경문제로 분류하는 문제를 초래하고 있다. 그러나 대부분의 교과서에서 소음과 진동 문제, 갯벌 간척 문제, 미세먼지를 환경이슈로 분류하고 있어 이들과 상반된 결과를 초래하고 있다. 그런데 여기서 하나 짚고 넘어가야 할 것은 미세먼지, 소음과 진동 문제 등을 환경이슈로 분류하고 있는 교과서에서도 문제점이 나타난다는 것이다(예, 비상교육, 박영사 등). 이들이 가지는 문제에 대해서만 기술하고 있을 뿐 무엇이 쟁점이 되고 있는지를 언급하지 않아, 과연 이들이 환경쟁점의 사례로 적합한지 의문이 들게 하고 있다. 천재교과서(박형준 외, 2018)는 '환경문제를 알리는 광고 만들기'에서 환경문제(예)로서 기후변화, 공해산업의 이전과 환경오염, 빛공해, 유전자 재조합 식품의 논란, 음식물 쓰레기 문제, 플라스틱 쓰레기와 바다오염 등을 들고 있다. 여기서 알 수 있는 것은 환경이슈와 환경문제를 혼동하여 사용하고 있다는 것이다.

이상과 같이 환경문제와 환경쟁점의 사례가 교과서마다 다소 차이가 있으며, 환경쟁점으로 제시된 사례들이 어떻게 하여 쟁점이 되고 있는지를 보여 주지 않고, 문제만을 나열하여 환경문제로 인식하게 하는 잘못을 노정하고 있다. 따라서 환경문제와 환경쟁점을 구분하고, 이에 대한 사례를 제시할 때는 신중해야 하며, 환경쟁점의 사례로 제시된 사례들에 대해서는 그것이 어떤 측면에서 쟁점이 되고 있는지에 초점을 두어 진술되어야 교사와 학생들이 혼동하지 않을 것이다. 그렇지 않는다면 교사와 학생들은 환경문제와 환경쟁점을 구분하는 데 상당한 애로점을 느끼게 되고, 도대체 환경문제와 환경쟁점의 경계는 무엇인지 의아하게 생각할 가능성이 높다.

마지막으로, 환경문제와 환경이슈에 대한 교수·학습이 각각 적절하게 제시되고 있는지를 살펴본 결과, 대부분의 교과서들은 환경이슈에 대한 교수·학습의 관점을 제공하지 않고 있으며, 일부 사례에서만 찬반토론 학습, 캠페인 활동, 역할극을 제시하고 있다. 그리고 대개 "다양한 환경쟁점에 관심을 가지고 합리적인 해결책을 찾으려는 노력이 필요하다."(지학사, 이진석 외, 2018), "… 토의와 토론을 통해 의견의 차이를 좁혀 나가야 하며, 이 과정은 합리적이며 민주적인 절차를 따라야 한다."(미래엔, 김진수 외, 2018), "일상생활 속에서 환경이슈를 마주했을 때는 먼저 그것을 둘러싼 다양한 의견을 비교한 후 자신의 견해를 정립해야 한다. 자신의 견해가 정해지면 환경문제를 해결하기 위해 적극적으로 행동해야 한다."(천재교육, 구정화 외, 2018)라는 식으로 원론적인 차원에 머물러 있을 뿐이다.

환경이슈에 대한 교수·학습의 관점에 가장 잘 나타나 있는 것은 동아출판(김영순 외, 2018)으로, "다양한 이해관계가 얽힌 환경이슈는 객관적인 자료 수집과 분석만으로는 그 원인과 해결방안을 모색하기 어렵다. 따라서 집단 간에 서로 다른 의견을 검토하고 대안을 협의하는 토의 과정이 필요하다. 자신의 의견을 말할 때는 타당한 근거를 바탕으로 말하고, 실천 가능성을 고려하여 대안을 제시해야 한다."라고 하면서 토의 과정을 "환경이슈 확인 → 대립하는 가치 검토 → 다양한 대안 제시 → 최선의 대안 합의 → 실천 노력"으로 제시하고 있다.[6]

이처럼 사회 교과서에서 환경이슈의 사례로 제시된 탐구활동 등에서 환경이슈를 탐색하는 교수·학습 방법이 아니라 환경문제를 탐색하는 교수·학습 방법이 활용되고 있다. 즉 환경이슈는 찬반논쟁 학습이나 논쟁적 쟁점에 대한 의사결정 학습이 되어야 하는데, 문제기반학습 또는 문제해결학습으로 다루어지는 경우가 허다하다. 이렇게 될 바에는 사회과교육과정이나 사회 교과서에서 환경문제와 환경쟁점을 굳이 구분할 필요가 없다.

5. 사회적 자연의 지리환경교육적 함의

1) 도입

인간과 자연의 관계 탐색은 지리학 및 지리교육의 중요한 목적 중의 하나이다. 일찍이 Graves (1984, 65-80)는 허스트(Hirst)의 지식의 형식 개념을 끌어와서 지리 교과를 수학, 자연과학, 인문과학을 망라하는 종합적 성격을 가진다고 하였다. 그럼에도 불구하고 여전히 지리학 및 지리 교과에서 자연지리와 인문지리 또는 자연과 인간(사회, 문화)의 이분법은 계속해서 문제로 지적되고 있다.

이러한 이분법적 시각에 대한 문제인식은 비단 지리 교과에만 한정되지 않는다. 예를 들면, 최근 과학교육계에서는 STEAM 교육에 대한 관심이 높아지고 있는데, 이는 학문 간의 경계를 허물고 창의적이고 인성을 겸비한 인재를 육성하고자 하는 노력의 일환이다. 또한 최근 우리나라를 비롯한 선진국을 중심으로 전개되고 있는 핵심역량 교육과정 역시 기존의 교과는 그대로 유지한 채, 개별 교과를 통해 융합적이고 통합적이며 범교과적인 성격의 역량을 기를 수 있는 데 기여하도록 내용과 방법을 재구성해야 한다는 것을 강조한다.

사실 학문적 경계가 고착된 것은 모더니즘적 사고에 의한 것이다. 따라서 포스트모더니즘 관점에서 교육을 바라보는 맥라렌(P. McLaren)과 지루(H. Giroux), 그리고 훅스(B. Hooks)와 같은 비판교육학자들은 모더니즘적인 교육의 한계를 극복하기 위해서는 경계넘기(border crossing)를 강조한다. 여기에서 이야기하는 경계라는 메타포는 여러 의미를 가진다. 그것은 인종, 연령, 계층, 젠더 등과 관련한

---

6 논쟁적 쟁점에 대한 지리 수업 전략은 2015 개정 사회과교육과정에 의한 생활 속 환경이슈 단원의 교수·학습 방법 및 유의 사항에 잘 나타나 있다. 여기에는 찬반토론, 모의재판, 역할극 등을 제시하고 있다(교육부, 2015).

경계의 의미로 주로 사용되지만, 학문 및 교과의 경계로도 사용될 수 있다. 학문과 교육에서 모더니즘적 경향은 학문 간 그리고 교과 간의 경계짓기였다면, 포스트모더니즘적 관점은 이러한 경계허물기에 해당된다.

이러한 경향은 최근 지리교육계의 문제인식에서도 찾을 수 있다. 2014년 4월에 열린 영국지리교육학회 연례학술대회의 주제는 '경계넘기(crossing boundaries)'이다. 최근 영국지리교육학회 회장으로 지명된 헤이즐 배럿(Hazel Barrett)은 이와 같은 주제를 선정한 이유를 다음과 같이 설명한다.

초등, 중등, 고등 교육을 비롯한 모든 수준에서 최근 지리교육과 관련된 도전과 불확실성 이후, 나는 2014년의 영국지리교육학회 연례학술대회가 우리 모두에게 지리 교과에 열정을 쏟게 할 수 있는 기회가 되길 희망한다. 나는 다음과 같은 이유에서 '경계넘기'라는 주제를 선정하였다. 먼저, 기후변화, 국제적 이주, 에너지 자원, 인간 보안, 글로벌 불평등과 같은 현대사회에서 가장 긴급한 지리적 쟁점들을 탐색할 수 있다. 이들은 '경계넘기'를 포함하는 모든 쟁점들이다. 다음으로 지리 연구에서의 가장 최근의 경향들을 검토할 수 있다. 이러한 새로운 많은 연구 영역들은 지리 교과의 지적인 경계에 대응하고 있다. 예를 들면, 지리와 환경과학, 문학과 영화, 역학, 심리학, 국제관계, 경제학 간의 경계들이 흐려지고 있다. 이것은 새롭고 혁신적인 방법론과 기존 및 출현하는 쟁점들에 관한 흥미 있는 통찰을 생산하고 있다. 이것은 지리 교과를 풍요롭게 할 뿐만 아니라 현재의 사회적 적실성을 계속 유지시킬 것이다(Geographical Association Annual Conference and Exhibition Pamphlet, 2).

이러한 맥락에서 그동안 지리 교과가 인간과 자연과의 관계 탐색을 강조해 왔지만 대개 자연과 인간이 분리되어 가르쳐져 온 문제에 대한 진지한 고민이 필요하다. 따라서 여기서는 자연과 인간의 관계 탐색에 대한 근본적인 질문을 제기하면서, 이에 대한 인식론적 전환을 위한 방안을 사회적 자연의 개념을 통해 제시하고자 한다. 그리고 이러한 사회적 자연이 지리교육에 가지는 함의에 대해 논의하고자 한다.

2) '인간과 자연의 관계'를 바라보는 관점의 변화

(1) 인간과 자연을 바라보는 이분법적 시선

인간과 자연의 관계에 대한 논의에 앞서 던져 보아야 할 것은 '자연이란 과연 무엇일까?'라는 본질적인 물음이다. 대부분의 사람들에게 자연이란 그 속에 인간이 없는 상태, 즉 인간 문화가 없는 상태를 의미한다. 자연은 전통적으로 인간(사회, 문화) 밖 혹은 그 너머에 있는 것으로 간주되었다(Anderson, 2009; 이영민·이종희, 2013 재인용). 이는 자연은 순수하고 때로는 고립적이어야 한다는 것을 의미한다. 전통적 인식 틀에서는 인간과 자연은 명확하게 구분된다.

서구의 지배적인 사고방식에 따르면 자연은 인간(사회, 문화) 밖에 존재한다. 인간이 자연의 일부가 아니라 자연으로부터 분리된 존재라는 관점은 르네상스와 근대과학을 지배했던 기독교 윤리에서 기원하였다. 기독교 교리로 인해 서구 사회에서 인간 문화를 자연으로부터 분리해서 생각하는 관습이 완전히 뿌리내리게 되었다.[7] Castree and MacMillan(2001, 208)은 이러한 인간과 자연의 분리가 의문시할 수 없을 만큼 아주 친숙하고 근원적인 것이 되었다고 주장한다. 이러한 경계짓기는, 자연은 '여기에', 인간(사회, 문화)은 '저기에'라는 식의 지리적인 구분뿐만 아니라, 인간이 자연이라는 물질세계를 어떻게 다루어야만 하는지를 보여 준다(그림 5-2).

지리학의 관점에서 19세기부터 20세기 초까지 인간과 자연의 관계에 대한 사고를 지배한 것은 환경결정론과 환경가능론이라고 할 수 있다. 그리고 그 이후 전개된 사우어(C. Sauer)의 문화역사지리학 그리고 문화생태학은 세부적으로 인간과 자연의 관계에 대해 다른 주장을 하고 있지만 모두 기본적으로 자연과 사회를 분리해서 보는 이분법적 인식론을 가지고 있음을 알 수 있다(김숙진, 2010, 467).

이러한 인간과 자연에 대한 개념적 분리는 인간이 만들어 낸 것이고, 오랫동안의 사회발전의 산물이다. 인간과 자연의 분리는 인간에게 자연을 측정하고 가치를 매기는 것뿐만 아니라 자연을 조작하고 이용하는 도구를 개발하려는 동기를 부여하였다. 인간의 자연에 대한 실천은 자연에 실질적으로 영향을 미친다. 심지어 인간이 자연을 단순히 되살리는 행위라 할지라도, 인간은 자연을 다시 만들어 낸다(Anderson, 2009; 이영민·이종희, 2013 재인용).

이처럼 인간과 자연을 단순히 분리하는 것은 여러 측면에서 문제의 소지가 있다. 먼저 인간은 자연의 일부이기 때문이다. 다시 말하면, 인간은 복잡한 생태계의 구성원이자 산물이다. 둘째, 자연이 인간의 손길을 거치지 않은 광물, 물, 공기 및 생물체 등으로 구성되어 있다고 보는 것은 잘못된 것이다. 물론 인간에 의해 간섭을 받지 않는 환경 혹은 생태계는 극소수이지만 여전히 존재한다. 그러나 대부분 자연은 인간의 손길이 미치거나 거친 곳들이다. 셋째, 우리가 자연이라고 부르는 것들은 실제로 소위 경제적 과정의 결과이다. 예를 들면, 농업은 유리한 토양과 기후의 자연적 결과가 아니라 자본주의적 농업활동의 결과인 것이다(Coe et al., 2007; 안영진 외, 2011, 202 재인용). 따라서 자연이 인간에 의해 어떻게 재생산되는지를 살피는 것이 중요하다. 자본주의 사회에서 자연이 어떻게 생산되고,

---

[7] 기독교는 자연을 신에 의해 창조되고 다스려지는 곳으로 이해한다. 그리고 인간이 신을 대신하여 자연에 대한 통치권을 행사한다고 여긴다.

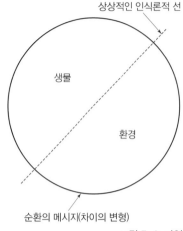

생물	환경
인간	자연
자신	타자
우리	그들
자아	초자아
남자	여자
이성	감성
정신	육체
백인	비백인
문명화된	원시적인
자본	노동

그림 5-2. 자연/문화: 이원론과 인식론적 선

출처: Wilden, 1972, 221; Watts, 2005, 151 재인용.

이러한 자연의 생산을 누가 통제하는지에 대한 해답을 찾는 것이 중요한 과제이다(Smith, 1984, 63).

(2) 자연을 바라보는 구성주의 관점: 정치생태학과 사회적 자연

① 문화생태학에서 정치생태학으로

1960년대 이전까지만 해도 자연환경에 대한 토착사회의 적응 능력과 그들의 삶이 생태계 시스템과 구조적으로 유사함을 강조하는 문화생태학이 인간(문화)과 환경의 관계를 어느 정도 잘 설명하였다. 그러나 1960년대 후반에 들어오면서 세계적으로 인구가 증가하고, 경제성장에 따른 대량소비는 자연(자원과 생태계)에 큰 영향을 끼쳤다. 그리하여 1970년대 후반에 생태문제에 관심을 가진 일련의 학자들은 문화생태학이 인간(문화)과 자연의 관계에 개입하는 다른 영향을 간과하였다고 비판하고, 인간과 자연의 관계는 자원 이용 패턴을 정치경제적 영향에 연관시켜야만 이해할 수 있음을 강조하였다(Robbins, 2004; 김숙진, 2010).

이 시기에 많은 지리학자들은 환경적 쟁점과 문제는 그것을 형성하고 창출하는 사회와 분리시킬 수 없다고 보았다. 정치생태학자들은 토지를 비롯한 여러 자원과 환경문제를 독립되고 폐쇄된 시스템이 아닌, 더욱 크고 복잡한 역사적·정치경제적 상황에 밀접하게 관련된 열린 시스템의 일부로 본 것이다. 예를 들면, 자연재해의 영향은 경제개발과 빈곤과 같은 사회적 요인과 관련되고, 세계의 기근이 단순히 가뭄의 결과로만 설명될 수 없으며, 사막화의 과정이 순수하게 기후대의 이동의 결과가 아니라는 것이다. 따라서 환경적 프로세스에서 미치는 사회의 영향력이 중요하게 인식되었다.

이 시기에 지리학자들은 Robbins(2004)가 '비정치적 생태학(apolitical ecologies)'[8]이라고 명명한 것을 거부하였다. 이러한 비정치적 생태학을 비판하면서 간학문적인 통섭에 의해 인간과 환경 간의 관계를 새롭게 조명하는 정치생태학(political ecology)이 등장하였다. Robbins(2004, 12)에 의하면, 정치생태학이란 기업, 국가, 국제기구 등에 의해 지지된 환경에 대한 우세한 접근들의 결함을 폭로하는데 초점을 두기 시작하였다. 특히 지역주민, 주변 집단, 빈곤계층의 관점에서 정책과 시장환경의 바람직하지 않은 영향을 검증하려고 한다. 정치생태학은 사회적·경제적 상황들이 필연적인 것이 아니라 권력에 의한 우연적인 결과라는 것을 보여 주면서, 사회적·경제적 상황들을 '탈자연(denaturalize)'하려고 한다(Morgan, 2012b; 2012c 재인용).

사실 이와 같은 정치생태학적 관점은 Harvey(1974)와 Smith(1984) 등의 논의에서도 발견된다. Harvey(1974)는 인구와 자원 간의 관계에 관한 신맬서스주의의 과학적 중립성에 도전하였으며, Smith(1984)는 자연은 사회적 관계들의 실재를 숨기기 위한 이데올로기로서 사용된다고 주장하였다. Hewitt(1983)은 자연재해가 단순히 재앙을 초래하는 자연의 결과로 이해될 수는 없으며, 사회구조와 어떻게 밀접하게 관련되는지를 보여 주려고 하였다(Morgan, 2012b; 2012c 재인용).

한편, 정치생태학은 초기에는 환경문제를 정치경제의 구조적 측면에서 설명하고자 한 반면, 후기에는 이러한 마르크스주의적 결정주의를 비판하면서 환경문제를 인간 행위자 중심으로, 즉 불평등한 권력을 가진 다양한 행위자들 간의 상호작용의 결과로 귀결시켰다. 이처럼 설명 요인이 구조인가, 행위자인가라는 측면에서 이 두 시기별 정치생태학의 차이는 대립적인 것으로 볼 수 있을 것이다. 그러나 정치경제적 구조라는 것도 인간이 만들어 놓은 사회적 결과물이고, 불평등한 권력을 가진 다양한 행위자들도 모두 인간 행위자라는 측면에서 정치생태학은 자연은 수동적 존재이며, 사회가 환경(문제)을 구성한다는 인식론—자연의 사회적 구성주의—을 가지고 있다고 할 수 있다(김숙진, 2010).

② 자연의 사회적 구성, 사회적 자연

앞에서 언급한 정치생태학적 관점은 '사회적 자연(social nature)'이라는 용어로 요약된다(Castree and Macmillan, 2002, 209). 우리는 어릴 적부터 인간(사회)과 자연이라는 이분법에 익숙하였다. 바쁜 사회생활 속에서 자연은 인간에게 소중한 안식처로 인식되었다. 그러나 자본주의가 인간(사회)과 자연의 경계선을 무너뜨리기 시작한다. 자연이 점점 재구성, 즉 자연이 사회적으로 구성된다는 사회적 자연 개념이 등장한다.

---

8 비정치적 생태학은 사회적/생태적 위기가 증가하는 인구에 원인이 있으며, 전 세계의 생태적 문제와 위기가 경제적 기술을 부적절하게 사용한 근대화의 결과라고 보았다. 즉 비정치적 생태학은 환경문제를 인구와 근대화라는 비정치적 측면에만 초점을 둔 정치에 무관심한 생태학이라고 할 수 있다. 1970년대 이후 이러한 관점들이 비판을 받게 되었다.

사회적 자연이라는 개념은 자연을 그것을 형성하는 사회와 분리할 수 없다는 것을 강조한다. 즉 사회적 자연은 객관적으로 정의되고 연구될 수 있는 '저기'에 이미 존재하는 자연이 있다는 주장을 비판한다. 그 대신 자연에 대한 지식은 사회에 대한 참조 없이는 얻어질 수 없다고 본다. 비록 이러한 관점에 대해 이론의 여지가 없는 것은 아니지만, 사회적 자연은 인문지리학자들이 사회와 자연 간의 관계를 이해하는 우세한 관점이 되어 왔다(Morgan, 2012b; 2012c 재인용). 즉 자연이란 일종의 사회적 구성으로 사회적 권력의 도구, 즉 정치적으로 이용될 수 있다는 것이다(Castree and Braun, 2001).

1970년대와 1980년대에 자연의 사회적 구성(social construction of nature)에 관한 논쟁에서 가장 중요한 것은 환경쟁점 또는 인간과 환경의 관계에 관한 지리적 지식이 가치중립적이라는 것을 무비판적으로 받아들일 수는 없다는 것이었다(Demeritt, 2002; Ginn and Demeritt, 2009).[9] Henderson and Waterstone(2009)에 의하면, 모든 지식은 불가피하게 특정한 역사적·지리적 환경에 위치한 행위자들에 의해 생산되며, 이러한 환경은 지식 생산의 수단과 생산된 지식의 종류에 중요한 영향을 미친다. Seager(1993, 3) 역시 환경위기는 단지 자연적 생태계의 위기가 아니라, 권력, 이윤, 정치적 논쟁과 밀접하게 관련된다고 주장한다. 따라서 환경위기를 제대로 이해하기 위해서는 자연 시스템을 과도하게 착취하는 데 떠받치고 있는 이데올로기, 제도, 실천을 탐색해야 한다. 환경은 단순히 과학과 기술로 해결할 수 있는 문제가 아니라 근본적으로 사회적·정치적 문제이기 때문에, 환경문제는 정치·경제·생태적으로 다루어져야 한다(Morgan, 2012b; 2012c).

사실 자연이라는 개념은 매우 명쾌하게 보이지만, 그렇게 간단하게 정의 내릴 수 있는 것이 아니다. 본격적인 인간과 자연 관계에 대한 연구는 Smith(1984)가 자연이 사회 밖의 존재라는 것에 대해 심각하게 문제를 제기한 이후부터이다. 앞에서도 언급하였듯이 그는 자연은 사회적 관계의 실재를 숨기기 위한 이데올로기로 사용된다고 주장하였다. 이러한 인간과 자연이라는 이분법에 비판적이었던 학자들(Smith, 1996; Castree, 1995; 2001; Swyngedouw, 1999; Whatmore, 2002)은 사회와 자연의 변증법적 관계를 주장한다. 그리하여 최근 인간과 자연의 이분법을 극복하고자 좀 더 관계지향적인 접근들이 시도되고 있다.

사회적 자연 또는 자연의 사회적 구성이란, 자연이 어떻게 인간에 의해 생산되고 재창조되는지에 주목한다. 자연에 대한 구성주의적 입장 및 정치적 관점을 통해 인간과 자연의 관계를 바라보는 경

---

9 인간과 자연의 상호작용을 염두에 둔다면, 인간이 그들의 행위를 통해 자연을 변형하는 것처럼 자연 역시 인간에 영향을 미칠 것이다. 예를 들면, 자연은 가뭄이나 홍수 등의 기후변화를 통해 인간에게 영향을 미친다. 이러한 상호관계를 고려하면 자연이 인간으로부터 사실상 독립적으로 존재한다고 말할 수는 없다. 따라서 자연은 저기에 중립적으로 존재하는 것이 아니라, 그곳에는 사회적 의미가 내포되어 있다. 즉 자연은 당연한 것이 아니라 우리 인간에 의해 길들여진 방식에 지나지 않는다.

향이 있다. 특히 자연의 생산(production of nature), 즉 인간은 이윤추구를 위해 자연을 어떻게 인식하는지를 탐구한다. 예를 들면, 인간 활동에 의한 기후변화를 통해,[10] 새로운 방식을 도입한 농업활동(농부들이 생산성 향상을 위해 어떤 새로운 가축사육 방식 혹은 곡물재배 방식을 도입하는지)을 통해, 야생의 세계에 대한 TV 프로그램을 통해(야생동물을 어떻게 다루는지, 예를 들면 사냥? 아니면 보존?), 동물원·공원·도시정원의 계획을 통해 도시 내의 한 장소에 자연을 어떻게 배치하는지를 통해(자연경관이나 경치가 어떻게 상품화되며 운영되는지), 유전자조작을 통해(자연에 접근하는 인간의 입장, 즉 '자연의 소비'에 초점을 둠. 예를 들면, 방사능으로 오염된 식품 및 유전자조작에 의한 식품의 도래에 따른 도덕적 공포심),[11] 생명공학을 통해 [예를 들면, 자연에 대한 사상(이 경우 동물에 대한 개념)이 각종 매체에 의해 어떻게 전달되며, 그 결과 대중들에게 자연은 어떻게 이해되는지, 그리고 그러한 이해는 시간에 따라 어떻게 변화했는지], 의료 과학[12]을 통해 이루어진 자연의 생산과 재창조 같은 주제들을 말한다(전종한 외, 2008). 또한 황진태(2016)는 국가와 자연 간의 관계, 수자원 정책, 핵발전소의 위험경관 등의 최근 연구를 소개하면서, 그간 국내 지리학계에서 누락되어 국토 속에 숨겨져 있던 사회적 자연들을 새롭게 조명한 시도들이라고 강조한다.

자연에 대한 구성주의적 관점은 마르크스주의 지리학자들의 관점과 유사하다. 그들은 인간과 자연의 관계가 자본주의적 사회관계의 산물이라고 강조한다. 이들은 자연이 어떻게 사유되며 재현되는가에 따라 자연이 착취되고, 경제적·정치적으로 어떻게 이용될 것인가가 정해지는 것이라고 제안한다. 마르크스주의 지리학자들은 자연의 복원을 '1차 자연'을 파괴하는 것으로 이해하며, 자본주의 시스템을 뒷받침하기 위해 제1의 자연이 점차 자원으로 변하게 된다고 주장한다. 즉 '1차 자연(천연 그대로의 전혀 오염되지 않은 본연의 자연계)'이 '2차 자연(연료로서의 석유, 목재로서의 나무, 고기나 우유, 가죽을 만드는 데 쓰이는 소들처럼 자본주의 시스템의 산출을 만들어 내기 위해 상품화된 자연)'[13]이나 '3차 자연(인간이 더 많은 이익이나 특허를 얻기 위해 유전자를 조작한 식물군과 동물군이 존재하는 세계)'으로 변형되는 것이

---

10 상징적으로 인간 활동에 의해 인류세(人類世, Anthropocene)라는 새로운 지질시대를 규정하는 용어의 출현은 더 이상 1차 자연의 범주 안에 다양한 형태의 자연들을 가두어 두기가 어려운 인식론적·존재론적 한계에 봉착하였음을 적나라하게 드러낸다(황진태, 2016).

11 이 문제를 비판적으로 바라보기 시작한 연구자들은 일례로 우리의 '밥상'에 들어오는 식품의 생산 과정에 대해 의문을 품게 되었다. 가장 큰 사례로 유전자조작 식품의 사례 같은 것이다. 우리가 소비하는 식품의 생산 과정 속에 개입되는 과학지식, 그리고 이와 연계된 기업의 이윤창출을 위한 투자사업 및 이것을 둘러싼 윤리적 문제들을 어떻게 보아야 할까? 소위 사회에 의한 자연의 생산이 일어나는 현상에 대해 학자들의 고민이 속속 하나의 담론 영역을 만든다. 그리고 글로벌–글로컬 문제로 돌입하게 된다.

12 자연적 신체가 어떻게 사회적 의미의 개념으로 진화하는지에 관심을 가진다. 기존의 자연적·생물학적 신체 개념 대신 새로운 의미의 신체 개념이 사회적으로 형성되고 있음을 보여 주기 위함이다. 위생(건강), 아름다움, 건강함, 외모 등에 관한 가치관이 변화하면서 생물학적으로 주어진 인간의 신체 개념이 어떻게 붕괴되고 있는가를 고찰하는 것이다. 특히, 예를 들면 의학기술 발달(미용을 위한 외과 성형과 같은)이나 기관 대치술(심장박동조절장치 같은)의 등장으로 기존의 생물학적 신체 개념은 크게 도전받고 있다(전종한 외, 2008).

다(Anderson, 2009; 이영민·이종희, 2013 재인용). 이런 자연의 물질적 재구성이 빈번해지면서 전통적인 형태의 자연, 즉 인간 외부에 존재하는 어떤 것으로서의 자연이 더 이상 존재하지 않는다는, 사회적 자연 개념을 제기한다.

그렇다고 사회적 자연이 인류로부터 영향을 받지 않는 자연('1차 자연')의 존재를 부정하지는 않는다. 때 묻지 않는 1차 자연에 주목하기보다는 지구적 규모에서 인류의 산업혁명과 근대화 과정이 진행되면서 인류의 정치·경제·사회·문화적 행위와의 활발한 상호작용 속에 어떻게 자연이 사회적으로 구성('2차 자연')되는지를 살펴보는 데 방점을 두고 있다. 다시 말해, 오늘날 지표면에서 1차 자연보다 2차 자연의 존재가 압도적이고, 남아 있는 1차 자연도 2차 자연화가 될 경향성이 높은 상황을 이해하는 데 있어 사회적 자연은 그 핵심 개념이 된다(황진태, 2016).

이상과 같이 태초부터 인간과 자연은 분리된 적이 없다. 그리고 자본주의 발달로 자연에 대한 인간의 간섭이 더욱 거세어짐에 따라 자연과 인간은 더욱더 연결되고 있다. 따라서 사회적 자연 개념은 자연과 인간 간의 관계에 대해 다른 방식으로 사고하는 것을 가능하게 한다. 자연과 인간을 분리하는 서구적 관점은 사람들이 비인간 세계를 바라보는 상식적인 방식으로 여전히 남아 있다. 그러나 사회적 자연 개념은 인간과 자연의 관계에 대한 대안적 관점을 제공한다. 이는 인간과 자연이 분리되고 구별되는 지점이 아니라 서로 연결되는 장면에 주목한다. 인간과 자연이 어떻게 서로 뒤얽히고 생산되는지에 관심을 둔다.

3) 학교지리를 통해 본 '인간과 자연의 관계'

(1) 인간과 자연, 그리고 환경

지리학 및 지리 교과에서 인문지리와 자연지리의 이분법은 계속 진행형이다. 인문과 자연, 사회와 자연, 인간과 환경이라는 이분법을 타파하고, 이들 간의 상호관계에 초점을 두어야 한다는 주장은 계속되고 있다. 중등학교 지리교육과정 및 지리 교과서에서도 일부 주제를 제외하면 대부분이 자연과 인문이라는 이분법을 중심으로 그 하위 주제를 설정하고 있다. 그리하여 우리는 자연히 자연과

---

13 자연은 사회적으로 창조되고 변화되며, 이와 동시에 사회는 본질적으로 자연의 변형에 토대를 두고 있다. 이러한 점에서 사회적 자연이라는 용어가 사용된다. 자연을 구성하는 요소들이 인간 사회에 의해 사용되고 가치가 부여됨으로써 자연과 사회는 그 경계를 교차하면서 존재한다. 최근 자연은 사용 가능하고 소유 가능하며, 거래 가능한 상품으로 전환되고 있다. 이러한 자연의 상품화는 자연과 사회 사이의 경계를 매우 모호하게 한다. 자연이 상품화되는 장소는 비교적 명확하다. 그 예로, 광산, 채석장, 농장, 댐 등은 천연 원료가 상품으로 전환되는 곳이다(Coe et al., 2007; 안영진 외, 2011 재인용).

인문이 서로 구별되는 것으로 인식하게 된다.[14]

학교지리에서는 '자연지리는 과학교육과정의 일부분이어야 하는가? 아니면 자연지리는 항상 사회적·환경적 맥락 내에서 가르쳐져야 하는가?'라는 질문 사이에 긴장관계가 존재해 왔다(Hawley, 2013). 영국을 중심으로 1980년대 중반 이후 학교 자연지리 교육과정이 어떠해야 하는지에 관한 질문이 오랫동안 제기되어 왔다. 30년이 지난 현재 인간(사회, 문화)과 자연 간의 관계적 측면에 더 주의를 기울이고 있지만, 여전히 인간과 자연의 이분법은 문제로 지적된다.

여기서의 쟁점은 비록 인문지리와 자연지리의 통합의 필요성은 인정하지만, 여전히 지리교육과정에서 인문지리와 자연지리가 분리되어 있다는 것이다. 앞에서도 살펴보았듯이, 최근 지리학 연구에서는 자연의 사회적 구성 또는 사회적 자연이라는 개념에 주목하면서 이러한 격차를 줄이기 위해 노력하고 있다(Matthews and Herbert, 2004). 그러나 중등학교 수준에서는 자연환경에 관한 인간의 관점을 포함하는 홀리스틱 접근을 추구하기보다는, '응용된 문제해결' 과제를 만듦으로써 단순하게 다루어 왔다(Newson, 1992; Castree et al., 2007; Tadaki et al., 2012).

한편, 지리에서 '환경(environment)'과 '자연(nature)'은 동의어로 사용되는 경우가 많다. 그러나 일부 사람들은 환경을 인간적 차원을 가진 것으로 간주한다. 앞에서 논의한 것처럼, 최근 지리학에서의 문화적 전환 이후 일부 지리학자들은 전통적인 '인간과 자연'의 이원론은 정당화되기 어렵다고 주장한다(Lambert and Morgan, 2010b). Castree(2005b, 33)에 의하면, 자연은 인간과 인간이 아닌 영역에 동등하게 잘 적용할 수 있는 개념이다. 지리학 내에는 다른 학문적 전통을 가진 자연지리학자, 인문지리학자, 환경지리학자들이 있지만, 그들은 모두 '자연의 재현(representations of nature)'으로서 지식을 생산하는 일에 종사하고 있다. 따라서 학교 교과로서 지리의 힘은 '자연에 대한 상이한 이해'가 가능하다는 것을 보여 주는 것이다. 그리고 문자 그대로 이해가 깊어지고 넓어지고 확장될 수 있도록 하기 위해 열린 마음을 갖는 것이다.

(2) 지리교육과정 및 지리 교과서에 나타난 '인간과 자연'

① 영국의 지리교육을 통해 본 인간과 자연

전 세계적으로 1980년대 이후 '환경'은 중요한 정치적 관심으로 떠올랐다. 이는 지리 교과에 큰 도

---

[14] 도시와 촌락을 예로 들어 보자. 이들은 인문현상인가, 자연현상인가? 일단 인문현상으로 분류된다고 하자. 그러나 도시는 더 인문현상에 가깝고, 촌락은 더 자연현상에 가까워 보인다. 그렇지만 도시는 인문현상만 있고 자연 또는 환경은 없는가? 그렇지 않을 것이다. 인문과 자연이 상호작용하고 있다. 따라서 지리적 현상으로 자연과 인문, 사회와 자연을 구분한다는 것은 어쩌면 무의미할 것이다. 특히 환경교육 또는 지속가능발전교육의 관점에서 이는 더욱 타당해 보인다.

전을 던져 주었다. 왜냐하면 제2차 세계대전 이후 지리는 개발과 진보에 초점을 두었으며, 자연은 발전하는 기술을 적용함으로써 극복할 수 있다고 보았기 때문이다. 그리고 지리는 자연지리와 인문지리로 이분법적 구도를 더욱 공고히 하였다. Lambert and Morgan(2010b)에 의하면, 자연지리는 표면적으로는 환경에 초점을 두는 듯했지만, 자연적 프로세스의 관점에서 가르쳐졌다.

영국에서는 1980년대 이후 지리교육 및 환경교육에 마르크스주의와 같은 급진적 관점을 도입하기 시작하였다. 이는 전통적인 인간(사회)과 자연 관계에 대한 비판을 위한 기초를 제공하였다. 예를 들면, Pepper(1985)는 런던위원회(London Board)의 A 레벨 시험에 대한 분석에서, 자연지리 시험이 학생들에게 지식을 인간 사회와 문제의 맥락 내에 위치시키도록 하지 않았다고 주장하였다. 또한 자연환경은 인간 사회를 포함하는 시스템의 한 부분으로서 간주되지 않는다고 비판하였다.

Pepper(1985, 69)는 '왜 자연지리를 가르치는가?(Why teach physical geography?)'라는 질문을 하고, 사회적 목적이 없다면 자연지리를 가르칠 정당성이 없다고 결론지었다. Pepper는 런던위원회의 시험은 "사회경제적 맥락과 매우 분리되어 있는 자연환경에 대해 무비판적이고 원자화되고 기능적인 접근을 촉진한다."라고 주장하였다. 그는 나아가 자연지리는 의사결정이 이루어지는 사회적 맥락을 검토하는 데 실패한, 그야말로 과학교육의 모델을 끌어왔다고 비판하였다.

그리하여 1980년대 후반 이후 사회와 자연이 분리될 수 있다는 생각은 많은 비판을 받았다. 이것은 학교위원회(School Council)의 Geography 16~19 프로젝트와 이 시기의 다른 교육과정 개발에 반영되기 시작하였다. Geography 16~19 프로젝트는 첫 번째 '지식의 원리(knowledge principle)'를 "인간은 자연적·문화적 시스템이 밀접하게 상호관련되어 있는 글로벌 시스템과 분리될 수 없는 일부분이다."(Naish et al., 1987, 55)라고 진술하였다. 그 후 지리 교과는 인간과 자연의 관계와 밀접하게 관련된다는 사고가 보편적으로 받아들여지고 있다.

지리 교과에서는 인간과 환경의 관계 탐색을 위해 환경적 쟁점을 많이 다룬다. 왜냐하면 환경적 쟁점은 자연환경에 사회적 맥락을 반영할 수 있기 때문이다. 영국에서는 국가교육과정에서 지속가능발전교육(Education for Sustainable Development, ESD)이 강조되고 있는데, 많은 지리 교사들은 지리를 환경적 쟁점을 가르칠 수 있는 중요한 용기로 간주하고 있다. 그러나 Huckle(2002; 2009)과 같은 급진적 지리교육학자에 의하면, 학교지리는 자연은 사회적 구성이라는 아이디어에 충분히 주의를 기울이지 않는, 즉 환경적 쟁점에 대한 단순하고 비현실적인 설명을 제공하는 경향이 있다고 주장한다. 예를 들면, 환경문제를 글로벌 문제로 묘사하면서, 단지 인구과잉, 자원 부족, 기술 부족, 과잉소비 또는 과잉생산 탓으로 돌린다는 것이다. 따라서 이러한 설명은 환경적 쟁점이 발생하는 다양한 사회적 배경과 연결시키는 데 실패하게 된다. 즉 인구, 자원, 기술, 소비, 생산이 경제적·정치적 영향력에 의해 어떻게 구조화되는지를 설명하는 데 실패한다. 다시 말하면, 자연의 사회적 구성을 간과하게 되는 것이다.

이상과 같이 1980년대 후반 이후 영국 지리교육계에서는 인간과 환경의 이분법적 사고를 타파하기 위한 노력을 경주해 오고 있다. 이러한 시도는 국가교육과정 이전의 학교교육위원회를 중심으로 이루어진 학교지리 프로젝트에서 적극 반영되었고, 국가교육과정 제정 이후에는 지속가능발전교육의 관점에서 이루어지고 있다. 자연의 사회적 구성론, 즉 사회적 자연의 개념을 끌어오려는 시도를 하고 있지만, 아직까지는 매우 제한적으로 이루어지고 있음을 알 수 있다.

② 오스트레일리아의 국가지리교육과정: 자연지리와 인문지리 간의 균형

오스트레일리아 국가교육과정 개발 초기에 지리 교과 자문그룹은 전통적으로 자연지리와 인문지리로 분리해 왔던 것에서 벗어나 완전한 통합교과로 거듭나야 하는 데 의견을 모았다(McInerney et al., 2009; Maude, 2014). 이들은 앞에서 살펴보았던 최근 사회과학 및 지리학에서 논의되고 있는 환경지리학(Castree et al., 2009)과, '자연'이라는 개념에 대한 논쟁(Castree, 2005b)에 큰 영향을 받았다. 그 결과 전통적으로 자연지리로 시작하였던 모든 단원은 자연에 대한 인간의 이용, 환경과의 상호작용 그리고 문화지리를 포함한 '환경적 주제(environmental themes)'로 전환되었다. 그리고 인문지리로 시작한 모든 단원은 역시 환경적 주제를 포함하였다.

이 자문그룹은 또한 상대적으로 새로운 개념인 '인류세(인공적) 환경(anthropogenic environments)'과 더 이상 순수한 자연환경은 없다는 최근의 지리학에서의 논의에 영향을 받았다. 이러한 인식은 유럽 식민지 이전의 오스트레일리아 환경은 원주민인 애버리지니(Aborigine)의 토지 및 야생 관리의 실천적 산물이며, 결코 '자연적'이거나 '야생'이 아니라는 경험에 토대한 것이다. 오스트레일리아의 국가지리교육과정을 제정하면서 정부는 지리 교과에 기존과 같이 '자연환경(natural environment)'이라는 용어를 존속시키려고 노력하였음에도 불구하고, 자문그룹에 의해 자연환경이라는 용어가 지리를 이원화한다는 비판 속에서 더 이상 사용되지 않게 되었다.

그럼에도 불구하고 여전히 일부 교사들, 정부 담당자, 오스트레일리아 교육과정평가(ACARA)위원회는 기존과 같이 완전히 분리된 자연지리를 원했기 때문에 이러한 결정에 대해 많은 비판을 하였다. 이러한 상황은 비단 오스트레일리아만의 문제가 아니라 우리나라 지리교육과정 내용 구성에서도 자연지리 단원을 존속시켜야 한다는 현장 교사와 자연지리 전공교수들의 요구의 목소리가 높다는 점을 고려해 볼 때 당연한 것일지도 모른다. 우리나라를 비롯하여 오스트레일리아는 지리 교과가 사회과학(사회과) 또는 인문학에 포함됨에도 불구하고, 지리 교과의 정체성을 자연지리에서 찾으려고 하는 것은 아이러니하다고 할 수 있다. 따라서 지리 교과를 자연지리와 인문지리의 균형을 유지

하면서 통합한다는 것은 시간이 걸리는 과제이며, 사실 그러한 균형을 유지하는 것 또한 어려운 문제이다. 오스트레일리아 국가지리교육과정은 자연지리를 강화하고자 하는 일련의 움직임에 봉착하였지만, 결국 자연지리는 쟁점에 대한 시스템 사고(systems thinking)를 적용하는 수준에서 일단락되었다.

이와 같이 오스트레일리아의 국가지리교육과정에서는 자연지리라는 용어 대신에 '환경(environment)'이라는 용어를 선호하여 사용한다. 이는 오스트레일리아 국가지리교육과정에서 제시하는 7개의 핵심 개념(장소, 공간, 환경, 상호연결, 지속가능성, 스케일, 변화)에서도 잘 드러난다. ACARA(2013b)에 의하면, 학생들은 환경이라는 개념을 통해 인간 생활의 자연적·감성적 양상들을 지원하는 데 환경의 역할, 인간과 환경 간의 중요한 상호관계, 이러한 관계에 관한 다양한 관점에 관해 학습한다.

오스트레일리아 국가지리교육과정은 환경이라는 개념을 "인간 생활에서의 환경의 중요성, 인간과 환경 간의 중요한 관계들에 관한 것"이라고 정의하면서, 환경에 대한 이해는 다음과 같은 방법으로 발달한다고 기술하고 있다(ACARA, 2013b).

- 환경은 지질, 대기, 수문, 지형, 토양, 생물, 인간의 프로세스의 산물이다.
- 환경은 원료와 음식을 제공하고, 쓰레기를 흡수하고 재활용하며, 안전한 서식지를 유지하고, 즐거움과 영감을 불러일으킴으로써 인간과 다른 생명체를 지원하고 풍요롭게 한다. 환경은 인간의 주거, 경제개발에 대한 기회와 억제 모두를 제공한다. 억제는 감소될 수는 있지만 기술과 인간에 의해 제거될 수는 없다.
- 문화, 인구밀도, 경제 유형, 기술 수준, 가치와 환경적 세계관은 사람들이 유사한 환경을 지각하고, 적합하게 하며, 사용하는 다양한 방법에 영향을 준다.
- 인간에 의해 유발된 환경변화에 대한 관리는 변화의 원인과 결과에 대한 이해를 요구하며, 적절한 전략을 구체화하기 위해 지리적 개념과 기법의 적용을 포함한다.
- 각각의 환경의 유형은 그것에 결부된 재해를 가지고 있다. 이러한 재해가 인간에 미치는 영향은 자연적 요인과 인문적 요인에 의해 결정되며, 예방, 완화, 준비에 의해 제거될 수는 없다.

이상과 같이 오스트레일리아 국가지리교육과정에서는 자연과 인간(사회)에 대한 최근의 학문적 지식을 적극 도입하고 있다. 그리하여 자연이라는 단어 대신에 환경이라는 용어를 적극 사용하고 있다. 이는 중등학교 교육과정 내에서 자연을 인간과 독립된 것으로 보지 않고, 인간에 의해 사회적으로 구성된 것으로 파악하기 시작한 것으로 볼 수 있다.

③ 우리나라 지리교육과정 및 지리 교과서의 '인간과 자연': 환경이란 용어

2009 개정 사회과교육과정을 통해 인간과 자연이 어떻게 반영되어 있는지, 즉 환경이란 용어가 어

떻게 사용되고 있는지를 살펴보고자 한다. 초등학교 3~4학년의 도입글과 1단원 '우리가 살아가는 곳'의 도입글에 각각 '환경'에 대한 언급이 있다. 먼저, 전자의 경우 '자연 및 인문 환경의 특징'을, 후자의 경우 '자연환경과 생활과의 관계'를 기술하여, 환경을 자연과 인문으로 확연하게 구분하고 있다. 특히 1단원의 세 번째 성취기준인 "우리 지역의 산, 강, 들, 바다의 모습을 살펴보고, 그와 같은 환경과 더불어 살아가는 사람들의 서로 다른 생활 모습을 이해할 수 있다."에서 환경은 앞의 산, 강, 들, 바다를 지칭하는 자연환경의 의미로 사용된다.

다음은 초등학교 5~6학년 지리·일반사회 영역의 3단원 '환경과 조화를 이루는 국토'의 성취기준을 나타낸 것이다. 여기에 사용된 '환경'이라는 용어의 모호성을 들 수 있다. 환경이 자연적 환경과 인문적 환경 모두를 포함하는 것으로 진술된 일부분과, 대부분은 환경이 자연환경을 의미하는 것으로 진술되어 있다. 즉 환경이라는 용어를 사용하지만, 자연환경을 전제하고 있는 듯한 느낌이 많이 든다. 무릇 환경이란 지구상의 모든 것을 포함하는 것이지만, 우리나라 교육과정에서는 그 개념 정립이 명확하지도 않을 뿐만 아니라 이분법적으로 사용되고 있다.

한편, 5단원과 7단원의 단원명은 각각 '우리 이웃 나라의 환경과 생활모습', '세계 여러 나라의 환경과 생활모습'인데, 여기에서도 환경은 자연환경의 측면이 강하게 내포되어 있다고 할 수 있다.

이와 같이 초등학교에서는 자연과 인간의 구분보다, 환경이라는 포괄적인 개념을 사용한다. 그러나 실제로는 환경이 주로 자연에 가까운 개념으로 사용되고 있거나, 자연과 인간을 혼재하고 있는 문제점을 노정하고 있다.

---

(3) 환경과 조화를 이루는 국토

이 단원은 국토를 중심으로 다양한 환경을 관찰하고 조사하여 환경과 조화를 이루는 국토발전을 꾀할 수 있는 능력과 태도를 기르기 위해 설정하였다. 이를 위해 환경에 따라 자연적인 경관이 서로 다르며, 사람들의 생활모습에도 차이가 있음을 이해한다. 자연적·인문적 환경 특성을 고려한 지속가능한 발전의 사례를 들어 개발과 보존의 문제에서 우리가 어떤 태도를 취해야 하는지 이해한다. 나아가 오늘날과 같은 삶의 질을 유지하기 위해서는 우리가 환경에 대해 어떤 태도를 가져야 하는지 말해 본다. 환경이 인간의 삶에 미치는 영향에 대해 이해한다.

① 인간을 둘러싸고 있는 환경의 뜻을 알고, 그 특성에 대해 이해할 수 있다.

② 국토 개발의 사례를 찾아보고, 그 필요성을 이해할 수 있다.

③ 지속가능한 발전의 사례를 찾아보고, 그 필요성을 이해할 수 있다.

④ 국토 수준에서 인간과 환경과의 관계에 대해 이해하고 친환경적인 태도를 갖는다.

(12) 환경문제와 지속가능한 환경

이 단원의 목표는 다양한 공간 스케일에서 발생하는 환경문제를 이해하고, 지속가능성의 관점에서 해결
책을 모색해 보는 것이다. 더불어 주변에서 경험 가능한 구체적 사례를 중심으로 환경문제를 인식하고, 이
에 대한 자신의 생각을 표현해 보도록 한다.
① 전 지구적인 차원에서 발생하는 환경문제(예, 지구온난화 등)의 원인을 알고, 지속가능성의 측면에서
　이를 해결하기 위한 개인적·국제적·국가적 노력을 조사할 수 있다.
② 이웃 국가에서 발원한 환경문제(예, 황사 등)의 사례를 조사하고, 이를 해결하기 위한 국가 간 협력 방
　안을 제안할 수 있다.
③ 주변에서 경험 가능한 환경 관련 이슈(예, GMO, 로컬푸드 등)를 선정하여, 이에 대한 자신의 생각을
　논의할 수 있다.

한편, 초등학교에서는 환경이라는 개념을 주로 사용하는 데 비해, 중학교에서는 자연과 인간을 명확하게 구분한다. 예를 들면, 중학교 사회 4단원이 '자연으로 떠나는 여행'으로서 자연을 분리하여 다룬다. 그러나 12단원 '환경문제와 지속가능한 환경'에서 환경은 인간과 자연 모두를 포괄하는 개념으로 사용된다.

그렇다면 고등학교 선택과목 한국지리와 세계지리에서는 환경이 어떤 의미로 사용될까? 먼저 한국지리의 경우 두 개의 단원에서 환경이라는 용어를 사용하고 있으며, 하나의 단원의 내용 요소에서 환경을 다루고 있다. 이를 구체적으로 살펴보면, 한국지리 1단원과 2단원명은 각각 '지형 환경과 생태계', '기후 환경의 변화'로서 단원명에 환경을 사용하고 있다. 여기에서 알 수 있는 것은 지형과 기후라는 자연적 요소에 환경을 결합하고 있는 것이다. 이러한 결합은 의미상 다소 어색해 보이며 상충되기도 한다. 아마도 자연환경을 지형 환경, 기후 환경으로 세분한 것 같다는 느낌이 든다. 따라서 여기에 사용된 환경은 결국 자연을 의미한다고 할 수 있다. 더욱이 2단원 '지형 환경과 생태계'의 세 번째 성취기준인 "지형 환경을 생태적 관점에서 파악하고, 인간과 지형 환경의 지속가능한 관계 유지 방안에 대해서 토론할 수 있다."에서 "인간과 지형 환경의 지속가능한 관계"는 매우 어색한 표현이라고 할 수 있다. 한편, 8단원의 내용 요소 중의 하나는 "환경 보전과 지속가능한 발전"으로서 환경을 사용하고 있는데, 여기서는 포괄적인 개념으로 사용된다고 할 수 있다.

세계지리의 경우 2단원의 단원명과 6단원의 내용 요소 중 하나에서 환경이라는 용어를 사용한다. 이를 구체적으로 살펴보면, 먼저 2단원명은 '세계의 다양한 자연환경'으로서 환경을 사용하고 있는데, 여기에서 사용되는 환경은 자연환경에 국한되어 있다. 그리고 6단원의 내용 요소 중의 하나는

"세계 경제 환경의 변화와 환경문제"로서 여기에서 앞에 사용된 환경은 인문적 환경을, 뒤에 사용된 환경은 자연과 인문 모두를 포괄하는 것으로 사용된다고 할 수 있다.

이상과 같이 초등학교에서는 자연이라는 용어를 사용하지 않고 보다 포괄적인 환경이라는 용어를 사용한다. 그러나 여기에 사용된 환경은 여러 가지 의미로 해석되는 문제점이 있다. 왜냐하면 어떤 경우에는 자연과 인문을 포괄하기도 하고, 어떤 경우에는 자연만을 의미하기 때문이다. 특히 후자의 경우로 사용되는 경우가 많다. 반면에 중등학교로 오면 환경이라는 개념보다는 자연을 선호하는 듯하다. 이는 중등학교 지리교육과정이 자연지리와 인문지리로 확연하게 구분되면서 나타나는 현상이라고 할 수 있다. 그리고 환경은 주로 자연지리에서 선호하여 사용되는 경향이 있다. 그러나 고등학교 한국지리의 경우 어울리지 않게 자연환경 대신에 지형 환경, 기후 환경 등으로 세분하고 있으며, 고등학교 세계지리의 경우 자연환경을 사용하고 있다.

결론적으로 우리나라 사회과교육과정에서 환경은 인간과 자연을 포괄하는 측면보다는 자연환경만을 의미하는 경우로 많이 사용되고 있다. 인간과 자연의 이분법을 타파하기 위한 용어로서 환경이라는 개념이 쓰인다고 볼 때, 이는 모순된 것이 아닐 수 없다. 따라서 최근 정치생태학의 관점을 끌어와서 자연 역시 인간에 의해 사회적으로 구성된 것으로 본다면, 인간과 자연의 이분법은 의미가 없으며, 환경이라는 용어를 통해 이들을 포괄하는 의미로 사용할 필요가 있다.

(3) 지속가능성과 환경문제

2009 개정 사회과교육과정에서 지속가능성과 환경문제에 대한 언급은 초등학교 5~6학년의 '환경과 조화를 이루는 국토' 단원, 중학교 '환경문제와 지속가능한 환경' 단원, 한국지리 '국토의 지속가능한 발전' 단원, 세계지리 '갈등과 공존의 세계' 단원에서 다루어진다. 이를 토대로 지속가능성이 어떻게 다루어지고 있는지를 분석한 결과는 다음과 같다. 여기에 제시된 사례는 중학교 교과서를 중심으로 제시된 것이다.

첫째, 우리나라 2007 및 2009년 개정 교육과정(교육과학기술부, 2009b; 2011)에서는 특히 지속가능성(sustainability)과 지속가능한 발전(sustainable development)이 중요한 역량으로 제시되고 있다. 그러나 여기에서 문제시되는 것은 지속가능성과 지속가능한 발전에 대한 정의를 제시하지 않아 과연 지속가능성과 지속가능한 발전이 무엇을 의미하는지를 알 수 없다는 것이다. 그리고 교육과정에서 지향하는 지속가능성과 지속가능한 발전에 대한 의도를 알 수 없다는 것도 문제가 될 수 있다. 왜냐하면 사실 지속가능성 및 지속가능한 발전은 세계적으로 추구해야 할 보편적 의제이지만, 지역 및 국가적 차원에서는 그들이 놓여 있는 맥락에 따라 다르게 전개될 수 있기 때문이다. 이와 같은 문제는 교과서로 직결된다. 중학교 사회(지리 영역) 교과서에는 지속가능한 발전에 대한 용어만을 제시하거나(좋은책신사고), 천편일률적으로 세계환경개발위원회(World Commission on Sustainable Development, WCED)의 정의15를 따르고 있거나(비상교육, 미래엔), 아니면 자체적으로 정의를 내리고 있거나(지학사),16 용어도 정의도 없는 경우(두산동아, 천재교육)로 나누어진다.

한편, 우리나라 교육과정 및 교과서의 경우, 특히 초등학교에서 지속가능한 발전 및 지속가능성에 대한 개념 정의가 중등학교나 고등학교에서 제시되는 것과 별반 차이가 없다. 지속가능한 발전 및 지속가능성의 개념은 매우 추상적이기 때문에 초등학생들에게 맞고 쉽게 현실적으로 정의를 내릴 필요가 있다. 이에 비해 오스트레일리아 지리 교과서의 경우 중학생을 대상으로 하는 경우에도 지속가능성과 지속가능한 발전의 개념을 학생들의 삶과 결부하여 구체적이면서도 쉽게 정의 내리고 있다. 따라서 우리나라의 경우 세계환경개발위원회(WCED)에서 제시하는 정의를 그대로 학생들에게 제시하기보다는 이를 보다 쉽게 풀어서 제시할 필요가 있다.

지속가능한 발전을 위한 교육의 핵심이 되는 지속가능한 발전 혹은 지속가능성에 대한 합의가 되지 않은 상태에서 수사만 난무하면, 우리가 합의했다고 여기는 지속가능성이란 용어는 그 안에 존재하는 다양한 스펙트럼의 차이점들을 모두 포괄하는 만병통치약처럼 좋은 게 좋은 개념(catch-all concept)이 되어 버린다(엄은희, 2009).

영국은 2007 개정 지리국가교육과정의 핵심 개념 중의 하나가 지속가능성으로, 이에 대한 정의를 명료하게 하고 있다. 그리고 영국 지리교육학계를 중심으로 지리국가교육과정에서 제시하고 있는 7가지의 핵심 개념에 대한 의미 정립이 이루어지고 있다(Lambert and Morgan, 2010b). 그렇지만 우리나라의 경우 지리교육 및 환경교육에 있어 '지속가능성'에 대한 개념 정립뿐만 아니라, 지리교육과정상에도 명확한 의미 규정을 하지 않고 있다. 그리고 오스트레일리아 국가지리교육과정의 7가지 핵

---

15 지속가능한 발전(Sustainable Development)이란 미래 세대의 필요를 충족할 수 있는 가능성을 손상하지 않은 범위에서, 현재 세대의 필요를 충족하는 개발을 일컫는 말이다. 지속가능성은 지구적인 환경문제에 대해 논의함에 있어 가장 빈번하게 사용되는 용어이다. Rediclift(1987)는 지속가능성이 1972년 유엔 스톡홀름 회의에서 논의되기 시작한 '성장의 한계'에서 유래된 것으로 본다. 하지만 지속가능성에 관한 논의가 현재 일반적으로 사용되는 '지속가능한 발전'에 관한 정의로 변화된 계기는 1987년 세계환경개발위원회(WCED)가 '브룬틀란 보고서'로 알려진 "우리 공동의 미래(Our Common Future)"에서 지속가능한 발전에 대한 정의를 내리면서부터이다. 지속가능한 발전에 대한 지구적 관심은 1992년 리우 정상회담에서 명시적으로 받아들여진 이후 정부, NGO, 기업들에서 보편적으로 수용되었다. 지속가능한 발전에 대한 세계환경개발위원회(WCED)의 공식적인 정의가 존재하지만, 이 개념을 둘러싼 담론들 간의 경합은 여전히 진행 중이다. 즉 지속가능한 발전은 기술적 구성물이 아니라 정치적 구성물이다. 오랫동안 인간 사회에서 광범위하게 수용되었던 민주주의와 자유와 같은 사회적 가치가 그러하듯, 현시대 지속가능성은 사회가 그것을 향해 어떻게 진보해야 하는지에 관한 수많은 해석들이 존재한다.
16 지속가능한 발전이란 지속가능성에 기초하여 경제성장, 사회 안정과 통합, 환경보전이 균형을 이루는 발전을 말한다. 지속가능성이란 미래 세대가 사용할 경제, 사회, 환경 등의 자원을 낭비하지 않고 조화와 균형을 이루며 현재의 필요를 충족하는 것이다.

심 개념 중의 하나로 지속가능성을 제시하고 있고, 이에 대한 구체적인 아이디어를 제시하고 있다.

둘째, 사회과교육과정 및 지리 교과서에 나타난 지속가능성의 관점은 생태중심주의보다는 오히려 기술중심주의에 가깝다.[17] 새로운 친환경적인 기술개발로 지속가능한 발전을 이루겠다는 것이다. 우리나라 교과서에서 제시되고 있는 지속가능한 발전의 실천사례가 개인의 에너지 절약 및 소비 감소를 강조하기는 하지만, 생태중심 접근(ecocentric approaches)보다는 기술중심적 접근(technocentric approaches)을 주로 취하고 있다. 여기에서 생태중심 접근이라고 하면 생태계에 근거하고, 인간과 자연환경 간의 관계에 대한 로컬적 이해를 중시한다. 반면에 기술중심적 접근은 오염을 감소시킬 수 있는 산업기술 또는 에너지 효율적인 하부구조와 같은 혁신을 비롯한 기술적 해결을 추구한다.

국가적 차원에서는 정책 마련과 지원 노력 등이 필요하다. 우리나라에서는 지속가능한 발전의 실천 전략으로 녹색 기술 개발을 통해 온실가스와 환경 오염을 줄이는 저탄소 녹색 성장 정책을 추진하고 있다(비상교육, 2013, 97).

우리나라에서는 지속가능한 발전을 실천하는 전략을 녹색 성장이라고 한다. 이는 기후변화에 대응하면서도 저탄소 청정 에너지로 경제 성장을 촉진하려는 정책이다. 또 자원을 절약하고 효율적으로 이용하여 기후변화에 대응하고, 새로운 일자리를 창출해 나가는 등 경제와 환경이 조화를 이루는 성장을 말한다(미래엔, 2013, 92).

국내에서는 환경을 보전하는 동시에 국가의 경제를 발전시키는 녹색 성장(환경친화적 기술을 개발하고 이용하여 환경 보전과 지속가능한 발전을 이루려는 경제 성장 방식이다.)을 이루고자 관련 법령을 제정하고 제도를 정비하는 등 구체적인 노력을 하고 있다(지학사, 2013, 98).

녹색 산업이란 에너지와 자원을 덜 쓰면서 환경을 개선할 수 있는 상품을 생산하고 서비스를 제공하는 것으로, 저탄소 녹색 성장을 하기 위한 모든 산업을 말한다(두산동아, 2013, 93).

국가나 기업은 환경친화적인 정책이나 제도 정비, 기술 개발에 힘써 생산 과정에서 실질적인 자원 이

---

17 O'Riordan(1976)은 「환경주의(Environmentalism)」에서 환경적 이데올로기를 크게 두 가지 관점으로 분류하였다. 첫 번째 관점은 기술중심주의(technocentrism)로, 이는 증가하는 환경문제는 환경의 관리와 계획에 보다 주의를 기울여야 한다고 주장한다. 환경적 위험은 주요한 사회적·경제적 변화 없이도 방지될 수 있다고 가정한다. 두 번째 관점은 환경주의(ecocentrism)로, 이는 환경에 대한 인간 착취의 한계를 인식하고, 이러한 한계 내에서 살아가는 경제개발의 대안적 유형을 찬성한다. 환경주의는 다시 두 가지의 이데올로기로 구분된다. 첫 번째는 심층생태학(deep ecology) 또는 '가이아(Gaianism)'이다. 이는 휴머니티를 위한 자연의 본질적인 중요성을 인식하며, 자연은 그 자신의 권리를 가진다는 것을 주장한다. 즉 자연은 인간의 요구에 구애받지 않고 존중되어야 한다. 두 번째는 자기의존(self-reliance) 또는 소프트 테크놀로지(soft technology)이다. 이는 대안적 기술에 근거한 소규모, 자기의존적 공동체를 창출할 필요성을 주장한다. 이러한 차이에도 불구하고, 생태중심 접근은 기술중심주의에 반대한다.

용의 효율성을 높이도록 해야 한다(좋은책신사고, 2013, 100).

세계적인 기술 발전, 빈곤 퇴치 등과 함께 세계가 하나로 연결되어 있다는 의식 확산에 동참하지 않는다면 인류의 지속가능한 발전은 위태로워질 수도 있다(좋은책신사고, 2013, 100).

셋째, 우리나라 사회과교육과정 및 지리 교과서에 나타난 지속가능성 및 지속가능한 개발의 관점은 세계환경개발위원회(WECD)에 의한 지속가능한 개발의 정의를 차용함으로써 세대 간 공정의 일변도이며, 세대 내 공정(환경정의)의 관점은 전혀 보이지 않는다.[18] 특히 우리나라 교과서는 지속가능한 개발을 주로 환경문제에만 결부하여 다루면서, 세대 간 공정성을 강조한다. 〈그림 5-3〉이 보여주는 것처럼 지속가능한 개발은 사회적 공정, 환경적 질, 경제적 번영이라는 3가지로 구성된다. 특히 사회적 공정은 사회정의와 밀접한 관련을 가진다. 또한 오스트레일리아 교과서의 경우 지속가능한 개발은 환경문제뿐만 아니라, 특히 글로벌 공간적 불평등 및 삶의 질과 관련하여 다루어지고 있다. 즉 오스트레일리아 교과서의 경우 세대 간 공정도 중요시하고 있지만, 세대 내 공정을 특히 강조하고 있다고 할 수 있다(표 5-5). 따라서 우리나라 교과서의 경우, 지속가능한 개발이 환경정의 및 사회정의와 결부하여 다루어질 필요가 있다.

엄은희(2009)는 현재 한국의 지속가능한 발전에 대한 논의는 '개발과 보전의 조화'에 대한 단

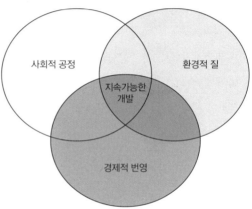

그림 5-3. 지속가능한 개발에 대한 간단한 모델
출처: Lambert and Morgan, 2010b, 136.

---

[18] 지속가능한 발전의 정의에서 중요하게 도출되는 목표 또는 개념은 '지속가능성'과 '형평성'인데, 형평성은 다시 '세대 간 형평성'과 '세대 내 형평성'으로 구분된다. 전자를 환경적 건전성의 준거로, 후자를 환경정의의 준거로 발전시킨다. 환경적 건전성에서 핵심적 가치는 미래성 혹은 지속성인데, 환경의 개발과 보전의 당위에 대한 근거를 탐색해 보면 궁극적으로 인간의 종적 지속가능성에 닿게 된다. 현세대의 인류가 환경을 보전해야 하는 가장 최소한의 근거는 인류의 지속가능성을 담보하기 위해, 즉 미래 세대를 위해 현세대가 개발행위를 자제하고 보전활동을 펼쳐야 하는 의무를 지니게 된다는 것이다. 한편, 환경정의는 현세대 내에서 개발에 의한 편익의 분배와 필연적으로 발생하는 자원고갈이나 환경오염의 비용의 분배가 일치하지 않음을 인식하고 환경약자들의 삶의 조건과 현실을 바로 바라보는 것을 강조한다(엄은희, 2009). Ageyman et al.(2003)은 지속가능성은 단순히 환경적 관심을 넘어서는 것이며, 실제로 지속가능한 사회는 사회적 필요, 복지, 경제적 기회에 관한 문제를 환경적 관심과 연계시켜야만 한다고 주장한다. 즉 이들은 세계환경개발위원회(WECD)의 지속가능성에 대한 정의가 형평성과 현재의 발전 방식에 대한 성찰을 하지 못하고 있다고 주장한다. 지속가능한 발전에 대한 일반적인 정의는, 세대 간 형평성은 전통적으로 중심부인 산업국가들을 중심으로 한 노스(the North)와 대부분의 개발도상국이 포함되는 사우스(the South) 간에는 역사적인 불평등의 문제가 존재하고 이를 시정하는 것이 세대 내 형평성을 달성하는 것이다. 즉 지속가능한 발전의 과제는 '정의'의 문제와 연결될 때 비로소 해결의 실마리를 얻을 수 있다는 것이다.

순한 캠페인과 '세대 간 형평'이라는 환경적 건전성 확보 사이에 놓여 있다고 평가한다. 이러한 상황이다 보니 환경 관련 교육에서 불평등 현상에 관심을 갖거나 사회적 약자를 위한 노력을 찾아보기가 힘들다고 주장한다. 결국 환경교육 안에서 웰빙(well-being)과 미학에 대한 관심은 있으되, 세대 내 형평, 즉 복지(welfare)와 환경정의(environmental justice)에 대한 관심은 소홀히 다루어지는 경향이 있다는 것이다.

　이상과 같은 지속가능한 개발 또는 지속가능성에 대한 문제점은 오스트레일리아 국가지리교육과정을 살펴봄으로써 설득력을 얻을 수 있다. 오스트레일리아의 국가교육과정에서 지속가능성은 범교과 우선사항[19]의 하나로 모든 교과가 우선적으로 다루어야 할 하나의 핵심 개념[20]이다. 범교과 우선사항 중 하나인 지속가능성에서는 무엇보다도 사람을 포함한 모든 유기체의 삶을 유지할 수 있는 지구의 지속적인 능력 유지 및 회복을 이야기하고 있다. 교육과정에서의 지속가능성 교육은 학습자의 지속가능한 삶을 위해 지식, 기능, 가치 및 세계적인 관점을 기르는 데 초점을 둔다. 무엇보다 지속가능한 삶은 실제 행동으로 옮겨질 때 의미가 있기에 환경적·사회적·문화적·경제적 체계와 그들 사이의 상호의존성을 파악할 수 있게 그 내용이 구성되어 있다(ACARA, 2013b). 여기에서 알 수 있듯이, 지속가능성을 환경적 측면에 국한시키는 것이 아니라 사회적·문화적·경제적 측면까지 고려하고 있다는 것이다. 그리고 이러한 교육과정 내의 지속가능성을 구성하는 아이디어는 〈표 5-5〉와 같이 제시된다. 여기에서는 지속가능성을 시스템, 세계적 관점, 미래의 관점에서 조명한다. 시스템은 인간과 자연과의 관계적 측면을 강조하고, 세계적 관점은 지속가능성의 전 지구적인 관심은 세대 내 문제임을 강조하며, 미래는 지속가능성이 현세대뿐만 아니라 미래 세대를 위한 세대 간 문제임을 강조한다. 즉 지속가능성을 관계적 측면, 세대 내 공정(사회정의, 환경정의), 세대 간 공정 등 다각도로 규정한다(Firth, 2011).

　지속가능한 발전이 단순한 구호에 머물지 않고 궁극적인 지향이 되기 위해 필요한 제반조건들을 마련하는 과정이 요구된다. 교육의 개념을 보다 폭넓게 상정할 때, 이러한 변화의 과정은 그 자체로

---

19 오스트레일리아 국가교육과정은 교과 영역 이외에 일반역량(General Capabilities: 징보통신기술 역량, 비판적·창의적 사고, 개인적·사회적 역량, 윤리적 이해, 간문화적 이해), 범교과 우선사항(Cross-Curriculum Priorities: 애버리지니와 토러스 제도의 원주민 역사와 문화, 아시아 및 아시아와 오스트레일리아의 관계, 지속가능성)을 제시하고 있다(ACARA, 2012; 2013b).

20 오스트레일리아의 국가교육과정에서 지리과는 '인문학과 사회과학'이라는 학습영역에 포함되는데, 일종의 스트랜드로서 7개의 핵심 개념을 제시하고 있다. 이 7개의 핵심 개념은 장소(place), 공간(space), 환경(environment), 상호연결(interconnection), 지속가능성(sustainability), 스케일(scale), 변화(change)이다. 이 중 지속가능성은 지리가 학생들로 하여금 인간과 환경과의 관계를 전체적인 관점에서 이해할 수 있게 한다는 점에서 의의가 있다. 지리에서의 학습활동을 통해 학생들은 생태계에 영향을 미치는 인간의 자원 활용을 포함하여, 장소에 따라 환경에 미치는 인간 활동의 영향과 그것이 지속가능성을 어떻게 위협하는지를 깨닫게 된다(ACARA, 2013b, 9-17).

표 5-5. 오스트레일리아 국가교육과정의 '지속가능성'의 핵심 아이디어

영역	핵심 아이디어
시스템 (systems)	• 생물권은 지구에서의 삶을 지속시키기 위한 조건을 제공하는 역동적인 시스템이다. • 인류의 삶을 포함한 모든 삶의 형태는 그들의 생존과 번영을 위해 생태계와 연관되어 있다. • 지속가능한 삶의 형태는 건강한 사회석·경세석·생태석 체계의 상호의존성에 기반을 둔다.
세계적 관점	• 건강한 생태계, 가치다양성, 사회정의에 대한 인간의 의존성을 깨닫는 세계적 관점은 지속가능성 달성에 필수적이다. • 세계적 관점은 개인적, 지역적, 국가적, 세계적 차원에서의 경험에 의해 형성되고, 지속가능성을 위한 개인과 공동체의 행동과 관계가 있다.
미래 (futures)	• 생태적·사회적·경제적 시스템의 지속가능성은 미래 세대까지 가로지르는 지역적·세계적 평등과 공정에 가치를 부여하는 깨어 있는 개인과 집단 행위에 의해 달성된다. • 지속가능한 미래를 위한 행동은 돌봄, 존중, 책임의 가치를 반영하고, 우리로 하여금 환경을 탐구하고 이해하기를 요구한다. • 지속가능성을 위한 행동을 디자인한다는 것은 과거 실천에 대한 평가, 과학과 기술의 발달에 대한 평가, 기획된 미래의 경제적·사회적·환경적 효과에 기반을 둔 균형 잡힌 판단을 요구한다. • 지속가능한 미래는 환경의 질과 특별함을 보전하거나 회복하기 위해 기획된 행위의 결과로 얻어질 수 있다.

출처: ACARA, 2013b.

교육(education)과 학습(learning)의 과정이며, 동시에 역량강화(empowerment)의 과정이라 할 수 있다. 특히 지속가능한 발전이나 환경교육처럼 사회적 요구에 의해 성립되었으며 기존의 공식적인 교육에 비해 실천적 변화의 측면이 강조되는 경우, 교육-학습-역량강화와의 연계는 보다 중요해진다. 따라서 지속가능한 발전을 위한 교육은 학교라는 경계에 국한될 수 없을 뿐 아니라 개인과 집단의 차원에 국한되는 것도 아니며, 개인적 차원, 집단적 차원, 국가적 차원, 지구적 차원에서 사회 전반의 인식 변화와 구조 변화가 다양한 층위에서 다양하게, 그러나 동시적으로 진행되어야 한다는 것이다. 그뿐만 아니라 구조의 변화를 넘어 개개인의 의지의 변화를 만들어 낼 수 있어야 할 것이다(엄은희, 2009).

(4) 정치생태학의 관점에서 본 "환경이슈: GMO"사례

앞에서 살펴보았듯이, 사회와 자연의 경계가 점차 무너지고 있다. 자연은 사회적으로 구성된다. 그 일례로 자연의 상품화를 들 수 있다. 인간은 자연을 상품으로 변형하는데, 그 대표적인 사례가 최근 환경적 이슈가 되고 있는 GMO(유전자 재조합 식품)이다. 우리가 소비하는 식품의 생산 과정 속에 개입되는 과학지식, 그리고 이와 연계된 기업의 이윤창출을 위한 투자사업 및 이것을 둘러싼 윤리적 문제들을 어떻게 보아야 할까? 소위 사회에 의한 자연의 생산이 일어나는 현상의 사례로 GMO가 우리나라 지리 교과서에 들어오기 시작하였다.

중학교 지리교육과정의 12단위 '환경문제와 지속가능한 환경'의 세 번째 성취기준은 "주변에서 경험 가능한 환경 관련 이슈(예, GMO, 로컬푸드 등)를 선정하여, 이에 대한 자신의 생각을 논의할 수 있다."로, 환경 관련 이슈의 사례로 GMO를 제시하고 있다. 그리하여 이에 따라 저술된 6종의 지리 교과서에는 어김없이 GMO 사례가 등장한다.

앞에서 언급하였듯이 정치생태학자들은 사회와 자연의 이분법적 사고를 지양하고, 자연의 사회적 구성을 강조하면서 사회적 자연이라는 용어를 제시한다. 이러한 사회적 자연의 개념을 파악할 수 있는 사례로서 지리 교과서에는 일상생활에서의 환경문제 사례로 과학기술 발달로 인한 환경문제와 식품과 관련한 환경문제를 제시한다. 과학기술 발달로 인한 환경문제의 대표적인 사례로 제시되는 것이 GMO이며, 식품과 관련한 환경문제로 제시되는 것이 로컬푸드이다. 특히 정치생태학자들은 이러한 식품들이 사회적으로 생산되어 소비되는 데 관여하는 것은 단지 로컬만의 문제가 아니라 글로벌적 맥락에서 파악해야 함을 강조한다.

현행 2009 개정 사회과교육과정에 의한 중학교 사회(지리 영역)에서 다루어지는 GMO, 로컬푸드에서 문제시될 수 있는 것은 GMO가 단지 무엇인지 과학기술적인 측면에서 이야기를 하고 있다는 것이다. 지리에서 환경적 쟁점으로 GMO에 관심을 가지는 것은 자연의 사회화, 즉 사회적 자연의 생산에 대한 문제인식과, 이것들이 과학기술뿐만 아니라 대기업이 글로벌적 맥락에서 이윤을 창출하기 위해 자연을 사회화하는 측면에서 접근해야 한다. 물론 이러한 관점이 정치생태학적 관점이기는 하지만, 환경적 쟁점에 대한 비판적 인식을 위해서는 필요한 관점이다. 그러나 6종의 지리 교과서에서 다루어지는 GMO의 사례는 이와 거리가 멀다. 즉 과학기술에 의한 자연의 사회적 생산에 대한 언급만 있을 뿐, 자본주의 대기업의 이윤창출에 대한 언급은 없다.

유전자 재조합 농산물(GMO)은 생산량 증가, 유통과 가공의 편리를 목적으로 유전 공학 기술을 이용하여 개발한 농산물을 말한다(두산동아, 101).

유전자 재조합 생물(GMO)은 기존의 생물체 속에 인위적으로 다른 생물체의 유전자를 끼워 넣음으로써 새로운 성질을 갖는 유전자 재조합 생물체를 말한다(미래엔).

유전자 재조합 농산물(GMO)은 맛과 영양을 좋게 하거나 대량 생산이 가능하도록 유전자를 조작하여 변형한 것이다(지학사).

4) 관계적 감수성을 위한 지리교육

지금까지 지리학과 지리교육 분야에서는 인간과 자연의 이분법에 대한 수많은 문제제기를 하면서, 인간과 자연과의 관계 복원에 강조점을 두어 왔다. 그럼에도 불구하고 속시원한 해결책은 제시되지 않았다. '인간이 자연에 영향을 주고, 다시 자연이 인간에 영향을 준다'는 식의 인간과 자연과의 관계에 대한 설명에는 한계가 있다. 그래서 이 글에서는 이를 극복하기 위한 방법으로 지리학계에서 논의되어 온 자연의 사회적 구성, 즉 사회적 자연(social nature)의 개념에 주목하였다.

영국, 오스트레일리아, 우리나라 지리교육과정 및 지리 교과서를 통해 이러한 관점이 얼마나 반영되고 있는지를 살펴보았다. 영국은 1980년대 후반 이후 인간과 자연의 상호작용에 초점을 둔 지리교육과정으로의 전환이 이루어지고 있지만, 여전히 사회적 자연 개념을 수용하는 데는 한계를 보이고 있다. 그러나 최근 오스트레일리아는 국가지리교육과정을 제정하면서 인간과 자연의 통합을 추구하고, 지리학계에서 논의되고 있는 사회적 자연 개념을 적극 끌어오고 있다. 반면에 우리나라 지리교육과정 및 지리 교과서에서는 자연과 인간 그리고 환경, 나아가 지속가능한 발전 개념이 명확한 의미를 가지고 일관되게 사용되지 못하고 있다. 물론 사회적 자연을 탐색할 수 있는 환경적 이슈로서 GMO 사례는 진일보한 것이지만, 정확한 사회적 자연의 의미를 담는 데는 한계를 노정하고 있다. 이뿐만 아니라 사회적 자연 개념을 탐색할 수 있는 다양한 사례가 여전히 미비하다는 한계를 지니고 있다.

사회적 자연이 지리교육에 지니는 함의는 기존의 인간과 자연의 이분법을 타파할 수 있으며, 이를 통해 학생들에게 관계적 감수성(relational sensitivity)을 길러 줄 수 있다(Anderson, 2009; 이영민·이종희, 2013 재인용). 자연을 설명하기 위해서는 자연이 무엇처럼 보이는지에 대해서뿐만 아니라, 우리가 그것을 어떻게 느끼는지에 대해서도 말해야만 하기 때문이다. 사회적 자연에 대한 관계적 감수성에 대해 생각해 봄으로써 인간과 장소의 필수적인 상호구성 요소 내에서 여러 중요한 흔적들을 조명해 볼 수 있다. 인간과 자연이 서로 얽혀 계속적으로 영향을 미치고 있다는 관점을 수용한다면, 더 이상 자연을 이해하기 위해 '인간(문화, 사회) 밖으로 나가는 것'이 불가능해질 것이다. 우리가 발 딛고 살아가는 실재적 자연과 우리의 머릿속에 담긴 이상적인 자연은 언제나 서로 복잡한 관련성 속에서 존재한다. 만약 이 같은 함축적이고 모순적인 복잡성의 관계를 모색하는 데 실패한다면, 우리는 우리 자신과 세계를 진정으로 이해할 수 없을 것이다.

자연의 사회적 구성을 비롯한 지속가능한 개발을 위한 교육을 위해서는 지리교육에서 글로벌 윤리와 글로벌 책임성이 요구된다(Haubrich, 2009). 엄은희(2009)는 학교 내에서 정치생태학을 통한 비관적 문해력 교육은 한계가 있다고 주장한다. 그 이유는 교육과정은 보수적이며 사회변화를 담는 것에는 늘 뒤처지기 때문이다. 이러한 상황에서 환경문제에 대한 정치생태학적 접근은 학생들을 지루하게 하고, 준비되지 않은 교사들은 그런 이슈를 가르칠 의지와 능력을 가질 수 없다. 그리함에도 더 나은 세계를 위한 학습은 필요한데, 그 학습의 주체는 사회적 책임감을 느끼고 현실에서 실천적 변화를 만들어 내야 할 것이다. 그런 점에서 정치생태학 연구와 이의 교육적 적용은 학령기의 아동이나 학생 대상의 학교교육 프로그램보다는 성인들을 대상으로 한 교육 프로그램의 형태로 변형되는 것이 보다 시급하며, 예비교사를 대상으로 한 교육은 매우 중요한 과제라 할 수 있다.

황진태(2016)는 사회적 자연 개념이 지리교육에 반영되어 실효성을 거두기 위해서는 먼저 대학 차원에서 자연지리와 인문지리 두 영역 간의 '전략적 거리 좁히기'가 필요하며, 이어 주로 자연지리와 인문지리로 이원화된 현행 초중등 지리 교과서를 재구성해야 함을 주장한다. 그뿐만 아니라 지리 교과 내에서 인문지리와 자연지리의 통합 또는 융합뿐만 아니라, 사회과 내에서의 통합을 통해 영역 간 간극을 좁혀야 한다고 주장한다.

6. 동물지리와 지리교육의 관계: 생태정의와 동물권

1) 도입

지리학 및 지리교육은 일찍부터 인간과 자연과의 관계 탐색에 주목해 왔다. 그렇지만 인간과 자연을 분리해서 다루는 이분법적 시각은 계속해서 문제로 지적되어 왔다. 인간은 자연과 별개인가, 아니면 인간도 자연의 일부인가에 대한 본질적 물음에서 나아가, 최근에는 이러한 인간과 자연에 대한 이분법적 시각을 탈피하기 위한 시도로 자연의 사회적 구성에 대한 논의가 이어지면서 '사회적 자연'이란 용어가 통용되고 있다(Castree and Braun, 2001; 조철기, 2016c).

흔히 지리의 관점에서 자연이라고 하면 대부분 지형, 기후, 토양, 식생 등에 초점을 둔다. 그중에서 식생과 관련해서는 대개 식물에 대해 일차적인 관심을 기울이는 반면, 동물은 부차적으로 다루어지거나 거의 다루어지지 않는 경향이 있다. 그러나 최근 지리학계에서는 그동안 등한시된 동물에 대해 관심을 기울이기 시작하였는데, 이를 '동물지리(animal geography)'라는 별도의 연구 분야로 지칭하기도 한다(Philo, 1995).

사실 동물은 우리 인간과 밀접한 관련을 가지는 존재이다. 인간 중 일부는 동물을 사랑하고, 일부는 동물을 싫어하며, 일부는 동물을 먹기도 한다. 동물은 우리 인간의 역사에서 매우 중요한 존재이며, 우리 인간의 삶과 매우 밀접하게 연결되어 있다. 이는 인간과 동물의 불가분의 관계를 보여 주는 것으로, 동물에 대해 진지하게 고려해야 할 필요성을 제기한다. 인간으로서 우리는 동물들의 삶에 관해 어떻게 알고 이해하고 있을까?

이 장에서는 동물지리에 대한 고찰 후, 동물지리가 지리교육에 주는 함의를 고찰하고자 한다. 먼저 동물과 인간 사회에서 동물의 역할을 이해하고, 인간과 비인간 동물의 관계를 조명하며, 어떤 윤리적·도덕적 쟁점들이 이러한 인간과 동물 관계로부터 야기되는지를 고찰할 것이다. 즉 자연으로서, 인간의 동반자로서, 그리고 음식으로서 동물과 관련된 핵심적인 쟁점들을 검토할 것이다. 그리고 지리교육과정 및 지리 교과서에서 동물들이 얼마나 반영되고 있고, 어떻게 전달 또는 재현되고 있는지를 고찰하고자 한다.

2) 동물지리의 출현과 연구동향

서구 학자들을 중심으로 동물지리에 대한 관심이 1990년대 후반부터 다시 출현하기 시작하였다. 이는 소위 '동물지리로의 전환(animal turn)'으로 불리며, 사회과학과 인문학 등 인접 학문에 큰 영향을 미쳤다. 이후 동물지리는 지리학의 하위 분야로 자리잡기 시작하였다(Buller, 2013a; 2013b; 2015; 2016). 1995년 인문사회과학 저널인 *Environment and Planning D: Society and Space*는 '동물'을 특집 주제로 다루었다. 여기서 논의된 주된 관점은 인문지리가 인간만을 대상으로 하고 '비인간 동물(non-human animals)'에 대해서는 외면하는 것을 비판하면서(Wolch and Emel, 1995, 633), 동물지리의 정당성을 주장하였다. 이후 저널 *Society and Animals* 역시 1998년 특집호로 동물지리를 다루었다. Philo and Wolch(1998)는 20세기 초반의 생물지리(biogeography)[또는 자연적 동물지리(zoogeography)]와 더 현대의 문화지리 전통으로부터 이 분야의 유산을 끌어오려고 하였다. 이렇게 출현한 '신동물지리(new animal geography)'의 과제는 인간과 동물의 복잡한 공간적 관계를 탐색하려는 것이었다(Philo and Wolch, 1998, 110). 이는 동물의 행위뿐만 아니라 그 행위가 시간과 공간에 따라 어떻게 상이하게 구성되거나 이해되는지를 탐색하려고 하였다.

Wolch and Emel(1998)은 *Animal Geographies: Place, Politics and Identity in the Nature-Culture Borderlands*에서 지금이야말로 "동물의 시대(animal moment)"라고 주장한다. 2년 후 Philo and Wilbert(2000)는 *Animal Spaces, Beastly Places: New Geographies of Human-Animal Relations*에서 인간과 동물 관계의 중요성을 무시하는 사회과학에 대해 비판하였다. 그리고 2004년

영국 지리학자 Xavier de Planhol은 *Le paysage animal: une zoogéographie historique*에서 지리학이 인문학의 삶, 기억, 문화에서 동물의 존재를 물질적으로뿐만 아니라 비물질적으로 더 완전하게 설명할 수 있다고 주장하였다. 최근 Urbanik(2012)는 장소의 관점에서 인간과 동물의 상호작용에 대한 유의미한 결과를 도출하였다(또한 Emel and Urbanik, 2010 참조).

이러한 동물지리와 관련한 저술과 함께, 동물을 주제로 한 다양한 지리학 연례학술대회가 개최되었다. 예를 들면, 영국 왕립지리학회(Royal Geographical Society)(Institute of British Geographers와 함께)의 연례학술대회를 비롯하여 미국지리학회(AAG)의 연례학술대회가 대표적이다. 미국지리학회는 현재 '동물 연구 그룹(Animal Study Group)'을 운영하고 있다. 그뿐만 아니라 동물 연구와 관련한 새로운 저널과 많은 책, 그리고 심지어 시리즈가 출간되었다. 문화연구, 인류학, 생명정치학, 정치학, 사회학, 철학, 예술, 인문학, 영화학, 그리고 다른 연구들 역시 계속하여 '동물지리로의 전환'을 추구하고 있으며, 지리학자들은 점점 그러한 학문적 성과를 도입하고 있다(Buller, 2013a; 2013b; 2015; 2016).

3) 동물지리: 동물에 대한 지리적 관심

(1) 동물과 지리

포스트모더니즘의 경향과 함께 최근 지리학 및 지리교육 연구에서 '타자'에 대한 관심은 매우 높다. 이러한 타자(젠더, 섹슈얼리티, 계층, 민족, 건강 등)에 대한 연구는 기존의 지리학 및 지리교육이 여성, 동성애자, 노동자, 유색인종, 장애인 등에 대해 무시하거나 편견적인 반응을 보인 것에 대한 비판적 성찰에 초점이 맞추어져 있다. 여기서 알 수 있는 것은 타자에 대한 성찰이 우리 인간 중에서 차별받거나 배제받는 부류에 집중되어, 철저히 '인간(human)'에 머물러 있다는 것이다. 이는 달리 말하면, 동물과 같은 '비인간(non-human)'에 대한 관심으로 나아가지 못한 한계를 지닌다는 것이다(Philo, 1995).

그렇다고 지리학에서 동물에 대해 다루지 않았다는 것은 아니다. Philo(1995)의 경우 지리학 내에서의 동물에 대한 접근의 한계를 비판하면서, 새로운 동물지리(animal geography)의 필요성을 역설하였다. 그는 지리학 연구는 전반적으로 동물을 연구대상으로 간주하지 않았으며, 대개 동물을 자연과 환경의 하위 범주로만 다루면서 특별히 고려해야 할 가치가 있는 쟁점으로 만들지 않았다고 지적한다. 특히 이러한 현상은 자연적·환경적 맥락과 관련하여 동물과 식물의 공간적 분포를 검토하는 생물지리학(biogeography)[21] 분야에서 두드러졌다고 지적하였다. 한편, 인문지리학 분야에서도 동물이 다루어져 왔지만, 여기서 동물은 사육되고 인간이 활용하고 구매하는 동물의 생산물(고기, 우유, 모피,

가죽)에 초점을 두는 경향이 있다. 따라서 농업지리 및 농촌지리에서 소, 양, 돼지와 같은 동물이 중요한 위치를 점유해 왔다.

그러나 이들 연구의 한계는 동물이 등장하고 있지만, 동물이 동물로서 취급되지 않는다는 것이다. 농물이 자신의 삶, 요구, 그리고 자기인식을 가진 존재로 간주되지 않고 단순히 덫으로 잡히고, 숫자로 헤아려지고, 지도화되고, 분석되기만 한다. 여기서 동물의 삶은 인간이 동물에 부여하는 사용 목적에 의해 형성된다. 즉 인간의 사용 목적에 의해서만 동물이 다루어지고, 하나의 살아 있는 유기체로서 그들의 존재는 무시되어 왔다. 이러한 관점은 비인간인 동물은 대개 자신의 삶을 가진 존재로 취급받지 못하는 매우 부분적인 '살아 있는 생물의 지리(geography of living)'라고 할 수 있다(Philo, 1995).

최근 환경윤리에 대한 관심은 동물을 새로운 관점에서 보기 시작하였다. Routley and Routley (1980, 96-97)는 현재의 윤리적 입장은 인간을 본위에 놓으면서 비인간에 대해서는 편견적인 방식으로 차별화한다고 주장한다. 이것의 함의는 인간적 사고는 비인간에 대한 "인간 쇼비니즘(human chauvinism)"을 나타낸다는 것이다. 즉 비인간을 무시하고 동물 자신의 내재적 가치와 욕구로서 개념화될 수 있는 것들을 경시하며, 동물을 인간의 재산적 가치로서만 진지하게 고려한다는 것이다. 이러한 관점은 동물에 대한 새로운 시각을 제시한 피터 싱어(Peter Singer)의 고전적 연구 『동물해방(Animal Liberation)』(1975)과 밀접하게 연결된다.

이처럼 동물에 대한 새로운 지리적·윤리적 관점은 자연지리(특히 생물지리)의 관점에서 동물에 대한 관심에서 벗어나 새롭게 부활된 동물지리, 즉 사회문화적 동물지리(social-cultural animal geography)에 대한 관심으로 전환한 것이라고 할 수 있다(Anderson, 1995; Matless, 1994). 이는 인간과 동물 관계에 관한 이전의 많은 지리학 연구의 인간 쇼비니즘 경향에 대해 반대하는 것이다.

이처럼 동물지리는 자연과학과 생명과학에 초점을 두기보다는 인문학과 사회과학의 관점에서 접근한다. 동물지리는 다음과 같은 질문들에 대한 답변을 탐구한다. 동물과 인간과의 역사는 어떤가? 비육장, 도살장, 동물원, 야생동물보호지구, 애완동물 가게, 그리고 심지어 집과 같이 동물의 생산과 소비를 위한 장소들이 어떻게 발달되어 왔는가? 인종, 계층, 젠더는 동물에 대한 우리의 사용과 태도에 어떻게 영향을 미치고 있는가? 우리는 어떤 유형의 동물을 사랑하거나, 미워하거나 먹는가?

---

21 생물지리학은 생물들의 분포와 활동 영역 등을 지리학적으로 연구하는 학문으로, 생물학과 지리학이 통섭된 것이다. 생물지리학은 생물군집의 분포를 다루는 학문으로, 생물군의 차이에 따라 식물지리학과 동물지리학으로 나눌 수 있다. 일반적으로 생물종 단위로 구별하여 서식지를 찾아내고, 그 생물종이 서식하는 데 최적의 환경을 알아낸다. 이를 이용해 생물과 지리 사이의 관계를 알아내어 농업 등의 발전에 기여할 수 있다.

(2) 동물지리에 대한 두 접근

지리학은 인간이 아닌 비인간으로서 동물에 대한 지속적인 관심을 기울이고 있다(Wolch and Emel, 1998; Emel, et al., 2002). 20세기 초반에 지리학은 동물지리를 두 가지 관점에서 접근하기 시작하였다. 여기서 두 가지 접근이란 하나는 '자연적 동물지리(zoogeography)'[22]이고, 다른 하나는 '문화적 동물지리(cultural animal geography)'이다(Emel et al., 2002).

자연적 동물지리학자(zoogeographers)는 전형적으로 자연지리학과 밀접하게 관련되며, 동물의 지리적 분포에 초점을 둔다. 자연적 동물지리는 보다 작은 스케일에서 동물들이 지표면에 어떻게 분포하고 있는지에 대한 일반적 법칙을 밝히는 데 초점을 둔다. 반면에 1960년대 초반 등장한 문화적 동물지리는 공간과 공간분포에 대한 자연적 동물지리의 강조를 되새기면서, 특히 인간이 동물의 수와 분포에 어떻게 영향을 주는지를 탐색한다(Bennett, 1960; Emel et al., 2002). 문화적 동물지리는 동물사육의 기원, 분포와 확산에 초점을 둔 문화생태학과 딱 들어맞으며, 장소, 지역, 경관에 대해 관심을 가진다. Sauer(1952)는 "자연경관"을 "문화경관"으로 전환하여 동물사육의 역사를 검토하였다.

20세기 후반 여러 이유로 동물지리는 지리적 담론에서 사라졌다. 그러나 1990년대 들어오면서 이에 대한 관심이 되살아나기 시작하였다. 그 배경에는 인문지리와 사회이론, 문화연구, 자연과학, 환경윤리 간의 통섭이 자리잡고 있었다(Emel et al., 2002). Wolch and Emel(1995; 1998)은 문화적 관점에서 동물지리에 대한 관심을 다시 불러일으켰고, Tuan(1984)은 애완동물 소유의 불평등을 추적하였으며, Philo and Wilbert(2000)는 신문화지리학의 개념을 인간-동물 관계에 적용하였다.

이처럼 최근 지리학은 문화적 관점을 취함으로써 비경제적 관점에서 인간과 동물의 관계를 연구한다. 이들은 미디어에서 동물이 어떻게 재현되며, 그리하여 대중들은 자연을 어떻게 이해하는지, 인간은 동물을 어떻게 다루는지(가령 사냥? 아니면 보존?), 동물원, 공원, 도시 정원의 계획을 통해 도시 내의 한 장소에 자연을 어떻게 배치하고 있는지를 탐구한다(전종한 외, 2008).

사회이론과 문화연구의 새로운 연구는 '주체성(subjectivity)'에 대한 새로운 사고로 이어졌다. 정치경제학, 후기구조주의, 페미니즘, 과학연구 등 다양한 지적 전통으로 무장한 지리학자들은 많은 다른 자연과학자들과 마찬가지로 동물의 주체성과 세계에 대한 이해를 위해 자연의 블랙박스를 열어

---

22 동물에 대해 그 지리적 분포 상태를 조사·연구하는 학문을 말한다. 동물상의 연구가 그 기본이 되는데, 이를 바탕으로 동물지리구(動物地理區)를 연구하는 학문을 특히 동물구계지리학(動物區系地理學)이라고 한다. 또한 동물의 생리 변태에 바탕을 두고 생존 상태를 명확히 하고 환경이 미친 영향, 적응 등을 구명하여 동물의 자연군락을 설정한다. 이러한 지리적 분포·성립의 인과관계를 추구하는 진화론적 연구도 행해진다. 동물과 식물을 식별하지 않고 생물의 지리적 분포를 연구하는 경우에는 생물지리학이라고 한다. 한편, 동물상이 어떻게 성립되었는가를 지사나 진화론에 바탕을 두고 연구하는 것은 동물계통지리학(動物系統地理學) 또는 역사적 동물지리학이라고 한다(한국지리정보연구회, 2004).

젖힐 필요성을 제기하기 시작하였다(Anderson, 1997; Elder et al., 1998). 이들 연구의 초점은 문화와 개별 인간 주체들의 사회적 구성, 동물의 주체성의 본질, 행위 그 자체에서 동물의 역할에 관한 것이었다. 이들 동물지리학자들이 관심을 갖기 시작한 주제들은 인간—동물 분리(특히 이러한 분리가 시공간에 걸쳐 어떻게 왜 이동하고 있는지), 동물과 인간 정체성과의 연계(즉 인간의 동물에 대한 사고와 재현이 정체성을 형성하는 방법) 등을 포함한다.

비판적인 인종 및 후기식민주의 이론가들은 동물의 재현과 정체성뿐만 아니라 인종과 '동물성(animality)'의 재현 간의 연결을 조명하였다. 반면에 섹슈얼리티와 몸에 관해 연구하는 페미니스트들은 몸의 기관을 부호화하는 데 동물의 중요성을 강조하였다(Emel, 1995; Howell, 2000). 동물지리학자들은 인간의 이질적인 정체성 형성에 있어 동물의 역할에 초점을 두었다. 이러한 정체성들은 특정한 시대, 장소, 국가, 그리고 인종적/민족적, 문화적, 또는 젠더화된 정체성과 연결될 수 있다.

동물의 주체성에 대한 인식은 동물 행위(animal agency) 그 자체에 대한 질문과, 그것이 일상의 인간과 동물의 삶 모두를 위해 무엇을 의미할 수 있는지에 대한 질문으로 이어졌다(Whatmore and Thorne, 1998). 행위자네트워크 이론(Actor Network Theory)을 사용하는 지리학자들은 인간(humans)과 비인간(nonhumans) 간에 어떤 선험적인 구분도 없다고 주장한다. 인간, 기계 또는 동물 간의 선을 구분하는 것은 변화되거나 협상되어야 할 대상으로 간주된다.

경관과 장소의 사회적 구성에 대한 논쟁은 동물지리학자들을 동물과 그들이 얽혀 있는 네트워크들이 어떻게 시간의 흐름에 따라 특정 장소, 지역, 경관에 흔적을 남기는지를 탐구하도록 이끌었다(Anderson, 1995; Davies, 2000; Gruffudd, 2000). 주로 탐구된 장소는 동물원, 인간과 동물이 공간을 공유하는 경계 공동체, 포획되거나 사육된 동물들의 전 세계 무역이 이루어지는 장소 등을 포함한다.

장소에 묶인 동물 사육은 궁극적으로 장소와 지역의 역사 및 문화와 연결된다. 최근의 자본주의 농업의 변화는 시골의 쇠퇴와 농업관광(agrotourism)을 통한 시골에 새로운 힘을 불어넣으려는 노력, 그리고 시골경관을 시골 특성에 맞게 보존하기 위해 변경하려는 노력을 자극한다(Ufkes, 1995; Yarwood and Evans, 2000). 따라서 가족농장은 오래되고, 드물며, 멸종위기에 처한 동물을 사육하는 테마파크가 되었다.

지리학자들은 도시를 포함하여 특정 장소에서의 동물들의 포섭과 배제에 관한 많은 연구를 수행하고 있다(Philo, 1995; Gaynor, 1999; Griffiths, 2004). 대도시와 야생의 경계 구역은 사람과 동물이 모두 침투할 수 있는 공간으로 남아 있다. 동물들을 주체로서 보는 것은 인간과 동물이 상존하는 장소인 'zoopolis'를 창출하여, 인간과 동물 간 돌봄의 네트워크를 설립할 수 있다(Wolch, 1996).

동물의 주체성에 관한 관심은 지리학자들을 환경윤리와 특히 도덕경관에서의 동물들에 대한 새로운 사고로 향하도록 하였다(Matless, 1994). 인간과 동물의 정의(justice)는 많은 동물지리학자들에게 매우 중요하다. Lynn(1998)은 사람, 동물, 자연을 포함하는 윤리적 질문을 아우르기 위해 "지리적 공동체(geographical community)"라는 개념을 발달시켰다. Jones(2000)는 레비나스(Levinas)의 인간과 동물의 상호작용에 대한 만남의 윤리를 채택하면서, 인간과 동물의 모든 만남은 윤리적으로 부과된 것이라고 주장하였다. Elder et al.(1998)은 서벌턴 피플(subaltern people)[23]뿐만 아니라 동물들을 아우르는 급진적 민주주의를 추천하였다.

이상과 같이 문화적 전환을 통해 지리학은 인간과 비인간 동물의 관계에 대한 역사와 문화적 구성을 설명하는 데 기여해 오고 있다. 그뿐만 아니라 인간과 비인간의 젠더화되고 인종차별화된 특성, 그리고 그들의 경제적 착근성(economic embeddedness)을 설명하는 데 중요한 역할을 제공하고 있다(Emel et al., 2002).

(3) 인간과 동물을 함께 포용하는 공간 창조를 위한 동물지리

자연과 사회에 관한 최근의 연구경향 중 하나는 동물지리에 대한 관심의 출현이다. 동물지리는 지리가 동물과 비인간 세계의 행위주체를 어떻게 무시하고 있는지를 조명한다. 동물지리는 다양한 생물종의 공존을 인식하는 새로운 정치학이다(Wolch and Emel, 1998).

동물은 인간의 삶과 너무도 밀접한 관련을 맺어 오고 있다. 그러나 지금 인간의 행위는 이전보다 동물 세계와 전 지구적 환경을 위협하고 있다. 이는 인간과 동물의 관계를 다시 생각하게 한다. Wolch and Emel(1998)에 의하면, 지리는 인간(사회)과 자연의 관계 탐색에 대한 오랜 전통을 근대화와 사회이론에 대응하여 계속 발전시켜 오고 있다. 이러한 접근은 공간과 장소의 구성에 있어 동물이 중요한 행위자라는 것을 강조한다. 동물의 주체성(animal subjectivities)과 인간의 정체성(human identities)이 어떻게 형성되고, 인간과 동물이 어떻게 상호의존적인지를 조명한다. 이는 동물과 인간이 어떻게 서로 인접하여 살고 있고, 때로는 인간과 동물 간의 경계가 어떻게 사회적으로 그리고 정치적으로 부과되는지를 드러낸다. 이러한 동물과 인간의 관계는 동물의 신체를 보다 넓은 정치경제 내에 위치지운다. 그리고 이러한 모든 관계는 윤리적 관점으로부터 조명된다.

사회이론은 왜 동물에 대해 관심을 가지게 되었을까? 이는 경제적 질문과 밀접한 관련이 있다. Wolch and Emel(1998, 2)에 의하면, 지난 20년 동안 동물경제는 더 강력할 뿐만 아니라 동시에 더 광범위하게 되었다. 동물로부터 더 많은 이윤이 생겨났다. 동시에 동물기반 산업은 대부분의 개발도

---

23 서벌턴이란 지배계층의 헤게모니에 종속되거나 접근을 부인당한 그룹을 의미한다. 여기에는 노동자, 농민, 여성, 피식민지인 등 주변부적 부류가 속한다.

상국을 포함하여 대부분의 국가에서 성장해 왔다. 이를 가능하게 하는 것은 경제적 세계화, 경제발전과 서식지 손실, 야생동물의 무역, 생명공학산업의 출현, 동물 신체의 유전자변형 등을 포함한다. 한편, 이러한 경제적 발전은 인간이 동물을 사용하는 것에 대한 질문을 야기시켰다(Wolch and Emel, 1998, 8). 즉 시대한 환경파괴, 종의 멸종, 경제적 세계화에 따른 동물의 상품화 등은 동물을 둘러싼 정치학과 윤리로 이어져 왔다.

이러한 정치학은 다양하고 복잡하다. 동물들이 고통을 받지 않아야 한다는 사고에 근거하여 보존투쟁, 야생종 보호, 동물복지 운동 등이 나타나고 있다. 이러한 유형의 정치학은 점점 사람들이 먹는음식의 종류와 음식의 생산환경에 대한 논쟁으로 이어졌다. 동물정치학은 근대화에 대한 비판에 초점을 둔 사회이론의 발달과 연결될 수 있다. 역사적 시대로서 서구의 근대화는 과학의 발전, 전례 없는 삶의 표준으로 이끈 산업화, 무생물 에너지 자원에의 의존, 국민국가에 의존한 정치 시스템, 광범위한 관료주의 국가에 의해 특징지어진다. 1970년대경 이러한 근대화와 근대적 사고의 유산은 심각한 공격을 받았다. 비평가들은 근대성은 인종과 계층과 젠더의 지배, 식민주의와 제국주의, 인간중심주의(인류세주의, anthropocentrism)와 자연 파괴, 인간과 자연의 이분법, 주체의 탈중심화에 의존한다고 주장하였다. 이러한 정치학은 동물들이 윤리적·도덕적 관심으로부터 배제된 것을 바로잡으려고 한다. Wolch and Emel(1998)은 이러한 정치적 관심을 인간과 자연이 공유하는 공간의 창조라고 주장한다. 그들에 의하면, 21세기를 향한 진보적인 정치학을 구축하는 것은 인간과 동물 둘 다를 포용할 수 있는 정의를 실현하기 위한 포섭적이고, 배려적이며, 민주적인 캠페인이다.

4) 지리 교과서에 재현된 동물지리

지리학이라는 학문에서 연구되어 온 동물지리가 중등학교 지리교육과정 및 지리 교과서에 반영되기에는 시간적 간극이 있을 수밖에 없을 것이다. 그럼에도 불구하고 지리 교과서에 동물이 어떻게 재현되어 있는지를 비판적으로 검토하는 것은 미래 지리교육과정 개발에서 시사하는 바가 있으리라 생각된다. 따라서 이 장에서 우리나라 중학교 사회 교과서(김창환 외, 2013)와 오스트레일리아 지리 교과서(Guest et al., 2009)를 각각 한 종 선택하여, 동물이 어떻게 재현되어 있는지를 살펴보고자 한다. 우리나라와 오스트레일리아의 지리 교과서를 분석하여 도출한 동물지리 재현 특징을 제시하면 다음과 같다.

먼저, 우리나라 지리 교과서에 다루어지는 동물은 주로 가축 및 농업 생산과 관련하여 상품으로 재현된다. 이는 인간과 동물의 관계를 보여 주는 문화적 동물지리의 사례라고 할 수 있다. 예를 들면,

전통 농업에 축력으로 사용된 한우, 몽골 초원의 유목, 알프스의 이목 등이 다루어진다. 또한 젖소, 고기소(횡성 한우-지리적 표시제와 관련하여), 돼지(제주 돼지고기-지리적 표시제와 관련하여) 등 상품으로 간주되는 경향이 있다. 또한 종교의 계율이 식생활이나 경제생활에 미치는 영향의 사례로 힌두교에서 터부시되는 쇠고기, 이슬람교와 유대교에서 터부시되는 돼지고기에 대해 다룬다.

둘째, 자연지리 단원에서는 야생동물로 다루어지는데, 이는 자연적 동물지리와 관련이 깊다. 기후와 관련하여 서안해양성기후와 관련하여 가축으로서 젖소와 양, 열대우림기후의 아마존에 서식하는 원숭이, 건조기후 지역의 낙타, 사막을 삶의 터전으로 살아가는 다양한 동식물(낙타, 사막여우), 스텝 지역, 예를 들면 몽골에서의 말, 미국의 기업적 소 방목, 오스트레일리아의 양 사육, 툰드라 지역에서는 순록 등에 대해 제시하고 있다(김창환 외, 2013, 66). 또한 아프리카의 사바나는 야생동물들(사자, 표범, 코끼리, 물소 등)의 낙원으로 야생동물의 생태 현장으로 생생하게 체험할 수 있는 지역으로 묘사된다(김창환 외, 2013, 76-77).

셋째, 생물종 다양성 보존 문제와 관련하여 동물이 다루어진다. 인간의 개발 행위가 생물종 다양성에 미치는 영향에 대해 주목한다(김창환 외, 2013, 42). 예를 들면, 햄버거 패티에 들어갈 쇠고기를 확보하기 위한 브라질의 소 방목과 열대우림 파괴, 지구온난화로 인해 북극이 해빙되면서 위기에 처한 북극곰, 각종 오염에 의해 피해를 입고 있는 대상으로 각종 생물들, 자원 채굴로 인해 서식지가 파괴되어 멸종위기에 처한 동물(예를 들면, 아프리카 콜탄 채굴로 인한 고릴라 멸종위기) 사례 등이다. 한편, 오스트레일리아 지리 교과서(Guest et al., 2009)는 2단원에 "멸종위기에 이른 종: 우리의 미래를 구하기 (Endangered species: saving our future)" 단원을 별도로 설정하고 있다. 이 단원에서는 멸종위기에 처한 종들의 서식지, 그들의 생존에 대한 위협, 우리는 무엇을 도울 수 있는지에 대해 학습한다. 이 단원은 아프리카코끼리, 눈표범(Snow leopard) 등 몇몇 동물의 서식지를 다루고, 왜 그들이 멸종위기에 처했는지를 탐색하며, 전 세계 사람들과 조직이 그들을 구하기 위해 어떻게 하고 있는지를 다룬다. 동물의 서식지를 파괴하고 변화시키는 것처럼, 인간은 또한 세계의 많은 동물의 멸종 위험을 증가시키고 있으며, 파괴되고 있는 서식지를 왜 보존해야 하는지 어떻게 보존할 수 있는지에 대해 다룬다.

마지막으로, 생활 속 환경 관련 이슈로서 유전자 재조합 농산물(GMO)을 다루고 있는데, 사실 유전자 재조합 농산물에서는 주로 곡물이나 채소, 과일을 사례로 들 뿐 유전자 재조합 동물에 대한 사례는 거의 없는 편이다. 유전자 재조합 동물의 경우 동물권, 동물윤리와 밀접한 관련을 가질 수 있다. 그럼에도 불구하고 여기에서 이와 관련한 논의는 이루어지지 않는다.

결론적으로 지리 교과서에서 동물은 자연지리를 비롯하여 환경 단원, 그리고 경제생활, 문화 단원과 관련하여 주로 다루어진다. 그리고 동물이 주체로서 다루어지는 것이 아니라, 인간이 이용하는 관광, 상품, 생산물로서 다루어지거나, 인간과 자연의 관계에 대한 사례로 다루어진다. 그리고 동물은 주로 자연지리 단원에서 특정 기후를 이해하기 위한 소재로서 다루어지고 있다. 우리나라 지리 교과서는 생물종 다양성 보존과 관련하여 여러 단원에 산재하여 있는 데 반해, 오스트레일리아 지리 교과서의 경우 주제 단원으로 설정되어 인간 활동에 의한 생물종 다양성 감소 문제, 생물종 다양성 보존을 위한 방안, 행동 등에 대해 자세하게 살핀다.

5) 생태정의와 동물권에 기반한 문화적 동물지리 교육

이 장에서는 동물지리의 역사적 기원과 문화적 전환, 그리고 문화적 동물지리의 연구 분야 등을 살펴본 후, 우리나라와 오스트레일리아 지리 교과서를 동물지리의 관점에서 비교하였다. 최근 동물지리는 동물의 분포에 초점을 둔 자연적 동물지리에서 문화적 전환을 통해 문화적 동물지리에 대한 관심으로 그 영역을 외연적으로 확장하고 있다.

우리나라 지리 교과서는 동물지리를 직접적으로 다루는 단원이 없으며, 여러 단원에 산재해 있다. 그리고 우리나라 지리 교과서에 다루어지는 동물지리는 자연, 특히 특정 기후대에 분포하고 있는 동물을 비롯하여, 동물이 가축으로 사용되는 부분에 한정되어 다루어지고 있다. 이에 반해 오스트레일리아 지리 교과서는 동물지리 단원을 별도로 설정하고 있으며, 주로 인간에 의해 특정 동물의 종이 위협받고 있는 사례를 비롯하여, 이를 보존하고 관리하기 위한 개인적, 국가적, 국제적 노력에 대해 다루고 있다. 오스트레일리아 지리 교과서가 문화적 동물지리를 완전히 구현하지는 못하더라도 우리나라 지리 교과서에 비해서는 문화적 동물지리에 훨씬 근접해 있다고 할 수 있다. 그러나 우리나라 및 오스트레일리아 지리 교과서 모두 방목에 의해 사육되는 방식이 아니라 공장식 사육과 공장식 도축 문제, 유전자변형 동물(GMO), 동물의 상품화, 동물원과 테마파크에서의 동물들, 애완동물 기르기와 생산, 노동자로서의 동물과 생산물로서의 동물, 동물권 그리고 동물해방과 동물윤리 등에 대해서는 다루고 있지 않다.

이상의 논의를 통해 볼 때, 동물지리에 대한 교육은 이제 자연적 동물지리인 동물의 분포에 대한 관점에서 보다 문화적 측면에 강조점을 둔 생물종 다양성의 관점으로, 더 나아가 인간이 다른 동물보다 월등하다고 믿고 동물을 학대하거나 동물을 실험하며 동물을 착취하고 차별하는 종차별주의(speciesism)(Singer, 1990)에 대항하여 동물권 및 동물윤리와 동물해방[24]에 초점을 둔 지리교육으로의

---

24 동물권(animal rights)은 1970년대 후반 철학자 피터 싱어(Peter Singer)가 "동물도 지각·감각 능력을 지니고 있으므로 보호받기 위한 도덕적 권리를 가진다."라고 주장한 개념이다. 피터 싱어는 1973년 저서 『동물해방(Animal Liberation)』에서 "모든

변화를 모색할 필요가 있다.

인간과 비인간의 이분법을 넘어 보다 넓은 자연 속에서 인간의 위치 그리고 이에 대한 의무에 관한 생태중심적 사고가 필요하다. 인간 사회의 한계를 넘어 자연의 본연적 가치를 인식할 수 있어야 하기 때문이다. 생태정의의 원칙을 수립하는 문제에서 생태계의 모든 구성물, 특히 동식물들 간에 최대한 공정성을 보장할 수 있는 방안을 모색하는 것이다.

7. 인류세의 지리교육적 함의

1) 도입

최근 인간의 삶과 관련하여 가장 쟁점화되고 있는 것 중의 하나는 기후변화이다. 과거의 기후변화가 대개 자연적 메커니즘에 의해 반복되었다면, 현재의 기후변화는 인간의 영향과 매우 밀접한 관련이 있는 것으로 해석된다. 특히 지구온난화는 현재의 기후변화를 가장 대표하는 현상으로 기후변화와 동의어로 사용될 정도이다. 이러한 지구온난화는 인간의 영향에 의해 강화되고, 우리 인간의 삶에 다시 영향을 미친다는 점에서 뜨거운 쟁점이 되고 있다.

이러한 기후변화와 관련하여 최근 새롭게 등장하는 개념이 '인류세(人類世, Anthropocene)'이다 (Zalasiewicz et al., 2008; 2011). 이는 자연적으로 반복되는 기후변화가 아닌 인간에 의한 기후변화에 초점을 두면서, 인간이 만든 하나의 지질시대로 명명되기에 이르렀다. 인류세는 새로운 지질시대로 희망의 시대가 아닌 파괴의 시대로 불리며, 플라스틱과 닭뼈로 뒤덮인 지구로 묘사되기도 한다. 급속한 산업화가 나은 지구 변화의 단상인 것이다.

이처럼 최근 인류세라는 새로운 개념이 등장하여 새롭게 조명을 받고 있지만, 단순히 과학적 측면에서 접근하고 있는 실정이다. 그렇지만 인류세라는 개념이 인간이 만든 지질시대라는 의미를 내포하고 있는 바, 사회적·문화적 과정으로서 인류세 개념에 대한 적극적인 탐색이 필요하다. 즉 인간의 미래, 위험, 환경적 한계의 관점에서 인류세의 사회적·문화적 차원이 검토될 필요가 있다.

생명은 소중하며, 인간 이외의 동물도 고통과 즐거움을 느낄 수 있는 생명체"라고 서술하였다. 또 동물권을 주장하는 사람들은 동물도 적절한 서식환경에 맞추어 살아갈 수 있어야 하며, 인간의 유용성 여부에 따라 그 가치가 결정되지 않는다고 본다. 한편, 독일의 경우 2002년 "국가는 미래 세대의 관점에서 생명의 자연적 기반과 동물을 보호할 책임을 가진다."라는 내용을 세계 최초로 헌법에 명시해 동물권을 보장한 바 있다. 동물윤리(animal ethics)란 동물도 고통을 느낀다는 점을 배려하여 동물 역시 인간과 동등하게 다루어져야 한다는 입장이다.

이러한 관점에서 전통적으로 인간과 자연의 관계 탐색에 초점을 두어 온 지리학은 인류세를 연구하기에 매우 적절한 학문이다. 그럼에도 불구하고 그동안 지리학 및 지리교육에서 인류세에 대한 고찰은 매우 미미하였다. 그러나 최근 지리학에서는 사회적 자연 개념에 대한 강조와 더불어 인류세에 대한 고찰이 이루어지기 시작하였고(Castree, 2014a; 2014b; 2014c; Dalby, 2007; Johnson et al., 2014; Lorimer, 2012), 국내 연구에서도 이에 대한 본격적인 연구는 아니지만 '인류세'라는 명칭을 사용한 연구(변종민·성영배, 2015)가 등장하였다.

최근 등장하고 있는 인류세는 자연과 인간의 중간지대(김대영, 2016)로서, 자연과 인간의 관계 탐색을 위한 중요한 주제이다. 이에 이 글에서는 현재 자연과학에서 새로운 담론으로 자리매김하고 있는 인류세 개념을 지리교육에 도입해야 할 필요성과, 이것이 지리교육에 주는 함의를 탐색하려고 한다.

2) 인류세: 인간은 지질학적 행위자이다

(1) 사회적 구성으로서 인류세

산업혁명 이후 급속한 산업화로, 인간의 영향에 의한 변화를 특징짓는 새로운 지질연대인 '인류세'에 접어들었다는 주장이 제기되고 있다(Zalasiewicz et al., 2011; 변종민·성영배, 2015 재인용). 각국의 35명의 과학자로 구성된 인류세 워킹그룹(AWG)은 국제지질학회의(International Geological Congress, IGC)에서 플라스틱, 새로운 금속물, 콘크리트 등의 지구적인 확산과 인간에 의한 기후변화와 함께 지구가 1950년경에 새로운 지질연대에 접어들었다고 선포하였다.[25] 이들은 공식 지질시대인 현세[現世, 홀로세(Holocene Epoch)]가 11,700년 전 시작된 이래 인간 활동이 지구에 가시적인 흔적들을 남겼지만, 최근 일어난 지구의 변화는 인간 지배를 특징으로 하는 새로운 지질시대 '인류세' 채택을 정당화하기에 충분할 만큼 동시적이고 지대하다고 주장한다.

인류세라는 용어는 1980년대에 미국의 생물학자인 유진 스토머(Eugene F. Stoermer)가 처음 사용한 것으로 알려져 있다. 하지만 인류세라는 용어를 유명하게 만들고 그 중요성을 널리 전파한 사람은 1995년 노벨화학상을 받은 네덜란드의 대기화학자인 파울 크뤼천(Paul Crutzen)이다(Crutzen, 2002;

---

[25] 인류세의 시작 시점에 대해서는 아직 많은 논란이 있으며, 특히 홀로세의 의미가 이미 인류 문명의 발달이라는 측면에서 인류세의 개념을 포함하고 있다는 주장도 있다. 인류세의 시작 시점에 대해 대표적으로 다음과 같은 4가지 의견이 있다. 1) 농경과 삼림 벌채의 시작, 2) 신대륙의 발견, 3) 산업혁명(화석연료 사용, 파울 크뤼천이 2000년 인류세를 주장할 때 제안한 시기), 4) 20세기 인구폭발(1950년대 이후 인구의 폭발적 증가). 이런 지화학적 층서 구분 외에도, 제2차 세계대전 이후 대가속기(Great Acceleration)에 급속도로 증가한 인구, 가파른 산업발전, 그리고 에너지의 대량소비 등으로 인한 이산화탄소 수치의 급증을 인류세 경계를 뒷받침하는 근거로 제시하기도 한다(Lewis and Maslin, 2015; 김지성 외, 2016 재인용).

Steffen et al., 2007). 그는 2000년 한 기고문에서 산업혁명을 기점으로 지구의 역사가 새로운 시대에 접어들었음을 주장하며, 그 명칭으로 '인류세'라는 용어를 제시하였다(김지성 외, 2016). 인류의 자연환경 파괴로 인해 지구의 환경체계는 급격히 변화하였고, 그로 인해 지구환경과 맞서 싸우게 된 시대를 뜻한다. 시대순으로는 신생대 제4기의 홍적세와 지질시대 최후의 시대이자 현세인 충적세에 이은 것이다.

2000년대부터 인류세는 자연과학 분야와 인문사회 분야, 그리고 일반인 사이에서도 널리 사용되고 있다. 이처럼 인류세라는 지질 용어가 등장하자마자 과학계와 사회 전반에 걸쳐 큰 반향을 일으키며 논란의 중심으로 급부상하게 된 배경은, 기존의 층서명과 달리 그 속에 함축된 의미가 지질학적 범주로 국한된 것이 아니라 정치, 경제, 환경 등 인류의 활동과 관련된 다양한 인문사회적 요소를 포함하고 있기 때문이다(김지성 외, 2016).

인류세의 가장 큰 특징은 인류에 의한 자연환경 파괴를 들 수 있다. 인간이 인간뿐만 아니라 수많은 종들이 함께 살고 있는 생존의 터전인 지구 그 자체를 위협하고 있다. 인류세는 인간이 주변 환경에 미치는 영향력이 다른 어느 종보다도 심각해진 시기를 의미한다. 지구가 태양으로부터 얻는 전체 에너지의 절반 이상을 사용하고 있는 종은 바로 인간이다. 그동안 인류는 끊임없이 지구환경을 훼손하고 파괴함으로써 인류가 이제까지 진화해 온 안정적인 환경과는 전혀 다른 환경에 직면하게 되었다. 이상기온 현상과 지구온난화 등의 기후변화로 인해 지구의 환경체계도 근본적으로 변화하였다.

산업화 이후 지구는 하나의 복잡한 글로벌 네트워크 속에 포함되면서, 인간은 자신뿐만 아니라 지구에 살고 있는 모든 종의 운명을 결정할 수 있는 강력한 힘을 가지게 되었다. 이제 우리가 가지고 있는 이와 같은 강력한 힘을 어떻게 사용할 것인지에 대해 생각해야 할 때이다. 이는 바로 우리의 미래와 직접적으로 연결되기 때문이다. 많은 사람들이 위기의식을 느끼고 이제는 환경보존을 위해 무엇인가 행동해야 할 때라는 점에 공감하고 있다. 이렇듯 '인간'이 새로운 지질시대의 행위자로 간주되면서 인간의 생활방식, 문화에 대한 관심도 급부상하고 있다. 그러나 한편에서는 인류세라는 용어가 충분한 과학적 성찰 없이 단순히 정치적 용어로서 혹은 대중문화로서 받아들여지는 현상을 경계하고 있다(Autin and Holbrook, 2012; Finney and Edwards, 2016).

앞에서도 보았듯이, 인류는 점점 자신이 만든 환경에 살고 있다는 것이 인류세라는 개념을 통해 명백해지고 있다(Morgan, 2012b). 인류세라는 개념은 생물권(biosphere)을 형성하는 데 있어 '인간의 요인'을 강조한다. 즉 인류세는 생물권의 변화를 추동하는 새로운 인간의 영향력을 강조한다. 이러한 인류세의 시작과 관련해서는 의견이 분분하지만, 대개 산업혁명에 따른 화석연료의 과다한 사용과 밀접한 관련이 있는 것으로 본다. 특히 세계화로 인한 이동의 자유는 탄소 발생을 가중시켜 우리의 생물권을 변형시키고 있다. 세계화는 사실 글로벌 도시화(global urbanization)로 불리기도 한다. 왜냐하면 우리는 점점 상호연결된 글로벌 도시경제 시스템에 살고 있기 때문이다.

이처럼 최근 인류세 개념은 관심의 대상이 되고 있다. 인류세와 관련된 논의는 자연에 대한 최근의 인간 영향의 범위, 그리고 인류세가 언제 시작되었는지, 즉 과학적 질문에 집중되어 왔다. 사회적 자연 개념의 관점에서 인류세가 가지는 사회적 함의에 대해서는 관심의 정도가 훨씬 낮다. 인류세는 자본주의와 근대화라는 역사적 상황과 밀접한 관련을 가지기 때문에, 단순히 과학적 정의와 토의의 문제로서가 아니라 사회적·경제적·문화적 프로세스로서 다루어야 한다(Pawson, 2015).

인류세가 사회적 자연과 유관적합하다는 것은 이전의 많은 지리적 연구에서 밝혀지고 있다. 환경에 대한 정치생태학적 관점을 지지하는 일련의 지리학자들(Castree and Macmillian, 2001; Castree and Braun, 2001; Morgan, 2012b)은 일찍이 자연의 사회적 구성으로서 사회적 자연의 개념을 강조하고 있다. 사회적 자연이라는 개념은 자연을 그것을 형성하는 사회(특히 자본주의)와 분리할 수 없다는 것을 강조한다. 그들은 환경적 쟁점과 문제는 그것을 형성하고 창출하는 사회와 분리시킬 수 없다고 보았다. 그러한 점에서 인류세의 개념은 자연스럽게 사회적 자연의 개념과 연결된다(조철기, 2016b).

인류세는 과학, 지질학의 관점에서 단지 홀로세의 공식적인 종말을 의미하지만(Waters et al., 2014), 최근 과학을 넘어 인문사회 분야에서 인류세에 관심을 기울이기 시작하였다. 사회적 개념으로서 인류세는 인간의 미래, 위험, 환경적 한계에 관한 관심과 염려를 내포하고 있다. 인류세는 인간을 지배하고 있는 산업자본주의가 현재와 미래의 자연에 미치는 악영향을 계속해서 경고한다. Pawson (2015)에 의하면, 인류세의 사회적 실재는 점점 인간에 의해 만들어진 위험이고, 자연과의 불확실한 관계이다.

(2) 지구온난화: 인류세적 기후변화

앞에서 살펴보았듯이, 인류세는 사회적 자연의 개념을 잘 반영하는 용어라고 할 수 있다. 자연의 사회적 구성으로서 인류세 개념은 지구온난화와 기후변화에 대한 반성적 성찰을 요구한다. 기후변화는 과거에 인간의 통제를 넘어 주로 지구궤도의 변화에 따라 지구에 도달하는 태양복사에너지 양의 변화, 먼지를 생성하는 화산활동, 대기에서 자연적으로 발생하는 이산화탄소 양의 변화 등 주로 자연적 요인에 의해 발생하였다. 그리하여 지구의 역사를 통해 볼 때 상대적으로 추운 빙하기와 따뜻한 간빙기가 주기적으로 반복되어 왔다. 그러나 최근에는 인간 활동이 기후변화에 큰 영향을 미치고 있다. 현재 인류가 관심을 기울이는 것은 이러한 인간 활동이 대기의 구성요소를 계속해서 변화시킨다면, 일어날 수 있는 미래의 기후변화에 관한 것이다. 인간 활동에 의해 기후변화가 일어나는 정도, 기후변화가 지구에 미치는 영향, 기후변화에 대한 우리 인류의 대응이 중요한 쟁점으로 부각되고 있다.

기후변화를 야기하는 대기의 구성요소의 중요성을 이해하기 위해서는 온실효과에 대한 이해가 필요하다. 흔히 온실효과를 지구온난화와 동일한 것으로 이해하는 경향이 있는데, 이 두 가지는 엄연히 다르다.[26] 지구온난화의 가장 큰 원인은 이산화탄소와 같은 온실가스의 증가이다. 특히 산업혁명 이후 거의 200년 동안 산업화와 도시화가 급속히 진행됨에 따라 인간에 의한 석유, 석탄, 천연가스 등 화석연료의 사용이 늘어나고, 무분별한 삼림 벌채가 이루어지면서 온실가스 배출량이 급격하게 증가하였다. 대기에 온실가스의 양이 증가하면 지표면에 흡수되어 다시 복사되는 장파적외선의 양이 증가한다. 현재 대기의 이산화탄소 양은 과거보다 훨씬 높고, 기온은 이전의 자연적인 기후변화 동안보다 훨씬 빠르게 증가하고 있다. 지난 세기 동안 경험한 이러한 기온의 빠른 증가는 현재의 기후변화를 지구온난화라고 일컫게 되는 이유이다.

이처럼 기후변화는 인류세의 가장 명백한 증거이며, 인류세적 기후변화의 핵심은 기후변화 원인이 인간 활동에 있다는 점이다. 그러한 점에서 인류세적 기후변화는 사회적 자연의 개념을 잘 반영하는 지표라고 할 수 있다. 인간은 이제 자연적인 기후변화가 지구의 기후를 좌우하던 시대에서 벗어나, 인간 활동으로 인해 기후변화가 일어나는 시기에 접어들었다(윤순옥 외, 2016, 3). 기후변화의 주요 원인이 이와 같이 인간 활동에 기인하였다는 점을 사실로 받아들인다면, 인류세적 담론에서 '기후변화'란 용어 사용은 재고될 필요가 있다(Flannery, 2001). 과학적 논의에서 '기후변화'는 '지구온난화'와는 다른 물리적 현상으로 구별되어 사용된다. '지구온난화'가 장기간에 걸친 지구의 평균기온 상승을 의미한다면, '기후변화'는 지구의 평균기온 상승에 의해 초래된 지구 기후의 변화를 의미한다. 인간에 의한 온실가스 배출이 지구온난화를 야기하며, 그 결과로 기후변화가 초래된다는 논리에서 보듯, 기후변화는 지구의 기온변화로 인한 보다 포괄적인 지구의 물리적 변화와 영향을 의미한다. 지구온난화가 지구의 온도 상승을 인간 활동에 의한 결과라는 점에 초점을 두는 반면, 기후변화는 지구의 온도 변화 요인을 인간 활동을 포함한 자연 요인, 예를 들어, 태양흑점에 의한 태양 온도 변화나 장기간에 걸친 대륙이동과 같은 요인까지도 포함한다.

---

26 온실효과는 지표면의 온도를 약 15℃로 유지하는 자연적 과정이다. 온실효과가 없다면, 지구의 기온은 달과 마찬가지로 영하 18℃로 너무 추워 인간이 살 수 없다. 대기는 태양으로부터 단파복사를 통과시켜 지표면을 가열하게 한다. 그 후 지구는 장파 열에너지를 대기로 방출하고, 대기에서 장파 열에너지는 온실가스에 의해 흡수된다. 이러한 열 중 일부는 보다 낮은 대기에 저장되고, 일부는 지구로 다시 방출된다. 이처럼 온실효과는 지구에서 복사되는 열이 온실가스에 의해 다시 지구로 흡수되는 현상이다. 장파복사를 흡수하는 온실가스로는 수증기, 이산화탄소, 메탄, 이산화질소가 있다. 이러한 온실가스는 자연적으로도 발생하지만, 인간 활동이 이러한 온실가스의 증가에 중요한 영향을 끼친다. 현재 인간 활동에 의해 대기에 이러한 온실가스의 양이 증가하고 있다. 인간 활동에 의한 과도한 온실가스 배출은 지구의 평균기온이 점점 높아지는 지구온난화의 원인이 된다.

인류세적 관점에서 특히 주목해야 할 점은 기후변화란 용어에는 인간 활동의 요소가 덜 강조된다는 것이다. 인류세적 관점이 과학계에서 사실로 받아들여지고 있는 현실에서도 기후변화란 용어가 인간 활동과 분리되어 인식될 수 있는 소지가 있다는 것을 고려한다면, 지구온난화보다는 기후변화란 용어가 선호되고 지속적으로 사용되는 점은 재고될 필요가 있다(Hume, 2009; 신두호, 2016).

3) 기후변화의 인류세적 이해가 지리교육에 주는 함의

(1) 지리교육에서 기후변화에 대한 접근: 사회적 자연

지리학 및 지리교육은 종합적 학문을 지향하면서도 자연과 인간을 분리하는 경향이 있다. 그리하여 지리교육에서 자연지리에 대한 교수는 자연적 프로세스를 관찰하고 측정하려는 과학적 접근에 의해 강하게 영향을 받아 왔다(Morgan, 2012b; 2012c). 신지리학 등장 이후 일반화를 할 수 있는 법칙과 모델을 찾는 데 관심을 둔 이러한 실증주의적 접근은 인문지리 교수(공간 입지론 등)에도 큰 영향을 주었다.

그러나 최근 사회적 자연 개념의 등장과 함께 인문지리는 비인간(non-human)[또는 자연(nature)]의 물질성을 받아들이면서, 학교 지리교수 역시 자연적 양상과 인문적 양상의 이분법적 관점에 도전하기 시작하였다(Morgan, 2012b; 2012c). 즉 자연적 양상은 물질적 존재로 인간에 의해 아무런 손길이 미치지 않은 것이 아니라 사회적으로 구성된 것임을 강조하기 시작하였다.

이러한 사회적 자연 개념은 기후변화와 같은 논쟁적 쟁점에 관한 교수에 대한 널리 수용되는 중립적 의장 접근에 도전한다. 논쟁적 쟁점에서 중립적 의장 접근은 교사들로 하여금 토픽을 구조화하고 사실을 가르치도록 하며, 학생들은 이러한 지식을 받아들이도록 한다는 점에서 문제가 있다. 이 접근에서 대안적 관점이 있을 수 있지만, 이들이 과학적 합의 밖에 있다는 것을 강조한다.

기후변화를 단순히 과학적으로 접근하는 것에는 문제가 있다. 왜냐하면 기후변화는 과학, 지리, 시민성 등 일련의 요소들이 결합되어 있기 때문이다(Morgan, 2012b; 2012c). 기후변화 토픽은 지리교육을 글로벌 시민성 및 지속가능성과 연결할 수 있는 잠재력을 지닌다. 이를 통한 지리교육은 학생들로 하여금 자신의 삶을 현명하게 살 수 있는 방법을 선택하게 하거나 정치적 선택에 참여하도록 할 수 있다. 이것이야말로 지리교육이 궁극적으로 지향하는 것이다. 사회적 자연은 지리교육과정에서 중요하게 다루는 지식인 기후변화에 대한 관점을 문제시한다. 사회적 자연 관점은 학교 지식이 중립적이거나 객관적이라는 것을 받아들이는 것이 아니라, 권력 있는 사회집단의 관심을 반영하는 것으로 간주한다. 기후변화가 학교에서 어떻게 가르쳐지고 있는지, 어떤 관점들이 채택되고 어떤 관점들이 배제되고 있는지를 살필 수 있다.

지리교육에서 인류세적 기후변화에 관한 초점은 전 지구적 성격을 지니는 환경문제와 환경적 시민성(environmental citizenship) 또는 생태시민성(ecological citizenship)을 연계시킬 수 있다(Dobson, 2000a; Morgan, 2012b; 김병연, 2011). 왜냐하면 인류세적 기후변화와 생태시민성은 모두 비영역성(non-territoriality)과 인간의 권리보다 개인적 행위의 사회적 책임과 의무를 강조하기 때문이다.

세계화와 정보통신기술의 발달로 사람, 상품, 자본, 정보, 문화 등의 국가 간 이동이 매우 활발하게 이루어지고 있다. 19세기가 국가 경계 내의 자본주의라면 20세기 말에는 상품, 자본의 순환이 국제적 스케일에서 일어난다는 점에서 글로벌 자본주의라고 할 수 있다. 현대사회에서 이동(mobility) 능력은 선진국에서 부와 행복의 척도가 되고 있다. 그러나 이러한 글로벌 이동은 많은 탄소 배출로 기후변화를 유발하며, 환경적 지속가능성의 측면에서 부정적인 영향을 초래한다.

지리 교사들은 학생들에게 자본주의에 의한 경제적 팽창과 기후변화 사이의 관계를 이해시켜야 한다. 달리 말하면, 지리 교사들은 학생들에게 자본주의가 자연에 어떻게 작동하는지를 이해하도록 도울 필요가 있다. 이것이야말로 지리 교사가 해야 할 몫이다. Newell and Paterson(2010)은 기후와 환경의 밀접한 관계를 '기후 자본주의(climate capitalism)'[27]라는 용어로 제시하면서, 기후변화의 시대에 자본주의를 가르쳐야 한다고 주장한다. 왜냐하면 산업자본주의는 탄소와 같은 온실가스를 배출하는 데 큰 역할을 하기 때문이다.

(2) 인간과 자연의 관계 탐색의 복원: 관계적 사고와 홀리스틱 사고 함양

앞에서 언급한 기후변화의 심각성, 지구온난화 문제는 우리 인류의 공통된 인식소이다. 이러한 기후변화가 인간의 문제이기도 하다는 사실은 최근에 와서야 본격적으로 논의되기 시작하였다. 기후변화뿐만 아니라 인간 활동은 지형 및 토지 변형에도 큰 영향을 미치고 있다. 인간 활동은 공간적으로 다양한 스케일에서 지형형성작용을 변화시켜 왔다. 예를 들어, 국지적 규모에서는 산림 벌채를 통해 사면의 침식과 그로 인한 하천의 퇴적현상을 유발하고 있다. 전 지구적 규모에서 인간에 의한 지형변형이 너무나 크기 때문이다(윤순옥 외, 2016).

이처럼 기후변화 및 지형변화 등의 환경변화는 더 이상 자연과학만의 문제가 아니라 인간과의 관

---

27 화석연료 사용에 따른 환경문제의 대두는 자본주의 경제를 탈탄소화하려는 움직임으로 이어졌다. 화석연료 사용을 줄이기보다 화석연료 배출을 위한 시장 개척을 비롯하여, 신재생에너지 기술을 위한 시장 개척, 그리고 새로운 투자 기회를 창출하는 데 관심을 두었다. 이는 '탄소시장(carbon market)'이라는 개념을 등장시켰으며, 권력의 지리(geography of power)를 추동하는 행위자인 정부, 기업, 금융 등의 기관들은 무역할 수 있는 상품으로 전환시켰다(Peet, 2008).

계 속에서 반추해 보아야 할 대상이 된 것이다. 이렇듯 인간이 새로운 지질시대의 행위자로 간주되면서 인간의 생활방식에 대한 관심도 급부상하고 있다(김화임, 2016). 현시대에 전 지구적 차원의 인류가 당면한 최대 과제인 인류세와 기후변화는 보다 근본적으로 과학과 기술의 영역을 넘어 인간 삶의 가치관과 인식, 태도에 관한 문제이다. 인류세는 인간이 자연을 어떻게 인식해 왔고 이용해 왔는지, 그 결과 인류가 현재 어떤 상황에 처하게 되었는지, 더 나아가 앞으로 인류는 자연을 어떻게 인식하고 다루며 어떤 삶을 살아야 할 것인지와 같은 윤리와 가치관을 중시한다.

인간과 자연의 관계 탐색이 기후변화와 관련하여 새롭게 관심 분야로 떠오르고 있다. 기후변화가 순수한 자연과학적 측면이 아니라 이제는 인류세 개념에서 이야기하듯이 인간의 영향을 무시할 수 없게 되었다. 인류세 개념은 지구 생태계에 대한 인간 유발의 변화의 영향을 강조함으로써 인간과 비인간을 통합하려고 시도한다. 이제 지구상에 인간에 의해 변형되지 않는 장소는 없다. 인류세란 인간과 자연의 중간지대로서 사회적 자연과 밀접한 관련을 가진다. 인류세가 지리학 및 지리교육에 있어 중요한 첫 번째 함의는 '인간과 자연의 관계' 탐색에 매우 중요한 키워드가 된다. 인류세 지리는 인간이 자연보다 우월하다는 전제를 낳은 인간과 자연의 분리, 즉 인간과 자연의 이분법에 도전한다. 인류세 지리는 인간을 자연과 하나로 인식하면서, 인간중심주의 관점에서 생태중심주의 관점으로의 전환을 모색한다.

인간은 자연과 밀접한 관계, 자연의 일부로서 존재해 왔다. 인류세 지리는 인간과 자연의 상호의존성을 강조한다. 인류세 지리에서는 인간과 자연의 이분법은 더 이상 존재하지 않는다. 인류세 지리에는 인간의 발길이 닿지 않은 원시적 자연 대신 인간이 관여한 자연만이 있을 뿐이다. 즉 사회적 자연만 있을 뿐이다. 미래에 인간이 자연에서 마주치게 되는 것은 다름 아닌 인간 자신이며, 자신의 행동 결과가 드러난 자연만을 보게 될 것이다(Morgan, 2012b).

인류세 지리는 인간과 자연의 상호의존성에 균열이 생긴 원인이 산업혁명으로 인한 인간의 자연에 대한 과도한 이용으로 본다. 인류세의 인간과 자연 관계에 대한 강조는 인간 활동의 결과로 인한 현재 전 지구적 차원의 자연환경 및 인류 전체가 처한 위기인식에 기인한다. 인류세 지리는 공동운명체로서의 전 인류적 차원의 인간과 자연의 상호의존성에 근거한 의식과 가치관, 생활방식의 전환을 강조한다.

현재의 기후변화와 같은 전 지구적 차원의 환경문제는 단순히 과학기술로 단기간에 해결할 수 있는 것이 아니라, 인간 개개인의 환경과 자신의 삶의 태도에 대한 변화를 수반해야만 가능하다. 인류세에 필요한 지리교육은 학생들에게 인간을 자신보다 큰 자연의 일부이자 자연과의 관계성 내에서 자연에 순응하는 생태윤리 함양에 노력하도록 하는 동시에, 자연과 타인에 대한 배려와 책임의식을 갖도록 하는 것이다. 결국 인류세에 지리교육에 주어진 중요한 과제는 학생들에게 인간중심적 관점에서 벗어나 인간과 자연과의 관계적 사고(relational thinking) 또는 배려적 사고(caring thinking)를 함양하도록 하는 것이다(Jackson, 2006; Massey, 2008a; 2008b; Renshaw and Wood, 2011; 조철기, 2016b).

한편, Rawding(2014; 2017, 245-246)은 세계가 더 이상 자연적인 생태계에 의해 특징지어지지 않는다고 주장하면서, 인류세를 홀리스틱 개념(holistic concept)으로 정의한다. 인류세 개념은 로컬에서 글로벌에 이르는 모든 스케일에서 인간과 비인간의 세계를 연결하는 매우 지리적인 개념으로, 자연의 세계와 인간의 세계 간의 장벽을 무너뜨린다. 이와 같이 인류세 개념은 인문지리와 자연지리 사이의 연결을 강조한다(Castree, 2015a; 2015b). 따라서 인류세 개념을 지리교육에 도입한다는 것은 학생들에게 홀리스틱 사고(holistic thinking)를 길러 줄 수 있다. 학생들은 인류세 개념과 홀리스틱 사고를 통해 인간과 자연, 자연과 자본주의가 현대세계의 복잡성 내에서 어떻게 상호연결될 수밖에 없는지를 이해할 수 있다. 그러한 점에서 홀리스틱 사고는 지리적 사고로서 관계적 사고를 더 풍요롭게 할 것이다.

(3) 글로벌 시민성의 함양: 인류의 책임에 대한 인식

기후변화는 21세기에 인간이 직면한 가장 중요한 글로벌 쟁점 중의 하나이다(Selby, 2008). 인간은 지구에 인류세를 촉진하고 있다. 우리 인간은 진정 새로운 지질시대를 창조하였는가? 우리는 인류세, 즉 인간이 만든 시대에 살고 있다. 지구는 빠르게 변화하고 있고, 점점 많은 과학자들이 인간이 이러한 변화를 추동하고 있다고 말한다(Morgan, 2012b). 인류세는 광범위한 경관의 변형을 초래하고 있다. 글로벌 시민으로서 우리는 자신의 행동이 다른 사람들에게 중요한 영향을 끼칠 수 있고, 우리 모두가 공유하고 있는 지구에 중요한 영향을 끼칠 수 있다는 사실을 알아야 한다. 인간은 지속가능한 생활양식을 발달시켜야 한다.

인류세적 기후변화, 즉 지구온난화 담론에서 가장 중요한 것은 기후변화로 인한 인류세적 환경문제에 대한 인류의 공동책임 문제이다. 인류세적 기후변화가 전 지구적 차원의 문제로 개개인의 차원의 문제를 넘어 지구와 인류 전체의 생존 자체가 위협받고 있다는 심각성과 급박함이 강조되고 있다. 인간의 책임 역시 개인 차원의 것이 아니라 지속가능한 지구와 인류 전체 차원의 생존에 대한 책임이 강조된다.

인류세라는 용어는 인류, 즉 그 자체로 '보편적 인간'이라는 의미를 담고 있다. 즉 특정 지역, 특정 국가를 넘어선 세계의 모든 인간들을 상정하는 의미가 내포되어 있다. 인류세의 관점에서 기후변화 문제를 이야기할 때 그 대상은 선진국과 개발도상국으로 구분하여 그 책임을 묻지 않고, 전 지구적 윤리와 책임의식을 강조한다. 우리 인간 모두는 기후변화에 대한 책임이 있고, 새로운 변화를 모색해야 한다. 따라서 기후변화 문제와 그 해결방안은 결코 특정 지역에 국한될 수 없고, 전 세계가 함께 머리를 맞대어야만 한다. 인류세 개념은 인간과 자연의 상호관계성뿐만 아니라 지속가능한 지구를 위해 공동운명체로서의 인류의 개념이 강조된다. 따라서 인류세는 글로벌 시민성 교육의 중요성을 일깨워 준다.

그러나 비판적인 시각에서 볼 때 '인류세'라는 개념은 보편적인 인간을 상정하지만, 한편으로 환경문제와 관련한 구체적인 행위자를 흐릿하게 하는 측면도 없지 않다. 사실 현재와 같은 고도의 산업사회와 소비중심 사회를 견인한 주역은 다름 아닌 서구의 자본주의이다. 이러한 점에서 기후변화에 대한 주된 책임은 서구 선진국들에 있다. 전 지구적 윤리와 책임의식을 발전시키는 데 있어 이 사실 역시 깊게 통찰될 필요가 있다(김화임, 2016; 조철기, 2013a).

또 하나의 비판적 관점은 인류세 지리가 지구적 차원의 환경문제 해결과 지속가능한 지구를 위해 아이러니하게도 그 원인 제공자인 인간의 역할과 성찰을 다시 강조한다. 자연에 대한 인간의 강조는 양날의 칼이다. 한편, 현재의 인류세와 같은 상황이 초래된 것은 인간의 자연에 대한 무책임하고 과도한 개입과 역할의 결과라는 점을 부인할 수 없다는 점에서, 자연환경을 개선시키고 환경문제의 심각성을 완화 내지는 해결하기 위해 인간이 적극적인 역할을 맡아야 한다는 주장은 여전한 인간중심적 사고의 발현이라는 비판을 피해 가기 어렵다(Mychajliw et al, 2015; 신두호, 2016). 그렇지만 인간이 만든 지질시대인 인류세를 살아가는 인간의 자연에 대한 보호와 돌봄, 성찰만이 지구의 지속가능성을 담보할 수 있다. 전 지구적 차원에서 인간은 자연에 대한 배려뿐만 아니라 저 너머에 있는 타자에 대한 배려의 윤리 역시 요구된다. 기후변화의 원인 제공자인 인간만이 결국 해결방안을 찾을 수 있을 것이다.

우리 인간은 인류세 시대를 살아가기 위한 방법을 모색할 수 있는 성찰적 역량이 요구된다(Castree, 2014a; 2014b; 2014c; 2014d). 이러한 역량은 다원적이고 개방적인 감수성의 함양에 달려 있다(Barnett, 2004; Spronken-Smith, 2013). 지리교육은 '글로벌 환경 위기/쟁점/문제'를 다루는 교육과정에서 인간의 영향으로 초래된 인류세를 적극 탐색할 수 있다. 즉 인구성장과 현재 산업자본주의를 추동하는 자유주의 시장경제로부터 야기된 인간과 비인간 세계의 근본적인 재편의 관점에서 글로벌 환경 위기/쟁점/문제를 탐색할 수 있다. 이를 통해 학생들은 환경적 관점뿐만 아니라 정치적 관점에서 인류세 지리에 대해 토론할 수 있다(Pawson, 2015). 특히 지리는 문제기반학습과 공동체기반학습 등의 능동적 학습전략을 통해 '인류세'라는 세계의 불확실성에 대해 토론하고 성찰할 수 있는 환경을 제공한다(Healey et al., 2010).

이상과 같이 지리는 인간과 자연을 모두 아우르는 종합적 교과로서 학생들에게 인류세라는 사회적 실재를 보다 잘 이해할 수 있도록 하고, 인류세 시대에 필요한 세계시민적 자질 함양에 기여할 수 있다. 즉 인류세는 글로벌화된 세계를 이해하는 데 중요한 역할을 할 수 있다. 지리는 상호의존적인 세계의 복잡성을 이해하는 데 중요한 역할을 하는 교과 중의 하나이다. 지리교육은 인간 활동이 자연에 미치는 영향, 그리고 그로 인한 결과가 다시 인간에게 미치는 영향을 고찰함으로써 환경과 경관에 대한 감수성을 심어 줄 수 있다. 그뿐만 아니라 최근에 논의되고 있는 사회적 자연의 개념은 인간과 비인간의 관계에 대해 새로운 성찰을 가능하게 한다. 이처럼 지리교육은 인류세 개념을 통해 학생들에게 존재론적 불확실성과 인식론적 불확실성을 탐색하도록 할 수 있고(Barnett, 2004), 세계화, 자유시장경제와 신자유주의가 환경에 미치는 영향을 인식하도록 하여 궁극적으로 세계시민성 교육에 기여할 수 있다.

4) 결론

이 연구는 최근 자연과학을 중심으로 새로운 담론으로 부상하고 있는 '인류세'라는 새로운 개념을 지리교육에 도입해야 할 필요성과 이것이 지리교육에 주는 함의를 고찰하였다. 인류세 개념은 자연과학 분야에서 처음으로 제기되었지만, 그 명칭에서 알 수 있듯이 인류세는 자연과 인문의 중간지대라고 할 수 있다. 그리고 지리학 및 지리교육이 전통적으로 자연과 인간의 관계를 탐색해 온 종합학문이라는 측면을 고려한다면, 인류세 개념은 지리학 및 지리교육과 더욱 밀접한 관련을 가진다고 할 수 있다.

인류세는 빙하기와 간빙기 등 자연적으로 반복되는 기후변화가 아니라, 산업화와 도시화 등 인간에 의한 기후변화에 초점을 두면서 인간이 만든 하나의 지질시대를 의미한다. 이는 최근 지리학 및 지리교육에서 논의되는 사회적 자연의 개념과 밀접한 관련을 지닌다. 따라서 인류세는 자연의 사회적 구성을 대표하는 개념이라고 할 수 있다.

이러한 인류세적 기후변화가 지리교육에 주는 함의는 크게 두 가지로 제시될 수 있다. 첫째, 지리학 및 지리교육은 지금까지 인간과 자연의 관계 탐색을 강조해 왔지만, 인간과 자연의 이분법적 사고를 크게 벗어나지 못한 것이 사실이다. 따라서 인간과 자연의 중간지점으로서 '인류세'라는 개념은 전통적으로 지리학 및 지리교육이 헌신해 온 인간과 자연의 관계 탐색을 복원하는 데 현대적 의의를 가진다고 할 수 있다. 둘째, 최근 기후변화와 지구온난화는 특정 로컬 공간의 문제로만 한정되지 않는 전 세계가 머리를 맞대고 해결해야 할 글로벌 문제로 인식되고 있다. 따라서 인류세는 그 명칭에서도 드러나듯 인류의 세계에 대한 책임의식이라는 보편적 가치, 즉 글로벌 시민성 함양 교육에 매우 중요한 역할을 할 수 있다. 이러한 두 가지 측면에서 인류세 개념은 하루빨리 지리교육의 핵심 개념으로 도입될 필요가 있다.

예를 들면, 오스트레일리아 국가교육과정 중 고등학교 지리교육과정(Curriculum Senior Secondary Geography)의 3단원 '토지피복의 변화(Land cover transformations)'에서는 이미 인류세 개념을 도입하고 있다(ACARA, 2013b). 이 단원의 도입에서 인류세 도입의 필요성을 다음과 같이 서술하고 있다.

이 단원은 지표면의 생물물리학적 피복의 변화, 그것이 글로벌 기후 및 생물다양성에 미치는 영향, '인위적 바이옴(anthropogenic biomes: 인간 활동에 의해 만들어진 생물체)'의 생성에 초점을 둔다. 그렇게 함으로써 이 단원은 지구의 토지피복을 변화시키는 프로세스를 조사한다. 이들 프로세스는 삼림 벌채, 농업의 확대와 강화, 방목지 개량, 토지 및 토양 황폐화, 관개, 토지배수, 토지개간, 도시 확장 및 광산을 포함한다. 이들 프로세스는 로컬 및 지역의 기후와 수문학을 변화시켰고, 생태계 서비스를 손상시켰으며, 생물다양성의 손실에 기여하고 토양을 변화시켰다. 이들 프로세스가 현재 발생하는 스케일은 너무 광범위하여 진정으로 '자연적인' 환경은 더 이상 존재하지 않는다. 모든 환경은 인간 활동으로 인해 더 크게 변형되거나 덜 변형되기도 한다. '인위적 바이옴'에 대한 이러한 초점은 지리(Geography)를 지구환경과학(Earth and Environmental Science)으로부터 차별화시킨다. 토지피복 변화의 프로세스는 또한 대기 프로세스와의 상호작용을 통해 글로벌 기후를 변화시켰고, 기후변화는 다시 더 많은 토지피복의 변화를 가져왔다. 이 단원은 자연지리학과 환경지리학의 양상들을 통합하여 학생들에게 토지피복 변화와 관련된 프로세스와 그것들의 로컬 및 글로벌 환경에 미친 영향에 대한 포괄적이고 통합적인 이해를 제공한다. 또한 이 단원은 사람들이 토지피복 변화의 부정적인 영향을 되돌리려는 방법을 조사하고 평가한다(ACARA, 2013b, 11).

이처럼 지리 교과에 인류세의 도입은 지구과학 교과와의 차이를 보여 줄 수 있는 좋은 사례가 된다. 한편, 싱가포르 국가지리교육과정 대학 전 과정 H3에서는 생태중심주의 대 인류세(anthropocentrism), 환경정의, 정치생태학, 문화유산 등 다양한 프레임워크를 사용하여 지속가능한 개발을 검토하도록 하고 있다(MoE, 2016). 이처럼 일부 국가에서는 이미 지리교육과정에 인류세 개념을 적극 도입하고 있다는 것을 알 수 있다. 최근 우리나라 포항에서 발생한 지진이 자연적인 현상에 의해 발생한 자연재해가 아니라 지열발전소 건립 과정에서 나타난 인간에 의한 유발지진으로 밝혀짐에 따라 인류세 개념은 폭넓게 활용될 수 있을 것이다.

제6장 로컬 시민성

1. 지역화와 로컬 시민성

현대사회는 서로 상반되는 것처럼 보이는 세계화(globalization)와 지역화(localization)가 동시에 진행되고 있다. 그리하여 우리는 흔히 글로컬화/세방화(glocalization)라고도 한다. 세계화가 보편화, 동질화, 획일화를 의미한다면, 지역화는 특수화, 이질화, 다양화를 의미한다. 앞에서 살펴본 세계화가 글로벌 시민성을 촉진한다면, 동시에 지역화는 로컬 시민성을 촉진한다. 세계화와 지역화는 국가의 위상을 약화시키면서 탈국가적 시민성, 즉 글로벌 시민성과 로컬 시민성을 요구하고 있다. 그러므로 시민성 교육은 이제까지의 국가 단위에 적합하였던 국가시민성에 더하여 글로벌 시민성과 로컬 시민성을 길러 줄 수 있어야 한다.

우리는 다양한 스케일에서 우리 자신과 우리의 장소를 인식한다. 그중에서 로컬 스케일은 가장 직접적이고 명료하다. 로컬 시민성은 정주(settlement)에 기반한 시민성이다. 정주에 기반한 새로운 시민성, 즉 로컬 시민성은 국가 하위의 거주지(도시) 단위에 그 근거를 두고 있다. 정주에 기반한 로컬 시민성의 주장은 일상생활의 공동성과 시민적 권리배분 사이의 불일치에 대해 문제를 제기한다. 각 도시에 살고 있는 정주자들은 거주국의 국적 취득 여부에 관계없이 지역 공동체의 사회관계에 편입된다. 글로벌 시민성이 보편적 인권을 바탕으로 세계시민주의를 지향한다면, 로컬 시민성은 정주의 원리를 바탕으로 참여와 자율의 시민성을 실천할 수 있는 것이다. 로컬 시민성은 참여를 포함한 지역 공동체의 구성원으로서의 완전한 성원권을 의미하는 적극적인 개념이다(이상봉, 2013).

대내적이며 특수한 자질로서의 로컬 시민성인 지역사회에의 참여는 Johnston(1999)의 능동적 시민성과 연결될 수 있다. 지역주민이 대외적으로 지역 지식, 다중정체성과 주체성을 갖추고 대내적으로 연대성을 갖추었다고 하더라도, 지역사회 시민으로서 행동하지 않는다면 지역사회는 발전할 수 없을 것이다. 이것은 Johnston(1999)이 능동적 시민성을 나머지 다른 3가지 시민성들을 포괄하는 개념으로 보는 시각과도 일치한다. 또 다른 대내적이며 특수한 자질인 역사의식은 반성적이고, 자기비판적이며, 역동적인 지역사회 시민이 가질 수 있는 자질이다. 이 자질은 지역사회의 역사적 맥락에 대한 인식을 요구한다. 현재 지역사회가 당면한 현실을 지역사회 고유의 구체적인 역사적 전개 과정 속에서 성찰하는 것이다. 지역사회 시민들이 지역이 당면한 여러 문제들을 풀어 나가는 데, 자신이 몸담고 있는 지역사회에 대한 기억을 현재의 관점에서 되살려 활용하는 것을 의미하기도 한다(김민호, 2011; 이은미, 2015). 김민호(2011)가 제시한 로컬 시민성 구분 키워드와 Johnston(1999)이 제시한 시민성을 토대로 로컬 시민성을 정리하면 〈표 6-1〉과 같다.

로컬리티, 즉 사람들이 거주하면서 일상적인 삶을 영위하는 로컬 지역 역시 시민성의 중요한 공간

표 6-1. 로컬 시민성의 분류 및 내용

분류		내용
능동적 시민성 (active citizenship)	참여 헌신	• 지역사회 참여 • 지역사회에의 봉사 • 공익을 위한 사익의 희생
성찰적 시민성 (reflective citizenship)	성찰 주체성	• 지역주민으로서의 권력과 책임 이해 • 반성적, 자기비판적, 역동적 • 지역사회의 역사적 맥락에 대한 인식
다원적 시민성 (pluralistic citizenship)	정체성 특수성	• 지역사회 내 다양한 집단에 대한 이해와 존중 • 지역주민으로서의 정체성 정립 • 지역사회에 대한 관심 및 지식
통합적 시민성 (inclusive citizenship)	소속감 연대성	• 이웃 간의 관계 형성 • 생활세계에서의 의사소통 • 정직성, 정의감, 협동심

출처: Johnston, 1999; 김민호, 2011.

이다. 로컬 시민성은 개인들로 하여금 자신의 로컬 공동체에 자발적으로 활동하도록 한다는 점에서 '능동적 시민성(active citizenship)'[1]으로 간주된다(Kearns, 1992; 1995).

앞에서 살펴보았듯이 세계화의 진전으로 이동은 시민성을 위한 중요한 지표가 되고 있지만, 많은 사람들에게 시민성은 로컬리티 또는 지역 공동체와 동일시된다. 비록 국민국가는 시민으로서의 공식적인 지위가 확립되는 곳이지만, 대개 로컬리티를 통해 수평적인 시민성의 결속이 '우리'라는 동일시를 창출하는 데 작동한다. 시민성은 로컬 수준에서의 일상적인 행위와 실천을 통해 의미를 제공받는다(Ghose, 2005; Staeheli, 2008). Ghose(2005, 64)에 의하면, 출생이나 귀화를 통해 한 국가의 시민이 되는 것은 충분하지 않다. 사람들은 그 도시에 대한 권리를 주장하기 위해 시민으로서 능동적으로 행동하는 방법을 이해해야 한다.

우리는 자신의 권리와 의미를 동원하고, 사용하며, 수행할 때 완전한 시민성을 획득한다. 국가 스케일 아래의 로컬은 이러한 활동을 위한 중요한 배경을 제공한다(Desforges et al., 2005). 예를 들면, 지역계획 및 정책결정에 참여하거나, 지역 선거에서 투표하거나, 지역 의원과의 접촉, 지역 선거정치에 참여하는 것 등이 해당된다. 토크빌(Alexis de Tocqueville)은 그의 저서 『미국의 민주주의(De la démocratie en Amérique)』(2003[1835–1840])에서 로컬 시민사회에서 시민의 참여는 더욱더 효율적이

---

1 능동적 시민성은 시민성이 수동적으로 수용되기보다 오히려 능동적으로 수행되어야 한다는 것을 의미한다. 의무가 권리보다 강조되며, 사람들은 로컬 정부 주도의 자발적 활동에 참여한다. '공적(public)' 시민 그리고 '공동체주의(communitarian)' 시민 이라고도 한다(Yarwood, 2014).

고, 중앙국가와 대규모 관료조직에 의한 통제보다 민주적으로 더 선호된다고 하였다(Isin and Turner, 2007).

많은 국가들이 로컬 스케일에서 시민의 참여를 중시하기 때문에 능동적 시민성은 중요하다. 많은 국가들은 로컬 참여가 시민의 권리일 뿐만 아니라 의무라는 것을 강조한다(Kearns, 1995; Lepofsky and Fraser, 2003). 능동적 시민성은 권리보다 오히려 의무를 강조한다. 능동적 시민성은 국가가 제공할 수 없는 복지나 서비스의 한계를 자원봉사자를 활용하여 메우려는 데 목적을 둔다(Fyfe and Milligan, 2003). 특히 서구 국가들은 지난 20년 넘게 능동적 시민성 정책을 추진해 왔다. 이는 시민들에게 로컬 공동체에서 시민의 의무, 자선활동, 자발적 조직(NGO, 자선단체 등)을 강조한다. 국가와 자발적 부문은 항상 사회복지와 서비스의 제공에서 공생관계를 유지해 왔다. 자발적 스펙트럼의 마지막에 있는 풀뿌리 조직(Grass-roots organizations)은 시민들의 참여를 위한 보다 나은 기회를 제공한다. 이러한 자발적인 활동은 로컬 민주주의를 개선하기 위해 주로 좌파에 의해 실행되었지만(Wolch, 1990), 이제 많은 국가는 시민들로 하여금 자발적인 활동을 통해 로컬 공동체에 기여하도록 격려한다.

이처럼 로컬 시민성의 성장으로 국가의 직접적인 개입은 줄어들었을지 몰라도, 국가는 여전히 먼 거리에서 로컬적 의사결정에 영향을 주고 있다. 자발적인 활동은 자율적인 시민성으로 이어지지 않고, 정부에 의한 감시와 통제를 받는다. Painter(2007, 222)에 의하면, 국가와 관련하여 시민성은 시민들에 의해 행해진 실천이라기보다는 오히려 국가의 지배성(governmentality)에 의한 산물이다. 국가는 모든 수단(예를 들면, 교육, 감시, 사법 시스템, 도시 및 사회 정책 등)을 통해 시민을 재생산한다.

로컬에 기반한 시민성은 능동적 실천을 담보할 수 있지만, 한편으로는 문제점을 내포하고 있다. 왜냐하면 로컬 시민성은 사람들을 포섭할 뿐만 아니라 배제시킬 잠재력을 가지고 있기 때문이다(Staeheli, 2008; Closs Stephens and Squire, 2012a; 2012b). 일부 사람들은 로컬 공동체에 참여함으로써 이익을 얻을 수 있지만, 그렇지 못한 사람들은 완전한 시민성으로부터 배제될 수 있다.

이상과 같이 현재 우리는 다양한 스케일을 통한 상이한 시민성을 경험하고 있다. 우리는 한 국가의 국민으로서 상상적 공동체인 국가에 봉사하는 국가시민성뿐만 아니라, 한 지역의 주민 또는 시민으로서 자발적 참여를 통한 능동적 시민성 형성에 관여한다. 그뿐만 아니라 국가를 횡단하여 보편적 시민성으로서의 글로벌 시민성 역시 요구된다(Desforges et al., 2005). 이처럼 우리는 다양한 공간 스케일에서 다중적인 시민성 또는 정체성을 경험하게 된다.

2. 능동적 시민과 능동적 시민성을 위한 지리교육

1) 도입

최근 세계화의 진전으로 밖으로는 포용적이고 이타적이며 보편적인 글로벌 시민성을, 안으로는 다문화사회라는 이질적이며 분절화된 포스트모던적 특징을 수용하는 다문화시민성이 요구되고 있다. 즉 한편으로는 경제적 차이나 인종적·문화적 차이에 관계없이 누구나 공통의 이해를 지니고 있음을 인정하고 포용하는 교육이 필요하고, 다른 한편으로는 더 이상 '똑같음'에 기초한 시민성이 아니라 다양성과 문화적 복합성을 포용하는 시민성을 위한 교육이 요구되고 있는 것이다(권숙진, 2011, 1-2). 그뿐만 아니라 예전에는 피상적이고 소극적인 개인의 권리행사가 시민의 역할로 인식되었다면, 현대사회에서는 개인 및 공동체에 좀 더 적극적이고 능동적인 시민의 역할을 요구하고 있다.

이러한 적극적이고 능동적인 시민의 역할에 대한 강조는 일찍이 국제지리교육헌장을 비롯하여 영국과 오스트레일리아 등의 선진국 지리교육과정에 잘 나타나 있다. 이들 지리교육과정에서는 '현명하고 능동적인 시민(informed and active citizen)' 또는 '책임감 있는 능동적 시민(responsible and active citizen)'으로서의 공동체 참여를 지리교육의 목적 그리고 지식과 이해 및 가치·태도 목표로 설정하고 있다(IGU, 1992; Board of Studies NWS, 2003, 10; QCA, 2007a; 2007b).[2]

그뿐만 아니라 우리나라 사회과교육과정 역시 능동적 시민성이라는 용어는 직접적으로 언급하지는 않지만 유사한 내용을 진술하고 있다. 우리나라 사회과교육과정은 목표로서 "민주 시민으로서의 자질" 함양을 강조하면서, 민주 시민의 자질을 다음과 같이 구체화하고 있다. 그중 공동체 의식을 비롯하여 참여와 책임 의식, 즉 공동체 생활에 적극적으로 참여하는 능력은 능동적인 시민의 다른 표현으로 이해할 수 있다.

사회과에서 육성하고자 하는 민주 시민은 사회현상을 이해하고 사회생활을 영위하는 데 필요한 지식의 습득을 바탕으로 인권 존중, 관용과 타협의 정신, 사회 정의의 실현, 공동체 의식, 참여와 책임 의식 등의 민주적 가치와 태도를 함양하고, 나아가 개인적, 사회적 문제를 합리적으로 해결하는 능력을

---

2 학교교육을 통해 학생들이 훌륭한 시민으로 성장해야 한다는 것은 일반적으로 당연하게 받아들여진다. 보통 규범적인 차원에서 학생들로 하여금 능동적으로 참여해야 한다고 가르치지만, 교실 밖 현실세계에서 그러한 실현이 결코 쉽지 않다. 특히 이들 선진국에서는 국가의 정치 과정과 지방자치단체의 의사결정에서 학생들의 참여를 완전한 선과 시민의 책임성으로 간주한다. 그렇지만 그들 역시 공공 참여라는 민주적 이상과 엘리트들의 독단적인 의사결정이라는 현실 간의 괴리를 경험한다.

길러 개인의 발전은 물론, 사회, 국가, 인류의 발전에 기여할 수 있는 자질을 갖춘 사람이다(교육부, 2015, 3).

이처럼 글로벌 시신성과 다문화시민성과 같은 배려와 존중에 기반한 시민성뿐만 아니라, 동시에 반성적이고 비판적이며 행동하는 능동적 시민성이 요구된다.

2) 소극적 시민성에서 적극적 시민성으로

(1) 자유주의 시민성과 공화주의 시민성

시민이란 공동체 구성원으로서 '개인'을 의미한다. 그리고 대부분의 사람들은 공동체 구성원으로서 공동체와 관계를 맺으며 살고 있다. 따라서 모든 인간은 시민이라고 할 수 있다. 그러나 역사적·사회적으로 볼 때 모든 사람들이 '시민'으로 인정받은 것은 아니었다. 모든 사람들이 시민으로 인정받게 된 것은 최근의 일이다.

시민성(citizenship)은 해당 공동체가 '좋은 시민(good citizen)'을 어떻게 규정하느냐에 따라 다를 수 있다(Heater, 2003). 시민성이 시대에 따라 어떻게 정의되든 국가와 관련해서 권리를 향유하고 의무를 수행하는 지위라고 할 수 있다. 전통적으로 시민성의 정의는 상당히 국가 의존적이고, 개인의 자유와 권리에 초점을 둔다.

공동체와 시민 간의 관계는 주로 권리·의무 관계로 규정되는데, 이러한 관계를 어떻게 규정하느냐에 따라 시민에게 요구되는 자질이 달라진다. 시민성과 시민의 의미를 구체적으로 살펴보면 시대마다 상이하지만, 공동체와 시민 간의 관계에서 공적인 측면(공동체의 측면)을 강조하는가, 사적인 측면(시민의 측면)을 강조하는가에 따라 두 가지로 나누어진다(조영달, 1997, 44). 이러한 구분에서 시민성을 수동적이냐 능동적이냐의 측면에서 자유주의 시민성과 공화주의 시민성으로 구분한다.[3]

자유주의 시민성은 시민의 지위와 권리에 기반하여 시민의 자질을 주장한다. 자유주의 시민성은 피정복 민족에게 시민의 권리를 부여한 로마 제국으로부터 기원한다. 이때 시민성은 개인의 참여보

---

3 일반적으로 시민을 소극적 시민과 적극적 시민으로 구분할 때 시민답게 살아가는 것은 적극적 시민으로서의 삶이다. 전자가 강요와 간섭, 폭력으로부터 벗어나 표현과 결사의 자유를 갖는 시민인 데 비해, 후자는 적극적으로 정치생활에 참여하며 민주주의를 구현하여 공적 삶의 가능성을 열어 가는 시민이다. 그러므로 시민으로서의 삶은 좋은 시민, 능동적인 시민으로서의 삶을 가리키며, 이는 헌법적으로 허락된 사회적 지위의 차원을 넘어서서 공동선을 향한 윤리적 책임을 실현하는 과정에서 성립되는 것이다. 이처럼 능동적이고 윤리적인 시민상의 원형은 고대 그리스의 정치 공동체인 폴리스의 인간상이며, 이는 또한 아리스토텔레스의 「정치학」과 현대 공동체주의자들의 윤리이론에서 확인될 수 있다(한국교육연구소, 1996; 권숙진, 2011 재인용).

다는 법에 의한 보호를 의미하는 법적 지위로서의 시민성 개념이다. 특히 Marshall(1950)은 시민성을 자유권, 참정권, 사회권을 소유한 상태, 즉 권리의 총체로서 규정한다. 자유주의 시민성에서 시민이라는 지위는 사회 구성원 모두에게 무조건적으로 주어져 있다. 따라서 권리는 획득되는 것이 아니며, 사용하지 않는다고 해서 사라지는 것도 아니다. 개인은 논리적으로나 도덕적으로나 국가에 선행한다. 권리는 개인에게 내재해 있으며, 태어나면서부터 선천적으로 주어진 천부인권적인 것이다. 따라서 개인의 권리는 절대로 침해될 수 없다. 그러므로 사회와 국가의 가장 중요한 목표 중의 하나는 개인 혹은 개인의 권리를 보호하는 것이다(조영달, 1997, 52).

이와는 달리 공화주의 시민성(또는 공동체주의 시민성)은 개인의 지위와 권리보다 공동체에 대한 의무와 실천을 더 우선시한다. 공동체주의적 관점에서 시민이 된다는 것은 곧 역사적으로 발달된 공동체에 속하게 되는 것을 의미한다. 개인성(individuality)은 공동체로부터 나온 것이고 공동체 속에서 결정된다(Gunsteren, 1994, 41). 로컬적 참여를 강조하는 능동적 시민성과 공민적 의무가 개인적 권리보다 강조된다. 따라서 공화주의 시민성은 국민국가라는 스케일의 아래 장소들, 특히 로컬 공동체라는 장소에서 가장 명백하게 나타난다. 이러한 장소들은 공식적인 자발적 조직, 시민단체 또는 로컬 공동체가 대표적이다.

Crick(2010)과 Crick and Lockyer(2010)는 오늘날 지배적인 자유주의 시민성에 대한 대안으로 공화주의 시민성의 개념적 역사를 끌어오면서 능동적 시민성의 필요성을 역설한다. 그들에 의하면, 능동적 시민성은 사람들이 변화를 효과적으로 창출하거나 저항하기 위해 시민사회의 집단들 사이에서 실천되어야 할 학습기능이다. 이들이 주장하는 능동적 시민성은 변화를 위해 더 능동적이고 적극적인 참여와 행동을 강조한다. 따라서 법에 복종하고 훌륭한 이웃이 되며 훌륭한 삶을 사적 영역으로 격하시키는 '좋은' 시민성, 즉 자유주의 시민성과 대조된다.

(2) 참여와 자발적인 활동을 통한 참여적 시민성

그동안 우리나라는 소극적 시민성이 사회 전반적으로 드리워져 왔는데, 사회가 발전을 거듭할수록 적극적인 시민성에 대한 관심이 높아지고 있다. 이에 따라 참여와 자발적인 활동에 대한 의견들이 확대되고 있으며, 이런 현대사회의 특징들을 고려할 때 공동체 구성원으로서의 시민성이 강조되고 있다.

소극적 시민성은 '약한(thin)' 시민성에, 적극적 시민성은 '강한(thick)' 시민성에 비유되기도 한다. 자유주의 시민성과 같이 개인주의적이고 사적인 목적을 우선시하는 것이 약한 시민성이라면, 공화주의 시민성과 같이 정치적 무관심에서 벗어나 상호존중과 연대, 공익정신과 참여의식을 통해 적극적으로 참여하는 참여적 시민성은 강한 시민성이라고 할 수 있다(Perry and Katula, 2001; 김용신, 2013 재인용).

이처럼 적극적 시민성은 시민의 참여를 통해 실현된다.[4] 영국의 내무장관이었던 데이비드 블렁킷 (David Blunkett)은 공동체주의 이론과 사회자본의 발달에 근거하여 능동적 시민성의 개념을 강조하면서, 시민의 자유는 그들의 삶을 형성하는 결정에 건설적으로 참여할 수 있을 때 진정으로 실현될 수 있다고 주장한다(Woodd, 2007, 8). Packham(2008)은 시민의 참여 유형을 공식적 참여와 비공식적 참여를 한 축으로, 개인적 행동과 집합적 행동을 다른 한 축으로 하여 이에 해당하는 사례를 〈그림 6-1〉과 같이 제시한다. 이러한 시민의 참여는 민주주의의 사회에서 가능하다. 시민참여는 시민에 의한 또는 지역주민에 의한 참여를 말한다.[5] 즉 국가 차원에서는 주권자인 시민이, 지역 차원에서는 지역주민이 정치 공동체에 관한 권리와 의무를 행사하는 것을 의미한다. 시민참여는 정부의 정책결정에 영향을 미치기 위한 시민의 행위라고 할 수 있다. 지방자치 전통이 강한 서구 국가에서는 일찍부터 시민참여와 시민성 교육 간에 긴밀한 관계를 형성해 왔다.

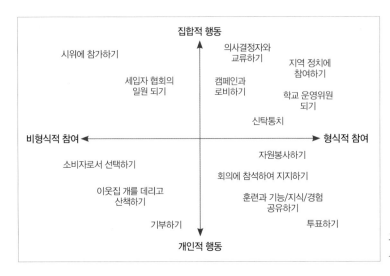

그림 6-1. 시민의 참여 유형

출처: Packham, 2008, 5.

---

4 시민참여에는 6가지 형태가 존재한다(Longo, 2007, 14). 1) 공적 가치를 지닌 프로젝트에 참여하기, 2) 지역사회 내 집단의 구성원이 되어 지역사회에 봉사하기, 3) 유세하기, 반대하기, 권력관계 형성하기 등을 통해 지역사회를 조직하기, 4) 정부의 정책 과정을 이해하고, 공적인 참여를 위해 시민으로서의 지식을 갖추기, 5) 투표, 캠페인, 입법을 위한 주장하기 등 전통적인 의미의 정치적 행위하기, 6) 공적 이슈에 대해 의도적·공적으로 대화하기이다(이은미, 2015 재인용; Take Part, 2006, 13).

5 흔히 주민참여(residential participation)와 시민참여(citizen participation), 정치참여(political participation)와 공중참여(public participation)는 개념적 혼동이 있으나 실제로 의미상 큰 차이는 없다. 좀 더 구체적으로 살펴보면 주민참여는 지방정부 주민으로서의 시민의 참여를 의미하는 것으로서, 시민의 지역 자주성을 보다 강조한 개념으로 지방자치 또는 지방행정과 관련하여 특히 빈번히 사용되는 개념이다(심익섭, 2001, 53).

그러나 우리나라의 경우 시민참여 자체가 다양하지 못하여 여전히 제한적이라는 한계를 지닌다. 1990년대 이후 많은 NGO가 출현하여 시민사회의 새로운 대안을 제시하고 있으나, 실제 시민 개인의 입장에서는 아직도 참여가 매우 열악한 상황이라고 할 수 있다. 사실 시민참여는 개인의 교육 정도와 밀접한 관련이 있다. 그러나 우리나라의 경우 교육수준이 높음에도 불구하고, 시민참여가 잘 이루어지지 않는 한 요인은 교육의 질과 밀접한 관련이 있다고 할 수 있다.

Newmann(1975)을 비롯하여, Parker(1999) 그리고 Wade(1993)는 참여적 시민성이 청소년에게 필요함을 역설하고 있다. 이들에 의하면, 미래사회는 오늘날보다 더 많은 사회적·환경적·경제적 문제들로 가득 차 있을 것으로 예상되므로 청소년에게 요구되는 시민성은 공동체적인 참여적 시민성이다. 참여적 시민성에서 참여란 정치적 참여뿐만 아니라 공동체와 지역 네트워크에 참여하는 것을 말한다.

적극적 시민성에서는 정치적 참여 외에도 자발적인 활동도 중요한 영향을 미친다. 자발적 활동은 지역사회를 위한 사회체험, 참여행위로 '배움으로써 행하는 것(doing by learning)'보다는 '행함으로써 배우는 것(learning by doing)'을 말하는 것이다. 봉사활동을 통해 청소년들은 자신의 삶이 타인과 밀접하게 관련되어 있으며 지역사회의 일원임을 경험하게 된다(Wade, 1993). 또한 봉사활동을 통해 지역사회와 제도를 변화시키고, 지역사회의 소속감을 고취함과 동시에 시민성을 함양할 수 있다.

3) 적극적 시민성으로서 능동적 시민성

(1) 능동적 시민성의 출현 배경과 의미

현대사회에서 모든 국가 및 시민들은 세계화, 신자유주의 등에 직면하고 있다. 기존에는 국가의 정책결정이 소수의 사회집단인 엘리트에 의해 이루어졌다면, 현대사회는 다수의 사회집단이 참여하고 있다. 현대사회는 엘리트주의보다는 시민사회의 형성과 시민사회의 네트워크로부터 오는 지지기반이 더 중요해지고 있다. 세계는 국민국가의 경계를 넘어 지구적 차원에서 서로 협력하고 있는 한편, 지역적 차원에서는 참여와 자치, 자발적 봉사를 기치로 내세우는 시민사회가 활성화되고 있다. 이는 결국 시민에게 능동적 시민성을 요구하는 배경이 되고 있다(권숙진, 2011). 이러한 현대사회의 특성으로 인해 이에 부응하는 시민으로서의 능력과 자질인 능동적 시민성이 요구되기에 이른다. 앞에서 언급한 적극적 시민성은 시민의 적극적인 참여를 기반으로 한다는 점에서 능동적 시민성과 다르지 않다.[6]

능동적 시민성에 대한 강조는 지방자치가 일찍부터 자리잡은 서구를 중심으로 이루어져 오고 있다. 특히 유럽의 경우 시민성은 시민의 참여, 시민사회의 참여를 강조한다. 시민성은 시민이 투표와 기타 선거에 참여하는 것보다, 오히려 공통의 문제를 해결하기 위해 그들의 공동체 생활, 사회적 네트워크, 집단, 조직 및 자원에 관여하는 것을 의미한다(Crewe and Searing, 1996).

이처럼 최근의 사회변화로 인해 능동적 시민성이라는 용어가 강조되고 있지만, 그 기원은 고대 그리스와 로마 시대에서부터 찾을 수 있다. 고대 그리스 시대의 civitas와 로마 시대의 civitatus에서 시민은 사적인 측면보다는 도시 혹은 국가의 공적인 일에 적극적으로 참여하는 측면이 강조되었다(조영달, 1997). 라틴어 civitas에서 유래한 시민(citizen)은 공동체의 성원으로서 요구되는 지위이며, 시민성은 공동체의 발전에 적극적으로 참여하는 것을 의미한다. 이때 공동체에 무관하다는 것은 온전한 인간으로서의 결격을 뜻하며, 공동체에 참여하는 동안에만 인간은 온전한 인간으로서 살아가게 되는 것이다(권숙진, 2011).

사실 최근에는 세계화와 다문화사회로 인해 글로벌 시민성과 다문화시민성을 강조하고 있지만, 한편으로 좋은 시민이란 지역사회 시민임을 강조하면서 개인의 자유와 권리만을 강조하는 수동적 시민성에서 벗어나 자발적인 공동체에의 참여라는 개인의 의무와 책임에 초점을 두는 능동적 시민성을 강조하고 있다[7](Yarwood, 2014). 능동적 시민성은 권리와 책임 간의 균형을 강조한다. 능동적 시민성이란 시민성이 수동적으로 수용되기보다 오히려 능동적으로 수행되어야 한다는 것을 의미한다[8](Ghose, 2005). 즉 능동적 시민성이란 시민으로서 우리에게 영향을 주는 결정에 참여하는 행위, 즉 공동체에 참여하는 것을 말한다(Barr and Hashagen, 2007, 53; Packham, 2008). 능동적 시민성은 시민사회, 공동체, 정치에 참여하는 것을 강조하며(Kearns, 1995; Fyfe and Milligan, 2003), 더 나은 사회를 위해 어떻게 공유된 가치를 함께 창출하고 관계를 맺을 것인가에 관한 것이다.

---

6 유럽과 미국에서는 일찍이 기존의 시민성 교육에서 강조하는 시민성보다 한층 더 구체적인 시민성에 관심을 갖고 연구를 시작하였다. 이것을 'Active Citizenship'이라고 부르고 있는데, 우리나라에서는 '능동적 시민성'(이선미, 2004; 전현심, 2005; 권숙진, 2011; 조철기, 2015) 또는 '적극적 시민성'(이기우, 2000; 장동진, 2005)이라는 용어로 사용된다.

7 능동적 시민성이 개인의 권리보다 의무를 중요시한다고 하여 개인의 권리에 초점을 두지 않는 것은 아니다. 좀 더 정확하게 표현하면, 능동적 시민성은 권리기반 시민성(right-based citizenship)과 실천기반 시민성(practice-based citizenship)을 합친 것이라고 할 수 있다. '공적(public)' 시민(공민) 그리고 '공동체주의(communitarian)' 시민이라는 용어는 이러한 활동에 종사하는 사람을 묘사하기 위해 사용된다(Mullard, 2004; Yarwood, 2014, 203). 더욱이 로컬에 기반한 능동적 시민성은 국가시민성을 추종하기보다는 이에 도전한다(Routledge, 2003).

8 시민사회의 주체로서의 개인이 사회환경을 인식하고, 사회에서 발생하는 공공의 문제를 해결하려는 집합적 행위에 참여하는, 적극적인 사회적 실천행동으로 체화되는 시민성을 능동적 시민성이라 한다. 능동적 시민성은 개인적 혹은 집단적 노력 없이 정부의 기제를 통해 위로부터 자동적으로 부여된 수동적인 시민성이 아니라, 사회적 투쟁을 통해 획득해 가는 시민성이다. 능동적 시민성은 민주주의 실현을 위한 시민성의 핵심으로서, 단순한 내용지식으로서가 아니라 필요할 경우 분노하는 능력을 집합적으로 결집해 낼 수 있는 시민성인 것이다. 시민사회에서 시민으로서 능동적으로 행동하려는 의지와 역량의 표출인 능동적 시민성을 형성하는 교육이 능동적 시민성 교육이다.

능동적 시민성은 앞에서 살펴본 공화주의 또는 공동체주의 시민성에 토대를 두고 있다. 자유주의 시민성에 근거한 개인은 자율적인 존재로 자기의 권리와 이익을 추구하는 본질적으로 수동적인 존재인 반면, 공화주의 또는 공동체주의에 입각한 시민은 공동체의 공통 관심에 초점을 두며 민주적으로 참여하는 사람이다. 능동적 시민성은 주로 공공 영역에서 일어나며, 능동적 시민성을 구현하기 위해 시민에게 부여되는 중요한 속성은 권한부여(empowerment)[9]이다(Tilbury, 2002).

1997년 유럽연합집행위원회(EC) 보고서에서는 앞으로 직면할 주된 도전에 관련하여 능동적 시민성을 위한 학습을 언급하였다. 이 보고서에서는 능동적 시민성이란 참여적 민주주의를 실천할 수 있도록 '권한부여'가 이루어지는 것으로, 자율성, 책임, 협력, 창의성을 학습하고 실천할 기회, 모호성과 반대에 직면하여 자기 가치와 전문성을 개발할 기회를 요청하는 것이라고 규정한다(The European Commission, 1997).

서구에서는 일찍이 능동적 시민성 프로그램을 운영해 오고 있다. 영국에서는 '능동적 시민성' 개념이 보수당과 자유민주당의 연립정부에 의해 "큰 사회(Big Society)"[10]에 대한 토론을 통해 정치화되어 왔다(Yarwood, 2014, 78-83). 그리고 영국, 미국, 오스트레일리아 등에서는 능동적 시민성의 대표적인 사례로 "이웃감시 프로그램(Neighborhood Watch Program)"[11]을 운영하고 있다(Yarwood, 2014, 72-74). 능동적 시민성의 또 하나의 실천사례로는 '풀뿌리 자원봉사(Crass-roots volunteering)' 일환으로 이루어지는 "Soup Runs"[12]이다.

---

9 권한부여는 가족, 조직, 지역사회 내에서 특정 주체가 영향력 혹은 법적인 권한을 획득하고 행사할 수 있도록 도와주는 과정을 의미한다. 어떤 조직이나 집단을 구성하는 주체들은 의사결정권이나 영향력을 차별적으로 지니고 있다. 즉 여성은 남성에 비해, 노동자는 경영자에 비해, 시민은 정치인 및 공무원에 비해, 학생은 교사에 비해, 미성년자는 성인에 비해, 자녀는 부모에 비해 상대적으로 적은 권한을 갖는다. 이러한 불평등한 상황을 개선하는 실질적이고 효과적인 방법 중 하나는 의사결정과정에 참여할 수 있는 권리와 기회를 부여하거나 영향력을 갖도록 하는 것이다. 권한부여는 실질적인 권리와 기회의 부여, 권위 이양, 역량 강화 등 다양한 의미를 갖는다. 이는 기존의 차별, 소외, 억압을 받아 왔던 개인이나 조직, 집단의 삶을 개선하고 자기효능감을 길러 주기 위해 환경과 구조를 변화시키는 과정이라 할 수 있다. 다른 한편으로는 조직이나 집단, 사회 전체의 효율성이나 공정성 등을 향상시키는 효과도 가지는 것으로 알려져 있다. 시민이나 하급 공무원에 대한 권한부여는 공무원의 책임성을 강화시키고 공무집행의 공정성과 효과성을 촉진한다. 노동자에 대한 권한부여는 노동자의 권익 보호뿐만 아니라, 일터에 대한 소속감과 노동의욕을 자극하여 기업 전체의 생산성을 상승시킬 수 있다(한국다문화교육연구학회, 2014).

10 영국 국무총리 데이비드 캐머런(David Cameron)이 일으킨 '큰 사회' 정책은 토니 블레어가 이끌던 노동당의 대표 정책인 '제3의 길'을 극복하기 위한 보수당의 야심작이다. '큰 사회'를 슬로건으로 2010년 영국 총선에서 승리한 데이비드 캐머런의 영국 보수당 정부는 지난 1기 동안 '큰 사회' 정책을 실천하였다. 이 정책의 취지는 정부 실패, 시장 실패의 대안으로 사회를 부각시킨다는 것이었고, 사회문제 해결의 주체를 국가에서 민간과 지역사회로 이전한다는 것이 핵심이다. '큰 사회' 정책은 사회문제를 공동체 스스로 해결한다는 취지 아래 공동체 회복의 방향으로 추진되고 있다. 구체적인 정책으로는 ① 강한 공동체의 조직화, ② 공동체 참여의 강화, ③ 지방정부로의 권한 이행, ④ 사회적 경제에 대한 지원, ⑤ 정보 공유 등을 제시하고 있다. 즉 '큰 사회'론은 국가 영역을 사회에 이관시킴으로써 정책 실시 뒤에 '작은 정부'와 '큰 공동체'를 기대하고 있다.

11 1960년대 말 미국에서 주민이 주도하는 지역사회 범죄예방 활동의 대표적인 사례로서 이웃감시 활동의 대상구역과 활동방법에 따라 이웃감시·구역감시·가정감시·지역사회감시 등 여러 이름으로 불리는 활동을 말한다. 이 프로그램은 지역사회 공동체 의식을 부활시켜 지역사회의 전통적인 비공식적 사회통제 능력을 통해 범죄를 예방하려는 프로그램이다.

이상과 같이 서구를 중심으로 전개되어 온 능동적 시민성은 민주사회의 주체가 되는 시민들의 변혁적 실천행동으로서의 능동적 참여가 강조되는 시민성 개념이라고 할 수 있다. 즉 능동적 시민성은 민주사회의 주체로서의 시민이 공동체에서 발생하는 공공의 문제를 해결하려는 집합적 행위에 참여하는, 적극적인 실천행동으로 체화되는 시민성으로서 정의될 수 있다.

(2) 로컬 시민성과 글로벌 시민성의 중간지점으로서의 능동적 시민성

능동적 시민이란 로컬리티,[13] 즉 지역사회를 자신의 삶의 터전으로 여기고 지역사회 안에서 지역주민들과 소통하는 가운데 지역사회 발전의 비전을 지니고 지역사회의 문제를 스스로 찾아 해결할 역량을 지닌 시민이다(김민호, 2011). 능동적 시민이 갖추어야 할 조건으로 차별과 폭력에 저항할 수 있는 주체적 자세를 가져야 하며, 사회적 배제(social exclusion)를 넘어서서 사회적 통합(social cohesion)의 가치를 내면화해야 한다. 그리고 서로의 차이를 인정하며 연대하고 공존하는 자세가 요구된다. 그뿐만 아니라 사회 구성원들이 권리만이 아니라 책임을 다하려는 성찰적 자세가 요구된다. 마지막으로 실천하지 않고서는 변화할 수 없다는 인식 아래, 국가나 경제의 직접적 통제로부터 어느 정도 떨어진 시민사회 공간 안에서 대안적 형태의 정치적 표현과 관여의 전망을 구체적 행동으로 나타내는 것이다. 따라서 능동적 시민성은 '행동하는 시민성'(Johnston, 1999)이라고 할 수 있다. 그리고 이러한 능동적 시민성을 위해서는 토착적 지식(indigenous knowledge)이 중요하다.[14]

많은 국가들이 로컬 스케일에서 시민의 참여를 중시하기 때문에 능동적 시민성은 중요하다. 능동적 시민성은 국가가 제공할 수 없는 복지나 서비스의 한계를 자원봉사자를 활용하여 메우려고 한다. 능동적 시민성은 시민들에게 로컬 공동체에서 시민의 의무, 자선활동, 자발적 조직(NGO, 자선단체 등)에의 참여 등을 강조한다. 국가와 자발적 부문은 사회복지와 서비스를 제공함에 있어 공생관계를 유지해 왔다. 자발적인 활동은 로컬 민주주의를 개선하기 위해 주로 좌파에 의해 실행되었지만(Wolch,

---

12 주거정의(housing justice)를 실현하기 위해, 최근 인권 중에서 주거권(거주권)에 대해 강조되고 있다. 이러한 주거정의를 실현하기 위한 자발적인 자원봉사단체 중의 하나가 영국 런던을 중심으로 활동하고 있는 Soup Runs이다. 이 포럼은 대런던 지역 내의 홈리스, 독거 또는 사회적 혜택을 받지 못하는 사람들에게 무료 음식과 음료를 제공하는 개인 또는 자원봉사단체를 위한 것이다.

13 사람들이 거주하면서 일상적인 삶을 영위하는 지역사회 또는 공동체의 공간적 단위를 로컬리티(locality)라고 한다. 이러한 로컬리티는 무엇보다도 구성원으로서의 시민들이 자발적으로 공동체에 참여할 수 있는 공간 단위이다. 이러한 로컬리티에 기반하여 형성되는 로컬 시민성은 개인들로 하여금 자신의 로컬 공동체에 자발적으로 활동하도록 한다는 점에서 '능동적 시민성'으로 간주된다(Kearns, 1995; 조철기, 2015).

14 토착적 지식은 지역사회 시민이 지닌 맥락 특수성을 드러내는 데 용이하다. 토착적 지식은 문화적으로 혹은 지역적으로 전통적 사람들이 농업, 축산업, 아동양육, 교육, 의료, 자연자원의 관리 등 다양한 분야에서 수천 년의 실험과 개혁을 반영한 지식이다.

1990), 이제 많은 국가는 시민들로 하여금 자발적인 활동을 통해 로컬 공동체에 기여하도록 격려한다.

로컬에 기반한 시민성은 능동적 실천을 담보할 수 있지만, 한편으로는 문제점을 내포하고 있다. 왜냐하면 로컬 시민성은 사람들을 포섭할 뿐만 아니라 배제시킬 잠재력을 가지고 있기 때문이다 (Staeheli, 2008; Closs Stephens and Squire, 2012a; 2012b). 일부 사람들은 로컬 공동체에 참여함으로써 이익을 얻을 수 있지만, 그렇지 못한 사람들은 완전한 시민성으로부터 배제될 수 있다.

그렇다면 로컬 시민성과 능동적 시민성은 동일한 개념인가? 사실 능동적 시민성은 다른 시민성, 특히 로컬 시민성과 확연하게 구분되지 않는 모호성을 가진다. 로컬 시민성에는 능동적 시민성과 마찬가지로 참여와 정체성이 강조된다. 참여는 사람들의 일상생활 터전이 되는 곳에서 가장 잘 일어난다. 특수한 지역적 차원의 시민성이 강조되는 이유는 실제적 생활의 터전에 구현되지 못하는 민주적 시민 자질은 아무런 의미가 없기 때문이다(Lowndes, 1995; 설규주, 2001 재인용).

로컬 시민성이 말하는 정체성은 개인이 참여하는 집단 내지 공동체에 소속되어 그 공동체의 일원임을 자각하고 그 구성원으로서의 책임, 의무, 권한 등의 역할을 원만히 수행하는 데 필수적으로 요구되는 특성이라 할 수 있다(박용헌, 1997). 로컬 시민성에서의 정체성과 참여는 하나로 맞물려 있는 개념이다. 공동의 참여란 단지 해당 공동체 내의 문제를 해결하기 위한 제도만으로 가능한 것이 아니라, 구성원 사이에 공유하는 가치와 그들이 소속된 공동체에 대한 소속감이 있을 때 진정으로 가능하다. 또한 해당 공동체 내에서 자신의 진정한 정체성을 발견해야만 자발적인 참여가 자연스럽게 나올 수 있다.

이렇게 로컬 시민성은 공동체 구성원들의 삶의 질 향상과 자유로운 이해관심 추구를 위해 요구된다. 자신들의 공동체에 해당되는 문제를 자신들의 것으로 인식하고, 그러한 문제를 해결하기 위해 자신들의 책임하에 스스로 공동체 의사결정에 참여할 때 자신들의 진정한 복지 향상을 도모할 수 있기 때문이다. 그러므로 능동적 시민성 또한 로컬 시민성과 많은 부분이 일치하고 있다.

한편, 능동적 시민성은 분쟁 해결, 환경문제 해결, 타 문화에 대한 이해 등 지구촌의 보편적 가치를 추구하기 위한 글로벌 시민성과도 유사하다고 할 수 있다. 글로벌 시민성은 초국가적·초집단적 반성이 강조된다. 즉 환경, 인권, 평화, 빈곤, 전쟁 등의 쟁점과 관련하여 특정 집단이나 지역, 국가의 입장을 잠시 떠나 인류 전체의 관점에서 접근하고 그것의 해결을 위해 적극적으로 참여하는 태도가 필요한 것이다. 이는 곧 글로벌 시민성이 특정한 이해관계를 초월하여 보편적 가치를 추구하고 그것을 위해 행동하는 시민성임을 가리킨다.

글로벌 시민성은 현대사회의 다원성, 복잡성, 상호의존성 증대로 인해 어느 한 개인이나 집단, 국가의 힘만으로는 해결할 수 없는 당면문제를 합리적이고 민주적으로 해결하기 위해, 그리고 더 나아가 인류 전체의 보편적 가치를 찾아내기 위해 요청되는 것이라 할 수 있다. 그러므로 능동적 시민성은 로컬 시민성과 글로벌 시민성의 중간적 위치를 가지고 있다고 할 수 있다. 인류 공통의 문제를 고민하는 것은 아니지만 초국가적이라는 의미에는 글로벌 시민성과 공통적 범위가 교차한다.

4) 능동적 시민성 육성을 위한 교육의 방안

(1) 정치적 문해력 함양과 공동체 참여 활동

현대사회에서 능동적 시민성은 학생들에게 학교 안팎의 교육활동을 통해 길러 주어야 할 중요한 시민성이다. 능동적 시민성 교육은 가정, 사회단체, 종교단체 등을 통해서도 이루어질 수 있지만, 체계적이고도 의도적인 능동적 시민성 교육은 역시 학교교육이 중심이 된다. 학교교육을 통해 공공의 문제에 대한 참여적 태도가 형성되도록 하여야 한다. 이러한 능동적 시민성 교육은 정규적인 교과과정만으로는 충분하지 않고 교과 외적인 활동을 통해 보완되어야 한다.

앞에서도 언급하였듯이 Johnston(1999)은 시민성 형성을 위한 교육을 4가지 차원, 즉 통합적 시민성(inclusive citizenship),[15] 다원적 시민성(pluralistic citizenship),[16] 성찰적 시민성(reflective citizenship),[17] 능동적 시민성(active citizenship)으로 제시하면서 능동적 시민성 형성을 가장 마지막 단계로 설정하고 있다. 능동적 시민성을 위한 학습은 경제적·사회적 배제 상태에 있는 불리한 입장의 학습자들에게 활로를 모색할 수 있게 한다든지, 지역, 인종, 민족, 문화의 차이를 수용하고 이를 다양성과 차이의 정치로 인식할 수 있게 하는 시민성 학습을 포함하면서 정치적 실행에 능동적으로 참여하고 사회행동으로 표출되는 시민성이다.

Munn(2010, 86)에 의하면, 학교교육을 통해 능동적 시민성을 육성하기 위해서는 정치적 문해력(political literacy), 공동체 참여(community involvement),[18] 사회적·도덕적 책임성을 발달시켜야 한

---

[15] 통합적 시민성은 경제적 및 사회적 배제 상태가 심화되고, 소외, 사회적 결속 감퇴라는 상황에서 요청되는 시민성으로, 통합적 시민성을 위한 학습에서는 이전의 공적 서비스의 민영화로 인한 배제, 박탈에 따른 교육 접근에서의 차이와 이러한 차이의 심화에 대응하여 교육적 균형을 잡으려 시도한다.

[16] 다원적 시민성은 내포적 시민성을 훨씬 넘어선다. 이는 모던과 포스트모던 양자의 측면을 통합하는 것으로, 기본적인 보편적 인권의 실재를 인정하면서도 또한 다양성과 문화적 다원주의를 포용하는 시민성이다. 다원적 시민성을 위한 학습은 좌와 우 간의 구분과 그에 대한 전통적인 이해를 초월하는 데 도움을 준다. 또한 세계시민성 혹은 지역시민성에 초점을 둠으로써 세계화, 국가정부의 쇠퇴 그리고 생태학적 위기에 대한 관심을 고려할 수 있다.

[17] 성찰적 시민성은 자기비판적이며 역동적인 시민성이다. 성찰적 시민성을 위한 학습은 위험사회의 복잡성, 불확실성 그리고 다양성을 의미 있게 만드는 역할을 한다. 시민성의 맥락에 있어 시민의 권리와 책임, 그 상호연관성을 해석하고 검토하는 일을 포함한다. 위험사회의, 즉 대중에게 보다 더 반성이 요구되는 맥락에서 성인 학습자들이 시민의 권리와 책임 양자 모두의 개념에 보다 더 비판적으로 개입할 수 있게 한다.

[18] 능동적 시민성 교육이 실효성을 거두기 위해서는 학생들에게 경험학습과 행동을 반복적으로 연습할 수 있는 기회를 제공해

다.[19] 즉 능동적 시민성을 위해서는 지식 측면에서 정치적 문해력이 요구된다. 그리고 능동적 시민성을 위한 기능을 갖추기 위해서는 경험학습과 학생들이 행동을 반복적으로 연습할 수 있는 기회가 필요하다. 필요한 기능에는 비판적 사고, 토론, 의사결정 능력이 포함된다. 마지막으로 능동적 시민성을 위해서는 가치와 태도 측면에서 활동적 참여가 중요하다. 그리고 이를 위해서는 학생들이 권한 부여를 가진다는 것을 인식시켜야 한다.

능동적 시민을 위한 지식과 기능을 증가시키기 위해서는 다양한 활동들이 있다. 예를 들면, 이러한 활동에는 모의국회, 학교 또는 교실 위원회의 구성원, 공정무역 가게 운영, 로컬 공동체가 처한 쟁점에 관한 UCC 만들기, 국가 또는 지역 정부에 진정하기, 환경친화적인 학교 만들기, 모의 교통위반 티켓 부착, 환경오염 유발 자동차의 운전자 고발, 공정거래 위반 커피를 판매하는 커피숍 앞에서 시위하기 등을 포함한다.

청소년들은 학교와 교실 생활에 관한 의사결정에 능동적으로 참여함으로써 능동적 시민성에 관해 더 효과적으로 배울 수 있다. 지식과 기능은 의사결정에 있어 효과적인 참여에 필수적이다. 학교, 로컬, 국가, 국제적 의사결정 시스템이 어떻게 작동하는지에 관한 지식은 사람들의 목소리가 들리도록 하는 방법을 이해하게 하는 데 중요하다. 이것은 정치적으로 읽고 쓸 수 있는 것, 즉 정치적 문해력의 중요한 부분이다. 따라서 학생들의 능동적 시민성 함양을 위한 교육은 청소년의 정치적 문해력 발달에 초점을 두어야 한다(Munn, 2010, 89).

한편, 능동적 시민성 교육은 정치적 차원뿐만 아니라 일상생활의 차원으로 확대되어야 한다. 시민의 지위를 국가와의 관계에서 파악하고 국가 구성원으로서 시민의 삶을 인식하도록 하는 것은 좁은 의미의 시민성 교육이라고 할 수 있다. 이뿐만 아니라 이제는 자신이 속한 지역사회, 국가, 지구촌 등의 공동체 구성원으로서 정치, 경제, 문화, 사회, 생태 영역 등에서 시민으로서 역할을 다하고 의사결정에 참여하는 데 필요한 기본 자질을 체계적으로 함양시키는 넓은 의미의 시민성 교육이 요구된다.

야 한다. 그러한 측면에서 공동체기반 학습(community based learning)을 통한 행함으로써 배우기(learning by doing)는 능동적 시민성 함양을 위해 좋은 방법이다. 한편, 능동적 시민성을 위한 능동적 학습(Active Learning for Active Citizenship, ALAC)이 영국을 중심으로 강조되고 있다. 이 프로그램은 학생들로 하여금 로컬 그리고 때때로 국가 수준에서의 의사결정에 참여하도록 한다. 능동적 시민성을 위한 능동적 학습(ALAC)의 중심적인 특징 중의 하나는 참가자들이 시민생활에 더 참여하게 되는 수많은 방법이 있다는 것이다. 이것은 먼저 자원봉사에 참여하는 것과 시민성에 관한 강조와 함께 자원봉사에 더욱더 참여하게 되는 것, 활동가가 되는 것, 공동체 집단과 거버넌스 시스템에 참여하는 것 그리고 서비스 제공에 영향을 주는 것을 포함한다(Annette and Mayo, 2008, 6).

19 능동적 시민성은 권력구조와 권력관계를 검토하고 이들을 변화시키기 위해 활동하며, 필요하다면 사회적 포섭과 사회정의를 추구하고자 정치적 문해력과 권한부여를 위한 능동적 학습을 포괄하기 위해 더 폭넓게 정의되어야 한다. 능동적 시민성은 또한 사람들이 개별 시민들에게 권력을 부여하는 것뿐만 아니라 시민사회를 강화함으로써 공동체의 응집과 사회적 견고함을 촉진할 수 있는 방법과 관련된다.

이와 같은 넓은 의미의 시민성 교육 중에서 시민들의 삶의 터전인 공동체에 보다 초점을 맞춘 시민성 교육이 로컬 시민성 교육이며, 이는 능동적 시민성이 실현되는 장이다. 이러한 능동적 시민성 교육은 학교 안의 교실수업뿐만 아니라 학교 밖 지역사회에서 삶에 참여하도록 하는 측면이 강하다.

능동적 시민성은 단순히 교과서를 읽는 것을 통해 배울 수 있는 것이 아니다. 능동적 시민성 교육의 핵심은 학생들을 공동체 지향적인 활동에 참여하여 체험하도록 하는 데 있다. 공공의 이익에 관련된 활동을 통해 공공의 문제에 대한 시민의 역할이 무엇인지를 깨닫게 된다. 참여활동을 수행해 나가면서 학생들은 공공영역에서 필요한 의사소통의 기능을 습득하는 것이 필요하다고 느끼고 이를 익히고자 노력하게 된다. 학생들이 공동체가 필요로 하는 특정한 현실 문제를 해결하는 과제를 수행하면서 지적인 능력을 연마할 수 있게 된다.

(2) 비판교육학을 통한 능동적 시민성의 함양

진정한 민주적 시민사회를 구현하기 위해서는 주체가 되는 시민들의 능동적 참여가 있어야 한다. 능동적 시민성을 갖춘 적극적 시민을 양성하는 교육은 단순한 지식내용으로써 시민성을 가르치기보다는 민주적인 시민의식을 갖추고 사회에서 능동적으로 참여할 수 있도록 참여, 의사소통[20], 공정성과 같은 절차적 정의에 따른 권리주체로서의 자질을 함양해야 한다. Benn(2000, 245)은 능동적 시민성을 촉진하는 요소로서 다음 일련의 속성들(능력, 확신, 지식, 아이디어)을 제시한다.

능동적 시민성 교육은 비판적 문해력(critical literacy) 함양을 토대로 한다. 이러한 점에서 능동적 시민성은 프레이리(Freire)와 지루(Giroux) 등의 비판교육학 또는 경계의 페다고지(critical pedagogy or border pedagogy)와 맞닿아 있다. 능동적 시민성은 비판적 시민성과 그 맥락을 같이하며, 능동적인 연대를 통한 시민적 행동을 강조한다. 능동적 시민성 함양을 위한 비판교육학은 학생들에게 다음과 같은 기회를 제공한다. ① 학생들로 하여금 그들의 문화적 가치와 가정에 대해 비판적으로 성찰하도록 한다. ② 학생들이 사회문화적 구조에 의해 어떻게 조건지어지고 규정되는지를 구체화하도록 한

---

20 시민성 교육에는 인지적·기능적·정서적 측면을 포함한다. 시민성 교육의 인지적 측면은 학생들에게 시민으로서 활동하기 위해 필요한 기본적인 기초 지식을 갖추게 하는 것이다. 기능적 측면은 의사소통 능력에 관한 것으로, 그것에 대한 지식보다는 어떻게 알게 되는가 하는 측면을 강조한다. 정서적 측면은 행동을 뒷받침하는 심리적인 적응에 초점을 둔다. 지금까지 시민성 교육은 주로 인지적 측면, 즉 정부의 조직과 기능을 이해하고 기본권, 선거, 정당 등에 대한 지식을 중심으로 이루어져 왔다. 이는 필수적 요소이긴 하지만, 이것만으로는 충분하지 않다. 적극적인 시민의 참여를 위해서는 공동체 구성원 간의 의사소통 기술이 매우 중요하다. 효율적으로 자신의 의사를 발표하고 상대방의 의견을 경청하며, 필요한 정보를 끌어내고 공통의 관심사와 결론을 끌어내는 기술은 참여의 효율성을 높이고 활동에 대한 자신감을 부여한다. 또한 공동체에 대한 의무감이나 책임감, 활동의 성과에 대한 자신감은 시민의 참여를 자극하는 방향으로 작용하고, 참여를 위해 필요한 인지적·기능적 요소를 습득하도록 자극한다.

표 6-2. 능동적 시민성을 촉진하는 요소

• 다른 사람과 협상하고, 협력하는 능력 • 다른 사람들에게 건설적으로 귀를 기울이는 능력 • 정보를 구하는 능력(도서관, 전산망, 행정당국, 공청회 등에서) • 아이디어와 의견을 소리 내어 말하는 능력 • 행동친화적이기 위한 확신 • 독자적인 견해를 갖기 위한 확신 • 만약 옳다고 생각한다면 독자적으로 행동하기 위한 확신	• 책임감을 갖기 위한 확신 • 자신들의 목소리가 경청되고 고려될 것이라는 확신 • 사회가 어떻게 구조화되는가에 관한 지식 • 지방정부가 어떻게 활동하는가에 관한 지식 • 국가정부가 어떻게 활동하는가에 관한 지식 • 주요 정당에 대한 기초적인 아이디어 • 정치 철학/이데올로기에 대한 기초적인 아이디어

다. ③ 학생들이 살고 있는 세계를 개선하고 보호하기 위한 변화의 문화적 행위자로서 그들의 역량을 구축하도록 한다(Tilbury, 2002).

지리교육에서 비판교육학에 대한 관심은 1980년대 이후 하버마스(Jürgen Habermas)의 비판이론과 사고에 관심을 가지면서 나타났다(Huckle, 1983; Fien and Gerber, 1988). 비판이론은 왜곡되거나 불합리성을 폭로하고, 사람들로 하여금 진정하게 합리적이고 자율적인 방법으로 생각하고 행동하도록 권한을 부여하려고 한다(Fien, 1999; Huckle, 1997). 특히 지루의 연구(Aronowitz and Giroux, 1991; Giroux, 1992; 2001)는 지리교육에서 비판이론의 개발과 이용에 큰 영향을 미쳤다. 그의 비판교육학은 학생들로 하여금 권력(power), 언어(language), 맥락(context), 차이(difference) 등에 더 민감하게 반응하고, 그러한 과정에 참여할 수 있도록 권한을 부여해야 한다고 주장한다(Huckle, 1997, 248). 능동적 시민성은 변화를 위해, 즉 더 나은 사회를 만들기 위해 시민들에게 권한을 부여하는 것이다. 권한을 부여받는다는 것은 사람들 자신의 목소리로 말하고 자신의 이야기를 들려주는 것일 뿐만 아니라, 이해를 넘어 자신의 이익과 일치하는 행동으로 적용하는 것이다(Mishler, 1986, 119; Fien, 1993에서 재인용).

능동적 시민성 육성을 위한 비판교육적 접근은 성찰과 행동을 통합하는 페다고지인 비판적 실천(critical praxis)을 촉진한다. 비판적 실천은 학습자들의 사회문화적 환경에서 나타나는 우세한 이데올로기적 관심에 대한 학습자의 의식(consciousness)을 끌어올리고, 그들로 하여금 그것을 변형시키기 위한 성찰적 행동(실천, praxis)에 참여하도록 하는 것으로, 특히 Freire(1972)에 의해 발달되었다(Fien, 1993). 비판교육학은 시민들에게 더 지속가능한 세계를 향한 행동과 활동의 가능성을 포착하도록 권한을 부여하는 성찰적 행동의 과정이다.

시민성에 대한 해석과 시민성 개념을 가르치는 것에 대한 접근은 시간에 따라 변해 왔다. 지리가 시민성을 촉진시켜야 한다는 의미는 처음에는 지리조사를 통해 국가적(그리고 종종 식민주의) 시민성(정체성)을 촉진시키는 데 강조점이 있어 왔다. 그러나 국가적 정체성을 강조하는 것으로부터 더 나은 세계를 위한 능동적 시민성을 개발하는 것으로 그 의미가 지난 50년 동안 이동해 오고 있다(Gilbert,

1999).

(3) 능동적 시민성 교육의 한 방법: 음식 소비자에서 음식 시민으로

능동적 시민성 교육 방법의 하나로 최근 지리에서 관심을 가지는 '음식(food)'에 주목해 볼 수 있다. 음식을 통한 능동적 시민성 교육은 단순한 '음식 소비자(food consumer)'에서 성찰적이고 참여적인 '음식 시민(food citizens)'으로의 전환을 의미한다.

최근 이와 관련하여 주목받고 있는 개념이 '음식 민주주의(food democracy)'라는 개념이다(Booth and Coveney, 2015). '음식'과 '민주주의'라는 용어를 별도로 고려할 때는 큰 의미를 지니지 못하지만, 이 두 용어가 결합된 '음식 민주주의'는 변혁적인 의미를 지닌다. 음식 민주주의란 사람들이 최종생산물로서의 음식을 단순히 소비하는 소비자가 아니라, 음식 시스템에 대한 통제를 다시 회복할 수 있고 능동적으로 음식 시스템에 참여하는 음식 시민으로서의 역할이 강조된다.

여기서 '능동적으로 참여한다'라는 것이 중요하다. 영국의 학자이자 농부인 팀 랭(Tim Lang)은 1990년대 중반에 음식에 대한 기업의 통제 강화 음식 시스템에 대한 소비자의 참여 부족에 대응하여 '음식 민주주의'라는 용어를 발전시켰다. 음식 민주주의는 때때로 '음식 시민성(food citizenship)'이라는 개념으로 불리며(Booth and Coveney, 2015), 이는 시민들이 사회변화를 자극할 수 있는 권력을 가질 수 있다는 원칙에 근거한다. 음식 민주주의는 사람들이 음식 시스템에서 수동적인 방관자가 되기보다는, 현재의 음식 시스템을 더 건전하고 지속가능하게 재건할 수 있다는 생각에 근거하는 풀뿌리 운동이다. 음식 민주주의의 이론과 실천에 관한 많은 연구들은 미국, 캐나다, 영국 등지에서 진행되고 있지만, 우리나라를 비롯한 다른 국가에도 매우 유용한 개념이다.

음식과 민주주의는 개인, 가족, 공동체, 국가의 일원으로서 매우 중요하다. 이 둘은 모두 우리의 생존에 필수적이다. 우리는 모두 매일 먹고 있으며 음식 없이는 살 수 없다. 우리는 또한 표현의 자유와 공정한 선거가 보장되는 민주주의 사회에 살고 있다. 그럼에도 불구하고 우리는 음식과 민주주의가 서로 연결된다는 것을 인식하지 못하고 있다. 21세기의 음식 생산은 과거와 달리 곡물메이저 등에 의한 매우 산업화된 글로벌 음식 시스템에 의해 지배되고 있다. 음식은 하나의 상품이 되었고 거대 이윤을 추구하는 다국적기업들은 어떤 종류의 작물을 재배할 것인지, 음식이 어떻게 생산, 운송, 유통되어 소비자들에게 팔릴 것인지를 결정하고 이에 영향을 주고 있다.

우리는 민주적인 권리와 자유를 너무도 당연하게 여긴다. 그러나 음식의 영역에서 이러한 권리와 자유는 거대한 다국적기업에 의해 침해받고 있다. 음식 영역에서 진정한 민주주의의 실천은 단순히 음식 소비자로서가 아니라 음식 시스템이 어떻게 개선될 수 있는지를 말할 수 있고, 음식 시스템을 개선하는 데 작은 실천을 할 수 있는 권리를 가지는 것이다.

현대사회에서 음식 민주주의는 매우 중요한 개념이다. 사람들은 슈퍼마켓 진열대에서 수동적인 방관자로 남아 있기보다는, 음식 시스템을 형성하는 데 능동적으로 참여할 수 있고 그렇게 해야 한다. 능동적 시민성의 보편적 정의는 없다. 그러나 앞에서 살펴보았듯이, 능동적 시민성은 개인이 공적인 생활과 사건에 민주적으로 참여하는 것과 밀접한 관련이 있다. 능동적 시민은 우리 인간의 삶의 질을 개선하기 위한 목적으로 공적인 생활과 사건과 관련하여 현명한 판단을 할 수 있는 지식과 기능을 가진 사람이다. 음식 시민 또는 음식 민주주의자(food democrats)는 그러한 의미에서 능동적 시민의 한 사례이다.

능동적 시민은 일반적으로 민주적 절차의 한계 내에 머물러 있어야 하지만 기존의 규칙과 구조에 도전할 수 있어야 한다. 능동적 민주주의 시민성(active democratic citizenship)과 관련한 일반적인 가치와 성향으로는 정의, 민주주의, 법, 개방성, 관용, 타인의 관점에 귀기울이기 등을 포함한다(Booth and Coveney, 2015). 능동적 민주주의 시민성은 지식과 기능 그리고 태도를 습득하고, 그것들을 기꺼이 사용하여 의사결정을 하며 행동을 취하는 행위와 권력부여를 포함한다.

능동적 시민성에 함축된 행위의 정도는 다양하다. Kriflik(2006)에 의하면, 개인 행위의 수준은 가치와 신념에 따라 다양하다. 그는 소비자들을 '시민성의 연속선'에 배치하는 단순한 모델을 제안하고 있다. 왼쪽의 한 극단에는 소비자가 위치한다. 소비자는 인식이 부족할 뿐만 아니라 자신이 선택하는 음식이라는 상품이 전혀 문제가 없는 것으로 받아들인다. 그러나 오른쪽의 반대 극단에 위치한 생태시민(ecological citizen)은 사회정의와 지속가능성에 관해 걱정하고, 자신의 음식 선택이 주는 환경적 영향을 줄이기 위해 생태적 접근을 취하는 소비자들이다. 이러한 생태시민은 능동적 시민성을 실천하는 능동적 시민과 동일하다. Higgins and Ramia(2000)에 따르면, 능동적 시민성은 기본적인 사회구조를 의문시하고 공동체에 대한 책임의 이행으로 정의되며, 각각의 시민은 동일한 참여적 권리를 가진다는 신념에 근거한다.

능동적 시민성 개념은 학문 영역에 따라 생태적/환경적 시민성(ecological or environmental citizen-ship), 음식 시민성(food citizenship), 소비자 시민성(consumer citizenship)으로 확장될 수 있다(Booth and Coveney, 2015). 이들 시민성은 능동적 시민성이 가지는 특성을 함께 공유한다. 음식 시민은 공동체와 환경을 고려하면서 음식을 소비하는 시민이다. 음식 시민은 음식의 대부분을 음식협동조합에서 소비하지만, 그렇지 않은 소비자는 일반적인 슈퍼마켓과 식품점에서 대부분의 음식을 소비한다. 음식 시민은 로컬 및 유기농 식품을 구매하려는 경향이 많고, 작은 로컬 농장에서 생산된 음식을 기꺼이 소비한다. 따라서 능동적 시민성을 실현하기 위한 교육의 한 실천적 방법은 학생들을 음식 소비자에서 음식 시민으로 이행하도록 교육하는 것이다. 학생들을 수동적인 음식 소비자에서 능동적인 음식 시민으로 이행하도록 하는 교육이 학교 안팎에서 실현 가능한 능동적 시민성 교육의 한 방안이라고 할 수 있다.

3. 음식을 매개로 한 로컬 및 능동적 시민성 교육

1) 도입

음식은 인간과 자연의 관계를 잘 반영하는 인간의 생필품이다. 그렇다고 음식이 생존을 위한 수단만은 아니다. 음식은 인간의 생활과 문화이며 하나의 역사이다. 최근 미디어를 통해 이러한 음식을 다루는 프로그램을 자주 접할 수 있다. 대개 이들 프로그램은 셰프가 다양한 식재료를 활용하여 만든 요리를 선보이고 이에 대한 맛을 평가하거나, 유명인이 맛집 기행을 하는 그야말로 식도락에 관한 것이 대부분이다. 이러한 프로그램을 통해 짐작할 수 있는 것은 음식이 단순히 생존을 위해 허기를 채우는 수단이 아니라 미식 또는 식도락의 일부분으로 자리잡고 있다는 것이다. 비단 텔레비전뿐만 아니라 최근 출판되는 다양한 요리책을 통해서도 음식에 대한 관심이 증가하고 있음을 엿볼 수 있다.

음식에 대한 관심은 점점 학교 교육과정으로도 확대되고 있다. 기술·가정 교과는 그 특성상 음식의 조리와 영양에 대한 교육을 일찍부터 해 오고 있다. 그러나 음식과 그다지 관련이 없을 것 같은 지리 교과 역시 기존에 쌀, 밀, 옥수수와 같은 3대 식량작물을 비롯하여 커피, 카카오, 사탕수수, 기름야자와 같은 기호 및 상품 작물 등 농산물과 원료의 수준에서 다루던 것을 넘어, 세계의 문화권에 따라 다양한 음식을 소개하고 있다. 그뿐만 아니라 맥도날드, 스타벅스 등 다국적 식품기업이 제공하는 소위 패스트푸드를 비롯하여, 환경 이슈와 관련하여 유전자 재조합 식품(GMO) 등에 대해서도 다루고 있다. 이를 통해 알 수 있는 것은 음식이 우리가 그냥 먹는 단순한 재화가 아니라, 사회적·건강 및 환경적 비용을 초래할 수 있다는 것이다(Lang et al., 2009, 1).

이처럼 음식은 우리의 일상생활에서뿐만 아니라 학교교육, 특히 지리교육에서도 점점 중요한 위치를 점하고 있다. 세계화와 함께 현대사회에서 우리가 접하는 음식 중 많은 것들은 글로벌푸드이거나 패스트푸드이다. 특히 청소년들이 좋아하는 음식의 대부분이 이러한 범주에 속한다. 최근 이러한 글로벌푸드나 패스트푸드의 소비에 대한 비판의 목소리가 높아지면서, 로컬푸드와 슬로푸드에 대한 관심이 증가하고 있다. 그만큼 우리가 일상적으로 소비하는 음식을 대하는 올바른 교육, 음식에 대한 성찰적인 지리교육의 필요성 역시 증대되고 있다. 따라서 이 장에서는 음식을 통한 지리교육이 단순한 음식 소비자를 양산하는 것이 아니라, 음식에 대해 문해력을 가지고 성찰할 수 있는 음식 시민으로 거듭날 수 있도록 하는 지리교육으로의 전환이 필요함을 논증한다.

2) 식량체계의 변화와 음식 소비자의 양산

(1) 식량체계의 변화: 전통식량체계에서 세계식량체계로

음식의 생산과 소비에 이르는 전 과정을 식량체계(food system)라고 한다. 산업화 이전의 식량체계를 흔히 전통식량체계라고 하며, 산업화와 세계화 이후의 식량체계를 세계식량체계(global food system)라고 부른다(이해진, 2012). 전통적인 농업사회에서 산업사회로 전환되면서 식량체계에는 많은 변화가 일어났다.

전통사회에서 음식은 주로 자급자족과 물물교환을 통해 소비되었다. 전통적인 농업사회에서는 음식을 생산하는 사람과 소비하는 사람이 대개 일치하거나, 소비자는 자신들이 사는 가까운 지역에서 생산한 음식을 소비하였다. 그리하여 소비자는 생산자를 알고, 생산과정을 아는 음식을 먹었다. 따라서 전통식량체계에서는 음식이 공간적 맥락을 가지고 있었다(김종덕, 2010).

그러나 산업화 그리고 세계화와 함께 전통식량체계는 세계식량체계로 전환되고 소비자들이 먹는 음식은 공간적 맥락을 상실하게 되었다. 세계식량체계하에서 음식의 생산, 가공, 유통, 소비는 세계 수준에서 이루어지며, 음식은 점차 지역이 아닌 먼 곳에서 생산된 정체불명의 식재료로 만들어지게 되었다. 오늘날 글로벌푸드, 패스트푸드, 냉동식품, 각종 인스턴트식품 등 가공식품의 증가는 이러한 세계식량체계의 단면을 보여 주는 사례라고 할 수 있다.

소수의 다국적 식품기업, 곡물메이저, 농기업이 지배하는 세계식량체계하에서 음식은 점점 이윤 추구를 위한 글로벌 상품이 되어 가고 있다(Lang and Heasman, 2004). 음식은 이들에게 하나의 거대한 사업(big business)(Booth and Coveney, 2015)으로, Hamilton(2004)은 음식 부문을 지배하는 기업과 제도를 '빅 푸드(Big Food)'로 부른다. 이들은 음식 가공과 유통을 통해 이윤을 추구하며, 음식 생산자와 소비자를 지배하거나 통제한다. 음식 생산자는 그들이 요구하는 대로 음식을 생산하고, 음식 소비자는 그들이 공급한 음식을 소비한다. 세계식량체계하에서 음식은 소비자와 생산자의 관계를 단절시켜, 소비자들은 생산자와 생산과정을 알 수 없다. 현대의 음식 소비자는 자신이 통제할 수 없고 알 수도 없는 방식으로 생산된 상품화된 음식을 구매한다. 음식 소비자들을 탈정치화시키는 음식 정치가 작동하는 것이다(김종덕, 2010; Schindler, 2010; 이해진, 2012).

(2) 세계식량체계의 음식 소비자 양산

산업화와 세계화로 인해 초래된 세계식량체계는 낳은 문제점을 내포하고 있다. 인간의 건강뿐만 아니라 환경에 미치는 영향은 매우 크다.[21] 그뿐만 아니라 앞에서 언급하였듯이 세계식량체계하에서 인간은 자신이 먹는 음식이 어디에서 생산되고 어떻게 유통되는지를 잘 알지 못하는 단순한 음식 소비자로 전락하게 된다(이해진, 2012; Booth and Coveney, 2015).

음식 소비자란 음식 문해력[22]이 부족한 사람으로, 김종덕(2010)은 이를 음식 문맹자라고 부른다. 음식 문맹자인 음식 소비자는 자신이 먹는 음식에 대해 잘 모르고 잘못 알고 있거나 아니면 음식에 대해 성찰하지 않는 사람이다. 음식 소비자는 생산자를 생각하지 않고, 음식을 선택할 때 다국적 식품회사의 광고에 지니치게 의존하는 사람이다.

이러한 음식 문맹자가 되는 데에는 여러 가지 요인들이 작용한다. 음식 문맹의 원인으로는 산업화되고 세계화된 세계식량체계에서 생산자와 소비자의 단절,[23] 음식의 상품화, 세계식량체계하에서 싼 음식의 공급, 식품산업에 의한 음식의 탈정치화(depoliticization), 언론의 소극적 역할, 국가의 책임 회피 등을 들 수 있다. 세계식량체계하에서 음식의 유통과정은 복잡해진다. 그리하여 소비자는 생산자와 멀리 떨어져 생산자와 음식에 대해 알 수가 없게 된다. 그리고 음식은 이윤추구를 위한 하나의 상품이 되어 시장에 유통됨으로써 소비자들은 그 이면에 무지하게 된다. 세계식량체계하에서 글로벌푸드의 확산은 그 음식에 무엇이 들어갔는지, 원산지는 어디인지를 알지 못하게 한다. 그리고 오늘날 음식은 다국적 식품기업에 의해 탈정치화되어, 국가가 음식의 안정적 공급과 안전에 무감각해지고 책임을 회피하며, 여기에는 언론의 소극적 태도가 결부되어 우리를 음식 문맹자로 만든다(김종덕, 2010). 음식 문맹자는 세계식량체계가 야기하는 문제나 부작용을 모르고, 음식 소비를 통해 오히

---

21 오늘날 식탁에 오르는 대부분의 음식은 지역에서 수천 킬로미터, 심지어는 수만 킬로미터 떨어진 곳에서 생산된 것으로 푸드 마일리지가 길다. 푸드 마일리지가 긴 것은 생산자와 소비자의 단절관계가 심각하다는 것을 의미하며, 건강과 환경 등에 미치는 부정적 영향이 크다는 것을 말한다.

22 음식 문해력(food literacy)은 식량체계 문해력(food system literacy)이라고 할 수 있다. 음식 문해력은 개인으로서 그리고 공동체로서 우리가 음식에 관해 무엇을 알고 있고, 우리의 요구를 충족시키기 위해 음식을 사용하는 방법과 관련되며, 따라서 잠재적으로 시민들에게 건강한 음식 선택을 하도록 지원하고 권력을 부여한다. 음식 문해력은 시민들에게 현명한 음식 선택을 하도록 권력을 부여하고, 그것이 없다면 소비자들은 음식산업에 의존적이게 된다. 운동과 연대활동은 식량체계 문해력을 구축하는 사례이다(Booth and Coveney, 2015).

23 현대인이 즐기는 음식은 글로벌푸드 또는 패스트푸드인 것이 많다. 이러한 음식은 누가 생산하였는지, 얼마나 먼 거리를 이동해 왔는지, 생산과정이나 이동과정에서 어떤 농약이나 방부제를 사용하였는지 확인할 수 없는 것들이다. 각종 식품첨가제를 통해 그럴듯한 색과 향을 내고 인공조미료로 입맛을 사로잡기는 하나, 결코 건강에 좋을 수 없는 음식들이다. 환경에 미치는 부정적 영향 또한 크다.

려 세계식량체계를 강화하는 데 기여한다.

3) 음식 민주주의의 실현: 대안적 식량체계와 음식 시민

(1) 음식 민주주의 또는 음식 시민성

음식 소비자를 양산하는 세계식량체계의 불합리성을 타파하기 위해 변혁적인 의미로서 '음식'과 '민주주의'가 결합된 '음식 민주주의'라는 개념이 강조되고 있다(Booth and Coveney, 2015). 음식 민주주의는 사람들이 식량체계에서 수동적인 방관자가 되기보다는 현재의 식량체계를 더 건전하고 지속가능하게 재건하기 위한 풀뿌리 운동의 일환이다.

음식은 먹고 마시거나 생명을 유지하고 에너지를 제공하며 성장을 촉진하기 위해 몸에 섭취하는 영양가 있는 물질이다. 그리고 '민주주의'란 '사람'을 의미하는 그리스어 'demos'와 '권위'를 의미하는 'kratos'가 결합된 용어로, 사람들이 자신의 운명을 통제할 권리를 가지는 정부의 한 형태를 말한다. 민주주의에서 사람들은 최종적인 권위를 가지며, 일상생활에 영향을 주는 결정을 하거나 영향을 줄 권리를 가진다. 따라서 음식 민주주의는 모든 사람들이 적절하고 안전하며 영양가가 높고 지속가능한 음식을 공급받을 권리이다. 음식 민주주의는 사람들이 기존의 식량체계에 권력을 행사하고, 기존의 식량체계를 개조하고 개선할 수 있다는 개념이다.

음식 민주주의라는 용어는 푸드 마일리지라는 용어를 창안한 영국의 음식정책학자이자 농부인 팀 랭(Tim Lang)이 1990년대 중반 음식에 대한 기업의 통제 증가와 식량체계에 대한 소비자의 참여 부족에 대응하고자 만들어 낸 것이다. Lang(2007)에 의하면, 음식 민주주의는 음식에 대한 민주주의적 과정을 강조하는데, 달리 말하면 '하향식'보다 '상향식' 과정을 중시한다. 음식 민주주의는 음식 공급의 적절성을 넘어 식량체계에서의 임금, 노동환경, 공정, 사회정의를 강조한다. 세계식량체계가 기업에 의한 '음식 통제(food control)'에 초점을 둔다면, 대안적 식량체계는 '음식 민주주의'에 초점을 둔다(Lang and Heasman, 2004). 음식 민주주의는 통제를 탈중심화하고, 사람들이 음식과 관련하여 통제의 중심이라는 것을 확신시키기 위한 것이다. 음식 민주주의의 핵심적 전제는 개인의 건강과 지속가능한 환경이라는 공공의 이익 실현에 있다.

음식 민주주의의 핵심 차원을 논의하기 전에, 민주주의의 주요 특징에 대해 살펴볼 필요가 있다. Barber(1984; 2004)는 민주주의를 '약한 민주주의(thin democracy)'와 '강한 민주주의(strong democracy)'로 구분하면서, 강한 민주주의의 실천을 강조한다. 그에 의하면, 약한 민주주의는 민주적 거버넌스에서 시민들의 역할을 감소시키는 개인적인 '권리'의 관점에 뿌리를 두고 있다. 이러한 약한 민주주의에서 민주적 가치는 일시적이고, 선택적이며, 조건적이다. 반면에 강한 민주주의는 변화하는 세계에 대응하고, 변화하는 세계와 변할 수 있는 비전의 창조로서 이해된다(Daly et al., 1999). 강한 민주주의의 주요 요소들은 직접적으로 공동체의 의사결정에 참여함으로써 시민의 참여(engagement), 능동적 참가(active participation), 권력부여(empowerment)가 보상된다. 음식 민주주의는 강한 민주주의에 기반한다.

Hassanein(2008)은 음식 민주주의의 핵심 차원을 5가지로 제시한다. 첫째, 음식 민주주의는 개인의 결정과 행동에 의해 성취되는 것이 아니라, 집합적인 행동에 의해 성취된다. 집합적인 연대 구축이 변화를 위해 효과적이며, 시민의 권력을 증대시킨다. 둘째, 음식 민주주의는 시민들이 음식과 식량체계의 다양한 측면에 대한 폭넓은 지식을 가지는 것을 의미한다. 셋째, 식량체계에 관한 아이디어를 다른 사람들과 공유한다. 아이디어를 공유하면 보다 나은 결정을 할 수 있기 때문이다. 넷째, 음식과 식량체계에 대한 효능감(efficacy)을 발전시킨다. 효능감은 개인이 바람직한 결과를 결정하고 생산할 역량을 가지는 것을 의미한다. 음식 민주주의는 수동적인 소비자로 남기보다는, 음식과 자신과의 관계를 결정할 수 있고 공동체의 음식 문제를 해결할 수 있는 시민을 요구한다. 마지막으로, 음식 민주주의는 공공선(community good)을 지향한다. 시민들은 공동체의 웰빙을 촉진하고 상호지원과 상호의존성의 가치를 인식해야 한다. 이러한 음식 민주주의는 매우 중요하다. 왜냐하면 음식 민주주의는 보다 나은 식량체계를 위한 희망을 제공하며, 사람들이 더 공정하고 지속가능한 음식 공급을 형성하는 데 참여할 수 있는 메커니즘을 제공하기 때문이다.

음식 민주주의는 '음식 시민성(food citizenship)'이라는 개념으로 불리기도 한다(Booth and Coveney, 2015).[24] 음식 시민성은 생산자와 소비자 간의 상업적이고 계약적인 관계를 지양하고 연대와 협력을 통해 사회에 참여함으로써 형성된다(Lockie, 2009). Dubuission-Quellier et al.(2011)도 음식 시민성을 음식 소비자들의 정치적 참여로 보고, 이를 통해 소비자에게 음식 시민으로의 전환이 가능하다고 말한다(이해진, 2012).

---

[24] 음식 민주주의와 관련하여 유사한 개념으로 '음식 시민성', '음식주권(food sovereignty)', '음식정의(food justice)'가 있다. '음식정의'와 '음식주권'은 북아메리카를 중심으로 발달된 개념이다. Wittman et al.(2010)에 따르면, '음식주권'의 개념은 1996년에 풀뿌리 국제 소규모 농부들의 운동인 비아캄페시나(Via Campesina: 농민의 길)로부터 기원하였다. 음식주권의 주요 특징은 권리기반 농촌에 초점을 두며, Renting et al.(2012)에 의해 언급된 것처럼 소규모 생산자 관점으로부터 견고하게 위치된다는 사실이다. '음식정의'는 음식을 충분히 제공받지 못하는 주변화된 빈곤집단이 건강한 음식을 제공받을 수 있도록 하는 사회정의와 밀접한 관련을 가진다. 음식정의는 더 공정하고 지속가능한 식량체계를 위한 환경을 창출하는 데 목적을 둔 권리기반 정치적 식량체계이다. '음식 시민성'은 음식 민주주의라는 용어와 상호교환적으로 사용된다. 음식 시민성은 사람들을 수동적 소비자(passive consumers)에서 능동적 음식 시민(active food citizens)으로 이동하도록 하는 데 초점을 둔다는 점에서 음식정의 및 음식주권과는 다르다(Booth and Coveney, 2015).

Wilkins(2005, 271)에 의하면, "음식 시민성은 민주적이고, 사회적·경제적으로 공정하며, 환경적으로 지속가능한 식량체계를 지원하는 음식 관련 행동에 종사하는 실천이다. 음식 시민성은 소비자들이 단순히 음식을 쇼핑하는 차원을 넘어 식량체계의 보다 폭넓은 관계로 이동하는 것을 의미한다. 따라서 음식 시민성을 위해서는 식량체계를 이해하는 것이 무엇보다 중요하다. 음식 시민성은 우리가 안전한 음식을 선택하고 그에 필요한 생산과정에 대해 신뢰할 수 있는 정보를 얻을 권리와, 그러한 음식 시민성에 조응하는 책임을 포함한다. 음식 시민성은 음식을 매개로 한 시민의 생명과 안전 그리고 건강하고 평등한 지속가능한 삶을 보장하는 사회적 시민성의 새로운 형태이자 중요한 요소라고 할 수 있다[25](이해진, 2012).

Welsh and MacRae(1998, 241)는 음식이 여타의 상품과 달리 우리의 삶과 매우 다양한 방식으로 연결되어 있기 때문에 정치적 성찰을 불러온다고 보고, 음식과 정치와 관련된 모든 수준의 관계에 결속되고 참여하는 것을 음식 시민성으로 해석한다. 이러한 음식 시민성은 음식의 상품화와 자본권력과 불평등에 대항하여 수동적 소비자를 적극적이고 계몽된 시민으로 변형시킴으로써 음식 민주주의를 실현할 수 있는 가능성으로 확장된다(Hassanein, 2003).

(2) 음식 시민과 지속가능한 대안적 식량체계의 구축

앞에서 살펴본 것처럼 세계식량체계는 음식 소비자들을 양산하고 있다. 음식 소비자는 주어진 음식 상품들을 수동적이고 무비판적으로 선택하고 구매하는 종속적 소비자로 전락한다(김철규, 2008; Wilkins, 2005; 이해진, 2012). 이러한 세계식량체계가 만들어 내는 음식 위험사회의 구조와 음식 위험에 맞서 음식 소비에서 새로운 유형의 주체들이 등장하고 있는데, 그것이 바로 음식 시민이다. 음식 시민이란 단순히 주어진 음식을 소비하는 것이 아니라, 음식에 대해 성찰하고 의식적으로 음식을 대하는 사람을 말한다. 음식 시민은 음식 위험을 경험하게 되면서 안전하고 지속가능한 소비, 성찰적 소비, 주권적 소비에 대한 요구를 높여 가고 있다.

세계식량체계의 대안적 식량체계(alternative food network)를 모색하는 과정에서 소비자를 능동적이고, 혁신적이며, 효과적인 변화의 주체로 개념화하려는 노력들이 나타나고 있다(Clarke et al.,

---

25 Marshall(1950[1992])에 의하면, 시민은 일련의 공민적 시민성, 정치적 시민성, 사회적 시민성을 공유하고 있다. 공민적 시민성이란 사람에 대한 자유, 표현의 자유, 여행의 자유, 사고와 신념의 자유, 재산을 소유하고 정당한 계약을 할 수 있는 권리, 정의에 대한 권리 등 개인적 자유를 위한 필요성과 관련된 권리와 상응한다(Marshall, 1950[1992], 8). 법정과 사법적 시스템은 공민적 권리와 가장 밀접한 관련이 있는 제도들이다. 정치적 시민성은 정치적 활동에 참여할 수 있는 권리, 즉 투표권과 밀접하게 관련된다. 마지막으로 사회적 권리는 그 사회에서 우세한 표준에 따라 기본적인 삶의 표준, 예를 들면 적절한 의료 및 교육 서비스를 받을 수 있는 경제적 복지 및 안전과 관련된다(Marshall, 1950[1992], 8).

2007),**26** 음식 시민은 바로 대안적 식량체계를 형성하는 핵심적인 주체로 주목받는다. 음식 시민은 주어진 식량체계를 그대로 받아들이는 수동적 소비자가 아니라, 세계식량체계에 대한 통제를 다시 회복할 수 있고 능동적으로 식량체계에 참여하는 사람이다. 음식 시민은 상품으로서의 음식을 소비하는 것을 넘어 권리와 책임을 갖고 사회에 참여하는 시민들이다(Welsh and MacRae, 1998; Hassanein, 2003; Wilkins, 2005; Johnston, 2008; 김철규, 2008a; 2008b). 음식 시민은 개인의 건강, 영양과 취향의 차원을 넘어 식량체계에 대한 관심과 변화를 향한 행위지향을 갖고 능동적 시민성을 적극적으로 실천하는 행위자이다(Wilkins, 2005; 조철기, 2017c). 대안적 식량체계의 혁신은 바로 음식 시민의 형성에 달려 있다. 사회적으로 정의롭고 평등하며 환경적으로도 지속가능한 식량체계를 만들 수 있는 주체는 바로 음식 시민인 것이다.

대안적 식량체계는 지속가능한 음식 생산, 가공, 분배, 소비를 지향한다(Feenstra, 2002, 100). 대안적 식량체계는 다가오는 세대들을 위해 사회적으로 공정하고 환경적으로 재생가능한 식량체계를 의미한다(Wilkins, 2005). 음식 시민은 지속가능한 지역 생산과 공동체를 지지하는 대안적 식량체계의 구성에 능동적인 참여자로 보고 있다(Baker, 2004). 식량체계에 긍정적인 변화를 초래하기 위해서는 책임 있는 음식을 선택하는 것이다. 음식 생산에서 소비에 이르는 과정이 지속가능하기 위해서는 로컬 생산과 가공 그리고 로컬기반과 계절적으로 생산된 음식을 먹는 것이다. 이는 주요 식량체계 밖에서, 즉 농부시장 또는 로컬푸드시장에서 소비함으로써 가능해진다.

음식 소비자를 넘어 음식 시민으로서 행동하는 방식에는 크게 두 가지가 있다(Booth and Coveney, 2015). 하나는 반대이고, 다른 하나는 건설적인 방식이다(Scrinis, 2007). 전자는 세계식량체계를 개혁하기 위한 시도로서 기존의 제도, 구조, 실천에 직접적으로 반대하거나 도전하는 것이다. 이에 대한 사례로는 무역개혁운동, 반GMO 및 반살충제 캠페인, 농부조합/농부운동, 정크푸드 불매운동 등이 있다. 또한 음식 소비자에서 음식 시민으로 이동하기 위해서는 다양한 운동, 연대와 캠페인에 참여하는 것이 중요하다. 최근에는 페이스북, 블로그, 트위터 등 웹기반 연대와 캠페인이 음식 쟁점에 대한 집합적인 행동으로 이어지고 있다(Thackeray and Hunter, 2010).

후자는 건설적인 정치적 활동으로서 우선적으로 대안적 실천, 구조, 제도를 창출하고 지지하는 것과 관련된다. 이들 대안은 우세한 경제적·정치적 시스템에 도전한다. 건설적인 방식의 사례로는 유

---

26 세계식량체계는 두 가지의 모순된 경향을 보여 준다. 하나는 음식이 계속해서 상품화되고 있다는 것이며, 다른 하나는 이에 대한 대안으로 대안적 식량체계를 모색하도록 하고 있다는 것이다. 예를 들면, 유기농 음식, 친환경 라벨 음식, 직접마케팅, 공정무역, 로컬푸드, 공동체부엌과 공공텃밭(commodity kitchens and gardens), 공동체지원농업(Community-Supported Agriculture), 농부시장(farmers' markets) 등이 그것이다. 이들은 음식의 생산과 소비에서 생산자와 소비자들에게 성찰적 자세와 새로운 행동을 요구한다(Morgan, 2012a).

기농 및 지속가능한 농업 실천, 공정무역, 농부시장, 공동체지원농업계획, 음식협동조합, 슬로푸드 운동 등을 포함한다. 농민운동과 식량주권, 로컬푸드운동과 같은 대안적 음식 운동이 음식 시민성의 발전에 기여하는 사회세력을 형성하고 있다. 로컬푸드나 유기농과 같은 대안적 음식 운동이 대표적이다. 그렇지만 이들 두 가지는 완전히 별개의 것의 아니며 다소 중첩되고 상호연결된다. 음식 시민들이 음식 민주주의 활동을 할 때 두 가지 방식을 혼합하여 사용할 수 있다(Hassanein, 2003). 참여하는 음식 시민이 되기 위해서는 그 시작점이 지역 공동체가 좋다. 텃밭, 공동체텃밭, 농민장터, 그린카트와 공동체부엌 또는 키친인큐베이터(kitchen incubator) 등은 그 좋은 예이다.

Renting et al.(2003, 394)은 대안적 식량체계를 산업화되고 표준화된 세계식량체계에 대한 대안으로 생산자, 소비자, 다른 행위자들을 포함하는 네트워크로 간주한다. 대안적 식량체계는 현재 식량체계의 부작용을 극복할 수 있고, 음식에 대한 보다 나은 투명성을 제공할 수 있다(Booth and Coveney, 2015). 대안적 식량체계가 '빅 푸드'로 대변되는 세계식량체계를 완전히 대체할 수는 없다. 그러나 대안적 식량체계는 기존의 세계식량체계와 공존할 것이고, 따라서 소비자들에게 진정한 선택의 기회를 제공할 것이다(Hamilton, 2005).

Renting et al.(2012)은 음식 민주주의의 구축을 강조하면서 식량체계를 작동시키는 국가, 시장, 시민사회의 '거버넌스 트라이앵글(governance triangles)'을 제시한다. 〈그림 6-2〉는 기존의 우세한 식량체계에서 작동하는 농식품 거버넌스 메커니즘이다. 여기서 시장은 생산자와 소비자들의 협상력을 약화시킨다. 시장 자유화와 민영화는 글로벌 '시장제국(market empire)'의 출현을 촉진한다. 국가는 새롭게 요구되는 역할과 책임을 다하지 못하며, 시민사회, 시장, 국가 사이의 관계에서 실패를 초

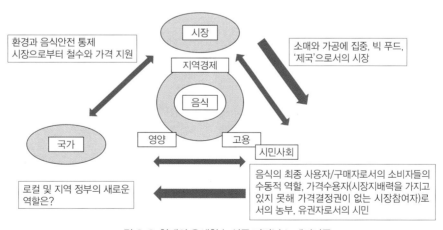

그림 6-2. 현재의 우세한 농식품 거버넌스 메커니즘

출처: Renting et al., 2012.

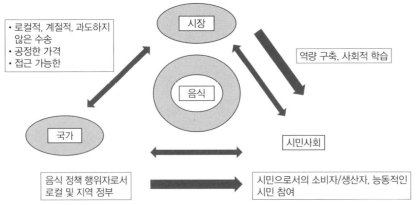

그림 6-3. 대안적 식량체계를 위한 시민사회기반 정부 메커니즘

출처: Renting et al., 2012.

래한다. 소비자들은 음식의 최종 사용자 또는 구매자로 수동적 역할만을 가진다. 즉 식품 생산자는 가격 책정자이다.

반면에 〈그림 6-3〉은 대안적 식량체계를 위한 시민사회기반 정부 메커니즘을 보여 준다. 여기서는 권력의 이동이 나타난다. 시민들은 점점 식품 생산에 관해 영향력을 되찾는다. 사람들은 수동적 소비자에서 능동적 시민으로 이동하며, 음식에 대한 새로운 방식의 시민 참여를 한다. 국가, 시장, 시민사회 간의 접점은 변화하는 갈등과 모순으로 가득할 수 있지만, Renting et al.(2012)은 보다 장기적인 관점에서 그것은 지속가능한 식량체계를 위해 새로운 동맹, 제도적 합의, 조직방법으로 이어질 수 있다고 주장한다. 예를 들면, 지역 정부는 지역의 지속가능한 음식을 위한 수요를 창출하기 위해 시민사회와 협력할 수 있다.

4) 음식 시민성 함양을 위한 지리교육의 방향

(1) 음식을 매개로 한 지리교육

지리학은 전통적으로 경제지리학의 하위 분야 중 하나인 농업지리학(agricultural geography)에서 경제활동으로서 음식을 다루어 왔다. 그리하여 지리교육에서 음식은 대개 자원과 관련한 경제지리 단원에서 다루어져 왔다. 자원과 관련한 경제지리 단원은 농작물의 원산지와 재배조건 그리고 생산량과 수출입량 등 주로 생산공간에 초점을 두는 경향이 있었다. 즉 음식의 원료로서 이러한 농작물이 재배되는 조건과 생산의 지리적 분포에 초점을 둔 것이다. 한마디로 이는 농업지리학의 전형이라고 할 수 있다.

그러나 1980년대 이후 지리학에서는 음식을 보다 넓은 관점에서 바라보기 시작하였다. 1980년대에 지리학은 정치경제적 접근과 함께 음식 사슬(food chain) 내에서 음식을 검토하려는 농식품지리(agro-food geography)의 출현을 가져왔다(Winter, 2003; Watts et al., 2005). 특히 음식 사슬에서 나타나는 여러 쟁점들을 조명하는 데 초점을 두었다. 이는 음식의 생산, 유통, 소비 과정에 이르는 사슬에서 세계 자본주의와 다국적 식품기업이 과도하게 통제하는 (세계)식량체계에 관심을 기울이기 시작한다.

이와 함께 최근에는 사회과학에서의 포스트모던 또는 포스트구조주의 경향과 관련하여 음식의 생산적 측면보다 소비에 더욱 초점을 두기 시작하였다. 경제지리학 분야에서 생산보다 소비에 더 초점을 두는 것은 경제지리학의 문화적 전환을 의미한다(Goodman and DuPuis, 2002). 문화경제지리학자들에 의해 촉발된 음식의 소비에 대한 관심은 이전 경제지리학의 근시안적인 경제지상주의를 비판하면서 문화적 본질주의에 관심을 기울이는 계기가 되었다(Winter, 2003). 이들은 음식 사슬 및 식량체계를 비롯하여 소비 쟁점에 관심을 기울였다. 이러한 경향을 통해 볼 때, 이제 음식은 경제지리학과 문화지리학 두 분야에 걸치는 주제라고 할 수 있다.

전통적으로 농업지리학은 농업활동인 생산 측면에 초점을 맞추어 왔다면, 음식지리(geography of food)는 농업지리학의 하위 분야인 소매지리와 관련이 깊으며 생산보다는 소비에 초점을 둔다.[27] 그렇다고 생산적인 측면을 무시하는 것은 아니다. 음식지리는 로컬에서 글로벌 스케일에 이르는 음식의 생산과 소비의 패턴에 초점을 둔다. 지리교육을 통해 이러한 복잡한 음식 사슬의 패턴을 추적하는 것은 학생들에게 음식의 혁신, 생산, 운송, 소매 및 소비와 관련하여 선진국과 개발도상국 간의 불평등한 관계를 이해하도록 하는 데 도움을 준다. 그뿐만 아니라 공간과 장소와 관련하여 세계식량체계를 이해하고 단순한 음식 소비자가 아니라 음식 시민으로서의 자질을 함양하도록 하는 데 도움을 준다.

최근 지리교육에서도 음식은 이미 세계의 다양한 문화, 패스트푸드와 슬로푸드, 글로벌푸드와 로컬푸드, 공정무역 등을 통해 세계화와 지역화 교육의 가능성을 확장시킬 수 있는 주요한 소재로 활

---

[27] 최근 지리학에서는 음식과 관련한 일상생활 공간에 초점을 두고 있는데, 이는 소위 문화적 전환으로 간주된다(Jackson, 1989). 이는 일상적으로 소비하는 음식은 정치적 의미를 가진다는 문화정치학에 근거한다. Bell and Valentine(1997)은 「소비 지리학: 우리가 먹는 것이 바로 우리다(Consuming geographies: we are where we eat)」라는 책에서 음식지리에 대한 독특한 논의를 제공한다. 그들은 Smith(1993)가 제시한 스케일의 사회적 구성 개념을 사용하여, 음식이 몸, 집, 공동체, 도시, 지역, 국가, 글로벌과 어떻게 관련되는지 탐색한다. 몸의 이미지, 음식과 건강, 음식 준비에 있어 젠더화된 본질, 민족정체성 발달에서 음식의 역할, 국가적 음식의 구성, 지역적 음식 문화, 음식 관광과 같은 다양한 쟁점을 다룬다. 음식 문화의 사회적 구성을 강조하며, 음식 소비가 사회적·경제적·정치적·도덕적 시스템과 결합되는 의미를 보여 주며, 음식의 문화정치학에 대한 이해의 중요성을 강조한다.

용되어 왔다(김학희, 2005a; 2005b; 최정숙·조철기, 2009; 김석영·이보영, 2010; 이희상, 2012; 김병연, 2013). 그러나 중학교 사회 교과서와 고등학교 세계지리 교과서의 자원 단원이나 문화 단원, 환경 관련 이슈 단원에서 음식은 산발적으로 다루어지고 있어, 음식 시민으로서의 자질 함양 차원으로까지 나아가지 못하는 한계를 지닌다. 따라서 지리교육은 음식을 소재로 하여 단순히 음식 소비자로서의 역할이 아니라 음식 시민을 양성하기 위한 방향 설정을 해야 한다. 음식은 강력한 일상성을 지니고 있어 지리학습에 대한 흥미 유발과 다양한 지리적 개념으로의 진입을 용이하게 만드는 중요한 교육소재이지만(엄은희, 2016), 음식을 소재로 한 지리교육이 단순히 음식의 다양성을 학습하는 데 그칠 것이 아니라, 음식의 생산, 유통, 소비에 감추어진 다양한 문제들에 대해 의문을 제기하고 대안적 식량체계를 만드는 데 참여하는 음식 시민의 양성에 초점을 맞출 필요가 있다.

Morgan(2012a)에 의하면, 단순한 음식 소비자가 아니라 음식에 대해 성찰하고 대안적 식량체계를 위해 헌신하는 음식 시민을 양성하기 위한 지리교육은 이제 '농업지리에 관한 교수(teaching about the geography of agriculture)'에서 '음식의 문화지리에 관한 교수(teaching about the cultural geographies)'로 전환해야 한다. 세계 인구의 절반이 도시에 거주하고 있는 현시점에서 학생들에게 농업지리 또는 농촌지리를 가르친다는 것은 문화적 접근을 가미한 음식지리로의 전환을 의미한다.

앞에서 살펴보았듯이, 전통식량체계에서 세계식량체계로 전환되면서 우리는 우리가 소비하는 음식이 어디로부터 오고 음식이 어떻게 그곳에 도달하는지에 대한 지식과 이해로부터 단절되기 시작하였다. 그리하여 농업생산의 입지와 토지이용에 대한 설명을 주로 제공하였던 지리교육은 우리의 일상적인 경험과 동떨어지게 되었다. 그러나 문화연구와 문화지리학의 음식에 대한 관심은 청소년들로 하여금 일상생활에서 소비하는 음식 문화에 대해 접근할 수 있는 실제적인 기회를 제공할 수 있다. 이는 학생들이 그들이 먹는 음식이 어디에서 오는지, 누구에 의해 그리고 어떤 환경에서 어떻게 생산되는지를 검토하는 데 도움을 준다. 따라서 음식을 통한 지리교육은 학생들에게 세계식량체계에 대한 학습을 통해 음식 생산과 소비의 불균등한 지리에 관해 배울 수 있도록 하며, 사회 및 환경 정의의 목적을 반영하도록 재구성할 필요가 있다.

(2) 지리를 통한 음식 민주주의/시민성 교육

현대사회의 세계식량체계는 편리함과 상대적으로 값싼 음식을 제공하는 데 성공하였을지는 모르지만, 사회적·건강 및 환경적 비용을 초래하는 문제점을 야기한다(Lang et al., 2009, 1). 글로벌 음식 생산과 소비로 인해 비만 등의 건강 문제와 푸드 마일리지가 길어져 환경오염 등의 사회적 비용을 초래하고 있다. 이는 음식의 문화적·사회적 중요성, 즉 우리가 어떤 음식을 어떻게 그리고 어디에서 오는 음식을 먹는지가 중요하다는 것을 말한다.

　세계화로 인한 글로벌푸드에 대한 관심은 우리가 어떻게 먹어야 하는지에 대한 성찰로 이어진다 (Belasco, 2008). 지리학자들의 음식에 대한 관심은 일상적인 소비 선택과 글로벌푸드의 상품사슬에서 눈에 보이지 않는 것들의 연계를 만들 필요성을 제기해 왔다. 그렇게 함으로써 기근, 불평등, 신식민주의, 기업의 책임성, 생명공학, 생태적 지속가능성에 관한 질문을 할 수 있다(Morgan, 2012a). 글로벌푸드에 대한 도전은 유기농 식품과 로컬 음식에 대한 관심, 푸드 마일리지에 대한 인식을 증가시키고 있다. 이러한 생태적 지속가능성과 관련된 음식 소비뿐만 아니라, 계층과 소득에 기반한 사회적 불평등과 관련된 사회정의도 중요하다. 학교는 글로벌푸드에 대한 반작용으로 새로운 음식 문화를 발전시킬 수 있는 중요한 장소이다. 특히 지리 교과는 음식의 지리에 대한 교육을 통해 학생들로 하여금 음식 문제에 대한 이해를 발달시키고 지속가능하고 건강한 음식 문화를 발전시키는 데 기여할 수 있다.

　음식 생산의 환경적·사회적 차원에 대한 세계적 관심뿐만 아니라 식량체계의 안전과 지속가능성에 대한 관심이 증가하고 있다. 세계식량체계하에서의 노동착취라는 사회적 문제, 공장식 가축사육으로 인한 동물복지 문제, 가공식품의 영양 문제를 비롯하여, 음식 안전과 지속가능성, 건강 문제, 사회적으로 공정한 음식 생산은 중요한 사회적 쟁점이 되었다. 지리교육을 통해 학생들로 하여금 이러한 쟁점에 대해 자각하도록 하는 것은 중요하다. 세계식량체계로 인해 나타나는 음식 관련 쟁점들은 학생들로 하여금 미래의 식량체계를 형성할 수 있는 역량을 가진 음식 시민이 되도록 하는 데 중요하다. 따라서 음식을 매개로 한 지리교육은 학생들로 하여금 음식 시민성 교육에 관계하도록 촉진하여야 한다(Jones et al., 2012).

　문제는 학생들이 점점 더 복잡해지는 세계식량체계에 대한 이해가 부족하고, 현명한 음식 생산자와 소비자로서 행동하는 데 요구되는 기능을 가지고 있지 않다는 것이다. 학생들은 그들이 즐겨 먹는 글로벌푸드, 즉 다국적 패스트푸드, 스낵, 소프트드링크 산업에 쉽게 노출되어 있다(Jones et al., 2012). 음식과 관련한 학교교육은 대개 기술·가정 교과가 담당하지만, 이들은 주로 요리, 영양과 식사 예절 등에 한정된다. 대부분의 중등학교에서 음식과 관련한 시민성 교육은 파편화되어 있거나 거의 나타나지 않는다고 할 수 있다. 그렇지만 지리 교과는 지속가능성의 관점에서 음식 쟁점에 관한 학습에 점점 관심을 기울이기 시작하였다. 그 대표적인 예가 생활 관련 환경이슈로 푸드 마일리지, GMO와 로컬푸드운동에 관심을 기울이고 있다는 것이다. 그렇지만 세계식량체계에 대해 성찰할 수 있기 위해서는 음식의 글로벌 상품사슬에 대한 학습이 추가되어야 할 것이다. 특정 음식의 상품사슬을 추적함으로써 음식의 생산, 가공, 유통, 무역, 소비가 이루어지는 과정에서 그 이면에 감추어진 진실들에 접근할 수 있고, 음식 시민으로서 어떤 자세를 가져야 할지 알게 된다.

지리를 통한 음식 관련 시민성 교육은 매우 중요하다. 왜냐하면 기후변화, 생물다양성, 동물복지, 로컬 경제개발, 사회정의, 음식의 문화적 재생, 건강 등의 개념들을 다룰 수 있기 때문이다. 이제 지리교육은 지속가능성과 관련한 음식 쟁점, 음식의 사회적·환경적 쟁점에 관한 학습을 촉진해야 한다. 그렇게 함으로써 지리교육은 청소년들에게 수동적인 음식 소비자에서 음식 쟁점에 관여하고 대안적 식량체계에 동참하는 능동적 시민이 되도록 격려할 수 있다. 음식을 매개로 한 시민성 교육은 능동적 시민성을 촉진하기 위한 교육과도 관련된다. 이는 개인과 공동체를 음식 생산과 재연결함으로써 학생들에게 자신의 음식 문화를 바꾸도록 할 수 있다(Jones et al., 2012).

지리교육을 통해 음식 시민을 양성하려면 단순한 영양교육이 아니라, 지배적인 식량체계의 문제점, 대안적 식량체계의 필요성과 이점을 가르쳐야 한다. 지리교육을 통해 음식 시민의 자질을 기르는 데 필요한 중요한 주제들은 글로벌푸드와 패스트푸드의 문제점, 식품안전 문제, GMO 문제, 가공식품 및 식품첨가물의 문제, 세계식량체계의 문제점과 부작용, 지역식량체계의 이점, 상품농업과 달리 생산자와 소비자가 공동기반으로 연결된 시민농업, 대안적 식량운동(슬로푸드운동, 로컬푸드운동), 식량보장(food security), 식량권(right to food)과 식량주권(food sovereignty),[28] 식량정의(food justice) 등이 있다. 이러한 주제를 활용한 지리교육은 학생들로 하여금 소극적 음식 소비자가 아니라 적극적인 공동생산자임을 자각시킬 수 있고, 자신이 먹는 음식을 성찰하는 의식 있는 시민이 되도록 할 수 있다.

4. 공간적 네트워크와 윤리적 시민성 그리고 활동주의

지금까지 국가에서 시작하여 글로벌로 그리고 로컬로 공간 규모를 옮겨 가며 시민성을 살펴보았다. 특히 마지막에 살펴본 로컬에 기반한 능동적 시민성은 국가시민성을 추종하기보다는 오히려 이에 도전한다(Routledge, 2003). 우리가 지역 공동체에서 실천하는 행동은 국가가 제공하는 복지와 서비스에 반대하는 로컬적 저항이지만, 또한 더 넓은 글로벌 이동의 일부분이 된다. 즉 로컬적 행동은

---

28 식량권이 개인에 초점을 둔 기본권이라면, 식량주권은 개별 국가의 권리와 관련된다. 식량권은 개인의 생존과 생활에 불가피한 데 비해, 식량주권은 국가의 안정적 유지에 필수적이라 할 수 있다. 식량주권 개념은 식량보장 개념의 잘못된 사용이 늘어나는 데 대한 반작용으로 개발된 것으로 지적된다. 식량보장 개념에는 식량이 어디에서 생산되었는지, 누가 생산했는지, 어떤 조건에서 어떤 방식으로 생산되었는지에 대한 언급이 없다. 따라서 외국의 값싼 농산물을 수입하여 식량보장이 가능하다. 이에 비해 식량주권은 공동체의 자율, 문화적 통합, 환경관리의 원칙을 장려한다. 사람들 스스로 재배할 작물, 동물을 기르는 방식, 영농방식, 경제적 교환에 참여, 저녁식사에 먹을 것을 결정한다. 진정한 식량보장은 식량주권이 전제되어야 가능하다(김종덕, 2010).

공간 스케일을 점프할 수 있는 잠재력을 가진다. 로컬적 저항 또는 행동은 국가 스케일 또는 글로벌 스케일에서 자신의 권리를 안전하게 지킬 수 있다. 왜냐하면 로컬적 행동은 초국적 또는 초로컬적 네트워크(transnational or translocal networks)의 일부분이기 때문이다(Routledge et al., 2007). 예를 들면, 공정무역 네트워크는 대기업이 인간과 환경을 착취하는 것을 막기 위한 윤리적 무역 네트워크를 발달시킨다. 즉 공정무역 네트워크는 생산자와 멀리 떨어진 곳의 소비자를 상호연결한다.

공간적 네트워크로서의 시민성은 활동주의(activism)와 관련된다. 활동주의는 3가지 이유로 시민성을 이해하는 데 중요하다. 첫째, 활동주의는 시민성의 불균등한 영역을 끌어온다. 둘째, 활동주의는 시민성의 공간을 변형시킬 수 있는 잠재력을 가지고 있다. 예를 들면, 공정무역 캠페인, 원조, 반자본주의 저항과 같은 글로벌 운동은 국가적 경계를 횡단하려고 하며, 글로벌 수준에서의 의사결정에 영향을 준다. 활동주의는 국민국가에 기반한 전통적 시민성에 도전하는 글로벌 시민성 또는 세계시민주의를 강화한다. 이러한 글로벌 시민성 또는 세계시민주의는 상이한 공간과 경계를 연결하고 횡단하는 네트워크로서 표현된다. 마지막으로, 활동주의는 권력의 본질과 변혁적인 행동을 할 시민의 능력에 관해 질문한다.

시민에 의한 로컬적 행동은 로컬리티에 부정적 영향을 줄 수 있는 쟁점에 의해 촉발되는 경우가 많다. 이러한 로컬적 쟁점으로는 지역주민에게 환영받지 못하는 계획 결정, 로컬 서비스의 폐쇄, 문화적 위협, 환경파괴, 어메니티(amenity)의 손실, 사회적 타자로부터의 위협 등을 포함한다. 이에 대한 시민의 행동은 정치적 의사결정에 공식적으로 참여하는 것으로부터 저항, 데모, 법 테두리 안팎에서의 직접적 행동에 이른다. 이러한 로컬적 행동은 스케일을 점프할 수 있는 역량을 가지고 있다. 최근 일부 시민들은 로컬적인 님비(NIMBY) 현상보다 글로벌 변화의 영향에 대한 저항에 더 관심을 가진다(Cresswell, 1996). 이러한 행동은 본질적으로 초국적이다. 왜냐하면 그러한 행동은 다양한 로컬리티의 시민들이 글로벌 스케일에서의 변화에 영향을 주기 위해 집합적으로 행동할 수 있는 기회를 제공하기 때문이다.

Khagram et al.(2002)은 초국적 행동을 3가지 유형으로 분류하는데, 그것은 초국적 주장활동(권리 옹호) 네트워크(transnational advocacy network), 초국적 연합(transnational coalitions), 초국적 사회운동 (transnational social movement)이 그것이다(표 6-3). 이 모두 공간과 사회를 변형시킬 잠재력을 가지고 있다.

첫째, '초국적 주장활동 네트워크'는 시민들이 삶의 방식에 관한 개인적 의사결정을 하거나, 정보를 제공하여 행동을 하도록 하는 것이다(Khagram et al., 2002). 이러한 초국적 주장활동 네트워크는 세계를 횡단하여 정보를 공유하도록 하는 페이스북과 트위터와 같은 인터넷 포럼과 사회적 미디어

표 6-3. 초국적 네트워크

초국적 운동	일차적 특징	사례
주창활동(권리 옹호) 네트워크	경계를 횡단하여 연결되고 공유된 가치와 정보의 교환에 의해 통합된 행위자들. 보통 비공식적이다. 사람들의 전술 또는 행동은 일관되고 조직적이지 않다.	인터넷 포럼
연합	공적으로 사회적 변화에 영향을 줄 수 있는 공유된 전략을 조직하는, 국가를 횡단하는 행위자들. 공식적인 합의와 조직적인 행동.	공정무역 캠페인
(신)사회운동	공통의 목적을 가진 일련의 행위자들. 방해 또는 저항과 관련된 행동을 동원하는 데 근거한다.	점거운동 (occupy movement)

출처: Khagram et al., 2002.

의 증가와 병행하여 활발하게 전개되고 있다.

둘째, '초국적 연합'은 사회변화에 영향을 주기 위해 국가를 횡단하여 공적인 합의와 조직화된 행동을 수반한다. 초국적 연합은 소비 실천을 통해 그들의 관점을 관철시킨다. 사실 여기서는 시민과 소비자를 동일하게 간주하는 경향이 있다. 그러나 원칙적으로 시민과 소비자 간에는 차이가 있다. 시민은 시민성이라는 덕목에 의해 어떤 사회적·정치적·공민적 권리가 부여되는 반면, 소비자는 단지 그들에게 서비스 또는 재화를 제공하는 생산자와 경제적 관계만을 가진다(Parker, 1999). 따라서 소비자는 시민과 매우 다르다. 소비자는 서비스가 만족스럽지 못하다면, 거래를 포기하고 다른 공급자를 찾는다. 반면에 시민은 서비스가 만족스럽지 못하다면, 보통 포기하지 않고 오히려 개선을 위해 공동체의 다른 구성원과 연합한다. 그러나 시민과 소비자의 구분은 흐릿해지고 있다. 따라서 신자유주의를 신봉하는 많은 국가들은 국가 서비스를 사적 부문과 자발적 연합체에 떠넘기고 있다. 이들 국가는 시민들에게 최선의 거래를 추구하는 소비자로서 행동하도록 요구한다.

최근 소비사회에서 팽배하기 쉬운 '상품의 물신화(fetishism of commodity)'에 도전하기 위한 소비자로서의 시민의 역할이 강조되고 있다. 상품의 물신화란 소비자를 상품을 생산하는 데 필요한 사회적 관계로부터 분리시킨다는 것을 의미한다. 소비자들은 가장 마지막 단계의 상품에만 가치를 부여하는 반면, 세계의 다른 지역에서 그것을 생산하는 데 사용되는 노동착취에 관해서는 덜 걱정하며, 그것들을 해결하기 위한 정치적 행동을 덜 취하게 된다(Mansvelt, 2005).

최근 소비의 실천은 시민들을 로컬 공간을 넘어 글로벌 네트워크로 확장하도록 한다는 인식이 증가하고 있다(Crewe, 2003). Parker(1999, 69)에 의하면, 상품을 소비하는 실천은 소비자들이 사회의 다른 구성원들과, 그들보다 권력을 가진 위치에 있는 사람들과 의사소통할 수 있는 채널을 제공한다. 이것이 윤리적 또는 도덕적 소비(ethical or moral consumption)를 격려하기 위한 캠페인을 통해 표출된다(Mansvelt, 2008). 예를 들면, 공정무역이나 자선기부의 한 유형으로서 대안적 선물의 구입, 윤리적 은행의 사용, 환경친화적 로컬 생산품 구매하기, 매우 간단하게 쇼핑을 그만두거나 줄이기 등이 있다. Desforges et al.(2005, 442)에 의하면, 이는 시민성 개념 그 자체를 약화시키는 데 있는 것이 아니라, 오히려 사람들이 그들의 시민성, 소속감, 책임성에 관해 생각하는 방법을 변화시키는 데 있다.

소비는 의식적으로 그리고 의도적으로 소비자 외부에 있는 사람들의 권리 및 관심과 연결된다. 정치적 관심은 민주주의라는 형식적인 채널보다는 오히려 상품의 소비나 캠페인 참여를 통해 표현된다. Goodman et al.(2010: 1788)이 지적한 것처럼, 유기농 제품 또는 공정무역 초콜릿을 구매하는 것은 정치적으로나 개인적으로도 그렇게 훌륭한 맛이 아니다. Clarke et al.(2007, 234)에 의하면, 이러한 소비는 정당과 선거에 참여하는 것과 구별되는 새로운 선택의 정치를 나타낸다. 이러한 정치적 참여는 소비자의 선택에 영향을 주려는 자선단체나 캠페인 집단의 행동을 반영한다.

윤리적 소비는 로컬 자원봉사자 또는 소비자들을 원조단체, 비정부기구(NGOs), 국제적인 무역규제 기관들과 서로 얽히게 함으로써 로컬 공간을 넘어 확장한다. 이들 단체는 사회적·환경적·정치적 유해와 연결된 상품의 구입과 관련된 '도덕적 위험'을 제시하려고 한다(Barnett and Land, 2007; Clarke et al., 2007). 공정무역 네트워크는 소비에 따른 윤리적 위험을 피하려는 시민들에게 행동하도록 촉구한다.[29] 그렇게 함으로써 시민들은 정치적으로 행동하고 소비하도록 권력을 부여받는다. Goodman et al.(2010: 1787)에 의하면, 윤리적이고 도덕적인 대안적 식품에 대한 소비, 즉 '돈을 가지고 투표하는 것(voting with one's money)'은 경제적 투표를 넘어 새로운 정치적 주관성(political subjectivities), 새로운 정치적 재현(political representation), 더 폭넓은 새로운 정치를 생산하는 행동을 아우른다.

공정무역이라는 개념은 글로벌 책임성과 밀접한 관련을 가진다(Pykett et al., 2010). 공정무역 생산품을 사용하는 공정무역 도시, 조직, 소매업자, 카페, 관광 및 가게는 공정무역의 원리를 로컬 거버넌스와 결속시켜 왔다(Malpass et al., 2007). 일부 사례에서 소비자들은 공정무역 생산품을 사는 것 외에 어떤 선택권도 가지지 못한다. 예를 들면, '공정무역 대학(Fairtrade university)'에서는 공정무역 커피를 사는 것만이 가능하다. 이것은 소비자를 독자적인 정치적/소비적 의사결정보다는 오히려 대학의 통치기관에 의해 이루어진 결정에 종속되게 한다(Malpass et al., 2007).

윤리적 소비 실천은 기업의 글로벌 생산 네트워크에 영향을 끼치고 있다. 많은 기업들은 기업의 사회적 책임(Corporate Social Responsibility, CSR)에 신경을 쓰고 있다. 기업의 사회적 책임은 비즈니스 내에서 핵심적인 담론이 되었으며, 브랜드 이미지를 위한 훌륭한 투자로 간주된다. 이를 옹호하는 사람들과 컨설턴트 산업은 기업들에 이러한 원리를 조언하기 위해 출현하고 있다. 그러나 비판론

---

29 소비자 시민(consumer citizen)은 정치로부터의 탈퇴와 특권을 유지하기 위해 소비하는 것과 관련되지만, 더 널리 정치적 목적을 위해 공정무역 상품을 사는 것과 같은 소비 실천을 하는 사람들에게 적용된다.

자들은 윤리적 소비의 요구를 충족시키려는 기업의 노력은 단순히 '그린워시(greenwash)'[30]라고 주장한다(Goodman et al., 2010). Hartwick(1998, 443)은 윤리적 캠페인은 대중적 투쟁 또는 기껏해야 중산층 소비자들을 위한 '양심 젖꼭지(conscience soother)'(Crewe, 2000, 283)를 나타내려고 하는 단순히 '유노 성지학(a stimulated politics)'이라고 주장한다. 또한 Clarke et al.(2007, 235)은 소비 실천은 신자유주의 정치학에 도전하기보다는 오히려 지원할 수 있다고 주장한다.

윤리적 소비를 통한 새로운 유형의 시민성은 사회적·경제적으로 불균등하다(Goodman et al., 2010). 왜냐하면 소비는 그러한 소비를 선택할 수 있는 능력의 차이를 반영하기 때문이다. 세계적으로 10억 명 이상의 사람들이 영양실조를 경험하고 있다. 많은 사람들이 식품 빈곤을 경험하고 있거나 소비자들에게 거의 선택권을 부여하지 않는 '식품사막(Food Desert)'[31]에 살고 있다. 어떤 상품을 소비하지 않을 선택권은 아이러니컬하게도 소비할 수 있는 사람들에게만 열려 있다. 그리고 부유한 중산층 소비자들은 윤리적 소비와 관련하여 더 높은 가격을 지불해야 할 것이다.

윤리적 소비자들은 복잡한 도덕적/윤리적 영역을 협상한다. 윤리적 소비자들이 공정무역 상품을 살 것인가 하는 결정은 정치적 선택일 수 있지만, 그것은 종종 장소 또는 생산품 의존적이다. 소비자들은 한 장소에서 공정무역 생산품(예를 들면, 학교의 공정무역 가판대에서 초콜릿바)을 살 수 있고, 다른 곳의 주 소비자들로부터 생산품을 살 수도 있다. 소비가 정치적 참여의 한 형태인지, 대안적 형태의 시민성을 제공하는지에 관한 논쟁은 계속될 것이다. 윤리적 소비는 '대리 시민성(proxy citizenship)'을 제공하는데, Parker(1999, 69)는 이것을 하이브리드(혼종적) 소비자 시민성(hybrid consumer citizenship)이라고 한다. 여기서는 혼종적인 생활방식, 정체성, 신념, 실천이 시장 메커니즘을 통해 발휘된다.

마지막은 '초국적 사회운동'이다. 신사회운동(New Social Movement, NSMs)은 1960년대에 글로벌적으로 착취적이고 불평등한 정치적 의사결정에 대응하여 출현하였다. '신(new)'이라는 접두사는 전통적인 정치학과 더 밀접하게 연관되는 '구(old)'사회운동과 구별하기 위해 사용되었다. 구사회운동은 공식적으로 조직되고, 노동환경 또는 임금 개선과 연계된 특정한 목적을 성취하는 데 초점을 두

---

30 요즘 주위를 둘러보면 자연, 녹색, 지구 등의 광고 카피를 내세워 환경친화적임을 강조하는 기업들이 많다. 환경에 대한 소비자들의 높은 관심 때문이다. 하지만 기업들의 이런 말을 모두 믿을 수는 없다. 실제로 환경보존을 위한 아무런 노력도 하지 않으면서 친환경 기업이라고 내세우는 경우가 있기 때문이다. 이렇게 기업이 실제로 환경에 악영향을 끼치거나 환경보호에 아무런 노력도 기울이지 않으면서 친환경적 이미지를 내세우는 행위를 '그린워시'라고 한다. 환경을 뜻하는 그린(green)과 겉치레를 의미하는 화이트워시(whitewash)를 합친 말이다. 1986년 미국의 환경학자인 제이 웨스터벨드(Jay Westerveld)가 한 호텔이 환경을 위해 일회용품 사용을 줄이고 수건을 재사용한다고 광고하는 것을 보고 처음 사용하였다. 그는 이 호텔이 비용절감 조치를 환경보호를 위한 것처럼 포장하였다고 비판하였다. 이런 행태를 방지하기 위해 미국의 다국적기업 감시단체인 코프워치(CorpWatch)는 매년 그린워시 기업을 선정·발표한다.

31 식품사막이란 신선한 음식을 구매하기 어렵거나, 식품 가격이 너무 비싸 주민들이 정상적인 영양섭취가 어려운 지역을 의미한다.

었다.

　물론 '구'와 '신'이라는 접두사는 그것들이 드러내고 있는 것만큼 많은 것을 숨기고 있다. 그리하여 최근의 사회운동과 이전의 사회운동 간에 중요한 차이가 있는지에 관한 질문들이 제기되기도 한다 (Mayo, 2005). '신'사회운동은 '구'사회운동이 사라진 것이 아니라(예를 들면, 무역 노동조합은 '신'사회운동의 네트워크 내에서 여전히 역할을 하고 있다), 주요한 특징에서 차이가 있다는 것을 인정한다.

　신사회운동은 부유한 국가보다 부와 권력을 가진 세계무역기구, 다국적기업과 같은 초국적 조직들을 겨냥한다. 이러한 조직들이 시민들에게 직접적으로 책임이 있지는 않다는 것을 고려하면서, 신사회운동은 비통상적인 정치학, 정치적 행동, 정치적 조직과 관련한다(Jones et al., 2004). 신사회운동은 단일의 공식적 조직이 아니라 계층과 공간적 스케일을 가로지르는 유동적인 정체성에 의해 특징지어진다. 신사회운동은 그들의 목적을 추구하기 위한 직접적인 행동, 저항, 압력을 사용하여 통상적인 정치적 채널 밖에서 작동하는 넓은 정치적 동맹을 형성한다. 따라서 신사회운동은 다양한 유형의 저항을 사용하여 집합적인 행동에 헌신하는 것과 함께 신념과 연대를 공유하는 네트워크를 구성한다(Mayo, 2005, 55).

　결과적으로 신사회운동은 구성원과 집단, 개인 간의 공식적인 관계보다 오히려 '가족 유사성(family resemblance)'을 띤다. 계층 또는 구조화된 조직이 부족하다. 간단히 말해, 신사회운동은 권력을 추구하고 정부를 인수하는 데 관심이 없으며, 오히려 정치적 실천과 정책을 변화시키려고 한다(Jones et al., 2004, 152). Routledge(2005)는 신사회운동이 개입하는 4가지의 주요 영역을, 경제적 영역(자원에 대한 불평등한 접근, 작업장에서의 투쟁, 건강과 교육의 새로운 서비스), 문화적 영역(물질적 조건과 요구, 로컬 전통과 완전성), 정치적 영역[신자유주의 정치적 구조를 변화시키기, 주류 정치학의 외부(그러나 정치가들과 연합을 형성할 수 있다)], 환경적 영역(생태적 환경의 보호)으로 구체화한다.

제7장 다중시민성

1. 관계적 스케일과 다중시민성

오늘날 세계화와 지역화가 동시에 진행됨에 따라 세계와 지역이 연결되면서 한 개인으로 하여금 혼성적 정체성(hybrid identity) 또는 다중정체성(multiple identity)을 가지도록 하고 있다. 이러한 혼성적 또는 다중 정체성의 출현은 경제적·정치적 영역에서뿐만 아니라 문화적 영역에까지 확대되어 나타나고 있는 국가 간 경계의 약화 현상과 맥을 같이하고 있다(서태열, 2004).

국가의 상대화는 글로벌 공간과 같은 국가를 넘은 스케일에서만이 아니라 국가 하위의 스케일에서도 진행된다. 이른바 글로컬화/세방화는 국민국가라는 단일한 공간을 보편적인 글로벌 공간과 장소에 뿌리내린 로컬 공간을 좌우 축으로 하는 복수의 경합하는 공간으로 바꾸어 간다. 다원화된 공간구조 속에서 글로벌 공간, 국가 공간, 로컬 공간이라는 각 층위들은 중층적인 내적 관계를 새롭게 형성한다. Taylor(1982, 15-34)가 글로벌은 실제적(real), 국민국가는 이념적(ideological), 로컬은 경험적(experienced) 특성을 가진다고 말한 것처럼, 경제는 글로벌, 정치는 내셔널, 문화는 로컬이라는 방식으로, 각기 친화적인 공간을 중심으로 다른 층위와 내적 관계를 형성해 가며 나름의 존재 의미를 드러낸다(이상봉, 2013). 이처럼 국민국가의 지위가 상대적으로 약화되면서 시민성 또한 로컬, 국가, 글로벌 수준에서 중층적으로 재구성된다. 이에 주목한다면, 기존의 국가시민성을 넘어서는 새로운 스케일의 시민성을 적극적으로 모색할 필요가 있다.

시민성은 다양한 용어, 예를 들면 로컬 시민성, 국가시민성, 글로벌 시민성, 다중(다차원적)시민성, 능동적 시민성, 세계시민주의, 환경적 시민성, 윤리적 또는 도덕적 시민성, 초국적 시민성, 이중시민성 등으로 분화된다. 이는 지리학자가 시민성을 이해하는 다양한 방식을 보여 주는 것이라고 할 수 있다. 시민성은 더 이상 사람들을 국민국가와의 관계로 한정하여 묘사하기 위해 사용되는 용어가 아니다.

시민성에 관한 하나의 정의를 내리는 것은 어렵다. 그러나 이는 시민성의 개념을 더욱더 가치 있게 만든다. 시민성은 종종 젠더화되고 서구화된 사회의 관점과 관련되지만(McEwan, 2005), 거의 권력을 가지고 있지 않거나 비서구 국가에 살고 있는 사람들이 다른 장소의 다른 사람과의 관계를 어떻게 구축하는지를 이해하는 데 효율적으로 사용될 수 있다(Isin, 2012). 시민성에 대한 지리적 이해는 이러한 새롭게 출현하는 관계를 이해하는 데 중요하다.

지리의 공간성(spatiality)에 대한 이론화는 시민성의 형성, 논쟁, 수행에 있어 공간과 장소의 역할에 대한 이해로 이어진다(Desforges et al., 2005; Staeheli, 2011). 지금까지 다양한 공간들이 시민성에 어떻게 중요한지를 구체화하려고 하였다. 영역(territories), 지역(regions), 로컬리티(localities), 네트워크

(networks), 사이트(sites), 몸(bodies), 시골성(ruralities), 이동성(mobilities), 경관(landscapes), 집(home), 공적 공간(public spaces), 사적 공간(private spaces)은 모두 시민성이 일상적 기초에서 의미를 형성하고 재생산되는 방법과 중요한 관계를 가진다. 그러나 이러한 공간들은 상호배제적이지 않다.

특히 세계화는 시민성을 공간적 관점에서 새롭게 정의 내리게 하는 동인이 되고 있다. 현대사회에서 시민은 동시에 다양한 공간 스케일(예를 들면, 로컬, 지역, 국가, 글로벌 등)과 공간들을 횡단하여 작동하는 다양한 정치적 공동체의 구성원이다. 사람들은 다양한 공간 사이를 횡단하거나 엮는 많은 다양한 네트워크의 일부분이 되고 있다. 예를 들면, 최근 시민권을 부여받은 이주자들이 우리의 이웃에 살 수 있다. 그곳에서 그들은 국가의 관료와 협상해야 하며, 그 도시를 횡단하여 온 자원봉사자들의 네트워크로부터 지원을 받는다. 그리고 지역 및 국가 미디어를 통해 자신들에게 보이는 적대감을 목격할 수 있고, 그들의 출신 국가에 관한 인터넷 기사를 읽을 수 있다. 그리고 그들은 편지, 이메일 또는 전화통화를 통해 세계의 다른 지역에 있는 가족에게 연락할 수 있다. 현대적 의미에서 시민성은 일련의 영역에 파편적으로 집중하기보다는 오히려 다양한 네트워크를 따라 분산되고 있다(Lee, 2008, 4). 이러한 점에서 시민성은 이제 다중스케일(multi-scalar) 방식으로 이해되어야 한다(Painter, 2002). Desforges et al.(2005, 441) 역시 현대사회에서 개인은 다중스케일적 시민성의 책임을 가진다고 주장한다.[1] 이러한 다중스케일적 시민성 또는 다중시민성은 개인의 정체성과 행동의 형성에 있어 국민국가의 역할을 경시하는 것이 아니라, 오히려 시민성이 국가에 의해 그리고 국가 위아래를 횡단하는 공간, 네트워크, 스케일과 관련하여 어떻게 구조화되는지에 대한 보다 심층적 이해를 보여 주는 것이다.

시민성은 공간적 관점에서 다중적 차원(multiple dimensions)을 가지고 있다. 단지 시민성의 일부만

---

1 우리는 다중시민성을 통해 종종 질서/경계의 접촉면에 놓이게 된다. 다중시민성을 통해 상이한 애착과 연계가 작동하여 우리의 정체성이 한계지점까지 확장되는 것이다. 이와 같은 상황에 주목한 Ash(2006)는 우리의 지리적·문화적 정체성이 어떻게 점점 더 '야누스의 딜레마'에 빠지게 되는지를 설명한다. 정체성에는 마치 로마의 신 야누스처럼 두 '얼굴'이 있고, 그 얼굴들은 각각 서로 다른 방향을 바라보고 있다. 이처럼 우리의 정체성도 결합적이고 때로는 모순적인 위치를 이어 주는 다리와 같은 역할을 한다. 야누스의 딜레마가 가진 모순과 긴장을 어떻게 다루어야 할까? Bauman은 우리의 야누스적 위치성에 걸맞은 방식으로 삶을 재질서화/경계화하는 것이야말로 우리에게 필요한 '책무'라고 주장한다(Bauman, 2002: XV). 시민성은 더 이상 의도적으로 특정 스케일로만 한정될 필요는 없다. 왜냐하면 사회, 경제, 정치, 문화 모든 것의 안과 밖이 공간적으로 점점 더 역동적이고 다양해지고 있는 행위자 네트워크를 통해 구성되기 때문이다(Amin, 2004, 33). 다시 말해, 시민성은 지리적 질서/경계뿐만 아니라 그것을 가로지르는 전복하는 문화적 상상물에 의해 정의된다. 시민성은 영역적 완전성이 담보될 때에만 형성되는 것이 아니다. 그것은 끊임없이 이동하는 물질적·내재적 지리의 일시적 배치로서, 계속 이동하지만 그 흔적을 남기면서 홀연히 '출몰'하는 것으로서 간주되어야 한다. 또한 확장된 네트워크의 특정한 곳에 놓이게 된 한 시점의 상황으로서, 특정한 장소들을 넘나드는 네트워크상에 다양하게 만들어지는 산물로서 간주되어야 한다. 이것들의 합이 바로 시민성이다. 이러한 시민성에는 미리 규정된 혹은 안과 밖을 구분하는 명확한 경계가 없다(Amin, 2004, 33). 이렇듯 시민성은 '문화적 의미로는 다중적이며, 지리적으로는 근접한 것과 먼 것이 함께 중첩되는' 개념이다(Amin, 2004, 37). 시민성은 우리의 실천과 선택을 통해 문화적인 것과 지리적인 것을, 때로는 독특하고 모순적인 방식으로 융합하는 조합물이다(이영민·이종희, 2013 재인용).

이 국민국가와 불가분하게 연결될 뿐이다(Sassen, 2002, 277). 국민국가는 시민들을 묶는 제도적 형태 중의 하나라고 결론지을 수 있다. Painter(2002, 93)는 이제 시민성은 다양한 공간적 스케일(로컬, 지역, 국가, 유럽)에서의 개인들, 그리고 종교적/성적 소수자, 민족적 디아스포라와 같은 비영역적 사회집단의 동시적인 정치적 공동체의 구성원을 반영하는 '다층석(multi-level)'인 것으로 간주되어야 한다. 이러한 방식의 사고를 통해 시민성은 절대적(absolute)이라기보다는 '관계적(relational)'인 것으로 인식될 수 있다. 즉 시민성은 국민국가의 경계에 의해 규정되는 무언가라기보다는 오히려 다양한 인간과 장소들과의 연결에 의해 구성되는 것으로 인식될 수 있다(Desforges et al., 2005). 시민성은 본질적으로 지리적인 것으로 남아 있지만, 고정된 경계에 의해 전적으로 규정되고 있다기보다는 본질적으로 유동적이며(fluid), 움직임이 자유롭고(mobile), 다차원적(multidimensional)이다.

2. 다중시민성이란 무엇인가?

세계화와 다문화사회의 급진전은 각각 글로벌 시민성과 다문화시민성 그리고 생태시민성을 요구하고 있다. 그렇지만 한편으로 국가와 지역은 건재하며, 통일성에 기반을 둔 국가시민성과 능동적 시민성으로서 로컬 시민성 역시 건재하다. 그렇다면 현재 우리에게는 과연 어떤 시민성이 요구되는 것일까?

세계화는 피할 수 없는 자연스러운 역사적 현상이며, 세계화와 관련해서 나타나는 또 하나의 부차적인 사회현상이 다중시민성의 출현이다(김왕근, 1999; 변종헌, 2006b; 서태열, 2004; 조철기, 2010). 세계화로 인해 한 개인은 글로벌 시민으로서의 지위와 국가 시민으로서의 지위 그리고 로컬 시민으로서의 지위를 동시에 지닐 수밖에 없다. 사람들은 로컬, 지역, 국가, 세계적 스케일에서 시민들이며, 많은 사람들에게 이러한 다중시민성(정체성/애국심)은 혼동적인 딜레마를 나타낸다. 특히 세계화로 인한 다문화사회의 형성은 거주자들에게 필연적으로 다중정체성 또는 다중시민성 또는 혼종성을 요구하고 있다. 다중시민성은 동일한 개인에게 서로 다른 수준의 시민의 지위가 중층적으로 주어지는 것, 즉 로컬, 국가, 글로벌 시민성이 중첩되는 것을 의미한다. 그러나 한편으로 다중시민성은 이중국적(dual nationality)을 가진 사람들, 즉 이중시민성(dual citizenship)을 의미하기도 하며, 최근에는 혼종적 시민성(hybrid citizenship)이라고도 불린다(Butt, 2001).[2]

---

2 다중시민성이라는 용어로 사용되는 개념에는 크게 3가지가 있다. 첫째는 한 개인이 둘 또는 그 이상의 국적(nationality, citizenship)을 동시에 가지고 경우, 즉 이중국적 또는 복수국적(multiple citizenship)이라는 의미, 둘째는 현대의 시민성을 개인

그러나 김왕근(1999)은 여러 학자들의 견해를 종합하여 다중시민성에 대해 상반되는 두 가지 관점을 제시하였다. 하나는 한 개인이 세계시민의 지위와 국가시민의 지위를 동시에 지닐 수는 없으며, 실제(praxis)적으로 시민은 국가시민으로서만 존재한다는 입장(Taylor, 1989)이다. 다른 하나는 시민은 한 국가의 시민일 뿐만 아니라, 여러 국가가 연합된 연합국가의 시민으로서 그리고 글로벌 시민으로서의 지위를 동시에 다중적으로 지닐 수 있으며, 궁극적으로는 글로벌 시민으로 수렴된다는 입장(Habermas, 1992; Heater, 1990; Turner, 1986a; 1986b; Barbalet, 1988)이다. 그 근거는 전자의 경우 국가만이 법률적 지위를 부여하기 때문에 시민은 국가의 구성원으로서만 존재한다는 것이고, 후자의 경우 시민의 지위를 국가에서 부여하는 법률적 지위로 한정할 필요는 없다고 보기 때문이다. 따라서 다중시민성은 후자의 관점에 따른 것이다.

　　비록 역사적으로는 시민의 지위가 독립된 국가로부터 부여되는 법률적 지위로 존재해 왔다고 할지라도, 글로벌 단위의 경제활동이 가속화되고 환경문제, 세계평화문제, 인권문제 등과 같은 지구적 규모의 문제가 현안 문제로 떠오르고 있으며, 서로 다른 전통적 기반을 지닌 개별적 국가 내의 생활방식이 보편성과 합리성의 기준을 따라 변화해 가고 있다는 점을 고려할 때, 더 이상 시민의 지위를 법률적 지위로만 간주할 수는 없다는 것이다. 국가로부터 부여된 법률적인 시민의 지위를 지니고 있는 시민이라 할지라도, 국가 수준을 넘어선(supranational) 글로벌 규모의 비정부조직에의 가입을 통해 세계시민의식을 지닐 수 있으며, 이 경우에 시민의 지위는 다중적인 것이 된다는 것이다. 예컨대 그린피스(Greenpeace)나 국제엠네스티(Amnesty International)에 소속된 구성원들은 국가시민의 지위와 세계시민의 지위를 동시에 지니게 되며, 양자의 지위에서 요구되는 행위의 표준이 갈등을 일으킬 경우에는 보다 높은 수준에서 요구되는 표준, 즉 글로벌 시민의 지위에서 요구되는 표준을 지향함을 보여 준다(김왕근, 1999).

　　Habermas(1992)는 독일 통일과 동구 사회주의권의 몰락, 유럽공동체(EC) 등과 같은 초국가적 조직체의 등장, 그리고 이민의 증대 등으로 특수한 권리와 보편적 원리 사이의 갈등이 나타나고 있고, 이로 인해 개별 시민들은 다중적 정체성을 지니게 된다고 주장한다. 특히 Heater(1990, 318-319, 321-322)는 시민의 지위를 다중적으로 보고 있는데, 시민성이 개입되는 공간적인 차원을 로컬 수준과 국가 수준, 지역(국가 연합) 수준, 세계 수준으로 구분하여, 시민으로서의 정체성은 다중적일 수밖에 없으며 또한 다중적이어야 한다고 말한다. 고대 로마 시대부터 존재해 왔던 다중적 시민성(라틴 시민과

적·사회적·시간적·공간적 차원으로 개념화한 다차원적 시민성(multidimensional citizenship), 마지막으로 한 개인에게 지역주민, 국민, 세계시민으로서의 시민성이 동시에 요구된다는 의미의 다중시민성(multiple citizenship, multilayered citizenship, multi-leveled citizenship)이 그것이다(송우리, 2015).

로마 시민)이 중세의 농노(man to lord) 지위와 신민(subject to king) 지위가 다중적으로 존재하는 것으로 이어져 왔듯이, 세계 정부와 개별 국가 간의 관계는 중앙정부와 지방정부 간의 관계와 같은 부차의 원리에 따라야 한다고 본다.

이렇듯 시민이 지니게 되는 정체성은 다중적일 수밖에 없다. 지역사회 시민이 폐쇄적이고 고정된 지역정체성의 틀 안에만 갇히는 것은 위험하다. 국가의 국민, 대륙의 시민, 더 나아가 세계시민 차원에서 다른 지역, 국가 등과의 개방적 교류를 할 때 비로소 지방, 국가, 지역 및 세계 사회가 공존과 상생의 길을 발견할 수 있기 때문이다. 따라서 Heater(1990; 2003)는 오늘날 현대사회가 필요로 하는 시민성을 '다중정체성(multiple identities)'이라 명명하였다. 심리적 측면에서 볼 때 다중적인 지위에서 요구되는 정체성과 충성심은 국가라는 단일한 집단의 관계 속에서만 배타적으로 요구되는 것이 아니라, 상이한 수준의 다양한 공동체에의 참여를 통해 보다 강화될 수 있다(김왕근, 1999).

오늘날 우리는 작은 스케일로서 로컬뿐만 아니라 국가, 그리고 더 큰 스케일로서 대륙과 글로벌 수준의 시민성을 동시에 요구받고 있다. 즉 자신이 거주하는 로컬 시민으로서뿐만 아니라 한 국가의 '국민'으로서 유럽연합처럼 초국가 연합으로서 '시민' 그리고 세계화 시대의 '글로벌 시민'이 동시에 요구된다. 따라서 우리는 이제 혼종적 또는 다중 시민성을 요구받고 있는 것이다(그림 7-1 참조).

Heater(1990)는 다중시민성을 주장하면서 〈그림 7-1〉과 같이 시민성 이론을 모형화하였다. 그에 의하면, 시민성은 5가지 요소—정체성(identity), 미덕(virtue), 법률적(legal) 측면, 정치적(political) 측면, 사회적(social) 측면—를 가져야 하며, 각각의 요소들은 지리적/공간적 맥락(geographical context)에서 경험되어야 한다. 즉 시민성은 주(州) 또는 로컬(provincial/local) 단위, 국민국가(nation-state) 단위, 대륙 또는 지역(continental/regional) 단위, 세계(world) 단위라는 지리적/공간적 차원에 동시적으

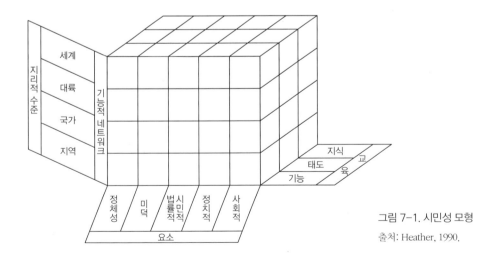

그림 7-1. 시민성 모형

출처: Heather, 1990.

로 존재한다. 이는 현대의 시민들이 로컬 주민으로서의 시민성, 국민으로서의 시민성, 세계시민으로서의 시민성을 동시에 수행해야 함을 보여 준다.

학생들은 공동체의 문화, 국가, 지역, 세계에 대해 지니고 있는 일체감과 충성심이 정교한 균형을 이루도록 해야 한다. 학생들이 반성적이고 명료한 문화적 정체성을 함양하도록 돕는 한편, 국가에 대해서도 명백한 정체성을 지닐 수 있도록 해야 한다. 그러나 무분별한 국가주의는 반성적이고 긍정적인 지역적 정체성과 세계시민적 정체성의 발달을 저해할 수도 있다. 시민교육의 중요한 목표는 학생들의 세계시민적 정체성 함양을 돕는 것이어야 한다. 그뿐만 아니라 어려운 세계 문제 해결을 위해 세계 공동체의 시민으로서 행동에 나설 필요가 있음을 깊이 이해할 수 있도록 해야 한다. 문화적·국가적·지역적·세계적 경험과 정체성은 역동적으로 상호관련을 맺으며 영향을 주고받는다(Banks, 2004; 모경환 외 옮김, 2008).

3. 글로컬 시대의 시민성과 지리교육의 방향

시민성은 매우 복잡하고 다의적인 개념인 동시에(Lambert and Machon, 2001a; 2001b; Anderson et al., 2008), 고정적인 개념이 아니라 공간과 시간에 따라 변화한다(Mullard, 2004). 그렇다면 글로컬 시대의 시민성의 지리(geographies of citizenship)는 어떠해야 할까? 세계화에 따라 시민성은 탈경계화되면서 글로벌 시민성, 초국적 시민성, 세계시민주의, 다중(다차원)시민성, 이중시민성 등의 개념을 등장시킨다. 그리고 세계화는 지역화를 배제하지 않고 동시에 일어남으로써 로컬리티에 기반한 로컬 시민성 또한 중요해진다. 특히 로컬 시민성은 공동체 구성원의 자발적 참여를 강조하며, 공간적 네트워크를 통해 글로벌 스케일과 만나게 된다.

세계화와 지역화가 동시에 진전되는 변화하는 사회에서 시민성을 이해하는 방식은 다양하다. 시민성은 더 이상 사람들을 국민국가와의 관계로 한정하여 재현하기 위한 용어가 아니다. 현대사회에서는 근대적 관점에서의 시민성을 적용하는 데 한계가 있다. 이제 시민성의 정의는 국민국가라는 우세한 하나로 수렴될 수는 없다.

이러한 시민성의 정의와 유형이 공간적으로 다양하게 분화되는 것은 기존의 질서를 흩트리는 혼란스러움의 문제가 아니라 그만큼 시민성의 개념을 가치 있게 만든다. 젠더화되고 서구화된 시민성의 관점에서 탈피하여(McEwan, 2005), 그리고 국가 중심의 시민성에서 탈피하여 스케일의 관점에서 국가를 중심으로 위아래를 볼 수 있고, 남성과 서구를 중심으로 여성과 비서구를 안을 수 있는 개념으로 시민성은 확장되고 있다. 나아가 시민성은 공간적으로 파편화되고 분절된 시민성이 아니라, 다른 장소와 다른 사람들과의 관계 속에서 네트워크로 구축되는 관계적 측면에서 정의되고 있다. 글로벌 시민성, 초국가적 시민성, 세계시민주의, 다중시민성, 이중시민성 등의 출현은 이에 대한 반증이다(Isin, 2012). 시민성에 대한 공간적 관점은 이러한 새롭게 출현하는 관계를 이해하는 데 중요하다.

지리는 공간성(spatiality)에 대한 이론화를 추구하며, 이는 공간과 장소가 시민성을 형성하고 실천하는 데 어떤 역할을 하는지를 밝혀 준다(Desforges et al., 2005). 지리는 로컬에서 글로벌에 이르는 공간뿐만 아니라 몸, 집, 지역, 영역, 경관, 로컬리티, 사이트, 이동, 네트워크, 그리고 공적 공간과 사적 공간을 아우른다. 이들 공간은 모두 시민성이 일상생활에서 의미를 형성하고 재생산되는 방법과 중요한 관계를 가진다. 여기에서 중요한 것은 이들 공간은 상호배타적이지 않고, 관계적이라는 것이다.

이러한 새로운 시민성의 지리에 토대하여 지리교육은 시민성의 복잡성을 가르칠 필요가 있다. 학교지리는 대개 패턴, 법칙 등 추상적인 방식으로 가르쳐지고 학습된다. 그러나 학교지리는 시민성의 지리를 위한 '논쟁의 문화(culture of argument)' 또는 '대화를 위한 교육(education for conversation)'을 만들어야 한다(Lambert, 2002). 합법적인 여권을 가지면 국제적 경계를 초월한 초국가적 이동이 가능하다. 지리 교사는 학생들에게 한 국가의 시민이 되는 것은 고정된 정체성이 아니라는 것을 이해하도록 도울 필요가 있다. 그리고 시민성이 어떻게 사회적/공간적 포섭과 배제의 강력한 수단인지를 이해하도록 할 필요가 있다. 따라서 시민성에 대한 토론은 필연적으로 사회정의와 관련되는 방식을 이해하도록 할 것이다. 시민성이라는 토픽에 대한 토론은 지리수업을 정치적 토론으로 이끌 수 있다. 이는 지리학습에서 강조되는 반성, 대화, 협상, 참가 등의 기능을 촉진시킨다. 이것은 지리수업을 '논쟁의 문화' 또는 '대화를 위한 교육'으로 특징짓는다. 학생들은 회의주의에 친근함을 느끼고, 복잡성에 대한 주의 깊은 접근을 하도록 격려받는다. 지리교육은 학생들에게 불확실한 세계를 이해하고 다루기 위한 기능을 발달시킬 수 있다.

그리고 경계화된 영역에 기반한 국가시민성에 대한 대안적인 지리적 상상력은 학생들로 하여금 세계에서 그들의 장소는 일련의 영역에서 중심화되는 것보다 오히려 복잡한 네트워크를 따라 탈중심화된다는 것을 알려 준다. 대안적인 지리적 상상력은 관계적이고 글로벌적으로 형성된 시민성의 개념을 밝혀 준다. 그것은 지리적 공간의 개방적인 관계적 본질을 인식시킨다. 이는 국민국가 영역에 근거한 국가시민성에서 탈피하여 학생들로 하여금 다른 사람 및 장소와 관련하여 위치시키도록 할 수 있는 지리적 상상력을 제공함으로써 시민성 교육에 기여한다.

지리 교사는 지리를 통해 이러한 초국가적 시민성에 접근할 필요가 있다. 왜냐하면 현재는 탈산업화, 국제적 이주, 세계화의 진전으로 이에 대한 지리적 상상력이 요구되기 때문이다. 21세기에 탈국가화된 시민성 지리는 지리 교사들로 하여금 대안적인 지리적 상상력을 채택하도록 요구하고 있다. 영역은 고정된 것이 아니라 사회적·환경적으로 구성된 것이며 항상 생성, 파괴, 변형, 재형성의 과정에 있다. 영역은 네트워크로 연결된다. 세계를 횡단하는 복잡한 상호연결성은 대안적인 초국적 시민성의 필요성을 알려 주며, 지리교수 내에서 이것이 성찰될 필요가 있음을 알려 준다. 예를 들면, 스포츠에서 특정 선수가 누구를 위해 뛰고 있는지, 개인의 소속을 누가 결정하는지, 시민성의 특권으로부터 누가 이익을 얻고 누가 이익을 얻지 못하는지, 누가 이상적인 시민으로 간주되는지, 한 국가 이상의 시민이 되는 것이 가능한지, 시민성 또는 국가적 정체성을 가지지 않는 것이 가능한지를 탐색할 수 있다.

현대의 시민성 개념은 경계화된 영역으로서 국민국가와 매우 밀접하게 연관되지만, 이에 대한 대안적 접근이 새로운 공간적 관점에서 활발하게 전개되고 있다. 왜냐하면 세계화 등으로 국민국가의 권력 및 제도적 틀이 변화하고 있고, 새롭게 등장하는 문화적 정체성은 항상 국민국가의 영역과 연결되는 것은 아니기 때문이다.

이것은 국민국가가 로컬리즘과 초국가주의를 통해 공동화됨으로써 정치적 권력이 차츰 침식되고 있다는 것을 의미한다. 국민국가는 공적·사적·자발적 부문으로 확장하는 새로운 거버넌스와 병행하면서 점점 중첩된 복잡한 공간에서 작동하고 있다. 이것은 시민들을 특정 국가와 연결하는 대신 종교적·사회적·성적·인종적 또는 민족적 정체성과 연결시키는 문화적 다양성을 반영한다(Jackson, 2010). 국민국가의 경계보다 더 복잡한 공간, 결과적으로 새로운 시민성의 공간이 출현하고 있다(Painter, 2002).

그렇다고 시민성의 형성에 있어 국민국가의 영향력을 완전히 배제하는 것은 아니다. 여전히 국민국가는 법적인 시민성의 토대가 되며, 시민성의 형성과 조절에 관여하고 있다. 다만, 공간적 관점에서 시민성을 경계화된 고착적인 관점, 상호연결된 네트워크로서 그리고 열린 장소감으로 관계적으로 인식할 필요가 있다는 것이다. 그리고 지리교육 역시 이러한 현실을 직시할 필요가 있다.

장소들은 로컬리티, 지역과 국가라는 엄격한 위계로 규정되지만, 이들 스케일에 따라 깔끔하게 분류되지는 않는다. 그것들은 모두 서로 중첩되고 상호침투하며 다양한 해석들에 열려 있다. 장소는 스케일에 관계없이 독특하고, 자연적으로 경계되며, 등질적이고, 상대적으로 안정된 실재로서 인식된다. 그리고 장소는 상호의존적이라고 인식된다. 그러나 이러한 가정은 장소가 명백하게 분리된 실재들로서 존재하며, 그다음 상호의존성이 존재한다는 것이다. 그러나 세계화의 맥락에서 이러한 장소에 대한 개념은 매우 문제가 있는 것으로 인식된다. 장소의 경계들은 정보, 상품, 아이디어, 이미지, 사람들의 끊임없는 글로벌 흐름에 의해 빠르게 해체되고 있다. 게다가 장소는 점점 글로벌 스케일에서 일어나는 환경적 위험, 범죄, 테러리즘에 공격받기 쉽다. 그리하여 최근에는 장소는 독특하고 상호의존적이라기보다 오히려 점점 더 호혜적으로 구성되고 있다고 인식된다.

이와 같은 장소에 대한 인식의 변화는 정체성 형성의 개념화 방법에 대한 함축을 가진다. 예를 들면, Oakes(1993, 48)에 의하면 정체성은 당연하게 경계된 장소에 의해 깔끔하게 형성되는 것이 아니라, 항상 다중의 지리적 스케일을 가로지르는 복잡하면서 혼동적인 상호작용망 내에서 협상되어 왔다. 이것은 정체성이란 공통의 국가정체성을 암시하는 것보다 더 중간적(in-between)이고, 다양하다는 것을 제안한다. 국민국가와 개인들이 보다 넓은 세계를 가로질러 소유하고 있는 '다중시민성'의 맥락 내에서 시민성 사이에도 긴장관계가 있다. 사람들은 로컬, 지역, 국가, 세계적 스케일에서 주민들이며, 많은 사람들에게 이들 다중시민성, 정체성, 애국심 등은 혼동적인 딜레마를 나타낸다(Butt, 2001, 71).

영국(UK)이라는 공간은 바깥으로부터 세계지도상에 주어진 정치적 통일성으로 인지될 수 있다. 올림픽을 위해 영국과 아일랜드는 그 자체로 하나로서 나타난다. 그러나 월드컵에서는 그렇지 않다. 잉글랜드, 웨일스, 스코틀랜드, 북아일랜드는 모두 분리되어 서로 경쟁하며, 또 하나의 완전한 독립국인 아일랜드와 경쟁한다. 럭비에서 잉글랜드, 스코틀랜드, 웨일스, 아일랜드는 국제적으로 경쟁하지만 또한 다른 국가와 경쟁하기 위해 'the British Lions'로 결합한다. 이것은 국가정체성의 관점에서 혼동적이며, 영국 정부가 최근 북아일랜드, 스코틀랜드, 웨일스의 정치적 독립의 본질적 조치를 법으로 통과시켰기 때문에 심지어 더 그렇게 되고 있다. 이러한 조치들이 국가 및 지역 정체성에 복잡한 영향을 끼치는 유럽연합(EU)과 영국의 맥락 내에서 일어나고 있다.

Jones(2001)에 의하면, 인간은 다중정체성을 가지고 있다. 이들 중 어떤 것은 피할 수 없게 영역과 결속되며, 그것은 정체성을 시민의 개념들과 연결한다. 이것은 부분적으로 배제적인 용어들로 시민성을 묘사하는 경향 때문이다. 즉 시민을 부분적으로 공간적 소속감으로 규정하여 외부자 또는 타자를 배제시킨다. Jones는 이러한 쟁점을 본질적으로 지리수업에서 '나는 그 경계를 어디에서 끌어올 것인가'라는 질문을 야기함으로써 특징짓는다. Morgan(2001b)은 유사 질문을 던지고 있다. 그는 지리가 젊은 사람들로 하여금 다른 사람과 다른 장소와 관련하여 그들 자신을 위치시킬 수 있는 어떤 형태의 지도화 기능을 수행하도록 하는 것을 통해 시민성 교육에 명백한 역할을 하는가를 논의하는 '나는 어떤 공간에 속하는가'라고 묻고 있다.

제8장 지리교육과 시민성 교육

1. 지리와 시민성의 관계 탐색

1) 시민성은 왜 지리적인가?

'시민성은 왜 지리적인가?'라는 질문은 '시민성이 어떻게 공간과 장소와 밀접한 관련을 가지는가?'라는 질문과 동일시된다. 지리는 시민성을 이해하는 데 매우 중요한 단초를 제공하며, 시민성 역시 지리를 이해하는 데 기여한다. 즉 지리와 시민성 간의 관계는 상호호혜적이다. 그렇다면 이렇게 주장할 수 있는 근거는 무엇일까?

시민성은 지리학이라는 학문에서 더 중심적인 역할을 수행할 가치가 충분히 있다. Smith(1989)는 시민성은 사회지리, 문화지리, 정치지리 간의 접촉점을 만든다고 주장한다. 정치지리, 사회지리, 문화지리는 시민성이 이들의 하위학문의 핵심적인 부분이라는 것을 보여 준다. 그럼에도 불구하고 시민성은 종종 지리학에서 그다지 주목을 받지 못했다(Painter and Philo, 1995). 이것은 시민성이 어떤 이론보다는 하나의 개념으로 간주되어 왔기 때문일 수 있다(Smith, 2000). 즉 사람과 장소를 연구하는 수단보다는 오히려 조사되어야 할 개념으로 간주되어 왔기 때문일 수 있다. 지리학자들을 위한 핵심적인 사고로서 시민성은 스케일, 이동, 자연, 경관, 도시, 시골과 같은 주제를 다루어 온 다른 학문의 그것과 동등하지 않다. 시민성은 응집적이고 유용한 방식으로 다양한 지리적 사고를 함께 끌어오는 데 도움을 주는 강력한 가치를 가지고 있다.

Cloke(2006)는 정치적·경제적 유물론과 문화적 전환을 결합할 수 있는 이론적 혼종성이 필요하다고 주장한다. 시민성의 이론화는 이에 대한 접근을 제공한다. 시민성은 개인별 정체성 및 수행과 보다 넓은 정치적 구조에 대한 이해를 상호연결할 수 있다. 그리고 시민성은 다양하고 유동적인 공간과 장소 내에서 정치지리와 사회지리의 구조적·제도적 초점과 문화적 전환의 개인적 양상 및 수행적 양상을 상호연결할 수 있는 기회를 제공한다.

시민성은 공식적인 실천적 구조를 논의하지만, 또한 행동과 수행을 구성하는 일상적인 비공식적인 것들을 포함한다(Parker, 1999). 시민성은 정치적 구조와 사회적 구조 간의 인터페이스(interface)를 분석할 수 있는 방법을 제공한다(Smith, 1989, 148; Lewis, 2004). 그리고 시민성은 개인적인 것과 정치적인 것, 수행적인 것과 구조적인 것, 상상적인 것과 물질적인 것, 국가적인 것과 초국가적인 것, 포섭과 배제, 로컬과 글로벌 등을 함께 끌어오는 방법을 제공한다. 사람들이 특정한 장소에서 삶을 어떻게 영위하는지를 반성하는 데 영향을 주는 시민성에 대한 이해는 필수적이다(Smith, 1989; Painter and Philo, 1995; Mitchell, 2009).

2) 지리학계의 시민성에 대한 관심과 지리교육의 미래

지리학 연구에서 시민성에 대한 관심을 직접적으로 드러낸 계기가 된 것은 Smith(1989)에 의해서이다. 그녀는 새로운 시대를 맞이하여 지리학에서는 시민성이라는 새로운 어젠다에 관심을 가져야 할 것을 촉구하였다. 시민성 이론은 사회공간 현상에 대한 분석적 측면뿐만 아니라 실천적 측면을 동시에 관심을 가지는 것으로, 이를 통해 사회 재구조화를 설명할 수 있다는 것이다. 그리고 시민성을 국가를 단위로 하여 국민의 복종과 의무를 강조하는 우파적 시민성과, 시민사회를 단위로 하는 시민의 사회적 권리와 사회비판을 강조하는 좌파적·사회민주주의적 시민성이라는 관점에서 논의하고 있다. 그리고 지리학이 시민성 연구를 통해 궁극적으로 지향해야 할 목적은 사회정의(social justice)의 실현에 있음을 명확히 하고 있다.

한편, Goodwin(1999)은 시민성을 거버넌스(governance)와 연계하여 논의를 전개하고 있는데, 이들 개념은 원래 정치적인 것으로 인식되고 있지만 영역적 경계에 의한 포섭과 배제에 대한 논리를 통해 본다면 매우 지리적일 수밖에 없다는 것을 강조하고 있다. 즉 시민성은 사회적·공간적 포섭과 배제에 의한 차별적 분화의 결과로서, 이러한 분화들은 서로 다른 사회집단에 의해 상이한 정도의 시민성이 경험되고 실행되는 상이한 시민성의 공간을 생산한다는 것이다. 이들 공간은 부정적일 수도 있고 긍정적일 수도 있으며, 통제를 위해 사용될 수도 있고 저항을 위해 사용될 수도 있다는

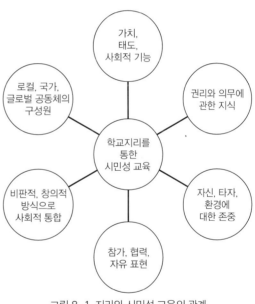

그림 8-1. 지리와 시민성 교육의 관계

것이다. 한편, 공적 부문, 사적 부문, 자발적 부문에 이르는 일련의 참가자들을 포함하여 사회를 통치하는 새로운 방법으로 간주되는 거버넌스라는 개념을 끌어오면서, 로컬과 글로벌에 이르는 다양한 스케일에서의 그 작동원리를 논의하고 있다. 이러한 개념을 통해 집합적 활동 능력을 통해 권력을 행사하는 것에 초점을 둔 도시정치학(urban politics)의 연구에 대한 새로운 길을 개척하고 있다. 이러한 맥락에서 Kearns(1992; 1995)는 국가와 시민사회의 개혁, 그리고 '능동적 시민성'과 '로컬 거버넌스(local governance)'의 영향을 통해 출현하는 참여민주주의의 가능성에 대해 논의하고 있다.

Philo(1993)는 정치지리학, 사회문화지리학에서 최근에 관심을 가지고 있는 시민성의 공간(spaces of citizenship)에 대한 논의를 통해, 장소와 지역에 대한 지리적 민감성과 지리적 상상력을 통한 활동적인 시민성을 촉진하기 위한 시민성의 공간—개인적 시민성의 공간과 사회적 시민성의 공간—에 대한 연구의 필요성을 강조하고, 상상된 지리(imagined geographies)로 관심을 전환할 것을 촉구하고 있다.

한편, 영국 정치지리학 저널 *Political Geography*에서는 Painter and Philo(1995)의 편집에 의해 '시민성의 공간'에 대한 특집호를 게재하였는데, 여기에는 지리학과 시민성의 다양한 양상들에 대한 9개의 논문을 포함하고 있다. 특히 Painter and Philo(1995)의 시민성의 공간에 대한 논의는 지리학을 통한 시민성 연구의 관심을 잘 나타내고 있다. 인문지리학자, 특히 정치 및 사회문화 지리학자에게 시민성의 공간은 시민성의 토대인 동시에 지리학 연구를 위한 실제적인 초점으로서 점점 더 중요해지고 있음을 지적하면서, 이제는 시민성이 촉진되고 실천되고 경쟁하는 다양한 상이한 종류의 '공간(spaces)'에 대해 주목할 것을 강조하고 있다. 그리고 이와 같은 시민성의 공간에서 실천되는 시민성은 정치적 접근뿐만 아니라, 사회문화적 접근을 통해 파악되어야 함을 강조하고 있다. 그리고 Smith(1995)는 지리학 연구에서 비중립적이고 가치지향적인 시민성에 대한 관심은 복지적 재구조화의 지리학을 정체성의 정치학(politics of identity)과 연계시키는 것을 가능하게 한다고 하면서, 이와 관련한 쟁점에 대한 논의를 전개하고 있다. 그 외 나머지 연구들은 대부분 시민성의 공간에서 자본, 권력, 성, 연령, 계층, 인종 등과 관련하여 나타나는 차별적 시민성, 그리고 사적 시민성에서 공적 시민성으로의 변화와 관련하여 다양하게 전개되고 있는 시민성의 공간에 초점이 맞추어지고 있다.

이상의 연구들을 통해 볼 때, 지리학에서의 시민성에 대한 연구는 새로운 차원으로 전개되고 있다. 하나는 탈실증주의 차원에서 지리학의 연구가 물리적 공간으로부터 차이를 만드는 공간, 즉 정체성이 실현되는 시민성의 공간으로 전환을 시도하고 있음을 알 수 있다. 또 하나는 기존의 시민성에 대한 연구가 국가 중심적 시민성에 초점을 두었다면, 최근에는 로컬 및 글로벌 시민성을 지향한다는 점에서 급진적이고 비판적이라고 할 수 있다. 이와 같은 지리학에서의 시민성에 대한 새로운 관심은 지리교육에도 시사하는 바가 크다. 즉 지리교육에서도 실증주의에 근거한 탈맥락적인 지식 위주에서 벗어나 가치, 신념, 태도 지향적인 시민성 교육으로 전환할 필요가 있으며, 이를 위해서는 지리학에서 논의되고 있는 시민성의 공간 개념을 도입해야 한다. 그리고 국가 중심의 시민성 교육에서 탈피하여 사회정의와 보다 나은 세계를 위해 비판적이고 급진적인 로컬 및 글로벌 시민성 교육으로 나아가야 한다.

3) 지리교육계의 시민성 교육에 대한 관심의 범주화

앞에서도 언급하였듯이, 영국은 전통적으로 사회과 교과 중에서 지리와 역사가 각각 독립교과로서 군건한 지위를 유지해 오면서 이들 교과가 주로 시민성 교육을 담당해 왔다. 한편, 2000년 국가교육과정의 개정으로 시민성 교과가 출현하였는데, 우리나라와 달리 매우 다양하게 운영될 수 있기 때문에 특히 사회과 교과인 지리와 역사 교과에 있어서는 매우 중요한 계기가 되고 있다. 이와 같은 맥락에서 영국 지리교육계에서는 시민성 교육에 대한 지속적인 관심을 보이고 있으며, 특히 1990년대 후반 이후 활발한 연구가 진행되고 있다. 이와 같은 관심과 연구의 영역을 크게 5가지로 범주화할 수 있다. 물론 이들 영역이 엄격하게 구분될 수 있는 것은 아니며, 무엇에 보다 초점을 두고 있는가를 통해 범주화할 수 있다.

첫째는 지리 교과를 통한 시민성 교육의 역사적 접근에 관한 연구들이다. Marsden(2001, 11-30)은 영국 시민성 교육의 역사적 접근을 통해 바람직한 기독교적 시민(good christian citizens), 바람직한 국가적 시민(good national citizens), 바람직한 제국적 시민(good imperial citizens), 바람직한 세계적 시민(good world citizens), 바람직한 환경적 시민(good eco-citizens)으로 전개되어 오고 있음을 강조하고, 교육은 단순히 지식의 전달에 머물러서는 안 되며 지식을 다소 적게 전달하더라도 교화적인 내용이 있어야 한다는 것을 강조하였다. 그리고 지리 교과를 통한 시민성 교육의 역사적 전개를 분석한 대표적 사례로는 1996년 *Journal of Historical Geography* 특집호에 실린 시민성 교육 연구들(Matless; Walford; Gruffudd; Maddrell; Nash; Ploszajska)이다. 이들 연구는 주로 영국의 제국주의하에서의 시민성 교육의 전개와 내용을 검토하고 있는 것이 특징이다. 이들 중 특히 Ploszajska(1999)의 논문은 지리교육과 제국주의, 그리고 시민성과의 관계를 파악하기 위해 1870년대부터 1944년까지 영국 초중등학교에서의 지리 교수·학습을 분석한 것으로서, 텍스트와 지리수업의 표상 및 비주얼 이미지를 주로 분석하였다. 사실 이 논문은 그의 박사학위논문을 요약 발췌한 것으로서, 박사학위논문은 1999년에 역사지리 연구시리즈 35호로 출판되었다.

둘째, 지리 교과를 통한 시민성 교육과 관련하여 가장 활발하게 논의되고 있는 것은 지리를 통한 시민성 교육의 가능성 탐색과 기여에 초점을 둔 연구들이다(Machon and Walkington, 2000; Machon, 1998; Marsden, 2001; Morgan, 2002b; Turner, 2001; Williams, 2001). 왜냐하면 지리 교과를 통한 시민성 교육에 대한 관심은 오래전부터 있어 왔지만, 시민성이라는 범교과적 과목이 등장하면서 이에 대한 본격적인 논의가 전개되고 있기 때문이다. McPartland(2001, 62)는 영국 국가교육과정의 개정으로 시민성(citizenship)이라는 과목이 추가되면서 각 교과는 시민성을 연계해야 하는데, 특히 지리는 ① 정치적 의사결정의 공간적 결과, ② 건강, 주거, 레저 시설 등의 접근에서의 공간적 불평등, 이러한 불평등을 일으키는 프로세서, ③ 이런 쟁점의 이해를 위한 지도화, 지역조사, 탐구기능 등의 중요성, ④ 다양한 맥락(자연적인 것과 인공적인 것)과 스케일(로컬, 국가, 글로벌)에서 인간과 장소/환경의 상호의존성, 이러한 상호의존성으로부터 초래되는 쟁점, 예를 들면 시속가능한 개발, ⑤ 우리 수위의 세계에 대한 정보에 근거한 관심, 다양성 관점에서의 세계의 이해 등 5가지 측면에서 시민성 교육에 기여할 수 있다고 하였다.

Hicks(2001b, 57)는 지리와 시민성의 관계는 처음에 좀 낯설게 보일지 모르지만, 지리교육의 목적을 무엇으로 인식하느냐에 따라 달라질 수 있다고 하면서, 본질적으로 효율적인 시민성은 ① 공공문제에 대한 지식과 이해를 가진 사람, ② 보다 넓은 공동체의 복지에 관심을 가진 사람, ③ 정치적 장에 참가하는 데 필요한 능력을 가진 사람이라고 하였다. 즉 시민성이란 '삶의 질'의 쟁취를 위한 갈등이 발생하는 공간에서 사회적·정치적 맥락을 탐구하는 것으로, 이러한 시민성 교육에 대한 지리 교과의 기여를 ① 지식(권리: 인권, 책무성, 정의, 정체성: 국가적·지역적·종교적·윤리적 정체성과 장소, 변화: 변화에 관계하는 지역적·국가적·국제적 집단, 지구적: 사회적·정치적·경제적·환경적 쟁점), ② 기능(정치적·도덕적·사회적·문화적 쟁점에 관해 사고하기, 그러한 쟁점에 관해 개인적 의견을 정당화하기, 수업 토론과 논쟁에 기여하기), ③ 가치(타인의 경험과 견해 존중하기, 학교 및 공동체 활동에 참여하기) 등 8가지로 제시하였다.

한편, Rawling(1991)은 지리 교과의 시민성 교육에 대한 기여를 ① 내용/맥락(인간, 장소, 환경 등과 관련한 모든 스케일에서의 의사결정, 노동/고용/레저 등에 반응, 환경적 쟁점, 국가들 간의 관계, 국제적 집단), ② 주요 개념(의사결정, 갈등/협력, 유사성/차이, 인간 복지, 평등/불평등, 개발/상호의존, 책임성/권리), ③ 기능(인간과 장소, 인간과 환경의 쟁점, 상이한 관점 분석, 집단학습, 지도/스케일에 관한 지식)으로 분류하였다. 그리고 Walking-ton(1999)은 ① 접근(도전적이거나 논쟁적이라고 생각되는 아이디어에 대한 강조, 근원적인 프로세서의 추구, 연구에 홀리스틱 접근, 환경적 쟁점 또는 이들과 관련한 정의와 같은 구조학습에 쟁점을 이용, 협동적인 학습전략), ② 개념(지속가능성, 상호의존성, 변화, 장소, 문화적 다양성), ③ 기능(대조, 의사결정, 비판적 사고, 집단학습), ④ 가치(장소감, 공동체 의식, 감정이입) 등을 제시하였다. 마지막으로 Machon and Walkington(2000)은 ① 가치·태도(사회정의, 장소감, 공동체 의식, 감정이입, 존중과 가치 다양성), ② 개념(상호의존성, 지속가능성, 변화, 장소, 문화적 다양성), ③ 기능(비판적 사고, 의사결정, 성찰) 등을 제시하였다.

셋째, 지리 교과를 통한 가치 및 도덕 교육으로서 시민성 교육의 관점을 논의한 연구들(Matless, 1994; Butt, 2001; Slater, 2001; Lambert, 2002)이다. 이들 연구는 대부분 지리 교과를 통한 시민성 교육이란 지식에 기능이 수반되어 궁극적으로 학생들의 태도와 가치, 신념의 변화에 초점을 두어야 함을 강조하고 있다. 사실 그동안 지리교육에서는 가치교육에 대한 관심이 매우 부족하였다. 그러나

1970년대 이후 인간주의 지리교육은 학생들의 정의적 지식에 관심을 가지면서 가치 및 도덕 교육으로의 전환을 촉구하였다. 1980년대에 들어오면서 정의적 영역에 더욱 관심을 가지기 시작하고, 적절한 사회적·환경적 가치들이 장려되었다. 따라서 학생들의 개인적 가치와 가치 입장에 대한 자기 각성을 증진시키고, 정치 갈등에 관여된 개인이나 집단이 지닌 태도와 가치의 차이를 고찰하기 위해 정치적 각성을 위한 교육의 필요성, 공간 패턴에 대한 정치적 의사결정의 영향을 인식할 필요성, 지리를 통해 가치교육을 할 필요성 등이 제기되었다.

이들 연구에 의하면, 최근 지리를 통한 가치교육의 관심은 글로벌 관점과 비교문화적 관점에서 수행되어 오고 있다. 글로벌적 관점은 지리교육자들이 조장할 수 있는 보편적인 사회적·환경적 가치를 만들려는 시도로 나타났는데, 이러한 접근의 대표적인 예가 국제지리교육헌장이다. 그리고 현대 사회로 올수록 글로벌적 관점에서의 세계 불균형, 지속가능한 개발, 인권과 보존 등에 대한 의문이 계속해서 제기됨에 따라 지리교육에서의 가치 영역의 중요성은 줄어들지 않을 것이다. 더욱이 지구온난화, 삼림의 감소, 해양오염의 증가 등과 같은 환경문제로 인해 더욱 중요해질 것이다. 한편, 지리교육에서의 비교문화적 관점을 통한 가치교육은 상이한 지역에 살고 있는 인간은 다르고, 서로 다른 환경적 맥락이 사람들의 공간지각에 영향을 미친다는 것을 전제로 하고 있다. 지리교육에서 비교문화적 접근의 거시적 관점은 자신의 문화집단보다 인간의 입장에서 환경의 이용과 태도에 관한 지구적 윤리를 고려하도록 하는 것이다.

넷째, 일반적으로 시민성이란 정치적 개념으로 이해되는 것이지만, 이를 공간적 측면에서 시민성을 재개념화하고 이에 대한 지리교수적 관점을 정립하려고 한 연구들(Biddulph, 2001; Jones, 2001; Morgan, 2001b; Stea, 2002; Tilbury, 2002)과 공간적 스케일에 따른 사회적 쟁점과 문제에 대한 접근을 통해 지속가능한 보다 나은 세계를 건설하도록 하기 위한 로컬 및 글로벌 시민성의 육성에 초점을 둔 연구들(Hicks, 2001; McPartland, 2001; Carter, 2000, Ferreira, 2002; Smith, 2005, Wade, 2001; Mitchell, 2003; Rogers, 1998)이다. 전자의 연구들은 지리 교과를 통한 시민성 교육이란 공간적 현상을 읽을 수 있는 지리적 문해력 향상에 초점을 두어야 하고, 궁극적으로 학습자로 하여금 공간 정체성을 함양하도록 하여야 한다는 것이다. 그리고 후자의 연구들은 주로 지리교육은 사회적·공간적 쟁점에 대한 비판적 인식과 의사결정, 나아가 행동으로 실천할 수 있도록 하는 데 초점을 두어야 함을 강조하고 있다. 이들 연구를 통해 볼 때 지리 교과를 통한 시민성 교육이란 공간적 현상을 비판적으로 읽고 해석할 수 있는 지리적 문해력의 육성, 그리고 공간적 쟁점에 대한 비판적 사고를 통한 로컬 및 글로벌 시민성 육성에 초점을 두는 것이라고 할 수 있다. 이는 伊藤直之(2003)의 연구에서도 잘 나타나는데, 그에 의하면 1960년대부터 1990년대 사이에 영국에서 개발된 지리 교과서를 비교·분석해 볼 때 대부분의 교과서 내용 편성이 쟁점 중심, 문제해결 중심, 의사결정 중심으로 가치와 신념의 변화를 통한 시민성 교육을 지향하고 있다는 것이다.

2. 지리 교과를 통한 시민성 교육의 내재적 정당화

1) 지리 교과의 내재적 가치로서의 시민성 교육

(1) 지리학의 사회과학화와 탈칸막이적 사고

지리학, 특히 인문지리학은 사회과학으로 인식되고 있으며, 실제로 제2차 세계대전 이후 지리학의 사회과학화는 현저하게 진척되고 있다. 하지만 지리학의 사회공간 문제 해결에의 기여, 사회공간에 관한 체계적인 지식의 축적, 기타 사회과학과의 지적 교류 등은 검토되어야 할 과제로 남아 있다. 서찬기(1997, 13-14)에 의하면, 불행하게도 지리학은 전통적으로 공간을 거의 독점적·배타적으로 연구하는 학문이라고 자부하면서도 사회과학자들이 활용하는 지리적 지식은 지역개념, 중심지이론, 공간확산론 등을 비롯한 극히 일부분에 불과하고, 대부분의 지리학 연구성과는 그들에게 한낱 공간 자료적 가치 이상을 넘지 못하고 있다.

역사적으로 볼 때, 지리학은 현재의 산업입지론에 의해 대표되는 기하과학적 성격, 자연지리학에 의해 표현되는 지구과학적 성격, 인문지리학에 의해 상징되는 사회과학적 성격 등이 공집합된 것이다. 다만 각각의 비중은 시대에 따라 차이가 있어, 가령 그리스 지리학에서는 기하과학적 성격이, 19세기 지리학의 과학화 시대에는 지구과학적 성격이, 제2차 세계대전 이후에는 사회과학적 성격이 지리학의 성격 규정을 지배해 왔다. 그러나 지리학의 시대적 성격 변화 여하와 관계없이 지리학의 궁극적인 목표는 인간 거주공간의 성격을 체계적으로 해명하는 데 있기 때문에, 사회나 사회과학과의 관계를 떠나서는 지리학이 원천적으로 존립이 불가능하므로 모든 지리학은 궁극적으로 사회연구나 사회과학으로 회귀하여야 한다(서찬기, 1997, 14).

특히 이와 같은 인문지리학의 사회과학화라는 맥락에서 볼 때, 19세기의 분업구조를 반영한 칸막이 사회과학의 문제점에 주목할 필요가 있다. 1960년대 이후 지적 활동의 확대에 따라 주제와 방법이 사회과학의 전 영역 간에 중복되는 경우가 많아지면서 영역 경계가 애매하게 되었다. 사회현상은 원래 단일 체계임에도 불구하고 이것을 임의로 영역 분할을 시도하려는 환원주의적 발상에 문제가 있다. 복잡한 사회현상을 그대로 두고 그 상호관계를 추구하는 전체론적 접근이 원칙적으로 바람직스럽다. 이러한 태도는 곧 통합사회과학의 지향을 의미하는 것으로서 사회과학자들은 칸막이 속의 기득권에 안주할 것이 아니라 유연성을 발휘하여 영역별 분업구조를 최소한으로 줄이고 통합 사회과학의 새로운 패러다임과 방법론을 모색해야 할 시기에 이르렀다. 물론 여기에서 중요한 것은 각 분야의 전문화를 당연히 인정하되, 다만 그 정도가 문제가 되어야 할 뿐이다(서찬기, 1997, 10, 13-18; Wallerstein, 1991). 이와 같은 사회과학으로서의 지리학의 탈칸막이적 사고뿐만 아니라 지리학 내부의 계통지리 간의 통합이야말로 지리 교과를 통한 시민성 교육의 전제가 된다는 점에서도 매우 중요하 다(Lambert and Machon, 2001b, 203; Gerber and Williams, 2002).

이와 같은 맥락에서 지리학은 칸막이적 사고를 허물고, 사회과학에로의 개방을 서두르고 있다. 특 히 사회과학적 방법론을 도입하면서 지리학은 끊임없는 변화를 추구하고 있다. 전통적인 경험주 의적 지리학의 과학성 결핍에 대한 회의와 비판은 1950년대 후반 신지리학이라 불리는 실증주의 지리 학의 발전을 가져오게 하였다. 실증주의 지리학은 공간현상을 공간이론으로 설명하려는 것으로 입 지론이나 계량지리학이 그 대표적인 산물이다. 이와 같은 실증주의 지리학은 지리학을 공간과학으 로 전환시켜 일대의 혁신을 가져왔다. 그러나 실증주의 지리학은 인간과 사회를 가치중립적인 것으 로 간주하는 자연과학적 사고와 물리적 공간을 상정함으로써 지리학을 지나치게 단순화시켰다는 비 판을 받게 된다.

한편, 1970년대에 들어오면서 학문적 조류는 탈실증주의로 전환하게 되고, 지리학 역시 인간주의 지리학, 구조주의 지리학 등이 등장하게 된다. 인간주의 지리학은 우연성이나 맥락성 추구를 통한 일 상생활 공간의 이해와 해석력을 크게 증대시킴으로써 가치지향적인 지리학으로 전환을 시도하였다. 특히 사회구조나 제도보다는 인간의 행위 실천이 사회를 규정하는 데 중요하다고 보고, 개인의 일상 생활 세계의 분석을 중요시한다. 하지만 인간 행위의 주관적인 측면에 대한 지나친 강조로 인해 지리 학의 객관화와 보편성 추구를 오히려 저해하고 있다는 비판을 받고 있다.

한편, 구조주의 지리학은 실증주의 지리학이 물리적 공간을 상정하고 과학적 이론화를 추구함으로 써 프로세서에 대한 설명력이 결여된 것을 비판하면서 등장한 대안적 지리학이다. 특히 실증주의 지 리학이 그 대상으로 하였던 절대공간으로서의 물리적 공간을 상대적 공간으로서의 사회적 공간으로 전환시켰다. 다시 말하면 지리적 공간에 사회적 관점을 끌어오면서 공간 개념을 심화시킨 것인데, 공 간을 단지 사회구성체를 담고 있는 단순한 용기로 간주하는 시각에서 벗어나 사회 구성요소의 하나 로 인식한 것이다. 실제로 사회와 관계없는 공간은 있을 수 없으며, 그 역으로 공간과 관련 없는 사회 역시 존재할 수 없다. 즉 오직 사회적으로 구축된 공간과 공간적으로 조직된 사회가 있을 뿐이다. 이 는 순수한 공간 과정이 없는 것처럼, 비공간적 사회 과정도 있을 수 없음을 의미한다.

지금까지 우리는 현실적으로 분리될 수 없는 사회와 공간을 억지로 분리하여 각기 독립 개념으로 생각하는 가운데에서 지리학과 사회과학이 별도의 학문인 것처럼 잘못 인식해 왔고, 결과적으로 두 학문 모두 사회를 올바르게 해석하는 데 실패하였다. 사실 지리학이 대상으로 하고 있는 지표공간은 물리적 공간이 아니라 사회공간이며, 오직 인간들의 사회적 관계를 통해서만 올바른 공간 인식이 가능하다. 이와 같은 구조주의적 접근은 공간 설명에 있어 사회구조나 사회적 과정을 중시하기 때문에 사회과학에 대한 체계적 지식이 절대적으로 필요하다. 이로 인해 1970년대 이후 지리학자들은 사회과학에 대해 높은 관심을 보이면서 사회과학적 지식의 도입에 노력하고 있다. 그 결과 지리학은 지금까지의 쇄국적 자세를 개방하여 지리학의 사회과학화를 적극적으로 시도하고 있는 중이다. 진정한 의미로서 지리학의 사회과학화야말로 지리학의 공간 설명력을 획기적으로 높이는 유일한 길이다(서찬기, 1997, 18).

(2) 사회공간이론의 도입과 시민성 공간으로의 전환

현재 지리 교과의 학습대상은 사회적 공간으로서의 생활공간을 지향하면서도 전통적인 경험주의에 영향을 받은 단순한 지리적 사실, 그리고 실증주의에 영향을 받은 개념, 이론과 법칙 등이 많은 비중을 차지하고 있다(권정화·조철기, 2001). 이로 인해 지리 교수·학습은 주로 객관적인 사실적 지식뿐만 아니라 개념, 이론과 법칙에 의존할 수밖에 없으며 학습의 평가 역시 그러하다. 그러나 이러한 객관적 지식만으로는 우리의 삶의 세계를 올바르게 해석할 수 없을 뿐만 아니라, 학생들의 가치와 신념의 변화를 지향하는 시민성 교육과는 더욱 간극이 생길 수밖에 없다. 하지만 그 이후에 등장하고 있는 탈실증주의 패러다임은 그동안 배제되어 왔던 '인간'과 '사회'에 대해 새로운 의미를 부여하고 있다. 따라서 지리 교과의 내용-지식이 이러한 탈실증주의 패러다임의 언어와 이데올로기에 관심을 가진다면, 가치지향적인 시민성 교육으로의 전개가 가능해진다. 그러면 탈실증주의 패러다임의 등장으로 관심을 가지게 되고, 시민성의 공간에 대한 이론적 기반을 제공하는 사회공간이론에 대해 주목해 보자.

계량혁명 이후 오랫동안 지리학에서는 공간을 사회적 관계나 구조와 무관한 절대적이고 물리적인 것으로만 인식하여, 사회적 관계에 거의 관심을 기울이지 않았다(Urry, 1985, 20). 그러나 사회관계와 상관없이 독자적으로 존재하는 시간과 공간 개념은 무의미하다. 시간과 공간은 사회와 독립하여 절대적으로 존재하는 것이 아니라, 사회관계에 의해 변화되고 생성되는 산물이다. 그러나 시간과 공간은 사회관계들의 산물이면서 동시에 사회관계를 규정하고 변화시킴으로써 사회관계와 변증법적으로 존재한다(Soja, 1980, 205-207). 이러한 기존의 물리적 공간의 개념에서 사회와 공간이 서로 관련되는 방식, 즉 사회적인 것과 공간적인 것을 통합하면서 사회적 프로세서는 공간적 패턴을 형성하지만, 이렇게 형성된 공간적 패턴은 다시 사회적 프로세서가 작동하는 방식에 영향을 준다는 사회공간 변증법은 1980년대 이후 지리학의 주요한 논리로 작용하고 있다(Hudson, 2000, 62).

지리는 공간, 시간, 사회와 관련해서 분명히 '공간'을 중점적으로 다루는 교과임에는 틀림없다. 하지만 현재 지리 교과에서 다루어지는 공간의 개념은 주로 객체와 주체가 단지 위치하는 용기에 지나지 않는다. Pile and Thrift(1995, 45)에 의하면, 이러한 공간 개념은 실증주의에 근거하는 것으로 중립적·추상적·보편적·등방적인 일련의 기하학적 배열로 간주된다. 따라서 지리 교과는 신고전경제학의 모델, 예측 가능성과 일반화를 추구하는 공간과학의 형태에 초점을 두는 경향이 있다. 이와 관련한 교수는 자연적으로 과학적 데이터의 수집과 분석을 통한 과학적 탐구에 초점을 두고, 중립적이고 객관적인 언어를 주로 사용하게 된다. 이러한 공간에 대한 '탈정치적' 관점의 문제를 간과해서는 안된다.

최근 지리학에서는 사회공간이론을 통해 이와 같은 물리적 공간 개념에 대한 전환을 모색하고 있다. 공간에 대한 새로운 관심은 대개 사회과학의 역사유물론적 전통에서 재인식되었지만, 이것은 1970년대 초 마르크시스트에 영감을 받은 급진주의 지리학의 출현에 기인한다. 이와 같은 '공간적 전환(spatial turn)'은 공간적 불평등의 생성과 영속화를 초래시키는 사회적·경제적 프로세서를 분석하는 데 초점을 두기 시작하였다. Gregory and Urry(1985, 3)에 의하면, 공간구조는 사회적 생활이 나타나는 단순한 장소가 아니라, 차라리 사회적 관계가 생산되고 재생산되는 매개체로서 보인다.

과학적인 공간이 사회적 행위와 사건으로부터 완전히 추상화된 공간이라면, 사회공간은 사회행위의 영역으로서 다양한 사회적 실천을 통해 만들어진 공간이다. 사회적 공간은 절대적·물리적 공간 속에 존재하는 상대적 공간이다. 절대적이고 물리적인 공간을 자연의 공간, 또는 '제1의 자연(first nature)'이라 한다면, 사회적 공간은 그 위에 만들어진 '제2의 자연(second nature)'인 것이다. 이와 같이 사회적 공간, 즉 공간과 사회는 상호적으로 구성된다고 하는 논리는 Lefebvre의 공간 개념에 토대를 두고 있다. 공간은 사회적 관계에 의해 생산되며, 이렇게 생산된 공간은 사회적 관계의 생산에 기여한다고 보았다. 따라서 공간은 텅 빈 용기가 아니라 역사적으로 구성되며, 자본주의의 사회적 관계와 밀접한 관련을 가지는 것으로 인식되었다.

이와 같은 Lefebvre의 사고는 역사적·지리적 유물론을 폭넓게 적용해 온 인문지리학자들에 의해 수용되었다. 특히 Soja(1985, 92)는 공간이 사회적으로 생산되고 해석되는 사실을 고찰하기 위해 '공간성(spatiality)'의 개념을 제안하였다. 공간성이란 사회적 산물로서의 공간이 사회관계와 분리되어 이해될 수 없고 이론화될 수도 없을 뿐만 아니라, 사회이론은 또한 공간적 차원을 포함해야 하는 것을 의미한다. 공간은 사회행위의 중개자이며, 또한 사회행위에 의해 발생하는 결과물이다. 모든 공간이 사회적으로 생성된 것은 아니지만 모든 공간성은 사회적으로 생성된 것이다. 따라서 공간은 일차적으로는 자연적·물리적 성격을 지니며, 이러한 물리적 속성의 자연공간 위에서 행해지는 다양한 실천을 통해 사회적 공간이 생산된다.

특히 여기에서 주목해야 할 것은 이러한 사회공간의 생성 과정에는 '권력관계'가 개입하게 된다는 것이다. 사회적 산물로서의 공간은 또한 집단 간, 계급 간 갈등과 권력의 산물이다. 따라서 공간 분할은 권력관계에 의해 규정되고, 분할된 공간은 다시 사회의 권력관계를 재생산한다. 즉 공간 분할은 이데올로기, 정치, 경제 등 사회에 근거한 것이다(Hiller and Hanson, 1988, 198). 예를 들면, 도시에서 계급이나 인종 등에 의한 공간의 거주지 분할이 생겨나는 경우도 이와 동일한 원리이다. 수입의 불평등에 의해 공간적 배열이 나타나게 된다. 즉 사회는 공간 위에 지도화된다.

하지만 이와 같은 급진주의적 관점은 불평등한 공간 생산의 원인을 단지 자본주의의 경제적 권력에 한정시킴으로써 포스트모던적 관점에 의해 비판을 받는다. 즉 불평등한 공간 생산에는 자본뿐만 아니라 인종, 성, 국적 등의 다양한 측면이 관여하는 것으로 이해될 필요가 제기되었다. Morgan (2000a, 279)에 의하면, 급진주의적 공간 개념에 대한 포스트모던적 비판의 중요한 기여는 자본의 권력에 한정하여 공간의 생산을 설명함으로써 잃어버렸던 다양한 측면에 주의를 촉구하는 계기가 되었다. 이와 같이 확장된 사회적 공간의 생산에 대한 개념은 다름 아닌 정체성의 생산과 관련한 '시민성의 공간'이다.

이와 같이 포스트모던적 관점에서 볼 때, 공간의 생산에는 단순히 자본만이 관여하는 것이 아니라, 다른 사회적 관계의 역할을 엄밀하게 다루어야 한다는 것을 의미한다. Soja(1996)는 급진주의적 관점을 넘어 포스트모던적 관점으로 나아가면서 '제3의 공간(thirdspace)'을 끌어오고 있다. 실제 세계에 초점을 두는 '제1의 공간(firstspace)'의 관점에서 표상을 통해 실재(reality)를 해석하는 '제2의 공간(secondspace)'으로, 그리고 실제이면서 상상된 장소(real-and-imagined places)인 '제3의 공간(thirdspace)'의 공간으로 나아가는 것을 의미하는 것으로, 그는 제3의 공간을 '급진적인 개방(radical openness)'으로 개념화하고 있다. 이와 같은 제3의 공간은 삶의 '공간성'에 대한 우리의 지리적 상상력의 범위를 확장할 수 있는 가능성을 제공하는 것으로, 역사성(historicality)과 사회성(sociality)만큼 중요한 차원을 제안한다.

이처럼 포스트모던적 관점에서 볼 때 사회적 공간의 생산은 자본의 권력을 뛰어넘는 것으로 훨씬 복잡하다. 왜냐하면 수입과 지불능력 사이의 직접적인 관계는 다른 요소들에 의해 침입을 받기 때문이다. 예를 들면, 흑인, 여자, 게이, 환자, 선천적 장애자, 노인 등은 불이익을 받을 수 있다. 따라서 '사회로부터 공간에 투영', 즉 '공간은 사회적 구축물'이라고 보던 관점은 비판을 받게 된다(Smith, 1999, 12). 1980년대 이후 지리학에서의 질문은 더 이상 '특정한 사회집단들이 물리적 공간을 가로질러 어떻게 확산되는가?'라는 것이 아니라, '공간적 배열은 사회적 정체성의 생성과 재생산에 어떻게 활동적으로 기여하는가?'이다. 즉 '사회의 공간적 구성'이라는 사회공간 변증법에 관심을 가진다(Smith, 1999, 16). 이러한 관점은 이제 지리학에서 당연한 것으로 받아들여졌던 공간적 결과들이 어떻게 사회적·정치적으로 구성되며, 이러한 공간적 결과가 다시 사회적 구성에 어떤 영향을 미치는가에 초점을 두어야 하는 것을 의미한다.

이상과 같이 현대 인문지리학에서의 공간에 대한 논의는 주어진 것이 아니라 구성되는 것으로 전환되고 있다. 더 구체적으로 말하면 등질적, 객관적, 알 수 있는 공간으로부터 분절적, 상상적, 주관적, 알 수 없는 공간으로 전환되고 있는데, 이는 다름 아닌 정체성이 실현되는 '시민성의 공간'으로 재개념화된다. 따라서 이와 같은 관점에서 본다면, 지리 교과의 내용지식의 토대를 이루고 있는 물리적 공간은 사회공간, 즉 시민성의 공간으로 전환되어야 한다.

한편, 지리교육에서도 단지 물리적 공간의 결과에만 집착할 것이 아니라, 이러한 사회공간이론에 기초하여 사회에 더욱 관심을 가지는 사회공간에로 주의를 돌려야 한다는 주장이 제기되고 있다(권정화, 1997, 55; 이영민, 1997, 36; Lambert, 1992, 145). 공간과 사회의 관계를 '사회의 공간적 구성'으로 이해하는 방법은 지리수업에 중요한 함축을 가진다. Lee(1984, 99)는 학교에서 인문지리를 가르치는 데 있어 사회적 과정에 대한 강조가 결핍되어 있다고 주장하면서, 만약 지리교육이 계속 사회적 관점과 떨어져 진행된다면 결국 잘못 안내되고 실패할 것이라고 하였다. 따라서 Kitchin(1999, 50-52)에 의하면, 지리교육은 학생들로 하여금 '차이의 사회공간적 구성(socio-spatial construction of difference)', '차이의 공간적 현시(spatial manifestation of difference)', '사회정의(social justice)'를 탐구하도록 해야 한다. 이러한 지리교육의 관점은 제3의 공간적 접근(thirdspace approach)으로서 학생들로 하여금 그들의 일상생활적 경관을 통해 포섭과 배제의 지리가 어떻게 구성되는가를 탐구하도록 하는 것이다(Morgan, 2003, 131-132). 다시 말하면, 제3의 공간적 접근에 의한 지리교육이란 학생들로 하여금 공간이 어떻게 사회적 관계의 생산, 재생산에 끊임없이 관계되는지를 탐구할 수 있도록 해야 한다는 것을 의미한다. 그리고 이러한 지리교육은 급진주의(구조주의)와 포스트모던 교육에서 계속해서 주장하고 있는 '비판적 교육학'으로의 전환을 의미한다.[1]

---

1 최근 영국 및 오스트레일리아 지리교육학자들은 사회비판적 지리교육을 위해 프레이리(Freire)의 비판적 교육학(critical pedagogy)뿐만 아니라, 이에 기반한 지루(Giroux)의 '경계의 교육학(border pedagogy)'을 도입하고 있으며, 이들과 유사한 의미로서 '권력부여 교육학(empowering pedagogy)', '태도 형성 교육학(committed pedagogy)', '공공의 교육학(public

Morgan(2000a, 176-177)에 의하면, 1980년대 이후 지리학은 사회변화의 본질을 설명하기 위해 보다 비판적인 관점을 개발해 왔지만, 중등학교 지리는 아직 진부한 수준에 머물러 있다. 따라서 지리교육은 공간적 결과를 가르칠 것이 아니라, 이러한 공간적 결과의 사회적 프로세서를 밝힐 수 있는 방향으로 나아가야 한다. 예를 들면, 도시의 사회적 불평등 패턴을 단순히 지도화하는 것보다, '부자'와 '가난한 자'의 범주가 어떻게 사회적으로 형성되는지, 그것들이 어떻게 이러한 방식들로 코드화되었는지, 그것들이 어떻게 경쟁하게 되는지에 관심을 가져야 한다. 그렇게 될 때 지리교육은 '지속가능한 사회'를 만드는 데 기여할 수 있다. 지금까지의 지리교육은 너무 공간적인 측면에만 집착하고 사회적 측면을 무시해 왔다. 따라서 이제 지리는 다른 관점을 가지고 나아가야 하며, 학생들은 이러한 다른 관점으로 입문되어야 한다.

지리교육에서 사회는 거의 전적으로 무시되고, 환경이 적절하게 판단을 흐리게 하는 개념으로 사용되어 왔다. 지리 교과서들은 공간적 결과의 사회적 원인을 배제하고, 게다가 그들의 이론에 대한 정치적 가정과 함축을 혐오한다. 그러나 대부분의 지리 교사들은 그들이 사회변화의 행위자라는 견해를 피력한다. 여기에 열망과 행동 사이의 불일치가 발생한다. 우리는 오래된 이미지와 가정, 잘못된 신념들을 가지고 어떻게 새로운 통찰을 가르칠 수 있는가? 우리는 사회적 적용의 행위자이면서, 사회적 변화의 행위자라고 믿고 있다. 다시 우리는 문제를 제기할 필요가 있다. '우리는 실제 다른 관점을 가지고 나아가고 있는가? 어느 정도 신념과 실천 사이에 불일치를 보이고 있는가?' 다른 관점을 가지고 문제를 제기할 우리의 기회는 지리학의 패러다임 개발 또는 교육적 이데올로기와 교육과정 방향에만 제한되는 것은 아니다. 우리는 보다 넓은 사회적 쟁점에 관한 사고의 진보를 고려해야 한다. 다시 우리는 많은 이데올로기에 직면하고 있고, 다시 우리는 교육에서 지리에 관한 사고보다 차라리 인간집단과 사회를 향한 상이한 가치 입장과 태도를 부여받고 있다(Slater, 1992, 106-107).

이상과 같이 사회공간이론에 근거한다면, 지리 교과의 내용지식의 토대는 시민성의 공간으로 정당화된다. 따라서 지리 교과는 이와 같이 변화하는 지리적 지식의 형식에 주목하여 내용지식의 토대로서 시민성의 공간을 끌어오고, 학생들로 하여금 이에 근거하여 시민성이라는 가치와 신념으로 온전하게 입문하도록 해야 한다. 이를 통해 학생들은 우리의 삶의 세계를 다양한 관점에서 바라볼 수 있고, 나아가 보다 나은 세계를 만드는 데 참여할 수 있다.

pedagogy)' 등의 개념을 사용하고 있다.

2) 시민성의 공간에 토대한 시민성 교육을 지향하며

(1) 지리에서의 시민성과 시민성의 공간

지리학에서 시민성에 관심을 가지게 된 계기는 지난 30년간 탈실증주의적 인문지리학의 전개와 그 맥락을 같이한다. 특히 20세기 후반에 포스트포디스트 경제, 포스트모던 사회로 접어들면서 지리학에서도 이러한 새로운 시대에 조응할 수 있는 가치지향적인 연구들이 이론적 측면뿐만 아니라 실천적 측면에서도 강조되고 있다. 이들 연구에서 관심을 가지는 공간은 더 이상 텅 빈 공간이 아니라, 차이를 만들고 정체성이 실현되는 사회적으로 생산된 공간이다. 특히 이러한 정체성의 공간으로서의 시민성의 공간에 대한 논의는 1990년대 마르크시즘과 포스트모더니즘에 관심을 둔 정치지리학자와 사회문화지리학자들에 의해 활발하게 전개되어 오고 있다(Painter and Philo, 1995, 107-110).

시민성은 사람에 따라 매우 다양하게 정의되며, 사회의 변화에 따라 진화하는 것으로 가치중립적인 것이 아니라는 것을 인식하는 것이 중요하다(Smith, 1995, 190). Morgan(2001b, 88)에 의하면, 시민성은 정확한 본질, 내용, 의미가 있는 것이 아니라 이론(異論)의 여지가 있는 하나의 담론으로서 권력관계를 내포하고 있다. 예를 들면, 국가는 국민들로 하여금 의무를 강조하는 능동적이고 책임감 있는 시민성이라는 권력적이고 우세한 담론의 생산에 기여하는가 하면, 시민사회는 비판적 문해력(critical literacy)과 권리의 필요성을 강조하는 다양한 대항적 담론을 생산하기도 한다. 따라서 시민성은 고정된 실체가 있는 것이 아니라 세계를 이해하고 사고하기 위한 구조로서 이해해야 할 필요가 있다.

시민성은 일반적으로 정치적 영역으로서 간주되는 것으로 공동체에로의 완전한 참가를 형식화한 것이다. 하지만 이와 같은 시민성의 정치적 정의는 지리와 밀접한 관계가 있다. 왜냐하면 개인들이 구성원이 되는 정치적 단위는 어떤 영역(territory)을 가지며, 따라서 개인들은 특별한 장소의 시민이 된다. 또한 개인들이 참가하는 공동체 역시 경계를 통해 지리적으로 위치한다. 따라서 Goodwin(1999, 190)에 의하면, 실제로 완전한 시민성의 개념은 사회와 공간적인 포섭(inclusion)과 배제(exclusion)라는 개념에 의해 결정되며, 시민이 된다는 것은 사회적·공간적으로 포함되는 것이다. 즉 시민성의 개념은 사회적·공간적 포섭과 배제에 의해 결정되는 본질적으로 지리적인 것이다. 하지만 그러한 시민성의 공간에로의 포섭은 명백하지 않고 다만 경계들로 분할될 뿐이다(Painter and Philo, 1995, 112). 이들 분할을 통해 서로 다른 집단들에 의해 서로 다른 시민성이 경험되는 상이한 시민성의 공간이 생산된다. 이러한 시민성의 공간들은 긍정적일 수도 있지만 부정적일 수도 있고, 통제를 위해 사용되기도 하지만 저항을 위해 사용될 수도 있다(Goodwin, 1999, 192).

Jones(2001, 98-99)에 의하면, 인간은 다양한 정체성을 가지고 있으며, 그중의 일부는 피할 수 없이 정체성과 시민의 개념을 연결하는 영역과 결부되어 있다. 이러한 영역의 경계를 통해 안과 밖이 구별되고, 포섭과 배제를 통해 자아(self)와 타자(others), 내부자(insiders)와 외부자(outsiders)라는 구별짓기를 통해 상이한 시민성의 공간을 생산한다. 이와 같이 시민성을 포섭과 배제의 논리로 정의하는 것은 부분적으로 '타자'를 배세시킴으로써 '공간적 소속감', 즉 '정체성'으로서 시민성을 규정하는 것이다.

시민성은 원래 국민국가가 대중적인 애국심과 보편적인 규범, 그리고 국가에 대한 의무와 충성을 조장하기 위한 것이었다. 이와 같은 시민성에 대한 정치적 접근은 주어진 공간 단위에서의 권리와 의무에 대한 규범적이고 정치적인 공공적 문제를 제기할 뿐, 사회변화를 위한 분석적 도구 또는 처방을 제시하지 못한다는 비판을 받게 되었다. 이로 인해 최근에는 시민성의 사회·민주적 개념, 즉 복지적 측면에서의 관심으로 전환되면서 개인과 집단이 보다 넓은 커뮤니티의 구성원이 될 수 있는지 없는지에 대한 사회·문화적 차원에 맞추어지고 있다. 즉 시민성은 그들 생활에 영향을 미치는 개인과 공동체의 관계에 주의를 돌려 '사회적 권리'에로 나아가고 있다. 따라서 이제 시민성은 국가적 통일성을 위한 수단이 아니라, 시민사회에서 시민의 사회적 권리를 되찾기 위한 비판적 관점에 초점이 맞추어지고 있다(Smith, 1989, 147).

이와 같이 시민성의 공간은 원래 '정치적' 접근을 통해 주로 다루어져 왔지만, 최근에는 '사회·문화적' 접근을 통해 다양성의 관점으로 나아가고 있다. 따라서 시민성의 공간은 단지 영역, 경계, 정치적 단위 등과 같은 정치적 측면만을 한정해서는 안 되며, 사회·문화적 측면을 반영하는 다양성과 총체성의 관점에서 접근해야 한다. Painter and Philo(1995, 118)에 의하면, 시민성의 지리는 정치적 공동체 내에서, 그리고 그 사이에서 사회적·문화적·정치적 관점에 걸쳐 있는 매우 복잡한 것이다. 따라서 시민성은 '공민적 시민성(civil citizenship)', '정치적 시민성(political citizenship)', '사회적 시민성(social citizenship)' 등과 같이 다원적 관점에서 접근하는 것이 중요하다(Marshall, 1963).

한편, 시민성의 공간은 크게 사적인 영역과 공적인 영역으로 구분될 수 있다. Philo(1993, 195)에 의하면, 시민성의 공간은 '개인적 시민성의 공간'과 '사회적 시민성의 공간'과의 긴장관계를 반영한다. 여기에서 개인적 시민성이란 '개인적'이고, '특별한' 의사결정에 기반하는 것으로, 자신의 이익에 초점을 둠으로서 보편적 의사결정을 감소시키는 매우 제한된 시민성이다. 따라서 이와 같이 수동적이고 얇고 좁은 개인적 시민성은 보편적 관심과 보편적 의사결정을 강조하는 공공적이고 사회적인 시민성인 '심층시민성(deep citizenship)'으로 안내될 필요가 있다(Machon and Walkington, 2000, 184). 완전한 시민성의 개념은 사적인 관점을 넘어 공공적인 관점으로 나아가야 하는 것을 의미한다.

이상과 같이 살펴본 시민성의 공간이란 사회와 공간 그리고 시민성이 교차하는 공간으로서, 국가와 공동체와 같은 제도적 실체를 지탱하는 장소와 영역으로서의 물질적 공간이다. 하지만 한편으로 시민성의 공간은 비물질적 공간의 영역인 '정체성의 공간(spaces of identity)'이 공존하는 세계이다. 따라서 이와 같은 시민성의 공간은 우리가 살고 있는 삶의 세계의 구조를 설명하고 재구조화할 수 있는 규범적인 원리를 제공한다.

(2) 시민성의 공간에 토대한 시민성 교육

시민성의 공간은 이론(異論)의 여지가 있고 불명확하며 모순적인 본질을 가지고 있다. 시민성의 공간은 상징적이고 항상 상상된 것이다. 시민성의 공간은 세계에 대한 감각을 익히기 위한 시도로서의 필요한 픽션으로 간주할 수 있다. 시민성의 공간을 이와 같은 방식으로 인식한다면 지리 교과를 통한 시민성 교육은 '의미의 지도(maps of meaning)'를 구성하는 것이다. 지리수업은 새로운 연계가 이루어지는 장소가 되고, 새로운 동일시가 구성되는 장소가 된다. 그러므로 학생들에게 '나는 어떤 공간에 속하는가?'라는 질문을 통해 상이한 답을 유도한다. 따라서 시민성의 공간과 관련한 지리교수는 지리적 상상력을 위한 교육이 되어야 한다. Morgan(2001b, 89)에 의하면, 지리 교사는 단지 학생들에게 세계에 대한 정확하고 '진실의' 표상을 제공하는 것보다, 학생들의 활동적인 '의미의 지도'의 구성에 기여해야 한다.

하지만 학생들의 지리적 상상력은 학교교육만이 아니라 매일 그들에게 세계의 이미지를 심어 주는 상징, 이미지, 텍스트, 미디어 등에 의해서도 형성된다. 그리고 일상의 상품과 이미지의 소비를 통한 새로운 '정체성의 공간'과의 만남이 이루어진다. 이와 같은 현상을 직시한다면 지리교육은 학생들에게 단순한 '의미의 지도'를 형성하도록 하는 것이 되어서는 안 되며, 이를 위해서는 '비판교육학(critical pedagogy)' 또는 '경계의 교육학(border pedagogy)'을 도입해야 한다. 이러한 비판교육학을 통해 학생들은 복잡한 시민성의 공간을 온전하게 탐구하고, 비판적 관점에서 자신의 의사를 결정할 수 있게 된다. 따라서 시민성의 공간은 단지 사실의 세계가 아니라 표현의 세계로서, 그리고 물리적 공간이 아니라 사회공간으로서 다루어져야 한다. 그리고 학생들로 하여금 그러한 표현의 세계, 의미의 세계로서의 시민성의 공간에 내재된 가정, 가치, 사회적 관계를 비판적으로 성찰하도록 해야 하며, 그것들이 일상생활 공간 내에서 그들의 결정을 어떻게 구체화하고, 그들의 생활양식과 행동에 어떻게 영향을 주는지에 대해 비판적으로 성찰하도록 해야 한다.

지리 교과를 통한 시민성 교육이 공간적 소속감을 통한 정체성을 지향한다고 했을 때, 이와 관련하여 문제가 되는 것이 규모(지역, 국가, 세계)의 문제이다. Williams(1997)에 의하면, 시민성은 국민국가의 맥락에서 국가적 경계에 의해 구속된 개인의 정체성으로 개념화되는 것이 일반적이었다. 그리하여 지금까지 미국을 비롯한 영국, 일본에서의 지리교육을 통한 시민성 교육은 식민지들에게 그들의 국가정체성을 촉진시키는 데 초점을 두어 왔다. 하지만 국가의 영향력은 새로운 환경 속에서 점차 약화되고, 따라서 '국가정체성'을 강조하는 것에서 '보다 나은 세계'를 위한 능동적 시민성을 개발하는 것으로 강조점이 전환되고 있다(Tilbury, 2002, 111). 이와 같이 사회의 변화는 시민성의 개념을 변화시킬 뿐만 아니라, 교육과정을 변화시키며 지리 교과의 내용과 방법을 변화시킬 수 있다. 특히 지리 교과를 통한 시민성 교육은 국가적 정체성보다는 지역정체성과 세계정체성으로 이동되는 경향을 보인다. 더욱이 포스트모더니즘과 세계화로 인해 정체성으로서의 시민성은 통일적이고 동질적인 개념에서 다차원적이고 복수적인 개념으로 전환되고 있다.

따라서 지리교육은 학생들에게 세계를 단순히 성찰하도록 하는 것보다, 세계를 구성하는 데 능동적으로 참여하는 '문화적 생산'에 참여하도록 하는 것이다(Morgan, 2001b, 89-90). 학생들은 문화적 생산에 참여함으로써 '나는 누구인가? 그들은 누구인가? 그리고 세계는 어떻게 작동하는가?' 등에 관해 비판적으로 성찰할 수 있다.

시민성의 개념 자체는 정치적 요소가 다분하지만 이러한 정치적 과정의 결과가 공간적으로 분화되고, 이렇게 분화된 공간적 현상이 다시 사회에 영향을 미친다. 예를 들면, 지역적 수준, 즉 도시 내에는 사회적·계층적으로 명백히 구분된 집단들이 복지적인 측면에서 일정한 거리를 두고 분화되어 나타난다. 한편, 국가적 수준에서도 유사한 지표들이 지역 간에 분화를 보이며, 세계적 수준에서도 국가들 사이에 자본과 권력의 분화가 나타난다.

그러나 Machon(1998, 116)에 의하면, 공간은 그러한 과정들이 특별한 형태로 기록되는 백지상태인 것은 아니다. 차라리 공간은 분화의 유지에 직접적으로 관여하는 무엇, 즉 공간과 거리는 이러한 불평등을 강화하고 유지하는 경향이 있다. 지리는 그러한 차이를 기술하고, 그러한 차이를 발생하게 하는 프로세서를 설명하며, 분포와 프로세서에 대한 비판을 제공한다고 볼 때, 이러한 시민성의 공간은 다름 아닌 지리의 본질적 가치라고 할 수 있다. 따라서 지리 교과는 사회적 상상력과 지리적 상상력의 만남을 통해 생성된 시민성의 공간에 학생들로 하여금 교실 안팎에서 입문하도록 해야 한다. 즉 시민성의 공간을 올바르게 인식하도록 할 뿐만 아니라, 그 속에서 실천하는 자세를 가질 수 있도록 해야 한다.

이와 같이 지리 교과의 내재적 가치를 무엇으로 인식하느냐에 따라 지리교육의 관점은 달라진다. 물론 지리 교과를 통한 시민성 교육이 처음에는 낯설게 보일지 모르지만, 지리학의 지식 형식의 변화에서도 나타났듯이 물리적 공간이 아니라 시민성의 공간이 탐구의 대상이 되어야 한다. 그리고 이와 같은 '삶의 질'을 쟁취하기 위한 갈등이 발생하는 '시민성 공간'에서 사회적·정치적·경제적·문화적 맥락을 비판적으로 탐구하는 것이 지리 교과를 통한 시민성 교육이어야 한다. 즉 이러한 시민성 교육을 위해서는 비판적 사고, 비판적 문해력, 비판적 성찰 등이 요구된다.

지리 교과를 통한 시민성 교육의 궁극적인 지향점은 지속가능한 개발, 환경 및 사회정의 등 큰 쟁점(big issues)에 관심을 가지는 심층시민성이어야 한다. 그리고 이를 통해 궁극적으로 추구하는 인간상과 가치는 '보다 나은 세계'를 만들기 위해 참여하는 '능동적 시민성' 그리고 '책임감 있는 시민성'을 가진 인간을 육성하는 데 있다(Tilbury, 2002, 111).

그러면 지리교육을 통해 능동적이고 책임감 있는 시민성을 육성하기 위한 보다 구체적이고 세부적인 하위 개념 또는 하위 요소들의 설정이 필요한데, 이를 행동 영역별로 나타낸 것이 〈표 8-1〉이다. 여기에서 중요한 것은 지리 교과를 통한 시민성 교육의 관점은 지식, 기능, 가치·태도가 별개의 것으로 간주되는 것이 아니라 하나의 연속선상에 있다는 것이다. 지리적 지식이 전통적인 지리적 사실이나 원리 및 법칙이 아니라, 인간과 인간, 인간과 자연, 인간과 사회, 인간과 공간이라는 관점에서 이해될 수 있는 것으로 인간에 대한 관점을 부각시킨다는 것이다.

먼저 지식의 관점에서 볼 때 인간, 공간, 사회와 관련한 공간의 사회적 구성, 차이의 공간, 공간의 변화, 공간적 불평등과 쟁점, 상호의존성, 지속가능성, 문화적 다양성, 장소와 정체성, 권리/책임감, 인간 복지 등의 개념이 중요하게 부각되는 것으로 이들은 가치내재적 지식을 지향한다.

이러한 지식에 입문하기 위한 기능은 단순한 기억과 재생에 의존한 자료의 처리와 해석 능력이 아니라, 학습자들이 주체적으로 사회공간을 읽고 해석할 수 있는 비판적 문해력, 수리력, 도해력이 필요하다. 그뿐만 아니라 사회공간적 쟁점에 대한 비판적 사고, 반성과 성찰을 통한 의사결정 기능이 중요한 계기가 된다. 한편, 탐구기능 및 야외조사는 과학적 분석의 차원을 넘어 개인이 부여하는 의

표 8-1. 지리 교과를 통한 시민성 교육의 행동 영역별 하위 요소

지식	기능	가치·태도
• 상호의존성 • 이용/남용/지속가능성 • 공간 변화 • 장소와 정체성 • 문화적 다양성 • 갈등/협력 • 유사성/차이 • 인간 복지 • 공간적 불평등과 쟁점 • 권리/책임감	• 비판적 사고 • 의사결정 • 반성과 성찰 • 다양한 야외조사 • 다양한 탐구기능 • 비판적 문해력, 수리력, 도해력 • 협동학습, 집단학습 • 토론과 논쟁	• 정체성과 자아존중 • 사회정의와 평등 • 장소감 • 공동체 의식과 참여 • 감정이입 • 다양성에 대한 가치와 존중 • 타인의 경험과 견해 존중 • 문화와 환경에 대한 공감 • 환경에 대한 관심과 책임감 • 경관의 질 보존

출처: McPartland, 2001, 62; Hicks, 2001a, 57; Rawling, 1991, 149; Machon and Walkington, 2000, 185의 것을 토대로 재구성함.

미가 부가되고, 이에 사회적·정치적·경제적·문화적 맥락에서 비판적으로 탐구할 수 있도록 확장되어야 한다.

이러한 지식과 기능의 습득을 통해 학습자들은 자아정체성, 장소감, 타인의 경험과 견해에 대한 존중, 다양한 문화와 환경에 대한 공감, 사회정의 및 환경정의라는 비판적 가치와 신념에 입문하도록 해야 하며, 그들의 삶의 공간에서 실천하도록 해야 한다.

이상과 같은 지리 교과를 통한 시민성 교육의 관점은 다름 아닌 가치교육 또는 도덕교육을 지향한다(Lambert, 2002, 98; Slater, 2001, 43). 물론 시민성 교육은 지식, 기능, 가치·태도를 포함하는 전인적 영역이지만, 궁극적으로 학생들의 가치와 신념, 태도의 변화에 초점을 두어야 한다. 하지만 아직도 학교에서의 지리 교과는 지식 측면에만 지나친 관심을 가지면서, 가치교육이란 수업에서 설자리가 없다고 주장하는 견해가 지배적이다(Cowie, 1978, 133-146). 그러나 이러한 견해는 지식 자체가 비중립적이고 지리 교과도 가치함축적 교과라는 점을 잊고 있는 데서 나타나는 잘못된 생각이다. 지리 교과는 시민성의 교육에 충분히 가치내재적 쟁점을 제공한다. 왜냐하면 이미 규정하였듯이 시민성의 공간은 인간의 구성과 이해와 동떨어져 존재하는 가치중립적인 물리적 공간이 아니라, 인간의 경험, 지각, 반응 등에 의해 구성되는 가치내재적 공간이기 때문이다.

3. 지리를 통한 시민성 교육의 새로운 방향

지금까지 우리나라 지리교육에서 시민성 교육은 가치학습의 일환으로 향토애, 국토애, 인류애 등의 관점에서 다루어져 왔다. 그러나 앞에서 살펴본 것처럼 지식의 발달, 세계정세의 변화 등으로 시민성에 대한 새로운 비전이 제시되고 있다. 따라서 지리를 통한 시민성 교육은 새로운 방향을 모색할 필요가 있다.

먼저, 지리를 통한 시민성 교육은 지리학의 하위학문인 사회지리, 문화지리, 정치지리 간의 접점을 형성하는 데 초점을 둘 필요가 있다. 지금까지 지리교육은 시민성을 하나의 개념으로 인식하는 경향이 뚜렷하였는데, 시민성에 대한 이론 정립에 초점을 두어야 한다(Smith, 2000). 앞에서 논의한 시민성의 공간적 재개념화는 공간적 관점에서 시민성을 이론적으로 정립하려는 시도이다. 지리교육은 시민성의 공간적 재개념화를 통해 시민성은 단순히 개인의 정체성을 넘어 정치적·문화적·사회적 구조와 상호연결되는 것으로 확장할 수 있다(Smith, 1989, 148; Lewis, 2004). 시민성은 지금까지 대개 공식적인 측면에 초점을 두었지만, 이를 통해 일상적이고 비공식적인 것까지 포함할 수 있을 뿐만 아니라 개인적인 것과 정치적인 것, 수행적인 것과 구조적인 것, 상상적인 것과 물질적인 것, 국가적인 것과 초국적인 것, 포섭과 배제, 로컬과 글로벌 등을 함께 끌어올 수 있다. 지리를 통한 시민성 교육은 학생들의 현재와 미래의 잠재력을 파악할 수 있도록 초점을 둘 필요가 있다. 시민으로서 글로벌 쟁점에 어떻게 기여할 수 있고, 협력적 시민성을 형성할 수 있는지에 대한 이해가 필요하다.

둘째, 지리교육을 통한 시민성 교육의 가장 본질적인 부분은 국가시민성이다. 경계화된 영역을 중심으로 한 국가정체성의 형성은 여전히 중요한 목표이다. 현명한 시민은 자신의 권리뿐만 아니라 국가의 권위를 생각하는 사람이다. 국가는 합법적인 공간으로서의 시민성의 공간이다. 그러나 국가는 시민성을 부여할 수도 있고 침탈할 수도 있는 존재이다. 그리고 세계화로 이동과 네트워크 강도가 강해짐에 따라 고정적이고 제한된 정치적 정체성에 대한 진지한 고민이 필요하다.

셋째, 지리를 통한 시민성 교육은 정치적 문해력, 공동체 참여, 사회적·도덕적 책임성을 기반으로 할 필요가 있다. 학생들은 비판적이고 책임성 있는 시민으로서 효과적으로 참여할 수 있는 방법을 배워야 한다. 이러한 지리를 통한 시민성 교육의 새로운 방향은 학생들로 하여금 자신의 학교수업 환경에 관해 질문하도록 권력을 부여하는 것이며, 시민으로서 지식과 실천 그리고 '정체성'을 구체화하는 것이다. 지리는 인간 존재의 피할 수 없는 특징을 지적한다. 즉 '자아'와 '타자', '우리'와 '그들', '여기'와 '저기'는 하나이고 동일하다. 지리는 '여기'와 '저기'를 만드는 네트워크에 기여한다. 이러한 의미에서 지리는 본질적으로 급진적이다. 지리는 영역적 정치학의 가정에 본질적인 정체성의 개념을 재정의한다. 21세기 시민성을 향한 비판적이고 창의적이며 대안적인 '지리적 상상력'의 개발은 이러한 과정에 중심이다. 지리는 우리로 하여금 사건의 정치학과 맥락에 관해 생각하도록 할 수 있으며, 시민성의 공간, 장소와 스케일을 분석하고 비판하도록 할 수 있다. 지리는 우리로 하여금 시민성의 권리와 책임성에 대한 쟁점, '소속'의 의미, 장소와 공간과의 연결, 시민성의 부정의(injustices of citizenship)와 비시민성(non-citizenship)을 이해하도록 도울 수 있다.

넷째, 지리교육은 시민성의 공간적 재개념화에 토대하여 청소년을 수동적 시민이 아니라 능동적 시민으로서 역할을 할 수 있도록 해야 한다. 지리교육은 청소년으로 하여금 시민성이 그들의 일상적인 생활의 일부분(예를 들면, 학교에의 소속감, 밤에 집으로 걸어갈 때 거리에서 안전하다는 느낌, 지리적·사회적으로 먼 '타자'들에 대한 공감 등)이라는 것을 인식시킬 필요가 있다. 그리고 지리를 통한 일상적 시민성 교육을 위한 적절한 개념 및 주제로는 상호의존성, 차이와 다양성, 국제무역, 이주, 도시재생, 변화하는 장소감과 소속감, 사회적 책임성 등을 들 수 있다. 교사와 학생들이 일상적인 연결을 할 수 있는 지리적 토픽으로는 이주, 보호소, 배치, 경제적 이주자의 권리, 범죄, ASBOs, 하층(underclass), 사회적 소외, 정치적 이양(political devolution), 공공 서비스와 공적 공간의 제공과 접근, 우리가 사는 상품들이 만들어지는 곳, 기후변화, 가깝고 먼 타자들에 대한 우리의 책임성 등을 들 수 있다. 시민성은 우리로 하여금 세계를 더 효과적으로 이해하도록 하고, 우리의 일상적인 사고와 행동을 통해 어떻게 장소를 만드는지를 평가하도록 도울 수 있다. 시민성은 그것이 이해되고 맥락화될 때 의미 있게 된다. 그래서 교사와 학생들은 무엇이 그들을 시민으로 만드는지, 그들은 그러한 정체성과 함께 무엇을 하려고 선택하는지를 해석할 수 있다.

다섯째, 지리교육의 시민성의 복잡성을 가르칠 필요가 있다. 학교지리는 대개 패턴, 법칙 등 추상적인 방식으로 가르쳐지고 학습된다. 그러나 학교지리는 시민성의 지리를 위한 '논쟁의 문화' 또는 '대화를 위한 교육'을 만들어야 한다. 합법적인 여권을 가지면 국제적 경계를 초월한 초국가적 이동이 가능하다. 지리 교사는 학생들에게 한 국가의 시민이 되는 것은 고정된 정체성이 아니라는 것을 이해하도록 도울 필요가 있다. 그리고 시민성이 어떻게 사회적/공간적 포섭과 배제의 강력한 수단인지를 이해하도록 해야 한다. 따라서 시민성에 대한 토론은 필수불가결하게 사회정의와 관련되는지를 이해하도록 할 것이다. 이러한 토픽에 대한 토론은 지리수업을 정치적 토론으로 이끌 수 있다. 이는 지리학습에서 강조되는 반성, 대화, 협상, 참가 등의 기능을 촉진시킨다. 이것은 지리수업을 '논쟁의 문화' 또는 '대화를 위한 교육'으로 특징짓는다. 학생들은 회의주의에 친근함을 느끼고, 복잡성에 대한 주의 깊은 접근을 하도록 격려받는다. 지리교육은 학생들에게 불확실한 세계를 이해하고 다루기 위한 기능을 발달시킬 수 있다.

마지막으로, 경계화된 영역에 기반한 국가시민성에 대한 대안적인 지리적 상상력은 학생들로 하여금 '세계에서 그들의 장소'는 일련의 영역에서 중심화되는 것보다 오히려 복잡한 네트워크를 따라 탈중심화된다는 것을 알려 준다. 대안적인 지리적 상상력은 관계적이고 글로벌적으로 형성된 시민성의 개념을 밝혀 준다. 그것은 지리적 공간의 개방적인 관계적 본질을 인식시킨다. 이는 국민국가 영역에 근거한 국가시민성에서 탈피하여 학생들로 하여금 다른 사람 및 장소와 관련하여 위치시키도록 할 수 있는 지리적 상상력을 제공함으로써 시민성 교육에 기여한다. 지리 교사는 지리를 통해 이러한 초국가적 시민성에 접근할 필요가 있다. 왜냐하면 현재는 탈산업화, 국제적 이주, 세계화의 진전으로 이에 대한 지리적 상상력이 요구되기 때문이다. 21세기에 탈국가화된 시민성 지리는 지리 교사들로 하여금 대안적인 지리적 상상력을 채택하도록 요구하고 있다. 영역은 고정된 것이 아니라 사회적·환경적으로 구성된 것이며 항상 생성, 파괴, 변형, 재형성의 과정에 있다. 영역은 네트워크로 연결된다. 세계를 횡단하는 복잡한 상호연결성은 대안적인 초국적 시민성의 필요성을 알려 주며, 지리교수 내에서 이것이 성찰될 필요가 있음을 알려 준다. 예를 들면, 스포츠에서 특정 선수가 누구를 위해 뛰고 있는지, 개인의 소속을 누가 결정하는지, 시민성의 특권으로부터 누가 이익을 얻고 누가 이익을 얻지 못하는지, 누가 이상적인 시민으로 간주되는지, 한 국가 이상의 시민이 되는 것이 가능하는지, 시민성 또는 국가적 정체성을 가지지 않는 것이 가능한지를 탐색할 수 있다.

이 장은 현대 지리적 지식의 발달에 따라 재개념화되고 있는 다양한 시민성에 대해 살펴보았다. 현대의 시민성 개념은 경계화된 영역으로서 국민국가와 매우 밀접하게 연관되지만, 이에 대한 대안적 접근이 새로운 공간적 관점에서 활발하게 전개되고 있다. 왜냐하면 세계화 등으로 국민국가의 권력 및 제도적 틀이 변화하고 있고, 새롭게 등장하는 문화적 정체성은 항상 국민국가의 영역과 연결되는 것은 아니기 때문이다. 이것은 국민국가가 권력이양, 로컬리즘, 민영화, 초국가주의를 통해 공동화됨으로써 정치적 권력이 차츰 침식되고 있다는 것을 의미한다. 국민국가는 공적·사적·자발적 부문으로 확장하는 새로운 거버넌스와 병행하면서 점점 중첩된 복잡한 공간에서 작동하고 있다. 이것은 시민들을 특정 국가와 연결하는 대신 종교적·사회적·성적·인종적 또는 민족적 정체성과 연결시키는 문화적 다양성을 반영한다(Jackson, 2010). 국민국가의 경계보다 더 복잡한 공간, 결과적으로 새로운 시민성의 공간(new spaces of citizenship)이 출현하고 있다(Painter, 2002).

그리하여 이제 시민성은 공간적 관점에서 다중적 차원을 가진다. 단지 시민성의 일부만이 국민국가와 불가분하게 연결될 뿐이다. 이제 국민국가는 시민들을 묶는 여러 제도 중 하나에 지나지 않는다. 이제 시민성은 다양한 공간적 스케일에서의 다양한 개인들, 즉 종교적/성적 소수자, 민족적 디아스포라와 같은 비영역적 사회집단을 반영하는 다층적인 것으로 간주된다. 따라서 시민성은 절대적이라기보다는 관계적인 것으로 인식될 필요가 있다. 즉 시민성은 국민국가의 경계에 의해 규정되는 무언가라기보다는 오히려 다양한 인간과 장소들과의 연결에 의해 구성되는 것으로 인식되어야 한다. 이제 시민성은 고정된 경계에 의해 전적으로 규정되고 있다기보다는 오히려 유동적이며, 움직임이 자유롭고, 다차원적이다.

그렇다고 시민성의 형성에 있어 국민국가의 영향력을 완전히 배제하는 것은 아니다. 여전히 국민국가는 법적인 시민성의 토대가 되며, 시민성의 형성과 조절에 관여하고 있다. 다만, 공간적 관점에서 시민성을 경계화된 고착적인 관점에서, 상호연결된 네트워크로서 그리고 열린 장소감으로 시민성을 관계적으로 인식할 필요가 있다는 것이다.

4. 지리교육의 도덕적 전환과 시민성 교육

1) 도입

> 인간은 단지 생존하기 위해 자연에 변화를 부가하지는 않는다. 인간은 단순한 생존을 넘어 선(the good)을 갈망한다. 즉 그들은 좋은 인간관계(good human relations)와 살기에 좋은 장소(good place)를 갈망한다(Tuan, 1989, viii).
>
> 최근의 분석에 따르면, 모든 지리는 도덕지리(moral geographies)이다(Shapiro, 1994, 499).

인류의 역사에서 개인 또는 집단을 판단하는 기준은 무엇일까? 이 질문에 대한 답변은 개인, 사회, 시대, 상황마다 다를 것이다. 개인 또는 집단이 가지고 있는 아름다움일 수도 있고, 지식일 수도 있으며, 권력이나 돈일 수도 있고, 도덕일 수도 있을 것이다. 아니면 이러한 모든 것을 갖춘 전인적 인간일 수도 있다. 이를 판단하고 결정하는 데 있어 가치는 중요한 변수로 작용하게 된다. 왜냐하면 우리가 살고 있는 세계는 물리적이고 물질적인 것으로 구성되어 있는 동시에 다양한 가치들이 충돌하고 경쟁하면서 사회적으로 구성된 산물이기 때문이다.

최근 마이클 샌델의 책 『정의란 무엇인가?』, 『왜 도덕인가?』, 『돈으로 살 수 없는 것들』은 우리 사회에 큰 반향을 불러일으키고 있다. 이는 우리 사회에서 개인을 판단하는 기준이 그 사람이 가지고 있는 지적 역량이나 돈 못지않게 도덕적 요소가 더욱 중요해지고 있다는 반증일 것이다. 우리는 매우 복잡하고 위험한 세계 속에 살고 있으며, 전 세계적으로 매스미디어에서는 매일 우리에게 도덕적 위기가 위협하고 있다고 이야기한다(Lambert, 1999; Lambert and Machon, 2001b). 사회적으로 다소 지위가 높다고 여겨지는 정치가, 기업인, 고위 공직자를 비롯하여 교수와 교사들 중에서 도덕적 불감증을 보여 주는 일부 사람들은 항상 뉴스거리가 된다. 우리는 도덕적 문제들이 점점 증가하는 반면, 도덕적 확실성은 계속해서 감소하고 있는 변화하는 세계를 살아가고 있다(Davies and Edwards, 2001). 그러므로 교육은 기본적으로 점점 더 복잡하고 불확실하며 불안전한 세계에서 학생들이 삶을 지적으로 의미 있고 협력적으로 살아갈 수 있는 성향, 기능, 이해, 가치를 습득하도록 도와주어야 한다.

일찍이 국제지리학연합(IGU)에 의해 채택된 국제지리교육헌장(IGU, 1992)은, 학생들은 지리학습을 통해 세계(자연적 세계와 인문적 세계 모두)의 아름다움에 대한 이해, 환경의 질에 대한 관심, 모든 사람들이 평등해야 할 권리에 대한 존중, 인간의 문제들에 대한 해결책을 찾는 것에 헌신할 수 있는 태도와 가치를 발달시켜야 하며, 의사결정에서 태도와 가치의 중요성을 이해해야 한다고 주장한다. 게다가 이 헌장은 지리교육은 국내의 민족문화와 다른 국가들의 문화를 포함하여 모든 사람, 그들의 문화, 문명, 가치, 삶의 방식에 대한 이해와 존중을 격려함으로써 국제이해교육에 강력하게 기여해야 하다고 주장한다.

세계화가 진전되고 사회가 급변하는 이 시점에서 우리나라 교육과정은 짧은 주기로 개정을 해 오고 있는데, 특히 2009 개정 교육과정에서는 처음으로 추구하는 인간상을 "전인적 성장의 기반 위에 개성의 발달과 진로를 개척하는 사람, 기초 능력의 바탕 위에 새로운 발상과 도전으로 창의성을 발휘하는 사람, 문화적 소양과 다원적 가치에 대한 이해를 바탕으로 품격 있는 삶을 영위한 사람, 세계와 소통하는 시민으로서 배려와 나눔의 정신으로 공동체의 발전에 참여하는 사람"으로 구체화하고 있는데(MEST, 2011, 1), 여기에서도 가치와 태도에 대한 강조점을 확인할 수 있다.

이러한 관점에서 볼 때 가치와 태도는 범교과를 통한 교육의 본질적 요소인 동시에, 지리 교과에서도 매우 중요한 요소임에 틀림없다. 이러한 가치와 태도의 중요성을 반영하듯, 그동안 국내외 지리교육계에서 가치교육이라는 이름하에 이에 대한 관심을 표명해 왔다(Yi, 1994; 1996; Cowie, 1978; Fien, 1979; 1981; 1996; Slater, 1994; 1996; 2001). 이 연구들은 주로 탈인간화된 지리교육에 대한 반성과 함께 인간에 대한 관심을 불러일으킨 인간주의 지리학을 도입함으로써 가치교육의 새로운 가능성과 방향을 탐색하고 있다. 그러나 이후에 진행된 지리를 통한 가치교육 역시 이러한 맥락의 연장선상에 머물러 있을 뿐, 그동안 지리학이 경험해 온 문화적 또는 도덕적 전환을 반영하려는 노력은 매우 부족하였다. 따라서 이 장은 그동안 지리학에서 전개되어 온 문화적 또는 도덕적 전환에 나타난 도덕 및 윤리적 측면을 중심으로 도덕 및 윤리, 지리, 교육 사이의 상호관련성을 검토하여 그 함의를 도출하고자 한다.

2) 도덕과 윤리, 그리고 지리

(1) 가치, 도덕, 윤리의 의미

인간은 도덕적 가치(moral values)를 지니고 있다. 인간은 삶의 중요한 측면과 관련하여 무엇이 옳고 그르며 선하고 악한지, 보다 낫거나 보다 나쁜지에 관한 생각을 가지고 있다. 이러한 가치는 인간의 행동을 인도한다. 즉 그들이 무엇을 해야 하는지 하지 말아야 하는지, 어떻게 살아야 하는지를 결정할 수 있도록 도와준다. 그리고 이러한 가치는 다른 사람들의 행위에 대한 평가를 위한 기초를 제공하기도 한다. 이러한 도덕적 가치는 개인과 집단 사이에 다양하며, 이로 인해 장소와 장소마다 다양하게 나타난다(Smith, 2000). 게다가 이러한 가치는 고착화되거나 불변하는 것이 아니다. 개인 또는 집단은 스스로 또는 다른 사람들과의 대화를 통해 그들이 가지고 있는 가치에 관해 반성하기도 하고 변화시키기도 한다. 이와 같이 도덕적 가치는 인간으로서 개인 또는 집단을 성찰하게 하는 중요한 요인일 뿐만 아니라, 다른 생물들과 차별되는 중요한 요인이다.

도덕적 가치에서처럼 가치(values)와 도덕(moral), 그리고 윤리(ethics)라는 용어는 구분 없이 유사한 범주로 사용되는 경향이 있다(Proctor, 1999; Smith, 2000). 불가피하게 단순화를 수반하겠지만, 이 3가지 용어가 무엇을 의미하는지를 구체화할 필요가 있다. 먼저, 가치는 대부분의 사람들이 이해하고 있지만 거의 신중하게 검토되지 않은 용어이다. Proctor(1999)에 의하면, 가치는 종종 관념론적이고 정적이며 원자론적인 함축을 가지고 있다. 즉 가치는 행동을 '안내'하는 것으로(일종의 원자론적 환원주의), 본래 개인 수준에서 존재하는 생각이다. 따라서 가치는 인간의 삶에서 바람직하거나 가치 있는 측면과 관련된다. 가치는 종종 착하거나 정당한 것과 같은 도덕적 가치와, 아름다움과 진리와 같은 비도덕적 가치로 구분되기도 한다. 결국 가치는 삶의 심미적이고 과학적인 차원과 도덕적 차원의 상호의존성을 동시에 내포하고 있다. 또한 가치는 용기, 의무, 정의, 도덕적으로 훌륭한 실천 등과 같은 도덕적 덕목(moral virtues)과 자유, 행복, 안전 같은 바람직하지만 도덕적 신뢰의 원천은 아닌 비도덕적 덕목으로 구분할 수도 있다.

도덕과 윤리라는 용어는 일상적으로 더욱더 구분 없이 사용된다. 어떤 상황에서는 이 용어 둘 다 사용되는 경우도 있지만, 특정한 맥락에서는 둘 중에서 어느 하나가 선호되기도 한다. 예를 들면, 상거래와 관련하여 상도덕과 상윤리는 모두 사용된다(그러나 상윤리보다 상도덕이 주로 사용되며, 성도덕보다 성윤리가 주로 사용된다). 그러나 의료윤리라는 말은 익숙하지만, 의료도덕이라는 말은 거의 사용되지 않는다(마찬가지로 생명도덕보다는 생명윤리가 더욱더 선호되며, 배려의 도덕보다는 배려의 윤리가 더욱 선호된다). 이와 같이 도덕과 윤리는 인간의 삶과 관련하여 특별한 행위에 적용된다.

그러나 도덕과 윤리를 구분하는 경우도 있다. 일반적으로 도덕은 인간 행동이 절대적인 감각에서 옳거나 그르다고 판단되는 행위 표준 또는 상대적인 감각에서 보다 낫거나 보다 나쁘다고 판단되는 행위의 표준과 관련이 있다. 그러나 옳거나 그른 결정 또는 보다 낫거나 보다 나쁜 결정은 우리의 삶에 폭넓게 영향을 미친다. 윤리는 과학을 하는 데 있어 제기되는 도덕적 질문에 관한 반성을 포함하기도 하고, 도덕철학으로서 일반적으로 도덕에 관한 체계적인 지적인 성찰 또는 특히 특별한 도덕적 관심으로 이해된다. 달리 말하면, 전자가 전문적 윤리(professional ethics)에 해당한다면, 후자는 도덕철학으로서의 윤리에 해당된다. 이 두 가지는 밀접하게 관련되지만, Proctor(1999)는 전자를 이론윤리(theoretical ethics), 후자를 응용윤리(applied ethics)라 부른다.[2] 한편, Smith(2000)는 도덕이론으로서의 윤리(ethics as moral theory)와 실천적 행위로서의 도덕(morality as practical action)으로 구분한다.

따라서 윤리는 도덕철학과 동일하거나 '인간의 도덕적 신념에 관한 의식적인 성찰'(Hinman, 1994, 5)이다. 이에 반해 도덕은 사람들이 실제로 믿고 행하는 것이거나 그들이 따르는 규칙이다.

도덕과 윤리에서 문제가 되는 것은 인성과 행동과 관련하여 일어난다. 예를 들면, 특정한 행동이 옳거나 옳지 않다고 주장할 수 있다. 이것은 좋은 인성과 나쁜 인성을 구분하도록 할 수 있다. 행동과 인성을 구분하는 것은 '행하는 것(doing)'과 '되는 것(being)'의 구분이다. 즉 옳은 것을 하는 것(doing the right things)과 좋은 사람이 되는 것(being a good person)의 구분이다(Mackie, 1977, 9).

(2) 도덕적 전환과 도덕지리

> 도덕 또는 윤리는 과학에 부가되어야 하는 어떤 것이 아니라 과학 내에서 발견되어야 하는 어떤 것이다(Proctor, 1998a; 1998b; 1998c, 295).

1960년대의 계량혁명과 계속되는 공간과학으로서의 지리학의 시대는 많은 부분을 자연과학에 의존하였으며 기술적인 정교화를 추구하였다. 계량화와 모델 중심의 공간과학은 공간 내의 미묘한 지역적 차이와 다양성을 감소시키거나 무시하는 경향이 있었다. 1960년대 이후 지리교육 역시 차츰 세계를 객관적으로 기술하고 설명하는 데 관심을 가진 가치중립적인 실증주의 과학으로 전환되어 갔다. 한편 이와 같은 지리지식은 지배적인 진보에 대한 근대/서구 모델을 지지하는 데 사용될 수 있다는 경고에도 불구하고, 지리교육에서 지배적인 패러다임이 되어 갔다. 이 당시 이러한 지리지식은 도덕적으로 중립적인 것으로 생각되었지만, 오늘날 도덕적으로 비난받고 많은 도덕적 쟁점을 불러일으키는 근원으로 작용하고 있다(Smith, 2000). 왜냐하면 이러한 지리지식은 서구 제국주의 팽창, 식민주의와 산업화, 인종차별주의의 실천, 서구의 우월성을 합법화하는 환경결정론과 사회적 진화론과 같은 기저 신념들을 암묵적으로 정당화하기 때문이다.

1970년대 급진주의 지리학은 인간의 가치를 중립적인 것으로 인식하는 공간과학에 대한 규범적인 반작용으로 등장하였다. 근대적인 기술적 진보로 일부 선진국에서는 경제적 성장을 만끽하는 반

---

2 윤리는 기술적 윤리(descriptive ethics), 규범적 윤리(normative ethics), 분석적 윤리(metaethics)로 구분하기도 한다. 기술적 윤리는 기존의 도덕적 구조의 특성을 기술하는 것으로 문화인류학의 중요한 특징이었다. 베네딕트(Benedict), 기어츠(Geertz) 등의 문화인류학자들은 그렇게 함으로써 상대주의의 문제를 제기해 왔다. 규범적 윤리는 인간의 행위를 특징짓기 위해 적절한 도덕적 기초를 구성하는 데 전념한다. 이에는 롤스(Rawls)의 정의 이론을 포함하며, 페미니스트들에 의해 제안된 대조적인 배려의 윤리(ethics of care)를 포함한다. 분석적 윤리는 윤리적 추론 또는 윤리 시스템의 특징에 대해 심층석으로 검토한다. 고전적인 분석적 문제는 Hume(1978)의 is(이다)-ought(이어야 한다) 이분법에서 예증된 것처럼, 사실(기술적인 진술)과 가치(규범적인 진술) 사이의 관계에 관심을 가진다(Proctor, 1999).

면 저개발된 세계에서는 빈곤의 악순환으로 상처를 입고 있는 시기에, 급진주의 지리학은 사회적 적실성(social relevance)을 강조하였고, 국가 내 그리고 국가 간 불평등은 중요한 쟁점으로 부각되었다. 따라서 개발의 격차, 정치적 지배, 사회적 결핍, 인종적 차별대우에 대한 반작용으로 사회정의는 중요한 쟁점이 되었다. 이로 인해 개발에 따른 격차뿐만 아니라 환경오염과 자원고갈이 경제적 성장의 대가로 인식되었으며, 환경위기에 대한 인식이 높아졌다. 그리하여 삶의 질이 중요한 논쟁의 초점이 되었다.

이러한 쟁점들과 지리적 관계는 가치를 전면으로 가져오게 했다. 지금까지 대개 무시되었던 범죄, 건강, 기아 등과 같은 토픽들이 연구주제가 되었고, 사회적 웰빙(social well-being)의 지리를 구체화하려는 시도가 있었다(Knox, 1975; Smith, 1977). 이와 같은 공간적 불평등에 대한 연구는 지리학을 인간 복지라는 주제로 재구조화하려는 시도라고 할 수 있다. 이들 연구는 공간적 근접성과 접근성에서의 차별대우를 포함하여 다양한 공간적 불평등에 초점을 두었지만, 도덕적 가치에 대한 철학적 접근은 거의 이루어지지 못했다. 예외적으로 Harvey(1973)는 영역적 사회정의(territorial social justice)를 구체화하는 데 사회·도덕 철학을 끌어왔으며, Buttimer(1974)는 '세계 내 존재'라는 실존주의 철학에 토대한 인간주의 접근을 인간의 가치를 역사적·사회적 맥락에서 이해하는 데 중요한 것으로 간주하였다. 사실 지리에서 도덕적 전환은 1970년대 인간주의 지리학자들에 의한 가치에 대한 관심에서 출발하였다고 할 수 있다. 인간주의 지리학은 대개 객관적인 공간분석을 강조하는 실증주의 지리학의 가치중립성에 대한 반작용으로 가치내재적인 장소로 초점을 옮겨 갔다.

인간주의 지리학을 대표하는 Tuan(1986; 1989; 1993)은 도덕적 쟁점에 가장 지속적으로 관심을 기울였다. 그는 도덕이 다른 시대와 장소에서 어떻게 체험되고 상상되는지를 고찰하면서, 자연에 대한 지리학자들의 전통적인 관심을 도덕적·윤리적 체계에 연결하였다. 그렇게 함으로써 그는 도덕을 인간의 창의성과 지리의 핵심에 둔다. Tuan(1989, vii-viii)은 도덕적 쟁점은 지구에 대한 인간의 이용과 함께 출현하며, 그것은 행위자뿐만 아니라 지리학자와 같이 그것을 관찰하고 논평하는 사람들에게 옳고 그름, 선과 악에 대한 질문을 제기한다고 주장한다. 한편, Tuan(1993)은 경관에 관한 해석에서 도덕적 전환을 시도하였다. 그는 인간이 감각을 통해 경관을 인식할 때 문화적 제도와 사회적 배열, 그리고 그것에 영향을 주는 물질적인 기초를 잊어버리기 쉽다고 제안한다. 그러나 인간이 그림, 조각, 자연공원, 건물과 도시 등과 같은 인공물로 주의를 이동시킬 때, 불공정과 억압의 관점에서 도덕적인 질문을 자제하는 것은 더 이상 쉽지 않다고 제안한다. 그는 선한 것과 아름다운 것을 대립관계로 보고, 문화는 궁극적으로 도덕적 아름다움에 의해 판단되어야 할 도덕적-심미적 모험(moral-aesthetic venture)이라고 결론을 내린다.[3]

Sack(1997)은 Tuan에 의해 논의된 도덕적 관심을 확장하면서 장소의 도덕적 영향력을 그래픽으로 더욱더 구체화한다. 즉 장소의 도덕적 중요성을 그래픽으로 '심층적(thick) 도덕성'과 '표층적(thin) 도덕성'의 이미지로 구분하여 표현한다. 그는 장소의 도덕적 영향력을 진리, 정의, 자연에 대한 특별한 덕목 또는 도덕적 관심을 함께 묶어 주는 역량으로서 간주한다. 결국 Tuan(1989)과 Sack(1997)은 진정으로 도덕적인 사회를 건설하는 데 있어 지리학이 어떠한 방식으로 중요한 역할을 할 수 있는가에 관심을 가져 왔다. 그들에게 있어 도덕이론은 인간의 관점에서 공간과 장소가 갖는 중심적 역할을 인식할 때에만 제대로 성립한다. 이들은 지리학이 어떻게 당연함을 가장하여 정상성(normality)을 구성해 왔는가를 알기 위해 경계넘기(transgression)의 예를 찾기보다는, 어떻게 도덕적인 것들에 지리가 존재하고 있는지를 보여 주려고 해 왔다(Lee, Y. M. et al., 2011).

지리학에서의 도덕적 전환은 1990년대에 들어오면서 학술대회와 저널을 통해 더욱더 다양하게 이루어지게 된다.**4** 지리학에서 도덕에 대한 관심이 다시 활기를 띤 것은 (신)문화지리학과 사회지리학을 통해 이루어졌다(Smith, 2000). 초기에는 주로 인종을 둘러싼 포섭과 배제에 초점을 두었지만, 점차 다양한 타자들의 불이익으로 관심을 확장하였다. 다양한 타자들이란 사회적 실패로 불공정한 취급을 받는 사람들을 의미하며, 그들의 자아를 인식하고 그것에 대응하도록 하였다. 이러한 집단들은 여성,**5** 문화적 또는 민족적 소수자, 장애인, 성적 기원이 사회적 규범과 동떨어져 있는 사람들, 후기식민주의 주체들**6**을 포함한다. 차이에 관한 강조는 계몽주의로부터 유래한 등질적이고 보편적인 본질주의 경향에 적대적인 포스트모더니즘의 최우선적인 관심 중의 하나를 반영한다.**7**

---

3 이와 같은 Tuan의 연구는 지리와 윤리의 상호관련성에서 3가지의 중요한 쟁점 또는 긴장을 불러일으킨다. 첫째, 선한 것을 개념화하는 데 있어 문화적 특수성과 문화적 보편성 사이에 쟁점 또는 긴장이 있다. 둘째, 윤리적 이해의 원천으로서 특수한 것과 추상적인 것 사이에 쟁점 또는 긴장이 있다. 셋째, 문화, 특히 경관에 대한 인간의 창조에서 표현되는 것처럼, 도덕적인 것과 심미적인 것 사이에 쟁점 또는 긴장이 있다.

4 도덕적 전환은 학술대회 특별 세션과 저널의 특별호[Urban Geography, 15, 7(1994); Antipode, 28, 2(1996); Society and Space, 15, 1(1997)]로 통해 실현되었으며, *Geography and Philosophy* 시리즈의 첫 권이 환경윤리에 관한 것이고(Light and Smith, 1997), 새로운 저널 *Ethics, Place and Environment*는 지리와 윤리를 연결하는 토픽 모음을 비롯하여(Proctor and Smith, 1999), 지리학을 비롯한 다른 인접 학문에서 도덕에 대한 연구를 검토한 연구들(Proctor, 1998a; Smith, 1997; 1998; 1999)을 게재하였다. 심지어 지리가 도덕교육에서 어떤 역할을 할 수 있는지에 대한 제안도 이루어졌다(Smith, 1995).

5 젠더의 구성에서도 유사한 논리가 주요하게 작용한다. 남성과 (특히) 여성이 어디에 속해 있는가 하는 것은 역사적으로 남성이 여성의 구성에 어떻게 영향을 미쳤고, 또한 그들 자신을 어떻게 구성하였는지를 이해하는 데 핵심이 된다. 가장 두드러지는 '표층적인 도덕지리'는 논란의 여지가 있지만, 공적/사적 공간을 구분하고, 그중 공적인 것을 남성성과 연결시킨 것이다. 현재 과거의 낡은 유물로부터 멀리 벗어났지만 여전히 여성과 사적 공간을, 남성과 공적 공간을 연결시키는 등식은 공적 영역과 여성 간의 관계에 대한 공공 담론의 상당부분을 이루고 있다(Lee, Y. M. et al., 2011).

6 장소가 정체성 및 진정성과 나란히 착근된 도덕성의 입지로 그리고 의미의 중심과 보살핌의 장으로 채색된 반면에, 이동성은 파괴적이고 교활한, 즉 도덕적인 문제가 있는 것으로 보여져 왔다. 최근 세계화로 인한 외국인 노동자의 이주와 결혼이주자 역시 비도덕적인 것으로 간주된다. 이주자들에게 일종의 딱지를 붙이고, 이동성을 정착민들의 삶(가정, 직장, 휴식)을 위협하는 비도덕적 지리로 묘사한다(Lee, Y. M. et al., 2011).

우리는 상이한 도덕적 가정들에 의해 제공받고, 특정한 장소의 특정한 사람들이 선/악, 옳음/그름, 공정/불공정, 가치 있음/가치 없음에 관련된 주장들을 지지하는 일상적인 도덕에 대한 지리를 설립하려고 한다. 이러한 가정과 주장은 국가마다 공동체마다 거리마다 상당이 다르다는 것은 의심할 여지가 없을 것이다(Philo, 1991, 6).

이러한 도덕지리는 사회계층, 민족적 지위, 종교적 신념, 정치적 소속 등의 차이에 주목한다. 도덕적 가정은 개인 또는 집단의 사회적 구성, 즉 누가 포섭되고 누가 배제되었는가와 밀접한 관련을 가진다. 그리고 학문적이고 공식적인 지리보다 일상적인 도덕 내에서의 지리에 주목한다. Philo(1991, 19)에 의하면, 로컬 문화는 일상적인 도덕지리와 긴밀하게 연결되어 있으며, 문화는 공간을 횡단하여 형성되고 재형성되는 도덕과 경쟁 및 갈등의 상황에 놓이게 된다.

한편, 최근 지리에서 도덕적 전환의 특징은 도덕철학의 관점에서 다시 공간정의 또는 사회정의를 조명하고 있다는 것이다. Smith(1997; 1998; 2000)와 Harvey(1996)는 도덕철학을 통해 사회적·공간적 정의에 대한 질문들을 제기해 왔다. Harvey(1996)는 환경적 가치와 정치적 가치에 대한 유물론적·지리적 근거를 제시하고, 사회정의와 환경적 관심과의 접촉을 시도한다. Smith(1998)는 '도덕지리(moral geographies)'라는 용어가 사람과 장소에 관한 규범적 가정을 묘사하기 위해 사용되었지만, 지리학자들이 도덕 자체에 대한 탐구에는 게을리하였다는 점을 지적한다. 그는 도덕지리의 탐구가 '선한(good)' 것과 '공정한(just)' 것을 로컬 차원에 적용하는 데서 나타나는 보편성과 심층적 맥락성 간의 협상에 관한 것일 수도 있음을 암시한다.

이와 같이 인간 존재의 지리적 차원의 인식 없이는 도덕적 실천과 윤리적 성찰은 불완전할 수밖에 없다(Smith, 2000). 지리학에서 이러한 도덕적 전환은 도덕지리를 생산하였다. 도덕지리는 간단히 말

---

7 차이의 정치는 전통적인 주체 개념에 도전을 제기한다. 식민지 민중, 흑인과 소수민족, 여성, 노동자계급의 목소리를 대변한다는 서구 근대 계몽사상의 주체란 결국 백인 부르주아 남성의 목소리일 뿐이라는 것이다. 이제 모든 집단이 자기자신의 고유한 목소리로 자신을 대변할 권리를 갖고, 그러한 목소리가 신뢰성 깃든 적법한 것이 되어야 한다는 주장이 제기되고 있다. 이는 그동안 억압되고 소외되었던 이른바 '타자(others)'에게 관심의 초점을 돌리는 것이다. 그동안 정치적·학문적으로 그들에 가려져 있던 사회적 성, 인종 등의 정치적 소수집단들의 권력관계가 핵심적인 주제로 부각되면서, 개인 혹은 집단들의 정체성과 참여, 저항의 정치가 크게 부상하고 있다(Lee, 2005). 한편, 지리에서 현대적인 윤리적 전환은 종종 포스트모던적 사고와 후기구조주의적 사고로부터 출현한 '관계적' 전환('relational' turn)과 관련된다(Murdoch, 2006). 그러한 사고는 환원적이고 고정되고 단선적인 분석을 거부하고, 유동적이고 역동적인 개념화에 동의한다. '관계적' 사고('relational' thinking)는 사람뿐만 아니라 유기체, 기술적 장치(Whatmore, 1999, 26)가 어떻게 '혼성적 공동체(hybrid collectif)'로 함께 뒤섞이는지를 고찰하는 데 적용되어 왔다(Callon and Law, 1995). 이는 인간-자연 관계, 인간-기술 관계를 위한 심오한 도덕적 함의를 가진다. 그러나 지리에서 포스트모던 접근과 후기구조주의 접근은 Smith(2004)에 의해 비판받았다. 그는 차이에 특권을 부여하고 찬양하려는 포스트모던적 지적 엘리트의 경향이 있으며, 도덕적 판단을 위해 중요한 보편적인 도덕적 추론을 위한 기초를 위태롭게 한다고 주장한다. 그는 대신에 사람들은 인간의 유사성이라는 자연적 사실에 근거한 윤리적 자연주의 또는 본질주의의 입장을 채택할 수 있다고 제안한다. 그러므로 그는 맥락에 민감한 보편주의가 도덕지리의 쟁점에 적용되어야 한다고 지지한다.

해서 특정한 사람, 사물, 실천이 특정한 공간, 장소, 경관에 속해 있으며, 또 다른 공간, 장소, 경관에서는 배제되어 있다는 것이다. 이러한 도덕지리에 대한 단순한 정의는 공간, 장소, 경관, 영토, 경계, 이동 등의 지리적 대상들과 계급, 인종, 젠더, 섹슈얼리티, 연령, (비)장애 등 사회적/문화적 대상들의 상호의존관계를 이해하고 이론화하는 것이 중요함을 강조한다(Lee, Y. M. et al., 2011, 242).

이상과 같은 도덕지리 또는 비도덕지리에 대한 관심은 우리로 하여금 세계의 지리적 질서와 무엇이 선하고, 올바르고, 진실한가라는 관념들 간의 당연시되던 관계를 의문시하고 분석하도록 고무한다. 이는 누가, 무엇이, 어디에, 언제 속해 있는가에 대해 자연스럽게 기대하게 되는 질서의 작용에 있어 공간, 장소, 경관 등 지리학의 핵심 개념들이 어떻게 작동하는가를 밝힌다. 이 같은 기대치들로부터 일탈함으로써(경계넘기를 함으로써), 그러한 지리의 이면에 있는 권력관계를 표면으로 이끌어 낼수 있다. 또 다른 차원에서 도덕지리를 이해함으로써, 보다 높은 차원의 도덕성을 구현하는 데 있어인간 경험의 지리적 요소에 대해 보다 일반적으로 이해할 수 있다(Lee, Y. M. et al., 2011).

3) 지리 교과의 도덕적 개념, 기능, 가치/덕목

(1) 지리 교사와 도덕적 지식 및 가치/덕목

교육과 교수는 기본적으로 도덕 및 윤리적 관심에 대한 반영물이다(Peters, 1970; Hamm, 1989; Campbell, 2003). 왜냐하면 교육은 본질적으로 무엇을 어떻게 가르치는 것이 바람직하고 가치 있으며, 도덕적으로 타당한지에 대한 일종의 가치판단의 과정이기 때문이다. 따라서 지리 교사는 지리 교과를 통해 도덕적이고 윤리적인 본질에 대해 무엇을 어떻게 가르칠 것인가와 관련한 도덕적 행위자이며, 따라서 도덕적 책임성을 수반하게 된다. 다른 교과의 교사들과 마찬가지로 지리 교사들은 내용지식, 일반적 교수지식, 교수내용지식 등에 대한 정확한 이해가 필요할 뿐만 아니라, 이에 더해 '윤리적 지식(ethical knowledge)'(Hargreaves and Goodson, 2003; Campbell, 2003)을 가져야 한다.

지리 교사에게 윤리적 지식이 요구되는 것은 학생들이 교육을 통해 만나게 될 실제 세계의 윤리적 쟁점이 지리적 차원을 가진다는 인식에서 출발한다. 왜냐하면 지리에서의 도덕적 전환에서 살펴보았듯이, 실제 세계에서 일어나는 윤리적 쟁점은 특정 장소에서 일어나며, 종종 다양한 스케일에서 다른 장소들을 횡단하여 복잡한 관계를 보여 주기 때문이다. Smith(2000)는 차이의 세계에서 도덕 및 윤리의 중요성을 강조하고 경관, 위치와 장소, 근접성과 거리, 공간과 영역, 개발과 자연 등을 도덕적 관점에서 탐색하면서 배려의 윤리, 사회정의(공간정의 또는 영역적 정의), 환경윤리(공정, 정의, 지속가능성, 배려, 미래)를 강조한다. 그는 지리적으로 민감한 윤리를 향한 제언으로서, 또다시 차이의 세계라는 맥락에 민감한 도덕적 지식을 강조하면서 보다 나은 세계를 위한 도덕지리의 중요성을 강조한다. Morgan(2011a)은 이러한 도덕지리를 지리윤리학(geo-ethics)으로 명명한다. 또한 그는 지리와 관련된 윤리적 쟁점으로 인간과 환경의 상호작용, 지속가능성과 개발, 갈등, 세계화, 세계의 기후변화, (젠더, 민족, 연령 등에 의한) 공간적 배제를 제시하면서, 이러한 쟁점들에 대한 도전이 점점 중요해지고 있다고 주장한다. 이와 같은 도덕지리 또는 지리윤리학, 그리고 비도덕적인 지리의 출현으로 지리 교사들에게는 더욱더 정교한 윤리적 교과지식이 필요하게 된다.

Standish(2009)는 지리교육은 사회적 요구, 특히 지리윤리학적 요구를 검토함으로써 부가적인 도덕적 합법성을 획득할 수 있다고 주장한다. 즉 지리교육은 모든 학생들이 교양 있는 시민으로서 능동적이고 참여적인 역할을 하는 데 권력을 부여받도록 하기 위해 긴박한 세계적 쟁점들을 탐색하고, 탐구와 협력을 통해 문제해결 기능과 공동창조 지식을 발달시키는 데 강조점을 두어야 한다는 것이다.

도덕지리와 관련하여 지리를 가르치는 주요 목적은 학생들로 하여금 급속히 발전하며 혼란스러운 세계에서 더 현명하게 대응할 수 있도록 하는 것이다. 그러한 지리교육은 '무엇이, 어디에, 왜 그곳에 있으며, 왜 배려해야 하는지'에 대한 질문을 고찰하는 것이다(Gritzner, 2002, 38). 지리 교사들은 '도덕적으로 주의 깊은 방식'으로(Lambert, 1999; Morgan and Lambert, 2005) 지리적 쟁점을 가르치기 위해 적절한 일반적인 윤리적 지식과 구체적인 교과와 관련한 윤리적 지식을 발달시켜야 한다. 특히 Morgan and Lambert(2005)는 '윤리적인 지리 교사란 어떤 사람인가?'라는 질문을 던지면서, 21세기에 지리 교사가 된다는 것은 가치, 윤리, 도덕의 역할을 고려해야 한다고 주장한다. 왜냐하면 지난 25년간의 지리지식의 주요한 발전은 지식이 가치중립적이지 않다는 것에 대한 자각이었기 때문에 (Kobayashi and Proctor, 2003), 지리 교사는 도덕 및 윤리를 고려하지 않으면 안 된다.

그렇다면 어떻게 하면 윤리적인 지리 교사가 될 수 있을까? Morgan and Lambert(2005)는 '도덕적으로 부주의한 지리교수'와 '도덕적으로 신중한 지리교수'에 대한 사례를 각각 제시하고 있다. 먼저, 도덕적으로 부주의한 지리교수에 대한 사례 4가지를 제시하고 있다. 첫째, 시험이 고압적인 '답변 문화'에 유일하게 중요성을 부여할 때 그러하다. 이것은 교사들이 일련의 내용을 '전달'하려고 시도할 때 일어난다. 둘째, '정답도 틀린 답도 없다'라고 할 때 그렇다. 이것은 교사가 어떤 답변도 가능하다는 메시지를 줄 때 일어난다. 셋째, 임무가 사회를 변화시키거나 '보다 나은 세계'를 만들려고 할 때 그러하다. 어떤 '타당한 이유'를 위해 가르치는 것은 학생들을 교육시키기보다 오히려 교화시킬 위험이 있다. 넷째, 교수학적 모험(pedagogical adventure)이 가장 중요하다고 할 때 그렇다. 여기서는 학생들을 '참여'시켜야 할 필요성이 학습되고 있는 것의 가치에 관한 판단보다 우선하게 된다.

더 긍정적인 관점에서 Morgan and Lambert(2005)는 '도덕적으로 신중한 지리교수'에 대한 3가지 사례를 제시한다. 첫째, 가장 어려운 질문을 다루려는 전략이다. 이것은 전형적으로 갈등, 강제적 인구이동, 증가하는 불평등, 환경적 지속가능성 등을 다룰 것이다. 둘째, 비판과 논쟁을 안내하는 구조들과 모델에 대한 강조이다. 이렇게 함으로써 지리는 학생들로 하여금 '사회과학의 주장들이 어떻게 작동하는지'에 관해 중요하게 입문하도록 한다. 우리가 세계에 관해 알고 있는 것은 단지 나타나거나 발견되는 것이 아니라, '논쟁의 문화'에서 창조된다. 셋째, 현명한 의사결정을 하고 관점을 표현할 수 있는 실천의 기회를 제공함으로써 '도덕적 판단의 기초'에 기여하는 것이다.

지리 교과의 핵심적인 도덕적 가치 또는 덕목을 논의하기 위해서는 인성교육을 위한 도덕적 가치 또는 덕목이 어떻게 주장되어 왔는지를 먼저 간단히 살펴볼 필요가 있다. 가치는 일반적으로 신념과 유사하지만 원칙, 기본적인 확신, 이상, 행동에 대한 일반적인 안내로서 기능하며, 의사결정에서 신념 또는 행동에 대한 평가로서 기능한다. 그리고 가치는 개인적 존엄과 개인적 정체성과 밀접하게 연결된 표준 또는 자세로서 도덕적인 중요성을 수반한다(Halstead, 1996, 5).

특정한 도덕적 가치 또는 덕목을 가르치거나 함양하도록 하는 덕목 지향 접근은 인성교육(character education)에서 강조되어 온 것이다. 인성교육은 1920년대와 1930년대에 미국에서 인기를 누렸으며, 최근에 다시 새로운 관심을 불러일으키고 있다(Halstead, 1996). 이러한 인성교육은 동전의 양면에

표 8-2. 인성교육을 위한 도덕적 가치 또는 덕목

대표 덕목	발휘 대상			
	개인		집단	
	자기	타인	사회	인류, 자연, 생명
존중(respect)	자기이해 자기존중(자부심)	포용, 수용, 용서, 이해심, 공감, 황금률, 공손, 공경, 예절	관용, 다문화	인권 존중, 자연보전, 생명 존중
배려(caring)	자기애, 자기계발	친절, 호의, 자선, 이타성	협력, 협동	인류애, 자연애, 생명애
책임 (responsibility)	성실, 절제(인내, 끈기)	양육, 폐 끼치지 않기	역할 충실, 충성	인간·생명 존중 책임, 자연 보전 책임
신뢰성 (trustworthiness)	진정성, 일관성	정직, 진실, 진솔, 신뢰	공동체를 배신하지 않음	인간과 생명을 목적으로 대함 자연을 착취하지 않음
정의, 공정성 (justice, equity)	규칙 준수	합리적임, 경우 있음	자유, 평등, 복지 등 사회적 가치	평화, 번영 등 인류적 가치
시민성 (citizenship)	자율성, 자발성, 정체성	협력, 협동, 민주적 대화	민족애, 조국애, 민족적 과제에 관심 및 참여와 실천	인류애 실천, 환경보전 실천, 생명 존중 실천

출처: Lee, M. J. et al., 2011.

해당하는 개인적인 번영 또는 훌륭한 시민(good citizen)으로 이어지는 특정한 '덕목(virtues)'을 불어넣어 주는 것과 관련된다. 덕목은 인간의 본성과 일치하지만, 인간은 덕목을 나타내 보이기 위해 태어난 것이 아니라 오히려 덕목을 좋은 습관 또는 나쁜 습관으로서 발달시키게 된다. 따라서 여기에는 덕목을 가르치고 배우는 교육의 중요성이 부각된다.

도덕적인 가치 또는 덕목은 사회마다 역사마다 다양하며, 덕목 간의 우선순위 역시 그러하다(Higgins, 1995, 55). 상대적으로 등질적인 문화 지역에서는 이에 쉽게 합의할 수 있을지 모르지만, 이질적인 문화 지역에서는 다분히 문제가 된다. 왜냐하면 전달해야 할 상이한 덕목을 주장할 가능성이 높기 때문이다. 도덕적인 가치 또는 덕목을 범주화는 방법은 개인적 덕목(예를 들면, 정직, 용기, 성실)을 기르는 데 초점을 둘 것인지, 아니면 사회적 덕목(예를 들면, 정의, 시민성)을 기르는 데 초점을 둘 것인지에 따라 달라진다. 그리고 도덕적인 가치 또는 덕목은 시대에 따라 그 중요성이 달라진다. 예를 들면, 과거에는 충, 효, 용기, 지혜, 절제 등이 강조되었다면, 현대에는 배려, 책임감, 정의·공정, 진실성, 존중, 창의성, 심미성 등을 비롯하여 특히 배려의 윤리가 강조되고 있다. 따라서 도덕적 가치 또는 덕목은 해당 사회의 현실을 반영하는 것으로서 사회적으로 구성된 것이라고 할 수 있다. 도덕적 가치 또는 덕목은 사회적으로 구성되기 때문에 이를 범주화하기 위해서는 대부분의 사람들이 공감할 수 있는 폭넓은 의견 수렴이 필요하다.[8]

Lee, M. J. et al.(2011)은 인성교육에서 널리 활용되고 있는 조지프슨 연구소(Josephson Institute)의 '여섯 주요 덕목(6 pillar virtues)'을 활용하여, 여섯 기둥 덕목의 적용 대상을 개인과 집단으로 구분하고, 개인을 다시 자기와 타인, 그리고 집단을 특수한 사회와 보편적인 인류 전체로 적용하는 것으로 구분하여 〈표 8-2〉와 같이 제시하고 있다. 이 덕목에는 배려교육의 덕목(존중, 배려, 책임)과 전통적인 덕목(정의, 공정성), 민주적 시민사회의 덕목(시민성)을 포함하면서도 자기자신을 위한 덕목을 체계적으로 포함하고 있으며, 개인으로서의 다른 사람과 특수한 사회 및 보편 인류를 위한 덕목으로 편성되어 있다.

(2) 지리학에서의 도덕적 개념 및 가치/덕목

지리 교과의 도덕적 개념 및 가치/덕목에 접근하는 한 가지 유용한 방법은 지리학자들이 범주화

---

8 도덕적 가치 또는 덕목을 추출하는 방식은 연역적 방식과 귀납적 방식이 있다. 연역적 방식은 인간의 본성, 또는 자연권의 절대성 등 도덕적 원리를 기반으로 하여 이로부터 추론되는 덕목을 제시하는 방법이다. 그러나 이러한 방식으로 추출된 덕목은 일상생활 및 경험적 성격과 동떨어져 있을 가능성이 있다. 따라서 대부분의 학자들은 상식적 도덕성에 대한 성찰을 통해 덕목을 추가하거나, 우리의 생활 영역을 구분한 후 덕목을 추출하는 경우가 있다. 그리고 이렇게 추출된 덕목들은 상호독립적일 수는 없다.

하고 있는 것을 귀납적으로 접근하는 것이다. 지리학과 관련한 도덕적 지식 및 가치/덕목은 앞에서 언급한 여러 지리학자들이 제기하였지만, 대표적 학자로는 Proctor(1999)와 Smith(2000)를 들 수 있다. 따라서 이 두 학자를 중심으로 지리학과 관련된 도덕적 지식(개념) 및 가치/덕목을 범주화하고자 한다.

먼저 Proctor(1999)는 윤리와 지리적 관계를 두 가지로 구분하는데, 하나는 지리(학)하기(doing geography)의 과정에 참여하는 것으로 대개 전문적 윤리(professional ethics)와 유사하고, 다른 하나는 지리연구의 본질에 관한 것으로서 이론적 윤리(theoretical ethics)와 유사하다. 나아가 그는 이러한 구분을 각각 존재론적 프로젝트(ontological project)와 인식론적 프로세스(epistemological process)에 대입한다. 특히 그는 지리의 존재론적 프로젝트로서 공간(space), 장소(place), 자연(nature)이라는 3가지의 메타포를 사용하여 이를 윤리와 연결시켜 각각 공간윤리, 장소윤리, 환경윤리로 범주화하는데, 이들 각각에 대해 살펴보면 다음과 같다.

첫째, 공간과 관련한 도덕적 접근으로서 공간윤리에 대한 관점이다. Proctor(1999)는 지리학에서 공간이라는 메타포는 윤리라는 본질적 질문과 가장 빈번하게 연결되는 개념이라고 주장한다. 지리학, 특히 급진적 지리학에서는 사회정의의 공간적 차원에 큰 관심을 기울여 왔다(Harvey, 1973; 1996; Smith, 1994; Gleeson, 1996). 이러한 연구들은 주로 공간적 포섭과 배제에 대한 지리적 분석(Ogborn and Philo, 1994; Sibley, 1995), 공간적으로 멀리 떨어져 있고 개발에 대한 권력을 가지지 못한 타자들에 대한 책임성(Corbridge, 1993), 이주와 사회정의(Black, 1996), 영역적 정의(territorial justice)(Boyne and Powell, 1991)에 관해 고찰한다. 사회정의의 공간적 차원에 대한 관심은 공간정의로 귀결된다. 한편, Smith(1998)는 '우리는 어디까지 배려해야 하는가?'라는 질문을 던진다. 이것은 공간정의로서 윤리가 가지는 의미를 독해하려는 노력의 일환으로서, 무차별과 보편성이 우선시되고 가족, 공동체, 관계적 중요성을 가진 다른 사회적 집단이 가장 강조되는 배려로서의 윤리(ethics as care), 관계에 기반한 윤리(relationally-based ethics)가 강조된다.

둘째, 장소와 관련한 도덕적 접근으로서 장소윤리에 대한 관점이다. Proctor(1999)에 의하면, 장소라는 메타포에 대한 윤리적 접근은 도덕지리와 직접적으로 연결된다. 도덕지리란 장소의 도덕적 특징에 대해 심층적 기술(thick description)로 간략하게 번역할 수 있다. 앞에서도 언급하였듯이 Smith(1998; 2000)는 도덕지리라는 용어가 사람과 장소에 관한 규범적 가정을 기술하기 위해 이용되었지만[Smith는 이를 기술윤리(descriptive ethics)라고 부른다], 지리학자들이 도덕 자체에 관한 탐구에는 게을렀다는 점을 지적한다. Proctor(1999) 역시 도덕지리를 '기술윤리'라고 부르는 것은 무언가를 놓치고 있다고 주장한다. 왜냐하면 장소에 대한 규범적이고 초윤리적(metaethical) 접근은 장소상실에 대한 기술보다 인간의 도덕성을 이해하는 데 초점을 맞추어야 하기 때문이다. 비록 도덕지리가 규범적/초윤리적 초점을 회피해 왔지만, 장소에 기반한 구체적이고 특수한 지리적 분석이 더 추상적인 규범적/초윤리적 쟁점을 검토하는 데 상대적인 용이성을 제공한 것은 사실이다. 한편, 장소에 대한 도덕적 관심은 주관적인 공동체 또는 지역적 가치를 비롯하여, 선진산업사회에서의 생산과 소비의 도덕적 맥락의 기초를 제공하기 위해 사용되어 왔다(Sack 1992: 177-205). 사실 장소에 관한 도덕적 관심은 Tuan(1974; 1989; 1993)을 비롯한 인간주의 지리학자들에 의해 이루어졌다. 그러나 도덕지리에 관한 최근의 입장은 장소는 불가피하게 규범적이며, 규범은 장소에 부가되어야 할 어떤 것이라기보다는 장소로부터 파악되어야 할 어떤 것이라고 본다.

셋째, 자연과 관련한 도덕적 접근으로 환경윤리에 대한 관점이다. 지리의 윤리적 접근에서 자연(환경)의 메타포는 사회정의와 도덕지리만큼 주목을 끌지 못했다. 이와 같은 배경에는 지리학에서 자연에 대한 관심이 주로 자연과학과 생명과학에 근거하고 있기 때문이다(Proctor, 1999). 그럼에도 불구하고 지리학자들 사이에 환경윤리에 관한 관심이 증가해 오고 있다(Proctor, 1998c). 최근 지리학에서는 사회정의의 패러다임을 자연의 메타포와 연결하는 환경적 인종차별주의와 정의(environmental racism and justice)에 점점 관심을 기울이고 있으며, 자연과 도덕과의 관계에 대해 질문을 던지고 있다(Simmons, 1993; Harvey, 1996).

Smith(2000)는 지리적 맥락이 어떻게 도덕적 실천에 중요하고, 윤리적 숙고가 인간 존재의 지리적 차원에 대한 인식 없이는 어떻게 불완전한지를 설명하고 있다. 도덕적 접근을 위한 구조를 설정함에 있어 지리연구에서 중심적인 개념의 중요성을 인식하고 있다. 그는 차이의 세계에서 도덕과 윤리의 중요성을 강조하면서, 지리연구를 위한 중심적 개념으로 경관, 입지와 장소, 로컬리티, 근접성과 거리, 공간과 영역, 개발과 자연 등을 제시하고 이를 중심으로 도덕적 접근을 시도한다. 첫째, 경관, 입지, 장소에 대한 도덕적 읽기를 시도하면서 산업도시의 도덕지리를 탐색한다. 둘째, 근접성이라는 개념을 통해 로컬리티와 공동체를 탐색한다. 로컬리티와 불공평, 공동체와 도덕을 추적하면서 배려의 윤리에 초점을 둔다. 셋째, 거리의 개념을 자선(기부)의 범위로 인식하면서 공동체의 재구성을 시도하고, 배려의 범위를 확장하면서 배려와 정의의 윤리를 결합하려고 시도한다. 넷째, 공간과 영역이라는 개념을 끌어오면서 '누가 어디에 있어야 하는가?'라는 질문을 던진다. 여기에서는 포섭과 배제에 초점을 두면서 영역에 대한 주장을 비롯하여 다문화주의와 소수자의 권리를 탐색한다. 다섯째, 분포에 대한 개념을 끌어오며 이를 영역적 사회정의와 결부시킨다. 여기에서는 분포와 차이, 훌륭한 자산을 가진 장소, 인간의 동일함, 요구와 권리, 사회정의, 보편성과 특수성을 탐색한다. 여섯째, 개발이라는 개념을 끌어와서 이것이 가지고 있는 윤리적 관점에 주목한다. 즉 개발윤리를 소개하면서 남아프리카공화국을 사례로 하여 아파르트헤이트 후의 개발과 대안적인 개발윤리에 대해 논의한다. 마지막으로, 자연의 개념에 주목하면서 환경윤리에 대해 논의한다. 환경윤리를 소개하면서 환경적인 공정과 정의, 지속가능한 개발, 공동체, 배려, 미래에 대해 고찰한다. 특히 지리적으로 민감한 윤리를 향한 제언으로서 다시 차이의 세계를 강조하면서, 맥락에 민감한 도덕적 지식을 강조하고 보다 나은 세계를 위한 도덕지리의 중요성을 강조한다.

요약하면 Proctor(1999)는 간단하게 공간과 윤리, 장소와 윤리, 자연과 윤리로 구분하면서 공간, 장소, 자연이라는 지리학의 핵심 개념에 도덕적·윤리적으로 관계하는 가치/덕목을 고찰하였다. 특히 사회정의와 영역적 정의(공간정의), 타자에 대한 책임성, 배려의 윤리, 공정, 환경윤리 등을 고찰하였다. 반면에 Smith(2000)는 지리학의 개념을 경관, 입지, 장소, 로컬리티, 근접성, 거리, 공간, 영역, 분포, 개발, 자연 등으로 보다 세분하여 이와 도덕적·윤리적으로 관계하는 가치/덕목을 고찰하였다. 특히 배려와 정의[사회정의, 공간정의(영역적 정의)]의 윤리, 개발윤리, 환경윤리의 측면에서 고찰하였다. 이 두 사례에서 공통적으로 발견할 수 있는 것은 사회정의(공간정의, 영역적 정의)와 공정, 타자에 대한 배려와 존중, 환경윤리(환경정의, 책임성) 등으로 배려와 존중의 윤리로 규정할 수 있다.

(3) 지리교육에서의 도덕적 개념, 기능, 가치/덕목

지금까지 지리교육 연구에서는 도덕적 개념 및 가치/덕목을 범주화하여 제시한 사례는 발견되지 않는다. 다만, 지리를 통한 가치교육의 하위 영역 설정 사례와 지리를 통한 시민성 교육의 하위 영역 설정 사례가 있을 뿐이다. 그러나 이들 하위 영역은 도덕적 개념 및 가치/덕목으로 이름 붙여도 큰 무리가 없을 정도이다. 따라서 지리를 통한 가치교육 및 시민성 교육의 일환으로 설정된 하위 영역들을 중심으로 하여 살펴본다.

먼저 지리를 통한 가치교육의 하위 영역을 범주한 사례 중에서 가장 대표적인 것은 1992년 영국의 지리 교사 그룹에서 유목화한 것으로 이는 Slater(1994)에 의해 제공되었다. 여기에서 제시된 가치목록은 환경을 위한 배려, 인권, 정의(사회적·정치적·경제적), 문화/사회에의 어울림, 타 문화에 대한 존중, 경관의 질 보존하기, 이용/남용/지속가능성, 착취(개발)의 부재, 문화와 환경에 대한 감정이입(공감), 환경에 대한 책임성이다. 이 목록들은 각각 개념과 도덕적 가치/덕목을 혼합하여 제시되어 있으며, 목록 상호 간에 확연하게 구분되기보다는 상호 중첩되는 일면이 많다. 이를 지식(또는 개념)과 도덕적 덕목/가치로 구분해 보면, 지식 또는 개념으로는 환경, 문화의 다양성, 경관과 장소, 공간과 자원, 지속가능성을 들 수 있고, 도덕적 덕목/가치로는 배려, 인권, 정의, 어울림, 존중, 보존, 감정이입(공감), 책임성을 들 수 있다.

다음으로 지리를 통한 시민성 교육의 하위 영역을 범주한 사례들 중에서 대표적인 것은 Rawling (1991), Walkington(1999), Machon and Walkington(2000), Oxfam(1997) 등에 의한 것이다. 먼저, Rawling(1991)은 시민성을 가르치는 지리 교사들을 지원하기 위해 지리와 시민성의 관계를 내용/맥락, 핵심 개념, 기능에 따라 하위 범주를 설정하고 있다. 내용/맥락으로는 모든 스케일(사람, 장소, 환경)에서의 의사결정, 노동, 고용, 여가에 대한 반응, 환경적 쟁점, 국가 간의 관계, 국제적 그룹화이고, 핵심 개념으로는 의사결정, 갈등/협력, 유사성/차이, 인간 복지, 평등/불평등, 개발/상호의존, 책임성/권리이며, 기능으로는 인간/장소, 환경에 대한 쟁점, 상이한 관점 분석하기, 모둠활동, 지도/스케일의 범주를 제시하고 있다.[9] 이 분류에서 핵심 개념으로 제시된 갈등/협력, 유사성/차이, 인간 복지, 평등/불평등, 개발/상호의존은 지리학에서도 도덕적 지식으로서 중요시되고 있는 것이며, 내용/맥락과 기능에 각각 제시된 환경에 대한 쟁점은 도덕적 지식으로 재분류할 수 있다. 그리고 책임성을 제외하면 도덕적 가치/덕목은 제시되고 있지 않다. 이러한 도덕적 지식 및 가치/덕목을 학습하는 데 필요한 기능을 제시하고 있는데, 특히 상이한 관점 분석하기, 모둠활동은 중요한 역할을 한다고 할 수 있다.

둘째, 초등 지리 교사들에게 글로벌 시민성 교육에 대처하도록 하기 위해 Walkington(1999)은 지리와 시민성의 관계를 접근, 개념, 기능, 가치에 따라 하위 범주를 설정하고 있다. 접근에는 선입관에 도전하거나 싸우기, 근원적인 프로세서 탐색하기, 학습에 대한 홀리스틱 접근 취하기, 쟁점을 사용하여 환경적 쟁점 또는 정의와 관련한 쟁점과 같은 학습을 구조화하기, 협동학습 전략, 개념으로는 지속가능성, 상호의존성, 변화, 장소, 문화적 다양성, 기능으로는 대조(유사점과 차이점), 비판적 사고, 의사결정, 모둠활동, 가치로는 장소감, 공동체 의식, 감정이입(공감)을 제시하고 있다. 이 분류에서도 접근에 해당하는 것은 개념, 기능, 가치에 다시 재배치할 수 있다. 도덕적 지식 또는 개념으로는 지속가능성, 상호의존성, 변화, 장소, 문화적 다양성, 공간적 쟁점, 환경적 쟁점, 도덕적 가치/덕목으로는 (사회적·공간적·환경적) 정의, 장소감, 공동체 의식, 감정이입(공감)을 들 수 있다. 그리고 이를 학습하기 위한 기능으로는 홀리스틱 학습, 협동학습(모둠활동), 대조, 비판적 사고, 의사결정을 들 수 있다.

셋째, Machon and Walkington(2000)은 중등학교에서 지리를 통해 시민성을 가르치는 데 있어 지리와 시민성의 관계를 개념, 기능, 가치에 따라 하위 범주를 설정하고 있다. 개념으로는 상호의존성, 지속가능한 개발, 장소, 스케일, 문화적 다양성, 기능으로는 비판적 사고, 의사결정, 반성, 심사숙

---

9 사실 이 분류는 엄밀성이 다소 떨어진다. 예를 들면, 의사결정의 경우 핵심 개념이라기보다는 기능에 해당되고, 인간/장소, 환경에 대한 쟁점은 기능이라기보다는 개념으로 보는 것이 타당하며, 책임성/권리는 핵심 개념이라기보다는 가치에 해당한다고 볼 수 있다.

고, 의사소통, 가치로는 정의(사회적/경제적), 장소감, 공동체 의식, 감정이입, 다양성을 제시하고 있다. 이 분류에서 다양성은 도덕적 가치/덕목이라기보다는 개념으로 보는 것이 타당하며, 이에 대한 배려와 존중을 가치로 채택할 필요가 있을 것이다. 그리고 기능에 있어 반성과 심사숙고를 제외하면, Walkington(1999)의 분류와 매우 흡사하다고 할 수 있다.

셋째, 영국의 국제구호단체인 Oxfam(1997)은 학교교육에서 글로벌 시민성 교육을 범교과적 차원에서 촉진할 수 있도록 지원하기 위해 『글로벌 시민성을 위한 교육과정(A Curriculum for Global Citizenship)』이라는 매우 유용한 팸플릿을 제공하였다. 여기에는 다음과 같이 글로벌 시민성 교육을 위한 특별한 지식과 이해, 가능, 가치와 태도를 제기하고 있다. 비록 여기에 제시된 목록들은 지리교육만을 위한 것은 아니지만, 지리 교사들은 지리와 이들 목록 간의 연계를 고찰해야 한다. 지식과 이해로는 사회정의와 공정, 다양성, 세계화와 상호의존성, 지속가능한 개발, 평화와 갈등, 기능으로는 비판적 사고, 효과적인 토론능력, 부정의와 불평등에의 도전능력, 사람과 사물에 대한 존중, 협력과 갈등 해결, 가치와 태도로는 정체감과 자존감, 감정이입(공감), 사회정의와 공정에 대한 헌신, 다양성에 대한 가치와 존중, 환경에 대한 관심과 지속가능한 개발에 대한 헌신, 사람들은 차이가 있다는 신념을 제시하고 있다. 이 분류에서도 지식과 이해, 기능, 가치와 태도 사이에 상호 중첩되는 부분이 많으며, 특히 지식과 이해, 기능 영역에 도덕적 가치/덕목이 포함되어 있다. 이를 다시 조정하여 재분류하면, 지식 또는 개념으로는 다양성, 세계화와 상호의존성, 환경과 지속가능한 개발, 평화와 갈등, 공간적 불평등, 문화의 다양성 등이며, 도덕적 가치/덕목으로는 사회정의와 공정, 배려와 존중, 정체감과 자존감, 감정이입(공감), 책임감 등을 들 수 있다. 이를 학습하기 위한 기능으로는 비판적 사고, 효과적인 토론 능력, 문제해결력을 들 수 있다.

넷째, Pykett(2011b)은 지리교육과 시민성 교육은 모두 학생들의 공공성 의식, 상호연결성, 글로벌 윤리, 능동적 책임성과 관련된다고 주장한다. 그녀는 이 두 교과는 조사, 비판적 탐구 기능을 발달시킬 수 있는 기회를 제공하며, 이들이 다룰 수 있는 현대적인 토픽으로 이주, 세계화, 공동체, 지속가능성, 환경, 개발, 무역, 갈등, 문화와 정체성, 경제, 도시, 거버넌스(통치체계)를 제시하고 있다.

한편, 최근 일부 지리교육학자들은 지리교육을 통해 다루어야 할 도덕 및 윤리적 쟁점의 목록을 제시하고 있다. Morgan(2011a)의 경우, 오늘날 도덕 및 윤리적 관심을 끄는 지리, '지리윤리학(geo-ethics)'은 한층 더 다양해졌다고 주장한다. 그는 윤리적 쟁점으로 인간과 환경의 상호작용, 지속가능성과 개발, 갈등, 세계화, 세계 기후변화, 젠더, 민족, 연령 등에 근거한 공간적 배제의 실천뿐만 아니라 갈등과 테러, 차별대우, 배제, 인종청소, 빈곤과 개발, 인권, 환경파괴 등과 같은 실제 세계에서의 도덕적 쟁점과 같이 다양하다고 주장하면서, 이러한 도덕적 쟁점들은 전문화된 철학적 분야로서 도덕 및 윤리적 접근이 중요하며, 특히 더욱 전문화된 개발윤리와 환경윤리와의 소통도 중요하다고 하였다.

이상과 같이 지리와 가치와의 관계, 지리와 시민성과의 관계에 대한 하위 범위에 대한 설정은 서로 다른 학자들이 시로 다른 대상과 목적을 위해 세시하고 있지만, 일부 유사점을 발견할 수 있다. 이들 하위 범위를 통합하여 지식, 기능, 가치·태도 영역으로 다시 분류하면 다음과 같다. 지식 또는 개념으로는 상호의존성, 이용/남용/지속가능성, 공간 변화, 공간적 불평등과 쟁점, 장소와 정체성, 문화적 다양성, 갈등/협력, 유사성/차이, 인간 복지, 기능으로는 비판적 사고, 의사결정, 반성과 성찰, 다양한 야외조사, 다양한 탐구기능, 비판적 문해력, 협동학습과 집단학습, 토론과 논쟁, 문제해결력, 가치·태도로는 정체성과 자존감, (사회적·경제적·공간적·환경적) 정의와 공정, 장소감, 공동체 의식과 참여, 감정이입, (다양성/타인의 경험과 견해에 대한) 배려와 존중, (문화와 환경에 대한) 감정이입(공감), (환경에 대한) 책임감을 제시할 수 있다.

지식 또는 개념의 관점에서 볼 때, 인간, 공간, 사회와 관련한 공간의 사회적 구성, 차이의 공간, 공간의 변화, 공간적 불평등과 쟁점, 상호의존성, 지속가능성, 문화적 다양성, 장소정체성, 인간 복지 등의 개념이 중요하게 부각되는 것으로 이들은 가치내재적 지식을 지향한다. 이러한 가치내재적인 지식 또는 개념을 비롯하여 도덕적인 가치/덕목과 관련한 기능의 경우 특히 인지적 기능(intellectual skills)보다는 사회적 기능(social skills)(예를 들면, 모둠학습에서의 공동체 의식, 의사소통, 배려)이 중요하게 부각된다(Slater, 1993).[10] 이러한 사회적 기능은 소프트 스킬(soft skills)[11]과 유사한 것으로서 Lambert and Morgan(2010)은 특히 이를 강조하고 있다.[12] 인성교육의 방안은 주로 교과별로 제안되었는데,

---

[10] 소프트 스킬이란, 기업 조직 내에서 커뮤니케이션, 협상, 팀워크, 리더십 등을 활성화할 수 있는 능력을 뜻한다. 생산, 마케팅, 재무, 회계, 인사조직 등의 일련의 경영 전문지식은 '하드 스킬(hard skill)'이라 한다. 하드 스킬에 치우친 경영학 교육은 경영 실무자에게 너무 추상적이고 이론에 치우쳐 현실경영 문제를 해결하기에 부적합하다는 비판을 받는다. 이에 바람직한 경영리더로서 실행력, 창의성, 리더십, 뚜렷한 목표의식, 대인관계, 비전 등 이른바 소프트 스킬을 갖춘 인재와 그 교육방침이 강조되고 있다. 기업이 원하는 인재는 고도의 경영지식으로 무장된 경영 과학자가 아니라 조직의 리더이기 때문이다.

[11] 도덕적 개념 및 가치/덕목에 적합한 지리적 기능으로는 교실 밖 야외조사를 통한 체험, 협동, 공동체 의식을 비롯하여, 교실 내 모둠학습을 통한 사회적 기능의 학습(의사소통, 토론, 역할 수행, 협력, 책임감, 바른 행동), 문제해결을 위한 참여적·실천적 측면이 중요하다. 평가는 기능의 평가에서 인지적 기능과 실제적 기능에 더해 사회적 기능(의사소통, 토론, 역할 수행, 협력, 책임감, 바른 행동)의 평가가 특히 중요하며, 다양성과 글로벌 시민성의 측면에서 가치와 태도의 평가 역시 중요하다.

[12] 하드 스킬이 정형화된 지식 수준을 의미한다면, 소프트 스킬은 수많은 정보와 지식을 종합해 재구성하고 응용하는 능력, 동료들과 효과적으로 협력하고 리더십을 발휘하는 소통능력을 의미한다. 이러한 상황판단능력을 갖춘 사람을 '소프트 스킬 인재'라 할 수 있으며, 그러한 의미에서 소프트 스킬은 인성과 밀접하게 관련된다. 2009 개정 교육과정이 창의인성교육을 강조하고 있는데, 이러한 창의인성 능력을 갖춘 사람을 기르기 위해서는 중등학교에서도 가치 및 인성과 관련된 덕목의 강조와 함께 이러한 소프트 기능이 중시되어야 한다. 이러한 소프트 기능은 교사에 의한 강의식 수업에서는 실효성을 거두기 어려우며, 학생들 간의 모둠학습을 하거나 학교 밖에서의 체험 또는 야외조사 학습을 통해 효과적으로 이루어질 수 있다. 현대 사회에서 요구한 인재를 학교에서 기르기 위해서는 교사에 의한 지식 전달이 아니라, 학생들이 모둠을 통해 협력하여 문제를 해결하는, 즉 서로 의사소통할 수 있는 소프트 스킬을 향상시키는 방향으로의 전환이 요구된다. 이것이야말로 창의인성교육을 위한 학교교육의

대체로 공동체적인 활동에 필요한 덕목을 위한 협동활동을 많이 제안하고 있다. 대화, 토론, 모둠활동에서의 협력, 배려 및 공감, 관용, 존중 등이 그것이다. 이러한 지식과 기능의 습득을 통해 학습자들은 자아정체성, 장소감, 타인의 경험과 견해에 대한 존중, 다양한 문화와 환경에 대한 공감, 사회정의 및 환경정의라는 비판적 가치와 신념에 입문하도록 해야 하며, 그들의 삶의 공간에서 실천하도록 해야 한다.

4) 우리나라 지리교육과정과 도덕적 개념 및 가치/덕목

(1) 목표 수준에서의 도덕적 개념 및 가치/덕목

앞에서도 잠시 언급하였지만, 2009 개정 교육과정에서는 모든 교과가 공통적으로 실현해야 할 '추구하는 인간상'을 신설하였는데, 여기에 전인적 성장, 개성의 발달, 문화적 소양, 다원적 가치, 세계와 소통하는 시민, 나눔과 배려, 공동체 의식 등의 도덕적 가치/덕목이 잘 나타나 있다. 이와 같은 경향은 이미 2007년 영국의 중등 국가교육과정 개정(QCA, 2007b)의 교육목적에서도 나타나는데, '성공적인 학습자', '확신에 찬 개인', '책임 있는 시민' 등을 육성하는 것을 목적으로 하고 있다. 이와 더불어 범교육과정 차원에서 특히 '정체성과 문화적 다양성', '공동체 참여', '글로벌 차원과 지속가능한 개발'을 포함하고 있다.[13]

초등학교 교육목표에서는 '전인적 인간', '문화적 다양성과 타인에 대한 존중, 배려, 공감, 협동'과 같은 도덕적 가치/덕목을 비롯하여 '문제해결력'과 같은 기능을 강조하고 있다. 중학교 교육목표는 '전인적 인간', '민주시민의 자질과 태도', '다원적 가치(다양한 문화)에 대한 존중'과 같은 도덕적 가치/덕목을 비롯하여 '문제해결력'과 '의사결정능력'과 같은 기능을 강조하고 있다. 고등학교 교육목표는 '성숙한 자아의식', '국가 공동체 의식', '세계시민으로서의 자질', '다양한 문화(다원적 가치)에 대한 존중'과 같은 도덕적 가치/덕목을 비롯하여, 비판적 사고력과 창의적 사고력과 같은 기능을 강조하고 있다. 초등학교에서 고등학교로 갈수록 도덕적 가치/덕목과 기능이 외연적으로 확대되거나 심화되

실천방식이라고 할 수 있다.

13 영국의 경우 2000년 국가교육과정에서 이미 도덕적·윤리적 가치의 실현을 중요한 목표로 설정하였다. 2000년 국가교육과정에서의 새로운 의제(New Agenda)는 시민성(citizenship), 개인적, 사회적 건강교육(Personal, Social and Health Education, PSHE), 지속가능한 개발을 위한 교육(Education for Sustainable Development)에 관한 강조였다. 이들은 학습자가 개인적, 로컬, 국가적, 글로벌 수준에서 지속가능한 개발에 대해 헌신할 것을 요구한다(DfEE and QCA, 1999, 11). 게다가 '더 정당한 사회', '자부심 개선하기', '편견에 도전하기', '보다 나은 세상을 위해 차이를 만들기', '상이한 신념과 문화를 이해하기', '국제적 상호의존', '환경에 대한 존중', '공통 선에 기여하기' 등과 같은 많은 부가적인 가치내재적 구절을 포함하고 있다(DfEE and QCA, 1999, 11).

표 8-3. 추구하는 인간상 및 학교급별 목표에서의 도덕적 가치/덕목

추구하는 인간상	• 전인적 성장, 개성의 발달 • 세계와 소통하는 시민으로서 배려와 나눔의 정신	• 문화적 소양과 다원적 가치에 대한 이해 • 공동체 발전에 참여하는 사람
초등학교 교육목표	• 몸과 마음이 건강하고 균형 잡힘 • 문화를 향유하는 올바른 태도	• 문제를 인식하고 해결하는 기초능력, 상상력 • 타인과 공감하고 협동하는 태도
중학교 교육목표	• 다원적인 가치를 수용하고 존중 • 심신의 건강하고 조화로운 발달 • 자신을 둘러싼 세계에 대한 경험을 토대로 다양한 문화와 가치에 대한 이해 • 다양한 소통능력	• 민주시민의 자질 함양 • 문제해결력 • 민주시민으로서의 자질과 태도
고등학교 교육목표	• 세계시민으로서의 자질을 함양 • 성숙한 자아의식 • 학습과 생활에서 새로운 이해와 가치를 창출할 수 있는 비판적·창의적 사고력과 태도 • 우리의 문화를 향유하고 다양한 문화와 가치를 수용할 수 있는 자질과 태도 • 국가 공동체의 발전을 위해 노력 • 세계시민으로서의 자질과 태도	

출처: MEST, 2011.

고 있음을 알 수 있다(표 8-3).

학교급별 목표보다 교과목 목표 수준에 제시되어 있는 도덕적 개념 및 가치/덕목은 보다 구체적이고 교과 맥락적이다. 중학교 사회의 경우 지리와 일반사회 영역을 포함하고 있기 때문에 제시되어 있는 도덕적 개념 및 가치/덕목은 다소 포괄적이다. 사회과에서 특히 강조하고 있는 민주시민으로서의 자질의 세부항목을 상세하게 설정하고 있으며, 한국인으로서의 정체성뿐만 아니라 다양한 문화에 대한 이해와 존중을 통한 글로벌 시민성에 대해 언급하고 있다. 그리고 도덕적 관심의 대상이 되는 다양한 사회적·공간적 문제를 해결하는 데 필요한 문제해결력과 의사결정능력을 비롯한 여러 기능을 강조하고 있다(표 8-4).

고등학교 한국지리의 경우 학습의 스케일이 주로 지역과 국가에 한정되기 때문에 더욱더 구체적이고 제한적이다. 주요 도덕적 개념으로는 환경적 상호작용과 지속가능한 개발, 공간적 문제와 불평등이며, 이와 관련한 가치/덕목은 구체적으로 명시하고 있지 않다. 제시된 도덕적 가치/덕목으로 전인적 인간을 비롯하여 지역 및 국가정체성(또는 시민성)이다. 한편 세계지리의 경우 학습의 스케일이 지역, 국가, 세계로 확장되면서 주요 도덕적 개념으로는 상호의존성, 세계화, 지속가능한 개발, 문화의 다양성, 갈등과 분쟁, 가치/덕목으로는 공존, 공동체 의식과 협력, 기능으로는 문제해결력이 제시되고 있다.

이상과 같이 추구하는 인간상과 학교급별 목표 수준에서는 도덕적 개념보다는 도덕적 가치/덕목

표 8-4. 교과목 목표에서의 도덕적 개념 및 가치/덕목

중학교 사회 목표	• 민주시민으로서의 자질(인권 존중, 관용과 타협의 정신, 사회정의의 실현, 다양한 스케일에서의 공동체 의식, 참여와 책임 의식 등) • 한국인으로서의 정체성과 세계시민으로서의 가치, 태도 • 개인적·사회적·지리적 문제를 해결하는 데 필요한 탐구능력, 비판적 사고력, 창의력, 판단 및 의사결정력, 사회참여능력 • 지역에 따른 인간 생활의 다양성 파악과 존중
고등학교 한국지리 목표	• 학습자들이 자신의 삶을 풍요롭고 의미 있게 만들어 갈 수 있는 인간으로 성장 • 생태계로서의 국토 공간 인식과 지속가능한 발전 　– 인간과 자연의 상호관계 이해 　– 개발과 보전에 대한 균형적 관점 • 공간문제(환경문제, 지역불균형문제, 인구문제)를 해결할 수 있는 합리적인 의사결정능력 • 국토와 지역(삶의 터전)에 대한 바람직한 가치관과 애정(국토관과 국토애, 향토애) • 국토 분단, 주변국과의 영역 갈등과 같은 우리 국토가 당면하고 있는 국토 공간의 정체성 문제를 올바른 시각에서 이해
고등학교 세계지리 목표	• 상호의존성 • 세계화 시대에 지역 간 협력 및 상호공존과 번영의 길 모색 　– 국가와 지역 간에는 영토, 자원, 무역, 환경오염 등으로 인한 분쟁과 문화적 차이로 인한 갈등을 파악하고 합리적인 문제해결 　– 다양한 문화 및 스포츠 교류, 경제 블록의 형성 등을 통해 협력 • 다문화사회라는 화두 속의 현대사회에서 보다 개방적이고 조화로운 민주적 공동체를 형성할 수 있는 태도 육성 • 세계적인 관점에서 우리 삶의 터전을 더 살기 좋은 공간으로 개발, 이용, 보존하기 위해 노력하는 자세

출처: MEST, 2011.

이 주로 제시되어 있다면, 교과목 목표에서는 도덕적 개념이 주로 제시되어 있고 이에 부가하여 기능과 가치/덕목이 제한적으로 제시되어 있다. 따라서 도덕적 개념을 비롯하여 기능, 가치/덕목을 보다 상세하게 고찰하기 위해서는 내용 성취기준에 대한 접근이 필요하다.

(2) 내용 성취기준의 도덕적 개념 및 가치/덕목

앞에서 살펴본 지리학 및 지리교육에서의 도덕적 개념에 토대하여 이를 영역, 문화의 이해와 다양성, 환경적 상호작용과 지속가능성, 공간적 불평등과 개발 등 크게 4가지로 구분하여 지리교육과정의 내용 성취기준을 선정하여 분류하고(표 8-2 참조),[14] 이에 적합한 도덕적 가치/덕목을 하여 제시하

---

14 한편, 2007년 영국 국가지리교육과정의 경우 7개의 핵심 개념(장소, 공간, 스케일, 상호의존성, 자연적·인문적 프로세서, 환경적 상호작용과 지속가능한 개발, 문화적 이해와 다양성)을 제시하고 있는데, 이 중에서 상호의존성, 환경적 상호작용과 지속가능한 개발, 문화적 이해와 다양성이 지리를 통한 도덕 및 윤리 교육을 위한 개념과 밀접한 관련이 있다고 판단하여 이 역시 참조하였다.

였다(표 8-5). 전체적으로 보면, 지리교육과정의 내용 성취기준에서 도덕적 지식으로 판단되는 항목들은 초중고에 대체로 골고루 다루어지고 있다. 다만, 이러한 도덕적 지식은 주로 도덕적 쟁점 또는 문제로서 이를 해결하기 위한 방안을 찾는 데 초점을 둘 뿐, 적절한 도덕적 가치/덕목과의 연계는 부족한 것으로 판단된다.

지리교육과정의 내용 성취기준을 분류한 〈표 8-5〉를 좀 더 세부적으로 살펴볼 필요가 있다. 먼저, 영역과 관련한 국가정체성(또는 시민성)으로서 이를 통해 학생들의 자아정체성과 국토관을 확립하고, 국가에 대한 책임뿐만 아니라 국토애를 형성할 수 있을 것이다. 그러나 이것이 지나치게 강조될 경우 오히려 타자에 대한 배타성을 강화시킬 수 있다는 문제점이 있다. 그리하여 앞에서 살펴보았듯이 지리학이나 지리교육에서 범주화된 도덕적 지식 및 가치/덕목에는 포함되어 있지 않았다. 또한 이는 차이의 세계에서 필요한 배려의 윤리와도 배치될 가능성을 내포하고 있다.

둘째, 도덕적 개념으로서의 '문화의 이해와 다양성'은 특히 지리의 '장소'라는 핵심 개념과 밀접한 관련을 가진다. 특정 장소(또는 공간)에서 누가 포섭되고 배제되는가는 도덕적으로 충분히 고려할 가치가 있으며, 이는 지리교육을 통해 의문시되어야 할 것이다. 다문화사회가 진전되고 있는 이 시점에서 민족, 종교, 이데올로기, 젠더, 연령, 섹슈얼리티, 인종 등의 관점에서 이루어지는 배제의 지리는 너무도 중요하다. 이러한 배제의 지리에 대한 교육적 의제는 포섭과 공동체 결합으로서(Morgan, 2011a), 도덕적으로 부과된 쟁점은 수용의 지리에 근거한 장소애착과 밀접한 관계를 가진다(Massey, 1995).

특히 이와 관련하여 Massey(1991a; 1993b)의 '진보적 또는 글로벌 장소감'은 포섭과 공동체 결합을 위한 지리교육에 유용하다. 진보적 또는 글로벌 장소감은 장소와 다른 장소와의 상호의존성을 나타내며(관계적 사고를 포함하며), 전 지구적 차원에서 작동하는 구조적 영향력(경제적·정치적·사회적)을 중요하게 인식한다. 이것은 외향적이고, 보다 넓은 세계와의 연계에 대한 의식화를 포함하며, 긍정적인 방식으로 글로벌과 로컬을 통합하는 자의식적인 규범적 장소에 대한 개념화이다. Massey의 글로벌 장소감과 연관되는 디아스포라의 개념은 학생들로 하여금 사람들이 상이하고 복잡한 장소감, 즉 다중적 소속감(multiple belongings)을 가지고 있는지를 이해하도록 도와주는 데 더욱 유용할 것이다.

Morgan and Lambert(2005)는 장소를 열려 있고, 침투적이며, 다른 장소들과의 관계 속에 있는 것으로 이해하는 것은 학생들로 하여금 사람들 사이의 구분보다는 오히려 상호연결성을 이해하도록 할 수 있다고 주장한다. 그러나 단순히 구별보다 상호연결성에 초점을 두는 것은 차이를 부정할 수 있는 위험을 내포하고 있다는 것을 강조한다. 여기에서 도덕적으로 중요한 것은 동화나 차별은 멀리하되 차이는 존중해야 한다는 것이다. 즉 특히 도덕적 가치/덕목으로서 타자에 대한 존중과 배려(차

표 8-5. 지리 성취기준의 도덕적 개념 및 가치/덕목

핵심 개념			내용 성취기준 사례	가치/덕목
영역			• 영토나 영해를 둘러싼 국가 간 갈등 사례를 조사하고, 그 원인을 탐구할 수 있다.[중-(13)-②] • 주변 국가와 관련된 영역 갈등의 원인과 과정 및 그 중요성을 인식하고, 우리나라 영토문제에 대한 대응 방안을 제시할 수 있다.[고-한-(1)-④] • 동아시아에서 우리 국토의 위치가 갖는 중요성을 바탕으로 국토 통일의 당위성을 인식하고, 이를 통해 세계 평화에 이바지하는 미래의 한국을 그려 본다.[중-(14)-②] • [고-한-(1)-③], [고-한-(7)-①], [고-세-(6)-①]*	(국가)시민성, 정체성, 책임
상호의존성	장소	문화의 이해와 다양성	• 세계화에 따른 문화의 획일화와 융합 사례를 찾고, 세계화에 따라 문화적 갈등이나 문화적 창조가 나타남을 사례를 통해 이해한다.[중-(8)-②] • 다른 문화(예, 종교, 언어)는 서로 공존하거나 갈등할 수 있음을 사례를 통해 이해한다.[중-(8)-③] • 지역에 따라 인구 문제의 차이가 있음을 이해하고, 우리나라가 당면한 저출산·고령화 현상의 원인, 문제점, 대책을 조사할 수 있다.[중-(6)-③] • [고-한-(8)-①], [고-세-(4)-②], [고-세-(6)-②]	존중, 배려, 신뢰성, 정의(공정성), 공감, (글로벌)시민성
	인간과 자연	환경적 상호 작용과 지속 가능성	• 지형 환경을 생태적 관점에서 파악하고, 인간과 지형 환경의 지속가능한 관계 유지 방안에 대해서 토론할 수 있다.[고-한-(2)-④] • 자연재해의 발생 원인과 영향을 이해하고, 그 대책을 제시할 수 있다.[고-한-(3)-②] • 자연 생태계에 대한 인간의 영향을 설명하고, 자연과 더불어 사는 방법을 설명할 수 있다.[고-한-(3)-④] • [중-(12)-①], [중-(12)-②], [중-(12)-③], [고-한-(8)-③], [고-세-(2)-①], [고-세-(2)-⑥], [고-세-(6)-③]	존중, 배려, 책임, 신뢰성, 정의(공정성), (생태적)시민성
	공간	공간적 불평등과 개발	• 자원(예, 물, 석유)의 지리적 편재성을 이해하고, 자원 확보를 둘러싼 국가 간 경쟁과 갈등을 사례를 중심으로 파악할 수 있다.[중-(11)-②] • 세계의 주요 에너지 자원(예, 석유, 원자력, 신재생 에너지 등)의 특성과 분포를 파악하고, 이의 개발 및 수요·공급 불균형에 따른 영향, 갈등, 문제점을 인식한다.[고-세-(5)-①] • [고-세-(6)-①], [중-(7)-④], [중-(9)-③], [중-(14)-③], [고-한-(8)-②], [고-세-(4)-①], [고-세-(5)-④]	존중, 배려, 공감, 정의, 복지, 책임, (로컬/글로벌)시민성

* 지면관계상 자세한 성취기준은 생략하였으며, 중(중학교), 고(고등학교), ( )의 숫자는 단원의 순서, 원문자의 숫자는 성취기준의 순서를 의미함. 생략된 성취기준은 사회과교육과정을 참조.

출처: MEST, 2011.

이에 대한 존중), 신뢰성, 정의와 공정성, 감정이입(공감), 글로벌 시민성 등이 중요하게 된다.

셋째, 도덕적 개념으로서의 '환경적 상호작용과 지속가능한 개발'은 특히 지리의 '자연(또는 인간과 자연의 관계)'이라는 핵심 개념과 밀접한 관련을 가진다. 사회과학과 환경(자연)과학을 결합하는 지리에서 가치는 사회와 환경에 대한 인간의 행동을 포함할 뿐만 아니라 자연 내에서의 상호작용을 포함한다. 사실 환경을 인간환경과 자연환경으로 구분하는 것 자체에는 과학적으로나 윤리적으로 문제

가 있다(Taylor, 2004). 지리학의 인간과 환경 접근법에서도 결국에는 자연은 인간의 외부에 있고 인간으로부터 분리되어 있으며, 자연은 변화될 수 없는 어떤 것이라고 흔히 생각된다. Pepper(1985)는 지리학의 자연적 기초가 학습을 위해 중요하다고 논의하면서도, 사회적 목적이 없다면 자연지리를 가르칠 정당성이 없다고 계속해서 지적한다. 또한 Castree(2001, 3)는 비판지리학자들이 어떻게 점점 자연을 불가피하게 사회적인 것으로 보게 되는지를 논의하면서, "사회와 자연은 사고나 실천에서 그것들을 분리할 수 없게 하는 방식으로 뒤엉켜 있는 것으로 보인다."라고 주장한다.

Proctor(2001)는 환경윤리로서 도덕적 부주의를 피하기 위한 사례로 자연을 이해하는 사회적 구성주의 방법의 윤리적 함의를 제시한다. 그는 인간은 필연적으로 책임을 가진 자연의 필수적이고 능동적인 일부분이라고 주장한다. 예를 들면, 인간이 지구의 자원을 이용하는 것은 자연의 아름다움 보존, 오염으로부터 사람들의 보호, 미래 세대에 대한 책임성을 포함하는 규범적이고 도덕적인 쟁점들로 가득 차 있다. 자연에 대한 경제적 개발과 환경보존 사이에 첨예한 대립이 있으며, 도덕적 고려로서 포섭은 순수한 인간의 영역에만 해당되는 것이 아니라 이를 넘어 환경중심(ecocentric) 관점으로 확장해야 한다.

특히 '생물다양성(biodiversity)'이라는 용어는 '비인간(non-human)'을 보호하려는 최근의 윤리적 관심을 보여 준다. 최근에는 '지리다양성(geodiversity)'(Gray, 2004) 또는 '장소의 정신'이라는 범주하에서 경관과 같은 비생물적인 특징들을 보호하는 데 초점을 두어 윤리적 관심을 더욱더 확장하고 있다(Morgan, 2011a). 이러한 자연에 대한 도덕적 접근은 '지지애(땅존중, geopiety)'(Tuan, 1974, 12), '장소애착(place attachment)'(Altman and Low, 1992)의 개념으로 나타나며, 호혜의 윤리(ethic of reciprocity)로서 공손하고 동정적인 관점을 강조한다. 여기에서 생태계, 영토, '동포'로서의 인간은 서로 사랑받아야 하고, 양육되어야 하며, 보호되어야 하고, 이기심 없이 대우받아야 하는 모두 중요한 차원들이다. 최근의 환경교육은 이러한 윤리적 장소애착을 발달시키는 데 초점을 두고 있다(Morgan, 2011a). 여기에서 도덕적 가치/덕목으로는 환경에 대한 책임성, 존중과 배려, 신뢰성, (환경)정의와 공정성, 생태적 시민성 등이 중요하게 된다.

넷째, 도덕적 개념으로서의 '공간적 불평등과 개발'은 특히 지리의 '공간'이라는 핵심 개념과 밀접한 관련을 가진다. Lambert(2006, 3)는 지리적 윤리(geographical ethics)의 실천은 학생들로 하여금 자신을 상이한 공간에 있는 다른 사람들과 연결시킬 수 있도록 할 때 가능하다고 한다. 예를 들면, 부, 건강, 웰빙 등과 관련한 공간적 불평등을 이해하고 이러한 불평등을 줄이기 위해 현명한 행동을 취할 수 있도록 하는 것은 학생들에게 정의와 공정성을 고찰하도록 자극한다.

이러한 공간적 불평등과 지속가능한 개발은 밀접한 연관성이 있다. 지속가능한 개발에 대해 가장 일반적으로 인용되는 정의는 Brundtland(1987)의 "미래 세대가 그들의 필요를 충족시킬 수 있는 가능성을 손상시키지 않는 범위에서 현재 세대의 필요를 충족시키는 개발"이다. Porritt et al.(2009, 12)은 지속가능한 개발이 어떻게 세대 간 공정(intergenerational equity)(시간적 공정)과 세대 내 공정(intra-generational equity)(공간적 공정)을 가정하는지를 보여 준다.[15] 특히 공간적 불평등과 관련하여 세대 내의 공정은 인류 대다수의 기본적인 요구가 아직 충족되지 않은 상태에서 세계의 일부 부유한 엘리트들을 훨씬 부유하게 하는 것은 잘못이라는 것을 전제하고 있다. 이러한 세대 내 공정은 국가 내에서의 불평등뿐만 아니라 국가 사이의 불평등을 검토할 것을 요구한다.

로컬 및 글로벌적 차원에서의 지속가능한 개발은 학생들로 하여금 자신의 삶을 형성하는 글로벌 영향력을 이해할 수 있게 하고, 로컬적·글로벌적으로 의사결정에 참여하는 데 갖추어야 할 지식, 기능, 가치를 습득할 수 있게 하며, 더 공정하고 지속가능한 세계를 촉진한다. 여기에서는 상호의존성, 사회·경제·환경 사이의 연계, 세대 내의 공정, 권력관계, 자원의 분포, 로컬적 행동과 글로벌 결과 사이의 연계 등이 강조된다. 예를 들면, 이에 대한 가장 인기 있는 지리적 토픽은 공정무역과 윤리적 소비(착한 소비)이다. 윤리적 소비는 종종 젊은이들의 일상적인 소비습관과 글로벌 공정의 촉진이라는 연계를 통해 글로벌 무역의 가장 희망적이고 긍정적인 양상 중의 하나로서 간주된다(Pykett, 2011). 이 토픽은 학생들로 하여금 글로벌 소비자, 능동적 시민, 공동체 결합의 행위자, 개인적 책임성의 행위자, 윤리적 행위자로 인식하도록 기여한다.

한편, 공정무역에 대한 비판지리적 교수는 공정무역을 단순히 사적인 소비가 아니라, 정치적 참여, 동기부여, 무역정의를 실현하는 방향으로 다루는 것이다. 공정무역은 글로벌 상호의존성과 종속을 형성하는 글로벌 경제체제, 무역을 지배하는 국제적·초국가적 조절 구조, 권력의 기하학에 대한 고려(Massey, 1993) 등을 고려하여 다루어져야 한다. 이를 통해 교사와 학생은 어떤 윤리적 딜레마를 경험하고 반성하게 되며, 어떤 유형의 덕목을 함양해야 하는가를 고찰하는 것은 중요하다. 여기서 도덕적 가치/덕목으로는 사회정의(또는 공간정의)와 공정, 평등, 복지, 존중, 배려, 나눔, 공감, 책임, 로컬 및 글로벌 시민성 등이 중요하게 된다.

---

15 세대 간 공정은 문화와 부의 차이에 관계없이 보편적인 합의를 가지지만, 세대 내 공정은 더욱더 논쟁적이다.

5. 비판교육학의 공간적 관심과 지리교육

1) 도입

공간은 지리학뿐만 아니라 학교에서 가르치고 배우는 지리에서 핵심적인 개념이다. 물론 공간이 지리학 또는 학교지리만의 핵심적인 개념일 수는 없다. 많은 학문과 교과들은 분명히 공간을 연구 및 학습 대상으로 하여 이를 탐구하고 있다. 그렇지만 지리학 또는 학교지리만큼 공간을 직접적이고 경험적이며 종합적으로 다루는 학문 또는 교과는 없을 것이다. 지리학 및 학교지리에서 공간의 중요성은 여러 학자나 관련 기관을 통해 계속해서 제기되고 있다. 예를 들면, Holloway et al.(2003)은 지리학에서의 핵심 개념을 공간, 시간, 장소, 스케일, 사회적 형성, 자연 시스템, 경관과 환경으로 제시하고 있고, Jackson(2006)은 공간과 장소, 스케일과 연결, 근접성과 거리, 관계적 사고를 지리학에서의 핵심적인 개념으로 제시하고 있다. 한편, 영국의 국가교육과정의 경우 장소, 공간, 스케일, 상호의존성, 자연적·인문적 프로세스, 환경적 상호작용과 지속가능한 개발, 문화적 이해와 다양성 등을 제시하고 있다. 이처럼 지리에서 중요하게 다루어지는 공간, 장소, 스케일 등은 지리만의 고유한 개념은 아니지만 중심적인 개념으로 간주된다.

공간은 지리에서 가장 중요한 아이디어 또는 가장 중요한 개념으로서 장소 및 스케일과 서로 연계된다(Lambert, 2007). 돌이켜 보면, 계량혁명에 의한 신지리학의 공간조직론을 비판하면서 등장한 인간주의 지리학은 공간과 장소의 차이점을 조명하고(Relph, 1976; Tuan, 1977), 이러한 인식론적 구분이 우리의 사고에 들어와 고착된다. 일찍이 Tuan은 공간과 장소의 관계를 다음과 같이 지적하였다.

> 경험적으로 공간의 의미는 종종 장소의 의미와 융합된다. '공간'은 '장소'보다 추상적이다. 무차별적인 공간에서 출발하여 우리가 공간을 더 잘 알게 되고 공간에 가치를 부여하게 됨에 따라 공간은 장소가 된다(Tuan, 1977, 6).

이러한 공간과 장소의 상이한 의미 구분은 여전히 설득력 있게 들린다. 그렇지만 우리의 사고가 1950년대와 1960년대 공간과학의 시대에 정의되었던 공간의 개념에 머물러서는 곤란하다. 왜냐하면 최근 지리학에서는 정치이론, 역사학, 문학, 심리학 등에 근거한 사회문화 이론을 수용하면서 공간적 전환을 모색해 오고 있기 때문이다. 그러나 지리교육에서 여전히 이러한 공간 개념에 대한 비판적 성찰은 부족하였다. 따라서 이 장은 공간이 교육 및 지리에서 개념화되는 상이한 방법에 대한 분석에서 출발하여, 이것이 지리교육과정을 만드는 데 기여할 수 있는 함의를 도출하는 데 목적이 있다. 이를 위해 먼저 교육에 있어 비판교육학의 전개 과정을 고찰한 후, 포스트모던 사회에서의 차이의 공간에 대한 비판교육학과 지리교육의 관계를 검토한다.

2) 공간에 대한 교육적 관심과 비판교육학

(1) 비판교육학의 개념과 의미

비판교육학은 브라질의 비판교육자인 파울루 프레이리(Paulo Freire)에 의해 발전되었으며, 방법론과 이데올로기 면에서 다양한 이론적 관점을 결합하고 있다(Apple and Beyer, 1988; Giroux and McLaren, 1989). 비판교육학은 교육학에서 비판이론을 수용하면서 등장한 것으로서, 넓게는 프레이리의 교육학, 해방이론, 지식사회학, 프랑크푸르트학파의 비판이론, 페미니스트 이론, 신마르크스주의의 문화비판주의, 포스트모던 사회이론 등을 끌어온다.

비판교육학의 이론화는 피터 맥라렌(Peter McLaren), 앙리 지루(Henry Giroux)를 비롯해 주로 미국을 중심으로 하여 전개되어 오고 있다. 이들은 학교교육을 학생들로 하여금 세계를 기존과 다른 관점에서 바라보고 행동하도록 하는 것으로 문화정치학(cultural politics)의 한 형태로 본다. 이들에 의하면, 학교교육은 항상 권력관계를 내포하며, 지배적인 지식의 형식을 대변하고 있다. 이러한 지배적인 지식의 형식은 인종차별주의, 성차별주의, 계층분리, 민족 등과 연계된 사회적 불평등을 재생산한다. 이러한 지배적인 담론을 수반하는 학교의 교육과정과 교수는 학생들로 하여금 편협되고 수동적인 세계관을 형성하도록 한다.

따라서 비판교육학의 과제는 교사와 학생들로 하여금 지식은 사회적으로 구성된 것으로 인식하도록 하는 것이며, 특정 '지식'이 누구의 이익에 기여하는지를 의문시하도록 하는 것이다. 그리하여 비판교육학의 목적은 교사와 학생들이 불평등하고 비민주적 구조를 변화시키는 데 있다(Giroux, 1992; McLaren, 1998). McLaren(1998, 454)은 이와 같은 비판교육학에 대해 "수업의 실천, 지식의 생산, 학교의 제도적 구조, 보다 넓은 공동체·사회·국가의 사회적·물질적 관계를 사고하고, 협상하고, 변형하는 방법"이라고 정의 내리고 있다.

한편, 비판교육학은 다양한 정치적 프로젝트를 하나의 지배 담론으로 종합하려는 시도 때문에 비판을 받아 오고 있다. 또한 비판교육학은 교육적 실천을 실행하는 데에의 실패, 권력과 권위의 문제를 적절하게 다루지 못하는 것에 대해 최근에 비판을 받아 오고 있다(Buckingham, 1996). 하지만 비판교육학은 교사들이 새로운 교육학의 가능성을 탐험하도록 하는 일련의 아이디어를 제공할 수 있다.

실제적으로 비판교육학은 기존의 교육적 실천에 문제를 제기할 수 있으며, 이것은 교사들로 하여금 그들의 수업에 대해 성찰하도록 할 수 있다. 이러한 비판교육학은 포스트모더니즘 사회이론과 페미니즘을 교육에 끌어오고 있는 앙리 지루, 벨 훅스(bell hooks), 피터 맥라렌 등에 대한 고찰을 통해 보다 명백해질 수 있다.

(2) 앙리 지루의 경계의 교육학

앙리 지루는 미국에서 프레이리 이론을 가장 많이 확대·발전시킨 가장 영향력 있는 비판교육학 이론가이다. 그의 비판교육학의 목적은 일상생활에서 남성, 여성, 어린이 등의 소수자와 타자를 포함하여 교육적·경제적·문화적 영역에서 사회정의, 자유, 평등한 사회관계를 확장시키려는 급진적 민주주의를 위한 교육학에 대한 이론을 수립하는 데 있다.

Giroux는 기존의 지식 및 담론 질서에 의해 형성된 주체의 위치성과 정체성을 비판적으로 바라보고 이해하고자 시도하는 Freire(1972)의 '비판교육학'과 Bhabha(1994)의 '포스트식민주의', Haraway (1991)의 '사이보그 페미니즘' 등의 영향을 받아, 포스트구조주의 교육학의 한 형태로서 '경계의 교육학(border pedagogy)'을 제시한다.[16] Giroux(1992, 28)는 경계의 교육학은 담론과 사회관계를 틀 지우는 장소들과 경계들이 갖고 있는, 역사적·사회적으로 구성된 권력과 한계를 가시화하고, 학생들에게 저항의 한 형태로서 문화적 재지도화(culture remapping)에 참여할 수 있는 조건을 제공해 주어야

---

[16] Bhabha의 포스트식민주의 문화이론 연구에서 강조하는 것은 '혼성성(hybridity)' 개념이다. 혼성성은 피식민 주체의 양가적 특성을 설명하거나, 이민이나 망명으로 인해 새롭게 발생하는 문화적 정체성을 일컫는 용어이다. 그러나 이제는 다양한 층위의 문화들이 혼합되는 현상을 가리키며, 복합적이고 유동적인 정체성을 그 특징으로 한다. 다른 한편으로는 그 의미가 더욱 확장되어 단일한 경계를 초월해 다양한 문화의 혼합과 공존을 추구하는 경향을 가리키기도 한다. 혼성성의 문화정치학은 차이를 미학화하고 섞음을 정치화할 수 있는 제3의 공간을 마련한다. 제3의 공간은 일종의 중간지대로서, 억압, 착취, 차별, 배제, 소외가 없는 사이, 경계, 틈새, 변방 지역이다. 제3의 공간은 자크 데리다(Jacques Derrida)의 '차연'의 지대로서, 기표와 기의가 미끄러져 어떤 확정적인 의미 구축이 거부되는 흐름과 생성의 임계지대이다. 기표가 기의가 되고 기의가 다시 기표가 되는 식으로 항상 미끄러지면서 그 의미가 확정되지 않고 끊임없이 새로운 의미의 고리가 형성된다. 현실과 꿈, 선과 악, 미와 추, 정의와 불의의 관계도 항상 고정되어 있는 것이 아니다. 중간지대는 정태적인 공간이 아니라 끊임없이 변형·생성하는 역동적인 탈주의 공간이다. 중간지대는 직렬적 구조가 아니라 병렬적 구조를 가진다. 중간지대는 바흐친적인 대화적·다성적·카니발적 공간이다. 이곳에서는 공식문화, 지배체제, 억압이념, 차별적 부호들이 저항을 받고 위반되고 조롱되고 전복되는 해방광장이다. 또한 제3의 공간은 자크 라캉(Jacques Lacan)의 '상상계' 구역으로서 일종의 해방 구역으로, 어머니의 사랑이 가득한 공간이다. 제3의 공간은 나아가 질 들뢰즈(Gilles Deleuze)의 '리좀(rhizome)'의 영역이다. 그것은 억압적인 하나의 커다란 뿌리나 줄기가 지탱하는 일원적 영역이 아니라, 여러 개의 가느다란 줄기들이 하나의 연결망을 구성하는 다원적인 중간영역이다. 이 영역은 끊임없이 탈영토화/재영토화 과정이 반복되는 '천 개의 고원' 지대이다. 제3의 공간은 위계질서가 거부되고, 이분법적 사고가 무시되며, 억압적 상징질서가 무너지고, 차이들이 존중되며, 화합과 대화가 가능한 중간지대이다(Jung, 2001, 180-197). 혼성적 공간과 관련한 비판교육학은 사이의 미학, 즉 Bhabha가 주장하는 '공동체적 사이(in-between)의 미학'을 만들어 내는 것이다. '사이'의 미학과 경계의 정치학으로서의 비판교육학의 최대의 전략은 타협과 '협상'으로서, 이를 통해 남성/여성, 지배자/피지배자, 백인/비백인 사이의 이분법이 해체되고 이들 간의 이동과 이주가 가능해진다.

한다고 주장한다. 여기서 학습자는 기존의 담론적 그리고 존재론적 경계에서 벗어난 '경계의 지성 (border intellectual)'이라 일컬어질 수 있는데, 그 자체가 '공간(space)'인 동시에 '주체(subject)'인 '공간 으로서 주체(subject-as-space)'이다(Janmohanmed, 1994, 248).

　Giroux가 명명한 경계의 교육학은 프레이리의 비판교육학에서 출발하지만, 차이에 대해 보다 문 화적이고 정치적인 고려를 하는 교육학이다. Giroux(1988, 165)에 의하면, 경계의 교육학의 개념은 권 력과 지식의 유형을 재영토화하는 이동하는 경계들에 대한 단순한 인식을 가정할 뿐만 아니라, 민주 적 사회를 위한 더 실질적인 투쟁에 대한 페다고지 개념을 결합한다. 경계의 교육학은 바로 모더니 즘의 해방적 개념과 저항의 포스트모더니즘을 연결하려는 페다고지이다. Giroux는 그의 저서 『경 계넘기(border crossings)』(1992)에서 경계의 교육학을 경계를 뛰어넘는 것으로 정의하고 있다. 또한 그 는 이상적인 교육이란 어떤 특정한 정치적 교리가 갖는 이론적 경계를 초월하며, 해방의 가장 깊은 측면에 사회이론과 실천을 연결시키는 문화정치학의 한 형태임을 강조한다.

　Giroux(1991)는 경계의 교육학에서 교사들은 학생들로 하여금 상이한 정체성, 장소감, 자원, 역사, 내러티브를 경험하도록 함으로써 문화적 차이를 탐구하는 경계를 넘는 자(border crosser)로 교육받 도록 할 필요가 있다고 주장한다. 경계의 교육학은 학생들이 상이한 문화, 경험, 언어 등을 구성하는 복잡한 참조체계에 참여하는 기회를 제공하는 것이다. 이것은 학생들에게 이러한 참조체계를 비판 적으로 읽을 수 있도록 교육하는 것뿐만 아니라, 자신의 내러티브와 역사를 구성하기 위해 그러한 참조체계의 한계를 배우도록 하는 것을 의미한다. 여기에서 학생들은 지식의 경계를 넘는 자(border crosser)로서 참여하는 사람으로 규정된다. 즉 학생들은 '물리적 경계인(physical borders)'일 뿐만 아 니라, 특별한 정체성, 개인적 능력, 사회적 형태를 제한하거나 가능하게 하는 규칙과 통제의 지도 내 에서 역사적으로 구성되고 사회적으로 조직되는 '문화적 경계인(cultural borders)'이다(Giroux, 1988, 166). 따라서 경계의 교육학이란 차이의 교육학으로서, 교육과정과 수업을 학생들의 주관성과 정체 성에 초점을 두어 조직할 것을 강조한다.

　경계넘기(border crossing)는 학생과 교사들로 하여금 상이한 문화적 영역을 횡단하도록 하는 메 타포가 된다. hooks(1994)는 경계의 교육학은 교사와 학생 모두에게 태도와 실체에 있어 변화를 수 반해야 한다고 주장한다. 그녀는 경계의 수업(border classroom)은 교사 앞에 책상 또는 강의대가 없 어야 하며, 학생과 교사는 원으로 둘러앉아 타자를 인식할 수 있도록 해야 한다고 주장한다. 그렇게 함으로써 교사는 가르치고, 학생은 배운다는 전통적인 수업에 대한 관점이 바뀌게 될 수 있다는 것 이다.

　이와 같은 경계의 교육학은 프레이리가 비판하였던 중산층 백인을 옹호하면서 소수자에 대한 사회적 배제의 수단으로 작동하는 '은행식 교육'을 거부하며(Giroux, 1988; Cook, 2000, 14-15), 이를 배경으로 한 수업은 다양한 배경을 가진 학생들에 의해 다양한 방식으로 사물을 보도록 하는 장소가 된다. 교사는 학생들에게 그들의 지식을 형성하도록 격려함으로써 지식의 생성자에서 지식의 조장자로 이동한다. 그리고 교육적 상황은 학생들이 그늘 자신의 관점에서 타자성을 이해하도록 하고, 기존의 권력 내에서 새로운 정체성이 형성되는 경계지역을 더욱 창출할 수 있도록 개입적이고, 참여적이며, 자기의식적 이해가 만들어지는 것을 의미한다(Giroux, 1991, 519). 따라서 학생들은 다른 사람들의 관점을 수용하는 학습보다는 자신의 관점으로 논쟁에 참여함으로써 권력을 부여받게 된다.

경계의 교육학에서는 수업을 시민사회, 공공영역, 공적 공간 등으로 사용한다. 따라서 Giroux에게 수업은 민주적 공공영역의 발달에 중요한 공적 공간이다(Giroux, 1988, 224; Hooks, 1994; Giroux and McLaren, 1994). Giroux(1992)는 학교를 학생들 자신의 삶, 특히 지식 생산과 습득에 있어 권력을 연습할 수 있는 공적 영역으로 규정하면서, 권력부여의 체험의 장이어야 함을 강조한다.

경계의 교육학은 교육은 단지 훌륭한 시민의식이 아니라, 비판적인 시민의식에 대한 지식, 습관, 기능을 가르치고 실천할 수 있는 비판적인 교육을 개발해야 한다는 것을 의미한다. 이것은 학생들에게 현재의 사회적·정치적 형식에 단순히 적응하도록 가르치기보다는, 이것에 도전하고 이것을 변화시키는 비판적인 능력을 개발시킬 수 있는 기회를 제공해야 한다는 것을 의미한다(Giroux, 1992, 73-74). 이것은 또한 학생들에게 자기자신을 역사 속에 위치시키고, 자신의 목소리를 찾는 데 필요한 기술을 습득하게 하며, 시민적인 용기를 행사하도록 하고, 위험을 감수하도록 한다. 또한 민주적인 공공영역에 필수적인 습관, 관습, 사회적 관계를 촉진시킬 수 있는 신념을 제공해야 한다는 것을 의미한다.

경계의 교육학은 학교 텍스트는 대부분 지배적인 사회·문화 집단의 이익을 반영하는 생산물로 간주한다. 따라서 경계의 교육학은 교사와 학생에게 문화를 복잡한 수준에서 읽고 쓸 수 있는 능력을 강조한다. 공공영역으로서 수업은 학생들의 언어와 경험이 서로 부딪치고 만나는 곳이다. 이러한 수업에서 학생들의 경험은 지식의 일차원적인 원천으로서 유용하며, 학생들의 주관성은 중층적이며 다소 모순적이다. 경계의 교육학은 학생들이 자신의 특별한 체험과 지식의 형식을 비판적으로 협상하고 독해할 수 있는 비판적 수단을 제공하려고 시도한다. 따라서 경계의 교육학은 프레이리가 지적한 것처럼, 세계를 읽고 쓸 수 있는 비판적 문해력(critical literacy)을 강조한다.

그렇다면 비판적 문해력이란 구체적으로 무엇을 의미하는 것일까? Giroux and McLaren(1992, 25-26)은 문해력을 "비판적"으로 만드는 것은 학생으로 하여금 권력관계, 제도적 구조, 재현 등이 학생들의 마음과 육체를 통해 어떻게 그들로부터 권력을 빼앗고, 침묵의 문화에 가두게 하는지에 대해 알도록 하는 것이라고 하였다. 따라서 비판적 문해력은 학생들로 하여금 사회생활의 다양한 차원에 포함된 문화적 코딩과 이데올로기적 생산에 대한 인식과 함께 단어, 이미지, 세계를 비판적으로 읽도록 하는 것을 의미한다. 한편, Scholes(1985)는 비판적 문해력을 학생들로 하여금 텍스트를 읽고, 해석하고, 비판하는 것이라고 하였다. 즉 우리는 텍스트 내의 텍스트(a text within a text)를 생산하고 해석함으로써 텍스트 위의 텍스트(a text upon text)를 창조하며, 비판함으로써 텍스트에 반한 텍스트(a text against a text)를 창조한다. 결국 경계의 교육학은 비판적 문해력을 통해 학생들에게 사회적 변형을 위한 반담론, 간단히 말하면 분석을 위한 새로운 언어를 제공하는 데 있다.

(3) 벨 훅스의 참여적 교육학과 경계넘기

Giroux에게 수업은 의심할 여지 없이 비판적인 활동주의(critical activism)의 한 국면이지만, 또한 이러한 활동적인 참여의 본질이 또 하나의 문제가 된다. 학생들로 하여금 비판적 참여(critical engagement)를 촉진하도록 하는 것이 hooks(1994)의 '참여적 교육학(engaged pedagogy)'의 개념이다. 학생과 교사 사이의 관계는 학교라는 제도적 구조에 기초하지만, hooks(1994)는 학생들의 경험과 주관성은 교사의 경험과 주관성의 상호호혜적인 교환을 통해서만 가능해진다고 주장한다. 수업 상황에서 참여적 교육학은 학생들을 참여적 청중으로 인식하며, 비판교육학을 위한 가장 근본적인 도전은 단순한 지식의 전이를 넘어 차이의 정치학에 구체화된 참여를 장려하는 것이다(Cook, 2000).

hooks는 영국 출신의 작가, 문학이론가, 교육운동가이자 흑인 여성 지식인으로서 그녀 역시 프레이리에게 크게 영향을 받았다. hooks는 『경계넘기를 가르치기: 교육과 자유의 실천(Teaching to Transgress: Education as the Practice of Freedom)』(1994)에서 인종적·성적·계급적 경계에 대항하면서 '경계넘기'를 학생들에게 가르쳐야 한다고 역설한다. 즉 모든 교사들은 이러한 경계넘기를 통해 '자유'라는 새로운 가치를 이루는 것을 가장 중요한 목표로 삼아야 한다고 주장한다. 여기서 자유는 현대 자본주의 문명의 정치적·경제적·문화적·정신적 억압으로부터의 해방을 의미한다. 특히 hooks는 다문화주의 시대의 교육이라는 실천 작업을 다시 생각하면서, 학생들이 변화를 받아들이고 현실문제에 범세계적으로 개입하게 만드는 일종의 '참여적 교육학'을 옹호한다. hooks는 미래를 위한 현실사회의 변혁을 위해 여러 가지 모순, 부조리, 억압, 착취에 대해 교사와 학생 모두가 함께 가르치고 배우는, 교실 안에서의 대화적 학습활동을 구체적으로 논의하였다.

특히 『지역사회를 가르치기: 희망의 페다고지(Teaching Community: A Pedagogy of Hope)』(hooks, 2003)에서의 접근방법은 '참여적 교육학'이다. hooks는 교육이란 교실에서 이루어지는 것이 아니라 가정, 사회, 서점 등에 서로 모여 의견교환이 이루어지는 모든 장소에서 가능하다고 말한다. 즉 진보적 변화를 위한 사회 전체에서의 교육의 중요성을 강조한다. 그녀는 공유된 지식과 학습의 궁극적인 지향점으로 영혼, 투쟁, 봉사, 사랑 등의 가치를 강조하고, 인종·성·계급 영역에서의 사회적 불평 등, 문화적 소외, 소수자 차별 등이 사라지는 정치·경제적 평등과 문화적 다양성을 강조하는 사회를 소망한다. 결국 hooks는 초기부터 주장해 온 비판의식 고양을 위한 경계넘기 교육의 중요성을 다시 강조한다.

경계넘기 교육은 결국 의미상으로 참여적 교육학이다. hooks는 참여적 교육학을 실현하기 위한 5 가지 전략을 제시한다. 첫째, 지식의 재개념화 전략이다. 지배계급(예를 들어, 중산층의 백인 남성)의 가 치와 이익을 대변하고 옹호하는 지식체계를 문제시하고 문화적 다양성을 고양시키기 위해 기존의 공식적 학교 교육과정을 재평가해야 한다. 둘째, 이론과 실천을 연계시키는 전략이다. 셋째, 학생들 에게 능력을 부여해 주는 전략이다. 서로 배우고 성장하는 공동체로서 학교의 이미지를 만들어 내 고, 학생을 적극적으로 참여시키는 사회, 학교, 교사, 학생의 유기적인 상호관계를 강조한다. 이를 위 해 학생이 실생활에서 겪은 경험을 교육에 통합시켜야 한다. 넷째, 다문화주의 전략이다. 이 전략은 미국과 같은 인종이 다양한 다문화적인 국가에서 더욱 중요하다. 민족적·언어적·종교적·경제적· 성적 다원주의를 확인하고 다문화교육을 통해 소외계층의 학생들이 일상적으로 경험하는 차별적 요소에 관심을 가지며, 다양한 계층의 학생들에게 정체성에 대한 자신감을 불어넣어 준다. 다섯째, 열정이 있는 교육 전략이다. 교실 경험을 좀 더 흥미 있게 만들 필요성이 있다. 학생들의 합리적인 삶 뿐 아니라 정서적인 면도 중시하는 전인교육이 필요하며, 위계적 사회 구성을 타파하기 위해 상호의 존성을 인식시키는 것이 중요하다.

(4) 피터 맥라렌의 공간에 대한 비판교육학

시간과 공간이라는 측면에서 볼 때 교육이 지금까지 주로 시간에 관심을 두어 왔다면, 최근에는 공간이 만드는 차이에 관심을 기울이고 있다. Peters(1996, 93)에 의하면, 교육이론은 시간에 대한 고 려, 역사적 기원에 의한 이론들, 시간적 메타포, 예증된 변화와 진보의 개념들(예를 들면, 개인적 심리학 의 용어든 근대화이론의 용어든 발달의 단계) 등에 의한 지배되고 있다. 하지만 Soja and Hooper(1993, 197) 에 의하면, 최근에는 교육이론과 담론에 공간 이론과 공간의 문화정치학이 점점 영향을 주고 있다. 이와 같이 공간이 교육에서 르네상스의 중심에 서게 된 이유를 검토하기 위해서는 '공간'의 개념, 특 히 공간 메타포에 주목할 필요가 있다.

Usher(2002, 53)에 의하면, 공간 담론은 사회이론뿐만 아니라 현재의 교육적 담론에서 점점 중요 한 흐름이 되고 있다. 특히 최근의 비판교육학과 관련하여 공간 메타포들이 점점 풍부해지고 있다. 앞에서 논의한 Giroux의 경계의 교육학(Giroux, 1992), '경계들 사이(between borders)'(Giroux and McLaren, 1994), hooks의 '경계넘기를 가르치기'를 비롯하여, McLaren(1998)의 '공간에 대한 비판교육학(critical pedagogy of space)'과 '교육의 공간들(spaces of education)'(Grossberg, 1994, 9-12)에서 공간이 교육적 관심이 되고 있다는 것을 알 수 있다. 여기에서는 교육현상을 공간의 중심에 위치시키고 주변의 정치학과 관련시키고 있다.[17]

이러한 공간적 이미지의 사용은 폭넓은 사회문화 이론의 발달과 그 맥락을 같이한다. 특히 McLaren(1998)은 '공간에 대한 비판교육학'을 발달시킬 것을 요구하면서, 공간이라는 개념을 전면에 내세운다. McLaren은 지리학 및 사회학 연구에서 이루어진 공간에 대한 최근의 논의에 주목하면서, 공간은 사회적으로 구성된다는 것을 그의 비판교육학의 핵심적인 내용으로 받아들이고 있다. 최근 지리학에서 논의되고 있듯이 공간은 사회적 관계의 생산과 재생산에 관계되고 있으며, 포섭과 배제의 정치적 투쟁과 관련된다. 공간은 단순한 자본주의의 사회적 관계의 생산으로만 파악되어서는 안되며, 권력, 젠더, 인종, 계층 등과 같은 다른 측면들과 함께 파악되어야 한다. McLaren(1998)은 이와 같은 공간 개념을 끌어오면서 공간에 대한 비판교육학을 주장하며, 공간에 대한 비판교육학의 목적은 이러한 복잡하고 이론의 여지가 있는 공간의 본질을 성찰하도록 하는 것이라고 주장한다.

비판교육학은 공간에 대한 비판교육학을 개발함으로써 사회통제의 새로운 시스템을 변화시킬 수 있는 방향으로 이동할 필요가 있다. 에드워드 소자(Edward Soja)와 같은 선도적인 비판적 도시지리학자들에 따르면, 비판교육학은 인간 삶의 공간성(spatiality)을 그것의 역사성(historicality)-사회성(sociality)과 결합하여, 특히 공간, 지식, 권력이라는 삼변증법(trialectics)을 통해 시골 및 도시 경관의 젠더화와 인종화를 탐구하도록 격려되어야 한다(McLaren, 1998, 454).

이와 같이 McLaren은 '공간에 대한 비판교육학'을 논의하면서 지리학자 에드워드 소자와 데이비드 하비(David Harvey)가 주장하는 공간 담론에 주목한다.[18] 공간에 대한 비판교육학은 공간을 생산

---

17 지식과 교육에 대한 새로운 공간화는 정보의 형식에 근거하고 있다. 지금까지 교육을 형식적/비형식적, 교사/학생, 수업/가정, 인쇄 텍스트/전자 텍스트 등의 안정적인 경계에 대한 문제인식과 이를 재구조화하려는 움직임은 교육적 관점에서 공간적 메타포를 광범위하게 사용할 수 있는 가능성을 암시한다. 연결성, 가상적 실체, 교사와 학생의 입장의 모호성은 교육과정과 교육학에서 '공간'의 중요성을 부각시킨다.

18 공간 담론의 최근의 흐름들은 물리적인 공간과 사회적 주체 간의 관계를 고려하는 움직임이 지배적이다. 인간은 사회적 존재이자 공간적 존재이며, 사회는 공간적으로 생산되고 공간은 사회적으로 생산된다는 '시간-공간-사회의 삼변증법'을 제창한 Soja나 Harvey의 역사지리유물론, 일상적인 사회생활과의 연관성 속에서 공간을 이해하는 Lefevre의 사회공간론 등이 대표적인 논의들이다. 특히 Lefevre의 사회공간론은 논리적·수학적 공간이라는 형식적·추상적 영역과 사회적 공간이라는 실천

하고 지배·통제하는 억압적인 사회권력을 밝히고, 이에 대한 저항이 어떻게 실현될 수 있는가에 초점을 둔다. McLaren(1998, 452)은 그러한 의미에서 '새로운 사회통제 시스템을 변화시킬 수 있는 방향으로 이동하기 위해 비판교육학'이 요구된다고 하면서, 그가 언급하고 있는 비판교육학은 "지식을 제공하기보다는 더욱더 수행적이며, 텍스트에 대한 질문을 시향하는 교육학보다 학생들의 체험에 근거한 체험적 교육학을 지향할 필요가 있다."라고 하였다.

3) 공간 담론의 변화와 지리교육의 방향

(1) 공간 담론의 전개에 대한 간략한 논의

지리학뿐만 아니라 지리교육에서 공간은 핵심적인 개념이다. 지리학에서 공간이 주요한 연구대상인 동시에 핵심적인 개념이 된 것은 계량혁명에 의한 신지리학의 등장과 그 맥락을 같이한다. 지리교육에서도 공간의 중요성을 읽을 수 있는데, 우리나라 제7차 사회과교육과정에서는 역사를 시간, 일반사회를 사회, 지리를 공간으로 구분하였으며, 영국의 현행 지리국가교육과정에서는 공간을 핵심 개념의 하나로 제시하고 있다. 그러나 학교지리에서 다루어지는 공간 개념은 문제의 여지가 적다. 왜냐하면 공간은 단순히 무언가가 일어나는 곳으로 객체와 주체가 위치하는 용기로서 빈번하게 간주되기 때문이다. Pile and Thrift(1995, 45)는 공간은 실증주의에 근거하기 때문에 중립성을 전제하며, 세계는 공간에 대한 추상적·고정적·보편적·등방적·물질적 이해에 근거한 일련의 기하학적 배열로 나타난다고 주장한다. 공간에 대한 이러한 관점은 실증주의 접근에 의한 신지리학이 등장하였던 시기에는 일반적인 것으로 받아들여졌지만, 현재 인문지리학자들이 공간에 대해 생각하는 방법은 매우 상이하다.

그러나 학교지리에서 공간에 대한 관점은 여전히 질서, 예측가능성, 일반화를 추구하는 신고전적 경제모델과 일련의 공간과학에 초점을 두는 경향이 있다. 공간에 대한 경험적 데이터를 수집하여 이를 계량화하는 과학적 탐구에 초점을 두며, 중립적이고 객관적인 언어를 통해 세계를 있는 그대로 재현하도록 한다(Lee, 1996; Winter, 1996). 공간에 대한 이러한 '탈정치적' 관점을 평가절하해서는 안 된다. 왜냐하면 이러한 관점은 특정 사회집단이 다른 집단의 희생을 대가로 하여 이익을 얻는 기존의 공간적 배열을 정당화하는 데 기여하기 때문이다. 더욱이 국가 간, 국가 내에서의 불균등 발전은 불가결하며 변화시킬 수 없다는 사고를 가지게 한다(Gilbert, 1984). 결과적으로 학교지리는 학생들에

적·감각적 영역과의 관계 속에서 공간 개념을 철저히 규명할 것을 강조한다(Lee, 2005, 32).

게 공간에 대한 지리지식이 부분적이며 사회적으로 구성된 것이라는 인식으로 안내하지 못한다. 공간에 대한 비판교육학의 주된 관심은 공간에 대한 기존의 탈정치적이고 탈사회적인 개념을 문제시하고, 공간은 사회적으로 구성된 것이라고 인식하는 '공간적 전환'임에 틀림없다.

다른 학문과 마찬가지로 지리학은 패러다임의 변화를 경험하고 있다. 지리학에서 실증주의라는 과학적 합리주의 관점이 오랫동안 지배해 오고 있으며, 이에 영향을 받은 지리 교사들은 세계에 대해 가르치는 경험적 사실이 진리라고 생각하는 경향이 있다(Peace, 2000). 하지만 모든 지식은 문제시될 수 있고, 의심받을 수 있으며 변화될 수 있다. 세계를 보는 상이한 관점, 상이한 방법으로서 인간주의, 마르크스주의, 페미니스트, 구조주의, 포스트구조주의, 포스트모던, 포스트식민주의 관점 등이 지리적 사고에 영향을 주기 시작하였다. 이들에 근거한 지리지식은 왜곡된 의사소통을 명확하게하고, 이데올로기를 해부하며 권력관계를 드러내는 데 관심을 가진다. 따라서 이러한 지리지식은 사회적·정치적·경제적 모순, 왜곡, 편견, 권력관계를 폭로함으로써 새로운 세계를 재창조할 수 있는, 즉 보다 나은 세계의 가능성을 열어 가기 위한 급진적이고 비판적 교육학의 실현을 가능하게 한다.

앞에서 언급한 다른 비판교육학자와 달리, McLaren(1998)은 지리학에서의 공간적 전환에 주목하고, 특히 지리학자 Soja(1985; 1989)의 시간-공간-사회의 삼변증법을 비판교육학의 분야로 끌어오면서 공간에 대한 비판교육학을 주창한다. 따라서 McLaren의 공간에 대한 비판교육학은 지리학과 교육학을 비롯한 사회과학에서 공간적 전환을 폭넓게 반영하고 있는 사례(경계, 지도, 위치, 공간, 장소 등과 같은 용어들이 철학, 건축학, 사회학, 지리학 등 여러 학문 분야에서 사용되고 있는 것을 발견할 수 있음) 중의 하나라고 할 수 있다. 사실 공간의 중요성은 서구 사회과학의 역사유물론적 전통에서는 인식되지 않았지만, 이것은 1970년대 초반 이후 마르크스주의에 영감을 받은 급진적 지리학의 출현으로 변화되기 시작하였다. Soja(1985; 1989; 1996; 1999), Harvey(1989), Lefebvre(1991) 등과 같은 급진적 지리학자들은 실제 공간이 유사 이래 다양한 헤게모니 체제하에서 다양한 방식으로 생산되어 온 역사를 살핀다.[19]

---

19 인문지리학에서 공간적 전환은 Lefevere의 사회공간 변증법에 많이 의존한다. Lefebvre(1991)는 공간을 사회적 관계의 중립적이고 텅 빈 용기로 보는 관점에서 공간이 어떻게 역사적으로 구성되고, 자본주의의 사회적 관계의 출현과 관련되는지를 보여 주었다. 그는 상이한 사회는 급진적으로 상이한 공간 개념을 가진다고 지적한다. Lefebvre의 사고는 모더니티와 포스트모더니티의 상황에서 공간의 생산을 검토하기 위해 폭넓은 역사지리학적 유물론을 채택해 온 인문지리학자들의 연구에 채택되어 왔다. 예를 들면, Soja(1985; 1989; 1996; 1999)는 공간이 사회적으로 생산되고 해석된다는 사실과 관련하여 '공간성(spatiality)'이라는 용어를 제안하였으며, 사회이론에서 시간보다 공간의 중요성을 논의하였다. 그는 "우리는 공간이 어떻게 우리로부터 결과를 숨기기 위해 만들어질 수 있는지, 권력과 규율의 관계가 어떻게 사회생활의 명백하게 결백한 공간성에 새겨질 수 있는지, 인문지리들이 어떻게 권력과 이데올로기로 가득 차 있는지를 계속해서 알아야 한다."(Soja, 1989, 25)라고 주장하였다. 또한 그는 "인간의 공간성(human spatiality)의 사회적 생산 또는 '지리를 만드는 것'은 우리의 역사와 사회의 사회적 생산으로서 우리의 삶과 생활세계를 이해하기 위한 기초가 되고 있다."(Soja, 1999, 262)라고 했다. 유사하게 Harvey(1989, 227)는 공간의 생산이 경제적 권력의 실현과 관련되는 방법을 지적한다. 즉 모든 것을 위해 "시간"과 "장소"를 규정하는 상식적인 규칙들은 확실하게 사회적 권력의 특별한 분포를 성취하거나 복제하기 위해 사용된다.

Gregory and Urry(1985, 3)는 "현재 공간구조는 사회적 생활이 나타나는 단순한 영역으로 보여지는 것이 아니라, 차라리 사회적 관계가 생산되고 재생산되는 매개체로 보여진다."라고 하였다. 따라서 공간은 절대자에 의해 창조된 텅 빈 공간이 아니라, 사회적으로 생산된 공간이며, (재)생산을 둘러싼 다중적인 사회적 관계들이 상호교차하고 중첩되는 사회적 네트워크를 말한다(Lee, 2005, 32). 이와 같이 공간은 인간의 활동에 의해 생산되고 재생산되는 것으로 간주되기 시작하였다. 이러한 공간적 전환은 비판교육학자들에게 수용되어 공간에 대한 비판교육학으로 전개되어 왔다면, 역으로 이제는 공간에 대한 비판교육학으로서 지리교육을 재개념화해야 할 시점에 이르렀다고 할 수 있다.

Harvey(1973)와 Soja(1989)의 연구는 공간은 이제 더 이상 당연하고 텅 빈 용기가 아니라, 공간의 생산은 항상 권력과 정치학의 문제와 연계되어 있다고 주장한다. 즉 공간의 생산은 불평등의 생산과 밀접하게 연계된다고 주장한다. 그러나 Harvey(1973)와 Soja(1989)의 연구는 공간 생산을 자본주의의 경제적 권력관계의 결과로 간주하면서 인종, 젠더, 민족, 국가 등과 같은 다른 축의 권력을 경시하는 경향 때문에 비판을 받았다(Massey, 1991b; Rose, 1991). 따라서 도시와 같은 공간은 계층관계의 생산 이상의 것으로 파악되어야 한다. 여기서 지적하는 것은 공간 생산에 참여하는 인간의 경험을 구조화하는 일련의 전체적인 사회적 관계(자본, 젠더, 인종, 민족 등)가 있다는 것이다.

공간은 항상 특별한 공간의 의미와 경계를 문제시하고 재규정하려고 하는 상이한 개인 또는 집단에 의한 해석과 논쟁에 열려 있다(Keith and Pile, 1993; Sibley, 1995; Cresswell, 1996). Valentine(1996)을 비롯한 많은 페미니스트 지리학자와 문화지리학자들에 의하면, 공간은 단순한 자본과 계층관계의 생산만이 있는 것이 아니라, 공간의 생산에 다른 사회적 관계의 역할을 다루어야 한다고 주장한다. 이러한 관점은 Soja의 이후 연구(1996)에서도 나타나는데, 여기서는 그는 제3의 공간(Thirdspace)이라는 개념으로서 '포스트모던해지고 공간화된' 차이의 정치학에 대한 새로운 접근과 폭넓은 사고를 보여 준다. Soja는 페미니스트와 포스트식민주의 이론가들의 논리를 끌어오면서, 제3의 공간을 '급진적 개방'의 공간으로서 개념화한다. 인종주의, 가부장 사회, 자본주의, 식민주의, 다른 억압에 의해 주변화된 것들이 담론의 위치로 선택된다. 제3의 공간은 구조화된 사회적 범주에 의해 억압된 이들을 위한 공동체의 원천을 제공한다.

그 결과 인문지리는 다중적인 관점, 다중적인 공간, 일련의 사회적 관계들과 관계하게 된다. 사람들이 다중적인 정체성을 가진다면 공간 역시 그러하다. 대문자 G를 가진 지리(Geography)는 지리들(geographies)로 대체되고, 지리적 전통은 지리적 상상력으로 대체된다. Murdoch(2006, 23)와 같은 포스트구조주의 지리학자는 표준적인 지리 교과서에서 발견될 수 있는 공간들보다 훨씬 많은 공간들이 있다고 주장한다. 이러한 공간들은 권력과 연결되며, 몇몇 공간에 대한 지배적인 사고(지배적인 정체성과 연결되는)는 타자를 주변화시키고 배제시키는 데 기여한다. 한편, 그는 공간은 근본적인 구조들에 의해 만들어지는 것이 아니라 다양한 프로세스들에 의해 만들어지며, 공간들 사이의 관계에 의해 만들어진다고 주장한다. 이러한 관계적 공간(relational space)에 대한 관점은 Massey(2005)에 의해 발전되고 확장되어 왔다. 그녀는 공간에 대한 구조주의적 관점은 공간의 중요성을 설명하는 데 어려움이 있다고 하면서, 이를 넘어서려고 한다. 그녀는 관계적 공간의 3가지 조건을 다음과 같이 제시한다. 첫째, 공간은 상호관련성(interrelations)의 산물이다. 이러한 상호관련성은 로컬에서 글로벌에 이르는 상이한 스케일을 관통한다. 둘째, 공간은 다중성(multiplicity)의 가능성이 있는 영역이다. 왜냐하면 모든 관계들은 공간적으로 존재할 수 있는 모든 공간을 관통하기 때문이다. 셋째, 공간은 결코 폐쇄적이지도 고정적이지도 않다. 공간은 항상 관계들이 전개되듯이 형성되고 있는 과정에 있다. 그녀는 공간을 상호관련성이 뒤섞이고 서로 교차하는 '만남의 장소(meeting point)'로 규정한다.

이상과 같이 공간 개념은 일련의 상이한 접근들 속에서 본질적인 것(구체적, 등질적, 연속적, 객관적, 데카르트적, 알 수 있는 것)으로 인식되던 것에서 구성되는 것(분절적, 상상적, 주관적, 알 수 없는 것)으로 이동하고 있다는 것을 알 수 있다. 공간은 더 이상 우리 삶이 전개되는 단순한 그릇이 아니고, 시간과 역사의 뒤를 따라다니는 부수적인 것도 아니다(Lee, 2005, 34). 이제 공간은 다양한 권력과 차이라는 쟁점이 함께 묶여 있는 것으로 간주된다.

(2) 공간에 대한 비판교육학으로서 지리교육의 개념화

최근 지리학, 특히 인문지리학에서는 '비판적'이라는 담론이 자주 등장한다. 비판지리학자들은 비판적 접근, 비판적 이해, 비판지리학 등 비판적이라는 수식어를 이렇게 다양하게 사용한다. 이것은 지리학이 비판적인 학문으로서 비판적 역할을 수행할 수 있는 비판적이고 성찰적인 학문이 될 필요가 있다는 것을 지적하는 것이다(Peace, 2001, 189). 이는 지리학을 하는 지리학자들은 비판적 교수전략을 개발하고, 비판적 도구를 사용하며, 비판적 실천을 개발하고, 비판적 질문을 제기하며, 비판적인 방법을 채택하여 더욱더 비판적인 사람이 되어야 함을 지적하는 것이다.

최근의 지리학에서의 방법론적·철학적 본질에 대한 연구들은 '지리적 지식이 어떻게 사회적 행동에 기여하는가?, 왜 그러한 지식은 중요한가?'에 대한 질문과 답변들이다. 신문화지리학과 신지역지리학은 비판적 관심과 권력부여 교육학과 직접적으로 연결된다. 많은 현대 인문지리학의 주요 목적 중의 하나는 공간의 생산과 재생산에 관여하는 권력관계를 폭로하는 것이다. 현대의 지리학 이론들은 기술적 모델로부터 세계의 형성자 또는 재형성자로서 인간을 중심에 위치지우고 있다. Pickles (1986, 151)에 의하면 이러한 지리지식은 이론의 여지가 없는 절대적 진리가 아니라 세계를 만들고 미래를 결정하는 지식이다. 이러한 지식에 기반한 지리교육은 편견과 억압을 폭로할 수 있고 사회를 변화시킬 수 있으며, 지리적으로 읽고 쓸 수 있는 권력부여의 지리교육이어야 한다.

현재 학교에서 다루고 있는 공간의 개념은 앞에서 논의한 공간 담론의 변화를 반영하지 못하고 있다. 공간이 사회적 행위와 실천들이 기록되기 위한 텅 빈 용기가 아니라, 다양한 권력과 차이가 사회적으로 구성되는 것이라는 개념을 받아들인다면, 공간이 지리교육에서 어떻게 다루어져야 할 것인지를 검토할 필요가 있다. 이를 위해서는 앞에서 이미 논의한, 공간에 대한 관심을 가지기 시작한 비판교육학으로 초점을 옮길 필요가 있다. 비판교육학이 하나의 돌파구로서 공간적 전환을 수용하였듯이, 역으로 지리교육은 공간에 대한 비판교육학으로 눈을 돌릴 필요가 있다. McLaren(1998)이 Soja의 공간 담론을 수용하여 공간에 대한 비판교육학을 주장하였듯이, Soja(1999) 역시 그의 연구에 대한 교수학적 함의를 언급하고 있다. 그는 학생들이 공간이 어떻게 몸에서 글로벌에 이르는 모든 스케일에서 권력과 이데올로기로 가득 차 있는지를 배울 필요가 있다고 제안하였다. 이는 학생들이 사회적으로 구성된 공간을 어떻게 독해하고, 이러한 공간에서 어떻게 살아가야 하는지를 배워야 한다는 것을 의미한다. 이는 McLaren(1998, 452)이 주장한 수행적이고 학생들의 체험에 근거한 체험적 교육학을 지향한다고 할 수 있다.

학생들은 자신의 경험(또는 체험)을 통해 공간의 포섭과 배제를 배우며, 이에 대해 이야기할 수 있다. 그들은 자신의 공간 경험을 통해 환영받거나 환영받지 못하는 공간이 있다는, 즉 누군가가 공간을 지배하고 있고, 공간에는 한계가 있다는 것을 깨닫게 된다. 예를 들어, 학생들은 공간이 백인, 중산층, 중년 남성들에 의해 전유된다는 것을 이해하게 될 것이다. Connell(1994, 140)은 공간에 대한 비판교육학을 실천을 위해 수업공간이 어떻게 젠더화되며, 교육과정이 어떻게 권력을 부여하거나 배제시키는지, 그리고 상이한 집단을 인식하거나 하지 못하도록 하는지와 관련한 사례를 제시하고 있다.

공간에 대한 비판교육학에서 관심을 가질 수 있는 부분은 학생들의 공적 공간에 대한 경험을 사례로 할 수 있다. Sibley(1995)는 영국의 대규모 쇼핑센터인 메트로센터에 대해 논의하면서, 그곳은 방문객들의 소비를 자극하기 위해 따뜻하고 찬란하고 깨끗하고 좋은 환경을 제공하고 있지만, 이곳과 어울리지 않는 어떤 집단에 대해서는 배제의 공간으로서 경험될 수 있다고 제안한다. 한편, 도시공간 계획과 디자인은 점점 대중 통제와 감시를 위해 보다 다양한 안전장치를 마련한다. 도심지, 주택단지, 공공건물 등에서 출입문, 열쇠, CCTV는 익숙한 광경이 되고 있다. 그러나 어떤 집단은 이것을 통해 규율적 감시의 대상이 된다.[20] 한편, 빗장도시를 비롯하여 공적 영역의 미래를 암시하는 사이

---

[20] 영국의 지리 교과서 Geog.2의 6번째 단원은 '범죄(crime)'이다. 여기에서는 범죄 이야기, 범죄의 유형, 범죄지리, 범죄를 지도화하기, 범죄와의 전쟁, 헤로인 트레일 등을 다루고 있다. 특히 범죄와의 전쟁에서 CCTV에 대해 다루고 있다. 여기서 CCTV는

버공간(cyberspace)에서도 이러한 감시와 통제를 통한 배제의 논리가 깔려 있다.

공간에 대한 비판교육학은 학생들로 하여금 공간이 개인과 집단을 지배하거나 억압하는 데 사용되는 방법, 활동적인 헤게모니 권력의 구성요소(Keith and Pile, 1993)를 이해하도록 하는 데 도움을 줄 수 있다. 또한 공간에 대한 비판교육학의 중요한 임무는 학생들에게 사람들이 억압적인 실천을 조작하고 그러한 것에 저항하는 저항의 지리가 있다는 것을 고려하도록 할 수 있다(Pile and Keith, 1997). 공간에 대한 비판교육학이 학생들에게 자신의 공간을 만들 수 있도록 권력을 부여한다면, 저항의 지리에 대한 인식은 중요하다. 예를 들면, 대규모 쇼핑센터로부터 배제된 10대 학생들은 문화적 파괴 행동, 낙서, 좀도둑질 등을 통해 그들의 배제에 저항할 수 있다. Park(2008)은 청소년들이 '소수자 의식'과 '소수자 공간'을 일상적으로 수행할 수 있는 저항의 공간을 생산하고자 한다면, 이는 근대 시민사회에 대한 가장 근본적이고 급진적인 소수자 운동이 될 것이라고 주장한다. 이에 대한 사례로서 등하교 중 길거리에서 서성거리기, 등교시간을 최대한 늦추기, 하교 후에 교실, 운동장에 남아 있기, 부모 혹은 교사의 말을 못 들은 척하기, 조는 척하기, 부모가 외출 중인 친구 집을 방문하기 등을 제시하고 있다. 그러나 통제의 공간성만큼이나 저항의 공간성은 간단하지 않다. 이러한 저항이 통제라는 로컬적 프로세스에 대한 로컬적 저항인지, 국가의 억압적 정책에 대한 반작용인지, 자본주의의 공적 공간의 관료화와 상품화에 대한 저항인지를 파악하기란 쉽지 않다. 분명히 이러한 문제는 쉽지 않지만, 그것들은 공간에 대한 비판교육학에 의해 제기되는 문제의 형태이다. 이러한 논의는 공간에 대한 비판교육학을 위해 중요한 함축을 가진다. 왜냐하면 그것은 비판교육학자들이 학생들로 하여금 공간을 구조화하는 '실제적인' 힘을 드러내도록 추구해야 한다는 것을 지적하기 때문이다(McLaren, 1998).

페미니스트 지리학자와 문화지리학자들에 의해 제기된 공간의 핵심은 경쟁적이고 논쟁적이라는 것이다. 공간은 다양한 차이에 의해 구성되며, 이러한 차이의 공간이 공간에 대한 비판교육학의 중심이 되어야 한다. 사회와 공간 사이의 관계는 매우 복잡하다. 공간은 우리의 삶에서 항상 만들어지고 있기 때문에 상이하게 만들어질 가능성이 항상 존재한다. 공간에 대한 비판교육학으로서의 지리교육은 학생들로 하여금 그들은 새로운 방식으로 공간을 재구성할 수 있으며, 이전의 상상되지 않은 방식으로 공간의 미래를 명료화할 수 있다는 것을 제안하는 것이다.

이와 같이 지리학에서 공간 담론의 전환은 비판지리학 또는 공간의 문화정치학으로 명명된다. 그리고 비판지리학과 비판교육학은 급진적 공간 담론을 통해 만나게 되며, 이들은 모든 지식은 사회적

안전과 인권이라는 양면성의 문제를 드러낸다.

으로 구성되는 것으로 간주한다(Heyman, 2000, 303). 비판지리학자들과 비판교육학자들은 점점 각각 지리적 공간과 교육의 공간에 사회문화 이론을 끌어와 공간의 문화정치학에 관심을 가진다. 따라서 지리학의 문화적 전환과 교육학의 문화적 전환은 그 맥락을 같이하며, 비판교육학에서 추구하는 수업은 비판지리학자에 의해 생산된 지식을 실천에 옮긴다는 점에서 중요한 함의를 지닌다(Heyman, 2001, 1). 따라서 비판지리학을 통해 생산된 비판적 지리지식은 비판교육학의 실천을 통해서만 의미를 지닐 수 있게 된다. 지리수업에 탈실증주의 이론을 적용하는 것은 지리지식의 참여적 본질을 허용하고 학생들이 권력을 부여받아 세계에 활동적이고 비판적으로 참여하도록 한다(Heyman, 2000, 300).

비판지리학과 비판교육학은 변증법적이며, 지리수업을 통해 자본주의의 착취, 인종, 성, 연령, 계층 등에 근거한 차별, 제국주의, 환경파괴 등을 폭로하는 데 초점을 둔다. Cook(1996)에 의하면, 비판교육학은 학생과 교사에게 연계고리를 형성하도록 함으로써 비판지리에 기여하고, 장소와 자아에 대한 진보적인 감각을 발달시키는 데 기여하며, 참여를 확장시키고, 보편적이고 일반적이며 당연한 것으로 간주되고 있는 지배적인 지식들을 의문시하도록 하며, 상황적 지식(situated knowledge)[21]의 가치를 인식하도록 한다.

비판지리학과 비판교육학은 윤리적으로는 도전적이고, 정치적으로는 변혁적인 방식으로 '차이의 정치학'이라는 문제에 초점을 둔다는 점에서(Giroux, 1992, 74-75; Cook, 2000, 309) 공통점을 찾을 수 있다. 비판지리학과 비판교육학에서 주목하는 차이는 학생들의 정체성과 주관성이 어떻게 다층적이고 모순적인 방식으로 구성되는지를 이해하기 위한 하나의 시도인 동시에, 차이가 어떻게 상이한 집단들 사이에서 전개되며 능력을 부여하기도 하고 박탈하기도 하는지에 초점을 두는 것이다. 이러한 맥락에서 차이를 탐구하기 위해서는 지배적으로 구성된 공간적·인종적·민족적·문화적 차이를 체계화하는 데 초점을 맞추어야 한다. 경계의 교육학과 비판지리학에서는 자아/타자, 백인/흑인, 남성/여성, 서구/비서구, 문화/자연 등의 이분법적인 서구적 사고가 여성, 유색인종, 자연, 노동자, 동

---

21 Cook(2005, 16)은 보편적 지식을 거부하고 지식과 권력의 불가분성을 주장하는 푸코의 입장에서 모든 지식은 '상황적 지식(situated knowledge)'임을 강조한다. 그리고 그는 지식을 생산의 실천가들인 연구자들과 관련하여 "왜 좀 더 성찰적이지 않는가? 적어도 당신이 어디에서 왔는지, 즉 당신의 모든 위치(position)에 대해 설명하기를 시도해 보라. 당신의 연구를 불완전하고 불공평한 것으로 얘기해 보라. 당신의 연구는 모든 것을 설명할 수 없으며 '불공평하지 않는' 것은 불가능하다. 당신의 글을 읽는 사람들과 더불어 생각할 것을 제공하라. 다른 목소리들을 포섭하라. 당신 자신을 위치시키되 그것을 탈중심화하라. 어떤 단일한, 명백한 결론이란 것은 없다."라고 주장한다. 예를 들면, 초국적 주체들을 다룸에 있어 해방적 전략으로서 '위치성의 정치(politics of positionality)'는 각별히 중요하다. 초국적 삶과 역사를 기술하는 것은 '한 곳에 발붙여 살고 있는 우리'와 '(우리로부터 떨어져) 흩어져 살고 있는 그들'의 관계를 180도 전환시키는 것, 그리고 이주와 이동이라는 시각에서 정주하는 주체들의 삶과 역사를 낯설게 바라보는 것, 계몽주의적 이성의 발견 이후 보편적, 일반적, 당연적인 것으로 간주되었던 '우리'의 위치를 탈중심화하여 당연한 지식의 껍데기를 벗겨 상황적 지식임을 드러내는 것이다(Park, 2007).

물 등에 대한 통치의 논리로 작동한다고 주장한다. 이러한 차이의 정치학에 기반한 비판교육학은 기존의 전통적인 교육이 학생들에게 사회의 지배적인 관점과 이데올로기를 심어 준다고 경고한다.

(3) 공간에 대한 비판교육학을 실천하기 위한 지리수업

공간에 대한 비판교육학으로서 지리수업은 어떤 국면이어야 할까? 앞에서 살펴보았듯이 비판교육학자은 수업을 활동적인 참여의 국면으로 인식한다. Giroux는 수업을 활동적인 공공영역(vital public space)으로 간주하며, hooks(1994, 2)의 경우 가장 급진적인 가능성의 공간(radical space of possibility)으로 인식하고 있다. 급진적인 가능성의 공간이란 교사가 학생들에게 특정한 정치적 프로젝트를 지지하거나 현재의 헤게모니와 일치하는 태도와 행동으로 학생들을 훈련시키는 공간이 아니라, 비판적 시민성을 경험하는 활동적인 공적 공간을 의미한다. Heyman(2001)은 지리수업에 변화된 인식을 비롯하여 교사와 학생의 역할에 대한 재개념화가 없다면, 지배적인 사회적 관계와 억압을 폭로하는 것이 아니라 오히려 지지하는 위험에 빠질 수 있다고 주장한다. 지리수업에서 교사들은 학생들을 정보와 지식의 소비자가 아니라 지식의 생산과 재생산에 활동적으로 참여하는 행위자로 간주함으로써, 민주적 실천을 촉진시킬 수 있고 수업을 활동적인 공적 공간으로 변형시킬 수 있다. 한편 Desbiens and Smith(1999, 380)는 자본주의 시스템, 섹슈얼리티, 인종, 젠더, 제국주의, 국수주의, 환경적 파괴 등을 막기 위한 비판지리학을 실현하기 위해서는, 지리수업이 세계의 문제에 대한 정보와 통찰을 제공함으로써 부정의를 인식하고 보다 나은 세계를 위한 기회를 제공하는 '참여의 국면'으로 간주해야 한다고 주장하였다.

공간에 대한 비판교육학으로서 지리수업을 실현하기 위해서는 비판교육학의 관점을 중심에 놓아야 하며, 수업을 사회변혁을 위한 실천적인 정치적 참여의 국면으로 인식해야 한다(Heyman, 2000, 303). 수업을 활동적인 참여의 국면으로 인식하는 것은 Freire(1972), Giroux(1988; 1992), hooks(1994), McLaren(1998)과 같이 공간적 관점을 강조하는 비판교육학자들을 비롯하여 사회적으로 구성된 공간 담론을 발전시킨 급진적 지리학과 사회문화지리학에서 그 근원을 찾을 수 있다. Hay(2001, 142)에 의하면, 이들에게 지리수업은 단순히 가르치는 것으로 정의되는 것이 아니라, 정치적·문화적 국면으로 인식된다. 이들의 주장에 따르면, 지리수업을 참여민주주의와 비판적 시민성을 실현하는 공적 공간으로 되돌려 놓음으로써 세계를 변화시킬 수 있다.

공간에 대한 비판교육학으로서 지리수업은 지식을 탈객관화함으로써 실천적인 정치적 참여를 가능하게 하고, 이론과 실천 사이의 경계를 파괴한다. 지리수업은 우리가 살고 있는 세계에 대한 의미와 지식을 함께 만드는 장소가 된다. 나아가 지리수업은 사회적 변형을 위한 활동적인 장소가 된다.

이러한 지리수업은 새로운 세계질서를 전달하는 것이 아니라, 학생들에게 사회정의, 비판적 시민성, 참여적 민주주의의 원리에 따라 그것을 재형성하도록 권력을 부여하는 것이다. Heyman(2000, 301)은 이러한 지식과 의미는 보다 나은 세계를 만드는 기술적인 합리성의 도구가 아니라, 오히려 권력 부여에 대한 잠재력을 가지는 동적인 교육학적 만남이라고 주장한다. Cook(2000) 역시 지리수업은 학생들로 하여금 그들의 지식을 확장시키고 다른 사람들과 관련하여 자신의 삶과 배경을 변화시키기 위한 민주주의와 비판적 시민성이 실현되는 장소라고 주장한다.

Giroux(1991, 512)는 공간의 차별적인 요소를 변화시키기 위한 교육적 대안을 다음과 같이 제시한다. 첫째, 학생들로 하여금 수업활동(예를 들면, 교과서, 시, 영화 등)에 나타난 이러한 이중적 논리를 구체화하고 비판하도록 한다. 둘째, 학생들로 하여금 당연하게 받아들여져 왔던 통제의 형식을 폭로할 수 있도록 하기 위해 사잇공간을 발견하도록 하는 것이다. 이러한 이분법의 목록이 우리의 삶에 깔끔하게 적용되지 않는 것처럼, 학생들은 이러한 모순을 발견할 수 있을 것이다. 경계의 교육학은 교사와 학생들이 이러한 차이의 공간을 표현하고, 가치화하고, 생각하도록 하는 것이다. 이러한 교육을 통해 교사와 학생들은 경계가 변화되는 것은 물론 경계넘기를 경험함으로써 자신의 역사와 정체성을 다시 쓸 수 있을 것이다.

이상과 같이 이 장은 교육학과 지리학에서의 공간 담론에 대한 논의를 통해 이것이 지리교육에 주는 함의를 도출한 것이다. 교육학을 비롯한 사회과학에서는 일찍이 시간과 역사에 초점을 두었으며, 공간은 이에 따라 다니는 부수적인 것으로 간주되었다. 그리고 공간과학으로서 지리학은 공간을 주요 대상으로 하면서도 우리의 사회적 관계가 전개되는 단순한 그릇으로 간주하였다. 그러나 탈실증주의 이후의 공간 담론은 공간을 사회적으로 구성된 것으로 인식하기 시작하였다. 이와 같이 사회적으로 구성된 공간에 대한 인식은 비판교육학자들의 주요한 관심의 대상이 되고, 특히 McLaren은 공간에 대한 비판교육학을 주창하기에 이른다.

그러나 지리교육 및 지리교육과정은 공간에 대한 이러한 비판적 성찰 없이, 여전히 공간과학에서 규정하는 공간 개념에 머물러 있다. 그리하여 학생들은 공간이 사회적으로 생산되고 정치적으로 경쟁하게 된다는 것을 이해할 수 있는 기회를 가지지 못하게 된다. 공간을 사회적 관계가 기록되는 용기로 개념화하는 것은 특정 사람 또는 집단을 배제시키고, 기존의 사회적 계층구조를 합리화하는 수단으로 작동할 가능성이 크다. 이러한 공간 개념이 지리교육을 통해 학생들에게 반복적으로 제공된다면, 학생들은 공간에서 펼쳐지는 사회적 관계를 진정으로 이해하거나 해석하지 못하고, 비판 없이 그대로 수용하게 된다.

따라서 비판교육학이 비판지리학에서 논의하고 있는 공간 담론을 끌어와 공간에 대한 비판교육학을 정립하였듯이, 지리교육은 역으로 공간에 대한 비판교육학의 관점에서 지리하기를 실천할 필요가 있다. 공간에 대한 비판교육학으로서 지리교육은 학생들로 하여금 공간을 사회적 텍스트로 간주하고 이를 해석하도록 함으로써 시작할 필요가 있다. 이것은 학생들로 하여금 세계를 진정으로 이해하도록 할 뿐만 아니라, 보다 나은 세계를 위해 변화시킬 수 있게 하는 그러한 방법으로 세계를 읽도록 하는 지리교육이다. 이러한 공간에 대한 비판교육학으로서의 지리교육은 학생들이 경험하고 체험하는 공적 공간과 사적 공간을 검토함으로써 이루어질 수 있다. 결국 공간에 대한 비판교육학으로서의 지리교육은 스케일과 차이의 정치학과 만나게 된다. 이를 통해 학생들은 다양한 스케일의 공간이 어떻게 계층, 인종, 젠더, 장애, 연령 등에 근거한 권력관계와 관련되어 있는지를 인식할 수 있게된다. 이러한 공간에 대한 비판교육학으로서의 지리교육은 비판적 시민성을 촉진할 수 있는 지리교육이라고 할 수 있을 것이다.

6. 사회적 관심 지향 지리교육과 비판적 교육학

1) 도입

지리교육과정의 내용구성과 교수전략을 위한 접근법의 하나로서 패러다임적 방법은 유용한 전략으로 채택되고 있다. 지리학의 패러다임에 부과된 이데올로기와 언어를 지리교육에 도입하려는 사례들은 다수 발견된다. 전 세계적으로 1970년대 이후부터 현재까지 지리교육에 가장 영향력을 미치고 있는 것이 실증주의 패러다임의 이데올로기와 언어이다. 그러나 1980년대 이후에는 탈실증주의 패러다임(인간주의, 구조주의, 포스트모더니즘)의 이데올로기와 언어를 지리교육에 끌어오려는 시도가 영국 및 오스트레일리아를 중심으로 활발하게 전개되어 오고 있다. 이러한 연구성과에 기초하여 우리나라에서도 인간주의 패러다임의 이데올로기와 언어를 지리교육과정뿐만 아니라 지리수업에 끌어오려는 연구가 이루어지고 있다(권정화, 1997b; 류재명, 2002; 박승규, 2000; 박승규·김일기, 2001; 이경한, 1994; 장의선 외, 2002).

나아가 최근 영국을 중심으로 한 지리교육계에서는 구조주의와 포스트모더니즘의 이데올로기와 언어를 지리교육과정에 도입하려는 일련의 시도가 전개되고 있지만, 우리나라에서는 이에 대한 연구성과가 매우 미미할 뿐만 아니라 기초적인 단계에 머물고 있다. 이에 대한 이론적 연구로서는 지리교육에 '관련적 공간관(사회공간)' 개념을 도입할 것을 촉구한 권정화(1997b)의 연구와 신문화지리학적 관점의 필요성을 주장한 이영민(1997)의 연구가 있으며, 실천적 연구로서는 Freire의 비판적 교육학을 지리수업에 도입한 송훈섭(2003)의 연구가 있는 정도이다. 그리고 이들 연구는 지리학과 교육학의 양극단의 논리에서 그 합의점을 찾지 못하고 있다.

지리기 다양한 스케일에서 사회적 과정과 상호삭용하는 공간적 패턴을 연구하는 것이라고 한다면, 우리의 생활공간을 둘러싼 사회적·정치적 의사결정과 행동은 분명히 우리의 사고를 공고히 하는 가치와 이데올로기에 근거한다. 그러나 Henley(1989, 169-170)에 의하면, 지리 교과는 사회에 대해 무비판적이고, 수동적이며, 탈정치적이고, 탈인간적이라는 견해로 비판을 받아 오고 있다. 이러한 문제인식을 통해 영국 및 일본의 교과서들은 사실 및 개념 일변도에서 쟁점을 통한 문제해결 중심, 의사결정 중심으로 전환되고 있다(서태열, 1993, 203; 伊藤直之, 2003). 그러나 현재 우리나라의 고등학교 지리교육과정은 아직도 사실 및 개념 위주의 내용으로 구성되어 있으며, 제7차 교육과정에 와서야 인간주의 지리교육적 관점이 일부 도입되기 시작하였다(권정화·조철기, 2001).

지리교육과정은 상이한 패러다임의 이데올로기에 근거하여 계속적으로 비판받고 수정될 필요가 있다. Gregory(1981, 142)에 의하면, 실증주의에 의한 설명식 수업은 지리교육을 '좁은 기술교육(technical education), 즉 일련의 기계적 연습'으로 전락시킨다. 따라서 지리 교사들이 실증주의에 의해 부과된 과학적 인식론적 속박을 벗어나려면 '이론적인 노력'을 해야만 한다. 그러나 교사들은 이데올로기와 언어의 문제를 '너무 어려워' 부적절한 것으로, 그리고 상당한 시간과 노력이 필요한 것으로 간주할지 모른다. 하지만 지리 교사들이 전문적 지식을 가진 지성인으로 취급되기를 바란다면, 이러한 어려운 문제에 직면해야 한다. 그리고 지리교육을 통해 학생들이 사회를 비판적으로 바라보고, 사회에 참여할 수 있으며, 그것을 변화시킬 수 있는 구조로써 가르쳐야 한다고 볼 때, 사회비판적 지리교육학의 도입이 요청된다. 지리 교과의 내용은 변함없이 주어지는 것이 아니라 사회적으로 구성된다. 지리 교과가 사회적으로 어떻게 구성되어야 하는가를 이해하는 것이 지금까지 소홀히 취급해 왔던 또 다른 지리적 상상력을 끌어올 수 있는 계기가 된다.

따라서 이 장은 영국 및 오스트레일리아를 중심으로 전개되고 있는 사회적 관심 지향 지리교육과 태도 형성 지리교육에 대한 문헌을 분석하여 그 본질을 규명하고, 이를 비판적 교육학과 연계하여 사회비판적 지리교육학에 대한 관점을 제시하는 데 그 목적이 있다.

2) 사회비판적 지리교육과 비판교육학의 도입

(1) 사회적 관심 지향 지리교육과 그 전개 과정

실증주의 지리교육에 대한 보완적이고 대안적인 논리로서 인간주의적 접근과 급진주의적 접근이 제공되어 왔다. 이들은 실증주의에 기초한 공간과학의 가정을 변화시키려고 하였다. 그러나 지리교육에 대한 인간주의적 해석과 급진주의적 해석 사이에도 상반된 이견이 있었다. 즉 전자는 자유적이고 진보적인 관점으로서 아동중심적 접근을 끌어오려고 한 반면, 후자는 지리교육의 이데올로기적 본질에 대한 비판을 발전시키는 데 초점을 두었다. Gilbert(1984)는 영국의 지리 교과서를 이데올로기적 관점에서 분석하여, 실증주의에 편중된 내용 서술을 비판하면서 지리교육의 '사회적 관심'에로의 전환을 촉구하였다.

1984년에서 1987년까지의 짧은 기간이었지만 지리교육과정개발협회(Association for Curriculum Development in Geography)의 지원 속에서 발행된 지리학과 지리교육에서의 급진적 관점을 반영한 저널 *Contemporary Issues in Geography and Education*은 사회비판적 지리교육의 전개를 촉진하는 계기가 되었다. 그리고 1986년 '보다 나은 세계를 위해 지리를 가르치는 것(Teaching Geography for a Better World)'이란 주제로 열린 오스트레일리아 지리교사협회(Australian Geography Teachers' Association)의 연례학술대회와 그 출판물(Fien and Gerber, 1986)은 사회비판적 지리교육을 통한 '사회 및 환경 정의'의 실현을 더욱 촉구하였다. 그럼에도 불구하고 지리교육과정의 이론화와 교수에 대한 사회비판적 기원은 그동안의 다른 지리교육의 연구성과에 비하면 매우 적은 편이었다.

대체적으로 1970년대가 실증주의 지리교육이 확장되었던 시기라면, 1980년대 초에는 탈실증주의 패러다임(인간주의 지리학, 복지 및 급진적 지리학, 포스트모던 지리학)을 학생 및 사회적 요구를 충족시키는 범위 내에서 지리교육과정에 결합시켜야 한다는 견해가 제시되기 시작하였다. 지리학이 공간, 장소, 사회적 관계 등을 설명하기 위해 다양한 철학, 사회적·문화적 이론에 관심을 가짐에 따라, 학교 지리교육과정도 이러한 학문적 발달의 수용에 관심을 가져야 함을 인식하게 되었다(Huckle, 1997, 244). 특히 복지 및 급진적 지리학에 근거한 관심 지향 지리교육(concern-oriented geography education)은 실증주의 지리교육과 인간주의 지리교육을 모두 비판하면서 전개되었다(그림 8-2).

실증주의 지리교육은 물리적 공간을 상정하고 있기 때문에 우리의 실제 삶의 세계를 온전하게 드러내지 못한다는 비판을 받아 오고 있다. 지리교육은 공간적 결과에만 치중한 나머지 사회는 거의 전적으로 무시되고 있고(Slater, 1992, 106), 1980년대 이후 지리학은 사회의 변화의 본질을 설명하기 위해 더 비판적인 관점을 개발해 왔지만 지리교육에서는 아직 진부한 수준에 머물러 있다(Morgan,

경험주의 지리교육		실증주의 지리교육		인간주의 지리교육		관심 지향 지리교육
지리적 사실	⇨	개념, 이론, 법칙	⇨	사적 지리, 장소감	⇨	사회 및 환경 정의

그림 8-2. 지리학의 패러다임으로 본 지리교육의 전개 과정

2000b, 176-177), 실증주의 지리교육을 통해서는 공간과 관련한 일반적인 이론, 원리, 법칙은 배울 수 있겠지만, 그러한 공간이 어떻게 형성되고, 그렇게 형성된 공간이 무엇을 의미하는지, 그리고 이와 같은 공간에서 우리는 어떻게 행동해야 하는지와 관련해서는 외면해 버리는 결과를 초래할 것이다. 따라서 최근 지리교육에서는 사회적 과정에 대한 강조가 결핍되어 있다고 하면서, 사회에 더욱 관심을 가지는 사회공간(social space)에로의 주의를 돌려야 한다는 주장이 제기되고 있다(권정화, 1997b; 이영민, 1997; Lambert, 1992; Slater, 1992; Morgan, 2000b). 이들의 공통점은 지리교육이 더 이상 공간적 결과를 가르칠 것이 아니라, 이러한 공간적 결과의 사회적 프로세서를 밝힐 수 있는 방향으로 나아가도록 촉구하고 있다.

관심 지향 지리교육은 실증주의 지리교육에서의 직업주의와 인간주의 지리교육에서의 개인주의를 거절하고, 사회 구성원으로서의 개인들을 가치화하는 접근으로의 전환을 촉구한다. 관심 지향 지리교육의 지향점은 교양 있는 참여적인 사회 구성원이 되도록 사회적 능력 또는 문해력을 개발하는 것이다. 이러한 관심 지향 지리교육은 관심 지향 지리학(concern-oriented geography)의 논리에 기반을 두고 있다. 관심 지향 지리학은 두 가지의 명백한 경로를 취해 왔다. 첫째는, 복지지리학으로서 사회적 불평등에 대한 자유주의적 반응이다. 복지지리학은 삶의 기회의 불평등 패턴을 설명하고, 보다 나은 복지 패턴을 예언하거나 계획하기 위해 그것들을 발생시키는 권력관계를 추구한다(Bale, 1983, 64-73). 복지지리학은 대개 양적 접근으로 공간을 분석하지만, 결과로서의 지리적 다양성의 패턴은 정의와 평등의 문제로 귀결된다. 인간의 복지, 삶의 질, 사회적 복지 등의 용어로 빈곤, 실업, 경제적 불평등과 같은 세계가 직면하고 있는 주요한 문제들에 관심을 가진다(Boardman, 1985, 6). 복지지리학은 지리교육에서의 주요한 개혁이었으며, 그것은 주로 도시, 지역, 세계적 불평등을 지도화하고, 제3세계 개발과 관련한 쟁점을 탐구하며, 지역계획 문제의 해결에 대한 강조를 통해 일상생활에서의 지리의 중요성에 초점을 맞춘다.

둘째는, 이러한 복지적 접근은 불공정한 사회질서와 생태학적 파괴의 문제에 관한 단지 개선적 해결책만을 제안한다고 인식함으로써 훨씬 급진적인 접근을 취한다. 결과적으로 학교교육에서 이루어지는 복지적 접근은 사회의 내부적인 갈등 및 사회적 모순과 관련하여 이들의 개혁을 위한 실천으로 연계되지 못하고 가치주입으로 흐를 가능성이 많다(Lee, 1985, 199-216). 이러한 반성을 통해 급진적 접근은 교육을 통해 사회적·경제적·공간적 모순과 관련한 불의를 개혁하려는 보다 실천 지향적 접근을 취한다. 그럼에도 불구하고 급진적 접근은 삶을 위한 교육과도 밀접한 관련이 있다. 왜냐하면 급진적 지리학은 우리의 삶과 관련한 자본주의, 가부장적 사회, 제도적 인종주의 등과 같은 사회의 불평등 구조를 폭로하기 때문이다(Fien, 1988, 123~124).

이와 같은 관심 지향 지리교육은 인간주의 지리교육이 공간 및 지역의 사회문제를 '개인'의 차원에서만 접근한다고 비판하면서, 개인의 환경 인식과 의사결정 및 공간 행동이 순전히 개인의 '자율적 선택의 문제'라기보다는 사회구조적으로 형성되고, 재생산된다는 점을 강조한다. 이에 따라 국제 간의 갈등, 인권문제, 인종차별, 성차별, 빈곤, 실업, 지역격차, 환경문제 등 사회적으로 쟁점화되고 있는 문제에 초점을 둔다(Fien, 1988, 124). 관심 지향 지리교육은 물리적 공간의 무효성에 대한 반응으로서 앞으로 지리교육이 차이의 공간이 어떻게 사회적으로 구성되는가에 관심을 가질 것을 강조한다. 자유적이면서 다소 급진적인 관심 지향 지리학 그 자체를 거절할 수는 있겠지만, 그것이 제공하는 비판적 관점을 무시할 수는 없다.

관심 지향 지리교육은 인간을 특별한 직업과 사회적 수준에 적합화시키려는 실증주의 지리교육과 개인의 성장과 개발에 초점을 두는 인간주의 지리교육에 비판을 가한다. 왜냐하면 이들은 학생들로 하여금 자신들이 선택한 삶을 위한 역할을 준비시키는 것이 아니라, 오히려 사회적 관계를 재생산하는 행위자로서의 역할에 초점을 두기 때문이다. Huckle(1997, 248)에 의하면, 관심 지향 지리교육과정은 학생들로 하여금 다음과 같은 질문에 답할 수 있도록 계획되어야 한다.

- 인간과 지리(장소, 공간, 인간과 환경의 관계)는 어떻게 사회적으로 구성되는가?
- 인간과 지리는 사회를 구성하는 데 어떤 역할을 할 수 있는가?
- 인간은 역사, 경제, 국가, 시민사회 등이 그들의 삶과 지역적·세계적 지리에 영향을 미칠 때, 그것들을 어떻게 이해해야 하고 관련지어야 하는가?
- 인간에게 그들의 정체성, 갈망, 소속감, 삶의 의미를 제공하는 것은 무엇인가?
- 어떤 사회적·문화적 자원들이 인간의 상상력을 넓히도록 할 수 있고, 지속가능한 장소와 공동체를 만드는 데 그것들을 이용할 수 있으며, 삶에서 정체성, 소속감, 의미를 개발하는 데 그것들을 이용할 수 있는가?
- 어떤 갈망과 소속감을 나는 개발해야 하는가, 그리고 어떤 종류의 사회, 지리, 공동체가 나에게 나의 정체성과 갈망을 표출하게 하는가?

Fien(1979)은 실증주의 지리교육에 대한 보완적 담론으로서 인간주의 지리교육을 접목하면서 '개인 지리'라는 개념을 끌어오고 있다. 그는 이들의 접목을 통해 지리교육이 '의미 있는 삶을 영위하기 위한 사고력, 감정, 행동력을 소유한 인간 육성'이라는 목적을 달성할 수 있다고 생각하였다. 그러나 10년 후(1988) 그는 자신의 사고를 수정하여 이와 같은 목적을 성취하기 위해서는 관심 지향 지리교육의 도입의 필요성을 강조하였다.

그때 나는 지리를 인간 경험과 관련한 공간과학으로서 보았다. 나는 공간과 관련한 지리의 관심은 인간의 삶과 행동에 영향을 미치는 사회적·환경적 맥락을 고찰하는 것에 있다고 생각하였다(Fien, 1979, 407-431). 오늘 나는 아직도 학생들의 개인 지리를 개발하고 정교화해야 한다는 중요성에 대해 믿고 있다. 그러나 학생들에게 '삶을 위한 기능'을 제공하기 위한 기여의 한 부분으로서 개인 지리를 중시하는 것이다. 내가 학생들을 위한 행동주의, 인간주의 지리의 개발로 안락함을 누리고 있을 때, 비록 인지지도, 경관 감상, 환경에 대한 감각적 인식 등은 중요하고 즐거운 것이지만, 이들을 연습하는 것보다 '지리', '교육', '삶'에 있어서 더 중요한 것이 있다는 것을 깨달았다. 결과적으로 나는 지리를 가르치는 데 있어, 특히 교육, 사회, 일상생활 사이의 연계와 관련하여 나의 목적을 재인식해야 한다는 것을 발견하였다. 나의 생각의 변화에 결정적 영향을 준 것이 바로 지리학의 본질에 있었다. 이 시기에 실증주의 지리학에 대한 또 하나의 반작용으로 등장한 것이 '관심의 지리학'이다. 대부분의 인간주의 지리학자들은 그들의 연구에서 '관심의 지리학'의 중요성을 인식하기 시작하였다(Fien, 1988, 123).

Huckle(1985)은 관심 지향 지리교육을 위해 '급진주의 지리학'과 '사회비판적 교육학'의 결합을 시도해 왔다. 그는 '삶을 위한 지리'를 지지하면서 사람들로 하여금 그들의 자연적·사회적 환경을 해체하고 변형시키는 데 기여할 수 있는 사회비판적 지리교육을 강조한다. 관심 지향 지리교육은 "어떻게 공간과 사회가 생산되고 재생산되며, 어떻게 인간, 사회, 공간이 그러한 과정에서 변화하는가?"라는 질문에 대한 답변을 찾는 과정으로서 이를 통한 성찰과 실천에 초점을 둔다. 관심 지향 지리교육은 학생들로 하여금 현재가 아니라 인류의 보다 나은 미래를 위해 교육되어야 한다는 것을 의미한다.

이상과 같은 관심 지향 지리교육의 궁극적인 목적은 학생들로 하여금 '차이의 사회공간적 구성', '차이의 공간적 현시', '사회정의'를 탐구하도록 하는 데 있다(Kitchin, 1999, 50-52). 이러한 차이의 사회공간적 구성을 이해하기 위해서는 제3의 공간적 접근이 필요하다. 즉 차이의 사회공간적 구성은 실제이면서 상상된 장소인 제3의 공간에 대한 탐구를 통해 진정으로 이해될 수 있다.

(2) 태도 형성 지리교육을 통한 비판적 교육학의 실천

최근 급진적 지리교육학자들은 사회적 관심 지향 지리교육의 교수적 실천을 위한 전략으로서 Freire의 '비판적 교육학(critical pedagogy)', Giroux의 '경계의 교육학(border pedagogy)', '권력부여 교육학(empowering pedagogy)', '태도 형성 교육학(committed pedagogy)', '공공의 교육학(public peda-gogy)' 등의 도입을 시도하고 있다(Morgan, 2000b; Fien, 1999; Cook, 2000; Heyman, 2001; Griffiths, 2004; Merrett, 2000). 이와 반대로 비판적 교육학자들 역시 급진적 지리학에서 전개되고 있는 차이의 공간의 사회적 구성이라는 개념을 도입하여 비판적 교육학의 엄밀성과 정당성을 추구하고 있다(McLaren and Giroux, 1992; Giroux, 1999). 따라서 급진적 지리학에 토대하여 전개되어 온 사회적 관심 지향 지리교육과 비판적 교육학을 연계한다면 사회비판적 지리교육학의 실천적 관점에 대한 조명이 가능할 것이다. 그러면 비판적 교육학과 이의 지리교육적 실천으로서의 태도 형성 지리교육에 대해 살펴보자.

비판적 교육학의 주창자인 Freire(1970, 244-253)의 교육사상은 성인교육을 대상으로 하였기 때문에 중등학교 수준에 적용하기에는 다소 무리가 있겠지만, 교수전략에 대한 그의 비판적 관점은 얼마든지 도입될 수 있다. Freire의 비판적 교육학의 핵심은 의식화와 인간화, 비판의식, 비판적 문해력, 비판적 사고, 대화주의 교육, 문제제기식 교육과 실천 등으로 요약된다. 이를 더 구체적으로 살펴보면, 교사와 학생 모두가 주체가 되어 공동으로 쟁점에 대해 비판적으로 탐구해야 한다는 대화주의 교육의 관점을 지지하며, 학생들로 하여금 현실세계의 여러 문제들에 개입시키고 참여하도록 하는 문제제기식 교육에 관심을 둔다. 여기에서 중요한 것은 학생과 교사는 지식이나 이론을 함께 생산하는 공동의 비판적 탐구자로 인식되어야 하며, 학생들에게는 정치적 권력부여(political empowerment)를 해야 한다. 교사들은 학생들로 하여금 현실세계에 대해 말할 수 있고 개입할 수 있는 참여적 교육학을 실현해야 한다. 교사들은 학생들로 하여금 그들의 경험 속에 숨겨진 가정에 대해 문제를 제기하도록 하고 비판하도록 조력하는 것이 중요하다. 비판적 교수는 학생들이 그들 자신의 경험에 배어 있는 정치적·도덕적 의미를 인식하는 것에서 시작된다.

비판교육학은 학생들을 기존 사회에 적합하게 만드는 것이 아니라, 그들의 지적 능력, 열정, 상상력을 격려하는 데 초점을 둔다. 학생들로 하여금 그들의 삶의 공간에 나타나는 쟁점을 사회적·정치적·경제적·문화적 맥락에서 탐구하도록 해야 하는데, 이를 위해서는 무엇보다도 '시민적 용기'를 가지도록 하는 것이 중요하다. Giroux(1983, 233-237)에 의하면, 비판교육학은 학생들에게 '시민적 용기'를 발달시키는 것이 전제가 되어야 하는데 그 전제는 다음과 같다. 첫째, 학습과정에서 학생들의 능동적 참여, 비판적 참여가 강조되어야 한다. 둘째, 학생들은 단순한 문해력, 추론양식을 넘어 총체적으로 세계를 볼 수 있는 비판적 사고를 배워야 한다. 셋째, 비판적 추론양식의 발달은 학생들로 하여금 그들 자신의 경험과 의미체계를 탐구할 수 있도록 사용되어야 한다. 넷째, 학생들은 가치를 명료화하는 방법을 배워야 할 뿐만 아니라, 어째서 특정한 가치들이 인간의 삶을 재생산하는 데 필수 불가결한 것인지를 알아야 한다. 다섯째, 학생들은 그들의 삶에 영향을 주는 구조적·이데올로기적인 힘을 알아야 한다. 보다 나은 세계를 꿈꾸고 상상하며 생각할 수 있는 능력을 가지게 하여 사회 및 환경 정의를 실현하도록 해야 한다.

교육을 통해 학생들에게 시민적 용기를 심어 주기 위해 학교는 토론, 대화, 의견이 교환되는 민주적 공공영역으로 인식되어야 한다. 그리고 교사들은 그들의 경험을 해방적인 것으로 만들어야 하는데, 이를 위해 무엇보다 중요한 것이 비판 언어를 개발해야 한다. 비판 언어는 교사가 비판적인 참여 지성인으로서 해야 하는 역할을 밝혀 주는 중요한 도구이다. 교사는 교과와 관련된 학문에서의 축적된 연구와 문헌은 물론이고 지식의 본질에 관한 역사적·철학적 관점을 잘 이해해야 한다. 즉 교사들에게는 기교적 지식보다 교과와 관련한 전문적 지식이 더 중요하다. 교육의 지향점은 윤리적 실천이어야 하며, 자신뿐만 아니라 사회변혁을 위해서는 지식을 절대범주가 아닌 상황적, 관계적 범주로 보아야 한다. 비판적 교육학이라고 해서 정답을 가지고 있는 것이 아니라 다만 만들어 가는 과정일 뿐이다.

이와 같은 Freire의 비판적 교육학의 핵심적 사상들은 새로운 것이 아니다. 이는 19세기에 사회비판적 지리교육을 주장한 Kropotkin의 사상과 크게 다르지 않다. Kropotkin([1885]1996)은 학교교육이란 감정이입과 이타주의를 가르침으로써 사회적 불평등과 같은 사회적 문제를 제기하는 것이라고 하였다. 그러나 지리는 오랫동안 학생들에게 국가 수도, 산맥 등의 이름을 암기하도록 하는 지루한 과목이라고 인식되어 왔다. 따라서 지리는 국가적 정체성, 인종, 계층에 근거한 편견을 없애고, 이러한 편견을 보다 가치 있는 인본주의 감정으로 대체하는 교육으로 전환되어야 한다고 하였다(Merrett, 2000, 209). 즉 그는 지리교육이 세계 이해, 협력, 평화 등에 기여하기를 희망하였다. 한편, 그는 전통적인 권위주의적 교수법은 학생들에게 독립적이고 복잡한 사고를 못하도록 하기 때문에 이러한 교수법으로는 평등주의와 인본주의를 가르칠 수 없다고 하면서, 학생 중심 교수법으로 전환해야 한다고 하였다. Freire가 은행식 교육을 비판하면서 학생과 교사들이 토론, 논쟁, 대화에 함께 참여하는 문제제기 교수법을 제안한 것과 동일한 맥락이다. 즉 학습자 중심의 문제제기식 교육을 통해 학생들로 하여금 그들과 그들 주위의 세계에 대해 비판적으로 성찰하도록 하며, 그들로 하여금 '지식의 수동적 용기'로부터 '변화에 대한 활동적 행위자'로 변형시키도록 해야 한다는 것이다. Stoddart는 Kropotkin의 이러한 지리교육사상을 태도 형성 지리(committed geography)로 규정하였다.

인류애의 가치를 느끼도록 하는 교과이어야 한다. 그것은 인종주의, 전쟁, 편견, 억압 등과 맞서 싸워야 한다. 그것은 무지, 무례, 이기주의 등으로부터 초래되는 거짓을 폭로해야 한다. 그것이 태도 형성 지리임에 틀림없다. 미래를 위한 지리, 지리는 우리에게 우리가 살고 있는 세계에 대한 실재를 가르쳐 줄 것이고, 우리가 그곳에서 어떻게 하면 서로 잘살 수 있는가를 가르쳐 줄 것이다. 지리는 우리의 이웃, 우리 학생들, 우리 어린이들에게 우리가 살고 있는 지구의 다양성, 유산 등을 어떻게 이해하고 존경할 것인가에 대해 가르쳐 줄 것이다(Stoddart, 1987, 333).

Fien(1999)에 의하면, 태도 형성 지리교육(committed geographical education)을 강조하는 것은 현재의 지리교육의 목적과 수단에 대한 이데올로기적 논쟁이 있다는 것의 표시로서 건전한 것으로 받아들여져야 한다. 이러한 지리교육의 이데올로기적 논쟁과 교육과정 이론화에 대한 개방은 지리교육을 통한 시민성 교육, 글로벌 교육, 환경교육 등과 같이 사회적·환경적 관점에 관심을 가지게 한다. 따라서 태도 형성 지리교육의 지향점은 학생들로 하여금 현실문제에 적극 개입하여 사회 및 환경 정의, 즉 지속가능성을 실천하도록 하는 데 있다. 지리교육을 통한 사회적·환경적 개입은 사회비판적 지리교육의 기초가 되며, 지리교육은 더 이상 가치중립적인 지식교육이 아닌 가치 및 도덕 교육을 지향하게 된다.

태도 형성 지리교육은 사회적·환경적 문제들이 인간의 무지뿐만 아니라 세계경제의 조작에 의해 초래되는 것이라는 것을 가르치는 것이다. 그것은 학생들로 하여금 경쟁과 최대이윤의 윤리가 그들 공동체에서 작동하는 범위를 탐색하게 하고, 자원 개발의 원인이 무엇인지를 탐구하도록 하며, 생산의 증대와 경제적 비용의 최소화는 생태학적 비용(거주지 파괴, 종 소멸, 자원고갈, 오염)과 사회적 비용(빈곤, 강제 이민, 홈리스, 오염 관련 질병, 산업사고)을 초래한다는 것을 탐구하도록 한다. 그리고 학생들은 이러한 과정에서 누가 이익을 얻고 누가 손해를 보는가에 대한 질문을 제기하도록 격려되고, 사회 및 환경적 지속가능성을 실현하기 위한 대안적 관점에 대해 논쟁하도록 격려된다.

지리교육은 무엇보다도 사회공간을 제대로 바라볼 수 있는 지리적 안목을 키우고, 비판적 사고를 통해 사회를 객관적으로 파악할 수 있도록 도와주어야 한다. 지리수업은 학생들의 비판적 인식능력, 탐구능력, 의사결정능력, 사회참여능력 등을 조장하는 데 초점을 두어야 한다. 따라서 지리수업을 통해 현재 세계의 공간질서에 대해 정확하게 탐구하고 이해하도록 하기 위해 교사와 학생에 무엇보다 절실하게 요구되는 것이 비판적 문해력이며, 이는 의사결정 및 사회참여를 위한 중요한 토대가 된다.

(3) 사회비판적 지리 교수·학습과 비판적 문해력

현대사회로 올수록 텍스트는 다양해지고 있으며, 특히 영상문화에 의한 대중문화가 활자를 통한 인쇄문화를 압도하고 있다. 이로 인해 학생들은 사물을 개념적으로 보기보다는 글자 그대로 보는 경향이 늘어나고 있다. 이러한 비문해의 등장으로 학생들은 갈수록 변증법적으로 사고하지도, 사물을 큰 맥락에서 보지도, 서로 관련짓지도 못한다. 학생들이 세계에 대한 '사실'에 빠져서, 현상에 반박할 개념을 사용하는 데 많은 어려움을 겪고 있다. 현대사회에서 대중문화가 학생들의 자기반성과 비판적 사고를 위협한다면 문해력 개념은 재정의되어야 한다. 현재의 지배 담론인 실증주의적 문해력 개념을 넘어서야 한다. 문해력을 기능의 숙달이라는 관점에서 규정하지 말고, 우리가 경험한 것이든 아니든 비판적으로 그리고 개념적으로 읽는 능력 또는 읽을 수 있는 능력이란 의미로 넓혀 가야 한다. 즉 문해력은 자신의 개인적 세계와 사회적 세계를 비판적으로 해석하고, 그리하여 인간의 지각과 경험을 구조화하는 신념과 가치에 도전할 수 있는 능력으로 확장되어야 한다(Giroux, 1988, 179-180).

Freire(1972)에 의하면, 문해력은 비판적이고 해방적인 정치관과 일치하는 지식이론, 그리고 앎의 활동에서 사회적 관계의 힘을 충분히 조명해 줄 수 있는 지식이론과 결합되어야 한다. 이러한 비판적 문해력은 비판적으로 텍스트를 읽는 방법을 배우도록 하며, 우리의 언어와 지식에 대한 비판적 분석을 가능하게 한다. 비판적 문해력은 학습자 개인의 의도성과 상호주관성에 대한 중요성을 포기하는 것이 아니라, 그러한 의미와 행위를 사회적 맥락에 놓아야 한다는 것이다. 이는 사회적 맥락이 어떻게 인간의 사고와 행위에 특수한 한계와 압력을 가하는가를 밝혀내기 위함이다.

최근 지리교육은 지리적 기능(지도, 그래프, 차트, 사진, 신문기사 등을 읽고 해석하는 능력인 문해력, 수리력, 도해력)에 대한 강조와 더불어, 무엇보다도 가치내재적인 쟁점문제에 대한 관심, 즉 지역적·세계적 스케일에서의 공간적 쟁점, 환경문제 등에 대한 학습자의 의사결정능력을 기르는 데 초점을 두기 시작하였다(Graves, 1997, 27-28). 따라서 지리교육에서도 공간적 쟁점을 비판적으로 읽고 해석할 수 있는 비판적 문해력이 요구된다.

지리교육은 삶의 질을 찾기 위한 갈등이 발생하는 사회공간에서 지속가능성, 사회 및 환경 정의와 같은 큰 쟁점을 사회적·정치적 맥락의 관점에서 비판적으로 탐구하는 것이 되어야 한다. 이를 위해서는 교사와 학생들은 사회공간에 나타나는 현상을 정치적·사회적·경제적·문화적 맥락과 관련하여 읽어 낼 수 있는 능력인 '지리적 문해력'이 요구된다. 지리 교수·학습은 이에 근거한 성찰을 통해 '보다 나은 세계'를 만들기 위해 적극적으로 참여하고 개입할 수 있는 구조로서 가르쳐야 한다.

따라서 지리교육에서 가장 기본적인 기능 및 능력으로 간주되는 문해력, 수리력, 도해력 등은 재개념화되어야 한다(Huckle, 1986; McElroy, 1986; Gilbert, 1989; Slater, 1982; 1996). 문해력이란 단지 읽고 쓰기에 초점을 두는 단순히 기술적인 문제에 국한되는 것이 아니라, 텍스트로부터 의미를 끌어내는 능력을 의미한다. 문해력이란 가장 충만한 지리적 감각으로서 자기자신과 다른 사람들의 가치, 이해, 관점을 읽고, 분석하고, 명료화하고, 해석하기 위한 일련의 과정으로 이해되어야 한다. 경관, 장소, 지역, 관찰 가능한 패턴과 공간적 영향, 텍스트, 비디오 자료, 쟁점과 개념, 이론과 모델, 선택과 선호, 의사결정, 태도와 가치, 느낌, 문화적 차이 등을 피상적 수준이 아니라 더욱 복잡한 수준에서 해석할 수 있는 것으로 이해되어야 한다. 즉 지리교육이 학생들로 하여금 현상유지를 위한 수동적 행위자가 아니라, 그들의 삶과 환경을 조절하는 데 필요한 능력을 제공하려 한다면, 문해력은 단지 어휘를 읽는 수준이 아니라 삶의 세계를 비판적으로 읽고 분석할 수 있는 비판적 문해력이어야 한다 (Gilbert, 1989, 132−134).

사회비판적 지리교육의 지향점은 현실을 정상적이고 당연한 것으로 받아들여 유지시키는 '순진한 사고(native thinking)'가 아니라, 비판적 문해력을 통한 '비판적 사고(critical thinking)'의 발달에 있다. 비판적 사고는 '자기교정적'이어야 하고, '맥락에 민감'해야 하며, '판단을 위한 준거에 의존적'이어야 한다(Leat and McAleavy, 1998, 112). 예를 들면, 도시에 대한 고정관념을 문제시해야 하며(자기교정적), 도시에 대한 학습에서 그들의 경험이 모델에 적합한지를 검토하고(맥락에의 민감), 그 지역의 실제적인 특성에 관해 더 깊게 사고해야 한다(판단을 위한 준거에 의존). 만약 비판적 사고가 이러한 특성에 근거하여 전개된다면, 학생들은 더 성찰적이고 복잡한 맥락적 지식을 다룰 수 있고 추론할 수 있는 능력을 발전시킬 수 있다.

수리력은 통계적 수치, 수학적 개념들에서 의미를 발견하는 것으로 단순한 수준에서 복잡한 수준으로, 그리고 비판적 수준으로 나아가야 한다. 그리고 도해력은 지도, 다이어그램, 프레젠테이션, 그래프 등에 질문을 던지고 가정을 읽고 한계를 발견할 수 있는 능력이다. 즉 주어진 정보를 넘어 추론하는 능력으로서, 이 역시 특별한 수준에서 일반적 수준으로, 그리고 비판적 수준으로 나아가도록 해야 한다(Slater, 1996, 216).

지리적 문해력으로서의 비판적 문해력은 사회공간과 관련한 정치적 문해력 및 사회적 문해력뿐만 아니라, 환경윤리와 관련한 생태적 문해력과도 밀접한 관련이 있다. 지금이야말로 지리교육이 학생들에게 정치적·사회적 문해력뿐만 아니라 생태적 문해력을 기르는 데 초점을 두어야 할 시기이다. 지리교육은 발전과 개발이라는 근대적 사고를 해체하고 지속가능성을 위한 사고의 녹색화와 생태화로의 대전환을 모색할 때이다. 지리교육은 포스트모더니즘과 생태학의 접점을 통해 인간과 환경의 상호의존성에 초점을 두어야 한다. 이를 위해서는 인간 중심의 사고와 인식론을 극복하고 인간을 포함한 모든 사물이 상생할 수 있는 심층생태학(deep ecology)과 에코페미니즘(eco-feminism), 그리고 심층시민성(deep citizenship)에 관심을 기울여야 한다. 사회비판적 지리교육이 자연과 환경을 배제시키고 인간, 사회, 공간만을 대상으로 해서는 온전한 것이 되지 못한다. 따라서 사회비판적 지리교육은 환경에 대한 새로운 이론과 실천의 영역을 구축해야 한다.

포스트모던 지리교육의 지적 담론인 인종, 성별, 계급에 환경이 추가되어야 한다. '생태학적 상상력'은 보다 나은 삶의 세계를 위해 모든 학문과 교과에서 확산되어야 할 가장 중요한 인식소이다. 지리는 '지리적 상상력'으로서의 '생태학적 상상력'을 추동하는 가장 적합한 교과가 될 수 있다. 따라서 지리교육은 학생들로 하여금 생태학적으로 읽고 쓸 수 있는 생태적 문해력에 초점을 두어야 하며, 그들에게 생태학적 상상력을 가지게 하여 희망의 공간, 유토피아 공간을 만드는 데 개입하도록 해야 한다. 지리교육의 궁극적 지향점으로서의 희망의 공간은 허황된 미학이 아니라 우리의 삶의 세계를 새롭게 바라보게 하는 실천윤리학으로서의 문화정치학이다. Sack(1997, 12, 24)에 의하면, 우리 인간은 '자연적 인간(Homo naturalis)', '사회적 인간(Homo socialis)', '지적 인간(Homo intellectuals)'로서 기능하며, 이들이 통합된 지리적 존재로서의 우리 인간은 바로 '지리적 인간(Homo geographicus)'이다. 따라서 지리교육은 정치적 문해력과 사회적 문해력을 통한 사회적 인간과 지적 인간의 형성뿐만 아니라 생태적 문해력을 통한 '자연적 인간', 즉 '생태적 인간(Homo ecologicus)'의 형성에 기여해야 한다.

이상과 같이 사회비판적 지리 교수·학습은 지리적 자아로서의 학습자가 비판적 문해능력을 가질 수 있도록 하는 데 초점을 두어야 한다. 그렇게 될 때 지리교육은 지리적 자아로서의 학생들에게 그들의 삶의 세계를 비판적으로 성찰하도록 하여 자아실현에 이르게 할 수 있다. 나아가 보다 나은 세계를 위해 참여·실천할 수 있는 태도 형성 지리교육, 심층시민성 교육이 가능할 것이다.

3) 결론

이 장에서는 교육 및 지리학에 대한 이데올로기에 근거하여 지리교육적 이데올로기를 범주화하고, 현재의 지배적 담론인 실증주의 지리교육에 대한 보완적이고 대안적 논리로서 영국 및 오스트레일리아를 중심으로 전개되고 있는 사회비판적 지리교육학의 본질을 검토하였다.

지리교육에 대한 이데올로기적 접근이 가지는 의의는 지리를 가르치는 목적과 수단에 대한 이데올로기적 논쟁을 끌어온다는 것이다. 대안적 지리교육의 이데올로기에 대한 논의를 통해 지리교육의 목적을 정치적·사회적 관점에서 재해석하고, 그 내재적 가치에 대해 문제를 제기한다는 것이다. 이는 현재 지리교육의 이데올로기적 담론에 대한 단순한 비판을 넘어 앞으로 새로운 지리교육의 방향을 모색하고 발전시킬 수 있는 계기가 된다는 점에서 의의가 있다.

이를 더욱 구체화하면, 지리교육에 대한 이데올로기적 접근은 지리교육과정뿐만 아니라 교사와 학생들에게 다른 관점으로 나아갈 수 있도록 한다는 것이다. 지리교육과정을 만드는 행위자뿐만 아니라 이를 수업으로 실천하는 교사들이 어떤 이데올로기적 관점을 가지느냐에 따라 교육과정, 교수 목적, 내용, 방법, 평가 등이 달라질 수밖에 없다. 비록 현재 지리교육에서는 실증주의 패러다임의 이데올로기적 관점이 지배적이라고 하여 아무런 비판 없이 그대로 수용할 것이 아니라, 새로운 이데올로기적 관점을 통해 계속적으로 비판하고 수정해야 한다. 영국 및 오스트레일리아를 중심으로 전개되고 있는 사회적 관심 지향 지리교육은 지리학적 상상력과 사회학적 상상력의 만남을 통해 물리적 공간 개념에서 사회공간으로 전환할 것을 촉구하고 있다. 이는 우리의 삶의 세계로서의 생활공간은 사회적 실천에 의해 구성되는 사회공간으로 인식하지 않으면 진정한 해명을 할 수 없다는 것을 제안한다.

따라서 사회비판적 지리교육은 학생들로 하여금 차이의 공간이 어떻게 사회적으로 구성되는가를 비판적으로 탐구할 수 있도록 하고, 다양한 공간 텍스트에 내재된 실재와 표상을 읽고 해석할 수 있는 비판적 문해력 교육으로의 전환을 지향한다. 즉 차이의 공간이 경제적 권력뿐만 아니라 계층, 인종, 성, 무능력, 연령 등과 관련하여 어떻게 사회적으로 구성되는가를 탐구하도록 해야 한다. 여기에서 중요한 것은 이러한 사회비판적 지리교육의 지향점이 우리의 삶의 세계에 대한 부정적 시각을 심어 주는 것으로 이해되어서는 안 되며, 보다 나은 세계를 만들기 위해 개입할 수 있는 관점에서 이해되어야 한다는 것이다. 이와 같은 사회비판적 지리교육은 기존의 사실, 개념, 이론, 법칙에 토대한 지식 위주에서 시민성 교육, 환경교육, 정체성 교육 등 가치 및 도덕 교육 중심의 지리교육으로의 전환을 촉구한다. 즉 지리교육은 지식적 측면의 강조와 더불어 학생들의 정의적 가치뿐만 아니라 그들의 삶의 세계를 비판적으로 인식할 수 있도록 도덕적인 측면의 발달에도 관심을 기울여야 한다.

참고문헌

〈국문〉

강대현, 2007, 사회과교육 목표로서의 '시민'개념에 대한 분석, 사회과교육, 46(1), 83-105.

강순원, 2003, 1988년 벨파스트 평화협정과 북아일랜드 평화교육의 상관성-상호이해교육(EMU)에서 민주시민교육 (CE)으로, 비교교육연구, 13(2), 한국비교교육학회, 221-244.

강용찬, 2007, 공정무역의 규범적 정립과 윤리적 접근-시장적 논리와 형평적 논리의 비교연구, 관세학회지, 8(3), 177-206.

강운선, 2010a, 사회연결망 분석을 활용한 2007 개정 중학교 환경교육과정의 통합적 분석: 지속가능발전교육의 측면에서, 환경교육 23(2), 46-64.

강운선, 2010, 지속가능발전교육의 측면에서 2007 개정 중학교 「환경」교과서의 내용분석, 한국지리환경교육학회지, 18(3), 339-354.

강운선, 2011b, 사회과에서 범교과 학습의 맥락으로서 지속가능발전교육의 실현 가능성: 교사의 이해 수준과 실천 의지를 중심으로, 학습자중심교과교육연구, 11(1), 1-27.

강준만·오두진, 2005, 고종 스타벅스에 가다, 인물과사상사.

고미나·조철기, 2010, 영국에서 글로벌 학습을 위한 개발교육의 지원과 지리교육, 한국지리환경교육학회지, 18(2), 155-171.

고미숙, 2003, 정체성 교육의 새로운 접근: 서사적 정체성 교육, 한국교육, 30(1), 5-32.

고정식, 2004, 롤즈의 정의론을 원용한 환경정의론, 동서철학연구, 32, 69-90.

곽준혁, 2004, 민족적 정체성과 민주적 시민성: 세계화 시대 비지배 자유 원칙, 사회과학연구, 12(2), 34-66.

곽준혁, 2009, 시민적 책임성: 고전적 공화주의와 시민성(citizenship), 대한정치학회보, 16(2), 127-149.

교육과학기술부, 2007, 사회과 교육과정, 교육과학기술부.

교육과학기술부, 2009a, 녹색성장교육 활성화 방안, 교육과학기술부.

교육과학기술부, 2009b, 사회과 교육과정, 교육과학기술부.

교육과학기술부, 2011, 사회과 교육과정, 교육과학기술부.

교육과학기술부, 2012, 사회과 교육과정, 교육과학기술부.

교육부, 1997, 사회과 교육과정, 교육부.

교육부, 1998, 사회과 교육과정, 교육부.

교육부, 2015, 사회과 교육과정, 교육부.

교육인적자원부, 2007, 사회과 교육과정.

구양미 외 옮김, 2014, 세계경제공간의 변동, 시그마프레스.

구정화 외, 2010, 다문화교육의 이해와 실천, 동문사.

구정화·한진수·정필운·설규주·장준현·정석민·박정애·엄정훈·허은경·김동환·김민수·옹진한, 2018, 중학교 사회 2, 천재교육.

권미영·조철기, 2012, 한영 지리교과서에 나타난 다문화교육 내용 분석−인구 관련 단원을 중심으로−, 한국지리환경교육학회지, 20(1), 33−44.

권숙진, 2011, 유럽 연합의 능동적 시민성 연구, 한국교원대학교 대학원 석사학위 논문.

권순희·박상준·이경한·정윤경·천호성, 2010, 다문화사회와 다문화교육, 교육과학사.

권영배, 2006, 중등학교 사회과 '독도교육'의 현황과 과제, 역사교육논집, 36, 145−186.

권영임, 2010, 영국의 지속가능발전교육 추진 현황에 관한 연구−유아 및 초등학교 아동을 대상으로−, 생태유아교육연구, 9(1), 119−136.

권오현 외 13, 2013, 다문화 교육의 이해, 서울대학교 출관문화원.

권정화, 1997a, 지구화 시대의 국제이해교육: 초등 사회과 교육에서의 지리적 상상력의 의의, 지리교육논집, 37, 1−12.

권정화, 1997b, 지리교육의 역사적 접근과 인문 지리학의 시공간 개념 검토, 지리·환경교육, 5(1), 41−55.

권정화, 1997a, 지역인식논리와 지역지리 교육의 내용 구성에 관한 연구, 서울대학교 대학원 박사학위논문.

권정화·조철기, 2001, 제7차 교육과정에 의한 고등학교 지리과 교과서 체제 분석, 중등교육연구, 48, 111−132.

권혜선, 2013, 한국 초중등 학생들의 환경쟁점 해석과 환경도덕민감성, 서울대학교 대학원 박사학위논문.

김갑철, 2016a, 세계 시민성 함양을 위한 지리교육과정의 재개념화, 대한지리학회지, 51(3), 455−472.

김갑철, 2016b, 정의를 향한 글로벌시민성 담론과 학교 지리, 한국지리환경교육학회지, 24(2), 17−31.

김갑철·조철기, 2017, 글로벌 차원의 정의를 지원할 지리교육 실천 방안 연구, 한국지리환경교육학회지, 25(3), 37−50.

김경동, 2008, 한국과 이스라엘 초등 사회과 교과서의 영토교육 내용 비교 분석, 한국교원대학교 교육대학원 석사학위논문.

김경희, 2009, 공화주의, 책세상.

김남국, 2005, 다문화시대의 시민: 한국사회에 대한 시론, 국제정치논총, 45(4), 97−121.

김다원, 2010, 사회과에서 세계시민교육을 위한 '문화 다양성'수업 구성, 한국지역지리학회지, 16(2), 167−181.

김다원, 2016, 세계시민교육에서 지리교육의 역할과 기여 − 호주 초등 지리교육과정 분석을 중심으로, 한국지리환경교육학회지, 24(4), 13−28.

김대영, 2016, 자연과 인간의 중간지대로서의 인류세 담론 고찰, 문학과환경, 15(1), 7−42.

김미숙, 2005, 지리과에서 '지속가능한 개발'을 위한 환경교육의 실제, 고려대학교 석사학위논문.

김미영·조철기, 2012, 한영 지리 교과서에 나타난 다문화교육 내용 분석−인구 관련 단원을 중심으로−, 한국지리환경교육학회지, 20(1), 33−44.

김민성, 2013, 비판적 세계시민성을 통한 지리 교과서 재구성 전략, 사회과교육, 52(2), 59−72.

김민주, 2008, 커피경제학, 지훈출판사, 서울.

김민호, 2011, 지역사회기반 시민교육의 필요성과 개념적 조건, 평생교육학연구, 7(3), 193-221.

김민호, 2014, 지역개발 반대 운동에 참여한 지역주민의 시민성 학습: 밀양 송전탑과 강 해군기지 반대 운동 사례, 평생교육학연구, 20(4), 1-30.

김민호·염미경·변종헌·최현·김은석, 2011, 지역사회와 다문화교육, 학지사.

김병연, 2011, 생태 시민성 논의의 지리과 환경 교육적 함의, 한국지리환경교육학회지, 19(2), 221-234.

김병연, 2012a, 생태시민성과 지리과 환경교육: '관계적 지리' 담론과 적용, 한국교원대학교 박사학위논문.

김병연, 2012b, 소비 사회에서 생태적 주체 구성을 위한 환경 교육의 인식적 전략에 관한 연구, 환경교육, 27(4), 462-474.

김병연, 2013, 윤리적 소비의 세계에서 비판적 지리교육 - "공정무역"을 통한 윤리적 시민성 함양?-, 한국지리환경교육학회지, 21(3), 129-145.

김병연, 2015, 생태시민성과 페다고지, 박영스토리.

김병후, 2006, 지리영역에서 국가영역교육의 문제점과 개선방향, 전북대학교 교육대학원 석사학위논문.

김비환, 1999, 현대 자유주의-공동체주의 논쟁의 정치적 성격에 관한 고찰, 철학연구, 45(1), 101-121.

김석영·이보영, 2010, 푸드마일을 활용한 세계화·지역화 수업 구성 및 적용, 한국지리환경교육학회지, 18(2), 135-153.

김선미, 2000, 다문화 교육의 개념과 사회과 적용에 따른 문제, 사회과교육학연구, 4, 63-81.

김선미, 2013, 다문화시민성에 관한 한국 사회과교육과정 고찰, 사회과교육연구, 20(3), 55-68.

김소순·조철기, 2010, 중학교 사회 교과서에 나타난 이데올로기 및 편견 분석-서남아시아 및 아프리카 단원을 중심으로-, 중등교육연구, 58(3), 87-112.

김소영·남상준, 2012, 생태시민성 개념의 탐색적 논의: 덕성과 기능 및 합의기제를 중심으로, 환경교육, 15(1), 105-116.

김숙진, 2010, 행위자-연결망 이론을 통한 과학과 자연의 재해석, 대한지리학회지, 45(4), 461-477.

김시구·조철기·김현미, 2011, 지역 다문화 활동과 CCAP를 활용한 세계지리 수업에 관한 연구, 한국지역지리학회지, 17(2), 231-244.

김신아, 2004, 세계윤리의식 함양을 위한 청소년 국제교류활동에 관한 연구, 서울대학교 석사학위논문.

김아영, 2010, 세계지리 교과서의 탈식민주의적 분석, 교육과정연구, 28, 167-191.

김영순·문하얀, 2008, 교과서에 나타난 다문화교육 내용의 질적 분석-사회·문화 교과서를 중심으로, 언어와 문화, 4(2), 57-80.

김영순·박선미·황규덕·조수진·김부헌·신현각·이은상·김세배·박찬정·이금란·김용걸·김웅·정지만·이수연, 2018, 중학교 사회 2, 동아출판.

김왕근, 1995a, 시민성의 내용과 형식으로서의 덕목과 합리성의 관계에 관한 연구, 서울대학교 박사학위논문.

김왕근, 1995b, 시민성의 두 측면: 형식으로 보는 관점과 내용으로 보는 관점, 사회와 교육, 20(1), 61-72.

김왕근, 1999, 세계화와 다중 시민성 교육의 관계에 관한 연구, 시민교육연구, 28, 45-67.

김용신, 2011, 글로벌 다문화교육의 이해, 이담북스.

김용신, 2013, 글로벌 시민교육론, 이담북스.

김욱동, 1997, 에코페미니즘과 생태중심주의 세계관, 미국학논집, 29(1), 47-70.

김원수, 2011, 글로벌 스터디즈(Global Studies)의 지평 확대, 사회과교육, 50(4), 33-42.

김원수, 2014, 글로벌스터디즈(Global Studies)란 무엇인가?-개념화를 위한 역사학적 접근-, 사회과교육, 53(3), 1-12.

김일기, 1979, 국토지리교육을 통한 가치교육, 지리학과 지리교육, 제9집, 서울대학교 사범대학 지리교육과, 315-331.

김정아·남상준, 2005, 장소 중심 지리교육내용 구성원리의 탐색, 한국지리환경교육학회지, 13(1), 85-96.

김종덕, 2010, 먹을거리의 탈정치화와 대응에 관한 연구, 지역사회학, 12(1), 131-157.

김종덕, 2012, 음식문맹자, 음식 시민을 만나다, 따비.

김주환·홍현철·최용규·박종현·구학서·서재천·김세원·김수양·윤석희·조현우, 2002, 사회, 중앙교육진흥연구소.

김지성·남욱현·임현수, 2016, 인류세(Anthropocene)의 시점과 의미, 지질학회지, 52(2), 163-171.

김지현·손철성, 2009, 세계시민주의, 공동체주의, 자유주의, 시대와철학, 20(2), 93-126.

김진수·문대영·조성호·김숙·문승규·이강준·최영아·이희원·손영찬·오두환·김신정·이은주·박진민·양설·이상급, 2018, 중학교 사회 2, 미래엔.

김찬국, 2013, 생태시민성 논의와 기후변화교육, 환경철학, 16, 35-60.

김창근, 2009, 다문화 공존과 다문화주의: 다문화시민성의 모색, 윤리연구, 73, 21-50.

김창환 외 15인, 2013, 중학교 사회 1, 좋은책신사고.

김철규, 2008a, 신자유주의 세계화와 먹거리 정치, 한국사회, 9(2), 123-144.

김철규, 2008b, 현대 식품체계의 동학과 먹거리 주권, ECO, 12(2), 7-32.

김태경, 2006, 지속가능발전을 위한 교육(ESD)과 지속가능성을 위한 (경제)교육-〈지속가능성〉의 개념 공유를 위한 환경교육과 그 범위-, 환경교육, 19(3), 67-79.

김학희, 2005a, 세계지리에서 동남아시아 지역의 정형성에 대한 재조명: 일상음식을 통한 글로벌 교육의 지리적 대안 개발, 서울대학교 교육학 박사학위 논문.

김학희, 2005b, 지리교육 소재로서 음식의 확장성에 관한 연구, 한국지리환경교육학회지, 13(3), 375-391.

김학희, 2010a, 부티크 다문화주의를 넘어서-한국 다문화교육에 대한 메타 지리적 성찰-, 1(2), 다문화교육, 1(2), 63-79.

김학희, 2010b, 진정한 다문화 교육을 지향하며: 동남아시아 지역에 대한 대안적 관점 탐색, 경인교육대학교 교육논총, 30(1), 31-47.

김현덕, 2007, 다문화교육과 국제이해교육의 관계정립을 위한 연구, 국제이해교육, 2, 59-74.

김현덕, 2008, 다문화 사회의 도래와 국제이해교육의 역할, 다문화 사회와 국제이해교육, 유네스코아시아태평양국제이해교육원 편, 동녘, 115-146.

김현미, 2008, 이주자와 다문화주의, 현대사회와 문화, 26, 57-78.

김현선, 2006, 국민, 半국민, 非국민-한국 국민형성의 원리와 과정, 제6회 사회연구 학술상 장려상 수상논문, 사회연구, 12, 77-106.

김혜숙, 2007, 영토 및 영해교육에서 본 독도 및 울릉도에 대한 인식, 대한지리학회 학술대회논문집, 159-163.

김화임, 2016, 기후 변화와 인류세 시대의 문화구상, 인문과학, 60, 41-66.

김회목·임기환·심혜자·박현호·이승기·정혜정·강용옥·장재현, 2002, 사회, 동화사.

김희경, 2012, 생태시민성의 관점에서 본 에코맘과 교육적 함의, 시민교육연구, 44(4), 55-75.

나혜미, 2010, 다문화교육을 위한 교수·학습 방안에 관한 연구-중학교 1학년 개정 사회 교과서 중심으로, 고려대학교 교육대학원 석사학위논문.

남경태 옮김, 2002, 페다고지, 그린비(Freire, P., 1970, *Pedagogy of the Oppressed*, Herder and Herder, New York).

남경희·조의호, 2014, 호주 지속가능성 교육의 성립과 특징, 홀리스틱교육연구, 18(1), 29-48.

남상준, 1989, 사회과 교육에서의 국제이해교육, 사회과교육, 22, 317-328.

남호엽, 2001a, 공간스케일의 관점에서 본 민족정체성 교육, 사회과교육, 34, 110-126.

남호엽, 2001b, 한국 사회과에서의 민족정체성과 지역정체성의 관계, 한국교원대학교 박사학위논문.

남호엽, 2011, 글로벌 시대 지정학 비전과 영토교육의 재개념화, 한국지리환경교육학회지, 19(3), 371-379.

남호엽, 2013, 글로벌시대의 지역교육론, 한국학술정보.

노찬옥, 2003, 다원주의 사회에서의 세계 시민성과 시민 교육적 함의에 관한 연구, 서울대학교 박사학위논문.

노혜정, 2008, 세계 시민 교육의 관점에서 세계 지리 교과서 다시 읽기: 미국 세계지리 교과서 속의 한국, 대한지리학회지, 43(1), 154-169.

다문화교육방법연구회, 2010, 교실 속 다문화교육, 학이시습.

데릭 히터 지음, 김해성 옮김, 2007, 시민교육의 역사, 한울아카데미.

류재명, 2002, 학생의 일상생활경험과의 연계성을 높일 수 있는 지리수업방법 개발에 관한 연구, 한국지리환경교육학회지, 10(3), 1-16.

류재명·차경수·양호환, 1997, 사회과 가치교육을 위한 기초연구, 사대논총, 제54집, 서울대학교 사범대학, 55-83.

류제헌·진종헌·정현주·김순배 옮김, 2011, 문화정치와 문화전쟁, 살림.

모경환·최충옥·김명정 옮김, 2008, 다문화교육 입문, 아카데미프레스.

모경환·이윤호·강대현·김현경·이수화·황미영·조철기·승현아·김영일·서정현·윤민주·나유진, 2018, 중학교 사회 2, 금성출판사.

모경환·임정수, 2014, 사회과 글로벌 시티즌십 교육의 동향과 과제, 시민교육연구, 46(2), 73-108.

문순홍, 2006, 정치생태학과 녹색국가, 아르케.

박경태, 2007, 인권과 소수자 이야기, 책세상.

박경태, 2008, 소수자와 한국사회, 후마니타스.

박경태, 2009, 인종주의, 책세상.

박경환, 2008a, 소수자와 소수자 공간: 비판 다문화주의의 공간교육을 위한 제언, 한국지리환경교육학회지, 16(4), 297-310.

박경환, 2008b, 소수자의 공간 열어젖히기: 비판 다문화주의의 공간교육론, 한국사회교과교육학회 학술대회지, 45-64.

박경환·진종헌, 2012, 다문화주의의 지리에서 인종 및 민족집단의 지리로(1): 인종 및 민족집단에 대한 사회공간적 논의의 성찰, 문화역사지리, 24(3), 116-139.

박미혜·강이주, 2009, 윤리적 소비의 개념 및 실태에 대한 고찰, 한국생활과학회지, 18(5), 1047-1062.

박배균, 2009, 초국가적 이주와 정착에 대한 공간적 접근: 장소, 영역, 네트워크, 스케일의 4가지 공간적 차원을 중심으로, 한국지역지리학회지, 15(5), 616-634.

박배균, 2013a, 국가-지역 연구의 인식론: 사회공간론적 관점을 바탕으로, 박배균·김동환, 다중스케일 관점에서 본 한국의 지역: 국가와 지역, 알트, 22-51.

박배균, 2013b, 영토교육 비판과 동아시아 평화를 지향하는 대안적 지리교육의 방향성 모색, 공간과사회, 23(2), 163-198.

박배균, 2016, 공간적 관점에서 바라보는 정의와 인권, 그리고 지리교육의 과제, 2016년 하계 학술대회 발표 자료집 (별첨 자료, 1-24).

박배균·김동환, 2014, 국가와 지역: 다중스케일 관점에서 본 한국의 지역, 알트.

박상준, 2009, 사회과 교육의 이해, 교육과학사.

박상준, 2012, 다문화시민성의 육성을 위한 다문화교육의 방안: 이주민의 인권 측면에서, 법과인권교육연구, 5(2), 43-66.

박상준, 2014, 사회과 교재연구 및 교수법, 교육과학사.

박선미, 2009, 독도교육의 방향: 민족주의로부터 시민적 애국주의로, 한국지리환경교육학회지, 17(2), 163-176.

박선미, 2010, 탈영토화 시대의 영토교육 방향-우리나라 교사와 학생대상 설문결과를 중심으로, 한국지리환경교육학회지, 18(1), 23-36.

박선미, 2011, 다문화교육의 비판적 관점이 지리교육에 주는 함의, 한국지리환경교육학회지, 19(2), 91-106.

박선영, 2009, 세계화를 대비하는 지구시민교육의 필요성: 영국 사례를 중심으로, 청소년시설환경, 7(3), 13-24.

박선영, 2013, 사회통합을 위한 국민 범위 재설정, 저스티스, 134(2) 특집호, 한국법학원, 403-428.

박선희, 2008, 지리교육에서 다문화교육을 위한 교수-학습 방안 모색: 한국지리(7차 개정시안)를 중심으로, 한국지리환경교육학회지, 16(2), 163-177.

박선희, 2009, 다문화사회에서 세계시민성과 지역정체성의 지리교육적 함의, 한국지역지리학회, 15(4), 478-493.

박성우, 2016, 글로벌 분배적 정의의 관점에서 본 해외원조의 윤리적 토대, 평화연구, 24(1), 5-41.

박순경, 2010, 2009 개정 교육과정에 따른 교과 교육과정의 개선 방향 탐색, 국가교육과학기술자문회의 교육과정 위원회.

박순열, 2010a, 생태시민성 논의의 쟁점과 한국적 함의, ECO, 14(1), 167-194.

박순열, 2010b, 한국 생태시민성(ecological citizenship) 인식유형에 관한 경험적 연구, ECO, 14(2), 7-52.

박순열, 2011, 복합적 환경의식과 환경행동에 관한 경험적 연구-생태시민성 인식유형을 중심으로-, ECO, 15(2), 111-144.

박순열, 2013, 생태적, 민주적, 지구적 시민의 가능성-생태시민성, 한국환경사회학회 엮음, 환경사회학의 이론과 환경 문제, 한울, 467-496.

박승규, 2000, 일상생활에 근거한 지리교과의 재개념화, 한국교원대학교 대학원 박사학위논문.

박승규, 2012, 다문화 교육에서 다문화공간의 교육적 의미 탐색, 문화역사지리, 24(2), 문화역사지리, 24(2), 111-122.

박승규·김일기, 2001, 일상생활에 근거한 지리교과의 재개념화, 대한지리학회지, 36(1), 1-14.

박애경, 2016, 글로벌시민교육을 위한 토대로서 '글로벌 정의'의 의미 탐색, 글로벌교육연구, 8(3), 101-120.

박용헌, 1997, 우리의 이념·가치성향과 정치교육, 교육과학사.

박윤진·주주자·이현진·송민구·김차곤·박정우, 2014, 고등학교 「사회」 교과서, ㈜지학사.

박재창, 2009, 지구시민권과 지구 거버넌스, 오름.

박형준·신정엽·이봉민·서현진·김현철·박서연·이정식·김봉수·조영매·이혜란·고인석·신정아·김찬미, 2018, 중학교 사회 2, 천재교과서.

박휴용, 2012, 비판적 다문화교육론, 이담Books(한국학술정보).

박흥순 외, 2007, 한국에서의 다문화주의, 한울.

배나리·조철기, 2018, 지리를 통한 지속가능발전교육의 방향, 한국사진지리학회지, 28(2), 113-126.

배미애, 2004, 세계교육과 다문화교육의 연계 및 지리교과에서의 의의, 교과교육학연구, 8(1), 105-122.

배정애, 2009, 고등학교 세계지리 교과서의 다문화교육 내용 분석 연구, 경희대학교 교육대학원 석사학위논문.

배한극, 2008, 미국에 있어서 글로벌교육, 대구교육대학교 초등교육연구논총, 24(2), 1-28.

백미연, 2014, 지구적 빈자(Global Poor)에 대한 도덕적 의무와 초국적 정의(Transnational justice), 한국정치학회보, 48(1), 185-205.

변종민·성영배, 2015, 인류세 이전 토양생성률과 20세기 후반 토양유실률 비교를 통한 토양견관 지속가능성 전망, 대한지리학회지, 50(2), 165-183.

변종헌, 2006a, 다중 시민성과 시민교육의 과제 -제주특별자치도를 중심으로, 초등도덕교육, 21, 247-273.

변종헌, 2006b, 세계시민성 관념과 지구적 시민성의 가능성, 윤리교육연구, 10, 139-161.

서경식, 2006, 디아스포라 기행, 돌베게.

서은정·류재명, 2014, 환경교육에서 중점을 두어야 할 역량, 한국지리환경교육학회지, 22(2), 109-124.

서종남, 2010, 다문화교육: 이론과 실제, 학지사.

서찬기, 1997, 사회 및 사회과학의 변화와 지리학의 과제, 지리교육, 9, 1-25.

서태동, 2014, 환경정의감 함양을 위한 지리 수업의 효과에 관한 연구, 한국교원대학교 대학원 석사학위논문.

서태열, 1993, 지리 교육과정의 내용 구성에 대한 연구, 서울대학교 대학원 박사학위논문.

서태열, 2003, 지구촌 시대의 '환경을 위한 교육'의 개념적 모형의 재정립, 한국지리환경교육학회지, 11(1), 1-12.

서태열, 2004, 세계화, 국가정체성 그리고 지역정체성과 사회과교육, 사회과교육, 43(4), 5-29.

서태열, 2005a, 지리교육학의 이해, 한울.

서태열, 2005b, 현대 환경주의(environmentalism)의 유형과 그 교육적 함의, 지리교육논집, 49, 186-202.

서태열, 2007a, 독도 및 울릉도 관련 영토교육의 방향 모색, 한국해양수산개발원.

서태열, 2007b, 영토교육에 대한 이론적 논의, 대한지리학회 학술대회논문집, 151-154.

서태열·김혜숙·윤옥경, 2007, 독도 및 울릉도 관련 영토교육의 방향 모색, 한국해양수산개발원 보고서.

서태열·박철웅·이경한·박선미·윤옥경·남호엽·조철기, 2009, 동해 및 독도에 관한 영토교육의 현황과 과제, 동북아역사재단 연구결과보고서.

설규주, 2000, 세계화 지방화 시대의 시민교육, 서울대학교 박사학위논문.

설규주, 2001, 탈국가적 시민성의 대두와 시민교육의 새로운 방향: 세계시민성과 지역시민성의 조화로운 함양을 위한 후천적 보편주의 시민교육, 시민교육연구, 32(1), 151-178.

설규주, 2004, 세계시민사회의 대두와 다문화주의적 시민교육의 방향, 사회과 교육, 43(4), 31-54.

설동훈·박홍인·조성호·김현태·박한철·이강준·하영수·김태호·박서현·윤종조, 2014, 고등학교 「사회」 교과서, ㈜미래엔.

성경륭, 2003, 국민국가의 위기와 재편: 제3차 국가 형성에 관한 연구, 경남대학교 극동문제연구소, 한국과 국제정치, 19(1), 181-213.

성백용 옮김, 1994, 사회과학으로부터의 탈피: 19세기 패러다임의 한계, 창작과 비평사, 서울(Wallerstein, I., 1991, Unthinking Social Science: the limits of nineteenth-century paradigms, Polity Press, Cambridge).

손승남, 2010, 지속가능한 미래, 삶의 질 그리고 생태교육, 교육의 이론과 실천, 15(2), 93-115.

송우리, 2015, 초등 사회과 교육과정에 나타난 다중시민성 내용 요소 석-공간 차원에서의 쟁점을 중심으로-, 서울교육대학교 석사학위논문.

송현정, 2003, 사회과 교육의 목표로서 시민성의 의미에 대한 연구, 시민교육연구, 35(2), 45-70.

송훈섭, 2003, 프레이리의 비판적 문해교육과 지리교육, 한국지리환경교육학회지, 11(3), 47-64.

신두호, 2016, 환상에서 현실로: 인류세, 기후 변화, 문학적 수용의 과제, 인문과학, 60, 67-102.

신재한·김재광·김현진·윤영식, 2014, 다양성과 차이를 존중하는 다문화 수업 설계의 이론과 실제, 교육과학사.

심광택, 2005, 일본 중학교 지리교과서의 학습내용-활동 분석, 한국지리환경교육학회지, 31(2), 247-261.

심광택, 2012, 지속가능한 사회과 목표 설정: 생태적 다중시민성, 사회과교육, 51(1), 91-107.

심광택, 2014, 생태적 다중시민성 기반 사회과의 핵심개념과 핵심 과정, 사회과교육, 53(1), 21-39.

심광택·Stoltman, J. P., 2013, 학교 지리에서 지속가능발전 교육: 모델 구안, 대한지리학회지, 48(3), 466-481.

심상용, 2013, 지구적 정의론으로서 지구시민권 구상의 윤리학적 기초에 대한 연구-Rawls의 자유주의적 국제주의와 코즈모폴리턴 공화주의를 중심으로, 한국사회복지학, 65(4), 295-315.

심익섭, 2001, 시민참여와 민주시민교육, 한독사회과학논총, 11(2), 51-79.

심정보, 2008, 일본의 사회과에서 독도에 관한 영토교육의 현황, 한국지리환경교육학회지, 16(3), 179-200.

안숙영, 2012, 글로벌, 로컬 그리고 젠더-지구화 시대 공간에 대한 새로운 이해를 위하여-, 여성학연구, 22(2), 7-32.

안화중학교 학교 다문화교육연구회, 2010, 다문화 용어 정의 및 리뷰, 안화중학교 학교 다문화교육연구회.

양영자, 2007, 분단-다문화시대 교육 이념으로서의 민족주의와 다문화주의 양립가능성 모색, 교육과정연구, 25(3), 23-48.

양영자, 2008, 한국 다문화교육의 개념 정립과 교육과정 개발 방향 탐색, 이화여자대학교 대학원, 박사학위논문.

엄은희, 2009, 제3세계 환경문제에 대한 환경정의적 접근과 지리교육의 과제, 한국지리환경교육학회지 17(1), 59-71.

엄은희, 2016, 통합사회에서 "지속가능성"을 어떻게 가르칠 것인가?, 2016년 하계 환경지리환경교육학회 연례학술대회 논문집, 38-40.

예경희, 2002, 환경교육과 개발교육을 위한 지리교과의 수업방법, 교육과학연구, 16(1), 17-50.

오영재·염미경, 2014, 고등학교 『사회』교과서에 반영된 지속가능발전교육 관련 내용 분석, 환경교육 27(2), 217-238.

오영훈, 2009, 다문화교육으로서의 상호문화교육—독일의 상호문화교육을 중심으로, 교육문화연구, 15(2), 27-44.

월간 커피 앤 티, 2003, Seoul Commune.

유근배, 2010, 녹색성장과 지리학, 대한지리학회지, 45(1), 11-25.

유네스코 아시아·태평양 국제이해교육원, 2005, 세계시민을 위한 국제이해교육, 유네스코 아시아·태평양 국제이해
　　교육원, 서울.

유철인, 2008, 문화 다양성과 문화이해교육, 다문화 사회와 국제이해교육, 유네스코아시아태평양국제이해교육원 편,
　　동녘, 147-165.

유평수, 2008, 고등학생의 임파워먼트 수준이 학교적응에 미치는 영향, 청소년학 연구, 15(1), 한국청소년학회, 171-
　　196.

윤근록·박병석·윤상철·박선희·김신철, 2014, 고등학교 「사회」 교과서, ㈜비상교육.

윤방섭, 2001, 임파워먼트: 개념, 이론 및 실천, 연세경영연구, 38(1), 연세대학교 경영연구, 71-111.

윤수종 외, 2005, 우리 시대의 소수자운동, 이학사.

윤순옥 외 옮김, 2016, 핵심 지형학, 시그마프레스(Bierman, R.R. and Montgomery, D.R., 2013, Key Concepts in
　　Geomorphology, W. H. Freeman).

윤순진, 2006, 사회정의와 환경의 연계, 환경정의, 한국사회, 7(1), 93-143.

윤영옥, 2012, 21세기 다문화 소설에 나타난 국민 개념의 재구성과 탈식민성, 한국문학이론과 비평, 16(3), 한국문학
　　이론과비평학회, 367-397.

윤옥경, 2006a, 해양 교육의 중요성과 지리 교육의 역할, 대한지리학회지, 41(4), 491-506.

윤옥경, 2006b, 해양교육과 영토교육, 한국지리환경교육학회 2006년 추계학술대회 요약집, 61-63.

윤옥경, 2016, 초등 예비교사를 위한 교양과목에서 장소기반 환경교육 프로그램의 실천, 한국지리환경교육학회지,
　　24(1), 139-150.

윤응진, 1996, 비판적 교육학에 관한 연구, 신학연구, 38, 279-318.

윤인진, 2004, 코리안 디아스포라, 고려대학교출판부.

윤혜린, 2010, 토착성에 기반한 아시아 여성주의 연구 시론, 여성학 논집, 27(1), 3-36.

이경숙 옮김, 1999, 교사는 지성인이다, 아침이슬(Giroux, H. A., 1988, Teachers as intellectuals: toward a critical
　　pedagogy of learning, Bergin & Garvey, Massachusetts).

이경한, 1993, 지리교육에서 기대하는 인간상에 관한 논의, 지리학연구, 22, 1-12.

이경한, 1994, 인간주의 접근방법과 이의 지리교육적 함의, 지리학연구, 23, 105-118.

이경한, 1996a, 지리과의 가치수업과정 개발에 관한 연구, 서울대학교 대학원 박사학위논문.

이경한, 1996b, 지리교육의 가치목표와 그 내용에 관한 고찰, 대한지리학회지, 31(1), 38-48.

이경한, 2007, 초등학생들의 국가정체성 형성에 대한 이해, 한국지리환경교육학회지, 15(3), 205-213.

이경한, 2010, 국제이해교육의 매개체로서 지리교과서의 서술구조 및 내용 분석—중학교 1학년 사회 교과서의 『지역
　　마다 다른 문화』 단원을 중심으로-, 한국지리환경교육학회지, 18(3), 297-307.

이관춘, 2011, 호모 키비쿠스: 시민교육으로서의 평생교육, 학지사.

이기석, 2006, 동해해저지명 분재과 영토교육, 한국지리환경교육학회 2006년 추계학술대회 요약집, 1-10.

이기우, 2000, 시민정치와 적극적 시민성, 인하교육연구, 6, 119-138.

이남석, 2001, 차이의 정치-이제 소수를 위하여, 책세상.

이동수, 2008, 지구화 시대 시민과 시민권, 한국정치학회보, 42(2), 5-22.

이동수·이현휘·장명학·김윤철·유병래·정재원·채진원, 2013, 시민은 누구인가, 인간사랑.

이동연, 2008, 생태주의 대안운동의 가능성과 한계, 문화과학, 56, 195-216.

이동환·홍남기·조청래·박세구·최지나·김세연·주우연, 2014, 고등학교 「사회」 교과서, ㈜천재교육.

이명민, 2013, 글로벌 시대의 트랜스이주와 장소의 재구성: 문화지리적 연구 관점과 방법의 재정립, 문화역사지리, 25(1), 47-62.

이민부, 2014, 세계지리의 창조적 재인식과 발전방안에 대한 소고, 한국지리환경교육학회 동계학술대회 자료집, 24-34.

이민부·조영달·김왕근·김기남·김도영·김태환·박세구·박찬선·박철용·이병인·정명섭·최종현, 2018, 중학교 사회 2, 박영사.

이상봉, 2013, 초국가시대 시티즌십의 재구성과 로컬 시티즌십, 대한정치학회보, 20(3), 247-269.

이상원·최지연·이태석·황동국·유동현, 2014, 지속가능발전교육 컨설팅 방안, 학습자중심교과교육연구, 14(8), 285-309.

이상헌, 2010, 생태주의, 책세상.

이선경·장미정·김남수·김찬국·주형선·권혜선, 2012, 국내 민간단체(NGO)의 지속가능발전교육 현황과 과제, 한국지리환경교육학회지, 20(1), 111-123.

이선미, 2004, '능동적 시민'과 차이의 정치, 한국여성학, 22(1), 147-183.

이선주, 2013, 시민권, 포함의 역사 혹은 배제의 역사, 영어영문학 연구, 55(1), 한국중앙영어영문학회, 327-348.

이소희, 2001, 호미 바바의 '제3의 영역'에 대한 고찰-탈식민페미니즘의 관점에서, 영미문학페미니즘, 9(1), 103-125.

이수훈 옮김, 1996, 사회과학의 개방: 사회과학 재구조화에 관한 괼벤키안 위원회 보고서, 당대(Wallerstein, I. et al., 1996, Open the Social Sciences: Report of the Gulbenkian Commission on the Restructuring of the Social Sciences, Stanford University Press, Stanford).

이승종, 1997, 지방화, 세계화 시대의 시민의식, 시민교육연구, 24(1), 49-63.

이영민, 1997, 문화·역사지리학 연구의 최근동향과 지리교육적 함의, 지리·환경교육, 5(1), 27-39.

이영민, 2003, 지속가능성을 위한 한국 환경교육의 실태와 방향, 한국지리환경교육학회지, 11(3), 161-169.

이영민·진종헌·박경환·이무용·박배균 옮김, 2011, 현대 문화지리학: 주요개념의 비판적 이해, 논형.

이영민·이용균 외 옮김, 2018, 국가·경계·질서: 21세기 경계의 비판적 이해, 푸른길.

이옥순, 2002, 우리 안의 오리엔탈리즘, 푸른역사.

이은미, 2015, 시흥시 시민교육에 대한 사례연구: 지역사회기반 시민교육, 중앙대학교 대학원 석사학위논문.

이인재·원진숙·김정원·남호엽·박상철, 2010, 글로벌 시대의 다문화교육, 사회평론.

이종일, 2014, 다문화사회와 타자이해, 교육과학사.

이종재, 2000, 교육의 수월성을 추구하는 영국의 교육 정책, 교육인적자원부.

이진석·권동희·김경모·강정구·조지욱·나혜영·신승진·안효익·김경오·최정윤·이현진·박현진·이영경·김건태·최윤경, 2018, 중학교 사회 2, 지학사.

이철우, 2009, 탈국가적 시민권은 존재하는가, 조희연·지주형 편, 지구화시대의 국가와 탈국가, 한울아카데미.

이태주·김다원, 2010, 지리교육에서 세계시민의식 함양을 위한 개발교육의 방향 연구, 대한지리학회지, 45(2), 293-317.

이하나·조철기, 2011, 한일 지리교과서에 나타난 영토교육 내용 분석, 한국지역지리학회지, 17(3), 332-347.

이해진, 2012, 소비자에서 먹거리 시민으로, 경제와사회, 96, 43-76.

이홍우·유한구·장성모, 2003, 교육과정이론, 교육과학사.

이홍우·조영태 옮김, 2003, 윤리학과 교육 (수정판), 교육과학사(Peters, R. S., 1966, Ethics and Education, George Allen and Unwin, London).

이화도, 2011, 상호문화성에 근거한 다문화 교육의 이해, 비교교육연구, 21(5), 한국비교교육학회, 171-193.

이희상, 2012, 글로벌푸드/로컬푸드 담론을 통한 장소의 관계적 이해, 한국지리환경교육학회지, 20(1), 45-61.

임덕순, 2006, 지리교육에 있어서의 영토교육의 중요성, 한국지리환경교육학회 2006년 추계학술대회 요약집, 1-10.

임미영, 2016, 통합사회 〈6. 사회 정의와 불평등〉 단원의 지리적 해석-정의/부정의를 공간(지역)에 투영하기, 2016년 하계 학술대회 발표 자료집, 21-22.

임석회·홍현옥, 2006, 창의적 재량활동을 통한 국제이해교육 현장 연구, 한국지리환경교육학회지, 14(3), 201-212.

임성택, 2003, 세계시민교육 관점에서의 외국인에 대한 한국학생들의 고정관념분석, 교육학연구, 41(3), 275-301.

임성택·주동범, 2000, 세계시민교육의 방향 탐색, 비교교육연구, 10(2), 33-60.

임지현, 2009, 국민국가의 안과 밖, 조희연·지주형 편, 지구화시대의 국가와 탈국가, 한울아카데미.

임화자, 2005, 지역 정체성 함양을 위한 프로그램 개발-부산지역을 중심으로-, 사회과교육연구, 12(1), 179-198.

장동진, 2005, 한국민주정치와 민주시민교육: 적극적 시민육성을 위한 자유주의적 논의, 사회과학논집, 36, 147-169.

장문석, 2011, 민족주의, 책세상.

장미경, 2005, 한국사회 소수자와 시민권의 정치, 한국사회학, 39(6), 159-182.

장영진, 2003, 영국의 지리과 교육과정 제정과 그 영향, 대한지리학회지, 38(4), 640-656.

장원순, 2006, 우리안의 차별과 배제, 일상적 삶에서의 다문화교육 접근법, 사회과교육연구, 13(3), 27-46.

장원호, 2004, 다문화적 시민교육의 성격과 방법, 사회과교육연구, 11(2), 191-210.

장의선, 2010, 세계지리의 다문화 교육적 가치에 관한 연구-대학수학능력시험 문항 분석을 중심으로-, 사회과교육, 49(2), 185-201.

장의선·김일기·이민부·박승규, 2002, 지리과 생활중심 교수-학습의 의미와 실제, 대한지리학회지, 37(3), 239-247.

장인실 외, 2012, 다문화교육의 이해과 실천, 학지사.

장현수, 2006, '지속가능한 개발'을 위한 환경윤리교육 방안-도덕과 탐구공동체 수업방법을 중심으로-, 탐구공동체교육, 6, 141-169.

전보애, 2012, 중학생의 영토정체성에 관한 연구-스케치맵에 나타난 영토, 국경, 이웃한 나라에 대한 인식을 바탕으로-, 대한지리학회지, 47(6), 899-920.

전숙자·박은아·최윤정, 2009, 다문화 사회의 새로운 이해, 도서출판 그린.

전영평 외, 2010, 한국의 소수자정책, 서울대학교출판부.

전종환·서민철·장의선·박승규, 2008, 인문지리학의 시선, 논형.

전현심, 2004, 능동적 시민성 교육의 사회학적 고찰-시민사회와 사회운동의 맥락에서-, 성신여자대학교 대학원 석사학위논문.

전현심, 2005, 능동적 시민성 교육의 이론 형성에 관한 연구, 교육사회학연구, 15(2), 147-169.

전호윤, 2004, 지구시민 육성을 위한 글로벌문제의 수업구성 연구, 社會科敎育, 43(2), 27-45.

정문성, 2013, 토의·토론 수업방법, 교육과학사.

정복철, 2012, 환경정치와 생태민주주의, OUGHTOPIA(The Journal of Social Paradigm Studies), 27(2), 117-156.

정윤경, 2004, '지속가능한 개발'을 위한 환경교육은 지속가능한가?, 교육철학, 32, 181-198.

정정호, 2001, 세계화 시대의 비판적 페다고지, 생각의나무.

정진농, 2003, 오리엔탈리즘의 역사, 살림.

정현주, 2008, 이주, 젠더, 스케일: 페미니스트 이주 연구의 새로운 지형과 쟁점, 대한지리학회지, 43(6), 894-913.

정현주, 2010, 대학로 '리틀마니아'읽기: 초국가적 공간의 성격 규명을 위한 탐색, 한국지역지리학회지, 16(3), 295-314.

조규동·장기섭, 2011, 제7차 교육과정과 2007년 개정교육과정의 지속가능발전교육 관련 내용 비교 분석-초등학교 4학년 도덕, 사회, 과학 과목을 중심으로-, 시민인문학, 20, 235-263.

조대훈·박민정, 2009, 다문화 감수성의 증진을 위한 다문화 수업모형 개발, 교육연구, 46, 29-65.

조수진, 2014, 장소기반교육(PBE)의 사회과교육적 의의 및 효과 탐색, 한국교원대학교 석사학위논문.

조승래, 2012, 공화주의와 코스모폴리타니즘, 역사와 담론, 63, 185-205.

조영달, 1997, 한국시민사회의 전개와 공동체 시민의식, 교육과학사.

조영제·손동빈·조영달, 1997, 사회공동체의 변화와 시민사회, 시민성, 조영달 (편), 한국시민사회의 전개와 공동체 시민의식, 교육과학사.

조용환, 1993, 성차별주의(sexism)의 기원과 역사적 전개 과정에 관한 문화인류학적 연구, 아시아여성연구, 32, 131, 168.

조우진, 2012, 지속가능발전교육: '발전'비판과 대안을 위한 렌즈, 국제이해교육, 7(1), 39-69.

조철기, 2005a, '급진적 지리학'의 도입과 비판적 탐구를 위한 지리수업의 논리, 한국지리환경교육학회지, 13(20, 197-209.

조철기, 2005b, 사회적 관심 지향의 지리교육과 비판적 교육학의 조응, 한국지역지리학회지, 11(5), 458-473.

조철기, 2005c, 지리과 시민성 교육을 위한 내용지식과 실행지식의 연계, 경북대학교 대학원 박사학위 논문.

조철기, 2005d, 지리교과를 통한 시민성 교육의 내재적 정당화, 대한지리학회지, 40(4), 454-472.

조철기, 2006, 영국 국가교육과정에서 시민성 교과의 출현과 지리교육의 동향, 한국지역지리학회지, 12(3), 421-435.

조철기, 2010, 영국에서 영역 정체성의 정치와 교육, 사회이론, 38, 175-201.

조철기, 2012, 비판교육학의 공간적 관심과 지리교육의 재개념화, 대한지리학회지, 47(5), 775-790.

조철기, 2013a, 글로벌시민성과 지리교육과의 관계, 한국지역지리학회지, 19(1), 162-180.

조철기, 2013b, 오스트레일리아 NSW 주 지리 교육과정 및 교과서의 개발교육 특징, 한국지역지리학회지, 19(3), 551-565.

조철기, 2013c, 지리교육에서의 도덕적 전환—도덕적 개념, 기능, 가치/덕목—, 대한지리학회지, 48(1), 128–150.

조철기, 2014, 지리교육학, 푸른길.

조철기, 2015, 글로컬 시대의 시민성과 지리교육의 방향, 한국지역지리학회지, 21(3), 618–630.

조철기, 2016a, 다문화교육의 장소에 대한 비판교육학적 접근, 사회과교육, 55(2), 93–103.

조철기, 2016b, 사회적 자연의 지리환경교육적 함의, 한국지역지리학회지, 22(4), 912–930.

조철기, 2016c, 새로운 시민성의 공간 등장: 국가시민성에서 문화적 시민성으로, 한국지역지리학회지, 22(3), 714
    –729.

조철기, 2017a, 글로벌 교육과 지리교육의 관계 탐색, 한국지역지리학회지, 23(1), 178–194.

조철기, 2017b, 능동적 시민성을 위한 지리교육, 한국지리환경교육학회지, 25(2), 89–102.

조철기, 2017c, 음식을 매개로 한 지리교육의 새로운 방향, 한국지역지리학회지, 23(3), 626–637.

조철기, 2018a, 동물지리와 지리교육의 관계 탐색, 한국지리환경교육학회지, 26(2), 81–89.

조철기, 2018b, 중학교 사회 교과서의 '환경문제'와 '환경이슈'에 대한 비판적 고찰, 사회과교육, 57(2), 135–150.

조철기, 2019, 인류세의 지리교육적 의미 탐색, 한국지리환경교육학회지, 27(2), 87–97.

조철기·서종철·이경한, 2013, 한영 지리교과서의 지구적 환경문제에 대한 접근방식—산성비를 사례로—, 한국지역지
    리학회지, 19(4), 764–774.

조현미, 2006, 외국인 밀집지역에서의 에스닉 커뮤니티의 형성, 한국지역지리학회지, 12(5), 540–556.

조희연·지주형 편, 2009, 지구화시대의 국가와 탈국가, 한울아카데미.

존스톤 외(한국지리연구회 옮김), 1992, 현대인문지리학사전, 한울.

지소철, 2013, 미국시민권운동, 21세기북스.

채유정, 2014, 환경정의 관점에서의 초등 사회 교과서 분석, 한국교원대학교 석사학위논문.

채유정·남상준, 2015, 환경정의 관점에서의 초등 사회 교과서 분석, 한국지리환경교육학회지, 23(1), 101–112.

차경수·모경환, 2008, 사회과교육, 동문사.

천규석, 2010, 윤리적 소비, 실천문학사.

최명선 옮김, 1990, 교육이론과 저항, 성원사(Giroux, H. A., 1983, Theory and resistance in education: a pedagogy
    for the opposition, Bergin & Garvey, Massachusetts).

최병두, 2009, 다문화공간과 지구—지방적 윤리: 초국적 자본주의의 문화공간에서 인정투쟁의 공간으로, 한국지역지
    리학회지, 15(5), 635–654.

최병두, 2011a, 다문화 공생: 일본의 다문화 사회로의 전환과 지역사회의 역할, 푸른길.

최병두, 2011b, 다문화사회와 지구·지방적 시민성: 일본의 다문화공생 개념과 관련하여, 한국지역지리학회지, 17(2),
    181–203.

최병두, 2011c, 일본 외국인 이주자의 다규모적 정체성과 정체성의 정치, 공간과 사회, 35, 219–271.

최병두·신혜란, 2011, 초국적 이주와 다문화사회의 지리학: 연구 동향과 주요 주제, 현대사회와 다문화, 1(1), 65–97.

최병두·홍인옥·강현수·안영진, 2004, 지속가능한 발전과 새로운 도시화—개념적 고찰, 대한지리학회지, 39(1), 70–
    87.

최병두·안영진·박배균·임석회, 2011, 지구지방화와 다문화공간, 푸른길.

최샛별·이명진·김재온, 2003, 한국의 가족 관련 사회정체성 연구: 감정조절이론(ACT)의 수정 적용을 중심으로, 한국사회학, 37(5), 한국사회학회, 1-30.

최석진·최경희·김용근·김이성, 2014, 환경교육론, 교육과학사.

최성길·최원회·강창숙·박상준·최병천·최일현·권태덕·이수영·조철민·조성백·김상희·강봉균·정민정·김연주, 2018, 중학교 사회 2, 비상교육.

최윤정, 2009, 제7차 사회과 개정 교육과정의 비판적 담화분석: 다문화교육을 중심으로, 이화여자대학교 석사학위논문.

최정숙·조철기, 2009, 음식을 소재로 한 세계시민성 교육의 전략 및 효과 분석: 커피와 공정무역을 중심으로, 한국지리환경학회지, 17(3), 239-257.

최종덕, 2012, 다문화사회와 다문화 시민교육의 방향, 교원교육, 28(1), 185-206.

최충욱 외, 2010, 다문화교육의 이론과 실제, 양서원.

최현, 2003, 시민권, 민주주의, 국민-국가 그리고 한국사회, 시민과 세계, 4.

최현, 2007, 한국인의 다문화시민성(multicultural citizenship): 다문화 의식을 중심으로, 시민사회와NGO, 5(2), 147-173.

최현, 2008, 인권, 책세상.

최현덕, 2008, 세계화, 이주, 문화 다양성, 다문화 사회와 국제이해교육, 다문화 사회와 국제이해교육, 유네스코아시아태평양국제이해교육원 편, 동녘, 87-111.

최희용, 2007, ESD 관점을 중심으로 한 사회과 환경교육의 재정향, 한국교원대학교 석사학위논문.

추병완, 2008, 다문화적 시민성 함양을 위한 도덕과 교육 방안, 초등도덕교육, 27, 25-60.

추병완, 2011, 다문화 사회와 글로벌 리더, 대교.

추병완, 2012, 도덕과에서의 반편견교육: 사회 정체성 관점을 중심으로, 윤리교육연구, 28, 111-132.

프란스 판 데어호프·니코 로전 공저, 김영중 옮김, 2008, 희망을 키우는 착한 소비, 서해문집, 경기도.

하윤수, 2009, 미국 다문화교육의 동향과 사회과 교육과정, 사회과교육, 48(3), 117-132.

한건수, 2008, 비판적 다문화주의, 유네스코 아시아·태평양 국제이해교육원 엮음, 다문화 사회의 이해: 다문화 교육의 현실과 전망, 동녘, 135-165.

한국교육개발원, 1998, 선진국 교육 개혁의 최근 동향-미국·영국·프랑스·독일·일본을 중심을고, 한국교육개발원.

한국교육연구소, 1996, 시민성의 이념과 시민교육의 과제, 한국교육연구, 3(1), 184-185.

한국다문화교육연구학회, 2014, 다문화교육 용어사전, 교육과학사.

한국지리정보연구회, 2004, 자연지리학사전, 한울아카데미.

한국지리환경교육학회, 2016, 2016년 하계 학술대회 발표 자료집: 통합사회의 주제들(정의, 인권, 행복), 지리교육에서 어떻게 가르칠 것인가?, 한국지리환경교육학회.

한국지리환경교육학회, 2017, 2017년 하계 학술대회 발표 자료집: 통합사회, 이렇게 가르치자, 한국지리환경교육학회.

한동균, 2009, 다문화사회에서 소수자교육의 의미와 접근법-차이의 지리학적 접근과 관련하여-, 서울교육대학교 석사학위논문.

한동균, 2013, 다문화적 감수성 함양을 위한 경관학습의 구안, 사회과수업연구, 1(1), 71-91.

한승희, 2002, 민주시민교육: 과거, 현재, 그리고 미래, 민주시민교육 길라잡이: 민주시민교육포럼, 독일 콘라드아데 나워재단, 6-10.

한지은, 2009, 다문화주의의 개념적 쟁점과 지리교육적 함의, 지리교육논집, 53, 1-13.

한희경, 2011, 비판적 세계 시민성 함양을 위한 세계지리 내용의 재구성 방안-사고의 매개로서 '경계 지역'과 지중해 지역의 사례-, 한국지리환경교육학회지, 19(2), 123-141.

허남혁 옮김, 2007, 래디컬 에콜로지, 이후.

허성범, 2013, 역량과 인권: 센과 누스바움, 시민인문학, 25, 134-174.

허숙, 1997, 교육과정의 재개념화를 위한 이론적 탐색 -실존적 접근과 구조적 접근-, 허숙·유혜령 (편), 교육현상의 재개념화-현상학, 해석학, 탈현대주의적 이해-, 교육과학사, 103-143.

허영식, 2010, 다문화사회와 간문화성, 강현출판사.

허영식, 2011, 다문화 세계화시대의 시민생활과 교육, 강현출판사.

허영주, 2011, 보편성과 다양성의 관계 정립을 통한 다문화교육의 방향 탐색, 한국교육학연구, 17(3), 안암교육학회, 205-235.

현남숙, 2010, 다문화시민성 확립을 위한 의사소통 교육의 중요성, 시대와 철학, 21(4).

현은자·김현경·박현경·오정옥·윤현민·조은숙·최혜경, 2013, 그림책을 활용한 세계시민교육, 학지사.

홍태영, 2011, 정체성의 정치학, 서강대학교출판부.

황경식, 1995, 자유주의와 공동체주의, 개방사회의 사회윤리, 철학과현실사.

황규덕, 2016, 상호의존성의 인식수준이 글로벌 문제의 참여의도에 미치는 영향-공정무역에 대한 심리적 거리감의 매개 역할을 중심으로-, 서울대학교 대학원 석사학위논문.

황규호·양영자, 2008, 한국 다문화교육 내용 선정의 쟁점과 과제, 교육과정연구, 26(2), 57-85.

황정미, 2010, 다문화시민 없는 다문화교육-한국의 다문화교육 어젠다에 대한 고찰, 담론201, 13(2), 93-123.

황진태, 2016, 지리교육에서 사회적 자연(social nature) 개념 활용의 시사점, 2016년 하계 학술대회 발표자료집, 88-89.

황진태·박배균, 2013, 한국의 국가와 자연의 관계에 대한 정치생태학적 연구를 위한 시론, 대한지리학회지, 48(3), 348-365.

〈일문〉

文部科學性, 2008, 中學校學習指導要領, 文部科學性.

文部科學性, 2009, 高等學校學習指導要領, 文部科學性.

文部省, 1998, 中學校學習指導要領解說-社會編-, 文部省.

文部省, 1999, 高等學校學習指導要領解說-地理歷史編-, 文部省.

山本茂 외 14인, 2008, 지리A 교과서, 淸水書院.

山本正三 외 10인, 2007, 중학사회 지리교과서, 日本文敎出版.

矢田俊文 외 9인, 2008, 지리A 교과서, 東京書籍.

伊藤直之, 2003, 現代イギリス地理教育改革論研究-市民性育成に向けて-, 廣島大學大學院教育學博士學位論文.

日本地理教育學會編, 2006, 地理教育用語機能事典, 帝國書院.

中村和郎 외 4인, 2008, 지리A 교과서, 帝國書院.

〈영문〉

Abdallah-Pretceille, M., 2004, *L'éducation Interculturelle*(장한업 옮김, 2010, 유럽의 상호문화교육, 다문화사회의 새로운 교육적 대안, 한울).

ACARA, 2012, *The Shape of the Australian Curriculum(version 4.0)*, Sydney: ACARA.

ACARA(Australian Curriculum, Assessment and Reporting Authority), 2013, The Australian Curriculum-Geography, ACARA.

ACARA, 2013a, *Curriculum Design Paper(version 3.1)*, Sydney: ACARA.

ACARA, 2013b, *The Australian Curriculum Geography(version 5.2)*, Sydney: ACARA.

Adey, P., 2010, *Mobility*, London: Routledge.

AE. (Alberta Education), 2005, *Social studies: Kindergarten to grade 12,* The Crown in Right of Alberta, Edmonton.

Ageyman, J., 2005, *Sustainable Communities and the Challenge of Environmental Justice*, New York: New York University Press.

Ageyman, J., Bullard, R.D. and Evans, B., 2003, *Just Sustainabilities: Development in an Unequal World*, Earthscan.

Agnew, J., 1994, The territorial trap: the geographical assumptions of international relations theory, *Review of International Political Economy*, 1, 53-80.

Agyeman, J. and Evans, B., 2004, 'ust sustainability': the emerging discourse of environmental justice in Britain?, *The Geographical Journal*, 170(2), 155-164.

Agyeman, J., 2005, *Sustainable Communities and the Challenge of Environmental Justice*, New York: New York University Press.

Alba, R. and Nee, V., 2003, *Remaking the American mainstream: Assimilation and contemporary immigration*, MA: Harvard University Press.

Albrow, M. and O'Byrne, D., 2000, Rethinking state and citizenship under globalized conditions, in Goverd, H. (ed.), *Global and European Polity? Organizations, Policies, Contexts*, Aldershot: Ashgate, 65-82.

Alcantara, J. P., 2003, Différence, in Villani, A. and Sasso, R (ed.), *Le Vocabulaire de Gilles Deleuze*(신지영 옮김, 2012, 차이, 들뢰즈 개념어 사전, 갈무리).

Aldrich-Moodie, B. and Kwong, J., 1997, *Environmental Education*, London: Institute of Economic Affairs.

Alexander, A. and Klumsemeyer, D., 2000, *From Migrants to Citizens: Membership of a Changing World*, Carnegie Endowment for International Peace: Washington, DC.

Allen, J. and Massey, D. (eds.), 1996, *Geographical Worlds*, Oxford: Oxford University Press.

Allen, M. G. and Stevens, R. L., 1998, *Middle grades social studies: teaching and learning for active and responsible citizenship*, Boston: Allyn and Bacon.

Allport, A., 1993, Attention and control: Have we been asking the wrong questions? A critical review of twenty-five years, in Meyer, D. E. and Kornblum, S. (eds.), *Attention and performance 14: Synergies in experimental psychology, artificial intelligence, and cognitive neuroscience*, The MIT Press. 183–218.

Allport, G. W., 1954, *The nature of prejudice*, London: Addison-Wesley Publishing Company.

Altman, I. and Low, S. M. (eds.), 1992, *Place Attachment,* New York: Plenum Press.

Amin, A., 2004, *Regions unbound: towards a new politics of place*, Geografiska Annaler, 86 B1, 33-44.

Amnesty International, 2012, *Amnesty International Report 2012*, Amnesty International.

Anderson, B., 1983, *Imagined Communities: Reflections on the Origin and Spread of Nationalism*, Verso(윤형숙 옮김, 2004, 상상의 공동체, 나남).

Anderson, B., 1991, *Imagined Communities, Reflections on the origin and spread of nationalism* (revised edition), London: Verso.

Anderson, J., 2009, *Understanding Cultural Geography: Places and Traces*, Routledge(이영민·이종희 옮김, 2013, 문화·장소·흔적: 문화지리로 세상 읽기, 한울).

Anderson, J., Askins, K., Cook, I., Desforges, L., Evans, J., Fannin, M., Fuller, D., Griffiths, H., Lambert, D., Lee, R., MacLeavy, J., Mayblin, L., Morgan, J., Payne, B., Pykett, J., Roberts, D. and Skelton, T., 2008, What is geography's contribution to making citizens?, *Geography*, 93(1), 34-39.

Anderson, K., 1995, Culture and nature at the Adelaide Zoo: at the frontiers of 'human'geography, *Transactions of the Institute of British Geographers*, New Series, 20, 275-294.

Anderson, K., 1997, A walk on the wild side: A critical geography of domestication, *Progress in Human Geography,* 21, 463-485.

Anderson, K., 1999, Introduction, in Anderson, K. and Gale, F. (eds.), *Cultural Geographies*, 2nd edn, Melbourne: Longman, 1-17.

Anderson, L., 1968, An examination of the structure and objectives of international education, *Social Education*, 32(7), 639-647.

Anderson, L., 1979, *Schooling and Citizenship in a Global Age: An Exploration of the Meaning and Significance of Global Education*, Bloomington, IN: Mid-American Program for Global Perspective, in Education.

Anderson, M. S., 1951, *Geography of Living Things,* London: English Universities Press.

Andreotti, V., 2006, Soft versus critical global citizenship education, *Policy & Practice: A Development Education Review*, 3(1), 41-50.

Annette, J. and Mayo, M., 2008, *Active learning for active citizenship*, Nottingham: NIACE.

Apple, M and Beyer, L. (eds.), 1988, *The Curriculum: problems, politics and possibilities*, Albany: State University of New York.

Apple, M., 2001, *Educating the 'Right'Way: markets, standards, God, and inequality*, London: RoutledgeFalmer.

Apter, D. E., 1977, *Introduction to political analysis*, Cambridge: Winthrop Publishers.

Aron, R., 1974, Is multinational citizenship possible?, in Turner, B.S. and Hamilton, P.(ed.), *Citizenship*, London: Routledge.

Aronowitz, S. and Giroux, H., 1991, *Postmodern Education, Politics, Culture and Social Criticism*, Minneapolis: University of Minneapolis Press.

Aronson, J., 2002, Stereotype threat: Contending and coping with unnerving expectations, in Aronson, J. (ed.), *Improving academic achievement: Impact of psychological factors on education*, Academic Press, 279–301.

Ashcroft, B., Griffiths, G. and Tiffin, H., 1998, *Key Concepts in Post-Colonial Studies*, New York: Routledge.

Ashier, J., 1988, *Industry, children and the nation,* London: Falmer Press.

Ashe, F., 2006, The McCartney sisters' search for justice: gender and political protest in Northern Ireland, *Politics*, 26(3), 161-167.

Association of American Geographers, 2011, Center for Global Geography Education(http://globalgeography.aag.org/).

Atkinson et al., 2005, Difference and belonging: introduction, in Atkinson et al., *Cultural Geography: A Critical Dictionary of Key Concepts*(이영민 외 옮김, 2011, 현대 문화지리학: 주요 개념의 비판적 이해, 논형).

Attifield, R., 1992, *The Ethics of Environmental Concern (2nd ed.),* GA: University of Georgia Press.

Autin, W. J. and Holbrook, J.M., 2012, Is the Anthropocene an issue of stratigraphy or pop culture?, *GSA Today*, 22, 60-61.

Baker, K., 1987, Speech given at Manchester University, September, 1987.

Baker, L., 2004, Tending cultural landscapes and food citizenship in Toronto's community gardens, *Geographical Review*, 94(3), 305-325.

Bale, J., 1981, *The Location of Manufacturing Industry*, Harlow: Oliver and Boyd.

Bale, J., 1983, Welfare approaches to geography, in Huckle, J., (ed.), *Geographical Education: Reflection and Action*, Oxford: Oxford University Press, 64-73.

Ballantyne, R. and Parker, J., 1996, Teaching and learning in environmental education: developing environmental conceptions, *Journal of Environment Education*, 27(2), 25-32.

Balvin, W. D., 1912, *Good citizenship: a scheme of lessons correlating civics with religious instruction*, London: Pilgrim press.

Banks, J. A. and Banks, C. A. M. (eds.), 2001, *Handbook of research on multicultural education*, San Francisco: Jossey-Bass.

Banks, J. A. (ed.), 2004, *Diversity and Citizenship Education: Global Perspectives*, San Francisco: Jossey-Bass.

Banks, J. A., 1997, *Educating citizens in a multicultural society*, Teachers College Press.

Banks, J. A., 2001, *Cultural Diversity and Education: Foundations, Curriculum, and Teaching*(4th ed.), Boston: Allyn and Bacon.

Banks, J. A., 2004, Multicultural education: historical development, dimensions, and practice, in Banks, J. A. and Banks, C.A.M. (eds.), *Handbook of Research on Multicultural Education*, San Francisco, CA: Jossey-Bass, 3-29.

Banks, J. A., 2006a, *Cultural Diversity and Education, Foundations, Curriculum and Teaching*. Boston: Allyn & Bacon.

Banks, J. A., 2006b, *Race, culture and education*, NY: Routledge.

Banks, J. A., 2007, *Educating Citizens in a Multicultural Society*, (김용신·김형기 옮김, 2009, 다문화 시민교육론, 교육과학사).

Banks, J. A., 2008a, *An Introduction to multicultural education*(4th ed.), Seattle, WA: University of Washington(모경환·최충옥·김명정·임정수 옮김, 2008, 다문화교육 입문, 시그마프레스).

Banks, J. A., 2008b, Diversity, group identity, and citizenship education in a global age, *The Educational Researcher*, 37(3), 129-305.

Barbalet, J. M., 1988, *Citizenship*, Bristol: Open University Press.

Barber, B., 1984, Strong democracy: Politics as a way of living, in Barber, B., *Strong democracy-participatory politics for a new age*, Berkeley: University of California Press.

Barber, B., 2004, *Strong democracy: participatory politics for a new age, twentieth anniversary* (edn.), Berkeley: University of California Press.

Barker, K., 2010, Biosecure citizenship: politicising symbiotic associations and the construction of biological threat, *Transactions of the Institute of British Geographers*, 35, 350-363.

Barnes, H., 1926, *History and Social Intelligence*, New York: Alfred A. Knopf.

Barnett, C. and Land, D., 2007, Geographies of generosity: beyond the "moral turn", *Geoforum*, 38, 1065-1075.

Barnett, C., Clarke, N., Cloke, P., Malpass, A., 2003, The Political Ethics of Consumerism, *Consumer Policy Review*, 15(2), 45-51.

Barnett, C., Pykett, J., Cloke, P., Clarke, N., Malpass, A., 2010, Learning to be global citizens: the rationalities of fair-trade education, *Environment and Planning D.*, 28, 487-508.

Barnett, R., 2004, Learning for an unknown future, *Higher Education Research and Development*, 23, 247-260.

Barr A. and Hashagen, S., 2007, *ABCD handbook: A framework for evaluating community development*, London: Community Development Foundation.

Barry, J., 1999, *Rethinking Green Politics*, London: Sage.

Barry, J., 2002, Vulnerability and virtue: Democracy, dependency and ecological stewardship, in Minteer, B.A. and Taylor, B.P. (eds.), *Democracy and the Claims of Nature*, Oxford: Rowman and Littlefield, 133-152.

Barry, J., 2006, Resistance is fertile: From environmental to sustainability citizenship, in Dobson, A. and Bell, D. (eds.), *Environmental citizenship*, Cambridge: MIT Press, 21-48.

Bartlett, V. L., 1989, Critical Inquiry: The Emerging Perspective in Geography Teaching, in Fien J., Gerber, R. and Wilson, P., (eds.), *The Geography Teacher's Guide to the Classroom*, 2nd (ed.), Melbourne: Macmillan, 22-34.

Bauman, Z., 1993, *Postmodern Ethics*, Oxford: Blackwell.

Bauman, Z., 2002, Foreword: individually, together, in Beck, U. and Beck-Gernsheim, E. (eds.), *Individualization*, Sage: London, XIII-XX.

Beck, U., 1992, *The risk society*, London: Sage(홍성태 옮김, 2006, 위험사회: 새로운 근대성을 향하여, 새물결).

Beck, U., 2002, The cosmopolitan society and its enemies, *Theory, Culture and Society*, 19(1-2), 17-44.

Becker, J., 1975, *Guidelines for World Studies*, Indiana University: Mid-America Program for Global Perspectives in Education.

Becker, J., 1982, Goals for Global Education, *Theory into Practice*, 21(3), 228-233.

Beier, A., 2004, *The importance of being an active citizen*, New York: Rosen Central Primary Source.

Belasco, W., 2008, *Food: the key concepts*, Oxford: Berg Publishers.

Bell, D. and Valentine, G., 1997, *Consuming geographies: we are where we eat*, London: Routledge.

Bell, D. R., 2004, Creating green citizens? Political liberalism and environmental education, *Journal of Philosophy of Education*, 38(1), 37-54.

Bell, D. R., 2005, Liberal environmental citizenship, *Environmental Politics*, 14(2), 179-194.

Bellamy, R., 2008, *A very Short Introduction to Citizenship*, Oxford: Oxford University Press.

Benhabib, S., 2004, The rights of others: Aliens, Residents and Citizens, Cambridge: Cambridge

Benhabib, S., 2005, Disaggregation of Citizenship Rights, *Parallax* 11/1.

Benn, R., 2000, The genesis of active citizenship in the learning society, *Studies in the Education of Adults*, 32(2).

Bennett, C. F., 1960, Cultural animal geography: an inviting field of research, *Professional Geographer*, 12(5), 12-14.

Bennett, C. I., 2007, *Comprehensive Multicultural Education*(김옥순 외 옮김, 2009, 다문화교육 이론과 실제, 학지사).

Berard, R., 1987, Frederick James Gould and the transformation of moral education, *British Journal of Educational Studies*, 35(3), 233-247.

Bhabha, H., 1994, *The Location of Culture*, London: Routledge.

Bhabha, H. K., 2005, *The Location of Culture*, Routledge.

Biddulph, M., 2001, Citizenship in geography classrooms: Questions of pedagogy, in Lambert, D. and Machon, P., (ed.), *Citizenship through Secondary Geography*, London: Routledge Falmer, 182-196.

Biesta, G. and Lawy, R., 2006, From teaching citizenship to learning democracy: overcoming individualism in research, policy and practice, *Cambridge Journal of Education*, 36(1), 63-79.

Biesta, G. J., 1998, Deconstruction, justice and the question of education, *Zeitschrift Für Erziehungswissenschaft*, 1(3), 395-411.

Bigger, S. and Brown, E., (eds.), 1999, *Spiritual, Moral, Social and Cultural Education: exploring values in the curriculum*, London: David Fulton.

Billington, R., 1966, *The Historian's Contribution to Anglo-American Misunderstanding*, London: Routledge and Kegan Paul.

Binns, T., 2002, Teaching and learning about development, in Smith, M. (ed.), *Aspects of Teaching Secondary Geography*, London: The Open University, 265-277.

Black, J., 1997, *Maps and History: Constructing Images of the Past*, London: Yale University Press.

Black, R., 1996, Immigration and social justice: towards a progressive European immigration policy?, *Transactions of the Institute of British Geographers*, 21, 64-75.

Board of Studies NSW, 2003, *Syllabus: Geography Years 7-10*, Board of Studies NSW.

Boardman, D., (ed.), 1985, *New Directions in Geographic Education*, London & Philadelphia: The Falmer Press.

Bobbio, N., 1996, *The Age of Rights*, Cambridge: Polity.

Bonnett, A., 2007, Whiteness, in Atkinson, D. et al., (eds.), *Cultural Geography: A Critical Dictionary of Key Concepts*, London-New York: I. B. Taris & Co Ltd., 109-114.

Booth, S. and Coveney, J., 2015, *Food Democracy: From consumer to food citizen*, New York: Springer.

Bouchard, Gerald, 2011, *What Is Interculturalism?*, McGill, L.J.

Bourdieu, P., 1979, *La Distinction*(최종칠 옮김, 1995, 구별짓기: 문화와 취향의 사회학, 새물결).

Bourn, D., 2015, *The theory and practice of development education: a pedagogy for global social justice,* London: Routledge.

Bourn, D. and Hunt, F., 2011, *Global Dimension in Secondary Schools*, London: Development Education Research Center.

Bourn, D. and Leonard, 2009, Living in the wider world-the global dimension, in Mitchell, D., *Living Geography: Exciting futures for teachers and students*, Cambridge: Chris Kington Publishing, 53-65.

Boyne, G. and Powell, M., 1991, Territorial justice: a review of theory and evidence, *Political Geography Quarterly*, 10, 263-281.

Brenner, N., 2001, The limits to scale? Methodological reflections on scalar structuration, *Progress in Human Geography*, 25, 591-614.

British Association(BA), 1999, *Interim report of the committee on training in citizenship*(Cardiff meeting 1999), (London: J. Murray, 1920).

British Government Panel on Sustainable Development, 1995, First Report, London: Department of the Environment.

Browers, C.A., 2008, Why a critical pedagogy of place is an oxymoron, *Environmental Education Research*, 14, 325-335.

Brown, G., 2000, This is the time to start building a Greater Britain, *The Times,* 9 January 2000.

Brown, M. and Jones, D. (eds.), 2006, *Our World, Our Rights*, Amnesty International.

Brown, T., 2003, Towards an understanding of local protest: hospital closure and community resistance, *Social and Cultural Geography*, 4, 489-506.

Brown, W. H., 1905, Training in citizenship: County Council of the West Riding of Yorkshire scheme, *Practical Teacher*, 26(3), 142-143.

Brundtland Commission, 1987, *Our common future,* Milton Keynes: Open University Press.

Brundtland, G., 1987, *Our Common Future: The World Commission on Environment and Development*, Oxford: Oxford University Press.

Bryant, R. L. and Goodman, M. K., 2004, Consuming narratives: the political ecology of "alternative" consumption, *Transactions of the Institute of British Geographers*, 29, 344-366.

Buckingham, D., 1996, Critical Pedagogy and Media Education: a theory in search of a practice, *Jounal of Curriculm Studies*, 28, 627-650.

Bullen A. and Whitehead, M., 2005, Negotiating the networks of space, time, and substance: a geographical perspective on the sustainable citizen, *Citizenship studies*, 9(5), 499-516.

Buller H. J., 2013a, Animal Welfare: from Production to Consumption in Blokhius H, Miele M, Veissier I,

Jones R (eds.) *Welfare Quality: Science and Society Improving Animal Welfare*, Wageningen: Wageningen Academic Publishers.

Buller, H. J., 2013b, Animal geographies I, *Progress in Human Geography*, 38(2), 308-318.

Buller, H. J., 2015, Animal Geographies II: Methods, *Progress in Human Geography*, 39(3), 374-384.

Buller, H. J., 2016, Animal geographies III: Ethics, *Progress in Human Geography*, 40(3), 422-430.

Burchell, D., 2002, Ancient Citizenship and its Inheritors, in Isin, E. and Turner, B. (eds.), *Handbook of Citizenship Studies*, ThousandOaks, CA: Sage, 89-104.

Butt, G., 2000, *The Continuum Guide to Geography Education,* London and New York: Continuum.

Butt, G., 2001, Finding its place: Contextualising citizenship within the geography curriculum, in Lambert, D. and Machon, P., (ed.), *Citizenship through Secondary Geography*, London: Routledge Falmer, 68-84.

Butt, G., 2011, Globalisation, geography education and the curriculum: what are the challenges for curriculum makers in geography?, *The Curriculum Journal*, 22(3), 423-438.

Buttimer, A., 1974, Values in geography, Association of American Geographers Resource Paper no.24.

Butts, R. F., 1991, Civitas: A Framework for Civic Education, Center for Civic Education.

Butts, R. F., 1988, *The Morality of Democratic Citizenship: Goals for Civic Education in the Republic's Third Century*, Calabasas, C.A.: Center for Civic Education.

Butts, R. F., 1998, *The Morality of Democratic Citizenship: Goals for Civic Education in the Republic's Third Century*, Calabasas, C.A.: Center for Civic Education.

Calder, M. and Smith, R., 1993, Introduce to development, in Fien, J., (ed.), *Teaching for a Sustainable World*, Brisbane: Australian Association for Environmental Education.

Callon, M. and Law, J., 1995, Agency and the hybrid collectif, *South Atlantic Quarterly*, 94, 481-507.

Campbell, E., 2003, *The Ethical Teacher*, Maidenhead: Open University Press.

Campbell, E., 2010, *Choosing Democracy*(김영순 외 옮김, 2012, 민주주의와 다문화교육, 교육과학사).

Carens, J. H., 2000, *Culture, Citizenship and Community: A Contextual Exploration of Justice as Evenhandedness*, Oxford University Press.

Carrington, B. and Troyna, B. (eds.), 1988, *Children and Controversial Issues,* Lewes: The Falmer Press.

Carter, D., 1987, Resources for multicultural education: a view from the primary school, *Teaching Geography*, 12(4), 152-153.

Carter, R., 1991, A matter of values, *Teaching Geography*, 16(1), 30.

Carter, R., 2000, Aspects of global citizenship, in Fisher, C. and Binns, T., (eds), *Issues in Geography Teaching*, London: Routledge/Falmer, 175-189.

Castells, M., 1997, *The Power of Identity*, Oxford: Blackwell.

Castles, S. and Davidson, A., 2000, *Citizenship and Migration: Globalization and the Politics of Belonging*, Bsingstoke: Macmillan Press.

Castles, S. and Miller, M., 2003, *The age of Migration: International Population Movements in the Modern World*, New York: The Guilford Press.

Castles, S., 1997, Multicultural citizenship: A response to the dilemma of globalization and national identity?,

Journal of Intercultural Studies, 18(1), 5-22.

Castree, N. and Braun, B. (eds.), 2001, *Social Nature: theory, practice and politics*, Oxford and New York: Blackwell.

Castree, N. and MacMillian, T., 2001, Dissolving dualisms: actor-networks and the reimagination of nature, in Castree, N. and Braun, B. (eds.), *Social Nature*, Oxford and New York: Blackwell, 208-224.

Castree, N., 1995, The nature of produced nature: Materiality and knowledge construction in Marxism, *Antipode*, 27(1), 12-48.

Castree, N., 2001, Socializing nature: theory, practice and politics, in Castree N. and Braun B. (eds.), *Social Nature: Theory, Practice and Politics*, Oxford: Blackwell, 1-21.

Castree, N., 2005a, *Nature*, Oxford: Routledge.

Castree, N., 2005b, Whose geography? Education as politics, in Castree, N., Rogers, A. and Sherman, D. (eds.), *Questioning Geography: Fundamental Debates*, Oxford: Blackwell.

Castree, N., 2014a, The Anthropocene and Geography I: The Back Story, *Geography Compass*, 8(7), 436-449.

Castree, N., 2014b, The Anthropocene and Geography II: Current Contributions, *Geography Compass*, 8(7), 450-463.

Castree, N., 2014c, The Anthropocene and Geography III: Future Directions, *Geography Compass*, 8(7), 464-476.

Castree, N., 2014d, The Anthropocene and the Environmental Humanities: Extending the Conversation, *Environmental Humanities*, 5, 233-260.

Castree, N., 2015a, Geography and global change science: relationships necessary, absent, and possible, *Geographical Research*, 53, 1-15.

Castree, N., 2015b, The Anthropocene: a primer for geographers, *Geography*, 100(2), 66-75.

Castree, N., Demeritt, D., Liverman, D. and Rhoads, B. (eds.), 2009, *A companion to environmental geography*, Chichester: Wiley-Blackwell.

Castree, N., Fuller, D. and Lambert, D., 2007, Boundary crossing: Geography without borders, *Transactions of the Institute of British Geographers*, 31, 129-132.

Center for International Understanding, 2006, North Carolina in the World: Preparing North Carolina Teachers for an Interconnected World: Available from: http://ciu.northcarolina.edu/wp-content/uploads/2010/06/Preservice.Teacher.Final_.Report.pdf [Acessed 4 February 2012].

Chalkley, B., Blumhof, J. and Ragnarsdottir, K.V., 2010, Geography, Earth and Environmental Sciences: A Suitable Home for ESD?, in Jones, P., Selby, D. and Sterling, S. (eds.), *Sustainability Education, Perspectives and practice across higher education*, London: Earthscan.

Chambers, I., 1993, Narratives of nationalism: being "British", Carter, E., Donald, J. and Squires, J., (eds) *Space and Place: Theories of Identity and Location*, London: Lawrence & Wishart.

Chambers, N. Simmons, C. and Wackernagel, M., 2000, *Sharing Nature's Interest: Ecological Footprints as an Indicator of Sustainability*, London: Earthscan.

Chen, G. M and Starosta, W. J., 2000, The Development and Validation of the Intercultural Sensitivity Scale,

Human Communication, 3(1), 3-14.

Cho, C. K., 2005, Intrinsic Justification of Citizenship Education through Geography Subject, *Journal of the Korean Geographical Society*, 40(4), 454-472.

Cho, C. K., 2008, Korea-Related Discourse Analysis of High-School Geography Textbooks in Japan, *Journal of the Korean Geographical Society*, 43(4), 655-679.

Choi, M. S., 1990, *Theory and resistance in education*, Sungwonsa, Seoul (최명선 옮김, 1990, 교육이론과 저항, 성 원사; (original), Giroux, H. A., 1983, *Theory and resistance in education: a pedagogy for the opposition*, Massachusetts: Bergin & Garvey).

Chouinard, V., 2009, Citizenship, Kitchen, R. and Thrift, N. (eds.), *International Encyclopedia of Human Geography*, Esevier, 107-112.

Christoff, P., 1996, Ecological citizens and ecologically guided democracy, in Doherty, B. and de Geus, M. (eds.), *Democracy and Green Political Thought: sustainability, rights and citizenship*, London and New York: Routledge.

Claire, H. (ed.), 2004, *Teaching Citizenship in Primary School*, Exeter: Learning Matters.

Clarke, N., Barnett, C., Cloke, P. and Malpass, A., 2007, Globalising the consumer: doing politics in an ethical register, *Political Geography*, 26, 231-249.

Clarke, P. B., 1994, *Deep Citizenship*, London: Pluto Press.

Cloke, P., 2006, Conceptualising rurality, in Cloke, P. and Goodwin, M. (eds.), *Introducing Human Geographies, second edition*, London: Hodder Arnold, 451-471.

Cloke, P., Philo, C. and Sadler, D., 1991, *Approaching Human Geography-An Introduction to Contemporary Theoretical Debates-*, New York: The Guilford Press.

Closs Stephens, A. and Squire, V., 2012a, Citizenship without community?, *Environment and Planning D: Society and Space*, 30, 434-436.

Closs Stephens, A. and Squire, V., 2012b, Politics through a web: citizenship and community unbounded, *Environment and Planning D: Society and Space*, 30, 551-567.

Coe, N., Kelly, P. and Yeung, H. W., 2007, *Economic Geography: A Contemporary Introduction*, Wiley-Blackwell(안영진·이종호·이원호·남기범 옮김, 2011, 현대 경제지리학 강의, 푸른길).

Cogan, J. and Derricott, R., 1998, *Citizenship for the 21st Century: an international perspective on education*, London: Kogan Page.

Cohen, J., 1999, Changing Paradigms of Citizenship and the Exclusiveness of the Demos, *International Sociology*, 14(3), 245-268.

Connell, R., 1994, Poverty and Education, *Harvard Educational Review*, 64, 125-149.

Connelly, J., 2006, The Virtues of Environmental Citizenship, in Dobson, A. and Bell, D. (eds.), *Environmental Citizenship*, Cambridge: The MIT Press.

Convey, A., 1994, Environmental education: international approaches and policies, *IRGEE*, 2(1), 92-96.

Cook, I., 1996, Empowerment through Journal Writing? Border Pedagogy at Work, University of Sussex Working Paper in Geography No. 28, 1-51.

Cook, I., 2000, Nothing can ever be the case of "Us" and "Them" again: Exploring the politics of difference through border pedagogy and student journal writing, *Journal of Geography in Higher Education*, 24, 13-27.

Cook, I., 2005, Positionality/situated knowledge, in D. Atkinson, P. Jackson, D. Sibley and N. Washbourne (eds.), *Cultural Geography: A Critical Dictionary of Key Concepts*, London: I.B. Tauris.

Cook, I., Evans, J., Griffiths, H., Mayblin, L., Payne, B. and Roberts, D., 2008, Made in...? Appreciating the everyday geographies of connected lives, *Teaching Geography*, 32(2), 80-83.

Corbridge, S., 1993, Marxisms, modernities and moralities: development praxis and the claims of distant strangers, *Environment and Planning D: Society and Space*, 11, 449-472.

Corney, G. and Middleton, N., 1996, Teaching environmental issues in schools and higher education, in Rawling, E. and Daugherty, R., (eds.), *Geography into the Twenty-First Century*, Chichester: John Wiley, 323-338.

Corney, G., 1997, Conceptions of environmental education, in Slater, F., Lambert, D. and Lines, D. (eds.), *Education, Environment and Economy: Reporting Research in a new Academic Grouping*, (Bedford Way Papers) London: University of London Institute of Education, 37-56.

Corney, G., 2006, Education for sustainable development: An Empirical Study of the Tensions and Challenges Faced by Geography Student Teachers, *International Research in Geographical and Environmental Education*, 15(3), 224-240.

Cotgrove, S., 1976, Environmentalism and utopia, *The Sociological Review*, February.

Cotton, D., 2006, Teaching controversial environmental issues: Neutrality and balance in the reality of the classroom, *Educational Research*, 48(2), 223-241.

Cowie, P. M., 1978, Geography: A Value Laden Subject in Education, *Geographical Education*, 3(2), 133-146.

Crang, P., 1999, Local-global, in Cloke, P., Crang, P. and Goodwin, M., (eds.), *Introducing Human Geographies*, London: Arnold, 24-34.

Cresswell, M., 2004, *Place: A Short Introduction*, Oxford: Blackwell Publishing(심승희 옮김, 2012, 짧은 지리학 개론: 장소, 시그마프레스).

Cresswell, T., 1996, *In Place/Out of Place*, Minneapolis: University of Minnesota Press.

Cresswell, T., 1999, Place, in Cloke, P. and Crang, P. and Goodwin, M. (eds.), *Introducing human geographies,* London: Arnold.

Cresswell, T., 2005, Moral Geographies, in Atkinson, D., Jackson, P., Sibley, D. and Washbourne, N., *Cultural Geography: A Critical Dictionary of Key Concepts*, London: I.B. Tauris, 128-134.

Cresswell, T., 2006, *On the Move*, London: Routledge.

Cresswell, T., 2009, The prosthetic citizen: new geographies of citizenship, *Political Power and Social Theory*, 20, 259-273.

Cresswell, T., 2010, Towards a politics of mobility, *Environment and Planning D: Society and Space*, 28, 17-31.

Crewe, I. and Searing, D., 1996, Citizenship and civic education, lecture given at the RSA, London on 21 May 1996.

Crewe, L., 2000, Geographies of retailing and consumption, *Progress in Human Geography*, 24, 275-290.

Crewe, L., 2003, Geographies of retailing and consumption: markets in motion, *Progress in Human Geography*,

27, 352-362.

Crick, B. and Lockyer, A., 2010, *Active Citizenship: What Could It Achieve and How?*, Edinburgh: Edinburgh University Press.

Crick, B., 2010, Civic Republicanism and Citizenship: the Challenge for Today, in Crick, B. and Lockey, A., *Active citizenship: what could it achieve and how?*, Edinburgh: Edinburgh University Press, 16-25.

Crick Report, 1998, *Education for Citizenship and the Teaching of Democracy in Schools*, London: Qualifications and Curriculum Authority.

Cronon, W. (ed.), 1995, *Uncommon ground: rethinking the human place in nature*, New York: Norton.

Crutzen, P., 2002, Geology of mankind, *Nature*, 415(23).

Curriculum Council for Wales, 1990, *Environmental Education*, Advisory Paper 17, Cardiff: CCW.

Curtin, D., 1999, *Chinnagounder's Challenge: The Question of Ecological Citizenship*, Bloomington: Indiana University Press.

Curtin, D., 2002, Ecological citizenship, in Isin, E.F. and Turner, B.S. (eds.), *Handbook of citizenship studies*, London: Sage, 293-304.

Dalby, S., 2007, Anthropocene Geopolitics: Globalisation, Empire, Environment and Critique, *Geography Compass*, 1(1), 103-118.

Daly, H., Prugh, T., Costanza, R., 1999, *The local politics of global sustainability*, DC, Washington: Island Press.

Daniel, S., 1992, Place and the geographical imagination in education, *Geography*, 77(4), 310-322.

Davies, G., 2000, Virtual animals in electronic zoos: The changing geographies of animal capture and display, in Philo C. and Wilbert, C. (Eds.), *Animal spaces, beastly places: New geographies of human-animal relations*, New York: Routledge, 243-246.

Davies, M. and Edwards, G., 2001, Will the Curriculum Caterpillar Ever Learn to Fly? in Fielding, M. (ed.), *Taking Education Really Seriously: Five Years of Hard Labour*, London: Routledge Falmer.

Daws, L., 1988, Teaching geography in a multicultural society, in Fien, J. and Gerber, R., (eds.), *Teaching Geography for a Better World*, Oliver&Boyd.

DEA, 2004, *Geography: the global dimension, key stage 3*, London: DEA.

Dean, H., 2001, Green citizenship, *Social Policy and Administration*, 35(5), 490-505.

Delaney, D. and Leitner, H., 1997, The political construction of scale, *Political Geography*, 16(2), 93-97.

Deman-Sparks, L. and the A.B.C. Task Force, 1989, *Anti-Bias Curriculum: Tools for Empowering Young Children, Washington*, DC: National Association for the Education of Young Children.

Demeritt, D., 2002, What is the 'social construction of nature'? A typology and sympathetic critique, *Progress in Human Geography*, 26(2), 767-790.

Dempster, J. B., 1939, Training for citizenship through geography, Association for Education in Citizenship (ed.), *Education for Citizenship in Elementary Schools*, Humphrey Milford: Oxford University Press.

Derrida, J., 1997, The Villa Nova Roundtable: A Conversation with Jacques Derrida, In J. D. Caputo (Ed.), *Deconstruction in a nutshell*, New York: Fordham University Press, 3-28.

DES, 1989, *Environmental Education from 5-16: Curriculum Matters 13*, London: HMSO.

Desbiens, C. and Smith, N., 1999, The International Critical Geography Group: forbidden optimism, *Environment and Planning D: Society and Space*, 17(4), 379-382.

Desforges, L., 2004, The formation of global citizenship: international nongovernmental organizations in Britain, *Political Geography*, 23, 549-569.

Desforges, L., Jones, R. and Woods, M., 2005, New geographies of citizenship, *Citizenship Studies*, 9, 439-451.

Development Education Association, 2004, *Geography: The Global Dimension* (Key Stage 3).

DFE/Department of the Environment, 1995, *Education and the Environment: The Way Forward*, London: DFE.

DfEE and QCA, 1999, *Citizenship: The National Curriculum for England*, London: DfEE.

DfEE, 1999, *Geography: The national curriculum for England*, England: DfEE.

DfEE, 2000, *Developing a Global Dimension in the School Curriculum*, London: DfEE.

DfES, 2005, *Developing a Global Dimension in the School Curriculum*, London: DfES.

DfES, 2006, *Sustainable Schools: For Pupils, Communities and the Environment*, London: DfES.

Dobson, A. and Bell, D. (eds.), 2006, *Environmental citizenship*, Cambridge: MIT Press.

Dobson, A., 2000a, *Citizenship and the Environment*, London: Oxford University Press.

Dobson, A., 2000b, Ecological Citizenship: a disruptive influence?, in Pierson, C. and Tormey, S. (eds.), *Politics at the Edge: the PSA yearbook 1999*, New York: St. Martin's Press.

Dobson, A., 2003, *Citizenship and the Environment*, Oxford:mOxford University Press.

Dobson, A., 2006a, Citizenship, in Dobson, A. and Eckersley, R. (eds.), *Political theory and the ecological challenge*, Cambridge: Cambridge University Press.

Dobson, A., 2006b, Thick Cosmopolitanism, *Political Studies*, 54, 165-184.

Dobson, A., 2009, Citizens, citizenship and governance for sustainability, in Adger, W.N. and Jordan, A. (eds.), *Governing Sustainability*, Cambridge University Press, 125-141.

Donald, J., 1992, *Sentimental Education*, London: Verso, 1992.

Donnellan, C., 2005, *The Globalization Issue*, Independence Educational Publishers.

Douglass, M. P., 1998, *The history, psychology, and pedagogy of geographic literacy*, Westport: Praeger.

Dowgill, P. and Lambert, D., 1992, Cultural literacy and school geography, *Geography*, 77(2), 143-152.

Drexler, K. D. and Gwen, G., 2005, *Strategies for active citizenship*, Upper Saddle River, N.J.: Pearson/Prentice Hall.

Driver, F. and Maddrell, A., 1996, Geographical education and citizenship: introduction, *Journal of Historical Geography*, 22, 371-372.

Driver, S. and Martell, L., 1998, *New Labour: Politics after Thatcherism*, Cambridge: Polity Press.

Dryzek, J. S., 1987, *Rational ecology: Environment and political economy*, Blackwell Publishing.

Dubuisson-Quelier, S., Lamine, C. and Le Vally, R., 2011, Citizenship and consumption: mobilization in alternative food systems in France, *Sociologia Ruralis*, 51(3), 304-323.

Ecclestone, K. and Hayes, D., 2009, *The Dangerous Rise of Therapeutic Education*, London: Routledge.

Edwards, G., 2001, A very British subject: questions of identity, Lambert, D. and Machon, P., (eds), *Citizenship through Secondary Geography*, London: Routledge Falmer, 2001.

Edwards, G., 2002, Geography, culture, values and education, in Gerber, R. and Williams, M., (eds.), *Geography, Culture, and Education*, Boston: Kluwer Academic Publishers, 31-40.

Eisner, E. W., 1979, *The Educational Imagination: on the design and evaluation of school programs*, New York: Macmillan.

Elden, S., 2010, Land, terrain, territory, *Progress in Human Geography*, 34, 799-817.

Elder, G., Wolch, J., & Emel, J., 1998, *Le pratique sauvage*: Race, place, and the humananimal divide, In J. Wolch & J. Emel (Eds.), *Animal geographies: Place, politics, and identity in the nature-culture borderlands,* London: Verso, 72-90.

Elliot, J., 1995, The politics of environmental education, *Curriculum journal*, 6(3), 377-393.

Ellwood, W., 2001, *The No-Nonsense Guide to Globalization*, New Internationalist.

Emel, J. and Urbanik, J., 2010, Animal geographies: Exploring the spaces and places of human-animal encounters, in DeMello, M. (ed.), *Teaching the Animal: Human-Animal Studies across the Disciplines*, Lantern Books, 200-217.

Emel, J., 1995, Are you man enough, big and bad enough? Ecofeminism and wolf eradication in the USA, *Environment and Planning D: Society and Space*, 13, 707-734.

Emel, J., Wilbert, C. and Wolch, J., 2002, Animal Geographies, *Society & Animals*, 10(4), 406-412.

Environment Development Education and Training Group, 1992, *Good Earth-Keeping Education, Training and Awareness for a Sustainable Future*, London: UNEP-UK.

Environmental Education Working Group, 1980, Geography and environmental education: a discussion paper, *Teaching Geography*, July.

Erickson, G., 1996, *National Identity and Geopolitical Visions*, Routledge.

Escobar, C., 2006, Migration and citizen rights: the Mexican case, *Citizenship Studies*, 10, 503-522.

Evans, C., 1933, Geography and world citizenship, Evans, F. (ed.), *The Teaching of geography in relation to the world community*, Cambridge: Cambridge University Press.

Evans, R. W., Newman, F. M. and Saxe, D. W., 1996, Issues-centered global Education. in Evans, R.W. and Saxe, D. W. (eds.), *Handbook on Teaching Social Issues,* NCSS BULLETIN 93, Washington, DC.: NCSS, 2-5.

Falk, R., 1994, The making of global citizenship, in van Steenbergen, B. (ed.), *The Condition of Citizenship*, London: Sage, 127-140.

Fanon, F., 1986, *Black Skin, White Masks*, Pluto Press.

Faulks, K., 2000, *Citizenship*, London: Routledge.

Feenstra, G., 2002, Creating space for community food systems: Lessons from the field, *Agriculture and Human Values*, 19(2), 99-106.

Fennes, H. and Hapgood, K., 1997, *Intercultural Learning in the Classroom: Crossing Borders*, London: Cassel.

Ferreira, M. M., 2002, Environment and Citizenship: from the Local to the Global, in Gerber, R. and Williams, M., (ed.), *Geography, Culture, and Education*, Boston: Kluwer Academic Publishers, 115-125.

Fien, J. and Gerber, R., (eds.), 1986, *Teaching Geography for a Better World*, Brisbane: Jacaranda Press/Australian Geography Teachers Association.

Fien, J. and Gerber, R., 1988, *Teaching Geography for a Better World*, Edinburg: Oliver and Boyd.

Fien, J. and Slater, F., 1981, Four strategies for values education in Geography, *Geographical Education*, 4(1), 39-52.

Fien, J. and Trainer, T., 1993, A vision of sustainability, in Huckle, J. (ed.), *Environmental Education: A Pathway to Sustainability*, Australia: Deakin University Press.

Fien, J., 1979, Towards a Humanistic Perspective in Geographical Education, *Geographical Education*, 3(3), 407-431.

Fien, J., 1981, Values probing: an integrated approach to values education in geography, *Journal of Geography*, 80, 19-22.

Fien, J., 1988, Skills for living: a geographical perspective, in Gerber, R. and Lidstone, J., (eds.), *Developing Skills in Geographical Education*, IGU Commission on Geographical Education, 121-128.

Fien, J., 1993, *Education for the Environment: Critical Curriculum Thinking and Environmental Education*, Geelong: Deakin University Press.

Fien, J., 1996, Teaching to Care: A Case for Commitment in Teaching Environmental Values, in Gerber, R., and Lidstone, J., (eds.), *Developments and Directions in Geographical Education*, Channel View Publications, 77-91.

Fien, J., 1999, Towards a Map of Commitment: A Socially Critical Approach to Geographical Education, *International Research in Geographical and Environmental Education*, 8(2), 140-158.

Fillmore, L. W., 2000, Loss of Family Languages: Should Educators Be Concerned?, *Theory Into Practice*, 39(4), 203-210.

Finney, S. C. and Edwards, L. E., 2016, The "Anthropocene"epoch: Scientific decision or political statement?, *GSA Today*, 26, 4-10.

Firth, R., 2011, The Nature of ESD through geography: Some thoughts and questions, *Teaching Geography*, 36(1), 14-16.

Fisher, S. and Hicks, D., 1985, *World Studies 8-13: A Teacher's Handbook*, Oliver and Boyd, Edinburgh.

Fishman, J. A., 1956, An Examination of the Process and Function of Social Stereotyping, *The Journal of Social Psychology*, 43(1), 27-64.

Flannery, T., 2001, *The Weather Makers: How Man Is Changing the Climate and What It Means for Life on Earth*, Grove Press(이한중 옮김, 2006, 기후 창조자: 인류가 기후를 만들고, 기후가 지구의 미래를 바꾼다, 황금나침반).

Fleure, H., 1936, *Geography*, in *Education for citizenship in secondary schools*, Association for Education in Citizenship.

Forst, R., 2001, Towards a critical theory of transitional justice, *Metapilosophy*, 32(1/2), 160-179.

Fortier, A. M., 2005, diaspora, in Atkinson et al., *Cultural Geography: A Critical Dictionary of Key Concepts*(이영민 외 옮김, 2011, 현대 문화지리학: 주요 개념의 비판적 이해, 논형).

Foskett, N. and Marsden, B., (eds.), 1998, *A Bibliography of Geographical Education 1970-1997*, The Geographical Association, Sheffield.

Fraser, N., 2009, Social justice in the age of identity politics, In G. Henderson and M. Waterstone (eds.), *Geo-*

graphic thought: A praxis perspective, Routledge, 72-90.

Frazer, E., 1999, The idea of political education, *Oxford Review of Education*, 25(1-2), 7-15.

Freeman, D. and Morgan, A., 2009, Living in the future-education for sustainable development, in Mitchell, D., *Living Geography*, Cambridge: Chris Kington Publishing, 29-52.

Freire, P., 1972, *Pedagogy of the oppressed,* Harmondsworth: Penguin.

Freire, P., 1973, *Education for Critical Consciousness,* New York: Continuum.

Freire, P., 1998a, *Politics and education*, Los Angeles: Latin American Center, University of California.

Freire, P., 1998b, Teachers as Cultural Workers: Letters to Those Who Dare Teach, *Australian Journal of Teacher Education, 23*(1).

Freshfield, D. W., 1886, The place of geography in education, *Proceedings of the Royal Geographical Society*, New Series, 8(11), 98-718.

Fuller, S., 2000, Social epistemology as a critical philosophy of multiculturalism, in Mahalingam, R. and McCarthy, C. (ed.), *Multicultural curriculum*, NY: Routledge.

Fyfe, N. and Milligan, C., 2003, Out of the shadows: exploring contemporary geographies of voluntarism, *Progress in Human Geography*, 27, 397-413.

Fyfe, N. and Milligan, C., 2003, Space, citizenship, and voluntarism: critical reflections on the voluntary welfare sector in Glasgow, *Environment and Planning A*, 35, 2069-2086.

GA homepage: http://www.geography.org.uk

GA, 2014, Geographical Association Annual Conference and Exhibition Pamphlet, 2.

Gabrielson, T. and Parady, K., 2010, Corporal citizenship: rethinking green citizenship through the body, *Environmental Politics*, 19, 374-391.

Gabrielson, T., 2008, Green Citizenship: a review and critique, *Citizenship Studies*, 2(4), 429-446.

Gallagher, R. and Parish, R., 2005, *Geog. 1, 2, 3*, Oxford: Oxford university press.

Garcia, M. H., 1995, An Anthropological Approach to Multicultural Diversity Training, *The Journal of Applied Behavioral Science*, 31(4), 490-504.

Garcia, S., 1996, Cities and citizenship, *International Journal of Urban and Regional Research*, 20(1), 7-21.

Garlake, T., 2007, Interdependence, in Hicks, D. and Holden, C. (eds.), *Teaching the Global Dimension: Key principles and effective practice*, London: Routledge.

Gaynor, A., 1999, Regulation, resistance and the residential area: The keeping of productive animals in twentieth-century Perth, Western Australia, *Urban Policy and Research*, 17, 7-16.

Gellner, E., 1983, *Nations and Nationalism*, New York: Cornell University Press.

Geographical Association, 1974, *The Role of Geography in Environmental Education*.

Geographical Association(GA), 2009, *A Different View: A Manifesto from the Geographical Association*, Sheffield: Geographical Association.

Geographical Association(GA), 2010, *Young Geographers Go Green, Pedagogy and Thinking*, (GA Homepage).

Gerber, R. and Williams, M., 2002, Geography as an active social science, in Gerber, R. and Williams, M., (ed.), *Geography, Culture, and Education*, Boston: Kluwer Academic Publishers, 1-10.

Germann Molz, J., 2005, Getting a "flexible eye": round-the-world travel and scales of cosmopolitan citizenship, *Citizenship Studies*, 9, 517-531.

Ghose, R., 2005, The complexities of citizen participation through collaborative governance, *Space and Polity*, 9, 61-75.

Gibbs, D., 1996, Integrating sustainable development and economic restructuring, a role for regulation theory?, *Geoforum*, 27/1, 1-10.

Giddens, A., 1982, Class division, class conflict, and citizenship rights, in Giddense, A. (ed.), *Profiles and Critiques in Social Theory*, London: Macmillan, 164-180.

Giddens, A., 1985, Time, Space and Regionalisation, in Gregory, D., and Urry, J., (eds), *Social Relations and Spatial Structure*, London: Macmillan.

Giddens, A., 1997, *Sociology*, Polity Press(김미숙 외 옮김, 1998, 현대 사회학, 을유문화사).

Gilbert, R., 1984, *The Impotent Image: reflection of ideology in the secondary school curriculum*, Lewes:The Falmer Press.

Gilbert, R., 1989, Teaching for social and political literacy through geography, in Fien J., Gerber, R. and Wilson, P., (eds.), *The Geography Teacher's Guide to the Classroom*, 2nd (ed.), Melbourne: Macmillan, 131-140.

Gill, D., 1985, Geographical education for a multicultural society, in Straber-Welds, (ed.), *Education for a Multicultural Society: A Case tudy in ILEA School*, London: Bell and Hyman, 58-69.

Ginn, F. and Demeritt, D., 2009, Nature: A Contested Concept, in Clifford, N., Holloway, S., Rice, S. and Valentine, G., (eds.), *Key concepts in geography*, London: Sage, 300-311.

Giroux, H. and McLaren, P., 1989, Introduction, in H. Giroux and P. MacLaren (eds.), *Critical pedagogy, the state and cultural struggle*, Albany: State University of New York.

Giroux, H. and McLaren, P., 1992, Writing from the margins: geographies of identity, pedagogy, and power, *Journal of Education*, 174(1), 7-30.

Giroux, H. and McLaren, P., (eds.), 1994, *Between Borders: pedagogy & the politics of cultural studies*, London: Routledge.

Giroux, H. and Simon, R., 1988, Popular culture and critical pedagogy: Reconstructing the discourse of ideology and pleasure, *Cultural Studies*, 2(3), 294-320.

Giroux, H. A., 1980, Critical theory and rationality in citizenship education, *Curriculum Inquiry*, 10(4), 327-336.

Giroux, H., 1988, Border pedagogy in the age of postmodernism, *Journal of Education*, 170(3), 162-181.

Giroux, H., 1989, *Schooling for democracy: Critical pedagogy in the modern age*, London: Routledge.

Giroux, H., 1991, Democracy & the discourse of cultural difference: towards a politics of border pedagogy, *British journal of sociology of education*, 12(4), 501-519.

Giroux, H., 1992, *Border Crossings*, London: Routledge.

Giroux, H., 2001, Cultural Studies as Performative Politics, *Cultural Studies and Critical Methodologies*, 1(1), 5-23.

Glarlake, T., 2003, *The Challenge of Globalization*, Oxfam.

Glazer, Nathan, 1997, 2003, *We are all multiculturalists now*(서종남·최현미 옮김, 2009, 우리는 이제 모두 다문화 인이다, 미래를 소유한 사람들).

Gleeson, B., 1996, Justifying justice, *Area*, 28, 229-234.

Glick, P. and Fiske, S. T., 1996, The Ambivalent Sexism Inventory: Differentiating Hostile and Benevolent Sexism, *Journal of Personality and Social Psychology*, 70, 491-512.

Goldblatt, D., 1996, *Social Theory and the Environment*, Cambridge: Polity.

Goldstrom, J., 1972, *The social content of education 1808-1870*, Newton Abbot: David and Charles.

Gollnick Donna M. and Chinn, Philip C., 2008, *Multicultural Education in a Pluralistic Society*(8th ed.)(염현철 외 옮김, 2012, 다문화교육개론, 한울아카데미).

Goodey, B., 1980, The way in to environmental education, *Bulletin of Environmental Education*, 110, June.

Goodman, D. and DuPuis, E. M., 2002, Knowing food and growing food: beyond the production-consumption debate in the sociology of agriculture, *Sociologia Ruralis*, 42, 5-22.

Goodman, M., Maye, D. and Holloway, L., 2010, Ethical foodscapes?: premises, promises, and possibilities, *Environment and Planning A*, 42, 1782-1796.

Goodman, M., 2013, The ecologies of food power: an introduction to the environment and food book symposium, Environment, politics and development working paper series, Department of Geography, London: Kings College.

Goodson, I., 1994, *Studying Curriculum*, Milton Keynes: Open University Press.

Goodwin, M., 1999, Citizenship and governance, in Cloke, P., Crang, P. and Goodwin, M., (eds), *Introducing Human Geographies*, Arnold, London, 189-198.

Gorz, A., 1980, *Ecology as Politics*, South End Press.

Gough, N., 2002, Thinking/acting locally/globally: Western science and environmental education in a global knowledge economy, International *Journal of Science Education*, 24(11), 1217-1237.

Gough, S., and Scott, W., 2006, Education and sustainable development: a political analysis, *Educational Review*, 58(3), 273-290.

Graves, J., 2002, Developing a global dimension in the curriculum, *The Curriculum Journal*, 13(3), 303-311.

Graves, N., 1984, *Geography in Education*, 3rd, London: Heinemann Educational Books.

Graves, N., 1997, Geographical education in the 1990s, in Tilbury, D. and Williams, M., (ed.), *Teaching and learning geography*, London: Routledge, 25-31.

Gray, M., 2004, *Geodiversity: Valuing and Conserving Abiotic Nature*, Wiley, Chichester.

Greenwood, D. A., 2008, A critical pedagogy of place: from gridlock to parallax. *Environmental Education Research,* 14, 336-348.

Gregory, A. E. and Cahill, M. A., 2009, Constructing critical literacy: self-reflexive ways for curriculum and pedagogy, *Critical Literacy: Theories and Practices*, 3(2), 6-16.

Gregory, D. and Urry, J., 1985, Introduction, in D. Gregory and J. Urry (eds.), *Social Relations and Spatial Structure*, London: Macmillan.

Gregory, D., 1978, *Ideology, Science and Human Geography*, London: Hutchinson.

Gregory, D., 1981, Toward a human geography, in Walford, R., (ed.), *Signposts for Geography Teaching*, London: Longman, 133-147.

Gregory, D., Johnston, R., Pratt, G., Watts, M. J., & Whatmore, S., 2009, *The dictionary of human geography* (5th ed.), Chichester: Wiley-Blackwell.

Greig, S., Pike, G. and Selby, D., 1987, *Earthrights: Education as if the Planet Really Mattered*, London: Kagan Page.

Griffin, H., 2008, Fundraising for people in economically poor countries: should schools do it?, *Development Education Centre South Yorkshire Newsletter*, Spring.

Griffiths, H., 2004, *Funky Geography: Paulo Freire, critical pedagogy and school geography*, unpublished MA dissertation, School of Geography, Earth and Environmental Sciences, University of Birmingham.

Gritzner, C., 2002, What is where, why there and why care?, *Journal of Geography*, 101(1), 40.

Grossberg, L., 1994, Introduction: Bringin' It All Back Home-Pedagogy and Cultural Studies, in H. Giroux and P. McLaren, (eds.), *Between Borders: pedagogy and the politics of cultural studies*, London: Routledge, 1-25.

Gruenewald, D. A. and Smith, G. A. (eds.), 2008a, Introduction: making room for the local, in Gruenewald, D. A. and Smith, G. A. (eds.), *Place-Based Education in the Global Age: Local Diversity*, Abingdon, Oxon: Lawrence Erlbaum Associates.

Gruenewald, D. A. and Smith, G. A. (eds.), 2008b, *Place-Based Education in the Global Age: Local Diversity*, Abingdon, Oxon: Lawrence Erlbaum Associates.

Gruenwald, D. A., 2003, The best of both worlds: A critical pedagogy of place, *Educational Researcher*, 32(4), 3-12.

Gruenwald, D. A., 2005, Accountability and collaboration: institutional barriers and strategic pathways for place-based education, *Ethics, Place and Environment*, 8, 261-283.

Gruffudd, P., 2000, Biological cultivation: Lubetkin's modernism at London Zoo in the 1930s, In Philo C. and Wilbert, C. (eds.), *Animal spaces, beastly places: New geographies of human-animal relations*, New York: Routledge, 222-242.

Guest, J., Boyle, M., Leahy, K., McALister, Y., Miles, A., Stuchbery, M. and Summerhayes, K., 2009, *Heinemann Geography 1: A narrative approach*, Melbourne: Heinemann.

Gunsteren, H., 1994, Four Conceptions of Citizenship, in Bart van Steenbergen, *The Condition of Citizenship*, London: Sage, 36-48.

Gutmann, A., 2004, Unity and diversity in democratic multicultural education: Creative and destructive tensions, in Banks, J. A. (ed.), *Diversity and citizenship education: Global perspective*, San Francisco: Jossey-Bass, 71-96.

Habermas, J., 1972, *Knowledge and Human Interests*, London: Heinemann.

Habermas, J., 1992, Citizenship and national identity: some reflection on the future of Europe, in Turner, B. S. and Hamilton, P.(ed.), *Citizenship*, London: Routledge.

Habermas, J., 1998, The European Nation State: On the Past and Future of Sovereignty and Citizenship, in Grieff, De and Cronin, C. (eds.), *The Inclusion of the Other: Studies in Political Theory*, Cambridge: MIT Press,

105-128.

Habermas, J., 1999, *The Inclusion of Others*, Cambridge: MIT Press.

Hacking, E., 1991, Preparing for life in a multi-cultural society, in Walford, R., *Viewpoints on Geographical Education,* Harlow: Longman, 85-88.

Hailwood, S., 2005, Environmental citizenship as reasonable citizenship, *Environmental Politics*, 14(2).

Hall, D., 1989, Knowledge and Teaching Styles in the Geography Classroom, in Fien J., Gerber, R. and Wilson, P., (eds.), *The Geography Teacher's Guide to the Classroom*, 2nd (ed.), Melbourne: Macmillan, 10-21.

Hall, S. and Held, D., 1989, Citizens and citizenship, in Hall, S. and Jacques, M. (eds.), *New Times: The Changing Face of Politics in the 1990s*, London: Lawrence and Wishart, 173-188.

Halstead, J. M. and Taylor, M. J., (eds.), 1996, *Values in education and education in values*, London: Falmer Press.

Halstead, J. M., 1996, Values and values education in schools, in Halstead, J. M. and Taylor, M. J. (eds.), *Values in Education and Education in Values*, London: Falmer Press, 3-14.

Hamilton, N., 2004, Essay-food democracy and the future of American values, *Drake J Agric*, 9, 9-32.

Hamilton, N., 2005, Food democracy II: revolution or restoration, *Journal of Food Law Policy*, 1, 13-42.

Hamm, C. M., 1989, *Philosophical Issues in Education: An Introduction*, New York: Falmer Press.

Hammar, T., 1989, State, Nation and Dual Citizenship in W. R. Brubaker(ed.), *Immigration and the Politics in Europe and North America*, Lamham: University Press of America.

Hammar, T., 1990, *Democracy and the Nation State*, Adelshot: Avebury.

Hand, Pam, 2003, *First Steps to Right - Activities for Children Aged 3-7 Years*, UNICEF.

Hanvey, R. G., 1996, *An Attainable Global Perspective,* New York: Center for War/Peace Studies.

Hanvey, R. G., 2004, An Attainable Global Perspective, *The American Frorum for Global Education.*

Haraway, D. J., 1991, *Simians, Cyborgs, and Women: The Reinvention of Nature*, Free Association Books.

Hargreaves, A. and Goodson, I., 2003, Foreword, in Campbell, E. (ed.), *The Ethical Teacher*, Maidenhead: Open University Press, ix-xiii.

Hartwick, E., 1998, Geographies of consumption: a community-chain approach, *Environment and Planning D: Society and Space*, 16, 423-437.

Harvey, D., 1973, *Social Justice and the City*, London: Edward Arnold.

Harvey, D., 1974, What kind of geography for what kind of public policy?, *Transactions of the Institute of British Geographers*, 63, 18-24.

Harvey, D., 1989, *The Condition of Postmodernity*, Oxford: Blackwell.

Harvey, D., 1996, *Justice, Nature and the Geography of Difference,* Wiley-Blackwell.

Harvey, D., 2009, *Cosmopolitanism and Geographies of Freedom,* Columbia University Press.

Hassanein, N., 2003, Practising food democracy: a pragmatic politics of transformation, *Journal of Rural Studies*, 19(1), 77-86.

Hassanein, N., 2008, Locating food democracy: theoretical and practical ingredients, *J Hun Nutr*, 3, 286-308.

Haubrich, H., 1996, Global Ethics in Geographical Education, in Gerber, R. and Lidstone, J., *Developments and*

Directions in Geographical Education, Clevedon: Channel View Publications, 163-173.

Haubrich, H., 2000, Guest Editorial: Sustainable Learning in Geography for the 21st century, *International Research in Geographical and Environmental Education*, 9(4), 279-284.

Haubrich, H., 2009, Global leadership and global responsibility for geographical education, *International Research in Geographical and Environment Education*, 18(2), 79-81.

Hawley, D., 2013, What is the rightful place of physical geography, in Lambert, D. and Jones, M. (eds.), *Debates in geography education*, London: Routledge, 89-102.

Hay, I., 2001, Critical Geography and Activism in Higher Education, *Journal of Geography in Higher Education*, 5(2), 141-146.

Healey, M., Pawson, E. and Solem, M. (eds.), 2010, *Active Learning and Student Engagement*, London: Routledge.

Heater D., 2003, *A history of education for citizenship*, London: RoutledgeFalmer(김해성 옮김, 2007, 시민교육의 역사, 한울).

Heater, D., 1980, *World Studies: Education for International Understanding in Britain*, Harrap.

Heater, D., 1990, *Citizenship: The Civic Ideal in World History, Politics and Education*, London: Longman.

Heater, D., 1996, *World Citizenship and Government: Cosmopolitan Ideas in the History of Western Political Thought*, London: Macmillan.

Heater, D., 1998, *World citizenship and government*, London: Macmillan Press Ltd.

Heater, D., 1999, *What is citizenship?*, Polity.

Heater, D., 2003, *A history of education for citizenship*, London: RoutledgeFalmer(김해성 옮김, 2007, 시민교육의 역사, 한울).

Henderson, G. and Waterstone, M. (eds.), 2009, *Geographic thought: a praxis perspective*, London: Routlege.

Henley, R., 1989, The ideology of geographical language, in Slater, F., (ed.), *Language and Learning in the Teaching of Geography*, London: Routledge, 162-171.

Hesselink, F., Kempen, P. P. and Wals, A., 2000, *ESDebate: International debate on education for sustainable development*, IUCN.

Hewitt, K. (ed.), 1983, *Interpretations of calamity from the viewpoint of human ecology*, Allen & Unwin, Boston.

Heyman, R., 2000, Research, pedagogy, and instrumental geography, *Antipode*, 32(3), 292-307.

Heyman, R., 2001, Pedagogy and the 'cultural turn' in geography, *Environment and Planning D: Society and Space*, 19(1), 1-6.

Hicks, D. and Holden, C. (eds.), 2007, *Teaching the Global Dimension: Key Principles and Effective Practices*, London: Routledge.

Hicks, D. and Steiner, M., 1989, *Making Global Connections: A World Studies Workbook*, Edinburgh and New York: Oliver and Boyd.

Hicks, D., 1980a, *Images of the World: an Introduction to Bias in Teaching Materials*, London University, Institute of Education.

Hicks, D., 1980b, *Textbook imperialism: a study of ethnocentrism, education and geography*, Lancaster: unpublished PhD thesis, University of Lancaster.

Hicks, D., 1981, The contribution of geography to multicultural misunderstanding, *Teaching Geography*, 7(2), 64-67.

Hicks, D., 1983, Development Education, in Huckle, J. (ed.), *Geographical Education: Reflection and Action,* Oxford: Oxford University Press, 89-98.

Hicks, D., 1996, Envisioning the future: the challenge for environmental education, *Environmental Educational Research*, 2(1), 101-108.

Hicks, D., 1998a, A Geography for the future, *Teaching Geography*, 23(4), 168-173.

Hicks, D., 1998b, Exploring futures, in Carter, R., (ed.), *Handbook of Primary*, Sheffield: The Geographical Association.

Hicks, D., 2001a, *Citizenship for the Future: A Practical Classroom Guide*, Godalming: World Wide Fund for Nature UK.

Hicks, D., 2001b, Envisioning a better world, *Teaching Geography*, 26(2), 57-59.

Hicks, D., 2003, Thirty years of global education, *Educational Review*, 55(3), 265-275.

Hicks, D., 2007a, Lessons for the future: a geographical contribution. *Geography*, 92(3), 179-188.

Hicks, D., 2007b, Principles and precedents, in Hicks, D. and Holden, C. (eds.), *Teaching the Global Dimension: Key Principles and Effective Practices*, Routledge, London, 14-30.

Hicks, D., 2007c, Responding to the world, in Hicks, D. and Holden, C. (eds.), *Teaching the Global Dimension: Key Principles and Effective Practices*, London: Routledge, 3-13.

Hicks, D., 2011, *Teaching for a Better World: Is it geography?* Presentation to Geography Education Research Seminar at the Institute of Education, London on 10 January 2011.

Higgins, A., 1995, Educating for justice and community: Lawrence Kohlberg's vision of moral education, in Kurtines, W. M. and Gewirtz, J. L. (eds.), *Moral Behavior and Development: An Introduction*, Boston: Allyn & Bacon, 49-81.

Higgins, W. Ramia, G., 2000, Social citizenship, in Hudson, W., Kane, J. (eds.), *Rethinking Australian citizenship*, Cambridge: Cambridge University Press.

Hill, D. and Natoli, S., 1996, Issues-Centered approaches to teaching geography courses, in Evans, R. W. and Saxe, D. W. (eds.), *Handbook on Teaching Social Issues,* NCSS BULLETIN 93, Washington, DC.: NCSS, 166-176.

Hiller, B. and Hanson, J., 1988, *The Social Logic of Space*, Cambridge: Cambridge University Press.

Hilliard, F. H., 1961, The moral instruction league 1897-1919, *Durham Research Review*, 12, 53-63.

Hindess, B., 1987, *Freedom, Equality and the Market*, London: Tavistock.

Hinman, L. N., 1994, *Ethics: A Pluralistic Approach to Moral Theory*, Fort Worth: Harcourt Brace College Publishers.

Hirst, P., and Thomson, G., 2003, Globalization- A Necessary Myth?, In D. Held & A. McGrew (Eds.), *The global transformations reader: an introduction to the globalization debate* (second edition ed.), Cambridge: Polity press, 98-105.

Ho, E., 2008, Citizenship, migration and transnationalism: a review and critical interventions, *Geography Compass*, 2, 1286-1300.

Hobsbawm, E. J., 1990, *Nations and Nationalism Since 1780*, Cambridge: Cambridge University Press(강명세 옮김, 1994, 1780년 이후의 민족과 민족주의, 창작과 비평사).

Holden, C., 2000a, Learning for Democracy: From World Studies to Global Citizenship, *Theory into Practice*, 39(2), 74-80.

Holden, C., 2000b, Ready for citizenship? A case study of approaches to social and moral education in two contrasting primary schools in the UK, *The School Field International Journal of Theory and Research in Education*, XI(1), 117-130.

Holden, C., 2007, Teaching controversial issues, in Hicks, D. and Holden, C. (eds.), *Teaching the global dimension,* Abingdon: Routledge, 55-67.

Holloway, S., Rice, S. and Valentine, G., (eds.), 2003, *Key concepts in geography*, London: Sage.

Hoodson, D. (ed.), 1994, *Geography and National Identity*, Blackwell.

hooks, b., 1994, *Teaching to Transgress: Education as the Practice of Freedom*, London: Routledge.

hooks, b., 2003, *Teaching Community: A Pedagogy of Hope*, London: Routledge.

Hooson, D., (eds.), 1994, *Geography and National Identity*, Oxford: Blackwell.

Hopkin, J., 2015, A 'knowledgeable geography'approach to global learning, *Teaching Geography*, 40(2), 50-54.

Hopkins, N. and Blackwood, L., 2011, Everyday Citizenship: Identity and Recognition, *Journal of Community & Applied Social Psychology*, 21, 215-227.

Hopwood, N., 2007, *Values and controversial Issues,* GTIP think piece.(http://www.geography.org.uk/gtip/think-pieces/valuesandcontroversialissues)

Horniblow, E. C. T., 1930, *Lands and Life: Human Geographies*, in Jackson, P. and Penrose, J. (eds.), *Constructions of Race, Place and Nation*, London: UCL Press.

Horton, D., 2006, Demonstrating environmental citizenship? A study of everyday life among green activists, in Dobson, A. and Bell, D. (eds.), *Environmental citizenship*, Cambridge: MIT Press, 127-150.

Houser, N. O. and Kuzmic, J., 2001, Ethical Citizenship in a Postmodern World: Toward a More Connected Approach to Social Education For the Twenty-First Century, *Theory and Research in Social Education*, 29(3), 431-461.

Howell, P., 2000, Flush and the banditti: Dog-stealing in Victorian London, In Philo C. and Wilbert, C. (eds.), *Animal spaces, beastly places: New geographies of human-animal relations,* New York: Routledge, 35-55.

Huckle, J. and Sterling, S., (eds.), 1996, *Education for Sustainability*, London: Earthscan.

Huckle, J., 1981, Geography and value education, in Walford, R. (ed.), *Signposts for Geography Teaching*, Longman.

Huckle, J., 1983a, Environmental education, in Huckle, J. (ed.), *Geographical Education: Reflection and Action*, Oxford University Press, 99-111.

Huckle, J., 1983b, *Geographical Education, Reflection and Action*, Oxford: Oxford University Press.

Huckle, J., 1985, Geography and schooling, in Johnston, R. J., (ed.), *The Future of Geography*, New York:

Methuen, 291-308.

Huckle, J., 1986, Geography, Citizenship and Political Literacy, in Fien, J. and Gerber, R., (eds.), *Teaching Geography for a Better World*, Jacaranda Press/Australian Geography Teachers Association, Brisbane, 14-31.

Huckle, J., 1988-1992, What We Consume(a teacher's handbook and nine curriculum units for 14-18 year olds), WWW/Richmond Publishing, Richmond.

Huckle, J., 1991, Education for sustainable: assessing pathways to the future, *Australian Journal of Environmental Education*, 7, 43-62.

Huckle, J., 1994, Environmental education and the National Curriculum in England and Wales, *IRGEE*, 2(1), 1010-1104.

Huckle, J., 1995, The greening of geographical education: a challenge still to be realised, paper presented at the University Department of Education Tutors Conference, Exmouth.

Huckle, J., 1997, Toward a critical school geography, in Tilbury, D. and Williams, M., (ed.), *Teaching and learning geography*, London: Routledge, 241-252.

Huckle, J., 2001, Towards ecological citizenship, in Lambert, D. and Machon, P. (ed.), *Citizenship through Secondary Geography*, London and New York: RoutledgeFalmer, 144-160.

Huckle, J., 2002, Reconstructing Nature: Towards a Geographical Education for Sustainable Development, *Geography*, 87(1), 64-72.

Huckle, J., 2005, *Education for Sustainable Development: A briefing paper for the Teacher Training Agency*, London: Teacher Training Agency.

Huckle, J., 2009, Sustainable schools: responding to new challenges and opportunities, *Geography*, 94(1), 13-21.

Huckle, J., 2010, ESD and the current crisis of capitalism: Teaching beyond green new deals, *Journal of Education for Sustainable Development*, 4(1), 135-142.

Huckle, J., 2013, Eco-Schooling and Sustainability Citizenship: Exploring issues raised by corporate sponsorship, *The Curriculum Journal*, 24(2), 206-223.

Hudson, A., 2000, Toward a global geopolitical economy, in Kent, A., (ed.), *Reflective Practice in Geography Teaching*, London: Paul Chapman Publishing, 57-67.

Hume, D., 1978, *A Treatise of Human Nature*, Oxford: Oxford University Press.

Hume, M., 2009, *Why we disagree about climate change*, Cambridge: Cambridge University Press.

Hunter, L. and Elias, M. J., 2000, Interracial friendships, multicultural sensitivity, and social competence: How are they related?, *Journal of Applied Development Psychology*, 20, 551-573.

Huntington, S., 2004, *Who Are We? Challenge to America's National Identity*, New York: Simon and Schuster.

Hussain, Y. and Bagguley, P., 2005, Citizenship, ethnicity and identity: British Pakistanis after the 2001 'riots', *Sociology*, 39(3), 407-425.

IGU (International Geography Union), 1992, *International Charter on Geographical Education*, Brisbane: IGU.

Isin, E. and Turner, B. (eds.), 2002, *Handbook of Citizenship Studies*, London: Sage.

Isin, E. and Turner, B., 2007, Investigating citizenship: an agenda for citizenship studies, *Citizenship Studies*, 11, 5-17.

Isin, E., 2002, Citizenship after orientalism, in Isin, E. and Turner, B. (eds.), *Handbook of Citizenship Studies*, London: Sage, 117-128.

Isin, E., 2012, Citizenship after orientalism: an unfinished project, *Citizenship Studies*, 16, 563-572.

Isin, E. F. and Wood, P. K., 1999, *Citizenship and Identity*, London: Sage Publication.

Jackson, P., 1989, *Maps of meaning: an introduction to cultural geography*, London: Unwin Hyman.

Jackson, P., 1996, Only connect: Approaches to human geography, in Rawling, E. and Daugherty, R., (eds.), *Geography Into the Twenty-first Century*, Chichester: Wiley, 77-94.

Jackson, P., 2002, *Geographies of difference and diversity, Geography*, 87(4), 316-323.

Jackson, P., 2006, Thinking Geographically, *Geography*, 91(3), 189-204.

Jackson, P., 2010, Citizenship and the geographies of everyday life, *Geography*, 95, 139-140.

Jagers, S. C., 2009, In Search of the Ecological Citizen, *Environmental Politics*, 18(1), 18-36.

James, P. E., 1969, The Significance of Geography in American Education, *Journal of Geography*, 68, 473-483.

Janmohamed, A. R., 1994, Some Implications of Paulo Freire's Border Pedagogy, in H. Giroux and P. McLaren, (eds.), *Between Borders: pedagogy and the politics of cultural studies*, London: Routledge, 242-252.

Janoski, T. and Gran, B., 2002, Political citizenship: foundations of rights, in Isin, E. and Turner, B. (eds.), *Handbook of Citizenship Studies*, London: Sage, 13-52.

Jarvis, H. and Midwinter, C., 1999, *Talking Rights: Taking Responsibility, A Speaking and Listening Resource for Secondary English and Citizenship*, UNICEF.

Jessop, B., Brenner, N. and Jones, M., 2008, Theorizing Socio-Spatial Relations, *Environment and Planning D: Society and Space*, 26(3), 389-401.

Job, D., 1996, Geography and environmental education: an exploration of perspectives and strategies, in Kent, A. (eds.), *Geography in Education: Viewpoints on Teaching and Learning*, Cambridge: Cambridge University Press, 22-49.

Johnson, D. and Johnson, R. T., 2002, *Multicultural Education and Human Relations*(김영순 외 옮김, 2011, 다문화교육과 인간관계, 교육과학사).

Johnson, E., Morehouse, H. and Dalby, S., 2014, After the Anthropocene: Politics and geographic inquiry for a new epoch, *Progress in Human Geography*, 1-18.

Johnston, J., 2008, The citizen-consumer hybrid: ideological tensions and the case of Whole Foods Market, *Theory and Society*, 37, 229-270.

Johnston, R., 1986, *On Human Geography*, Oxford: Blackwell.

Johnston, R., 1999, Adult learning for citizenship: Towards a reconstruction of the social purpose tradition, *International Journal of Lifelong Education, 18(3), 181-188.*

Johnston, R., 2005, Geography - Coming Apart at the Seams?, in Castree, N., Roger, A. and Sherman, D. (eds.), *Questioning Geography*, Oxford: Blackwell.

Johnston, R. J., 1995, Territoriality and the State, in Benko, G. B. & Strohmayer, U., (ed.), *Geography, History and Social Science*, Dordrecht: Kluwer Academic Publishers.

Johnston, R. J., 1996, A place in geography, Daugherty, R. and Rawling, E. M. (eds), *Geography Into the Twenty-*

first century, Chichester and New York: Wiley.

Jones, C., 2001, Where shall I draw the line, Miss?; The geography of exclusion, in Lambert, D. and Machon, P., (ed.), *Citizenship through Secondary Geography*, London: Routledge Falmer, 98-108.

Jones, K., 1997, Tradition and nation: breaking the link, *Changing English*, 4, 149-159.

Jones, M., Dailami, N., Weitkamp, E., Kimberlee, R., Salmon, D. and Orme, J., 2012, Engaging Secondary School Students in Food-Related Citizenship: Achievements and Challenges of A Multi-Component Programme, *Education Sciences*, 2, 77-90.

Jones, M., Jones, R. and Woods, M., 2004, *An Introduction to political Geography*, London: Routledge.

Jones, O., 2000, (Un)ethical geographies of human—non-human relations: Encounters, collectives and spaces, In Philo C. and Wilbert, C. (eds.), *Animal spaces, beastly places: New geographies of human-animal relations*, New York: Routledge, 268-291.

Joppke, C., 2002, Multicultural Citizenship, in Isin, E.F. and Turner, B.S. (eds.), *Handbook of Citizenship Studies*, London: SAGE Publications, 245-258.

Joppke, C., 2010, *Citizenship and Immigration*, London: Polity Press.

Jung, J. H., 2001, *Critical Pedagogy in the Era Globalization*, Tree of Thinking, Seoul(정정호, 2001, 세계화 시대의 비판적 페다고지, 생각의 나무, 서울).

Kearns, A., 1992, Active citizenship and urban governance, *Transactions of the Institute of British Geographers*, 17, 20-34.

Kearns, A., 1995, Active citizenship and local governance: political and geographical dimensions, *Political Geography*, 14, 155-175.

Keith, M. and Pile, S., 1993, *Place and the Politics of Identity*, London: Routledge.

Kemmis, S., Cole, P. and Suggett, D., 1983, *Orientations to Curriculum and Transition: Towards the Socially-Critical School*, Melbourne: Victorian Institute for Secondary Education.

Kennamer, Jr. L., 1970, Emerging Social studies Curriculum: Implications for Geography, in Bacon, P., (ed.), *Focus on Geography-Key Concepts and Teaching Strategies*, National Council for the Social Studies, Washington D.C., 379-405.

Kerr, D., 1999, Citizenship Education: an International Comparison(International Review of Curriculum and Assessment Frameworks Paper 4), Qualifications and Curriculum Authority.

Khagram, S., Riker, J. and Sikkink, K., 2002, From Santiago to Seattle: transnational advocacy groups restructuring world politics, in Khagram, S. Riker, J. and Sikkink, K. (eds.), *Restructuring World Politics: Transactional Social Movements, Networks and Norms*, University of Minnesota Press, 3-23.

Kibe, T., 2006, Differentiated citizenship and ethnocultural groups: a Japanese case, *Citizenship Studies*, 10(4), 413-430.

Kim, B. Y., 2011, The Meaning of Geographical Education of Commodity through Relational Thinking, *Journal of the Korean Geographical Society*, 46(4), 554-566.

Kim, H., 2010, Beyond a tokenistic muticulturalism, in Brooks, C., *Studying PGCE Geography at M Level: Reflection, research and writing for professional development*, London and New York: Routledge, 112-121.

Kincheloe, J. L. and McLaren, P., 1997, Difference, in Grant, C.A. and Ladson-Billings, G. (ed.), *Dictionary of Multicultural Education*, Oryx.

Kirkwood, T. F., 2001, Our global age require global education: Clarifying definitional ambiguities, *The Social Studies*, 92(1), 10-15.

Kitchin, R., 1999, Creating an awareness of others: highlighting the role of space and place, *Geography*, 84(1), 45-54.

Klein, P., 2013, Using the Center for Global Geography Education Project in the AP Human Geography curriculum, *The Geography Teacher,* 10(2), 53-59.

Klein, P., Muniz, O., Ray, W. and Solem, M., 2009, Center for Global Geography Education: Designing materials for enhancing spatial thinking about global issues, The New Geography, Proceedings of the Commission on Geographical Education Tsukuba Conference, Tsukuba, Japan, August 7-9, 2009, edited by Yoshiyasu Ida, Shunsuke Ike, Koji Ohnishi, and Takashi Shimura, Volume 57.

Knox, P. and Pinch, S., 2009, *Urban Social Geography: An Introduction*, Routledge(박경환·류연택·정현주·이용균 옮김, 2012, 도시사회지리학의 이해, 시그마프레스).

Knox, P. L., 1975, *Social Well-being: A Spatial Perspective*, Oxford: Oxford University Press.

Kobayashi, A. and Proctor, J., 2003, Values, Ethics, and Justice, in Gaile, G. and Wilmott, C. (eds.), *Geography in America at the Dawn of the Twenty-First Century*, New York: Oxford University Press, 721-729.

Kobayashi, A., 1999, Race and racism in the classroom: some thoughts on unexpected moments, *Journal of Geography*, 98, 176-178.

Kofman, E., 1995, Citizenship for some, but not for others: spaces of citizenship in contemporary Europe, *Political Geography*, 14, 121-137.

Kofman, E., 2002, Contemporary European migrations, civic stratification and citizenship, *Political Geography*, 21, 1035-1054.

Kofman, E., 2005, Citizenship, migration and the reassertion of national identity, *Citizenship Studies*, 9, 453-467.

Kohn, H., 1955, *Nationalism: It's Meaning and History*, Princeton, NJ: Van Nostrand.

Kriflik, L., 2006, Consumer citizenship: acting to minimise environmental health risks related to the food system, *Appetite*, 46, 270-279.

Kropotkin, P., [1885] 1996, What geography ought to be, in Agnew, J. A., Livingstone, D. N. and Rogers, A., (eds.), *Human Geography: An Essential Anthology*, Cambridge: Blackwell, 139-154.

Kurtz, H. and Hankins, K., 2005, Guest editorial: geographies of citizenship, *Space and Polity*, 9(1), 1-8.

Kymlicka, W. and Norman, W., 1994, Return of the citizen: a survey of recent work on citizenship theory, *Ethics*, 104, 352-381.

Kymlicka, W. and Norman, W., 1995, Return of the citizen: A survey of recent work on citizenship theory, in Beiner, R. (ed.), *Theorizing Citizenship*, Albany: SUNY Press, 283-322.

Kymlika, W. and Norman, W., 2000, *Citizenship in Diverse Societies*, Oxford: Oxford University Press.

Kymlicka, W., 1995, *Multicultural Citizenship: A Liberal Theory of Minority Right*(장동진·황민혁·송경호·변영환

옮김, 2010, 다문화주의 시민권, 동명사).

Kymlicka, W., 1999, Liberal complacencies, in Cohen, J., Howard, M., and Nussbaum, M. C. (eds.), *Is Multiculturalism Bad for Women?*, Princeton, N.J.: Princeton University Press, 31-34.

Kymlicka, W., 2001, *Contemporary Political Philosophy*(장동진·장휘·우정열·백성욱 옮김, 2008, 현대 정치철학의 이해, 동명사).

Kymlicka, W., Norman, W., 2000, Citizenship in Culturally Diverse Societies: Issues, Contexts, in Kymlicka, W., Norman, W. (eds.), *Citizenship in Diverse Societies*, Oxford University Press, 1-41.

Lambert, D. 2006, What's the point of teaching geography?, in Balderstone, D., (ed.), *Secondary Geography Handbook*, Sheffield: Geographical Association, 30-37.

Lambert, D. and Machon, P. (eds.), 2001a, *Citizenship through Secondary Geography*, London: Routledge.

Lambert, D. and Machon, P., 2001b, Conclusion: citizens in risky world, in Lambert, D. and Machon, P., (eds.), *Citizenship through Secondary Geography*, Routledge Falmer, London, 199-209.

Lambert, D. and Morgan, J., 2005, *Geography - Teaching School Subjects 11-19.* Abibgdon: Routledge.

Lambert, D. and Morgan, J., 2010a, A 'capability' perspective on geography in schools, in Lambert, D. and Morgan, J., *Teaching Geography 11-18: A Conceptual Approach*, London: Open University Press, 53-66.

Lambert, D. and Morgan, J., 2010b, Environment, sustainability and futures, in Lambert, D. and Morgan, *Teaching geography 11-18: A conceptual approach*, New York: McGrawhill, 133-144.

Lambert, D. and Morgan, J., 2010c, *Teaching Geography 11-18: A Conceptual Approach*, London: Open University Press.

Lambert, D. and Morgan, J., 2011, *Geography and Development: Development education in schools and the part played by geography teachers, Development Education Research Centre, Research Paper No.3*, London: Development Education Research Centre.

Lambert, D., 1992, Toward a Geography of Social Concern, in Naish, M., (ed.), *Geography and Education: National and International Perspective*, Institute of Education, London: University of London, 144-159.

Lambert, D., 1997, Geography, education and citizenship: identity and inter-cultural communication, in Slater, F. and Bale, J., (eds.), *Reporting Research in Geographical Education: Monograph No. 5*, London: University of London Institute of Education.

Lambert, D., 1999, Geography and Moral Education in a Super Complex World: The Significance of Values Education and Some Remaining Dilemmas, *Philosophy and Geography*, 2(1), 5-18.

Lambert, D., 2002, Geography and the Informed Citizen, in Gerber, R. and Williams, M., (ed.), *Geography, Culture, and Education*, Boston: Kluwer Academic Publishers, 93-103.

Lambert, D., 2006, What's the point of teaching geography?, in Balderstone, D. (ed.), *Secondary Geography Handbook*, Sheffield: Geographical Association, 30-37.

Lambert, D., 2007, Curriculum making, *Teaching Geography*, 32, 1, 9-10.

Lambert, D., Morgan, A. and Swift, D., 2004, *Geography: The Global Dimension*, London: DEA.

Lang T. and Heasman, M., 2004, *Food wars: the global battle for mouths, minds and markets*, London: Earthscan.

Lang T., Barling, D. and Caraher, M., 2009, *Food policy: integrating health, environment and society*, Oxford:

Oxford University Press.

Lang, T., 2005, Food control or food democracy? Re-engaging nutrition with society and the environment, *Public Health Nutr.*, 8, 730-737.

Lang, T., 2007, Food security or food democracy?, *Pestic News*, 78, 12-16.

Langmann, E., 2011, Representational and territorial economies in global citizenship education: welcoming the other at the limit of cosmopolitan hospitality, *Globalisation, Societies and Education*, 9(3-4), 399-409.

Latta, P. A. and Garside, N., 2005, Perspectives on ecological citizenship: an introduction, *Environments*, 33, 1-8.

Latta, P. A., 2007, Locating democratic politics in ecological citizenship, *Environmental politics*, 16, 377-393.

Leat, D. and McAleavy, T., 1998, Critical thinking in the humanities, *Teaching Geography*, 23(3), 112-114.

Lee, A., 1996, *Gender, Literacy, Curriculum-re-writing school geography*, London: Taylor and Francis.

Lee, K. S., 1999, *Teachers as intellectuals*, Seoul: Achimisle(이경숙 옮김, 1999, 교사는 지성인이다, 아침이슬; (original), Giroux, H. A., 1988, *Teachers as intellectuals: toward a critical pedagogy of learning*, Bergin & Garvey, Massachusetts).

Lee, M. J., Jin, E. M., Seo, M. C., Kim, J. W., K, B. J., Park, H. J. and Lee, J. Y., 2011, *The Ways for Promoting Personality Education Through Creative Hands-on Activities*, Korean Institute for Curriculum and Evaluation, Seoul(이명준·진의남·서민철·김정우·김병준·박혜정·이주연, 2011, 교과교육과 창의적 체험활동을 통한 인성교육 활성화 방안, 한국교육과정평가원)(in Korean).

Lee, M. Y., 2005, *Cultural Politics of Space*, Seoul: Nonhyung(이무용, 2005, 공간의 문화정치학, 논형).

Lee, R. and Smith, D. M., 2004, *Geographies and Moralities: International Perspectives on Development, Justice and Place*, Oxford: Blackwell Publishing.

Lee, R., 1984, Process and pattern in the 'A' level syllabus, *Geography*, 69(2), 97-106.

Lee, R., 1985, Teaching Geography: The Dialectic of Structure and Agency, in Boardman, D., (ed.), *New Directions in Geographic Education*, London & Philadelphia: The Falmer Press, 199-216.

Lee, R., 2008, *Where Are We? Geography, Space and Political Relations, A Short Essay for the GA Citizenship Working Group*, Sheffield: Geographical Association.

Lee, Y. M., Jin, J. H., Park, K. H., Lee, M. Y., and Park, B. G., 2011, *Modern Cultural Geography: A Critical Dictionary of Key Concepts*, Seoul: Nonhyung(이영민·진종헌·박경환·이무용·박배균 옮김, 2011, 현대 문화지리학: 주요개념의 비판적 이해, 논형; (original), Sibley, D., Jackson, P., Atkinson, D. and Washbourne, N., 2005, *Cultural Geography: A Critical Dictionary of Key Concepts*, New York: I. B. Tauris).

Leeson, S., 1935, *Education in citizenship*, London: Association for Education in Citizenship.

Lefebvre, H., 1991, *The Production of Space*, Cambridge: Blackwell.

Leiner, H. and Ehrkamp, P., 2006, Transnationalism and migrants'imaginings of citizenship, *Environment and Planning A*, 38, 1615-1632.

Lepofsky, J. and Fraser, J. C., 2003, Building community citizens: claiming the right to place-making in the city, *Urban Studies*, 40, 127-142.

Lewis, G. (ed.), 2004, *Citizenship: Personal Lives and Social Policy*, Milton Keynes: Open University.

Lewis, S. L. and Maslin, M. A., 2015, Defining the Anthropocene, *Nature*, 519(7542), 171-80.

Libbee, M. and Stoltman, J., 1994, Geography Within the Social Studies Curriculum, in Natoli, S. J., (ed.), *Strengthening Geography in the Social Studies*, Washington D.C.: National Council for the Social Studies, 22-41.

Lickona, T., 1991, *Educating for character: How our schools can teach respect and responsibility*, New York: Bantam Books.

Light, A. and Smith, D. M. (eds.), 1997, *Space, Place, and Environmental Ethics: Philosophy and Geography I*, London: Rowman & Littlefield.

Linklater, A., 1998, Cosmopolitan Citizenship, *Citizenship Studies*, 2(1), 23-41.

Linklater, A., 1999, Cosmopolitan Citizenship, in Huchings and Dannreuter, R., (eds.), *Cosmopolitan Citizenship*, New York: St. Martin Press.

Linklater, A., 2002, Cosmopolitan Citizenship, in Isin, E.F. and Turner, B.S. (eds.), *Handbook of Citizenship Studies*, London: SAGE Publications, 317-332.

Lipietz, A., 1992, *Towards a New Economic Order, Postfordism, Ecology and Democracy*, Cambridge: Polity.

Lockie, S., 2009, Responsibility and agency within alternative food networks: assembling the 'citizen consumer', *Agriculture and Human Values*, 26, 193-201.

London South Bank University, 2005, *Education for Sustainability: Education in Change*, Unit 7, Education for Sustainability Programme, South Bank University.

Lorimer, J., 2012, Multinatural geographies for the Anthropocene, *Progress in Human Geography*, 36(5), 593-612.

Lowndes, V., 1995, Citizenship and Urban Politics, in Judge, D., Stoker, G. and Wolman, H. (eds), *Theories of Urban Politics*, London: Sage.

Luque, E., 2005, Researching environmental citizenship and its publics, *Environmental Politics*, 14(2), 211-225.

Lynch, J., 1992, *Education for Citizenship in a Multi-Cultural Society*, London: Cassell.

Lynn, W. S., 1998, Animals, ethics and geography, In Wolch, J. & Emel, J. (eds.), *Animal geographies: Place, politics, and identity in the nature-culture borderlands,* London: Verso, 280-297.

Machon, P. and Walkington, H., 2000, Citizenship: the role of geography?, in Kent, A., (ed.), *Reflective Practice in Geography Teaching*, London: Paul Chapman Publishing, 179-191.

Machon, P., 1998, Citizenship and geographical education, *Teaching Geography*, 23(3), 115-117.

Mackie, J. L., 1977, *Ethics: Inventing Right and Wrong*, Harmondsworth: Penguin.

Mackinder, H. J., 1911, The teaching of geography from the imperial point of view, and the use which could and should be made of visual instruction, *Geographical Teacher*, 6(30), 79-86.

Maddrell, A. M. C., 1996, Empire, Emigration and School Geography: Changing Discourses of Imperial Citizenship, 1880-1925, *Journal of Historical Geography*, 22(4), 373-387.

Maggie, S., 2013, How does education for sustainable development relate to geography education?, in Lambert, D. and Jones, M. (eds.), *Debates in Geography Education*, London and New York: Routledge, 257-269.

Malpass, A., Cloke, P., Barnett, C. and Clarke, N., 2007, Fairtrade urbanism? The politics of place beyond place in the Bristol fairtrade city campaign, *International Journal of Urban and Regional Research*, 31, 633-645.

Mannion, G., Biesta, G., Priestley, M., and Ross, H., 2011, The global dimension in education and education for global citizenship: genealogy and critique, *Globalisation, Societies and Education*, 9(Nos. 3-4), 443-456.

Mansvelt, J., 2005, *Geographies of Consumption*, London: Routledge.

Mansvelt, J., 2008, Geographies of Consumption: citizenship, space and practice, *Progress in Human Geography*, 32, 105-117.

Marran, J. F., 1992, The word according to a grade 12 teacher: A reflection on what students of geography should know and able to do, *Journal of Geography*, 91(4), 139-142.

Marsden, W. E., 1989, All in a Good Cause: geography, history and the politicisation of the curriculum in nineteenth and twentieth century England, *Journal of Curriculum Studies*, 21(6), 509-526.

Marsden, W. E., 1997, Environmental education: historical roots: comparative perspectives and current issues in Britain and the United States, *Journal of Curriculum and Supervision*, 13(1), 6-29.

Marsden, W. E., 2001, Review: education for citizenship, *Geography*, 86(3), 270.

Marshall, T. H., 1992, *Citizenship and Social Class*, London: Pluto Press.

Marshall, T. H. and Bottmore, T., 1992, *Citizenship and Social Class*, London: Pluto Press.

Marshall, T. H., 1950(1992), Citizenship and social class, Marshall, T. and Bottomore, T. (eds.), *Citizenship and Social Class*, London: Pluto, 3-54.

Marshall, T. H., 1963a, *Class, Citizenship and Social Development*, London: Greenwood.

Marshall, T. H., 1963b, *Sociology at the Crossroads and Other Essays*, London: Heinemann.

Marshall, T. H., 2006, The global education terminology debate: exploring some of the issues in the UK context, in Hayden, M., Levy, J. and Thomson, J. (eds.), *A Handbook of Research in International Education*, London: Sage.

Martin, F., 2008, Mutual learning: the impact of a study visit course on UK teachers' knowledge and understanding of global partnerships, *Critical Literacy: Theories and Practices*, 2(1), 60-75.

Martin, F., 2011, Global Ethics, Sustainability and Partnership, in Butt, G. (ed.), *Geography, Education and the Future*, London: Continuum, 206-2224.

Martin, J., 2007, Identity, in Atkinson, D. et al., (eds.), *Cultural Geography: A Critical Dictionary of Key Concepts*, London-New York: I. B. Taris & Co Ltd., 97-100.

Martiniello, M., 2002, *Sortir des ghettos cultures*(윤진 옮김, 2008, 현대사회와 다문화주의, 한울).

Massey, D., 1991a, A global sense of place, in Daniels, S. and Lee, R. (eds.), *Exploring Human Geography: A Reader*, London: Arnold.

Massey, D., 1991b, Flexible Sexism, *Environment and Planning D: Society and Space*, 9, 31-57.

Massey, D., 1993a, Power-geometry and a progressive sense of place, in Bird, J., Curtis, B., Putnam, T., Robertson, G. and Tickner, L. (eds.), *Mapping the Futures, Global Change*, London: Routledge, 59-69.

Massey, D., 1993b, Questions of Locality, *Geography*, 78(2), 142-149.

Massey, D., 1994, *Space, Place and Gender,* London: Polity.

Massey, D., 1995, The conceptualization of place, in Massey, D. and Jess, P., *A Place in the World?*, Oxford: Oxford University Press.

Massey, D., 2005, *For Space*, London: Sage Publications.

Massey, D., 2008a, A global sense of place, in Oakes, T. and Price, P. (eds.), *The Cultural Geography Reader*, Oxford: Routledge.

Massey, D., 2008b, Thinking geographically, *GA Magazine*, Spring, 5.

Matless, D., 1994, Moral geography in Broadland, *Ecumene*, 2, 127-155.

Matthews, J. A and Herbert, D. T., 2004, Unity in geography: Prospects for the discipline, in Matthews, J. A and Herbert, D. T. (eds.), *Unifying geography: Common heritage, shared future*, Abingdon: Routledge.

Maude, A. M., 2014, Developing a national geography curriculum for Australia, *International Research in Geographical and Environmental Education*, 23(1), 53-63.

Maxey, L., 1999, Beyond boundaries? Activism, academia, reflexivity and research, *Area*, 31, 199-208.

Maye, B., 1984, Developing valuing and decision making skills in the geography classroom. in Fien, J., Gerber, G. and Wilson, P. (eds.), *The Geography Teacher's Guide to the Classroom,* Melbourne: Macmillan, 29-43.

Mayo, M. and Rooke, A., 2006, *Active learning for active citizenship: An evaluation report*, London: Goldsmiths College.

Mayo, W. L., 1964, The Development of Secondary School Geography as an Independent Subject in the United States and Canada, *Dissertation Abstract*, 25, 7027-7028.

Mayo, M., 2005, *Global Citizens: Social Movements and the Challenge of Globalisation*, London: Zed Books.

McDowell, L. and Sharp, J. (eds.), 1997, *Space, Gender, Knowledge, Feminist readings*, London: Arnold.

MCEETYA, 2008, *Melbourne Declaration on Educational Goals for Young Australians,* Sydney: Curriculum Corporation.

McElroy, B., 1986, Geography's Contribution to Political Literacy, in Fien J. and Gerber, R., (eds.), *Teaching Geography for a Better World*, Brisbane: Jacaranda Press/Australian Geography Teachers Association, 90-108.

McEwan, C., 2005, New spaces of citizenship? Rethinking gendered participation an empowerment in South Africa, *Political Geography*, 24, 969-991.

McInerney, M., Berg, K., Hutchinson, N., Maude, A. and Sorensen, L., 2009, *Towards a national geography curriculum for Australia*, Towards a National Geography Curriculum for Australia Project, Milton, Queensland.

McLaren, P. and Giroux, H., 1990, Critical pedagogy and rural education: A challenge from Poland, *Peabody Journal of Education,* 67(4), 154-165.

McLaren, P. and Giroux, H., 1992, Writing from the margins: geographies of identity, pedagogy, and power, *Journal of Education*, 174(1), 7-30.

McLaren, P., 1988, Language, social structure and the production of subjectivity, *Critical Pedagogy Networker*, 1(2/3), 1-10.

McLaren, P., 1994, White terror and oppositional agency: towards a critical multiculturalism, Goldberg, D.T. (ed.), *Multiculturalism: a critical reader*, Boston: Blackwell.

McLaren, P., 1998, Revolutionary Pedagogy in Post-revolutionary Times: rethinking the political economy of critical education, *Education Theory*, 48, 432-462.

McMaster, R. B. and Shepparad, E., 2004, *Introduction: Scale and Geographic Inquiry: Nature, Society, and Method*, Blackwell Publishing Ltd.

McPartland, M., 2001, Geography, citizenship and the local community, *Teaching Geography*, 26(2), 61-66.

McQuaid, N., 2009, Learning to 'un-divide' the world: The legacy of colonialism and education in the 21st century, *Critical Literacy: Theories and Practices*, 3(1), 12-25.

Meinecke, F., 2007, *Welburgertum und National Saat*(이상신 외 옮김, 세계시민주의와 민족국가—독일 민족국가의 형성에 관한 연구, 나남, 181-213).

MeKeown, R. and Hopkins, C., 2003, EE # ESD: defusing the worry, *Environmental Education Research* 9, 117-128.

Merchant, C., 1979, *The Death of Nature*, Harper and Row, San Francisco.

Merchant, C., 1992, *Radical Ecology: The search for a livable world*, New York: Routledge.

Merrett, C., 2000, Teaching Social Justice: Reviving Geography's Neglected Tradition, *Journal of Geography*, 99, 207-218.

Merryfield, M., 2000, Why aren't teachers being prepared to teach for diversity, equity, and global interconnectedness?: A study of lived experiences in the making of multicultural and global educators, *Teaching and Teacher Education*, 16, 429-443.

Merryfield, M. M. and White, C. S., 1995, Issues-centered global Education. in Evans, R. W. and Saxe, D. W. (eds.), *Handbook on Teaching Social Issues,* NCSS BULLETIN 93. Washington, D.C.: NCSS, 177-187.

MEST, 2011, *National Social Studies Curriculum*, MEST(교육과학기술부, 2011, 사회과 교육과정, 교육과학기술부) (in Korean).

Michell, K., 2003, Educating the national citizen in neoliberal times: from the multicultural self to the strategic cosmopolitan, *Transactions of the Institute of British Geographers*, 28(4), 387-403.

Miller, D., 1997, *On Nationality*, Oxford: Clarendon Press.

Miller, J. P., 1983, *The Educational Spectrum: Orientations to Curriculum*, New York: Longman.

Miller, T., 2002, Cultural Citizenship, in Isin, E. and Turner, B. (eds.), *Handbook of Citizenship Studies*, London: Sage, 231-243.

Mills, S., 2013, An instruction in good citizenship: Scouting and historical geographies of citizenship education, *Transactions of the institute of British Geographers*, 38, 120-134.

Mishler, E. G., 1986, The analysis of interview-narratives, in Sarbin, T. R.(ed.), *Narrative psychology: The storied nature of human conduct*, Praeger Publishers/Greenwood Publishing Group, 233-255.

Mitchell, D., 2000, *Cultural Geography: A Critical Introduction*, Blackwell(류제헌·진종헌·정현주·김순배 옮김, 2011, 문화 정치·문화 전쟁: 비판적 문화지리학, 살림).

Mitchell, D., 2013, How do we deal with controversial issues in a 'relevant'school geography?, in Lambert, D. and Jones, M. (eds.), *Debates in Geography Education,* London and New York: Routledge, 232-243.

Mitchell, K., 2009, Citizenship, in Gregory, K., Johnston, R., Pratt, G., Watts, M. and Whatmore, S. (eds.), *The Dictionary of Human Geography*, fifth edition, Oxford, Wiley Blackwell, 84-85.

MoE(Ministry of Education), Singapore, 2016, *Geography Syllabus (Pre-University) H3*, Ministry of Education.

Moellendorf, D., 2002, *Cosmopolitan Justice,* Westview Press, Oxford.

Mohan, G., 2007, Participatory Development: From Epistemological Reversals to Active Citizenship, *Geography Compass*, 1/4, 779-796.

Moretti, F., 1999, *Atlas of the European Novel: 1800-1900*, London: Verso.

Morgan, A., 2006a, Argumentation, Geography, Education and ICT, *Geography*, 91(2), 126-140.

Morgan, A., 2006b, Sustainable development and global citizenship: the 'new agenda' for geographical education in England and Wales, in Chi-kin Lee, J. and Williams, M. (eds.), *Environmental and Geographical Education for Sustainability*, New York: Nova Science Publisher Inc.

Morgan, A., 2006c, Teaching geography for a sustainable future, in Balderstone, D. (ed.), *Secondary Geography Handbook*, Sheffield: Geographical Association.

Morgan, A., 2010, Education for sustainable development and geography education, in Books, C. (ed.), Studying PGCE *Geography at M Level: Reflection, research and writing for professional development*, London and New York: Routledge, 77-88.

Morgan, A., 2011a, Morality and Geography Education, in Butt, G. (ed.), *Geography, Education and the Future*, London, Continuum, 187-205.

Morgan, A., 2011b, Place-Based Education versus Geography Eduction?, in Butt, G. (ed.), *Geography, Education and the Future*, London: Continuum International Publishing Group, 84-108.

Morgan, I., 1997, Consumer culture and education for sustainability, in Slater, F., Lambert, D. and Lines, D. (eds.), Education, Environment and Economy: Reporting Research in a New Academic Grouping, London: Institute of Education, University of London, 161-172.

Morgan, J. and Lambert, D., 2003, *Theory into Practice series: Place, 'Race' and Teaching Geography*, Sheffield: Geographical Association.

Morgan, J. and Lambert, D., 2005, *Geography: Teaching School Subjects 11-19*, Oxon: Routledge.

Morgan, J., 2000a, Critical Pedagogy: the Spaces that make the difference, *Pedagogy, Culture and Society*, 8(3), 273-289.

Morgan, J., 2000b, Geography teaching for a sustainable society, in Kent, A. (ed.), *Reflective Practice in Geography Teaching*, London: Paul Chapman Publishing, 168-178.

Morgan, J., 2000c, To which space do I belong? Imagining citizenship in one curriculum subject, *The Curriculum Journal*, 11(1), 55-68.

Morgan, J., 2001a, *Development, Globalisation and Sustainability*, Cheltenham: Nelson Thornes Ltd.

Morgan, J., 2001b, The seduction of community: To which space do I belong?, in Lambert, D. and Machon, P., (ed.), *Citizenship through Secondary Geography*, London: Routledge Falmer, 87-97.

Morgan, J., 2002a, Geography and 'race', in Smith, M., *Aspects of Teaching Secondary Geography*, London and New York: The Open University, 235-244.

Morgan, J., 2002b, Teaching geography for a better world? The postmodern challenge and geography education, *International Research in Geographical and Environmental Education*, 11(1), 15-29.

Morgan, J., 2003, Teaching Social Geographies: Representing Society And Space, *Geography*, 88(2), 124-134.

Morgan, J., 2005, 'Britishness', geography and education, *Teaching Geography*, Spring, 20-23.

Morgan, J., 2006, Can we have anti-racist geography?, in Balderstone, D. (ed.), *Secondary Geography Handbook*, Sheffield: Geographical Association, 394-401.

Morgan, J., 2012a, A question of food, in Morgan, J., *Teaching Secondary Geography As If the Planet Matters*, Oxon: David Fulton Book, 78-96.

Morgan, J., 2012b, Climate change, mobile lives and Anthropocene geographies, in Morgan J., *Teaching Secondary Geography as if the Planet Matters,* London and New York: Routldege, 132-147.

Morgan, J., 2012c, Geography, society, nature-changing perspectives, in Morgan, J., *Teaching Secondary Geography as if the Planet Matters*, London and New York: Routledge, 43-58.

Moudoch, J., 2006, *Post-structuralist Geography: A Relational Guide to Space*, London: Sage Publications.

Mullard, M., 2004, *The Politics of Globalisation and Polarisation*, Cheltenham: Edward Elgar.

Munn, P., 2010, What can Active Citizenship Achieve for Schools and through Schools?, in Crick, B. and Lockey, A., *Active citizenship: what could it achieve and how?*, Edinburgh: Edinburgh University Press, 85-99.

Murdoch, J., 2006, *Post-Structuralist Geography*, London: Sage.

Mychajliw, A. M., Kemp, M. E. and Hadly, E. A., 2015, Using the Anthropocene as a teaching, communication and community engagement opportunity, *The Anthropocene Review*, 1-12.

Nagel, G., 2004, Questioning citizenship in an 'age of migration', in O'Loughlin, J., Staeheli, L. and Greenberg, E. (eds.), *Globalization and its Outcomes*, New York: Guilford Press, 231-256.

Naish, M., Rawling, E. and Hart, C., 1987, *Geography 16-19, The Contribution of a Curriculum Project to 16-19 Education*, Harlow: Longman.

Nam, K. T. (translation), 2002, *Pedagogy*, Greenbee, Seoul(남경태 옮김, 2002, 페다고지, 그린비; (original) Freire, P., 1970, *Pedagogy of the Oppressed*, New York: Herder and Herder).

National Curriculum Council, 1990, *Environmental Education*, Curriculum Guidance 7, London: NCC.

National Governor's Association(NGA), 1989, *America in Transition: The International Frontier: Report of the Task Force on International Education*, Washington, DC: NGA.

NCC, 1992, *Environmental Education: Curriculum Guidance 7*, York: NCC.

Newell, P. and Paterson, M., 2010, *Climate capitalism: global warming and the transformation of the global economy*, Cambridge: Cambridge University Press.

Newmann, F., 1975. *Education for citizen action: Challenge for secondary curriculum*, Berkeley: McCutchan.

Newson, M., 1992, 20 years of systematic physical geography: issues for a new environmental age, *Progress in Physical Geography*, 16(2), 209-221.

Nieto, S. 2000, *Affirming Diversity: The Sociopolitical Context of Multicultural Education*, New York: Longman.

Nordstrom, H. K., 2008, Environmental Education and Multicultural Education,-Too Close to Be Separate?, *International Research in Geographical and Environmental Education*, 17(2), 131-145.

Nussbaum, M. and Cohen, J., 1996, *For Love of Country: Debating the Limits of Patriotism*, Boston, MA: Beacon(오인영 옮김, 2003, 나라를 사랑한다는 것: 애국주의와 세계시민주의의 한계 논쟁, 삼인).

Nussbaum, M. C., 2000, *Women and Human Development: The Capabilities Approach,* Cambridge: Cambridge

University Press.

Nussbaum, M., 1997, Kant and Cosmopolitanism, Bohman, J. and Lutz-Bachmann, M., (eds.), *Perpetual Peace: Essays on Kant's Cosmopolitan Ideal*, Cambridge, M.A.: M.I.T. Press.

O'Byrne, D., 2003, *The Dimensions of Global Citizenship: Political Identity Beyond the Nation-State?*, London: Frank Cass.

O'Byrne, D., 2005, Citizenship, in Atkinson, D., Jackson, P., Sibley, D. and Washbourne, N., *Cultural Geography: A Critical Dictionary of Key Concepts*, London: I.B. Tauris, 135-140.

Oakes, T. S., 1993, The cultural space of modernity: ethnic tourism and place identity in China, *Environment and Planning D: Space and Society*, 11, 47-66.

OCA, 1998, Geographical Enquiry at Key Stages 1-3: Discussion Paper No 3, Sudbury: QCA Publications.

Office of Education, 1979, *US Commissioner of Education Task Force on Global Education: Report with Recommendations*, Washington, D.C.: Office of Education.

Ogborn, M. and Philo, C., 1994, Soldiers, sailors and moral locations in nineteenth century Portsmouth, *Area*, 26(3), 221-231.

Oldfield, A., 1990, Citizenship: an unnatural practice?, *The Political Quarterly*, 61(2), 177-187.

Ong, A., 1999, *Flexible Citizenship: The Cultural Logics of Transnationality*, Durham: Duke University Press.

O'Riordan, T., 1976, *Environmentalism*, London:Pion.

O'Riordan, T., 1977, Environmental ideologies, *Environment and Planning A*, 9.

O'Riordan, T., 1980, Environmental issues, *Progress in Human Geography*, 4(3).

O'Riordan, T., 1981a, Environmental issues, *Progress in Human Geography*, 5(3).

O'Riordan, T., 1981b, Environmentalism and education, *Journal of Geography in Higher Education*, 5(1).

O'Riordan, T., 1996, Environmentalism and geography: a union still to be consummated, in Rawling, E. and Daugherty, R. (eds.), *Geography into the 21th century*, Wiley: Chichester.

Orr, D., 1992, *Ecological Literacy: Education and the Transition to a Post-modern World*, Albany: State University of New York Press.

Oxfam, 1997, *Curriculum for Global Citizenship, Oxfam Development Educational Programme*, Oxford: Oxfam.

Oxfam, 2006, *Education for Global Citizenship: A Guide for Schools,* London: Oxfam.

Packham, C., 2008, *Active Citizenship and Community Learning(Empowering Youth and Community Work PracticeýLM Series)*, Learning Matters.

Painter, J. and Philo, C., 1995, Spaces of citizenship: an introduction, *Political Geography*, 14(2), 107-120.

Painter, J., 2002, Multi-level citizenship, identity and regions in contemporary Europe, in Anderson, J. (ed.), *Transnational Democracy: Political Sapce and Border Crossings*, London and New York: Routledge, 93-110.

Painter, J., 2007, What kind of citizenship for what kind of community?, *Political Geography*, 26, 221-224.

Painter, J., 2008, European citizenship and the regions, *European Urban and Regional Studies*, 15(1), 5-19.

Pak, K. T., 2002, Towards local citizenship: Japanese cities respond to international migration, Working Paper 30, The Center for Comparative Immigration Studies, University of California - San Diego.

Pak, K. T., 2006, Cities and local citizenship in Japan: overcoming nationaltity?, in Tsuda, T. (ed.), *Local Citi-*

zenship in Recent Countries of Immigration: Japan in Comparative Perspective, Lanham: Lexigton Books, 65-69.

Palmer, J. and Neal, P., 1994, *The Handbook of Environmental Education*, London: Routledge.

Park, K. H., 2007, Ethnicity, Nation, Space in the Era Transnationalism, *Kyujanggak Institue For Korean Studies*, 128-140 (in Korean).

Park, K. H., 2008, Minority and Minority Space: Suggestions for Teaching Space in Critical Multiculturalism, *The Journal of the Korean Association of Geographic and Environmental Education*, 16(4), 297-310 (in Korean).

Parker, G., 1999, The Role of the Consumer-citizen in Environmental Protest in the 1990s', *Space and Polity*, 3, 67-83.

Parker, W., 2008, International Education: What's in a Name?, *Phi Delta Kappa*, 90(3), 196-202.

Parrillio, Vincent N., 2008, *Multicultural Education and Human Relations*(부산대사회과학연구소 옮김, 2010, 인종과 민족관계의 이해, 박영사).

Pashby, K., 2015, Conflations, possibilities, and foreclosures: Global citizenship education in a multicultural context, *Curriculum Inquiry*, 45(4), 345-366.

Pawson, E., 2015, What Sort of Geographical Education for the Anthropocene?, *Geographical Research*, 53(3), 306-312.

Payne, P., 1999, Postmodern challenges and modern horizons: education "for Being for the environment", *Environment Education Research*, 5/1, February, 5-34.

Peace, R., 2000, Waikato University Online Learning: Geographical Education, lecture material, Http://online.waikato.ac.nz/topclass.

Peace, R., 2001, Marginal Practices: Teaching Critical Geographical Education to Geographical Educators in Secondary Schools in Aotearoa/New Zealand, *International Research in Geographical and Environmental Education*, 10(2), 189-194.

PEEC, 2007, The Benefits of Place-Based Education: A Report, Place-Based Education Evaluation Collaborative.

Peet, R., 2008, *Geography power: the making of global economic policy*, London: Zed Books.

Penrose, J., 1993a, *Constructions of Race, Place, and Nation*, University of Minnesota Press.

Penrose, J., 1993b, Reification in the name of change: the impact of nationalism on social constructions of nation, people and place in Scotland and the United Kingdom, Penrose. J. and Jackson, P., (eds), *Constructions of Race, Place and Nation*, London: UCL Press.

Pepper, D., 1985, Why teach physical geography, *Contemporary Issues in Geography and Education*, 2(1), 62-71.

Pepper, D., 1993, *Eco-Socialism, from Deep Ecology to Social Justice*, London: Routledge.

Perry, W. G., 1999, *Forms of Educational and Intellectual Development in the College Years,* San Francisco, CA: Jossey-Bass Publishers.

Peters, M., 1996, *Poststructuralism, Politics and Education*, Westport: Bergin and Garvey.

Peters, R. S., 1970, *Ethics and Education*, London: George Allen and Unwin.

Phil, K., 1993, Expressions of Interest in Environmental Issues by U.S. Secondary Geography Student, *International Research in Geographical and Environmental Education*, 2(2), 108-112.

Philo, C. and Wolch, J., 1998, Through the geographical looking glass: Space, place and society-animal relations, *Society and Animals*, 6(2), 103-118.

Philo, C., 1991, *New Words, New Worlds: Reconceptualising Social and Cultural Geography*, Department of Geography, St David's University College, Lampeter.

Philo, C., 1993, Spaces of citizenship, *Area*, 25(2), 194-196.

Philo, C., 1995, Animals, geography, and the city: notes on inclusions and exclusions, *Environment and Planning D: Society and Space*, 13, 655-681.

Philo, C., and Wilbert, C. (eds.), 2000, *Animal Spaces, Beastly Places: New Geographies of Human-Animal Relations,* New York: Routledge.

Pickles, J., 1986, Geographic theory and educating for democracy, *Antipode*, 18(2), 136-154.

Pierson, C., 1996, *The Modern State*(박형신 옮김, 1998, 근대국가의 이해, 일신사).

Pike, G. and Selby, D., 1988, *Global Teacher, Global Learner*, London: Hodder and Stroughton.

Pike, G. and Selby, D., 1999/2000, *In the Global Classroom*, 2 vols, Toronto: Pippin Press.

Pike, G., 1990, Global education: learning in a world of change, in Dufour, B. (ed.), *The New Social Curriculum: A Guide to Cross-curricular Issues*, Cambridge: Cambridge University Press.

Pike, G., 2000, Global education and national identity: in pursuit of meaning, *Theory into Practice*, 39(2), 64-74.

Pile, S. and Keith, M., 1997, *Geographies of Resistance*, London: Routledge.

Pile, S. and Thrift, N., 1995, *Mapping the Subject: geographies of cultural transformation*, London: Routledge.

Pinar, W. F., (eds.), 1975, *Curriculum theorizing: The reconceptualists*, Berkeley: McCutchan.

Ploszajska, T., 1996, Constructing the Subject: Geographical Models in English Schools, 1870-1944, *Journal of Historical Geography*, 22(46), 388-398.

Ploszajska, T., 1999, *Geographical Education, Empire and Citizenship: Geographical teaching and learning in English schools, 1870-1994*, Department of Environmental and Biological Studies, Liverpool Hope University College.

Porcheur, L., 1981, L'éducation des travailleurs migrants en Europe, L'interculturalisme et la formation des enseignants(strasbourg, 1981).

Porritt, J., Hopkins, D., Birney, A. and Reed, J., 2009, *Every Child's Future: Leading the Way*, Nottingham: National College for Leadership of Schools and Children's Services.

Porter, A., 1986, Political Bias and Political Education, *Teaching Politics*, September, 371-384.

Pratt, G., 1999, Geographies of Identity and Difference: Marking Boundaries, in Massey, D., Allen, J. and Sarre, P., (eds.), *Human Geography Today*, Cambridge: Polity Press, 151-167.

Proctor, J. D. and Smith, D. M., 1999, *Geography and Ethics: Journeys in a moral terrain*, London: Routledge.

Proctor, J. D., 1998a, Ethics in geography: giving moral form to the geographical imagination, *Area*, 30(1), 8-18.

Proctor, J. D., 1998b, Expanding the scope of science and ethics: A response to Harman, Harrington and Cerveny's 'Balancing scientific and ethical values in environmental science', *Annals of the Association of American Geographers*, 88, 290-296.

Proctor, J. D., 1998c, Geography, paradox, and environmental ethics, *Progress in Human Geography*, 22, 234-255.

Proctor, J. D., 1999, Introduction: overlapping terrains, in Proctor and Smith, D., (eds.), *Geography and Ethics, journeys in a moral terrain*, London: Routledge.

Proctor, J. D., 2001, Solid rock and shifting sands: the moral paradox of saving a socially constructed nature, in Castree N. and Braun B. (eds.), *Social Nature: Theory, Practice and Politics*, Oxford: Blackwell, 225-239.

Proctor, R. E., 1988, *Education's Great Amnesia*, Bloomington and Indianapolis: Indiana University Press.

Purcell, M., 2002, Excavating lefebre: the right to the city and its urban politics of the inhabitant, *Geojournal*, 58.

Purvis, T. and Hunt, A., 1999, Identity versus citizenship: transformations in the discourses and practices of citizenship, *Social and Legal Studies*, 8(4), 457-482.

Pykett, J., 2009, Making citizens in the classroom: An urban geography of citizenship education?, *Urban Studies*, 46(4), 803-823.

Pykett, J., 2010, Designing identity: exploring citizenship through geographies of identity, *Geography*, 95, 132-134.

Pykett, J., 2011a, Citizenship education and narratives of pedagogy, *Citizenship Studies*, 14, 621-635.

Pykett, J., 2011b, Teaching Ethical Citizens? A Geographical Approach, in Butt, G. (ed.), *Geography, Education and the Future*, London: Continuum, 225-239.

Pykett, J., Cloke, P., Barnett, C., Clarke, N. and Malpass, A., 2010, Learning to be global citizens, The rationalities of fair-trade education, *Environment and Planning D: Society and Space,* 28(3), 487-508.

QCA, 2001, *Citizenship: A scheme of work for key stage 3, Teachers'Guide,* London: QCA.

QCA, 2007a, *Geography: Programme of Study for key stage 3 and attainment target*, London: QCA.(www.qca.org.uk/curriculum)

QCA, 2007b, *Geography: The national curriculum 2007*, QCA, England.

QCA, 2007c, *Global Dimension in Action*, London: QCA.

Ramsey, P. and Williams, L., 2003, *Multicultural Education: A Source Book*, New York: RoutledgeFalmer.

Ransom, D., 2006, *The no-nonsense guided to Fair Trade*, Renouf Publishing(장윤정 옮김, 2007, 공정무역 가능한 일인가, 이후).

Rasaren, R., 2009, Transformative global education and learning in teacher education in Finland, *International Journal of Development Education and Global Learning*, 1(2).

Rasmussen, C. and Brown, M., 2005, The body politics as spatial metaphor, *Citizenship Studies*, 9, 469-484.

Rathje, S., 2007, Intercultural Competence: The Status and Future of a Controversial Concept, *Journal for Language and Intercultural Communication*, 7(4), 254-266.

Rattans, A., 2007, *A very short introduction: racism*(구정은 옮김, 2011, 인종주의는 본성인가: 인종, 인종주의, 인종주의자에 대한 오랜 역사, 한겨레출판).

Rawding, C., 2014, The importance of teaching 'holistic'geographies, *Teaching Geography*, 40(1), 10-13.

Rawding, C., 2017, The Anthropocene and the global, In Jones, M and Lambert, D. (eds.), *Debates in Geography Education* (second edition), London: Routledge, 239-249.

Rawling, E., 1991, Geography and cross curricular themes, *Teaching Geography*, 16(4), 147-154.

Rawling, E., 1993, School geography: towards 2000, *Geography*, 78(2), 110-116.

Rawling, E., 2008, Editorial: Place and identity, *Geography*, 93(3), 131.

Rawls, J., 1999, *A Theory of Justice* (Revised ed.), Cambridge: Harvard University Press(황경식 옮김, 2003, 정의론, 이학사).

Rawls, J., 2009, *A theory of justice,* Harvard university press.

Rediclift, M., 1987, *Sustainable Development*, London: Routledge.

Reid, A., 2000, Environmental change and sustainable development, in Grimwade, K., Reid, A. and Thompson, L. (eds.), *Geography and the New Agenda: Secondary*, Sheffield: Geographical Association.

Relph, E., 1976, *Place and Placelessness*, London: Pion.

Renshaw, S. and Wood, P., 2011, Holistic Understanding in Geography Eduation(HUGE): an alternative approach to curriculum development and learning at Key Stage 3, *The Curriculum Journal*, 22(3), 365-379.

Renting, H., Marsden, T., Banks, J., 2003, Understanding alternative food networks: exploring the role of short supply chains in rural development, *Environ Plann A*, 35(3), 393-411.

Renting, H., Schermer, M., Rossi, A., 2012, Building food democracy: exploring civic food networks and newly emerging forms of food citizenship, *Int J Sociol Agric Food*, 19(3), 289-307.

Reynolds, R., Bradbery, D., Brown, J., Carroll, K., Donnelly, D., Ferguson-Patrick, K., and Macqueen, S., 2015, *Contesting and Constructing International Perspectives in Global Education,* Rotterdam: Sense publishers.

Richardson, N. L., 1997, Education for Mutual Understanding and Cultural Heritage, http://cain.ulst.ac.uk/emu/emuback.htm.

Richardson, R., 1976, *Learning for Change in World Society*, London: World Studies Project.

Richardson, R., 1986, The hidden message of schoolbooks, *Journal of Moral Education*, 15(1), 26-42.

Richardson, R., 1990, *Daring to be a Teacher,* Trentham Books, Stoke-on-Trent.

Richardson, R., 2004, *Here, There and Everywhere: belonging, identity and equality in schools*, Derbyshire Advisory and Inspection Service, Stoke-on-Trent: Trentham Books.

Rittel, W. and Webber, M., 1973, Dilemmas in a general theory of planning, *Policy Sciences*, 4(2), 155-169.

Robbins, P., 2004, *Political ecology: a critical introduction*, Chichester: Wiley(권상철 옮김, 2008, 정치생태학, 한울).

Roberts, G., 2000, NGO support for migrant labor in japan, in Douglass, M. and Roberts, G. (eds.), *Japan and global migration*, London: Routledge, 275-300.

Roberts, M., 2002, Talking, reading and writing: language and literacy in Geography, in Smith, M., (ed.), *Aspects of Teaching Secondary Geography: Perspectives on Practice*, London: Routledge Falmer, 95-108.

Roberts, M., 2003, *Learning Through Enquiry*, Sheffield: Geographical Association.

Roberts, M., 2013a, Developing conceptual understanding through geographical enquiry, in Roberts, M., *Geography Through Enquiry*, Sheffield: Geographical Association, 81-94.

Roberts, M., 2013b, *Geography Through Enquiry: Approaches to teaching and learning in the secondary school,* Sheffield: Geographical Association.

Roberts, M., 2015, Critical thinking and global learning, *Teaching Geography*, 40(2), 55-59.

Robinson, R. and Serf, J. (ed.), 1997, *Global Geography, Learning through Development Education*, Geographical Association and TIDE.

Rogers, P., 1982, Introduction, Rogers, P. (ed.), *Islam in History Textbooks*, London: University of London/ School of African and Oriental Studies.

Rogers, A., 1998, The spaces of multiculturalism and citizenship, *International Social Science Journal*, 50, 201-213.

Ronkainen, J. K., 2011, Mononationals, hyphenationals, and shadow-nationals: multiple citizenship as practice, *Citizenship Studies*, 15(2), 247-263.

Rorty, R., 1999, *Achieving Our Country: Leftist Thought in Twentieth-Century America*, Harvard University Press.

Rosaldo, R., 1997, Cultural citizenship, inequality, and multiculturalism, in Florres, W.V. and Benmayor, R. (eds.), *Latino cultural citizenship: Claiming identity, space, and rights*, Boston:Beacon, 27-28.

Rose, G., 1991, Review of Postmodern Geographies and The Condition of Postmodernity, *Journal of Historical Geography*, 17, 1.

Rose, J., 1995, Place and Identity: A sense of place, in Massey, D.,(ed), *A place in the world.: Places, Culture and Globalization*, Cambridge: Cambridge University Press.

Ross, H., Munn, P. and Brown, J., 2007, What counts as student voice in active citizenship case studies? Education for citizenship in Scotland, *Education Citizenship and Social Justice*, 2(3), 237-256.

Roudonetof, V., 2005, Transnationalism, cosmopolitanism and glocalization, *Current Sociology*, 53(1), 113-135.

Routledge, P., 2003, Convergence space: process geographies of grassroots globalization networks, *Transactions of the Institute of British Geographers*, 28, 333-349.

Routledge, P., 2005, Survival and resistance, in Cloke, P., Crang, P. and Goodwin, M. (eds.), *Introducing Human Geography*, London: Hodder Arnold, 211-214.

Routledge, P., Cumbers, A. and Nativel, C., 2007, Grossrooting network imaginaries: rationality, power and mutual solidarity in global justice networks, *Environment and Planning A*, 39, 2575-2592.

Routley R. and Routley, V., 1980, Human chauvinism and environmental ethics, in Mannison, D.S., McRobbie, M. A. and Routley, R. (eds.), *Environmental Ethics*, Canberra: Australian National University Press, 96-189.

Sack, R. D., 1986, *Human territoriality: its theory and history*, Cambridge: Cambridge University Press.

Sack, R. D., 1992, *Place, Modernity, and the Consumer's World: A Relational Framework for Geographical Analysis*, Baltimore: The Johns Hopkins University Press.

Sack, R. D., 1997, *Homo Geographicus: A Framework for Action, Awareness, and Moral Concern*, Baltimore and London: The Johns Hopkins University Press.

Said, A., 1978, *Orientalism*, New York: Vintage Books.

Saiz, A. V., 2005, Globalization, Cosmopolitanism and Ecological Citizenship, *Environmental Politics*, 14(2), 163-178.

Samers, M., 2010, *Migration*, Routledge(이영민·박경환·이용균·이현욱·이종희 옮김, 2013, 이주, 푸른길).

Sandel, M. J., 2009, *Justice-What's the Right Thing to Do?*, New York: Farrar Straus & Giroux(이창신 옮김, 2010, 정의란 무엇인가?, 김영사).

Sant, E., Lewis, S., Delgado, S., and Ross, E. W., 2017, Justice and global citizenship education, In L.-C. H. Ian Davies, Dina Kiwan, Carla L. Peck, Andrew Peterson, Edda Sant, Yusef Waghid (Ed.), *Palgrave handbook of global citizenship and education,* London: Palgrave Macmillan.

Sassen, S., 2002, Towards a post-national and denationalised citizenship, in Isin, F. E. and Turner, B. S. (eds.), *Handbook of Citizenship*, London: Sage.

Sauer, C. O., 1952, *Agricultural origins and dispersals,* NY: American Geographical Society.

Save th Children Fund, 2000, *Partners in Rights: Creative Activities Exploring Rights and Citizenship for 7-11 Year Olds*, SCF.

SCAA, 1996, *Teaching Environmental Matters through the National Curriculum*, London: SCAA.

Scheunpflung, A. and Asbrand, B., 2006, Global education and education for sustainability, *Environmental Education Research*, 12(1), 33-46.

Schindler, L., 2010, Exploring the Values and Behaviors of the 'Food Citizen', An Undergraduate Research at the Department of Nutrition and Food Sciences in Vermont University.

Schofield, R., 2015, Back to the barrier function: where next for international boundary and territorial disputes in political geography?, *Geography*, 100(3), 133-143.

Scholes, R., 1985, *Textual Power*, New Haven: Yale University Press.

Schugurensky, D., 2002, The eight curricula of multicultural citizenship education, *Multicultural Education*, 10(1), 2-6.

Scoffham, S., 2000, Environmental education: A question of values, in Fisher, C. and Binnes, T., *Issues in Geography Teaching*, London and New York: Routledge/Falmer, 205-218.

Scott, W. and Gough, S., 2004, *Key Issues in Sustainable Development and Learning: a Critical Review*, London: RoutledgeFalmer.

Scottish Association of Geography Teachers, 1977, *Geography and Environmental Education*.

Scrinis, G., 2007, From techno-corporate food to alternative agri-food movements, *Local Global Identity Security Community*, 4, 112-140.

Scruton, R., 1985, *World Studies: education or indoctrination?*, Institute for Defence and Strategic Studies.

Seager, J., 1993, *Earth follies: coming to feminist terms with the global environmental crisis*, New York: Routledge.

Seglow, J., 2005, The ethics of immigration, *Demokratizatsiya,* 18(2), 101-121.

Selby, C., 1977, Environmental studies in the middle years, *Trends in Education*, Winter.

Selby, D., 2000, The signature of whole, in O'Sullivan, E., Morrell, A. and O'Connor, M. (eds.), *Expanding the Boundaries of Transformative Learning*, New York: Palgrave.

Selby, D., 2008, The need for climate change in education, in Gray-Donald, J. and Selby, D. (eds.), *Green frontiers: environmental educators dancing away from mechanism*, Rotterdam: Sense, 252-262.

Sen, A., 1980, Equality of what?, in S. McMurrin (Ed.), *Tanner Lectures on Human Values: Volume I,* Cambridge: Cambridge University Press, 195-220.

Shapiro, M. K., 1994, Moral Geographies and the ethics of post-sovereignty, *Public Culture*, 6, 479-502.

Sheller, M. and Urry, J., 2006, The new mobilities paradigm, *Environment and Planning A*, 38, 207-226.

Sibley, D., 1981, *Outsiders in Urban Societies*, New York: St. Martin's,

Sibley, D., 1995, *Geographies of Exclusion: Society and Difference in the West*, London: Routledge.

Sibley, D., 1999, Creating geographies of difference, in Massey, D., Allen J. and Sarre P., (eds.), *Human Geography Today*, London: Polity Press, 115-128.

Sibley, D., Jackson, P., Atkinson, D. and Washbourne, N., 2005, *Cultural Geography: A Critical Dictionary of Key Concepts*, New York: I. B. Tauris(이영민·진종헌·박경환·이무용·박배균 옮김, 2011, 현대 문화지리학: 주요 개념의 비판적 이해, 논형).

Siddle, R., 2003, The limits of citizenship in Japan: multiculturalism, indigenous rights and the Ainu, *Citizenship Studies*, 7(4), 447-462.

Simmons, I.G., 1993, *Interpreting Nature: Cultural Constructions of the Environment*, London: Routledge.

Singer, Brent A., 1988, An extension of Rawls'theory of justice to environmental ethics, *Environmental Ethics*, 10, 217-231.

Singer, P., 1975, *Animal Liberation: A New Ethics for Our Treatment of Animals*, London: Jonathan Cape(피터 싱어 지음, 김성한 옮김, 2012, 동물 해방, 연암서가).

Singer, P., 1990, *Animal Liberation*, New York: Avon Books.

Singh, M., 1991, Geography's contribution to multicultural education, *Geographical Education*, 6(3), 9-13.

Singh, M., Fien, J. and Williamson Fien, J., 1997, Processes of globalisation and (re)new(ed) emphasis for global education, *Development Education Journal*, 4(1), 26-30.

Skelton, T., 2006, *What is Geography's Contribution to Making Citizens?* Available online at http://www.geography.org.uk/download/ga_aucwgviewpoints-jan07.pdf.

Skilbeck, M., 1982, Three educational ideologies, in Horton, T. and Raggatt, (eds.), *Challenge and Change in the Curriculum*, London: Hodder and Stoughton.

Slater, F., 1982, Literacy, numeracy and graphicacy, in Graves, N. J. *et al.*, *Geography in Education Now*, Bedford Way Paper 13, Institute of Education and Turnaround Distribution Ltd.

Slater, F., 1992, ...to Travel With a Different View, in Naish, M., (ed.), *Geography and Education*, Institute of Education, London: University of London, 97-113.

Slater, F., 1993, *Learning Through Geography*, Washington, D.C.: National Council For Geographic Education.

Slater, F., 1994, Education through geography: knowledge, understanding, values and culture, *Geography*, 79(2), 147-163.

Slater, F., 1996, Values: toward mapping their locations in a geography education, in Kent, A., Lambert, D., Naish, M. and Slater, F., (eds), *Geography in Education: Viewpoint on Teaching and Learning*, London: Cambridge University Press, 200-230.

Slater, F., 2001, Values and values education in the geography curriculum in relation to concepts of citizenship, in Lambert, D., and Machon P., (eds.), *Citizenship through Secondary Geography*, London: Routledge Falmer,

42-67.

Sleeter, C. and Bernal, D., 2004, Critical pedagogy, critical race theory, and antiracist education, in Banks, J. and Banks, C. (eds.), *Handbook of research on Multicultural Education*, San Francisco: Jossey-Bass.

Sleeter, C. and Grant, C., 1988, *Making Choices for Multicultural Education: Five Approaches to Race, Class and Gender*, Columbus: Merrill.

Sleeter, C. and McLaren, P., 1995, Introduction: Exploring connections to build a critical multiculturalism, in Sleeter, C. and McLaren, P., (eds.), *Multicultural Education, Critical Pedagogy, and Politics of Difference*, New York: State University of New York Press, 5-31.

Sleeter, C., 1996, *Multicultural Education as Social Activism,* Albany: State University of New York.

Sleeter, Christine E. and Grant, Carl A., 2005, *Making Choice for Multicultural Education*(6th ed.)(문승호 외 옮김, 2009, 다문화교육의 탐구: 다섯 가지 방법들, 아카데미프레스).

Smith, A. and Robinson, A., 1996, *Education for Mutual Understanding: The initial Statutory years*, Coleraine: the University of Ulster.

Smith, A. D., 1986, *The ethnic Origins of Nations*, Oxford: Basil Blackwell.

Smith, A. D., 1991, *National Identity*, London: Penguin Books.

Smith, A. D., 1995, *Nation and Nationalism in a Global Era*, Cambridge: Polity Press.

Smith, A. O., 1979, *Nationalism in the Twentieth Century*, Oxford: Martin Robertson.

Smith, D. L., 1978, Values and the teaching of geography, *Geographical Education*, 3(2).

Smith, D. M., 1977, *Human Geography: A Welfare Approach*, London: Edward Arnold.

Smith, D. M., 1995, Moral teaching in geography, *Journal of Geography in Higher Education*, 19(3), 271-283.

Smith, D. M., 1997, Geography and ethics: a moral turn, *Progress in Human Geography*, 21, 583-590.

Smith, D. M., 1998a, Geography and moral philosophy: some common ground, *Ethics, Place and Environment*, 1, 7-34.

Smith, D. M., 1998b, How far should we care? On the spatial scope of beneficence, *Progress in Human Geography*, 22, 15-38.

Smith, D. M., 2000, *Moral Geographies: Ethics in a World of Difference*, Edinburgh: Edinburgh University Press.

Smith, D. M., 2004, Morality, ethics and social justice, in Cloke, P. Crang, P. and Goodwin, M. (eds.), *Envisioning Human Geographies*, London: Edward Arnold.

Smith, G. A. and Sobel, D., 2010, *Place- and Community-Based Education in Schools,* Abingdon, Oxon: Routledge.

Smith, M., 2005, Ecological citizenship and ethical responsibility: Arendt, Benjamin and political activism, *Environments*, 33(3), 51-64.

Smith, M., 2013, How does education for sustainable development relate to geography education?, in Lambert, D. and Jones, M. (eds.), *Debates in Geography Education*, London and New York: Routledge, 257-269.

Smith, M. J. and Pangsapa, P., 2008, *Environment and Citizenship-Integrating Jusitce, Responsibility and Civic Engagement*, New York: Zed Books.

Smith, M. J., 1998, *Ecologism, Towards Ecological Citizenship*, Buckingham: Open University.

Smith, N., 1984, *Uneven development: nature, capital and the production of space*, Athens: University of Georgia Press.

Smith, N., 1993, Homeless/global: scaling place, in Bird, J. (ed.), *Mapping the futures*, London: Routledge, 87-119.

Smith, N., 1996, The production of nature, in Robertson, G., Mash, M., and Tickneretal, L. (eds.), *Futurenatural*, London and New York: Routledge, 35-54.

Smith, S., 1999, The Cultural Politics of Difference, in Massey, D., Allen, J. and Sarre, P., (eds.), *Human Geography Today*, Cambridge: Polity Press, 129-150.

Smith, S., 2000, Citizenship, in Johnston, R., Gregory, K., Pratt, G. and Watts, M. (eds.), *The Dictionary of Human Geography* (4 ed.), Oxford: Backwell, 83-84.

Smith, S. J., 1989, Society, space and citizenship: a human geography for the "new times"?, *Transactions of the Institute of British Geographers*, 14(2), 144-156.

Smith, S. J., 1994, Citizenship, in Johnston, R. J., Gregory, D. and Smith, D. M., (eds.), *The Dictionary of Human Geography*, 3rd edn.,Oxford: Blackwell, 67.

Smith, S. J., 1995, Citizenship: all or nothing?, *Political Geography*, 14(2), 190-193.

Smith, S. J., 1999, Society-space, in Cloke, P., Crang, P. and Goodwin, M., (eds), *Introducing Human Geographies*, London: Arnold, 12-23.

Sobel, D., 2004, *Place-based Education: Connecting Classrooms and Communities,* Great Barrington, MA: Orion Society, Nature and Literacy Series, No. 4.

Soja, E. and Hooper, B., 1993, The spaces that difference makes: some notes on the geographical margins of the new cultural politics, in Keith, M. and Pile, S., *Place and the Politics of Identity*, London: Routledge,

Soja, E., 1980, Socio-spatial dialectics, *Annals of the Association of American Geographers*, 70(2), 207-225.

Soja, E., 1985, The Spatiality of Social Life: Toward a Transformative Retheorization, in D. Gregory and J. Urry, (eds.), *Social Relation and Spatial Structure*, London: Macmillian, 90-127.

Soja, E., 1989, *Postmodern Geographies, the reassertion of space in critical social theory,* London: Verso.

Soja, E., 1996, *Thirdspace: journeys to Los Angeles and other real-and- imagined places*, Oxford: Blackwell.

Soja, E., 1999, After the Riots: struggles for spatial justice and regional democracy in Los Angeles, Public Lecture, London School of Economics, 18, March.

Soja, E. W., 2010, *Seeking Spatial Justice* (Vol. 16), Minneapolis: University of Minnesota Press.

Solem, M. N., 2002, The Online Center for Global Geography Education, *International Research in Geographical and Environmental Education*, 11(3), 296-298.

Solomos, J., 2001, Race, multi-culturalism and difference, in Stevenson, N. (ed.), *Culture and Citizenship*, London: Sage, 198-211.

Soysal, Y. N., 1994, *Limits of Citizenship: Migrants and Postnational Membership in Europe*, Chicago: University of Chicago Press.

Spitzberg, B. H., 2000, A Model of Intercultural Communication Competence, in Samovar, L.A. and Porter, R.E., *Intercultural Communication-A Reader*, Belmont: Wadsworth Publishing.

Spronken-Smith, R., 2013, Toward securing a future for geography graduates, *Journal of Geography in Higher Education*, 37, 315-326.

Spivak, G. C., 1999, *A Critique of Postcolonial Reason: Toward a History of the Vanishing Present*, Harvard University Press.

Staeheli, L. A., 1999, Globalization and the scales of citizenship, *Geography Research Forum*, 19, 60-77.

Staeheli, L. A., 2003, Introduction: cities and citizenship, *Urban Geography*, 24(2), 97-102.

Staeheli, L., 2008, Citizenship and the problem of community, *Political Geography*, 27, 5-21.

Staeheli, L., 2011, Political geography: where's citizenship?, *Progress in Human Geography*, 35, 393-400.

Staeheli, L. A. and Clarke, S.E., 2003, The new politics of citizenship: structuring participation by household, work, and identity, *Urban Geography*, 24(2), 103-126.

Standish, A., 2009, *Global perspectives in the geography curriculum: Reviewing the Moral Case for Geography,* London: Routledge.

Standish, A., 2012, *The False Promise of Global Learning: Why Education Needs Boundaries*, New York: Continuum.

Standish, A., 2013, What does geography contribute to global learning, in Lambert, D. and Jones, M., (eds.), *Debates in Geography Education*, London and New York: Routledge, 244-256.

Stanford Encyclopedia of Philosophy, 2006, Citizenship, http://plato.stanford.edu

Stea, D., 2002, Public participation and the active, critical citizen: another view, in Gerber, R. and Williams, M., (ed.), *Geography, Culture, and Education*, Boston: Kluwer Academic Publishers, 169-178.

Steffen, W., Cruzen, P. and McNeill, J.R., 2007, The Anthropocene: are humans now overwhelming the great forces of nature?, *Ambio*, 36(8), 614-621.

Steiner, M., 1992, *World Studies 8-13: Evaluating Active Learning*, Manchester: Metropolitan University Manchester.

Steiner, M., 1996a, *Developing the Global Teacher: theory and practice in initial teacher education,* Trentham Books.

Steiner, M., 1996b, Matching Practice and Vision: Evaluating Global Education, in Williams, M., *Understanding Geographical and Environmental Education: The Role of Research*, London: Cassell, 196-219.

Sterling, S. and Huckle, J., 2014, *Education for sustainability,* Routledge.

Sterling, S., 2001, *Sustainable Education: Re-visioning Learning and Change*, Dartington: Green Books.

Sterling, S., 2004, Higher education, sustainability and the role of systemic learning, in P. Corcoran and A. Wals (Eds) *Higher Education and the Challenge of Sustainability: Contestation, Critique, Practice, and Promise,* Dordrecht: Kluwer, 47-70.

Stevenson, N., (ed.), 2001, *Culture and Citizenship*, London: Sage.

Stoddart, D., (ed.), 1981, *Geography, Ideology and Social Concern*, Oxford: Basil Blackwell.

Stoddart, D., 1987, To claim the high ground: Geography for the end of the century, *Transactions of the Institute of British of Geographers*, 12, 327-336.

Stoltman, J. P. and Lidstone, J., 2001, Citizenship Education: A Necessary Perspective for Geography and Environmental Education, *International Research Geographical and Environmental Education*, 10(3), 215-217.

Stoltman, J. P., 1990, *Geography Education for Citizenship*, ERIC, Bloomington.

Storey, D., 2003a, *Citizen, state and nation*, Sheffield: Geographical Association.

Storey, D., 2003b, Global world, global citizenship?, in Storey, D., *Changing Geography: Citizen, state and nation*, Sheffield: Geographical Association, 40-46.

Storey, D., 2011, *Territories: the Claiming of Space*, Harlow: Prentice-Hall.

Stradling, R., 1984a, Controversial Issues in the Classroom, in Stradling, R., Noctor, M. and Baines, B. (eds.), *Teaching controversial issues,* London: Edward Arnold.

Stradling, R., 1984b, The Teaching of Controversial Issues: an evaluation, *Educational Review*, 36(2), 121-129.

Stradling, R., Noctor, M. and Baines, B. (eds.), 1984, *Teaching controversial issues.* London: Edward Arnold.

Surak, K., 2008b, Convergence in foreigners'rights and citizenship policies? A look at Japan, *International Migration Review*, 42(3), 550-575.

Swyngedouw, E., 1999, Modernity and hybridity: Nature, regeneracionismo, and the production of the Spanish waterscape, 1890-1930, *Annals of the Association of American Geographers,* 89(3), 443-465.

Symonides, Janusz, 1998, *Human rights, new dimensions and challenges: Manual on human rights*, Paris: UNESCO.

Tadaki, M., Salmond, J., Le Heron, R. and Brierley, G., 2012, Nature, culture, and the work of physical geography, *Transactions of the Institute of British Geographers*, 37(12), 1-16.

Tajfel, H., 1978, Social categorization, social identity and social comparison, in Tajfel, H., *Differentiation between social group: Studies in social psychology of intergroup relations*, London: Academic Press.

Tajfel, H., 1982, *Social identity and intergroup relations*, Cambridge: Cambridge University Press.

Take Part, 2006, The national framework for active learning for active citizenship.

Takeo, M., 2009, 다문화 사회에 있어서의 시민교육의 실천 구상, 2009, 국제학술대회 다문화 사회의 글로벌 시티즌십 발표자료집, 한국사회과교육연구회, 81-103.

Tarumoto, H., 2003, Multiculturalism in Japan: citizenship policy for immigrants, *International Journal on Multicultural Societies*, 5(1), 88-103.

Taylor, C., 1989, The liberal-communitarian debate, in Rosenblum, N.(ed.), *Liberalism and The Moral Life*, Cambridge.

Taylor, C., 1994, *Multiculturalism Examining the Politics of Recognition*, Princeton, Oxford: Princeton University Press.

Taylor, L., 2004, *Re-presenting geography*, Chris Kingston Publish, Cambridge.

Taylor, P., 1985, *Political Geography: World-economy, Nation-state and Community*, London: Longman.

Taylor, P. J., 1982, A Materialist framework for political geography, *Transactions,* 7, Institute of British Geographer.

Tebbit, N., 1990, Being British, what it means to me: time we learned to be insular, *The Field* No.272, 76-78.

Thatcher, M., 1999, The crossing game, *The Guardian*, 22, December.

Thackeray, R. and Hunter, M.A., 2010, Empowering youth: use of technology in advocacy to affect social change, *Journal of Computer Mediated Community*, 15(4), 575-591.

The European Commission, 1997, Learning for Active Citizenship, The European Commission, http://europa. eu.int/en/comm/dg22/citizen-en. html.

Theodorson G.A. and Theodorson, A.G., 1969, *A Modern Dictionary of Sociology*, Crowell.

TIDE, 2001, *Globalization: What's it All About?*, Teachers in Development Education.

TIDE, 2005, *Climate change-Local and Global: An Enquiry Approach*, Birmingham: Teachers in Development Education.

Tilbury, D. and Wortman, D., 2006, Geography and Sustainability: The Future of School Geography, in Lidstone, J. and Williams, M., *Geographical Education in a Changing World: Past Experience, Current Trends and Future Challenge*, Dorderecht: Springer, 195-211.

Tilbury, D., 1993, *Environmental Education: Developing a Model for Initial Teacher Education*, Unpublished PhD thesis, University of Cambridge.

Tilbury, D., 1995, Environmental education for sustainability: defining the new focus of environmental education in the 1990s, *Environmental Education Research*, 1(2), 195-212.

Tilbury, D., 1997, Cross-curricular concerns in geography: Citizenship and economic and industrial understanding, in Tilbury, D. and Williams, M. (ed.), *Teaching and Learning Geography*, London: Routledge, 93-104.

Tilbury, D., 2002, Active Citizenship: Empowering People as Cultural Agents Through Geography, in Gerber, R. and Williams, M., (ed.), *Geography, Culture, and Education*, Boston: Kluwer Academic Publishers, 105- 113.

Toynbee, P., 2000, Puny view of Britain, *The Guardian* 20 January.

Tsuda, T. (ed.), 2006, *Local Citizenship in Recent Counties of Immigration: Japan in Comparative Perspective*, Lanham: Lexington Books.

Tuan, Y-F, 1984, *Dominance and Affection: The Making of Pets*, Yale University Press, New Haven, CT.

Tuan, Yi-Fu, 1974, *Tophophilia: A Study of Environmental Perception, Attitudes, and Values*, Prentice-Hall, Englewood Cliffs.

Tuan, Yi-Fu, 1977, *Space and Place: The Perspective of Experience*, University of Minnesota Press.

Tuan, Yi-Fu, 1986, *The Good Life*, Madison: The University of Wisconsin Press.

Tuan, Yi-Fu, 1989, *Morality and Imagination: Paradoxes of Progress*, Madison: The University of Wisconsin Press.

Tuan, Yi-Fu, 1993, *Passing Strange and Wonderful: Aesthetics, Nature and Culture*, Washington D.C.: Island Press.

Tuan, Yi-Fu, 2004, Cultural Geography: Glances Backward and Forward, *Annals of the Association of American Geographers*, 94(4), 729-733.

Tully, J., 2014, *On global citizenship,* Bloomsbury Academic.

Turner, B., 1997, Citizenship studies: a general theory, *Citizenship Studies*, 1, 5-18.

Turner, B. S., 1986a, *Citizenship and Capitalism*, London.

Turner, B. S., 1986b, Personhood and Citizenship, *Theory Culture & Society*, 3(1), 1-16.

Turner, B. S., 1993, Contemporary problems in the theory of citizenship, Turner, B.S. (ed.), *Citizenship and So-*

cial Theory, London: Sage, 1-18.

Turner, B. S., 2001, Outline of a general theory of cultural citizenship, in Stevenson, N. (ed.), *Culture and Citizenship*, London: Sage, 11-32, 259-276.

Turner, S., 2005, Global identities, *Teaching Geography*, (1), 51.

Ufkes, F. M., 1995, Lean and mean: U.S. meat-packing in an era of agro-industrial restructuring, *Environment and Planning D: Society and Space,* 13, 683-706.

Ukpokodu, Nelly, 1999, Multiculturalism vs. Globalism, *Social Education*, 63(5), 298-300.

UNESCO, 1992, *UN Conference on Environment and Development: Agenda 21*, Swizerland: UN.

UNESCO, 1995, *Re-orienting Environmental Education for Sustainable Development, Final Report*, Inter-regional Workshop, Athens.

UNESCO, 2005, *United Nations Decade of Education for Sustainable Development 2005-2014: International Implementation Scheme*, UNESCO, Paris.

Unstead, J. F., 1923, The primary geography schoolteacher-what should he know and be?, *Geography*, 14(4), 315-322.

Urbanik, J., 2012, *Placing Animals: An Introduction to the Geography of Human-Animal Relations*, Rowman and Littlefield, Lanham, MD.

Urry, J., 1985, Social Relation, Space and Time, in Gregory D. and Urry, J., (eds.), *Social Relation and Spatial Structure*, London: Macmillian, 20-48.

Urry, J., 2000, *Sociology Beyond Societies*, London: Routledge.

Usher, R., 2002, Putting Space Back on the Map: globalisation, place and identity, *Educational Philosophy and Theory*, 34(1), 41-55.

Valentine, G., 1996, (Re)negotiating the 'Heterosexual street', in N. Duncan (ed.), *Bodyspace: destabilizing geographies of gender and sexuality*, London: Routledge.

Valentine, G., 2001, *Social Geographies: Space and Society*, Pearson Education Limited(박경환 옮김, 2009, 사회지리학, 논형).

van Gunsteren, H., 1994, Four conceptions of citizenship, in van Steenbergen, B. (ed.), *The Condition of Citizenship*, London: Sage, 36-48.

van Steenbergen, B. (ed.), 1994, *The Condition of Citizenship*, SAGE Publications.

Vare, P. and Scott, W., 2007, Learning for a change: exploring the relationship between education and sustainable development, *Journal for Education for Sustainable Development*, 1(2), 191-198.

Vare, P. and Scott, W., 2008, *Education for Sustainable Development: Two Sides and an Edge*, DEA Thinkpiece.

Vogel, U., 1994, Marriage and the boundaries of citizenship, in van Steenbergen, B. (ed.), *The Condition of Citizenship*, London: Sage, 77-89.

Wade, R. C., 1993, Social action: Expanding the role of citizenship in the social studies curriculum, *Inquiry in Social Studies: Curriculum. Research, and Instruction*, 29(1), 2-18.

Wade, R., 2001, Global citizenship: Choices and change, in Lambert, D. and Machon, P., (ed.), *Citizenship through Secondary Geography*, London: Routledge Falmer,161-181.

Walby, S., 1994, Is citizenship gendered?, *Sociology*, 28(2), 379-395.

Walford, R., 1981, Language, ideologies and geography teaching, in Walford, R., (ed.), *Signposts for Geography Teaching*, London: Longman, 215-222.

Walford, R., 1985, *Geographical Education for a Multi-cultural Society*, Sheffield: Geographical Association.

Walford, R., 1993, Geography, in King, A. and Reiss, M., (eds.), *The Mulicultural Dimension of the National Curriculum*, London: Falmer, 91-108.

Walford, R., 2000, Wider issues for the future, in Fisher, C. and Binns, T., (eds.), *Issues in Geography Teaching*, London: Routledge/Falmer,175-189.

Walker, K., 1997, Environmental education and the school curriculum: the need for a coherent curriculum theory, *IRGEE*, 6(3), 252-255.

Walkington, H., 1999a, Global Citizenship Education in the Primary School: an experience from geography, Development Education Association Journal 6.1, October.

Walkington, H., 1999b, *Theory into Practice: Global Citizenship Education*, Sheffield: Geographical Association.

Wall, D., 2010, *The Rise of the Green Left: Inside the World Ecosocialist Movement*, London: Pluto Press(조유진 옮김, 2013, 그린레프트―전 세계 생태사회주의 운동의 모든 것, 이학사).

Wall, J., 2012, Can democracy represent children? Toward a politics of difference, *Childhood*, 19(1), 86-100.

Wallerstein, I., 1991, World System versus World-Systems: A Critique, *Critique of Anthropology*, 11(2), 189-194.

Walzer, M., 1995, The concept of civil society, in Walzer, M. (ed.), *Toward a Global Civil Society*, Oxford: Berghahn, 7-28.

Waters, C. N, Zalasiewicz, J. A., Williams, M., Ellis, M. A. and Snelling, A. M., 2014, A stratigraphical basis for the Anthropocene? in Waters, C. N., Zalasiewicz, J. A., Williams, M., Ellis, M. A. and Snelling, A. M. (eds.), *A Stratigraphical Basis for the Anthropocene?, Special Publications 395, Geological Society*, London, 1-21.

Waters, M., 2001, *Globalization,* London: Routledge.

Watts, D. B., Ilbery, B., Maye, D., 2005, Making reconnections in agro-food geography: alternative systems of food provision, *Progress in Human Geography*, 29(1), 22-40.

Watts, D. G., 1969, *Environmental Studies*, Routledge & Kegan Paul.

Watts, M., 2005, Nature: Culture, in Cloke, P. and Johnston, R., *Spaces of Geographical Thought: Deconstructing Human Geography's Binaries*, London: Sage Publications, 142-174.

Waugh, D. and Bushell, T., 2006, *New Key Geography: Foundations, Connections, Interactions*, Cheltenham: Nelson Thornes Ltd.

Wellington, J. (ed.), 1986, *Controversial Issues in the Curriculum,* Oxford: Blackwell.

Welpton, W. P., 1923, *The Teaching of Geography*, London: University Tutorial Press.

Welsh, J. and MacRae, R., 1998, Food citizenship and community food security: lessons from Toronto, *Canadian Journal of Development Studies*, 19(4), 237-255.

West, R., 1975, Environmental Education-some problems of definition and approach, *Bulletin of Environmental Education*, 46, February.

Whatmore, S., 1999, Hybrid geographies: rethinking the "human" in human geography, in Massey, D., Allen, J.

and Sarre, P. (eds.), *Human Geography Today*, Cambridge: Polity Press.

Whatmore, S., 2002, *Hybrid Geographies: Natures, Cultures, Spaces*, London: Sage Publications.

Whatmore, S., and Thorne, L. B., 1998, Wild(er)ness: Reconfiguring the geographies of wildlife, *Transactions of the Institute of British Geographer*, 23, 435-454.

White, R., 1995, Are you an environment or do you work for a living? Work and nature, in Cronon, W. (ed.), *Uncommon Ground: Toward Reinventing Nature*, London and New York: Norton, 171-185.

Wilden, A., 1972, *Comunicazione, InEnciclopedia, Eniaudi*, Torino, 3, 601–695.

Wilkins, J., 2005, Eating Right here: Moving from Consumer to Food Citizen, *Agriculture and Human Values*, 22(3), 269-273.

Williams, C. and Millington, A., 2004, The diverse and contested meaning of sustainable development, *The Geographical Journal*, 170(2), 99-104.

Williams, M., 1997, Place and identity: local, national and global, in Proceedings of the International Geographical Union Commission on Geographical Education Conference, University of London Institute of Education, 15-19.

Williams, M., 2001, Citizenship and democracy education: Geography's place: an international perspective, in Lambert, D. and Machon, P. (ed.), *Citiznenship through Secondary Geography*, London: Routledge Falmer, 31-41.

Wilterdink, N., 1993, An Examination of European and National Identity, *Archives Européennes de Sociologie*, 34.

Winston, B. J., 1986, Teaching and Learning in Geography, in Wronski S. P. and Bragaw D. H., (eds.), *Social Studies and Social Science: A Fifty-year Perspective*, Washington D.C.: National Council for the Social Studies, 43-58.

Winter, C. and Firth, R., 2007, Knowledge about Education for Sustainable Development: Four case studies of student teachers in English secondary schools, *Journal of Education for Teaching*, 33(3), 341-358.

Winter, C., 1996, Challenging the Dominant Paradigm in the Geography National Curriculum: reconstructing place knowledge, *Curriculum Studies*, 4, 367-384.

Winter, C., 1997, Ethnocentric bias in geography textbooks: a framework for reconstruction, Tilbury, D. and Williams, M. (eds.), *Teaching and Learning Geography*, London and New York: Routledge.

Winter, C., 2017, Curriculum policy reform in an era of technical accountability: 'fixing'curriculum, teachers and students in English schools, *Journal of Curriculum Studies*, 49(1), 55-74.

Winter, M., 2003, Geographies of food: agro-food geographies-making reconnections, *Progress in Human Geography*, 27(4), 505-513.

Wittman, H., Desmarais, A. A., Wiebe, N. (eds.), 2010, *Food sovereignty: reconnecting food, nature and community*, Oxford: Pambazuka.

Wolch, J., 1990, *The shadow state: Government and Voluntary Sector in Transition*, New York: The Foundation Centre.

Wolch J., 1996, Zoöpolis. *Capitalism Nature Socialism*, 7, 21-48.

Wolch, J., and Emel, J. (eds.), 1995, Theme issue on Bringing the animals back in, *Environment and Planning D:*

Society and Space, 13, 631-760.

Wolch, J. and Emel, J. (eds.), 1998, *Animal Geographies: Place, Politics and Identity in the Nature-Culture Border-lands*, London: Verso.

Woodd, C., 2007, Active learning for active citizenship: The policy context, *OR insight*, 20(2), 8-12.

World Commission on Environment and Development(WCED), 1987, *Our Common Future*, The Brundtland Report, Oxford: Oxford University Press.

Wright, D., 1985, In black and white: racist bias in textbooks, *Geographical Education*, 5, 13-17.

Wyness, M., 2003, Children's space and interests: constructing an agenda for student voice, *Children's Geographies*, 1(2), 223-239.

Wyness, M., 2006, Children, young people and civic participation: regulation and local diversity, *Educational Review*, 58(2), 209-218.

Yarwood, R., 2014, *Citizenship: Key Ideas in Geography*, Oxon: Routledge.

Yarwood, R., and Evans, E., 2000, Taking stock of farm animals and rurality, In C. Philo & C. Wilbert (eds.), *Animal spaces, beastly places: New geographies of human-animal relations,* London: Routledge, 98-114.

Yi, K. H., 1994, Humanistic Approach and Its Implication in Geographic Education, *The Korean Association of Professional Geographers*, 23, 105-118(in Korean).

Yi, K. H., 1996, Value Objectives and their Content in Geographic Education, *Journal of the Korean Geographical Society*, 31(1), 38-48(in Korean).

Yoshino, K., 1992, *Cultural Nationalism in Contemporary Japan*, London: Routledge, 1992.

Young, I. M., 1989, Polity and Group Difference: A Critique of the Ideal of Universal Citizenship, *Ethics*, 99, 250-274.

Young, I. M., 1990, *Justice and the Politics of Difference*, Princeton: Princeton University Press.

Young, I. M., 2006, Responsibility and global justice: a social connection model, *Social Philosophy and Policy*, 23(01), 102-130.

Young, I. M., 2009, Five faces of oppression, In G. Henderson and M. Waterstone (Eds.), *Geographic thought: A praxis perspective*, Routledge, 55-71.

Young, M. and Commins, E., 2002, *Global Citizenship: the Handbook for Primary Teaching*, Chris Kington Publishing and Oxfam.

Young, M., 2004, Geography and global dimension, in Scoffham, S., (ed.), *Primary Geography Handbook*, Sheffield: Geographical Association, 216-227.

Young, M., 2007, Geography and the global dimension, in Scoffham, S. (ed.), *Primary Geography Handbook*, Sheffield: Geographical Association, 217-227.

Zalasiewicz, J., Williams, M., Haywood, A., Ellis, M., 2011, The Anthropocene: a epoch of geological time?, *Philosophical Transactions of the Royal Society A: Mathematical, Physical and Engineering Science*, 369, 835-841.

Zalasiewicz, J. et al., 2008, Are now living in the anthropocene?, *GSA Today*, 18(2), 4-8.

Zuylen, S., Trethewy, G. and McIsaac, H., 2011a, *Geography Focus 1: stage four*, Melbourne: Pearson Australia.

Zuylen, S., Trethewy, G. and McIsaac, H., 2011b, *Geography Focus 2: stage five*, Melbourne: Pearson Australia.

찾아보기

농업지리학 344-345

능동적 시민 12, 23, 25, 42, 169, 201, 318-336, 342, 344, 348, 356, 358, 367, 382-383, 385, 411

능동적 시민성 12, 23, 25, 42, 169, 318-336, 342, 348, 356, 358, 367, 382-383

ㄷ

다문화 감수성 172

다문화공간 165-167, 180, 194

다문화교육 104, 106, 111-112, 125, 160-162, 177, 180-184, 193-195, 198-209, 211-212, 216, 219-223, 235-236, 253, 327, 418

다문화사회 12-13, 16, 26-27, 36, 38, 110, 117, 160-163, 165-168, 171-175, 179, 181-182, 184, 194, 207, 211-214, 216, 219-220, 223, 236, 321, 326, 358, 407-408

다문화시민성 13, 161, 164, 167-168, 171-177, 185, 321-322, 326, 358

다문화주의 165-167, 173, 176-180, 194, 200, 214, 400, 417-418

다양성 11-12, 15, 23, 88-92, 102-104, 108, 160-163, 166-168, 170-171, 181, 183, 194-195, 206-209, 212-215, 219-221, 401-410

다원적 시민성 12, 25, 76, 319, 330

다중스케일적 시민성 357

다중시민성 12-13, 27, 76, 168, 356-360, 362, 364

다중적 공간 72, 165

다중적 시민성 43, 73, 76, 80, 359

다중적 정체성 86, 359

다중적 차원 170, 357, 387

다층적/중층적 시민성 25

대리 시민성 352

대화주의 교육 435

도덕적 부주의 410

도덕지리 388, 391, 393-396, 399-401, 388, 391, 393-396, 399-401

도해력 383, 438-439

독립적 시민 25

동물권 263, 295, 303-305

동물윤리 303-305

동물지리 295-304

동화주의 36, 38, 80, 162, 176-177, 180, 194, 214

디아스포라 시민성 76, 168

ㄹ

로컬리즘 170, 363, 387

로컬리티 41, 44, 92, 96-97, 107, 120, 128, 318-319, 328, 349, 356, 361-363, 400-401

로컬 시민성 13, 17, 24, 27, 42, 72-73, 78, 172, 242, 318-320, 328-330, 332, 356, 358, 361

로컬푸드 269, 286, 293, 336, 342-343, 347, 348

ㅁ

문제제기식 교육 435-436

문해력 51, 59, 101-102, 116, 199, 263, 295, 330-332, 337-338, 371, 379, 383, 385, 404, 416-417, 432, 435, 437-441

문화적 다양성 90-92, 124, 160, 162, 166-167, 170-171, 174, 177-178, 181, 194, 199, 203, 207, 221, 252, 363, 370, 383, 387, 402, 404-405, 418

문화적 민주주의 161

문화적 시민성 24, 27, 75, 161, 164-165, 172-173, 175-176, 182

문화적 정체성 17, 23-25, 75, 79, 81, 165, 167, 169-170, 174-175, 181, 357, 361, 363, 387, 414

민족국가 36-38, 160-161, 168, 178, 233

민족정체성 13, 34-35, 37, 163, 168, 345

ㅂ

반시민 25

반편견교육 184, 193

반항적 시민성 25

배려적 사고 313

배제 13-14, 16-17, 19, 26-28, 31, 36-37, 53-54, 86-87, 169-171, 188-190, 193-196, 328-330, 366-367, 377-380, 393-396, 408

범교육과정 105, 107, 116, 137, 197, 207, 405

법역 외 시민성 76, 168

보철 시민 25